2021
我国水生动物重要疫病状况分析

2021 ANALYSIS OF MAJOR AQUATIC ANIMAL DISEASES IN CHINA

农业农村部渔业渔政管理局
Bureau of Fisheries, Ministry of Agriculture and Rural Affairs

全国水产技术推广总站
National Fisheries Technology Extension Center

中国农业出版社
北　京

图书在版编目（CIP）数据

2021我国水生动物重要疫病状况分析 / 农业农村部渔业渔政管理局，全国水产技术推广总站编．—北京：中国农业出版社，2021.9

ISBN 978-7-109-28783-9

Ⅰ.①2… Ⅱ.①农… ②全… Ⅲ.①水生动物—动物疾病—研究—中国-2021 Ⅳ.①S94

中国版本图书馆CIP数据核字（2021）第197205号

2021我国水生动物重要疫病状况分析

2021 WOGUO SHUISHENG DONGWU ZHONGYAO YIBING ZHUANGKUANG FENXI

中国农业出版社出版

地址：北京市朝阳区麦子店街18号楼

邮编：100125

责任编辑：肖　邦

版式设计：杜　然　　责任校对：吴丽婷

印刷：中农印务有限公司

版次：2021年9月第1版

印次：2021年9月北京第1次印刷

发行：新华书店北京发行所

开本：787mm×1092mm　1/16

印张：27

字数：595千字

定价：85.00元

编 写 说 明

一、《2021我国水生动物重要疫病状况分析》以正式出版年份标序。其内容和数据起讫日期为：2020年1月1日至2020年12月31日。

二、本资料所称疾病，是指水生动物受各种生物性和非生物性因素的作用，而导致正常生命活动紊乱以至死亡的现象。

本资料所称疫病，是指传染病，包括寄生虫病。

本资料所称新发病，是指未列入我国法定疫病名录，近年在我国新确认发生，且对水产养殖产业造成严重危害，可能造成一定程度的经济损失和社会影响，需要及时预防、控制的疾病。

三、内容和全国统计数据中，均未包括香港特别行政区、澳门特别行政区、台湾省。

四、读者对本报告若有建议和意见，请与全国水产技术推广总站联系。

编辑委员会名单

前　　言

为全面掌握我国水生动物病情发生及流行状况，及时采取防控措施，受农业农村部渔业渔政管理局委托，全国水产技术推广总站自2001年起组织开展了全国水产养殖动植物病情测报，自2005年起在全国组织开展了重要疫病专项监测工作。经过多年发展，全国病情监测体系基本健全，监测队伍基本稳定，监测手段不断强化，预测预报工作更加科学，为政府部门决策和制定有效防控措施提供了技术支撑，为水产养殖业绿色、可持续发展发挥着重要保障作用。

2020年，全国水产技术推广总站在全国共设置监测点4 854个，6 000余名人员参与测报工作，监测面积近30万hm^2，约占全国水产养殖面积的4%，监测到发病养殖种类63种；农业农村部下达了《2020年国家水生动物疫病监测计划》（农渔发〔2020〕8号）和有关病害的调查任务，针对鲤春病毒血症等重要水生动物疫病进行专项监测，对虾虹彩病毒病等有关病害开展调查，采集样品4 430份，检测鱼虾约66万尾；并组织各省（自治区、直辖市）及首席专家对监测结果进行分析，对发病趋势进行了研判，形成了分疫病及分省份的分析报告。

《2021我国水生动物重要疫病状况分析》分综合篇和地方篇两部分，综合篇主要收录了全国水生动物病情综述和各首席专家对7种重要水生动物疫病和6种新发疫病的状况分析；地方篇收录了29个省（自治区、直辖市）的分析报告。本书是全面反映我国2020年水生动物病害发生情况的权威资料，对各地开展水生动物病害风险评估、对策研究具有重要参考价值。

本书的出版，得到了各位首席专家及各地水产技术推广部门、水生动物疫病预防控制机构的大力支持，也离不开各级疫病监测信息采集分析人员的无私奉献，在此一并致以诚挚的感谢！

编　者

2021年8月

目　　录

综　合　篇

地　方　篇

综 合 篇

2020年全国水生动物病情综述

近年来，随着我国水产养殖模式多样，养殖品种日益丰富，水产苗种流动日趋频繁，长期危害渔业生产的病害问题未得到根本解决，加上受气候和新冠肺炎疫情等因素影响，2020年，我国水产养殖因病害造成的测算经济损失约589亿元（人民币，全书同），比2019年增加181亿元，约占水产养殖总产值的5.8%，约占渔业总产值的4.4%。

一、2020年我国水生动物病情概况

（一）发生疾病养殖种类

根据全国水产养殖动植物病情测报结果，2020年监测到发病的养殖种类有63种，与2019年持平；2020年未监测到斑节对虾和澳洲岩龙虾发病，但监测到蛏、蚶有发病情况。2020年监测到发病鱼类有39种、虾类8种、蟹类3种、贝类8种、藻类1种、两栖/爬行类3种、其他类1种，主要的养殖鱼类和虾类都监测到疾病（表1）。

表1 2020年全国监测到发病的养殖种类

类别		种类	数量（种）
淡水	鱼类	青鱼、草鱼、鲢、鳙、鲤、鲫、鳊、泥鳅、鲇、鮰、黄颡鱼、鲑、鳟、河鲀、短盖巨脂鲤、长吻鮠、黄鳝、鳜、鲈、乌鳢、罗非鱼、鲟、鳗鲡、鲮、倒刺鲃、红鲌、鲴、尖塘鳢、白斑狗鱼、金鱼、锦鲤	31
	虾类	罗氏沼虾、青虾、克氏原螯虾、凡纳滨对虾	4
	蟹类	中华绒螯蟹	1
	贝类	河蚌	1
	两栖/爬行类	龟、鳖、大鲵	3
海水	鱼类	鲈、鲆、大黄鱼、河鲀、石斑鱼、鲽、半滑舌鳎、卵形鲳鲹	8
	虾类	凡纳滨对虾、中国明对虾、日本囊对虾、脊尾白虾	4
	蟹类	梭子蟹、拟穴青蟹	2
	贝类	牡蛎、鲍、螺、蛤、扇贝、蛏、蚶	7
	藻类	海带	1
	其他类	海参	1
合计		63	

（二）主要疾病

淡水鱼类监测到的主要疾病有：草鱼出血病、传染性造血器官坏死病、锦鲤疱疹病

毒病、传染性脾肾坏死病、鲫造血器官坏死病、鲤浮肿病、鳗鲡疱疹病毒病、传染性胰脏坏死病、鳜弹状病毒病、淡水鱼细菌性败血症、链球菌病、小瓜虫病、水霉病等；海水鱼类监测到的主要疾病有：病毒性神经坏死病、真鲷虹彩病毒病、石斑鱼虹彩病毒病、大黄鱼内脏白点病、爱德华氏菌病、诺卡氏菌病、刺激隐核虫病、本尼登虫病等。

虾蟹类监测到的主要疾病有：白斑综合征、传染性皮下和造血组织坏死病、十足目虹彩病毒病（虾虹彩病毒病）、急性肝胰腺坏死病、虾肝肠胞虫病和梭子蟹肌孢虫病等。

贝类监测到的主要疾病有：牡蛎疱疹病毒病、三角帆蚌气单胞菌病等。

两栖、爬行类监测到的主要疾病有：鳖溃烂病、红底板病等。

（三）主要养殖方式的发病情况

2020 年监测的主要养殖方式有海水池塘、海水网箱、海水工厂化，淡水池塘、淡水网箱和淡水工厂化。从不同养殖方式的发病情况看，各主要养殖方式的平均发病面积率约 14%，较 2019 年略有降低。其中，海水池塘养殖和海水工厂化养殖发病面积率仍然维持较低水平；淡水池塘养殖和淡水网箱养殖发病面积率居高不下；淡水工厂化养殖和海水网箱养殖的发病面积率比上一年有较大增幅（图 1）。

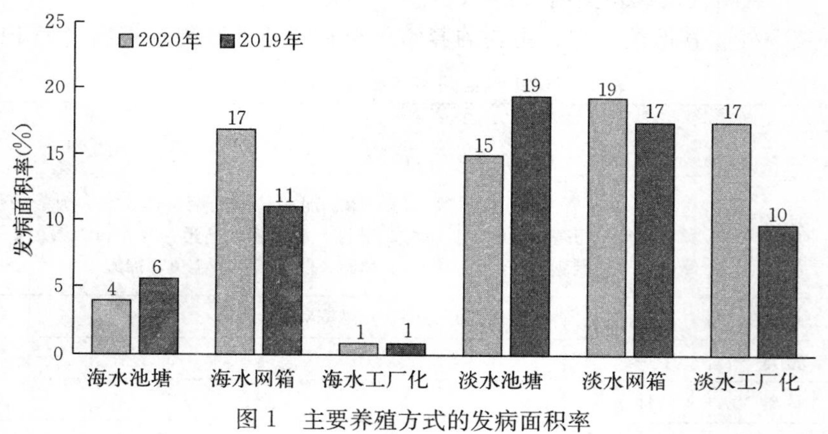

图 1　主要养殖方式的发病面积率

（四）经济损失情况

2020 年，我国水产养殖因病害造成的测算经济损失约 589 亿元，比 2019 年增加 181 亿元，约占水产养殖总产值的 5.8%，约占渔业总产值的 4.4%。2020 年经济损失高，一是受新冠肺炎疫情影响，养殖主产区出现成鱼滞销、密度加大、水质恶化等情况，进而突发疫情增加；二是越冬淡水鱼春季死亡造成了较大损失；特别是鲈、黄颡鱼、石斑鱼、中华绒螯蟹和罗氏沼虾等主要养殖区发生了不同规模的疫情，造成较大的经济损失。

在病害经济损失中，甲壳类损失最大，为 212 亿元，约占 36.0%；鱼类 167 亿元，约占 28.4%；贝类 155 亿元，约占 26.3%；其他损失 55 亿元，约占 9.3%。主要养殖种类经济损失情况如下：

（1）甲壳类　因病害造成较大经济损失的有：中华绒螯蟹约100.0亿元，凡纳滨对虾约60.0亿元，罗氏沼虾约15.0亿元，克氏原螯虾约13.0亿元，梭子蟹约5.0亿元，拟穴青蟹约5.0亿元。其中，中华绒螯蟹不明病因的“水瘪子病”和罗氏沼虾不明病因的“铁虾病”均造成了较大经济损失，凡纳滨对虾等其他甲壳类的经济损失比2019年均略有减少。

（2）鱼类　因病害造成经济损失较大的有：鲈约48.9亿元，草鱼约21.9亿元，鳜约15.0亿元，石斑鱼约13.4亿元，黄颡鱼约9.5亿元，鲫约9.3亿元，罗非鱼约7.4亿元，鳙约5.6亿元，大黄鱼约5.0亿元，鲢约4.6亿元，鲤约3.7亿元，乌鳢约3.4亿元，观赏鱼约3.0亿元，鲆鲽、鲷等海水鱼约2.0亿元，鲑鳟约1.0亿元，黄鳝约1.5亿元，鮰约1.0亿元。其中，春季浙江、安徽、江西、湖北、湖南、广东等地养殖的鲈突发大量死亡情况，浙江、湖北、广西、四川、河南等地池塘养殖黄颡鱼突发大量死亡情况，均造成较大经济损失。

（3）其他　海带和紫菜等藻类因病害造成的经济损失约8.0亿元，鳖4.9亿元。另外，海参因高温等非病原性因素造成经济损失约37.8亿元。

二、2021年疾病发生趋势分析

2021年，根据中央1号文件关于“推进水产绿色健康养殖”的指示精神，农业农村部继续采取有力措施推进水产绿色健康养殖技术推广“五大行动”，大力推广应用疫苗免疫、生态防控等病害防控技术，强力推动水产苗种产地检疫制度实施等。相关政策和措施的出台，将在一定程度上从源头降低病害发生率和传播风险。但是，由于现有渔用疫苗种类有限，生态防控养殖技术宣传不到位，加上2020年春季鲈、黄颡鱼、中华绒螯蟹和罗氏沼虾等突发大量死亡的根源尚未明确，所以防病形势仍然严峻，局部地区仍有可能出现突发疫情。推测主要发病养殖品种除鲈、黄颡鱼、中华绒螯蟹和罗氏沼虾外，还有草鱼、鲤、罗非鱼、鲫、鲢、大黄鱼、石斑鱼、凡纳滨对虾、克氏原螯虾、牡蛎等。

2020年鲤春病毒血症状况分析

深圳海关动植物检验检疫技术中心

（贾　鹏　温智清　刘　莊）

一、前言

鲤春病毒血症（Spring viraemia of carp，SVC）是一种由鲤春病毒血症病毒（Spring viraemia of carp virus，SVCV）感染鲤科和鮰科鱼类并导致宿主产生以急性、出血性临床症状为主的病毒性传染病。世界动物卫生组织（World Organization for Animal Health，OIE）将其列入水生动物疫病名录；我国将其列入一类动物疫病，二类进境动物疫病。

2005年，我国首次制定《国家水生动物疫病监测计划》并组织实施。2004年，我国江苏发生首例SVC疫情，给我国鲤科鱼类养殖业造成较大影响，引起我国渔业渔政管理局的重视，并于2005年首次实施《国家水生动物疫病监测计划》。自此，我国已经对SVC开展了16年的连续监测，累计设置监测点7 199个，累计抽样11 529批次，累计监测到SVC阳性样品440批次。基本明确了SVC在我国的分布、病毒毒力、基因型、易感宿主、传播路径以及对我国养殖业可能造成潜在风险和危害等情况。

我国SVC国家监测成果达到预期目标，也符合OIE《水生动物法典》规定的水生动物疫病监测目标。通过连续监测，①证明了我国不同省（自治区、直辖市）鲤科鱼类养殖场SVCV流行和病原感染情况；②为我国主管部门向OIE或世界粮农组织（Food and Agriculture Organization，FAO）亚太水产养殖网络中心（Network of Aquaculture Centres in Asia-Pacific，NACA）通报SVC疫情提供科学依据；③掌握SVC在我国发生发展、分布、流行率等数据，为我国SVC疫情控制和风险分析提供科学参考；④保证我国鲤科鱼类（特别是观赏鱼）国际贸易健康发展，为进口国入境风险分析提供监测数据参考。

为了不断完善SVC监测数据，深入挖掘监测数据的科学价值，本报告将对2020年SVC国家监测数据进行总结和分析，包括监测点分布、监测点类型、监测品种以及阳性检出情况等。还将2020年SVC国家检测数据与历年监测数据进行了比较分析，结合SVC最新研究进展，通过分子流行病学和生物信息学手段，分析SVC对我国鲤科鱼类养殖业和观赏鱼国际贸易可能存在的潜在风险和影响，并提出相应的防控措施和应对措施。

二、主要内容概述

根据2020年20个省（自治区、直辖市）上报的监测数据，形成2020年中国鲤春病毒血症分析报告，主要内容如下：①分析了全国 SVC 国家监测工作总体实施情况；②将 2020 年和往年（2005—2019 年）监测数据进行比较分析，发掘 2020 年 SVC 监测数据的特点；③以数据为基础，分析我国 SVC 流行和发生疫情的风险；④2020 年 SVC 国家监测存在的主要问题；⑤对今后监测工作提出相应建议。

三、2020 年 SVC 国家监测实施情况

（一）监测范围

2020 年，SVC 监测范围为北京、天津、河北、内蒙古、辽宁、吉林、黑龙江、上海、江苏、浙江、安徽、江西、山东、河南、湖北、湖南、重庆、四川、陕西、宁夏 20 个省（自治区、直辖市）的 191 个县 306 个乡（镇）（图 1）。

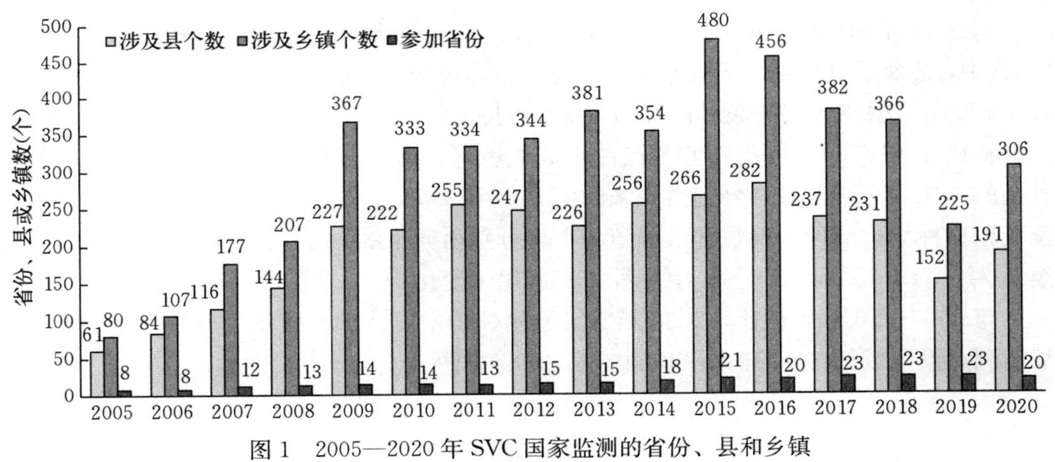

图 1　2005—2020 年 SVC 国家监测的省份、县和乡镇

与 2019 年度相比，2020 年 SVC 监测的省（自治区、直辖市）减少 3 个，山西、新疆及新疆建设兵团未参加，监测的县由 152 个增加至 191 个，监测的乡（镇）由 225 个增加至 306 个（图 1）。与 2019 年相比，2020 年监测覆盖的县数（个）和乡（镇）数（个）均有较大增长，接近 2005—2019 年平均水平。

2005—2020 年，监测范围累计覆盖县 3 197 次，平均数为 199.8 次；监测范围累计覆盖乡（镇）4 899 次，平均数为 306.2 次。

（二）不同养殖场类型和监测点

2020 年，全国共设置 SVC 监测点 6 大类，共计 412 个，包括国家级原良种场 7 个、省级原良种场 64 个、苗种场 82 个、观赏鱼养殖场 52 个、成鱼养殖场 207 个和引育种中心 0 个，分别占当年监测点总数的比例为 1.7％、15.5％、19.9％、12.6％、50.3％和 0.0％（图 2）。

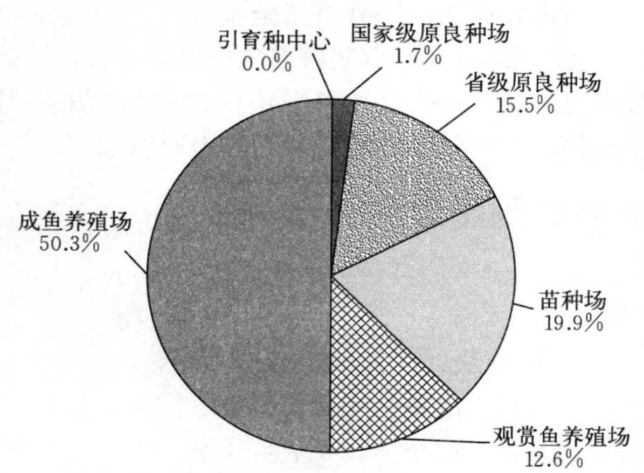

图 2　2020 年不同类型监测点占比情况

与 2019 年相比较，2020 年监测点总数增加 79 个，增长 23.7%，增幅较大，详见图 3。其中，省级原良种场、成鱼养殖场和观赏鱼养殖场增长明显，分别为 52.4%、31.2% 和 18.2%；国家级原良种场和苗种场数量基本持平，引育种中心未采样，未发生变化。

相比 2019 年，不同类型监测点占比基本稳定，略有差异。成鱼养殖场和省级原良种场的占比均有所上升，分别由原来的 47.1% 和 12.6% 上升到 50.3% 和 15.5%，而国家级原良种场、苗种场和观赏鱼养殖场占比分别由原来的 3.3%、23.7% 和 13.2% 下降至 1.7%、19.9% 和 12.6%。引育种中心占比无变化。

与 2005—2019 年相比，2020 年省级原良种场、观赏鱼养殖场、成鱼养殖场和苗种场监测点设置数低于 16 年来平均数 455.3，详见图 3。

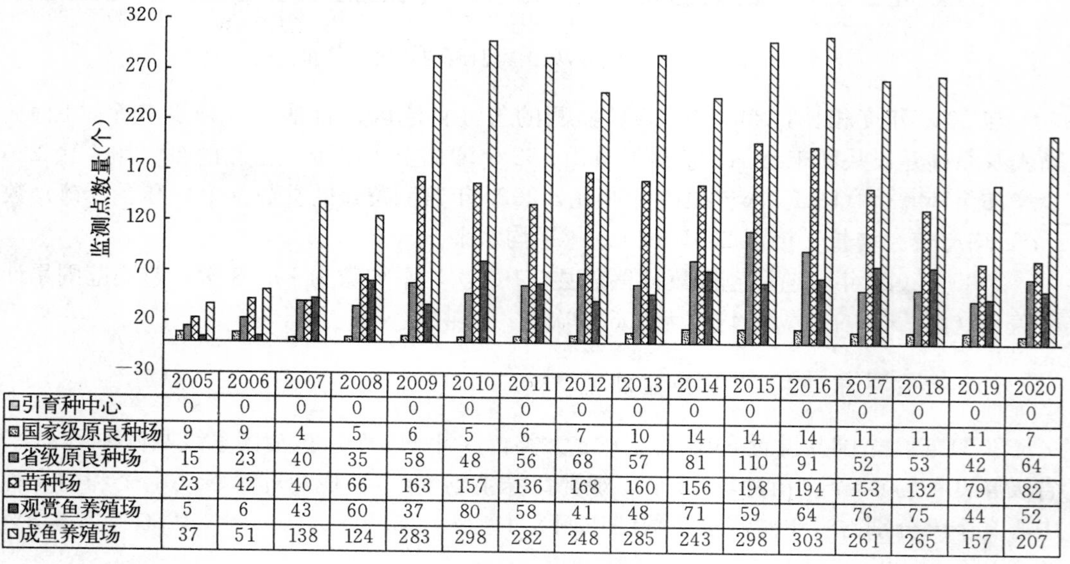

	2005	2006	2007	2008	2009	2010	2011	2012	2013	2014	2015	2016	2017	2018	2019	2020
引育种中心	0	0	0	0	0	0	0	0	0	0	0	0	0	0	0	0
国家级原良种场	9	9	4	5	6	5	6	7	10	14	14	14	11	11	11	7
省级原良种场	15	23	40	35	58	48	56	68	57	81	110	91	52	53	42	64
苗种场	23	42	40	66	163	157	136	168	160	156	198	194	153	132	79	82
观赏鱼养殖场	5	6	43	60	37	80	58	41	48	71	59	64	76	75	44	52
成鱼养殖场	37	51	138	124	283	298	282	248	285	243	298	303	261	265	157	207

图 3　2005—2020 年不同类型监测点数量

2005—2020 年，全国累计设置监测点 7 284 个。其中，国家级原良种场累计设置 143 个，中位数 9 个/年；省级原良种场累计设置 893 个，中位数 55.5 个/年；苗种场累计设置 1 949 个，中位数 121.8 个/年；观赏鱼养殖场累计设置 819 个，中位数 51.2 个/年；成鱼养殖场累计设置 3 480 个，中位数 217.4 个/年。16 年中，不同类型养殖场占比见图 4。

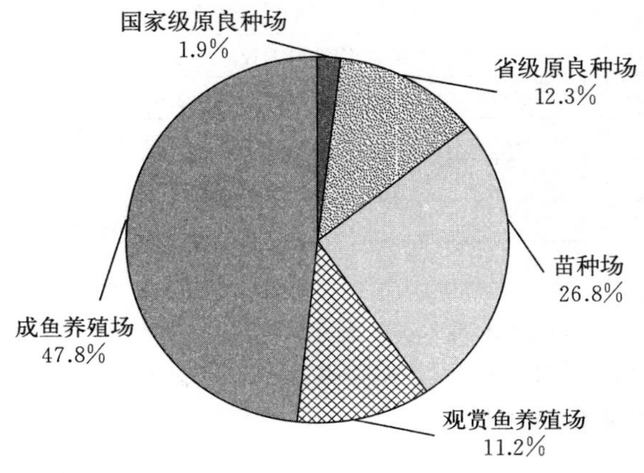

图 4　2005—2020 年不同类型监测点占比情况

（三）不同省份监测任务完成情况

2020 年，SVC 国家监测拟计划采集样品 417 批次，实际采样 460 批次，除黑龙江省（计划采样 30 批，实际采样 29 批）外，各个省（自治区、直辖市）均圆满完成任务。其中，北京、江苏、山东和湖北超额完成采样任务（表 1）。

表 1　2020 年不同省份 SVC 采样任务完成情况

省份	原计划		实际完成情况		实际检测单位	完成率（%）
	自检	送检	自检	送检		
北京	0	22	0	24	中国检验检疫科学研究院	109.0
天津	0	30	0	30	中国检验检疫科学研究院	100.0
河北	5	25	5	25	中国水产科学研究院黑龙江水产研究所	100.0
内蒙古	0	15	0	15	中国检验检疫科学研究院	100.0
辽宁	0	30	0	30	大连海关技术中心	100.0
吉林	0	15	0	15	中国水产科学研究院黑龙江水产研究所	100.0
黑龙江	0	30	0	29	中国水产科学研究院黑龙江水产研究所	96.7
上海	5	0	5	0	上海市水产技术推广站	100.0
江苏	0	25	10	25	江苏省水生动物疫病预防控制中心 连云港海关综合技术中心	140.0
浙江	20	0	0	30	浙江省淡水水产研究所	150.0
安徽	0	40	0	40	浙江省淡水水产研究所	100.0
江西	0	20	0	20	中国水产科学研究院珠江水产研究所	100.0

（续）

省份	原计划		实际完成情况		实际检测单位	完成率（%）
	自检	送检	自检	送检		
山东	0	20	0	31	青岛海关技术中心、山东省淡水渔业研究院	155.0
河南	0	25	0	25	中国水产科学研究院长江水产研究所	100.0
湖北	0	20	0	21	中国水产科学研究院长江水产研究所	105.0
湖南	0	25	0	25	长沙海关技术中心	100.0
重庆	15	0	20	0	重庆市水生动物疫病预防控制中心	133.3
四川	0	15	0	20	重庆市水生动物疫病预防控制中心	133.3
陕西	0	10	0	10	深圳海关动植物检验检疫技术中心	100.0
宁夏	0	5	0	5	深圳海关动植物检验检疫技术中心	100.0
总完成率	45	372	40	420	14	110.3

2005—2020 年间，全国共采集 SVC 监测样品 11 549 批次，江苏、山东、北京、天津和河北采样量居前五。2020 年全国采样批次占 16 年总采样量的 3.9%。不同年份不同省份 SVC 国家监测采样数量见图 5。

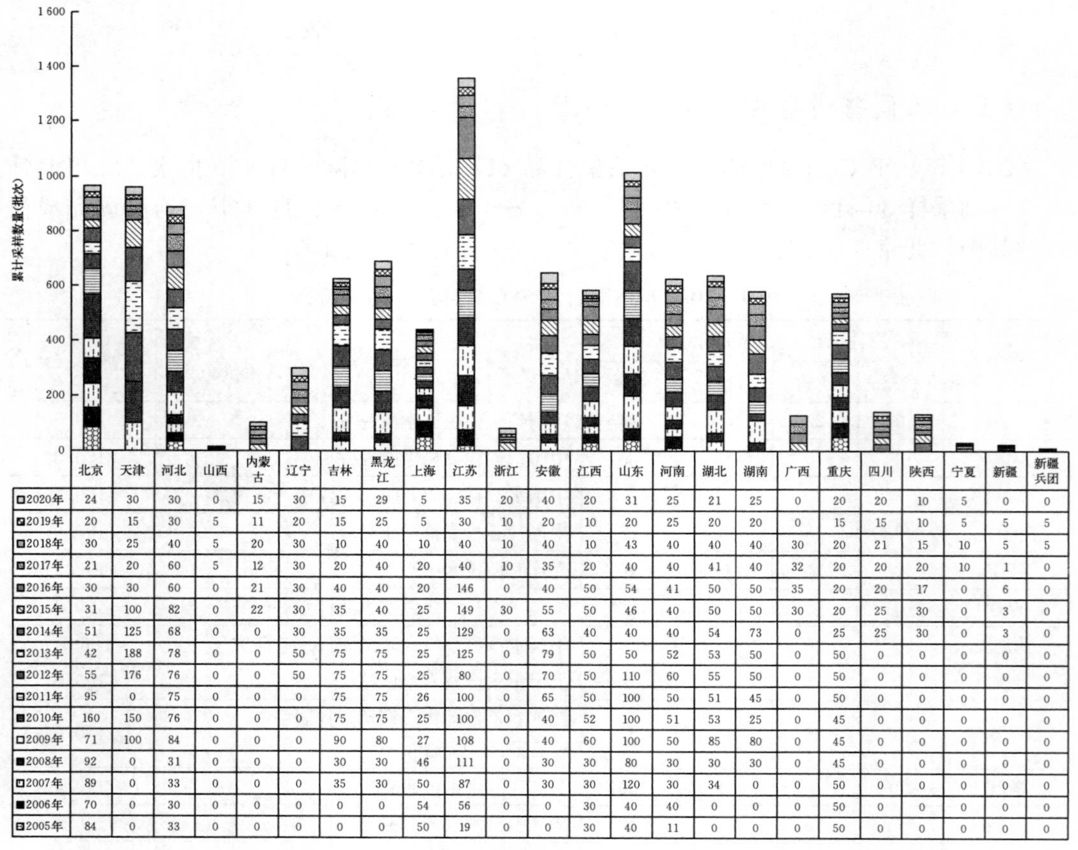

	北京	天津	河北	山西	内蒙古	辽宁	吉林	黑龙江	上海	江苏	浙江	安徽	江西	山东	河南	湖北	湖南	广西	重庆	四川	陕西	宁夏	新疆	新疆兵团
2020年	24	30	30	0	15	30	15	29	5	35	20	40	20	31	25	21	25	0	20	20	10	5	0	0
2019年	20	15	30	5	11	20	15	25	5	30	10	20	10	20	25	20	20	0	15	15	10	5	5	5
2018年	30	25	40	5	20	30	10	40	10	40	10	40	10	43	40	40	40	30	20	21	15	10	5	5
2017年	21	20	60	5	12	30	20	40	20	40	10	35	20	40	40	41	40	32	20	20	20	10	1	0
2016年	30	30	60	0	21	30	40	40	20	146	0	40	50	54	41	50	50	35	20	20	17	0	6	0
2015年	31	100	82	0	22	30	35	40	25	149	30	55	50	46	40	50	50	30	20	25	30	0	3	0
2014年	51	125	68	0	0	30	35	35	25	129	0	63	40	40	40	54	73	0	25	25	30	0	3	0
2013年	42	188	78	0	0	50	75	75	25	125	0	79	50	50	52	53	50	0	50	0	0	0	0	0
2012年	55	176	76	0	0	50	75	75	25	80	0	70	50	110	60	55	50	0	50	0	0	0	0	0
2011年	95	0	75	0	0	0	75	75	26	100	0	65	50	100	50	51	45	0	50	0	0	0	0	0
2010年	160	150	76	0	0	0	75	75	25	100	0	40	52	100	51	53	25	0	45	0	0	0	0	0
2009年	71	100	84	0	0	0	90	80	27	108	0	40	60	100	50	85	80	0	45	0	0	0	0	0
2008年	92	0	31	0	0	0	30	30	46	111	0	30	30	80	30	30	30	0	45	0	0	0	0	0
2007年	89	0	33	0	0	0	35	30	50	87	0	30	30	120	30	34	0	0	50	0	0	0	0	0
2006年	70	0	30	0	0	0	0	0	54	56	0	0	30	40	40	0	0	0	50	0	0	0	0	0
2005年	84	0	33	0	0	0	0	0	50	19	0	0	30	40	11	0	0	0	50	0	0	0	0	0

图 5　2005—2020 年不同省份完成采样任务情况

(四)采样规格和自然条件

2020年，多数省（自治区、直辖市）均能够按照监测计划的要求，采取合格的样品。其中，北京、天津、内蒙古、辽宁、吉林、黑龙江、上海、江苏、浙江、江西、山东、河南、湖南、四川、陕西、宁夏基本在水温为10～22℃时采样。但是，安徽、湖北、重庆部分样品的采样水温略高，为26℃左右。

16个省（自治区、直辖市）在春季或秋季一次性完成采样任务，北京、天津、内蒙古和吉林4个省份分春秋两季采样，见表2。

表2　2020年各省份采样信息

省份	采样时间		采样温度（℃）	pH	采样种类	规格	养殖方式
	春季	秋季					
北京	3月4日至5月27日	9月29日	15～20	未知	草鱼、鲢、锦鲤、金鱼和其他观赏鱼	1～25 cm	淡水池塘和淡水工厂化
天津	4月28日至6月4日	10月20日至10月22日	14～22	未知	鲤、鲫	1.5～28 cm	淡水池塘和淡水工厂化
河北	4月8日至5月28日	/	8～23	未知	鲤	0.5～10 cm	淡水池塘和工厂化
内蒙古	6月3日	10月19日	17～20	8.2～8.3	鲤	100～150 g	淡水池塘
辽宁	5月22日至6月18日	/	19～22	未知	鲤、锦鲤	2～8 cm	淡水池塘
吉林	5月14日至5月22日	10月14日至10月27日	15～17	未知	鲤	2～7 cm	淡水池塘
黑龙江	/	9月22日至10月12日	15	未知	鲤	250～300 g	淡水池塘
上海	4月17日	/	12～20	未知	金鱼、鲤、锦鲤	5～50 cm	淡水池塘
江苏	4月10日至6月5日	/	18～22	未知	鲤、锦鲤、鲢、草鱼、鲫、鳊、鳙	0.4～1 cm	淡水池塘
浙江	5月19日至6月3日	/	20～24	未知	鲤、锦鲤	3～6 cm	淡水池塘
安徽	/	8月17日至9月16日	19～26	未知	鲤、锦鲤	3～6 cm	淡水池塘和淡水流水池塘
江西	/	11月2日至11月3日	19	未知	鲤、锦鲤	3～6 cm	淡水池塘
山东	5月11日至6月17日	/	14～22	未知	鲤、锦鲤	4～10 cm	淡水池塘和淡水工厂化
河南	/	10月10日至10月20日	14～18	未知	鲤、锦鲤	10～75 g	淡水池塘

（续）

省份	采样时间		采样温度（℃）	pH	采样种类	规格	养殖方式
	春季	秋季					
湖北	5月11日至6月24日	/	18～27	未知	鲤、锦鲤	3～10 cm	淡水池塘
湖南	5月18日至5月21日	/	18～24	未知	鲤	2～3 cm	淡水池塘
重庆	5月20日	/	24～27	未知	鲤	6 cm	淡水池塘
四川	/	10月22日至10月29日	17～19.7	未知	鲤	5～20 cm	淡水池塘
陕西	5月28日	/	22～24	未知	鲤、锦鲤、草鱼	4～15 cm	淡水池塘
宁夏	6月1日	/	22～23	未知	鲤	2.5～3 cm	淡水池塘

样品涉及各种规格，包括夏花、片寸和成鱼，以苗种为主。养殖方式包括淡水池塘养殖、淡水工厂化和淡水流水池塘。

（五）监测品种

2020年，监测样品有10种，分别为鲤、锦鲤、鲫、金鱼、鲢、鳙、草鱼、鳊、青鱼和其他品种。其中鲤占72.8%、锦鲤占14.8%、草鱼占3.9%、鲫占3.0%、金鱼占2.0%，不同种类监测品种所占比例见图6。

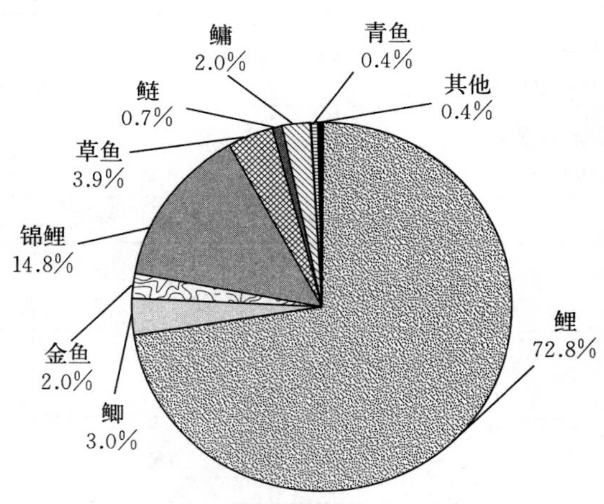

图6　2020年监测品种所占比例

（六）实验室检测情况和检测标准的选择情况

2020年，共15个实验室参与了SVC监测样品的检测工作，不同实验室承担检测任务量和委托检测等情况见表3。

表3　2020年不同实验室承担检测任务量及检测情况

检测单位	检测样品总数（份）	样品来源	各省份送样数（份）
河北省水产技术推广总站	5	河北	5
中国检验检疫科学研究院	69	天津	30
		北京	24
		内蒙古	15
江苏省水生动物疫病预防控制中心	10	江苏	10
上海市水产技术推广站	5	上海	5
大连海关技术中心	30	辽宁	30
青岛海关技术中心	21	山东	21
连云港海关综合技术中心	25	江苏	25
深圳海关动植物检验检疫技术中心	15	宁夏	5
		陕西	10
长沙海关技术中心	25	湖南	25
浙江省淡水水产研究所	70	浙江	30
		安徽	40
山东省淡水渔业研究院	10	山东	10
重庆市水生动物疫病预防控制中心	40	四川	20
		重庆	20
中国水产科学研究院珠江水产研究所	20	江西	20
中国水产科学研究院黑龙江水产研究所	69	黑龙江	29
		吉林	15
		河北	25
中国水产科学研究院长江水产研究所	46	河南	25
		湖北	21

2020年，中国水产科学研究院黑龙江水产研究所、中国检验检疫科学研究院和浙江省淡水水产研究所承担检测任务量占前三位，样品检测量占总样品量的45.2%。

四、2020年SVC国家监测结果分析

（一）检出率

1.2020年监测点阳性检出情况　20省（自治区、直辖市）共设置监测养殖场点412个，阳性监测点30个，平均阳性养殖场点检出率为7.3%。在412个监测养殖场点中，国家级原良种场7个，未检出阳性；省级原良种场64个，6个阳性，检出率是9.4%；苗种场82个，4个阳性，检出率是4.9%；观赏鱼养殖场52个，6个阳性，检出率是11.5%；

成鱼养殖场 207 个，14 个阳性，检出率是 6.8%；引育种中心 0 个（图 7）。

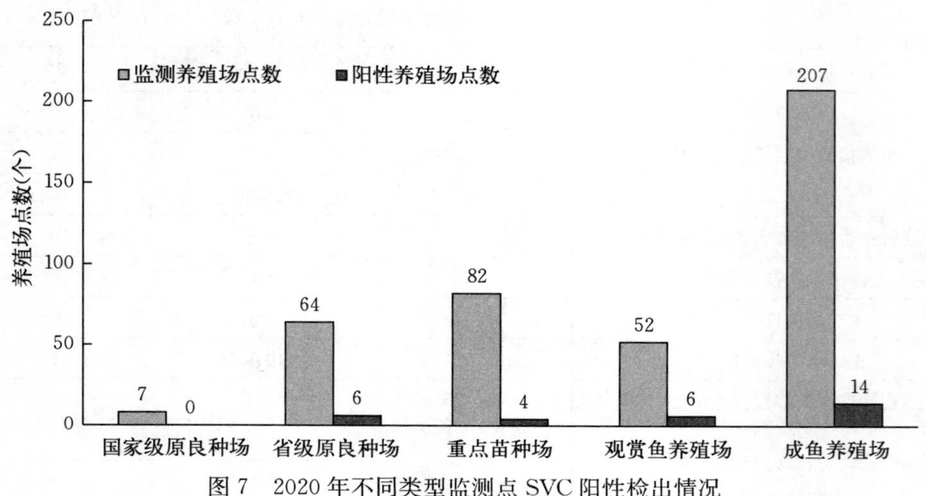

图 7　2020 年不同类型监测点 SVC 阳性检出情况

2. 2020 年样品批次阳性检出情况　20 省（自治区、直辖市）共采集样品 460 批次，检出阳性样品 31 批次，平均阳性样品检出率为 6.7%。

3. 2020 年和 2019 年监测点阳性检出情况比较　2019 年，SVC 监测点阳性检出率为 9.6%。2020 年，SVC 监测点阳性检出率为 7.3%，相比 2019 年，检出率下降 2.3 个百分点。

相比 2019 年，2020 年成鱼养殖场和苗种场阳性检出率下降，特别是成鱼养殖场下降一半以上；但省级原良种场和观赏鱼养殖场阳性检出率均有所上升，尤其省级原良种场阳性检出率增长达 3 倍以上，见图 8。

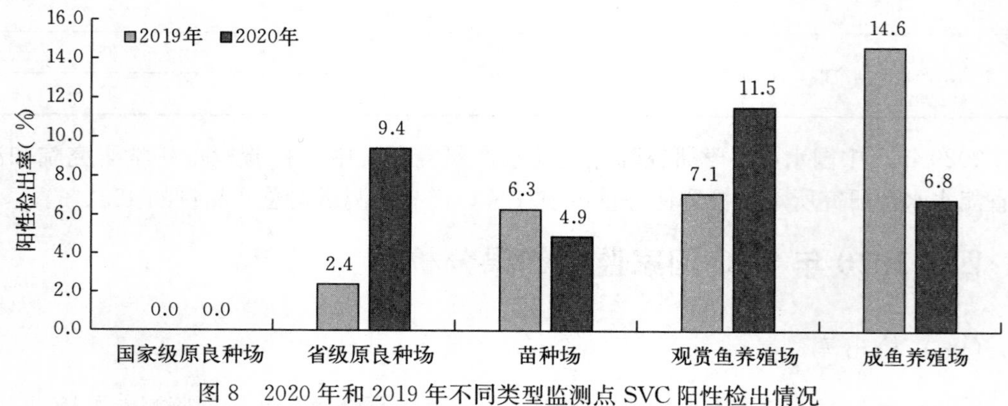

图 8　2020 年和 2019 年不同类型监测点 SVC 阳性检出情况

4. 2005—2020 年阳性样品检出率比较分析　2020 年，SVC 阳性样品批次检出率为 6.7%（31/460），低于 2019 年的 9.0%检出率，但依然高于其他历年批次阳性检出率。

2005—2020 年，SVC 阳性样品检出率 3.8%（440/11 549），不同年度 SVC 批次阳

性检出率见图 9。

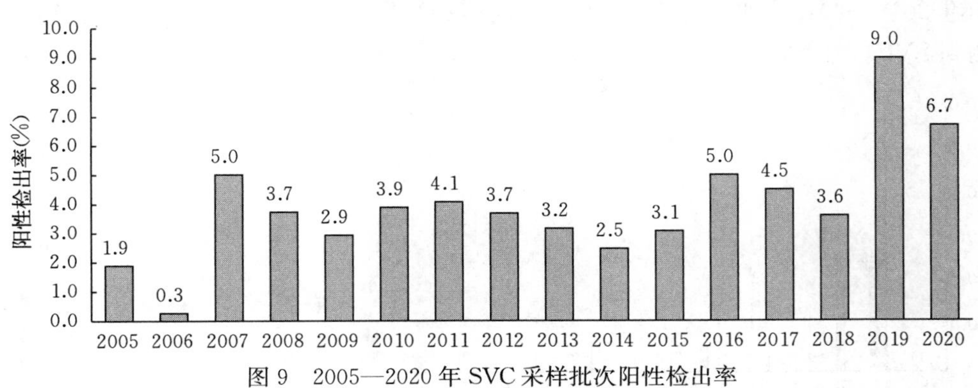

图 9　2005—2020 年 SVC 采样批次阳性检出率

（二）SVC 阳性检出区域

1. 2020 年阳性检出区域　2020 年，在 20 省（自治区、直辖市）中，9 省（自治区、直辖市）的 21 个市、区、县检出了 SVC 阳性样品，分别为天津市（宝坻区、西青区、北辰区、武清区）、辽宁省辽阳县、山东省（德州市、枣庄市）、河南省（南阳市、洛阳市、开封市、商丘市）、湖北省（黄冈市、武汉市、咸宁市、襄阳市、宜昌市）、湖南省（长沙市、岳阳市）、陕西省眉县、宁夏自治区贺兰县和内蒙古自治区五原县。

2. 2020 年 9 个省（自治区、直辖市）阳性养殖场点检出率　2020 年，在 9 个 SVC 阳性检出省（自治区、直辖市）中，SVC 平均阳性养殖场点检出率和阳性样品检出率分别为 7.3%（30/412）和 6.7%（31/460）。其中，湖北省的阳性养殖场点检出率和阳性样品检出率最高，均为 47.6%；其次是天津市和宁夏自治区。内蒙古自治区、湖南省和山东省的阳性养殖场点检出率和阳性样品检出率最低，分别不超过 10%，见图 10。

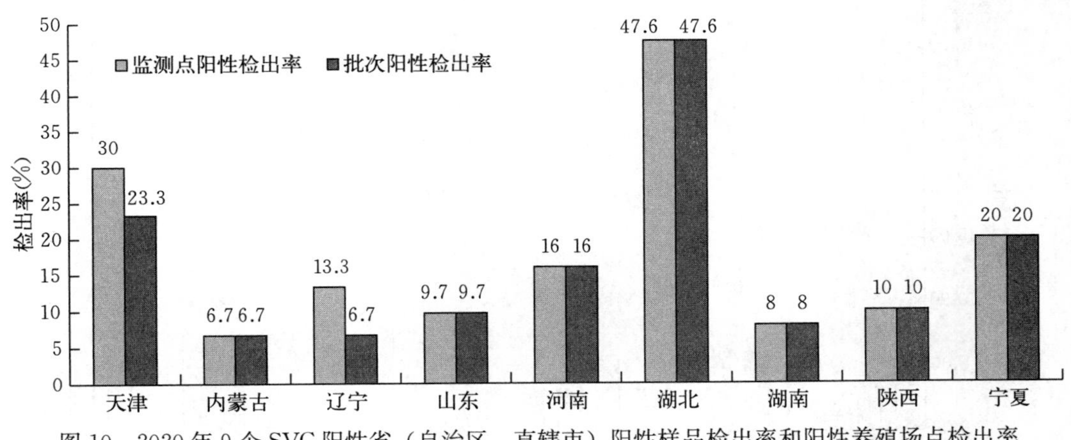

图 10　2020 年 9 个 SVC 阳性省（自治区、直辖市）阳性样品检出率和阳性养殖场点检出率

3. 2018—2020 年 SVC 阳性检出区域情况比较　2018—2020 年，在被监测的 23 省（自治区、直辖市）中，山西、吉林、浙江、安徽、江西、广西、四川和重庆连续三年

未监测到 SVC。2019—2020 年，北京、黑龙江、上海、江苏连续 2 年未监测到 SVC。河南继 2018—2019 年两年未监测到 SVC 后，2020 年再次监测到 SVC，湖北连续三年监测到 SVC，且 SVC 检出率逐年增长，且增长幅度明显较高，见图 11。

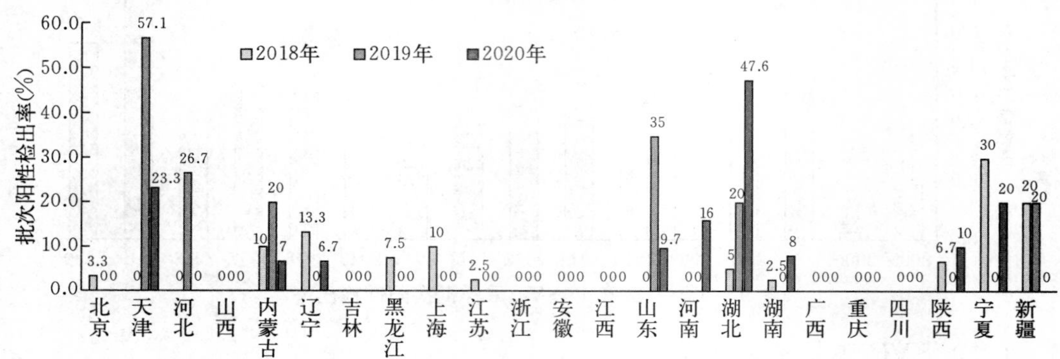

图 11　2018—2020 年 23 省（自治区、直辖市）SVC 阳性检出率

2018 年，从北京、内蒙古、辽宁、黑龙江、上海、江苏、湖北、湖南、陕西、宁夏和新疆 11 省（自治区、直辖市）的 18 个乡镇检出了阳性样品。

2019 年，从天津、河北、内蒙古、上海、山东、湖北、新疆 7 省（自治区、直辖市）和新疆建设兵团的 22 个乡镇检出了阳性样品。

2020 年，从天津、内蒙古、辽宁、山东、河南、湖北、湖南、陕西和宁夏 9 省（自治区、直辖市）的 30 个乡镇检出了阳性样品。

4. 2005—2020 年 SVC 阳性检出区域　2005—2020 年，全国先后有 21 个省（自治区、直辖市）监测到 SVC（图 12），各省 SVC 阳性检出率高低不同，新疆、宁夏和重

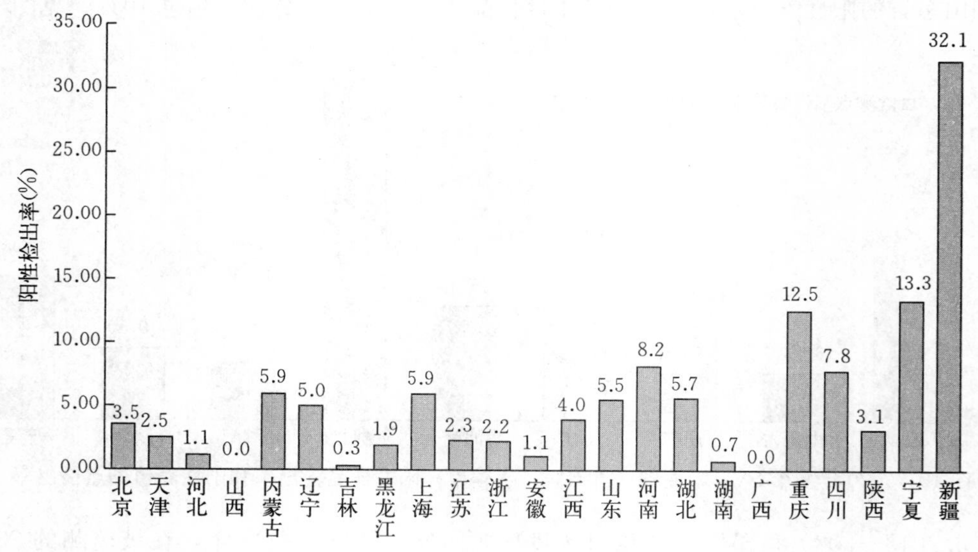

图 12　23 省份 2005—2020 年 SVC 平均阳性样品检出率

庆西部地区SVC阳性检出率较高，超过10%，分别为32.1%、13.3%和12.6%。其次由高到低分比为河南（8.2%）、四川（8.1%）、上海（5.9%）、内蒙古（5.9%）、湖北（5.7%）、山东（5.5%）、辽宁（5.0%）、江西（4.0%）、北京（3.5%）、陕西（3.1%）、浙江（2.5%）、天津（2.5%）、江苏（2.3%）、黑龙江（1.9%）、河北（1.1%）、安徽（1.1%）、湖南（0.7%）、吉林（0.3%）、山西（0.0%）、广西（0.0%）。陕西从2015年首次参加SVC监测，并于2016年首次监测到SVC阳性养殖场。广西连续实施5年监测，均未监测到SVC。山西和宁夏2017年首次参加SVC国家监测。山西至今未监测到阳性样品。河南继2018—2019年连续两年未监测到SVC后，2020年再次监测到SVC。

（三）阳性养殖场类型检出率

2015—2020年，累计监测国家级原良种场、省级原良种场、苗种场、观赏鱼养殖场和成鱼养殖场68次、412次、838次、370次、1 490次。国家级原良种场2015年的监测场点SVC阳性率达21.4%，从2016年起，国家级原良种场连续四年未监测到SVC。2015—2020年，省级原良种场和苗种SVC监测点阳性率依然较高，分别为2.4%～8.2%和2.5%～6.3%；观赏鱼养殖场SVC监测点阳性率分别为2.3%～13.6%；成鱼养殖场SVC监测点阳性率分别为3.0%～14.6%（图13）。

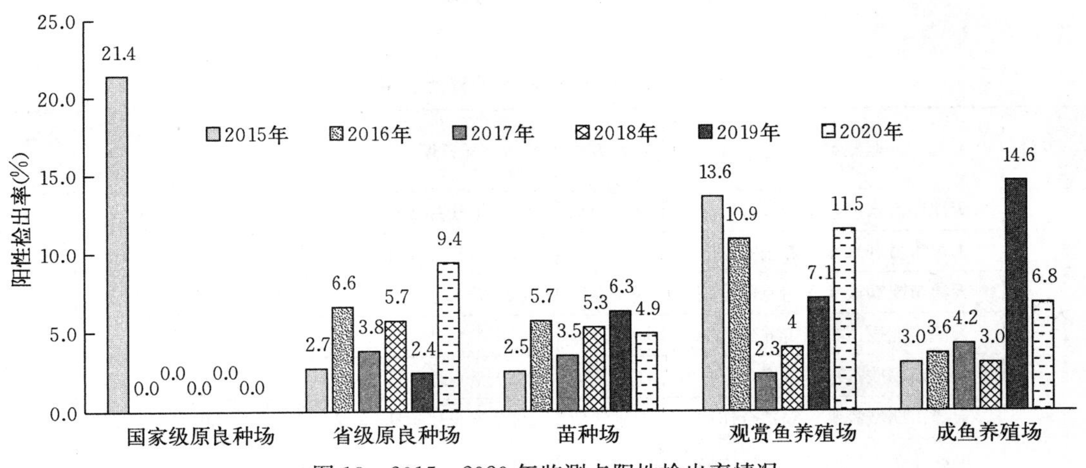

图13　2015—2020年监测点阳性检出率情况

（四）检出宿主及比较分析

1. 2020年阳性品种　2020年，监测养殖品种有草鱼、鲢、鳙、鲤、鲫、青鱼、金鱼、锦鲤及其他品种。2020年，在鲤和锦鲤中检出了SVC阳性样品，分别占总体阳性品种比例为87.1%（27/31）和12.9%（4/31）。同一品种中，鲤SVC阳性检出率为8.1%（27/335）、锦鲤SVC阳性检出率为5.9%（4/68），见表4。

表 4　2020 年阳性检出和品种的关系

监测样品种类（种）	9	草鱼、鲢、鳙、鲤、鲫、青鱼、金鱼、锦鲤、其他
检出阳性品种（种）	2	鲤、锦鲤
阳性品种	占总阳性样品的比率（%）	阳性检出率（同一品种）（%）
鲤	87.1（27/31）	8.1（27/335）
锦鲤	12.9（4/31）	5.9（4/68）

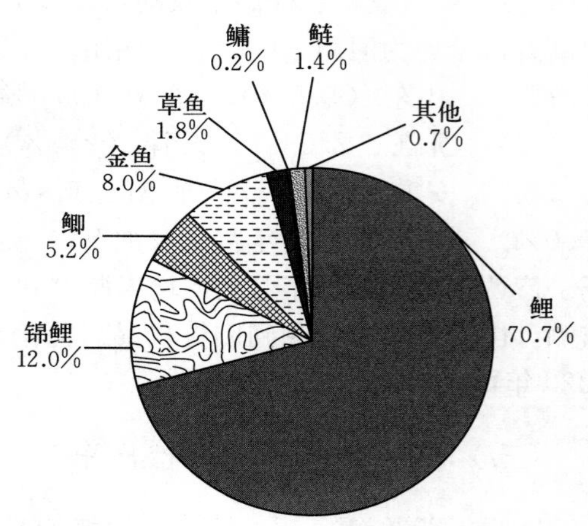

图 14　2005—2020 年不同品种鱼类检出 SVC 占总阳性的比例

2. 2005—2020 年阳性品种　2005—2020 年，食用鲤感染 SVC 的比例最高，占 70.7%；其他依次为锦鲤 12.0%、金鱼 8.0%、鲫 5.2%、草鱼 1.8%、鲢 1.4%、鳙 0.2%，其他品种 0.7%，见图 14。

（五）阳性样品和温度的关系

2020 年，31 批次阳性样品的采样水温范围为 14～23 ℃，均为淡水池塘养殖模式，见表 5。

表 5　2020 年 SVC 阳性监测点信息表

省份	监测点名称	养殖方式	采样日期	水温（℃）	pH	样品品种	样品规格	检测单位
天津市	天津顺海水产养殖合作社	淡水池塘	2020 年 6 月 2 日	21	—	鲤	35 cm	A
	天津市益利来水产养殖有限公司	淡水池塘	2020 年 6 月 3 日	23	—	鲤	3 cm	
	天津市凯润淡水养殖有限公司	淡水池塘	2020 年 6 月 3 日	23	—	鲤	2 cm	
	天津市北辰区霍明涛养殖场	淡水池塘	2020 年 6 月 4 日	22	—	鲤	38 cm	
	天津市民欣水产养殖专业合作社	淡水池塘	2020 年 6 月 4 日	23	—	鲤	4 cm	
	天津市朋城淡水鱼养殖合作社	淡水池塘	2020 年 6 月 4 日	23	—	鲤	4 cm	
内蒙古	巴彦淖尔市五原县隆耀墒壕渔业专业合作社	淡水池塘	2020 年 6 月 3 日	20	8.3	鲤	3 cm	A
辽宁	王文闯养殖场	淡水池塘	2020 年 6 月 18 日	22	—	锦鲤	3 cm	B
	张宝胜养殖场	淡水池塘	2020 年 6 月 18 日	22	—	鲤	3 cm	
山东	齐河县张庆保养殖户	淡水池塘	2020 年 5 月 11 日	20	7	鲤	15 cm	C
	峄城区九洲养鱼专业合作社	淡水池塘	2020 年 5 月 14 日	18	—	鲤	5 cm	D
	枣庄市淡水养殖试验场	淡水池塘	2020 年 5 月 14 日	22	—	鲤	4～5 cm	

（续）

省份	监测点名称	养殖方式	采样日期	水温（℃）	pH	样品品种	样品规格	检测单位
河南	镇平县宋志国养殖场	淡水池塘	2020年10月12日	17	—	锦鲤	10 g	E
	嵩县铁军水产养殖场	淡水池塘	2020年10月12日	17	—	鲤	60 g	
	开封市新区郝占力渔场	淡水池塘	2020年10月20日	14	—	锦鲤	5 g	
	商丘市梁园区文峰水产养殖农民专业合作社	淡水池塘	2020年10月20日	16	—	鲤	20 g	
湖北	英山县杨柳镇鱼种场	淡水池塘	2020年5月12日	18	—	鲤	2～4 cm	E
	武汉市汉南区东荆街依琪水产品专业合作社	淡水池塘	2020年5月13日	22	—	鲤	3～5 cm	
	麻城市大成锦鲤养殖场桐枧冲村基地	淡水池塘	2020年5月18日	19	—	鲤	3～10 cm	
	赤壁市新店镇海棠观赏鱼养殖专业合作社	淡水池塘	2020年5月19日	22	—	鲤	3～6 cm	
	武汉市江夏区国有鲁湖渔场	淡水池塘	2020年5月26日	25	—	鲤	5～10 cm	
	老河口市科丰良种场	淡水池塘	2020年5月28日	25	—	鲤	3～10 cm	
	枣阳市新翔水产苗种场	淡水池塘	2020年6月1日	26	6.8	鲤	3～5 cm	
	咸宁市咸安区向阳水产良种场	淡水池塘	2020年6月11日	24	—	鲤	3～10 cm	
	枝江市董市水产良种场	淡水池塘	2020年6月24日	26	—	鲤	3～5 cm	
	枝江市天丰长江土著鱼类良种场	淡水池塘	2020年6月24日	26	—	鲤	3～5 cm	
湖南	红日观赏鱼养殖基地	淡水池塘	2020年5月18日	22	7.3	鲤	3 cm	F
	增明鱼种繁殖场有限公司	淡水池塘	2020年5月21日	20	7.1	鲤	3 cm	
陕西	杨家村渔场	淡水池塘	2020年5月28日	24	—	锦鲤	10 cm	G
宁夏	贺兰县新明水产养殖有限公司	淡水池塘	2020年6月1日	22	—	鲤	2.5 cm	G

注：A：中国检验检疫科学研究院；B：大连海关技术中心；C：山东省淡水渔业研究院；D：青岛海关技术中心；E：中国水产科学研究院长江水产研究所；F：长沙海关技术中心；G：深圳海关动植物检验检疫技术中心。

（六）往年监测养殖场情况

2020年，对北京、天津、河北、内蒙古、辽宁、吉林、黑龙江、上海、江苏、浙江、安徽、江西、山东、河南、湖北、湖南、重庆、四川、陕西、宁夏20个省（自治区、直辖市）的191个区县306个乡（镇）的412个养殖场点进行了SVC监测，检出阳性监测点30个。

412个监测点中是往年监测点的为99个，占比24.0%，其余均为非往年监测点。30个阳性监测点中，为往年监测点的有5个，占比16.7%，分别为湖北省3个（武汉市江夏区国有鲁湖渔场、老河口市科丰良种场、枣阳市新翔水产苗种场）、宁夏自治区1个（贺兰县新明水产养殖有限公司）和辽宁省1个（王文闯养殖场）。

（七）SVC 基因型分析

1. 2020 年 SVCV 分离株基因型分析　2020 年共计监测到 SVCV 阳性毒株 31 个，获得有效基因序列 29 个，2 个辽宁分离株测序结果存在测序不准问题，未纳入此次分析。

基于 *SVCVG* 基因（507 nt），使用 MEGAX 生物学软件，N Neighbor joining 模型 Kimura 2 - parameter 方法，对 2020 年 29 株 SVCV 分离株进行基因型分析（图 15）。

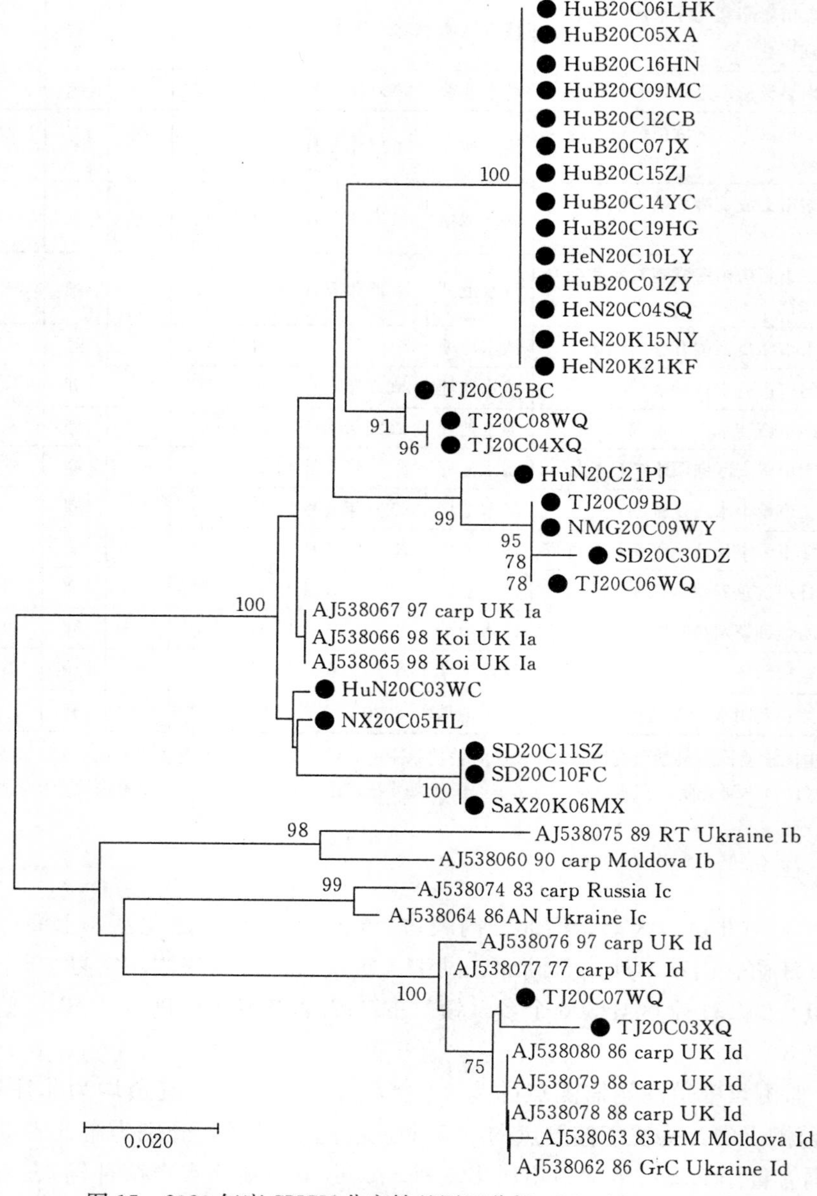

图 15　2020 年度 SVCV 分离株基因型分析（Neighbor joining）

结果表明，27株属于Ia基因型，2株属于Id基因型。这是我国首次监测到Id基因型SVCV毒株。

五、2020年SVC监测风险分析

（一）我国SVC主要流行病学因素分析

1. 易感宿主

（1）监测结果　2005—2020年的监测结果表明，共监测到SVC阳性样本440个。其中，从不同品种检出SVC数量占16年阳性总数的比例不同，食用鲤70.7%、锦鲤12.0%、金鱼8.0%、鲫5.2%、草鱼1.8%、鲢1.4%、鳙0.2%、团头鲂等其他品种0.7%。

2005—2020年，我国先后从如下品种中监测到SVC，包括食用鲤（建鲤、黄河鲤、兴国红鲤）、食用鲫（鲫、异育银鲫）、观赏用鲤（锦鲤）和观赏用鲫（金鱼和草金鱼）、草鱼、鲢、鳙、团头鲂。

（2）监测结果分析　根据世界动物卫生组织（OIE）对SVCV易感宿主的规定，SVCV易感宿主包括鲤（*Cyprinus carpio carpio*）和锦鲤（*Cyprinus carpio koi*）、鲫（*Carassius carassius*）、鲢（*Hypophthalmichthys molitrix*）、鳙（*Aristichthys nobilis*）、草鱼（*Ctenopharyngodon idella*）、金鱼（*Carassius auratus*）、高体雅罗鱼（*Leuciscus idus*）、丁鲹（*Tinca tinca*）和欧鳊（*Abramis brama*）。实验条件下，拟鲤（*Rutilus rutilus*）、斑马鱼（*Danio rerio*）、美鳊（*Notemigonus crysoleucas*）、虹鳉（*Lebistes reticulatus*）、太阳鱼（*Lepomis gibbosus*）对SVCV易感。另外，卷须鲮（*Cirrhinus merigala*＝*C. cirrhosus*）、南亚野鲮（*Labeo rohita*）和卡特拉鲃（*Catla catla*＝*Gebelion catla*）、欧鲇（又称为欧洲鲇或六须鲇）（*Silurus glanis*）和白斑狗鱼（*Esox luciu*）、尼罗罗非鱼（*Sarotherodon niloticus*）和虹鳟（*Oncorhynchus mykiss*）也是其潜在易感宿主。

2005—2020年，我国对约11种淡水鱼类进行SVC监测，先后从鲤、鲫、草鱼、鲢、鳙、团头鲂中检出SVCV，监测结果表明鲤和鲫是SVCV主要宿主。

2. 水温与SVC阳性率的关系　2020年，31个SVC阳性检出样品中，采样水温在14～26℃；2019年，32个SVC阳性检出样品中，采样水温在10～22℃；2018年，21个SVC阳性样品的采样水温为14～24℃。因此，在我国SVC在水温10～26℃均有流行。

3. 样品规格和SVC阳性率的关系　2020年，31个SVC阳性样品大部分为苗种，规格在2～15 cm或5～60 g，天津有2批为成鱼，规格超35 cm。

4. SVC在我国的地理分布　SVC在我国的地理分布见图12。

5. SVCV中国株基因型　2020年，这是我国首次监测到Id基因型SVCV毒株。从天津市西青区杨柳青镇成鱼养殖场和天津市武清区崔黄口镇成鱼养殖场的食用鲤中监测Id基因型SVCV毒株，两个监测点送检样品均为3～4 cm活体鲤鱼苗，采样时没有临床症状。此次两批次样品均有中国检验检疫科学研究院承担实验室监测任务，该单位根据《鱼类检疫方法 第5部分 鲤春病毒血症病毒（SVCV）》（GB/T 15805.5—2008）推荐的病毒分离和套式RT-PCR方法进行实验室检测，病毒分离结果阳性，PCR结果阳性，整个实验室检测周期为12 d。这是首次在国内监测到Id基因型SVCV毒株，为我国水生动物疫病防控再次敲响了警钟。

1971年，全球首次报道SVCV，该毒株便是Id基因型SVCV，分离于南斯拉夫。在英国（1977年）、摩尔多瓦（1983年）和乌克兰（1986年）均有Id基因型SVCV的报道，宿主主要包括普通鲤和鲢。

根据OIE鲤春病毒血症参考实验室（中国深圳）和美国地质调查局西部渔业研究中心共同完成的实验数据，Id基因型SVCV毒株的致死率60%～90%，属于高致病力毒株。因此，Id基因型SVCV毒株传入我国，对我国鲤科鱼类的危害风险为高。

6. SVC在不同类型养殖场的分布 2015年，国家级原良种场SVC监测点阳性率为21.4%，至2016年起国家级原良种场再未监测到SVC阳性，但省级原良种场和苗种场SVC阳性率仍然很高。2015—2020年，省级原良种场SVC监测点阳性率为2.4%～9.4%，苗种场SVC监测点阳性率为2.5%～6.3%。另外，观赏鱼养殖场SVC监测点阳性率为2.3%～13.6%；成鱼养殖场SVC监测点阳性率为3.0%～14.6%。2020年省级原良种场和观赏鱼养殖场监测点的阳性率同比均有大幅增加，其中省级原良种场监测点阳性率为2015年以来的最高。因此，省级原良种场、观赏鱼养殖场和苗种场仍然是监测的重点对象。

7. 各省对SVC阳性养殖场采取的控制措施 2020年，9省（自治区、直辖市）监测到SVC阳性样品，均未发生SVC疫情。各省（自治区、直辖市）水产技术推广站对阳性结果进行确认后，及时报告至省（自治区、直辖市）渔业行政主管部门，行政主管部门指导地方相关部门人员对阳性场开展处置工作，对苗种来源、流行病学等信息开展调查。

为了防止病原扩散，对阳性养殖场采取隔离措施，禁止养殖场水生动物移动；对养殖场水体、器械、池塘和场地实施严格的封闭消毒措施，严禁未经消毒处理的水体排出场外；对被污染水生动物进行无害化处理；对阳性养殖场采取持续监控。部分省份水产技术推广站制定了《鲤春病毒血症防控技术建议》，并下发全省各级水产防疫部门，提升防控意识。

（二）SVC风险分析

1. 主要风险点识别

（1）苗种场 目前，全国现有鱼类相关国家级原良种场14家，省级水产原良种场500余家。按照2016—2020年监测结果，SVC监测涵盖了全部国家级原良种场，省级原良种场覆盖度分别为10.4%（52/500）、18.2%（91/500）、10.6%（53/500）、8.4%（42/500）和12.8%（64/500）。由于我国重点苗种场较多，未能准确统计出监测覆盖度。2016—2020年，未从国家级原良种场监测到SVC，但是省级原良种场和其他苗种场的阳性检出率不可忽视，省级原良种场和苗种场是SVCV重要传染源。SVCV通过省级原良种场和苗种场传出并扩散的风险为极高。

（2）成鱼养殖场　SVCV广泛污染成鱼养殖场。2005—2020年，食用鲤感染SVC的比例最高，占比达70.7%。基于对重庆SVC监测数据也表明成鱼养殖场被SVC污染严重，2015年前重庆主要送检1～4 kg成鱼，2005—2015年间阳性检出率为15%。2016—2019年重庆主要送检苗种，阳性检出率大幅降低。但是，成鱼养殖场主要以生产食用性鱼为主，水生动物多数直接进入消费市场。SVCV通过成鱼传播的风险为低，但未经处理的成鱼养殖场污水和器具等传播SVCV的风险为极高。

（3）鲢和团头鲂等品种　2005—2020年的监测结果表明，先后从草鱼、鲢、鳙、团头鲂中也监测到SVC，说明鳙等鱼类是SVCV携带者，我国多数成鱼养殖场以混养居多，鳙等将成SVCV在养殖场的传染源。鲢和团头鲂等传播SVCV的风险较高。

（4）锦鲤等观赏鱼　2015—2020年，观赏鱼养殖场SVC监测点阳性率分别为13.6%、10.9%、2.3%、4.0%、7.1%和11.5%，近两年观赏鱼养殖场SVC监测点的阳性率均有所增长。6年间，锦鲤和金鱼占阳性品种总数的12.0%和8.0%，说明两种观赏性鱼类是SVCV主要宿主，其发病鱼或隐性感染者将成为SVC传染源。锦鲤和金鱼在我国大部分地区均有养殖场，并且观赏鱼具有跨省跨地区运输的特点，一旦被病毒污染，这些观赏鱼将成为传播SVCV的重要载体。观赏鱼传播SVCV的风险极高。

2. 风险评估

（1）观赏鱼感染和传播SVCV的风险高　加强锦鲤和金鱼等观赏性鲤科鱼类SVC监测，有利于防止病原在国内传播，有利于促进我国观赏鱼国际贸易。2015—2020年，观赏鱼养殖场SVC监测点6年平均阳性检出率高于其他类型养殖场的阳性检出率，说明锦鲤等观赏鱼感染SVC的风险很高。观赏鱼作为价值较高的品种，跨省跨地区运输较为常见，交易频繁。另外，观赏鱼不同于食用鱼类，养殖时间较长，一旦被感染，进一步传播的风险很高。SVCV通过水源或苗种传入观赏鱼养殖场的风险较大。我国观赏鱼曾经多次被英国检出SVC，并有疑似出口英国的观赏鱼出现SVC临床症状；OIE SVC参考实验室的研究也表明，部分SVCV中国株对锦鲤具有较高的致死率。因此，观赏鱼感染、传播SVC风险很高，并且出现SVC疫情的风险高。

（2）鲢和团头鲂等传播SVCV的风险极高　草鱼和鲢等其他鱼类隐性带毒情况需要关注。2020年未从草鱼和鲢等其他鱼类中检出SVC，但2005—2019年，草鱼、鲢、鳙和其他鱼类检出了SVC，说明草鱼、鲢、鳙和团头鲂等其他鱼类是SVC的易感动物或隐性感染者。然而，混养模式在我国较为常见，一旦草鱼等携带病原，将成为不可忽视的传染源，传播风险极高。

（3）苗种场传播SVCV的风险极高　国家级水产原良种场作为经农业农村部认定的单位，具有搜集和保存一定数量原种基础群体，按照原种生产标准和操作规程培育原种亲本和苗种，供应社会需求，在整个苗种生产体系中具有带动示范作用。然而，2015—2020年，省级原良种场SVC监测点阳性率分别为2.7%、6.6%、3.8%、

5.7%、2.4%和 9.4%；苗种场 SVC 监测点阳性率分别为 2.5%、5.7%、3.5%、5.3%、6.3%和 4.9%，两者的阳性率始终未有明显下降的趋势。苗种场污染 SVC，将对我国鱼类种质资源存量以及优良亲本和苗种供应战略保障造成极大危险，SVC 通过苗种扩大传播的风险极高。另外，基于糖蛋白基因的遗传进化分析表明，相似的 SVCV 毒株在重庆、江西、湖北、河南间相互传播，进一步预示 SVCV 通过苗种传播。

（4）被污染的养殖场传播 SVCV 的风险极高　SVCV 对外界环境具有一定抵抗力。当水温为 10 ℃时，SVCV 在河水中可存活 30 d 以上。水温为 4 ℃时，SVCV 可在淤泥中存活 36 d 左右。因此，一旦该养殖场被污染，SVCV 可能在该养殖场的自然环境中存活一定时间。如果不能对被污染养殖场进行彻底无害化处理，仅更换养殖品种，无法达到根除 SVCV 的目的。通常，当养殖场被 SVCV 污染后，养殖户会更换鲢、草鱼等品种进行养殖。根据目前监测结果，草鱼和鲢等品种是 SVCV 的携带者，即使 SVCV 无法在草鱼和鲢等体内增殖引起发病，但 SVCV 可以在草鱼和鲢体内存活较长时间。因此，一旦养殖池塘被污染，清塘并进行消毒处理是根除 SVCV 的有效手段。

3. *后果评估*　我国是鲤科鱼类养殖大国，鲤科鱼类养殖产量占淡水养殖产量的 65%，占有举足轻重的地位。SVCV 的流行，将对国内鲤科鱼类养殖业和观赏性鱼类贸易产生影响。

（1）对我国鲤科鱼类养殖业存在巨大威胁　SVC 已经对国内鲤科鱼类养殖业造成直接经济损失。目前为止，我国 SVCV 分离株均属于 Ia 基因亚型，在同一个亚型内，有不同的遗传进化趋势。根据监测和流行病学调查结果，SVCV 中国株和我国鲤科鱼类品种相互适应，通常不会导致被感染鲤科鱼类发病。但 2004 年江苏、2016 年新疆、2017—2019 年辽宁均发生 SVC 疫情，导致一定规模鲤科鱼类死亡。推断两方面原因导致了这两次疫情：①在特殊条件下（气候、养殖环境等），SVCV 中国株存在引起一定规模疫情的可能性；②SVCV 强毒株局部扩散。

（2）对我国观赏性鱼类国际贸易影响极大　1998 年，英国从北京进口的金鱼和锦鲤中检出 SVCV，一方面将中国划为 SVC 疫区，另一方面做出禁止从中国进口观赏鱼的决定。英国的决定立即引起连锁反应，新加坡、日本、法国、比利时、意大利等国家纷纷效仿，欧盟其他成员亦采取措施统一行动，造成中国观赏鱼无法出口欧美市场，中国的观赏鱼场损失惨重。因此，一旦我国观赏鱼被国外检出携带 SVCV，可能导致我国整个观赏鱼国际贸易暂停，直接经济损失和间接经济损失难以估量。目前，作为我国有代表性的观赏水生动物——锦鲤，其出口贸易基本处于停滞状态。

（3）对生态的影响不可估量　我国地域辽阔，水系丰富，土著鱼类种类丰富但种群数量参差不齐，有的土著鱼类濒临灭绝，比如青海湖的裸鲤。由于尚未知道这些土著鱼类品种对 SVCV 的易感性，一旦 SVCV 通过被污染的水、病鱼或者其他形式的机械传播途径传入裸鲤等土著鱼类生活的自然环境，将对其种群产生不可预测的严重后果。

（4）对虹鳟和罗非鱼等鱼类养殖业的潜在影响　根据 OIE《水生动物疾病诊断手册》第 2.3.9 章的规定，鲇、雅罗鱼、罗非鱼和虹鳟也是 SVCV 易感宿主或潜在的易感宿主，不断有文献报道 SVCV 对其他种类鱼易感。不断有报道从虹鳟体内检测和分离到 SVCV（Haghighi et al.，2008；Jeremic et al.，2006）。Eveline 等（Eveline J. Emmenegger，2015）报道，虹鳟和硬头鳟（*Salmo gairdneri*）、大鳞大麻哈鱼（*O. tshawytscha*）、红大麻哈鱼（*O. nerka*）和黄金鲈（*Perca flavescens*）易感，实验条件下可引起这些鱼类死亡。虹鳟、鲈、雅罗鱼、罗非鱼在我国均有养殖，一旦 SVCV 传入虹鳟等养殖环境，将对其产生一定程度的影响。更为重要的是，我们尚不知道 SVCV 中国株对虹鳟等品种的致病性。

4. 风险评估结论　我国暴发 SVCV 疫情的风险为高。

（1）SVCV Ia 和 Id 基因亚型的致病性　SVCV Ia 基因亚型对鲤科鱼类具有致病性，但不同毒株致病力不同。2004 年江苏、2016 年新疆和 2018 年辽宁的有限区域内发生 SVC 疫情，发病动物主要为食用鲤等鲤科鱼类。2002 年和 2016 年，Ia 基因亚型 SVCV 分别引起美国和韩国养殖锦鲤和野生鲤出现死亡。实验条件下，Ia 基因亚型 SVCV 造成锦鲤、白鱼、大口黑鲈、河鲈和部分鲑科鱼类发病，累计死亡率 0～100%不等。Id 基因型 SVCV 毒株的致死率 60%～90%，属于高致病力毒株。普通鲤和鲢均是其易感宿主。

（2）我国发生 SVC 疫情的风险及条件　我国随时有暴发 SVC 疫情的风险。虽然，2020 年所有阳性监测点均未出现临床症状病例，但并不能排除其他地区未发生过 SVC 疫情，更不能排除将来 SVC 在我国暴发的可能。首先，当 SVCV Ia 基因亚型强毒株成为优势流行株时，将极大增加我国发生 SVCV 疫情的风险。世界动物卫生组织鲤春病毒血症参考实验室评价了不同 SVCV 中国株的致病性，发现 5 株 Ia 基因亚型 SVCV 对锦鲤的致病力不同。2 株 SVCV 造成锦鲤累计死亡率约为 85%，1 株 SVCV 造成锦鲤累计死亡率约为 40%，2 株 SVCV 对锦鲤没有致病性。其次，带毒苗种和观赏鱼通过贸易运输至不同地区，增加了 SVCV 不同毒株在国内不同地区交叉传播的风险。最后，特定的应激条件是 SVC 疫情发生的必要条件。SVCV 感染实验表明，温度变化等应激条件是实验动物出现死亡的重要条件。2016 和 2018 年，我国新疆、辽宁的 SVC 疫情均发生在气温多变的春季。

六、监测中存在的主要问题

1. 监测数据的深度挖掘和应用不足　每年 SVC 监测数据分析还有待提升，深层次信息挖掘不足，停留在数据或情况的统计。另外，监测数据在 SVC 防控中的作用还未完全体现，对指导产业发展、服务渔民等方面的促进作用不明显。

2. 对 SVC 阳性养殖场防控措施执行不到位　SVC 作为一类动物疫病，阳性检出养殖场由于涉及经费补偿以及政策规定不明确等问题，多数无法采取扑杀措施。

3. 国家水生动物监测系统某些模块需要升级　原始数据下载模块没有筛选功能；缺乏 2 年连续监测监测点汇总功能。

七、SVC 国家监测工作建议

1. 查明 Id 基因型 SVCV 毒株的流行病学信息　尽快成立专项工作小组，制定科学方法，查明 Id 基因型 SVCV 毒株的来源和流行病学信息。

2. *首席专家实验室应及时了解当年 SVCV 阳性检出情况* 当年 SVCV 监测计划实施过程中，实验室检出阳性样品，检测结果应抄送首席专家实验室，并对检测结果进行分析。若需要结果进一步确认，将样品送至首席专家实验室进行进一步结果复核。

3. *我国 SVC 防控实施区域化管理（中期目标）* 动物疫病区域化管理是当前国际认可的重要动物卫生措施。动物区域化管理逐渐成为技术贸易措施中的关键手段。例如非洲猪瘟，欧盟区域化成果得到美国的认可而俄罗斯的贸易制裁被 WTO 判定违规。各省份主管部门应根据本省份水产养殖和病害发生情况，对 SVC 特定疾病制定长远计划，实行多种疾病统筹考虑，分片区、有步骤、彻底明确某地某个疾病的流行状况，然后逐步推进至其他地区，为无疫区建设奠定基础。这些措施将有利于 SVC 防控以及我国鲤科鱼类国际贸易。

4. *快速检测平台应用和免疫防控技术储备* 加强现场快速检测和诊断便携式设备和快速检测试剂盒的评价和推广应用，提升基层监测点检测手段。加强 SVC 被动监测的力度，及时掌握发病信息，以便采取及时有效的控制措施。对我国流行的 Ia 基因型的分化进行深入解析，对新疆致病株的毒力做进一步确定。同时结合国外流行的 SVCV 致病毒株的其他基因型序列，研发储备具有较好防控效果的口服或者浸泡疫苗，为开展 SVCV 的免疫或者非免疫无疫区建设以及我国 SVCV 的净化打下基础。

5. *优化监测方案* 加大苗种场和观赏鱼监测力度的同时，扩大苗种产地检疫实施范围，逐步建立观赏鱼跨省跨地区调运检疫制度。在疫病监测计划中明确必须对上一年度阳性养殖场连续监测。对上一年度监测为阳性的养殖场，需要进行连续监测，直到连续两年监测均为阴性，方可调整。对于连续多年监测结果为阴性的养殖场，下一年度可采取减少采样数量和采样种类等措施。

6. *与 CEV、KHV 共感染情况需要关注* 鲤浮肿病毒（Carp edema virus，CEV）在我国作为一种新发疾病，已经在多个省份监测到该病出，对鲤科鱼类养殖存在潜在威胁。锦鲤疱疹病毒（KHV）作为一种对鲤科鱼类危害严重的疾病，对我国鲤科鱼类养殖业影响较大。目前，在对往年 SVC 监测样品进行回顾性检测时发现，部分样品存在 SVCV 和 CEV、SVCV 和 KHV 共感染的现象，这将对 SVC 防控提出新的挑战。

7. *适当扩大采样品种范围* 往年曾在草鱼、鲢、鳙和团头鲂中检出阳性样品，建议继续对其进行采样监测。另外，虹鳟、罗非鱼和鲇等作为 SVCV 潜在的易感宿主，应该逐步纳入监测采样范围。

8. *每年彻底查清阳性养殖场的流行病学信息* 建议检出阳性样品的省份，应按照农业农村部要求开展流行病学调查，查明阳性监测场点种苗来源和去向，以便进行溯源和关联性分析，特别是苗种场。

9. *加强苗种质量管理* 制定水产苗种良好生产操作管理规范（GAP），不断加强对苗种疫病的检验检疫；引导教育养殖户自觉主动对引入苗种检疫并消毒，建立苗种隔离池，加强日常管理，对苗种采购实行产地溯源制度。开展水生动物苗种产地检疫工作。从源头抓起，控制和减少病害流行。鲜活水产品流通交易日益频繁，大大增加了病原体传播的机会，这也是病害种类逐渐增多的原因。因此，为防止新的病原随苗种带入或盲目引进带病的苗种，必须对运输苗种进行检疫，杜绝疾病传入，减少疾病流行。

10. 不断扩大重大水生动物疫病监测种类和样品数量　水生动物疫病常常会引起鱼类的大量死亡，会给渔民造成较大的经济损失，甚至会影响产业的持续发展。近些年因为水产养殖品种种质退化、品种贸易频繁等因素，重大水生动物疫病的发生种类多，危害巨大。因此，建议依照常规监测模式，不断扩大重大水生动物疫病监测种类和样品数量。

2020年锦鲤疱疹病毒病风险状况分析

江苏省水生动物疫病预防控制中心

（张朝晖　袁　锐　刘肖汉　方　苹　倪金俤　刘训猛

陈　静　郭　闯　吴亚锋　王晶晶　陈　辉）

一、前言

锦鲤疱疹病毒病（koi hepesvirus disease，KHVD），世界动物卫生组织（OIE）将其列入水生动物疫病名录，我国将其列入《一、二、三类动物疫病病种名录》二类动物疫病。易感宿主主要为鲤和锦鲤，是一种具有高传染性、高发病率和高死亡率的鱼病毒性疾病。KHVD流行范围广，危害大，给我国及世界多个国家的鲤及锦鲤养殖业造成了严重的经济损失。

KHVD的病原是鲤疱疹病毒Ⅲ型，又名锦鲤疱疹病毒（KHV），为疱疹病毒目（Herpesbirales）、异样疱疹病毒科（Alloherpesbiridae）鲤疱疹病毒属（*Cyprinibirus*）成员。自1997年在德国首次暴发后，KHV迅速在全球蔓延，目前已有26个国家报道过锦鲤疱疹病毒病，遍布欧洲（波兰、英国、奥地利、比利时、捷克、丹麦、法国、匈牙利、意大利、卢森堡、荷兰、爱尔兰、瑞士、罗马尼亚、斯洛文尼亚、西班牙），北美洲（加拿大、美国），亚洲（中国、日本、韩国、新加坡、马来西亚、印度尼西亚、泰国），非洲（南非）。

为了及时了解我国KHVD发病流行情况并有效控制该病的发生和蔓延，农业农村部渔业渔政管理局从2014年开始已连续7年下达了KHVD监测与防治项目。项目下达后各承担单位能够按照监测实施方案的要求，认真组织实施，较好地完成了年度目标和任务。

二、2020年全国KHVD监测实施情况

（一）各省监测情况分析

2020年，KHVD疫病监测共采集样品350份。各省监测情况如图1所示，其中共检出阳性样品11例，分别是天津5例、河北5例、吉林1例。共设置监测养殖场点324个，其中国家级原良种场3个，未检出阳性；省级原良种场37个，未检出阳性；重点苗种场59个，未检出阳性；观赏鱼养殖场48个，检出1个阳性，检出率是2.1%；成鱼养殖场177个，检出10个阳性，检出率为5.6%。与2019年相比，监测点、监测样品数、阳性数、阳性率均出现大幅上升。

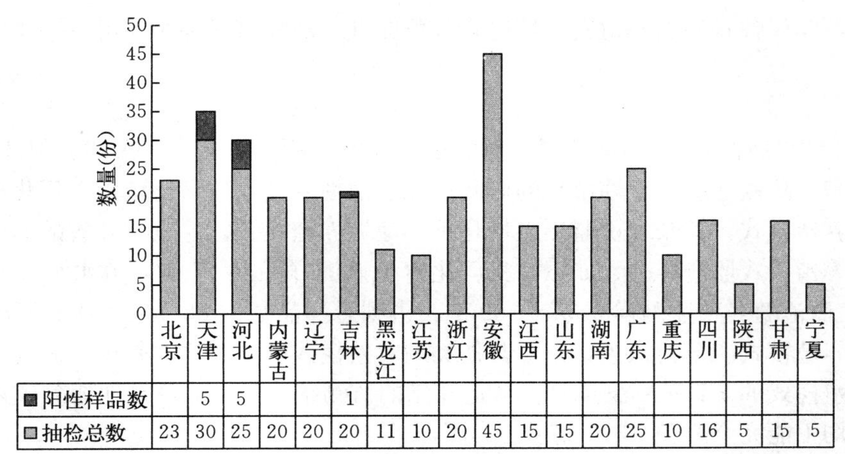

省份	阳性样品数	抽检总数
北京		23
天津	5	30
河北	5	25
内蒙古		20
辽宁		20
吉林	1	20
黑龙江		11
江苏		10
浙江		20
安徽		45
江西		15
山东		15
湖南		20
广东		25
重庆		10
四川		16
陕西		5
甘肃		15
宁夏		5

图1　各省份检测任务完成情况

各省监测任务完成情况如图1所示。2020年，KHVD的监测范围是北京、天津、河北、内蒙古、辽宁、吉林、黑龙江、江苏、浙江、安徽、江西、山东、湖南、广东、重庆、四川、陕西、甘肃、宁夏共19省（自治区、直辖市）。其中，北京、天津、河北、内蒙古、辽宁、吉林、黑龙江、江苏、浙江、安徽、江西、山东、四川、重庆、甘肃等15省（自治区、直辖市）连续七年参加KHVD监测；河南、广西2019年和2020年均未进行KHVD监测，其余年份均参加了KHVD监测；广东自2017年参加KHVD监测以来，已连续五年进行KHVD的监测。综上表明，KHVD监测网已经基本覆盖全国锦鲤和鲤养殖区。

各省监测点设置分布情况如下图2所示，共有12省（自治区、直辖市）的监测点能够覆盖苗种场、成鱼养殖场或观赏鱼养殖场等各种类型的养殖场，其中河北、辽宁等13个省（自治区、直辖市）对省级以上的原良种场进行了监测。2020年度还有一些省份未对任意一种苗种场进行KHVD监测。分析认为，可能是相关苗种场点出现了生产

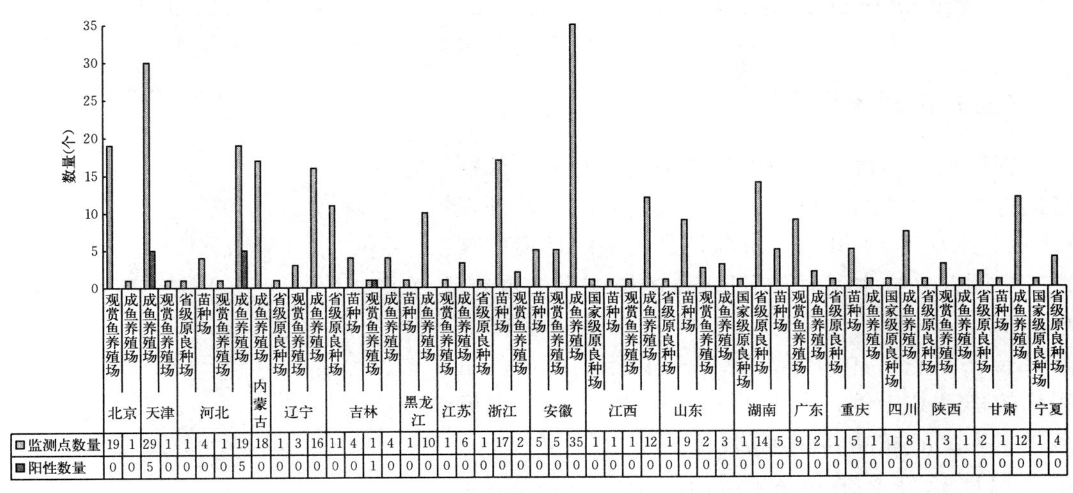

省份	场点类型	监测点数量	阳性数量
北京	观赏鱼养殖场	19	0
	成鱼养殖场	1	0
天津	成鱼养殖场	29	5
	观赏鱼养殖场	1	0
河北	省级原良种场	1	0
	苗种场	4	0
	观赏鱼养殖场	1	0
	成鱼养殖场	19	5
内蒙古	成鱼养殖场	18	0
辽宁	省级原良种场	1	0
	观赏鱼养殖场	3	0
	成鱼养殖场	16	0
吉林	省级原良种场	11	0
	苗种场	4	0
	观赏鱼养殖场	1	1
	成鱼养殖场	4	0
黑龙江	苗种场	1	0
	成鱼养殖场	10	0
江苏	观赏鱼养殖场	1	0
	成鱼养殖场	6	0
浙江	省级原良种场	1	0
	苗种场	17	0
	观赏鱼养殖场	2	0
安徽	苗种场	5	0
	观赏鱼养殖场	5	0
	成鱼养殖场	35	0
江西	国家级原良种场	1	0
	苗种场	1	0
	观赏鱼养殖场	1	0
	成鱼养殖场	12	0
山东	省级原良种场	1	0
	苗种场	9	0
	观赏鱼养殖场	2	0
	成鱼养殖场	3	0
湖南	国家级原良种场	1	0
	省级原良种场	14	0
	苗种场	5	0
广东	观赏鱼养殖场	9	0
	成鱼养殖场	2	0
重庆	省级原良种场	1	0
	苗种场	5	0
	成鱼养殖场	1	0
四川	国家级原良种场	1	0
	成鱼养殖场	8	0
陕西	省级原良种场	1	0
	观赏鱼养殖场	3	0
	成鱼养殖场	1	0
甘肃	省级原良种场	2	0
	苗种场	1	0
	成鱼养殖场	12	0
宁夏	国家级原良种场	1	0
	省级原良种场	4	0

图2　各省份监测点设置情况

上的调整，建议各省根据养殖实际情况，尽可能继续加强对苗种场及苗种的监测。

（二）养殖模式分析

2020 年度各省不同养殖模式样品监测情况如图 3 所示，北京、天津、河北、安徽、山东、广东、陕西七省（直辖市）的监测点除了池塘养殖以外，还包括工厂化或流水池塘等其他养殖模式，其余省份监测点均是单一池塘养殖模式，这也与各省的养殖传统有关。各类养殖模式监测样品数如下：工厂化养殖监测样品共 17 例，流水池养殖监测样品 24 例；而池塘养殖监测样品达到 309 例，占到总样品数的 88.3%，所有阳性样品均来自池塘养殖模式。分析认为，由于其他类型养殖模式的监测样本较少，因此不能完全反应该养殖模式的 KHV 感染风险。从近几年的监测结果看，无论是池塘养殖还是工厂化养殖，均不能完全避免 KHV 感染。

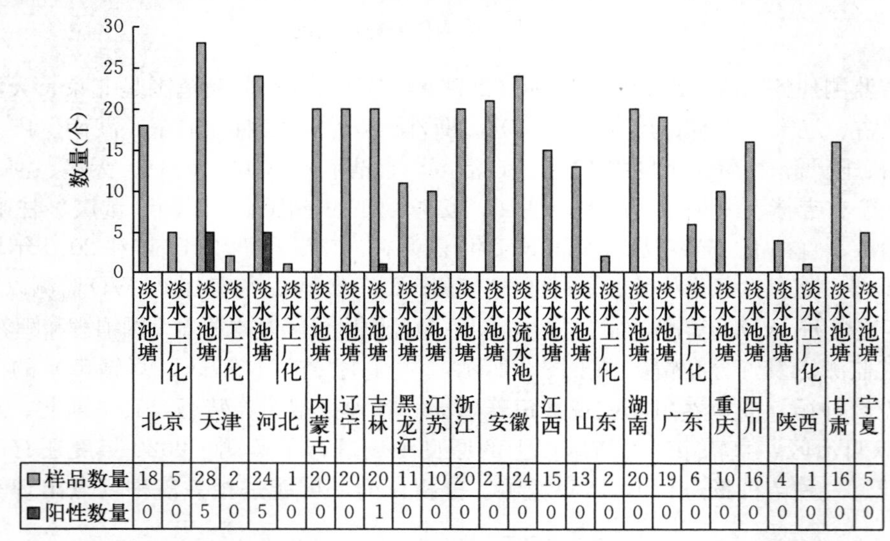

	北京 淡水池塘	北京 淡水工厂化	天津 淡水池塘	天津 淡水工厂化	河北 淡水池塘	河北 淡水工厂化	内蒙古 淡水池塘	辽宁 淡水池塘	吉林 淡水池塘	黑龙江 淡水池塘	江苏 淡水池塘	浙江 淡水池塘	安徽 淡水池塘	安徽 淡水流水池	江西 淡水池塘	山东 淡水池塘	山东 淡水工厂化	湖南 淡水池塘	广东 淡水池塘	广东 淡水工厂化	重庆 淡水池塘	四川 淡水池塘	陕西 淡水池塘	陕西 淡水工厂化	甘肃 淡水池塘	宁夏 淡水池塘
样品数量	18	5	28	2	24	1	20	20	20	11	10	20	21	24	15	13	2	20	19	6	10	16	4	1	16	5
阳性数量	0	0	5	0	5	0	0	0	1	0	0	0	0	0	0	0	0	0	0	0	0	0	0	0	0	0

图 3　各省份不同养殖模式样品监测情况

（三）采样水温

锦鲤疱疹病毒病的发生与诸多因素有关，如病毒的毒力、鱼体的生理状态、养殖密度、养殖环境（水温、水质等）。其中，水温是最关键的环境因素之一，因此采样水温对于 KHVD 的监测至关重要，根据 KHVD 的采样要求，采样需要集中在水温 15～30 ℃进行。2020 年，在 15 ℃以下温度条件下采集的样品共 4 例，占 1.14%；在 15～30 ℃温度条件下采集的样品共 344 例，占 98.3%；在 30 ℃以上温度条件下采集的样品共 2 例，占 0.57%（图 4）。有效采样量占到总采样量的 98.3%，相比

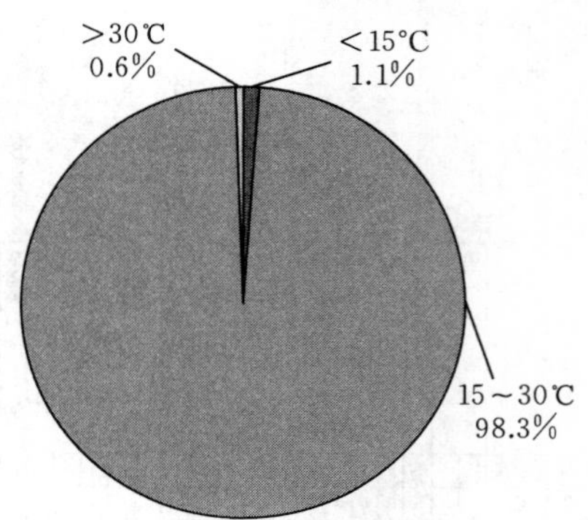

图 4　2020 年样品采集水温分布

2019 年的 91.2%，各省有效采样批次得到显著提升（图 5）。

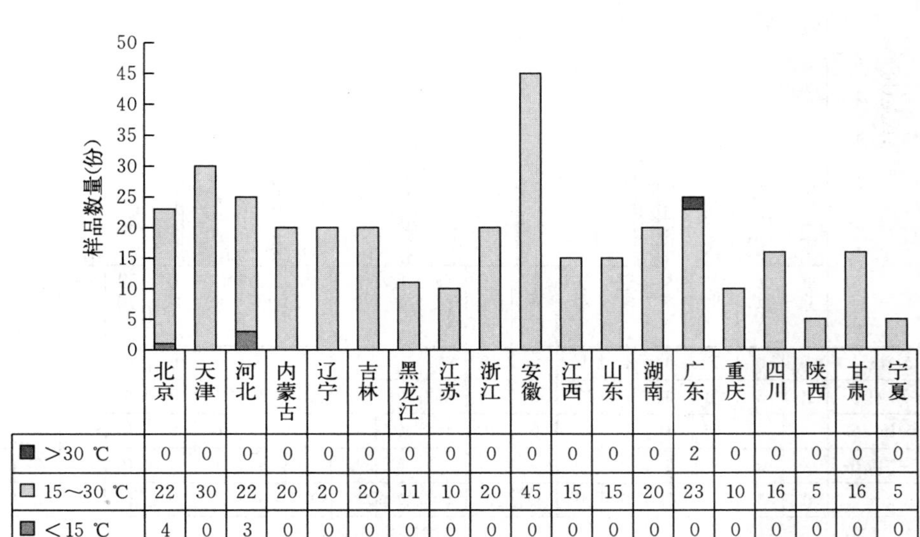

	北京	天津	河北	内蒙古	辽宁	吉林	黑龙江	江苏	浙江	安徽	江西	山东	湖南	广东	重庆	四川	陕西	甘肃	宁夏
■ >30 ℃	0	0	0	0	0	0	0	0	0	0	0	0	0	2	0	0	0	0	0
□ 15～30 ℃	22	30	22	20	20	20	11	10	20	45	15	15	20	23	10	16	5	16	5
■ <15 ℃	4	0	3	0	0	0	0	0	0	0	0	0	0	0	0	0	0	0	0

图 5　2020 年各省份采样温度的分布情况

（四）采样规格

随着水生动物监测体系的不断完善，监测网络信息填报愈发完整，2020 年所有监测样品信息均记录有样品规格大小。其中绝大多数样品采用体长作为规格指标，有少量样品使用了体重作为规格指标，为了统一规格指标以便统计，本分析统一采用了样品体长（cm）作为规格指标（提供体重数据的样品进行了体长估算）。从统计结果来看，2020 年，KHVD 采样规格主要集中在 5 cm 以下的样品，共计 170 例，占样品总数的 48.6%；其次是 6～10 cm 的样品，共有 59 例，占样品总数的 16.9%；11～15 cm 的样品共有 50 例，占样品总数的 14.3%；20 cm 以上大小的样品有 40 例，占到样品总数的 11.4%；16～20 cm 的样品最少，占到样品总数的 8.9%（图 6）。分析认为，从采集样品规格看，各省的监测样品主要以苗种或夏花等苗期样品为主，较好地贯彻了优先采集苗种的监测理念（图 7）。

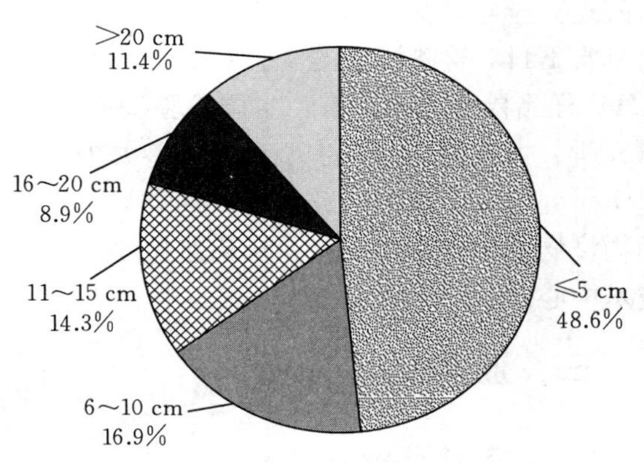

图 6　2020 年样品采样规格分布

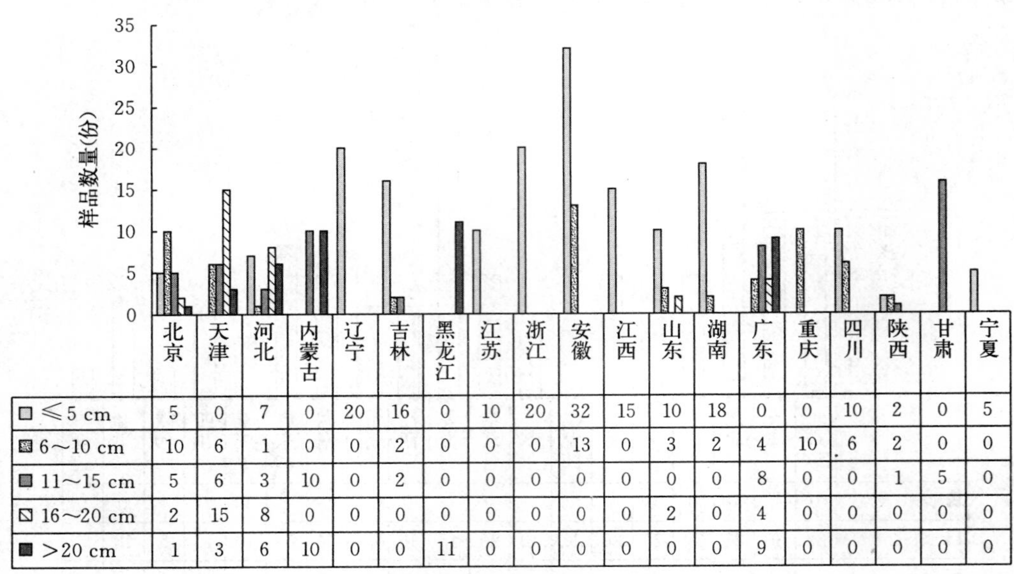

	北京	天津	河北	内蒙古	辽宁	吉林	黑龙江	江苏	浙江	安徽	江西	山东	湖南	广东	重庆	四川	陕西	甘肃	宁夏
≤5 cm	5	0	7	0	20	16	0	10	20	32	15	10	18	0	0	10	2	0	5
6～10 cm	10	6	1	0	0	2	0	0	0	13	0	3	2	4	10	6	2	0	0
11～15 cm	5	6	3	10	0	2	0	0	0	0	0	0	0	8	0	0	1	5	0
16～20 cm	2	15	8	0	0	0	0	0	0	0	0	2	0	4	0	0	0	0	0
>20 cm	1	3	6	10	0	0	11	0	0	0	0	0	0	9	0	0	0	0	0

图 7　2020 年各省份采样规格分布

（五）检测单位

按照监测实施工作的要求，2020 年的监测时间为 3～11 月，覆盖所有可能发病的时间点，全年采集、检测的样品为 350 份。采样和调查工作由其各省份负责，检测工作由具有 KHV 检测资质的实验室负责，确保了检测结果的有效性和可靠性。本年度参与 KHV 样品检测的单位有：中国检验检疫科学研究院、中国水产科学研究院黑龙江水产研究所、大连海关技术中心、连云港海关综合技术中心、长沙海关技术中心、中国水产科学研究院珠江水产研究所、浙江省淡水水产研究所、青岛海关技术中心、广东省水生动物疫病预防控制中心、重庆市水生动物疫病预防控制中心、深圳海关动植物检验检疫技术中心。

三、监测结果分析

（一）阳性监测点分布

19 个省（自治区、直辖市）共设置监测养殖场点 324 个，检出阳性 11 个，阳性养殖场点检出率为 3.40%。其中，国家级原良种场 3 个，未检出阳性；省级原良种场 37 个，未检出阳性；苗种场 59 个，未检出阳性；观赏鱼养殖场 48 个，检出 1 个阳性，检出率是 2.1%；成鱼养殖场 177 个，检出 10 个阳性，检出率为 5.6%（图 8）。其中，成鱼养殖场 KHV 阳性检出率则为近六年最高。分析认为，相比往年，2020 年 KHVD 监测点数量保持稳定，尤其是往年较易检出 KHV 阳性省份的采样量保持了相对稳定，有利于对 KHV 感染进行持续的监测；各种类型的苗种场已经连续两年未检出 KHV 阳

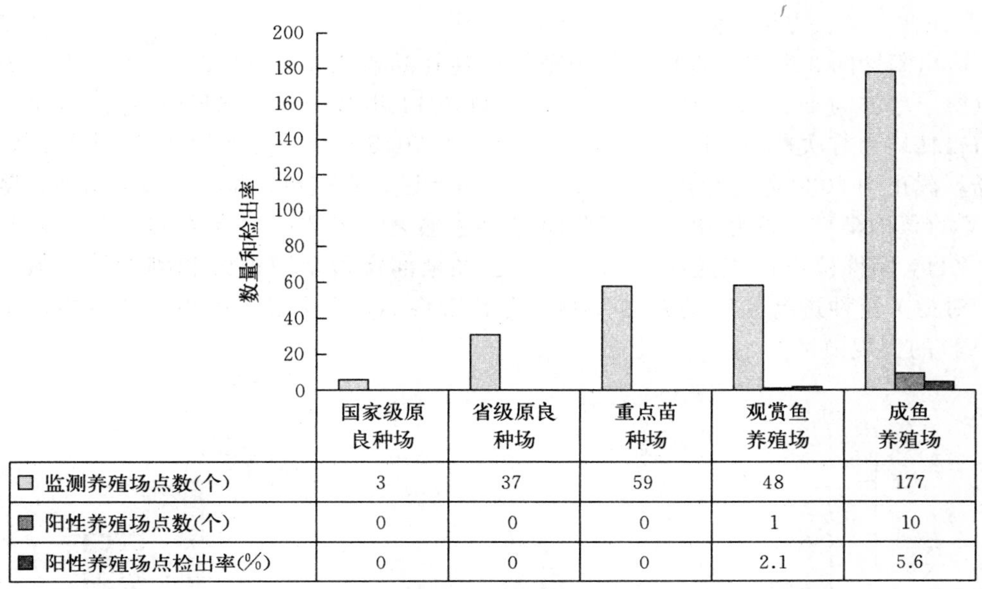

	国家级原良种场	省级原良种场	重点苗种场	观赏鱼养殖场	成鱼养殖场
监测养殖场点数(个)	3	37	59	48	177
阳性养殖场点数(个)	0	0	0	1	10
阳性养殖场点检出率(%)	0	0	0	2.1	5.6

图8　2020年KHV各种类型养殖场点的阳性检出情况

性，对苗种场的持续监测有利于从源头上控制KHVD的传播，对KHVD的防控发挥积极作用。

（二）2020年KHV阳性分布情况

2020年，全国19个省（自治区、直辖市）共采集样品350份，检出阳性样品11例，阳性样品检出率为3.1%。11例阳性样品的全国分布如图9所示，分别是天津

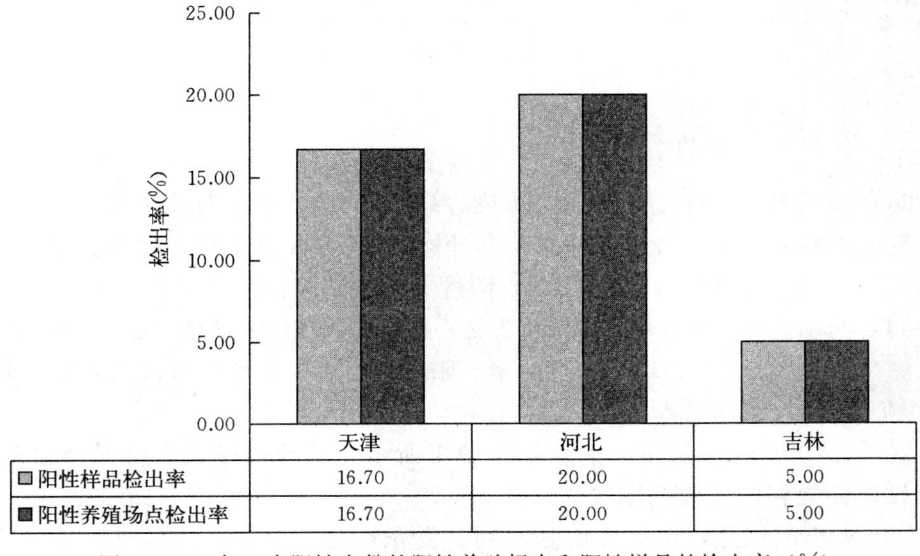

	天津	河北	吉林
阳性样品检出率	16.70	20.00	5.00
阳性养殖场点检出率	16.70	20.00	5.00

图9　2020年3个阳性省份的阳性养殖场点和阳性样品的检出率（%）

5 例、河北 5 例、吉林 1 例。

检出阳性的 3 个省（直辖市）的平均阳性样品检出率为 14.7%，平均阳性养殖场点检出率亦为 14.7%（如图 10 所示）。自 2014 年全国开展 KHVD 监测以来，天津与吉林均为首次检出 KHV 阳性，河北则是继 2015 年后第二次检测出 KHV 阳性养殖场。截止到 2020 年，全国已有 14 个省（自治区、直辖市）检出 KHV 阳性，鉴于 KHV 的高传染性、高致死率，其在局部地区感染、传播的风险不容小觑。分析认为，KHV 阳性检出区域还在扩大，几乎已经全部覆盖全国锦鲤和鲤养殖区域。因此，对相关苗种进行及时的跟踪监测，有利于将 KHV 控制在极小的范围内，避免 KHVD 的大规模暴发。

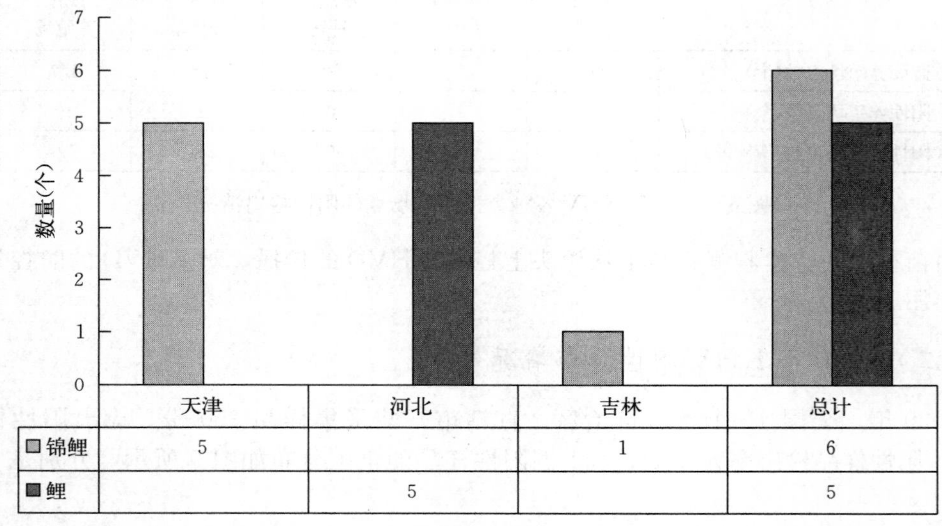

	天津	河北	吉林	总计
锦鲤	5		1	6
鲤		5		5

图 10　阳性养殖品种及数量

（三）阳性样品分析

2020 年全国 KHVD 样品监测种类为鲤、锦鲤、鲫等品种，检出 KHV 阳性的养殖品种及数量如图 10 所示，全年从锦鲤中共计检出 KHV 阳性 6 例，锦鲤品种阳性检出率为 4.8%（6/125）；鲤共计检出 KHV 阳性 5 例，其阳性检出率为 2.2%（5/225）。2020 年度，全国共有 2 个省份（天津和吉林）检出锦鲤 KHV 阳性，而检出鲤 KHV 阳性的省份（河北）为 1 个。综合阳性数量、阳性检出率、阳性分布区域来看，锦鲤的 KHVD 流行风险显著高于鲤。

2020 年检出阳性样品详细信息如下表 1 所示，其养殖模式全部是淡水池塘养殖。阳性样品规格的变化范围较大，有 6～10 cm 或 100～200 g 大小的夏花，也有 15～22 cm 大小的成鱼，可见无论是苗期、夏花还是成鱼期，均具有感染 KHV 的风险。

表1　阳性样品详细信息

地区	监测点信息	阳性品种	取样温度（℃）	大小	外观	养殖模式
天津	天津市北辰区西堤头镇赵庆泉	锦鲤	29	22 cm	无病症	淡水池塘
	天津市北辰区西堤头镇赵万利	锦鲤	29	15 cm	无病症	淡水池塘
	天津三缘宝地农业科技有限公司	锦鲤	30	15 cm	无病症	淡水池塘
	天津市蕴华农业科技发展有限公司	锦鲤	29	6 cm	无病症	淡水池塘
	天津市永冠水产养殖有限公司	锦鲤	29	10 cm	无病症	淡水池塘
河北	石家庄市康兴养鱼专业合作社	鲤	21	150 g	无病症	淡水池塘
	邯郸市冀南新区乐源养殖场	鲤	22	150 g	无病症	淡水池塘
	邯郸市磁县学文养殖场	鲤	22	200 g	无病症	淡水池塘
	石家庄市周振青渔场	鲤	21	100 g	无病症	淡水池塘
	邢台市荷塘家庭农场	鲤	21	100 g	无病症	淡水池塘
吉林	通化市梅河口市振明养殖场	锦鲤	25	8～12 cm	无病症	淡水池塘

KHV的感染具有季节性，即在18～30 ℃间会引起高死亡率，而低于13 ℃或高于28 ℃便较少发病，故而温度等气候因子是该病暴发的一个主要诱发因素。从2020年的阳性样品采样水温来看，温度主要在21～30 ℃，完全涵盖了病毒复制的最适宜温度范围，然而阳性样品均未出现明显病症，分析认为，阳性样品存在潜伏感染的现象，即带毒不发病的情况。

（四）阳性样品基因型

利用锦鲤疱疹病毒的*TK*（胸苷激酶）保守基因进行基因的分型是目前KHV基因分型的一种方法，根据这种分型，KHV主要分为欧洲株（主要来自以色列和美国）和亚洲株（日本及其他东南亚地区），目前在我国较为流行的株型主要是KHV-A1（亚洲株）型。本文将各检测单位提供的测序结果利用MEGA 6.0软件建立进化树如图11所示。分析认为，大部分KHV阳性与亚洲株亲缘关系十分相近。值得注意的是，2017年山东一株阳性、2018年三株辽宁阳性以及2019年北京的一株阳性并没有与亚洲株聚在一起，但是经NCBI比对，依然与KHV亚洲株有着99%的同源性，因此可以说明各个阳性之间亲缘关系很近，未出现明显变异。此外，各省的样品则呈现出区域同源性更强的特点，即来自一个省份的样品其同源性要更强。例如，天津2020年新检出的阳性毒株就几乎全部聚集在一起，显示出极高的同源性，这可能与养殖场的就地引种以及共用一个水系有关，病毒的传播过程可能与水系密切相关。

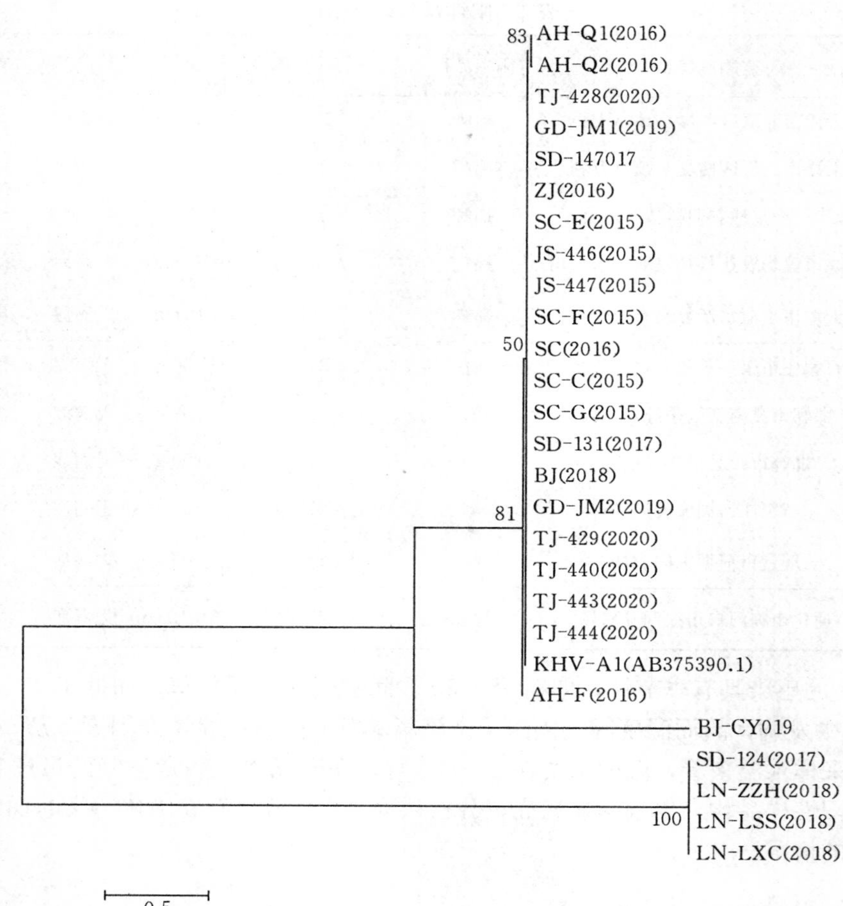

图 11　基于 *TK* 序列构建的系统发育树

四、风险分析及建议

（一）不同类型监测点风险分析

设置不同类型的监测点（国家级原良种场、省级原良种场、重点苗种场、观赏鱼养殖场、成鱼养殖场），对其进行相关疫病的跟踪监测，根据监测结果，可以分析出不同类型监测点感染风险，从而对疫病的防控产生重要的指导意义。7 年来，共设置不同类型监测点共 2 664 个，检出阳性监测点 60 个，阳性率为 2.25%。近 7 年各个类型养殖场点的 KHV 阳性检出率如图 12 所示，国家级原良种场仅在 2015 年检出过阳性，其余年份均未检出阳性；省级原良种场在 2014 年和 2015 年均检出过阳性，其余年份未检出阳性；成鱼养殖场除了 2014、2018、2019 年未检出过阳性，其余年份均检出阳性；观赏鱼养殖场每年均有阳性检出，且阳性率通常要高于其他类型养殖场点。分析认为，观

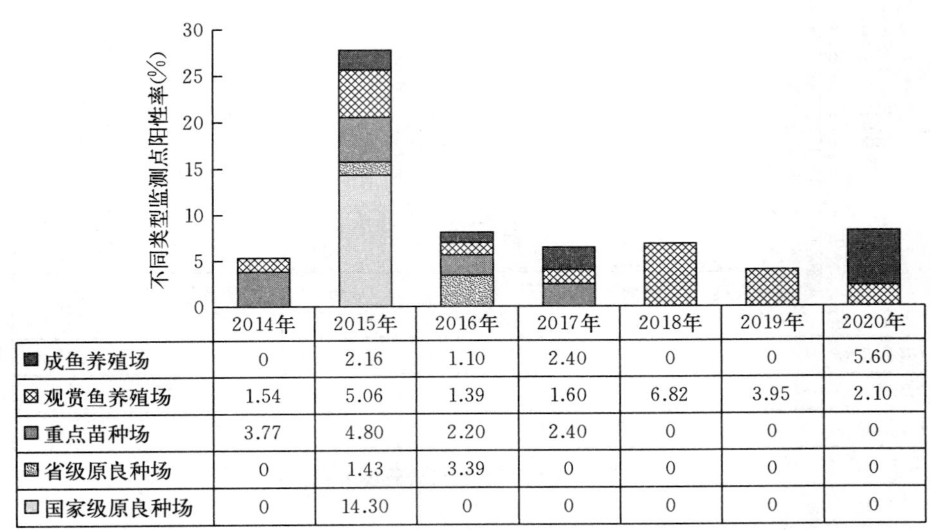

	2014年	2015年	2016年	2017年	2018年	2019年	2020年
■成鱼养殖场	0	2.16	1.10	2.40	0	0	5.60
⊠观赏鱼养殖场	1.54	5.06	1.39	1.60	6.82	3.95	2.10
■重点苗种场	3.77	4.80	2.20	2.40	0	0	0
▨省级原良种场	0	1.43	3.39	0	0	0	0
□国家级原良种场	0	14.30	0	0	0	0	0

图 12　近 7 年不同类型监测点 KHV 阳性率

赏鱼养殖场有很大感染风险，成鱼养殖场亦具有较高的感染风险；苗种场近三年均未检出阳性，然而，由于苗种场一旦携带病毒，会通过市场流通，造成进一步的传播感染，因此苗种场的感染风险亦不容忽视，需要持续的加强监测。

（二）养殖品种风险点及防控建议

综合 2014—2020 年的监测结果来看，共检出阳性样品 77 例，其中锦鲤为 55 例，鲤 19 例，禾花鲤 3 例。三种阳性样品所占比例如图 13 所示，锦鲤所占比重最大，达到 71%；其次是鲤，为 25%；禾花鲤占比最小，为 4%。此外，分析五种不同的监测点中各养殖品种的阳性检出情况可以发现（图 14），包括国家级原良种场在内的各种类型监测点中均有锦鲤感染 KHV。截至 2020 年，国家级原良种场和省级原良种场中的鲤还未检出过 KHV 阳性。因此，对于苗种来说，锦鲤依然是 KHV 感染的最主要风险品种，而鲤及其普通变种的感染风险也始终存在，不容小觑。总体而言，锦鲤的阳性检出率要远远大于其他养殖品种，其养殖感染风险无疑是最大的。KHV 目前公认的敏感宿主就是锦鲤和鲤及其普通变种，研究表明，包括金鱼在内的多种淡水鱼类也可能成为 KHV 的携带者，但还没有致病的报道或相关研究证明，因此 KHVD 目前的防控重点主要是锦鲤。

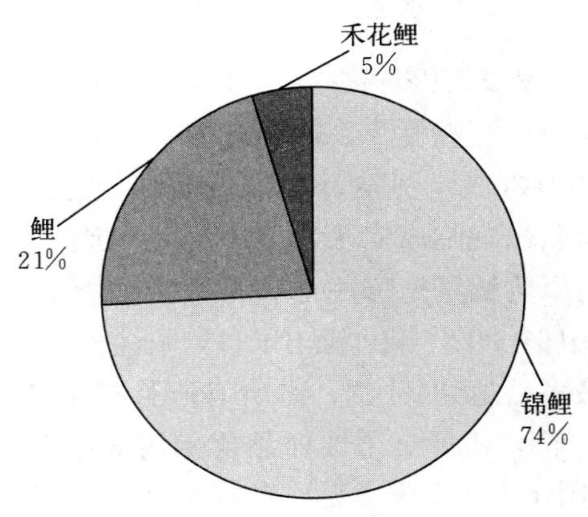

图 13　检出阳性品种比例

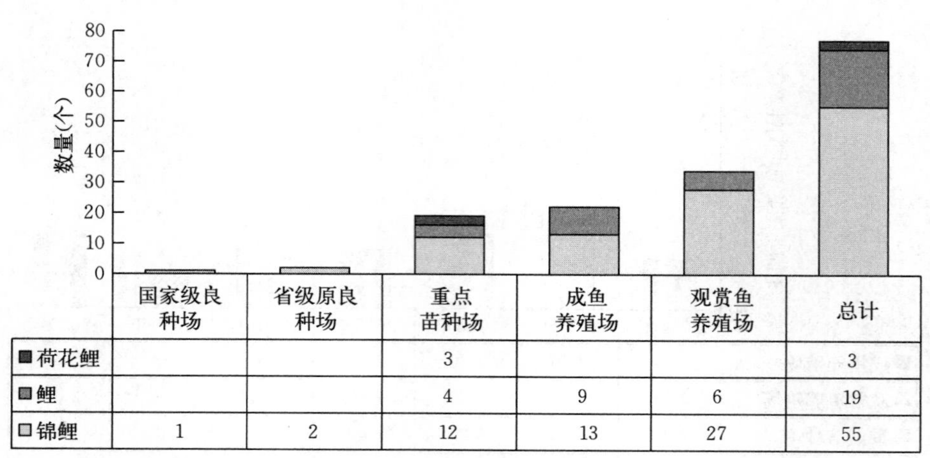

	国家级良种场	省级原良种场	重点苗种场	成鱼养殖场	观赏鱼养殖场	总计
荷花鲤			3			3
鲤			4	9	6	19
锦鲤	1	2	12	13	27	55

图 14　不同类型监测点 KHV 感染养殖品种分布

防控建议：一是加强监测，尤其是苗种的检测，从源头上防止 KHVD 的流通性传播，控制了苗种的健康，也就抓住了整个 KHVD 防控的关键；二是加强养殖阶段的综合管理，当前 KHVD 主要流行于养殖阶段，近几年的 KHV 阳性也多是在养殖阶段感染暴发；三是加强对进口 KHVD 疫区的锦鲤检测，目前国内的养殖锦鲤，有一部分是来自于日本以及东南亚一些国家，而日本和东南亚国家曾多次暴发 KHVD，因此 KHVD 通过进口方式传入国内的风险需加以控制。

（三）水温与 KHVD 流行关系

锦鲤疱疹病毒存在潜伏感染现象，由该病毒引起的锦鲤疱疹病毒病通常发病于春秋季节，高温夏季、低温冬季一般不发病，发病水温主要集中在 18～30 ℃，低于 10 ℃或高于 30 ℃，病毒不复制或病毒量很低，不会引起病害，当恢复至适宜温度时，病鱼会重新出现临床症状，导致死亡。因此，密切关注阳性样品的水温，分析主要发病水温，可以为锦鲤疱疹病毒病采取预防措施提供科学的时间依据。近 5 年的监测结果显示，2016—2020 年共检出 KHV 阳性 47 例，其中水温在 21～25 ℃时检出的 KHV 阳性样本最多，达到 25 例，占所有阳性样品比例达 53.19%；其次是 26～30 ℃，阳性样品共 17 例，占所有阳性样品比例为 36.17%；30 ℃以上最少，仅有 5 例阳性，占 10.64%（图 15）。分析认为，当水温来到 20 ℃以上时或者水温从 30 ℃开始下降时，KHV 感染、发病风险骤增，需及时做好养殖管理、科学预防，保持鱼体健康，提高鱼体免疫力，以应对可能的 KHV 感染风险。

（四）养殖区域风险点

经过连续七年的全国 KHVD 监测，目前已有北京、辽宁、河北、山东、江苏、安徽、四川、上海、浙江、湖南、广西、广东、天津、吉林等共计 14 个省（自治区、直

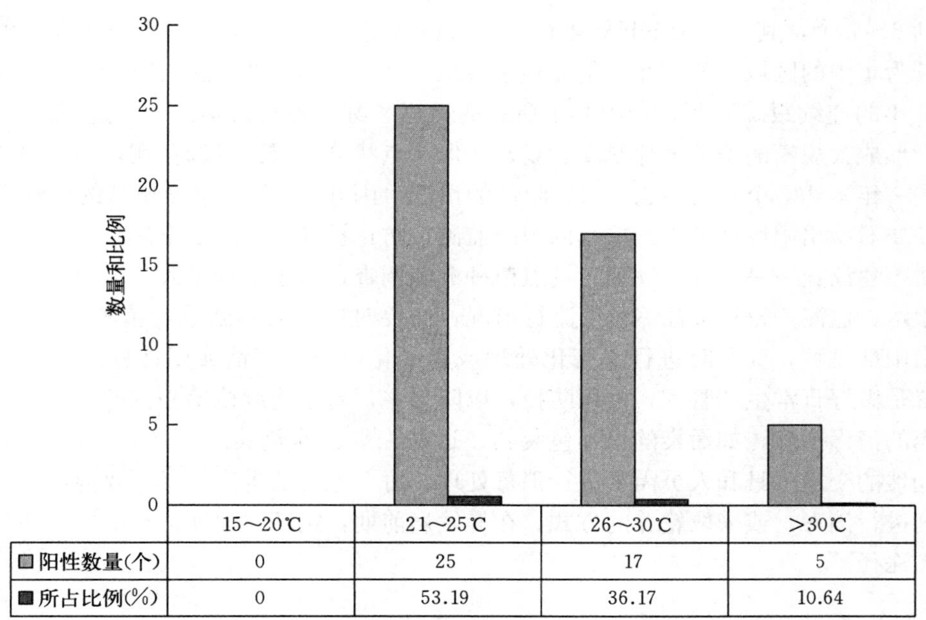

	15～20℃	21～25℃	26～30℃	＞30℃
阳性数量(个)	0	25	17	5
所占比例(%)	0	53.19	36.17	10.64

图 15　不同监测水温阳性样品分布

辖市）检出 KHV 阳性，其中北京、江苏、安徽、四川、广东、山东、河北 7 个省（直辖市）则至少两年检出阳性。从各检出阳性省份来看，KHV 阳性主要呈点状分布，还未形成大面积扩散趋势，同时一些锦鲤、鲤养殖集中区域成为 KHV 感染的高风险区域，以近两年检出 KHV 阳性最多的广东省为例，其阳性监测点主要集中在江门市和中山市的锦鲤养殖场；从区域上看，广东、京津冀、四川、长三角等地区依旧是 KHVD 防控的重点区域。

纵观 KHV 阳性检出区域的变化趋势（图 16），2015、2016 年 KHV 阳性检出省份

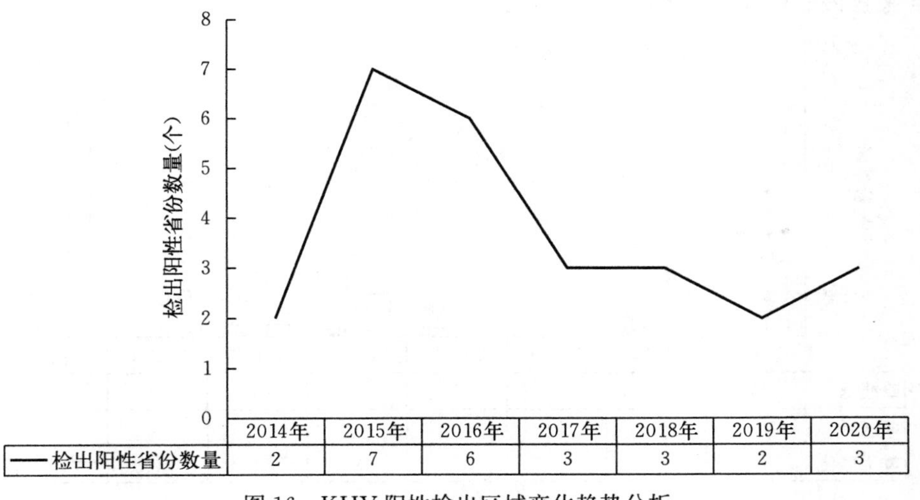

	2014年	2015年	2016年	2017年	2018年	2019年	2020年
检出阳性省份数量	2	7	6	3	3	2	3

图 16　KHV 阳性检出区域变化趋势分析

曾达到 6～7 个，其余年份 KHV 阳性检出省份稳定在 3 个左右，主要发生在锦鲤和鲤养殖较为集中的区域，如东北、华北鲤主养区，华南、华东的锦鲤主养区。分析认为，经过 7 年的连续跟踪监测，全国几乎所有的锦鲤和鲤养殖省份均已检出过 KHV 阳性，虽然未形成大规模的疫情连片暴发、蔓延，但是点状分布或已普遍存在，而且由于曾出现过同一年多达 7 个省份检出 KHV 阳性的情况。因此，KHV 感染蔓延的风险不容小觑，需要对检出阳性区域进行持续的跟踪监测，防止扩散，防患于未然。

防控建议：一是做好阳性养殖场点苗种溯源调查，对于苗种来源、流通去向，需要继续跟踪、监测，密切关注 KHV 流行情况，必要时应及时切断带毒苗种的市场流通，对检出阳性品种，要及时进行无害化处理或者净化，控制疫情或阳性样品的扩散、流通。二是做好日常生产管理，疫病防控，以防为主，对于连续检出阳性的养殖场点要采取适当的消毒措施，如污染的水、包装物、运载工具、养殖操作工具等，要定期消毒，进入场地的交通工具和人员需要进行消毒处理，每个池塘的生产用具不要混用，经常用消毒剂进行消毒，或采取轮养的方式。在易发病前期，定期对池埂进行消毒，切断病原的传播途径。

（五）养殖模式风险点

从连续七年的监测结果来看（图 17），池塘养殖模式仍然是锦鲤和鲤的最主要养殖模式，77 个阳性样品中，共有 61 例为池塘养殖模式，该养殖模式检出阳性的数量明显高于其他养殖模式，因此池塘单养这种传统养殖模式对于锦鲤或鲤而言确实有比较高的 KHV 感染风险；而工厂化养殖作为目前最先进的养殖模式，也不能完全隔绝 KHV 的感染，2015、2017、2018、2019 年分别检出 5 例、7 例、2 例和 1 例来自工厂化养殖的样品；网箱养殖样品也曾检出过 1 例阳性。分析认为，无论哪种单养模式，均不能完全隔绝 KHV 的感染；池塘养殖模式检出的阳性数量相对较多，主要是因为目前采集的样品主要来自该养殖模式。

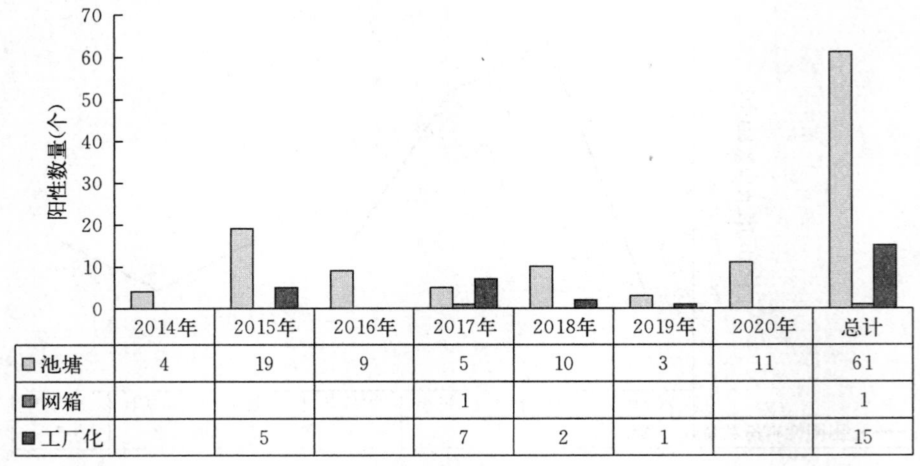

	2014年	2015年	2016年	2017年	2018年	2019年	2020年	总计
池塘	4	19	9	5	10	3	11	61
网箱				1				1
工厂化		5		7	2	1		15

图 17　近七年全国阳性样品养殖模式

防控建议：适当降低养殖密度，改单养为混养，在一定程度上可以有效阻断KHV的大面积感染，避免更多损失。目前的研究表明，KHVD只在锦鲤、鲤及其普通变种发病，尚未见其他品种感染KHV并发病的报道，因此适当混养对KHV不敏感的养殖品种，可以作为一种有效的防控策略。对于连续监测阳性且发病的养殖场，需要对养殖用水进行彻底的消毒处理，在保证苗种不携带病毒的情况下，做好养殖过程中的疾病预防工作。

（六）苗种来源风险点

苗种来源的风险控制，对于杜绝、切断KHVD的传染、流行具有重大意义。对2020年检出阳性养殖场的流行病学调查数据进行分析，发现所有阳性养殖场点的苗种均是自繁自育，并未引种。分析认为，目前检出KHV的样品，其苗种主要来源于养殖场的自繁自育，并未发生流通，故而不会导致因苗种流通而带来的KHVD传播风险；当前最主要的风险点在于检出KHV阳性并对外销售，且在一个或多个地区流通的苗种。

防控建议：一是做好苗种监测工作，建议加强对各级原良种场的监测、检疫力度，在源头上控制KHVD的传播风险；二是对于自繁自养的养殖场来说，要加强种苗生产的管理，对于种苗要坚持做好前期的隔离暂养工作。在隔离期间，一方面进行健康状况的观察，另一方面，及时向当地水产检疫部门进行申报检疫，检疫合格后，可以正式养殖；如检疫不合格，或者检疫结果携带病原，应按照国家相关规定，对检疫品种进行无害化处理或者净化，避免流通带来的KHVD传播与扩散。

（七）基因型风险点

从近七年的监测结果来看，当前流行于我国的KHV株型主要是亚洲株。这表明，不同地区KHV的毒株在病毒的起源进化及分类上的差异性微乎其微。通过系统发育树可以明显地观察到一个现象，即来自同一省份或地区的阳性样品，其同源性也要比不同地区的更高一些。当然，由于当前获得的KHV阳性测序数据较少，且KHV基因分型研究还不够完善，因此关于不同地区KHV基因型的差异还需要大量的流行病学和基因数据来研究证实，而这些不同基因型毒株差异的鉴定对于疫苗的筛选和引进也具有重要的意义。

五、存在的主要问题及建议

重要疫病监测一直以来是水生动物疫病预防控制的重要措施和主要内容，可在第一时间内发现疫病，并且及时进行预防，有效控制疫病的发生和发展，避免出现各类疫病大规模暴发流行，促进了水产养殖业的可持续健康发展。农业农村部渔业渔政管理局从2014年开始已经连续7年下达了KHVD监测项目，项目下达后各承担单位均能够按照监测实施方案的要求和相关会议精神，认真组织实施，较好地完成了年度目标和任务，监测数据越来越完善、及时，为KHVD的防控提供了较为翔实的数据支撑，但也还存在一些问题，其中最为突出的主要有以下几个方面：

1. *加强基层防疫队伍建设，努力提升基层防疫队伍整体水平*　在重要疫病监测过程中，县级水产站等基层单位一直都发挥着举足轻重的作用，是监测工作开展的重要场所。近年来，政府及相关部门不断加大相关方面的资金投入，引进了先进的防疫设备、监测设备，但由于现行监控经费使用方面的限制也造成了有些地方对监测工作的重视程度还不够。建议各级单位能够从思想上重视疫病监测工作，设立专门的监测人员，组织参加专业学习和培训，加强动物防疫法等法律法规的宣传普及，提高防疫意识，以法促行，更好地服务于基层防疫工作，共同推动水生动物重要疫病监测工作。

2. *监测点设置的合理性还有待加强*　疱疹病毒的特点之一是在初次感染后具有潜伏宿主的能力，即病毒在宿主体内存留遗传物质但不复制病毒颗粒，基因不表达或仅有少数潜伏相关基因表达。在一定的应激条件下，如改变温度，潜伏的病毒可被诱导复制并释放病毒粒子，导致宿主出现疾病的临床症状。研究证实，锦鲤疱疹病毒也存在潜伏感染，而高温夏季和低温冬季一般不发病，发病温度一般为 18～28 ℃，病毒的最适增殖温度为 15～25 ℃。绝大部分采样水温能够集中在 15～30 ℃，然而也有极少数监测点采样水温不够科学，采样水温并不在有效监测水温范围内。因此，建议各监测单位对于采样时间的安排能够覆盖 15～30 ℃这一水温区间，尽量不要超出上述水温范围。

3. *加强后续跟踪监测*　针对已检出过阳性的监测点进行连续的跟踪监测，对于掌握 KHV 的分布情况及流行趋势具有重要意义。从监测点的设置来看，部分省份未能对往年检出阳性的养殖场开展连续的跟踪监测，因此 KHV 的流行趋势未能得到最全面的反映，其潜在的传播风险分析由于未能连续跟踪监测而缺乏必要的数据支撑。建议各监测单位如无特殊情况（如养殖场因为各种原因而不再开展养殖活动），还是应当坚持对已检出阳性样品的养殖场开展持续监测，尤其是一些国家级或省级的良种场，应当纳入每年的监测计划中。

4. *部分检测单位对于阳性样品测序的必要性认识还不够，缺乏正确的测序数据*　做好阳性样品的测序工作可以为我国的 KHV 基因型的分类及时空分布研究提供数据支撑，而这也为我国 KHV 起源和进化研究提供重要依据。目前已发现的流行于我国的 KHV 基因型变异及分布情况还没能完全掌握，从 2014 年开始的全国 KHVD 监测可以为基因型的时空分布提供更多的流行病学调查数据，然而当前 KHVD 的监测关于这方面的数据还不够完整，有些单位只进行 SPH 序列的测序，缺乏 *TK* 基因的测序结果。建议各单位保存好阳性样品（－80 ℃保存），或将阳性样品集中至指定的实验室进行保存，并且对阳性样品及时、正确测序，从而做好测序的数据归档工作，为 KHV 基因型调查研究打下坚实的基础。

5. *对于阳性场的处理是一个亟待解决的问题*　目前国家虽然出台了《中华人民共和国动物防疫法》《重大动物疫情应急条例》和《国家突发重大动物疫情应急预案》，但在实际动物疫病处理过程中缺乏可执行的操作细则，致使疫病处置职责不清，阳性场也不愿进行无害化处理，即使各机构检测出了疫病，但因没有很好的处置，病原依旧处在失控状态，十分不利于疫病的控制，建议加强动物疫病的监督执法力度并尽快出台管理办法。

6. 监测数据的完整性还有待加强　从各省份提供的监测数据汇总来看，大部分省（自治区、直辖市）都能严格按照要求填报各项监测数据，但是也有少数单位的数据填写并不完整，如养殖方式、采样水温、样品规格、发病死亡情况等基础数据，造成相关的分析难以进行。尤其是阳性样品的流行病学调查数据，如详细的养殖场地点、养殖场面积、养殖水温、死亡率、苗种来源、造成的损失等对于风险分析和评估意义重大。建议各单位在平时的监测工作中就做好数据的填写保存工作，以免造成工作量过于集中而导致的漏填、错填等错误发生。

2020 年鲫造血器官坏死病状况分析

中国水产科学研究院长江水产研究所

（刘文枝　周　勇　曾令兵）

一、前言

（一）2020 年鲫造血器官坏死病研究进展

由鲤疱疹病毒Ⅱ型（CyHV－2）感染养殖鲫（*Carassius auratus*）引起的鲫造血器官坏死病是一种我国严重的淡水鱼类传染性疾病。患病鲫的主要临床症状为：体表广泛性充血或出血、鳃丝肿胀，充血或出血，剖检发现患病鲫主要内脏器官充血严重，该病致死率高，给我国鲫养殖产业造成了巨大的经济损失，严重威胁鲫养殖业健康发展。2020 年，国内外围绕 CyHV－2 主要开展了病原诊断方法建立、细胞系建立、疫苗研发、免疫防治等方面的研究。

在病原快速诊断检测方面，Li 等建立了 LAMP－LFD 检测 CyHV－2 的方法。结果表明，LAMP－LFD 方法特异性高，灵敏度与传统 PCR 方法一致，但 LAMP－LFD 方法不需要昂贵的仪器，可实现现场快速、简便、可靠地检测 CyHV－2 的目标。魏钰娟等以异育银鲫脊髓为材料，进行组织细胞体外培养，建立了对 CyHV－2 敏感的异育银鲫脊髓细胞系。在免疫研究方面主要集中在利用高通量测序技术研究鲫感染 CyHV－2 后 miRNA 表达模式。结果表明，CyHV－2 感染不仅影响机体的免疫途径，而且会引起机体碳水化合物和氨基酸基础代谢的失衡。Fei 等也采用高通量测序技术，研究了 CyHV－2 感染对鲫尾鳍细胞 miRNA 表达的影响。此外，也有研究学者在 CyHV－2 疫苗免疫佐剂和制备抗体方面开展了相关的研究，为 CyHV－2 的免疫防控奠定基础，例如，Yan 等采用β-丙内酯灭活 CyHV－2，分别与 DTT、β-葡聚糖、山莨菪碱和东莨菪碱混合接种，结果表明β-葡聚糖或山莨菪碱作为浸泡免疫佐剂有良好的效果。寇海燕等利用原核表达系统制备具有免疫原性的重组 CyHV－2－ORF72 衣壳蛋白，可特异性地中和 CyHV－2 病毒，具有较显著的免疫保护作用。孟少东等采用杆状病毒表达系统表达鲤疱疹病毒Ⅱ型（CyHV－2）ORF4 蛋白，表明 CyHV－2 ORF4 蛋白有很好的免疫原性。

（二）主要内容概述

2015—2019 年，我国农业农村部对全国鲫主养省份的鲫造血器官坏死病进行了大范围的跟踪监测，从最初 2015 年的 9 个省（自治区、直辖市）到 2019 年的 15 个省

（自治区、直辖市），监测省份范围覆盖了我国鲫主要养殖地区和省份，为未来我国鲫造血器官坏死病全国范围内的流行病学调查、疾病防控和健康养殖管理奠定基础。

为了继续跟踪监测鲫造血器官坏死病在我国的流行情况，保障我国鲫养殖业的持续健康发展。2020 年，农业农村部渔业渔政管理局继续将 CyHV－2 感染引起的鲫造血器官坏死病纳入《国家水生动物疫病监测计划》方案，通过整理与分析 2020 年各监测省份的上报数据，了解 CyHV－2 在 15 省的监测实施情况，最后将 2015—2020 年六年的监测数据进行比较分析，对连续六年监测结果的发病规律进行总结，以及在全年样品监测过程中存在的问题给予相关建议，初步形成 2020 年 CyHV－2 国家监测分析报告。

二、各省开展 CyHV－2 疫病的监测情况

（一）2015—2020 年参加省份、乡镇数和监测点分布

自 2015 年首次开展 CyHV－2 的专项监测工作以来，随着工作的顺利推进，鲫造血器官坏死病的监测范围逐年扩大。2015 年监测范围包括北京、天津、河北、上海、江苏、浙江、江西、河南和甘肃 9 省（直辖市）的 83 个县、148 个乡（镇）；到 2016 年在 2015 年已有监测 9 省（直辖市）的基础上新增加 6 省（自治区），监测范围覆盖北京、天津、河北、内蒙古、吉林、上海、江苏、浙江、安徽、江西、山东、湖北、河南、广西、甘肃 15 省（自治区、直辖市）的 167 个县、253 个乡（镇）（图 1，图 2）；2017 年监测范围扩大到 17 省（自治区、直辖市）的 168 个县、276 个乡（镇），监测范围包括北京、天津、河北、内蒙古、吉林、上海、江苏、浙江、安徽、江西、山东、河南、湖北、湖南、广西、四川和甘肃，在 2016 年监测范围的基础上进一步增加了湖南省和四川省。2018 年，鲤疱疹病毒 2 型（CyHV－2）的监测省份与 2017 年的相同，但是在 2017 年监测的基础上县和乡（镇）数量及采样地点进行了相应的调整，其中监测县的数量由 2017 年的 17 省（自治区、直辖市）168 个县增加到 2018 年的 182 个县。2019 年，CyHV－2 的监测省份（自治区、直辖市）包括北京、天津、河北、吉林、上海、江苏、浙江、安徽、江西、山东、河南、湖北、湖南、四川、甘肃 15 省（直辖市）的 113 个区（县）和 167 个乡（镇）。2020 年，CyHV－2 的监测省份包括北京、天津、河北、吉林、上海、江苏、浙江、安徽、江西、山东、河南、湖北、湖南、四川和甘肃 15 省（直辖市）的 147 个区（县）、215 个乡（镇），覆盖了我国鲫养殖主要地区和省份。

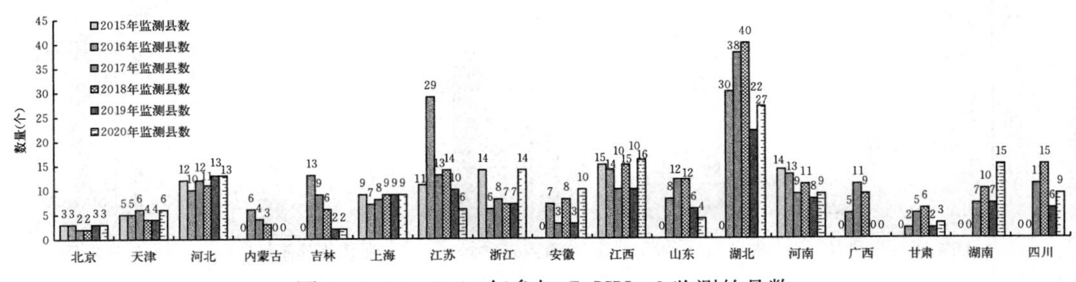

图 1　2015—2020 年参加 CyHV－2 监测的县数

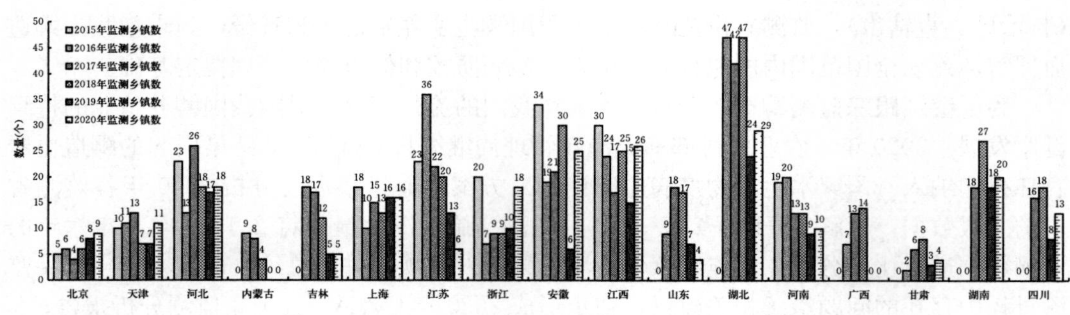

图 2　2015—2019 年参加 CyHV-2 监测的乡镇数

（二）2015—2020 年监测省份不同养殖场类型情况

按照《国家水生动物疫病监测计划》采样要求，监测点包括辖区内鲫的国家级和省级原良种场、常规测报点中的重点苗种场、观赏鱼养殖场及成鱼养殖场。2020 年，鲫造血器官坏死病监测任务中 15 省（自治区、直辖市）共设置监测养殖点 282 个。其中，国家级原良种场 10 个（3.5%），省级原良种场 40 个（14.2%），重点苗种场 76 个（27.0%），观赏鱼养殖场 14 个（5.0%），成鱼养殖场 142 个（50.4%）（图 4）。2015—2019 年，分别在 9 个、15 个、17 个、17 个和 15 个省（自治区、直辖市）共设置监测养殖点 249 个、414 个、424 个、384 个和 241 个。其中，各年份国家级原良种场分别为 4 个（1.6%）、6 个（1.4%）、5 个（1.2%）、5 个（1.3%）和 6 个（2.5%）；各年份省级原良种场分别为 17 个（6.8%）、35 个（8.5%）、37 个（8.7%）、32 个（8.3%）和 27 个（11.2%）；各年份重点苗种场分别为 50 个（20.1%）、123 个（29.7%）、102 个（24.1%）、105 个（27.3%）和 75 个（31.1%）；各年份观赏鱼养殖场分别为 23 个（9.2%）、32 个（7.7%）、28 个（6.6%）、22 个（5.7%）和 16 个（6.6%）；各年份成鱼养殖场分别为 155 个（62.2%）、218 个（52.7%）、252 个（59.4%）、220 个（57.3%）和 117 个（48.5%）（图 3）。与 2015—2019 年五年的统计

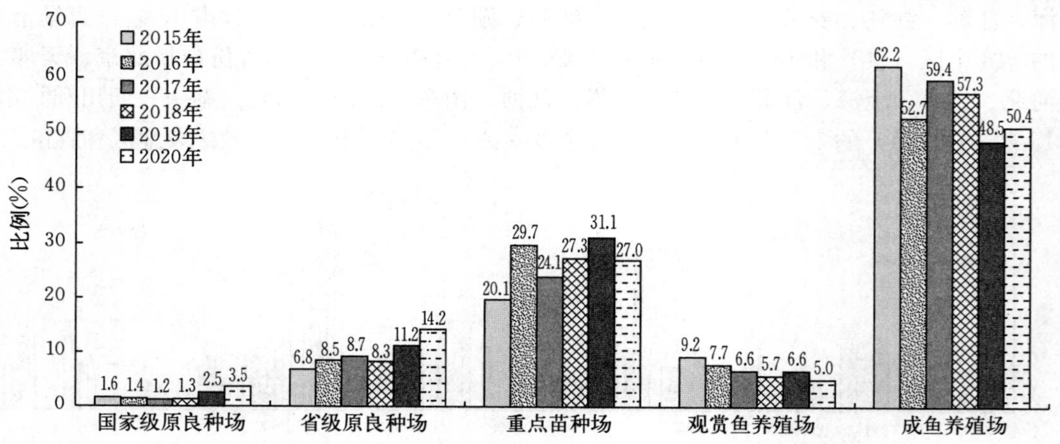

图 3　2015—2020 年 CyHV-2 不同类型养殖点占比情况

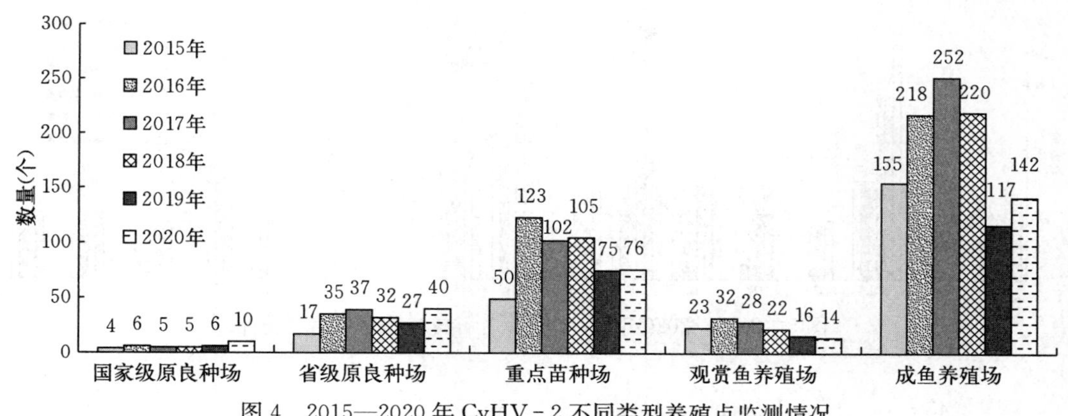

图4 2015—2020年CyHV-2不同类型养殖点监测情况

结果相比，2020年各种类型养殖场占比情况，除了观赏鱼养殖场和重点苗种场的采集数量有所下降，其他养殖场均有所上升（图3），但从养殖点的数目上，与2019年相比较，除观赏鱼养殖场从2019年的16个降为14个外，其他类型养殖场的采样点都有所增加（图4）。

（三）2015—2020年各省份监测采样数量

2020年CyHV-2疫病监测15省（自治区、直辖市）共采集样品292份，其中，北京22份，天津20份，河北30份，吉林5份，上海20份，江苏10份，浙江20份，安徽40份，江西35份，山东5份，河南15份，湖北30份，湖南20份，四川15份和甘肃5份。2015—2019年全国的总监测样品采集分别为307、487、454、407和241份，其中，分别为北京25、30、20、20和15份，天津30、30、20、10和10份，河北72、50、62、30和30份，内蒙古18、15和10份（2016、2017年和2018年），吉林20、20、15和5份（2016、2017、2018和2019年），上海20、24、28、30和20份，江苏69、72、34、30和21份，浙江30、10、10、10和10份，安徽60、50、32和20份（2016、2017、2018和2019年），江西30、30、20、30和20份，山东20、30、30和11份（2016、2017、2018和2019年），湖北50、43、50和25份（2016、2017、2018和2019年）；河南28、20、20和15份（2016、2017、2018和2019年），湖南20、30和20份（2017、2018和2019年），广西30、30和30份（2016、2017和2018年），四川20、20和15份（2017、2018和2019年）和甘肃15、12、10和5份（2016、2017、2018和2019年）。河北、吉林、上海、甘肃、湖南、四川等省份的检测采样数量连续两年持平，江苏和山东近两年持续下降，其他参加监测省份的采集样品数量均不同程度地上升（图5）。

2020年参加监测的15省（自治区、直辖市）养殖点性质设置分布情况如图6所示，上海、浙江、江西、湖北省4省（直辖市）的监测点基本覆盖了国家级、省级良种场、重点苗种场、成鱼养殖场和观赏鱼养殖场，其他省份包括苗种场监测的有河北、安

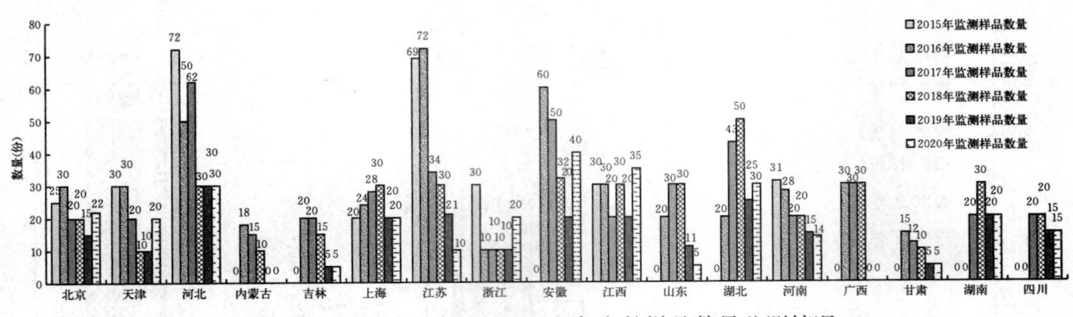

图 5　2015—2020 年 CyHV-2 各省份样品数量监测情况

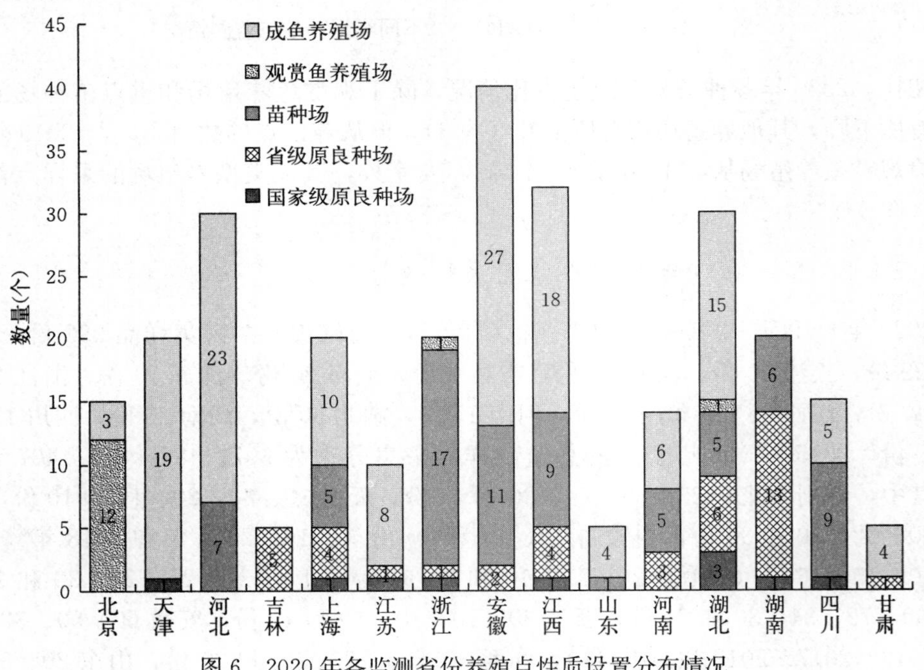

图 6　2020 年各监测省份养殖点性质设置分布情况

徽、山东、河南、湖南和四川 6 省，北京以观赏鱼养殖场为主，天津和河北则以成鱼养殖为主，吉林主要以省级原良种养殖为主；2020 年参加鲫造血器官坏死病监测的 15 个省（自治区、直辖市）中，能够基本全部覆盖养殖点性质的省（自治区、直辖市）比例为 26.7%（4/15），主要以成鱼场或观赏鱼场为监测点的比例为 20%（3/15），主要以省级原良种为主的比例为 6.7%（1/15）。2019 年参加鲫造血器官坏死病监测的 15 个省（自治区、直辖市）中，能够基本全部覆盖养殖点性质的省（自治区、直辖市）比例为 40.0%（6/15），能够覆盖苗种场和成鱼场或观赏鱼场的比例为 53.3%（8/15），主要以成鱼场或观赏鱼场为监测点的比例为 6.7%（1/15）（图 7）。2018 年 17 个省（自治区、直辖市）监测点中，能够基本全部覆盖养殖点性质的省（自治区、直辖市）比例为

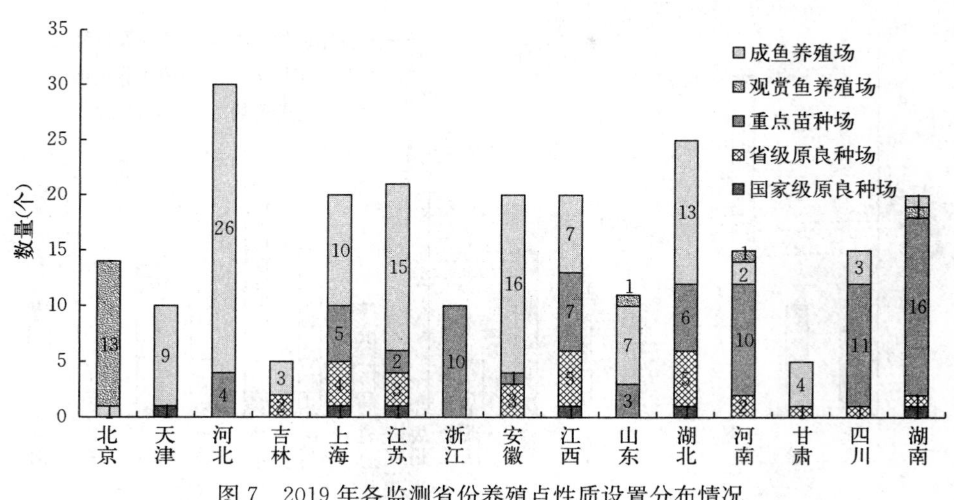

图7　2019年各监测省份养殖点性质设置分布情况

29.4%（5/17），能够覆盖苗种场和成鱼场或观赏鱼场的比例为58.8%（10/17），主要以成鱼场或观赏鱼场为监测点的比例为11.8%（2/17）（图8）；2017年17个省（自治区、直辖市）监测点中，能够全部覆盖养殖点性质的省（自治区、直辖市）比例为29.4%（5/17），能够覆盖苗种场和成鱼场或观赏鱼场的比例为88.2%（15/17），主要以成鱼场或观赏鱼场为监测点的比例为11.8%（2/17）（图9）；2016年15省（自治区、直辖市）养殖点性质设置覆盖了国家级、省级良种场、重点苗种场、成鱼养殖场和观赏鱼养殖场的有江苏、江西和湖北3省，其他省份除北京以观赏鱼养殖场为主，天津、河北、内蒙古以成鱼养殖为主外，其他省份养殖场采集范围包括了苗种场和成鱼养殖场或观赏鱼养殖场（图10）。2015年为河北、江苏、江西、河南、上海及浙江6省

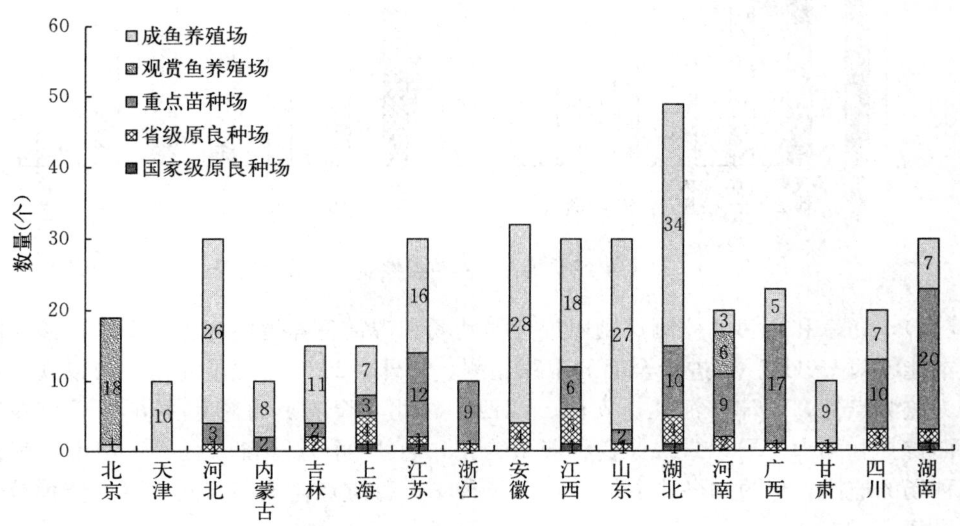

图8　2018年各监测省份养殖点性质设置分布情况

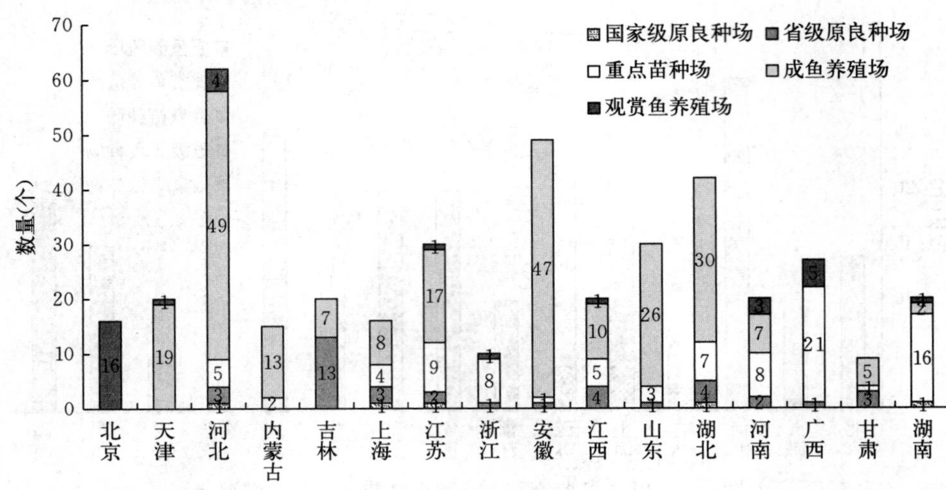

图 9　2017 年各监测省份养殖点性质设置分布情况

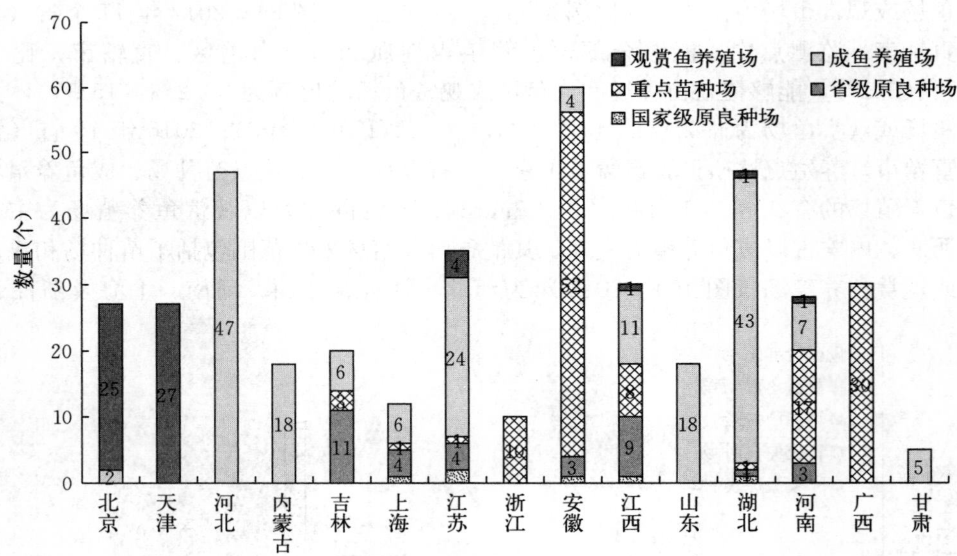

图 10　2016 年各监测省份养殖点性质设置分布情况

(直辖市)，北京和天津的监测点则以成鱼养殖场和观赏鱼养殖场为主。总之，该监测范围基本能够对 CyHV－2 进行全面的跟踪监测。此外，2020 年除了北京主要以观赏鱼养殖场为监测点外，天津、河北、安徽、江西、湖北 5 个省、直辖市主要以成鱼养殖为主，而吉林和湖南主要以省级原良种养殖为主，有 10 个省（自治区、直辖市）都覆盖有苗种场的监测，通过对各主养鲫省份的苗种场进行重点监测和检测，降低苗种携带病毒的概率。

（四）采样品种和采样条件

2020年鲫造血器官坏死病的监测样本品种包括鲫、金鱼及其他品种。其中鲫数量最多，为268份，约占91.8%（268/292）；金鱼监测数量为14份，约占4.8%（14/292）；草鱼、鲤及其他品种鱼类为10份，约占3.4%（10/292）（图11）。与2016—2019年四年监测的鱼类品种类别相比有所下降（图12至图15），2020年监测样品种类主要集中在CyHV－2易感的鲫和金鱼品种，在其他养殖品种几乎未涉及，这使得在监测CyHV－2过程中能够更好地针对鲫造血器官坏死病进行监测，避免不易感的品种过多，对整体的监测精准性有所影响。不同种类监测品种所占比例及各省市区采样品种分布如图16至图20所示。

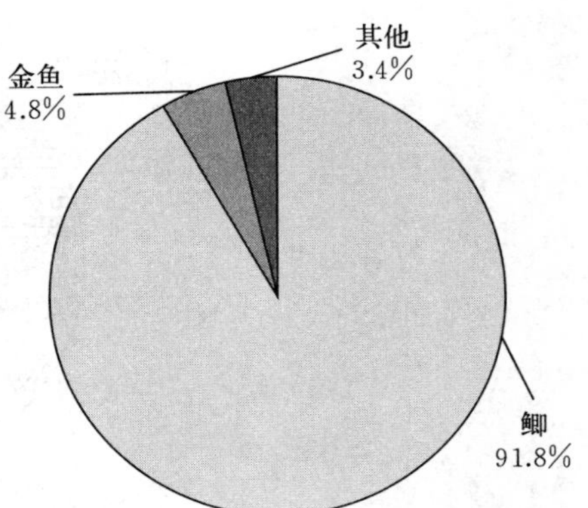

图11　2020年CyHV－2监测不同养殖品种占比情况

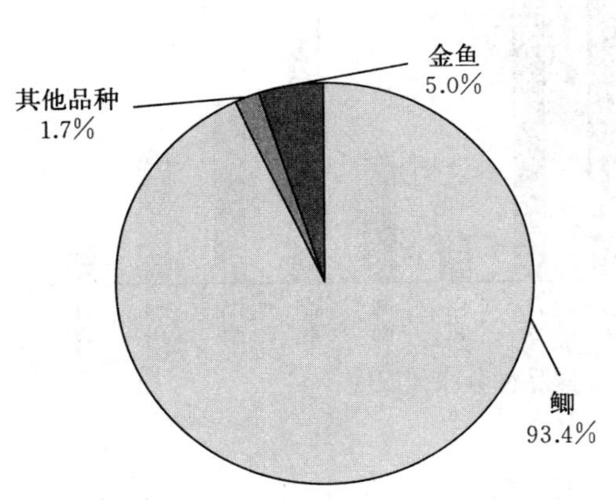

图12　2019年CyHV－2监测不同养殖品种占比情况

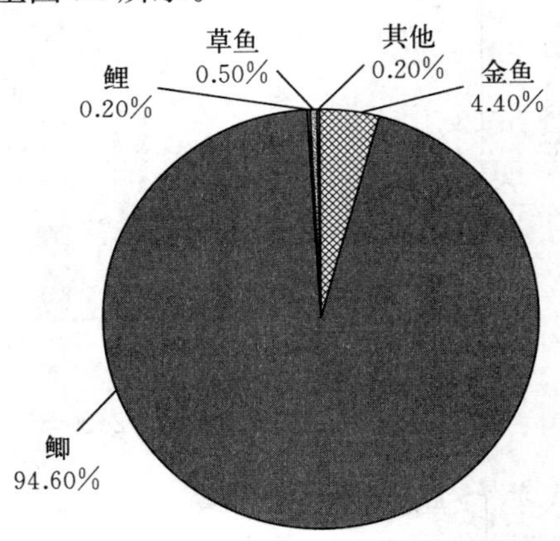

图13　2018年CyHV－2监测不同养殖品种占比情况

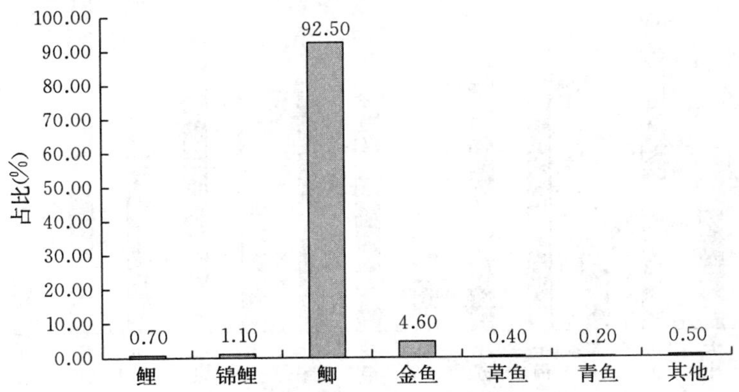

图14　2017年CyHV－2监测不同养殖品种占比情况

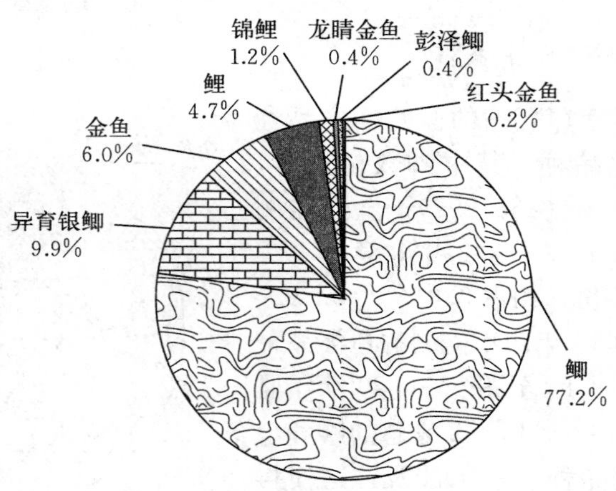

图 15　2016 年 CyHV-2 监测不同养殖品种占比情况

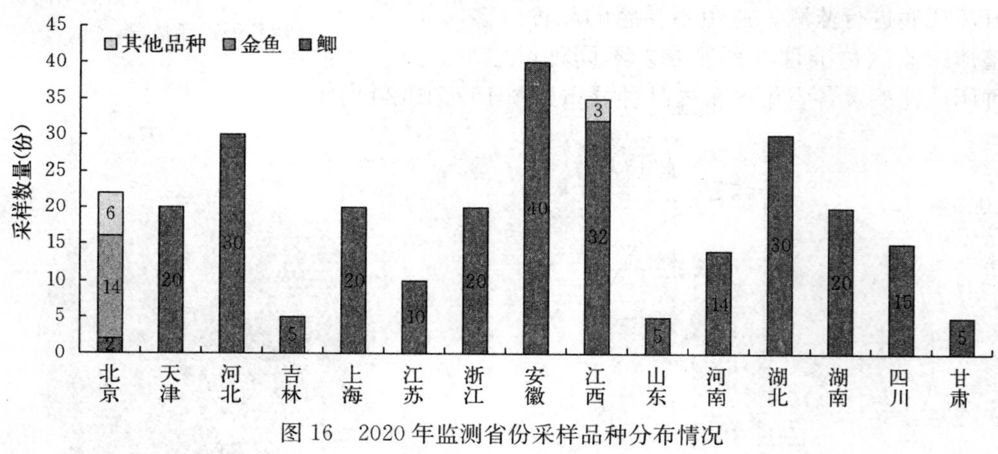

图 16　2020 年监测省份采样品种分布情况

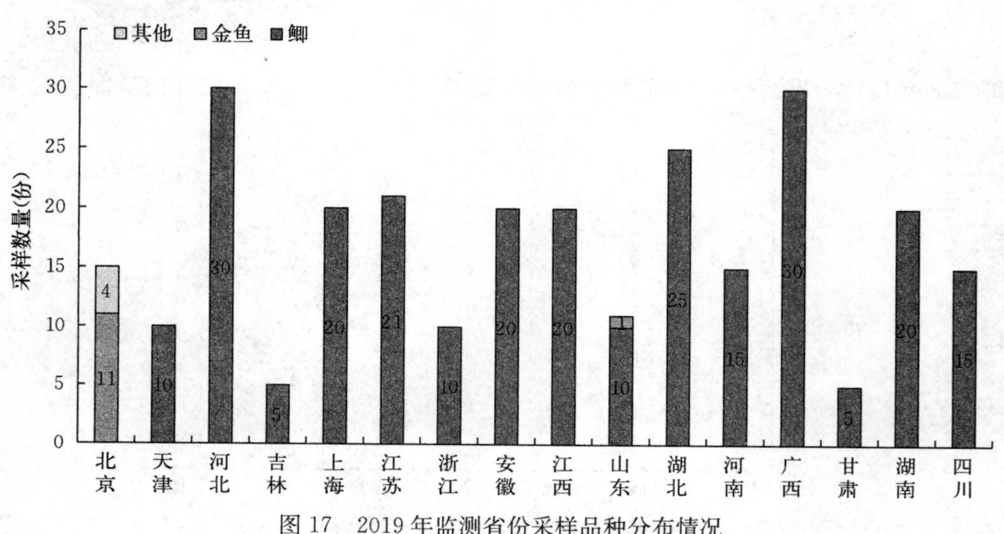

图 17　2019 年监测省份采样品种分布情况

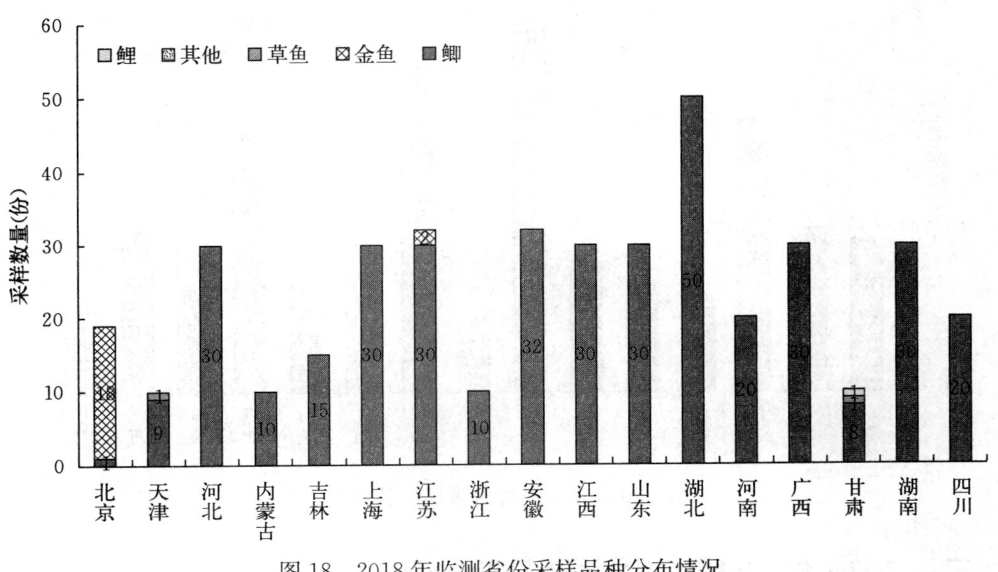

图 18　2018 年监测省份采样品种分布情况

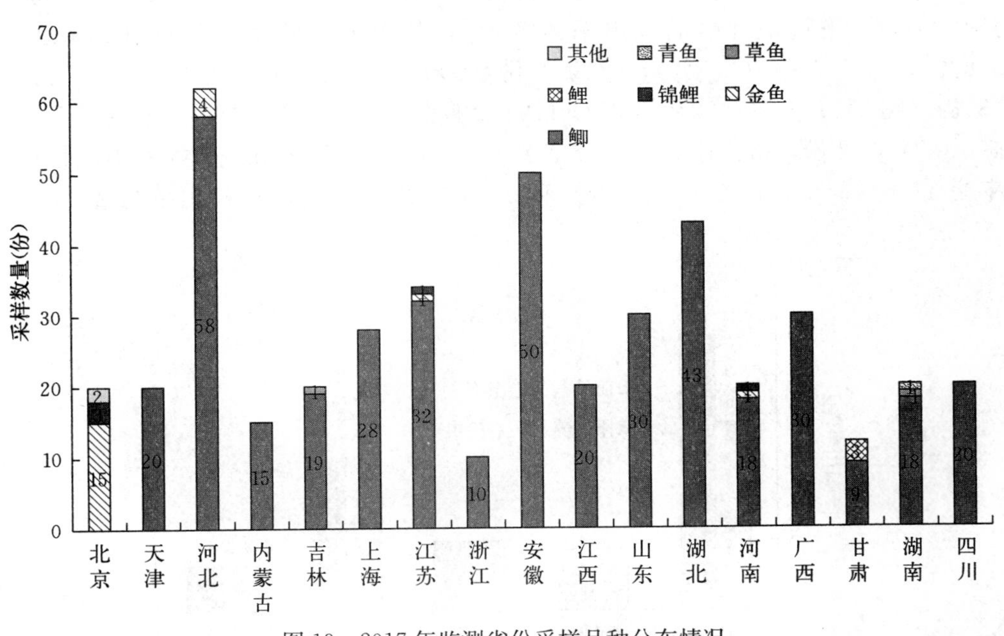

图 19　2017 年监测省份采样品种分布情况

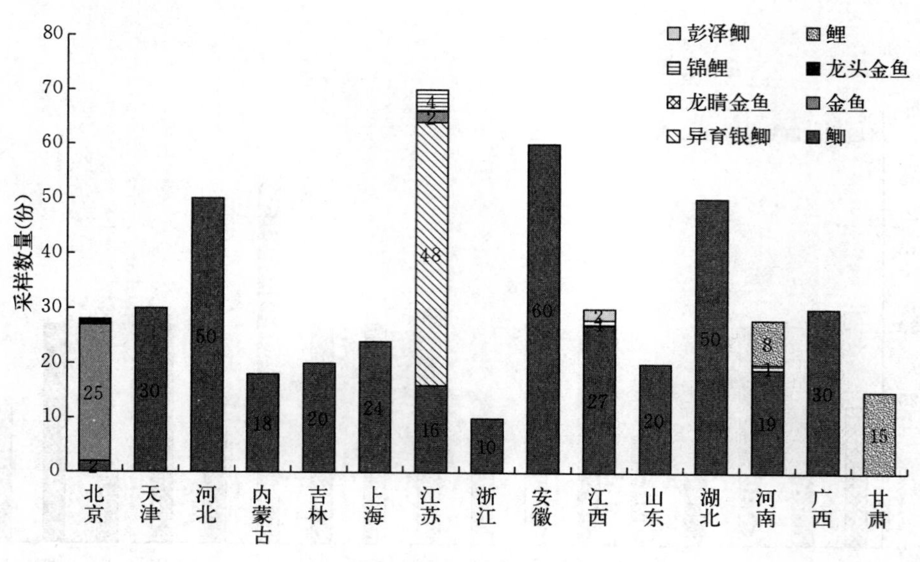

图 20　2016 年监测省份采样品种分布情况

三、2020 年 CyHV-2 监测结果分析

（一）阳性检出情况及区域分布分析

2020 年 CyHV-2 疫病监测 15 省（自治区、直辖市）共采集样品 292 份，检出阳性样品 11 份，平均阳性样品检出率为 3.8%，其中阳性样品分布分别是北京 3 份（13.6%），河北 1 份（3.3%），上海 1 份（5%），江西 5 份（14.3%），湖北 1 份（3.3%）（图 21）；2015—2019 年度 CyHV-2 疫病监测年度采集样品分别为 307、487、454、407 和 242 份，检出阳性样本分别为 54、38、45、21 和 13 份，平均阳性样品检出率为 17.6%、7.8%、9.9%、5.2%和 5.4%。2020 平均阳性检出率与 2015—2019

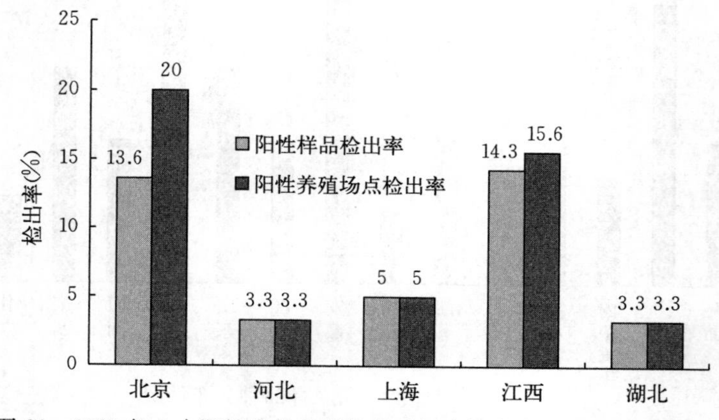

图 21　2020 年 5 个阳性省份的阳性养殖场点检出率和阳性样品检出率

年相比较平均阳性检出率持续下降。监测结果统计显示，北京在六年监测过程中每年均能检测出阳性样本；河北在2017—2020年间连续四年检测出阳性样本；湖北在2016—2020年间连续五年检测出阳性样本（图21至图25）。

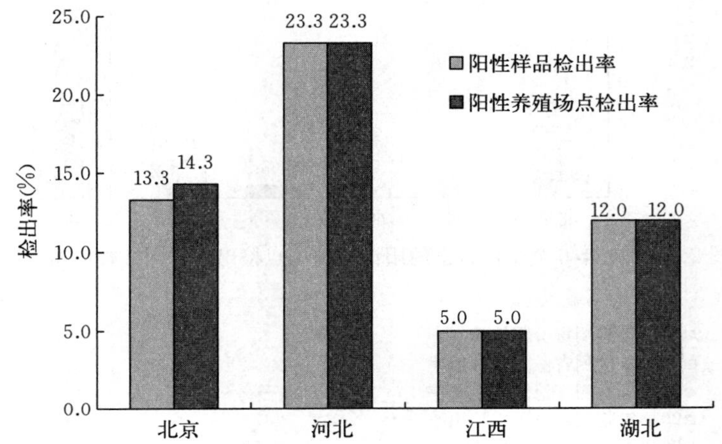

图22　2019年5个阳性省份的阳性养殖场点检出率和阳性样品检出率

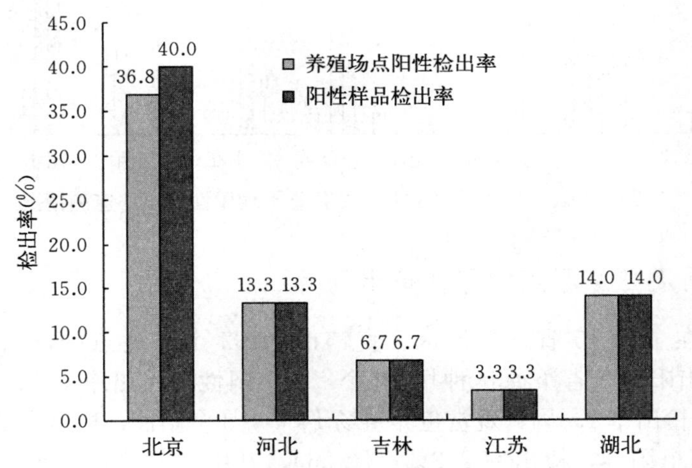

图23　2018年5个阳性省份的阳性养殖场点检出率和阳性样品检出率

与2015—2019年相比，2019年和2020年CyHV-2疫病监测省份均为15个省（自治区、直辖市），从2015年的9个扩大到2019和2020年的15个省份，阳性省份数量有所上升。以上海市为例，上海市在2019年未检测出阳性样本，而2020年检出1例阳性（3.3%）。通过对CyHV-2易感宿主鲫和金鱼的主要养殖省份连续监测，发现北京、河北和湖北在近年连续监测中均检测出CyHV-2阳性样品，此结果说明CyHV-2仍然是上述鲫主养区域的主要疾病，需进一步加强疾病监测与防控工作。

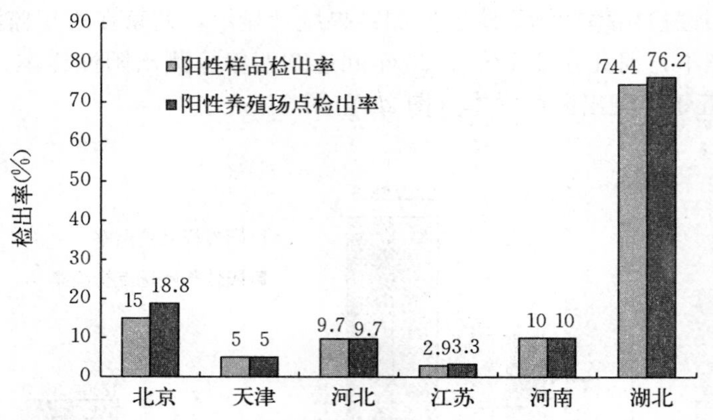

图 24　2017 年 6 个阳性省份的阳性养殖场点检出率和阳性样品检出率

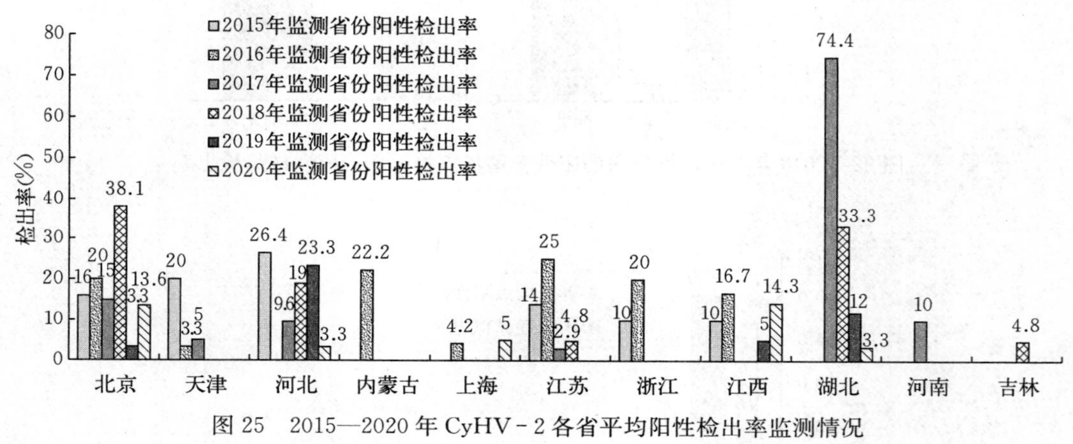

图 25　2015—2020 年 CyHV－2 各省平均阳性检出率监测情况

（二）不同类型监测点的阳性检出分析

2020 年，在全国 15 省（自治区、直辖市）282 个监测点中，国家级原良种场 10 个，未检测出阳性；省级原良种场 40 个，2 个阳性，检出率 5％；重点苗种场 76 个，2 个阳性，检出率 2.6％；观赏鱼养殖场 14 个，3 个阳性，检出率 21.4％；成鱼养殖场 142 个，4 个阳性，检出率 2.8％（图 26）。其中，观赏鱼养殖场的阳性检出率 21.4％＞省级原良种场 5％＞成鱼养殖场 2.8％＞重点苗种场 2.6％＞国家级原良种场 0％。2020 年只有国家级原良种场未检测出阳性样本，与往年相比，国家级良种场（2017 年阳性率为 20.0％）、重点苗种场（2017 年阳性率为 6.9％，2020 年阳性率为 2.7％）的阳性检出率在逐年下降，这为控制鲫造血器官坏死病的蔓延和疾病净化提供基础支撑。建议继续加大对鲫和金鱼原良种场的监测和监管，在苗种方面有效控制疾病发生，可为防止 CyHV－2 的继续蔓延和苗种带毒广泛传播起到关键作用。观赏鱼养殖场的结果显示，与 2019 年相比观赏鱼阳性检出率有所上升（2020 年 21.4％，2019 年 12.5％），与往年相比，低于 2018 年（34.8％）和 2016 年（25.5％）的观赏鱼养殖场。

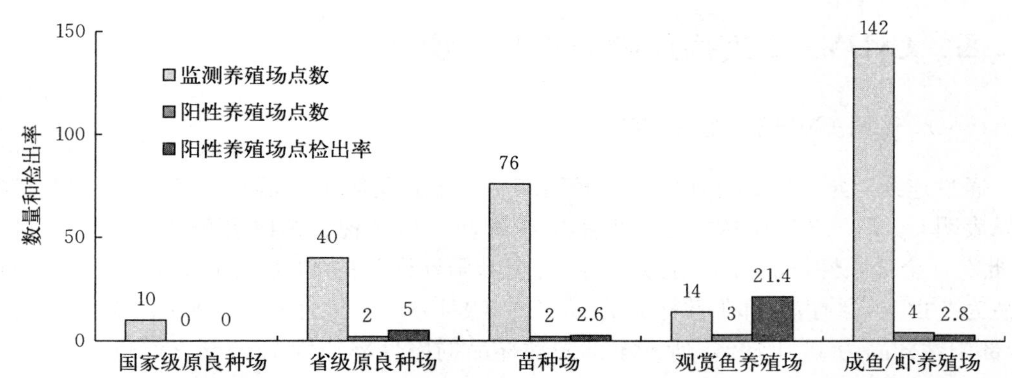

	国家级原良种场	省级原良种场	苗种场	观赏鱼养殖场	成鱼/虾养殖场
监测养殖场点数（个）	10	40	76	14	142
阳性养殖场点数（个）	0	2	2	3	4
阳性养殖场点检出率（%）	0	5	2.6	21.4	2.8

图 26　2020 年 CyHV－2 各种类型养殖场点的平均阳性检出情况

尽管观赏鱼不作为我国的主要食用经济鱼类，但是观赏鱼携带 CyHV－2 病毒，在运输或售卖过程中可能对养殖鲫 CyHV－2 传播产生影响，而且 CyHV－2 高检出率亦为我国观赏鱼产业健康发展的隐患。因此，建议重视对观赏鱼 CyHV－2 的监测。

（三）易感宿主及比较分析

2020 年鲫造血器官坏死病的监测养殖品种有鲫、金鱼和其他养殖品种，阳性样本的检出品种均为鲫和金鱼。在 2015 年和 2016 年样本监测过程中出现有一些省份在其他品种鱼类中检测出阳性样本的情况，如锦鲤、鲤和兴国红鲤，但是由于这几个品种的采样量较少，没有统计学规律，具体是由于 CyHV－2 感染宿主范围扩大还是由于在监测过程某些环节出现问题，还有待大量的确凿数据进行验证（图 27）。

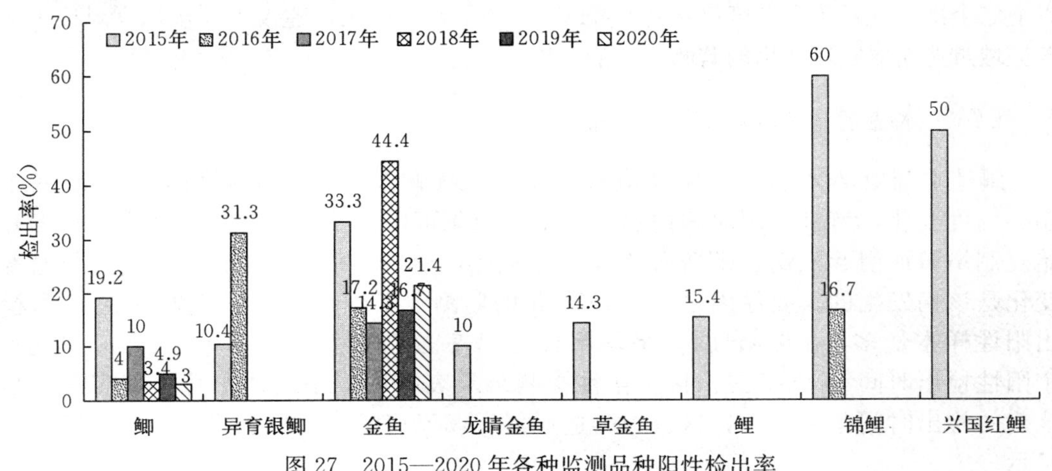

图 27　2015—2020 年各种监测品种阳性检出率

四、CyHV－2 疫病风险分析及建议

（一）我国 CyHV－2 易感宿主

通过连续六年（2015—2020）对我国鲫主养区省份鲫造血器官坏死病的跟踪监测，结果表明 CyHV－2 的阳性样本主要集中在鲫和金鱼品种。2019 年鲫阳性样品数量为 11 批次（全部阳性样品为 13 批次），约占全部阳性样品的 84.6%（11/13），金鱼阳性样品为 2 批次，约占全部阳性样品的 15.4%（2/13）；2020 年鲫阳性样品数量为 8 批次（全部阳性样品为 11 批次），所占全部阳性样品的阳性率约为 72.7%（8/11），金鱼所占全部阳性样品的阳性率约为 27.3%（3/11）。数据说明目前 CyHV－2 仍然是我国鲫养殖业和金鱼养殖业的重要威胁，建议继续加强我国鲫养殖场的疫病监测和防控，同时加强我国观赏鱼养殖场的健康管理和检测。

（二）不同养殖场类型传播 CyHV－2 分析

2020 年重点苗种场检测出阳性样品，阳性率为 2.6%，而 2019 年重点苗种场未检测出阳性样本。健康苗种是鲫养殖的基础和关键，能从源头上切断疾病的传播。近年连续监测的数据结果显示，国家级原良种场、省级原良种场阳性样品的检测率逐渐降低，说明鲫造血器官坏死病的监测工作对我国鲫的健康养殖起着促进和推动作用，也为下一步我国鲫苗种场的规范化养殖提供配套监测服务。

（三）CyHV－2 区域流行特征分析

从 2020 年样品监测区域分布来看，2020 年参与监测的 15 个省份中，有 5 个省份检出了阳性样品，其中阳性省份包括我国鲫主养区域湖北和河北以及观赏鱼养殖区北京。此外，北京连续六年监测结果中均检测出阳性样本，湖北作为 2016 年新增的监测省份，连续五年均检测出阳性样品以及河南连续四年监测出阳性样品，此监测结果说明以上三个鲫或观赏鱼主养区仍然是 CyHV－2 的主要流行区，建议下一步加大对以上主养区域鲫造血器官坏死病的监测与防治工作。

（四）水温与 CyHV－2 流行关系

鲫造血器官坏死病的发生和流行与温度、气候及其变化密切相关。有研究表明，温度变化，特别是短时间内温度的急剧变化可以诱发潜伏感染的鲤疱疹病毒开始复制增殖而引起疾病。鲫造血器官坏死病在 5～8 月高发，也证实了气候与温度变化是该病发生的重要原因之一。2020 年的监测数据统计显示，温度在 6～7 月检出阳性样本最多（8 份阳性），平均阳性检出率为 72.7%（8/11），此外，其他 3 个阳性检出时间在 4～5 月。以上阳性检测结果表明可能是鱼体本身携带病毒或是该病的检出时间范围扩大，这也为鲫造血器官坏死病的预防提前采取措施给予时间暗示。

（五）防控策略建议

由于目前缺乏有效治疗鱼类病毒病的药物，再加上鱼类的生存环境决定了其在发病初期较难被察觉，这给鱼病的治疗带来了极大的困难，因此鱼类病毒病的预防是对病毒病最为重要的防控途径。针对鲫造血器官坏死病的病原特性、流行病学特征、养殖环境等，做好防治工作措施。

要定期对养殖场亲鱼、鱼苗鱼种进行 CyHV－2 检疫。根据该疾病的流行和暴发季节选择好检疫时间和对象，尤其是针对国家级原良种场、省级苗种场和重点苗种场应定期对亲鱼和苗种进行检疫，杜绝亲鱼带毒繁殖。养殖户在购买鲫种时，应对购买的鲫种进行检疫或询问苗种产地发病历史等，避免购买携带病毒的鲫苗种。对历年有阳性样品检出记录的苗种场进行严密跟踪和调查苗种带毒原因，旨在杜绝病毒的发生和传播；此外，要重视养殖水环境的水质质量和底质改良，保持健康的养殖水环境对避免疾病的发生起着至关重要的作用。在日常管理中建议定期投喂天然植物抗病毒药物，调节鱼体的免疫力，增强其对病原生物感染的抵抗力。在鲫饲料中适量添加多种维生素、免疫多糖制剂以及肠道微生态制剂等，可明显改善鱼体的代谢环境，提高鱼体健康水平和抗应激能力；当疾病流行和暴发时应对所有因患造血器官坏死病而死亡的鲫采用深埋、集中消毒、焚烧等无害化处理，避免病原进一步传播。对所有涉及疫病池塘水体、患病鱼体的操作工具应采用高浓度高锰酸钾、碘制剂消毒处理，切忌将患病池塘水体排入进水沟渠，避免因滥用药物而导致死亡数量急剧上升。

五、项目工作总结

2020 年是本项目实施监测的第六年，在农业农村部、全国水产技术推广总站、专家团队等组织和领导下，各有关省份渔业主管局和具体项目承担单位积极配合下以及国家水生动物疫病监测信息管理系统的有效应用基础上，使得 2020 年动物疫情（CyHV－2）监测项目较好地完成了预定的工作目标，全年的监测数据更加详细与丰富。与往年阳性监测结果相比，2020 年平均阳性检出率有所下降，但 2020 年只有国家级良种场未检测出阳性样本，而苗种场检出了阳性样本，建议相关部门应加强对苗种场的防控和监测。苗种是第一道防线，要把好第一关卡。通过此次更大范围内的 CyHV－2 的检测工作，进一步查清了我国鲫、金鱼等养殖品种的 CyHV－2 发病情况，为以后该病的防治奠定实践基础；此外，承担项目的各省份通过此次 CyHV－2 的监测工作锻炼了水生动物防疫检疫队伍，提高了以后应对鱼类疾病，尤其是突发病的防疫工作的能力。

（一）存在的问题

本项目在 2020 年较好地完成了所负责的监测工作和数据的及时上报，为掌握 CyHV－2 的发病特点、流行情况和防控措施提供了翔实的数据支撑，而且也针对监测过程中存在的问题进行调整和改善，例如在 2015 年和 2016 年存在的养殖场养殖类型设置问题，在 2020 年得到明显的改善，在监测的 15 个省份中，14 个省份的监测采样点包括了苗种场。样品采集时间也分布在疾病高发的 5～8 月，而且监测采样样品量相比 2019 年更多。但是，在监测工作中仍然存在着一些问题。其中主要的问题为缺乏连续三年监测阳性养殖点的翔实记录，使得在分析报告中较难对疾病流行趋势与干预措施效果进行详细的比较分析。此外，还有个别省份缺乏对苗种场的监测，这对于从源头开始监测采取更为有效的预防鲫造血器官坏死病发生的措施有重要意义。

（二）建议

加强对阳性养殖场的连续监测，并且建议在国家水生动物疫病监测信息管理系统中能够加注连续监测养殖点以及连续阳性养殖点的栏目，以便于将来进行统计和分析；为了掌握我国主要养殖鲫和金鱼区域 CyHV－2 的流行温度以及避免阳性样本的漏检，建议每个参加鲫造血器官坏死病的监测采样单位能够合理安排采样时间，尽量将采样时间分布在 6～8 月。目前研究结果显示，CyHV－2 的发病高峰主要在 6～8 月这个时段，建议各省份采样范围尽量包含苗种场，为防控的第一道防线做好保障工作；建议检测单位将全年阳性检测样本进行测序分析，掌握我国 CyHV－2 主要的流行株，为将来 CyHV－2 的免疫防控奠定基础。

2020 年草鱼出血病状况分析

中国水产科学研究院珠江水产研究所

（王　庆　尹纪元　石存斌　王英英　张德锋　吴斯宇　李莹莹）

一、前言

草鱼（*Ctenopharyngodon idella*）是我国最重要的淡水养殖经济鱼类，为国民提供了优质、丰富的动物蛋白质来源，但是草鱼出血病的暴发严重影响了草鱼养殖业的健康发展。草鱼出血病的病原为基因Ⅱ型草鱼呼肠孤病毒。草鱼呼肠孤病毒（grass carp reovirus，GCRV）属于呼肠孤病毒科（Reoviridae），水生呼肠孤病毒属。自 20 世纪 80 年代分离到第一株草鱼呼肠孤病毒以来，目前已有 40 多株分离株见于文献报道，根据病毒基因序列的差异，可以划分为 3 种基因型：Ⅰ型、Ⅱ型、Ⅲ型。流行病学调查结果显示，基因Ⅱ型草鱼呼肠孤病毒是目前国内分布流行范围最广、致病力最强的病毒类型。

草鱼出血病是一种能使草鱼、青鱼等鳍条、鳃盖、肌肉、肠道等组织器官产生出血为主要临床症状的传染性疾病。该病具有流行范围广，发病季节长，病死率高等特点，据统计每年我国养殖草鱼由于病害造成的经济损失高达近 10 亿元。2008 年，草鱼出血病列入《一、二、三类动物疫病病种名录》中的二类动物疫病，2015 年草鱼出血病首次列入国家水生动物疫病监测计划，通过连续数年的疫情监测，获得了该病原在我国流行现状的翔实数据，也为该疫病的全面防控提供了流行病学依据。

GCRV 病毒粒子呈球形，不具囊膜，直径为 75～80 nm，正二十面体对称，具有双层衣壳，对氯仿和乙醚等有机类溶剂不敏感。GCRV 基因组由 11 个分节段的 ds RNA 构成，根据凝胶迁移率可以将这些片段分为 3 个大片段、3 个中等片段和 5 个小片段，各基因节段 3’末端不具有 poly（A）尾，每个片段在 5’和 3’末端都含有特异的 4～6 bp 的重复保守序列。目前缺乏有针对性的治疗药物是导致草鱼出血病广泛、快速、持续流行的重要原因。疫病流行情况的实时监测是防控该疾病大规模暴发的有效手段之一。

为了摸清草鱼出血病在我国的流行情况，切断草鱼出血病的传播途径，减少草鱼养殖过程中由于草鱼出血病造成的经济损失，实现我国水产养殖的提质增效、减量增收、富裕渔民的目标。2015 年草鱼出血病被列入国家水生动物疫病监测计划，截至 2020 年，已经连续 6 年对我国草鱼出血病开展疫情监测。2015 年计划监测样品 510 份（实际完成 498 份）、2016 年计划监测样品 450 份（实际完成 451 份）、2017 年计划监测样品 373 份（实际完成 395 份）、2018 年计划监测样品 450 份（实际完成

451 份)、2019 年计划监测样品 295 份（实际完成 299 份）。本分析报告将整理和分析 2020 年各省份上报的监测数据，对全国监测结果进行分析，并给予相关建议。通过连续数年的疫情监测，为摸清草鱼出血病的本底情况、渔民疫情防控、切断疫病流行提供了基础数据。

二、2020 年全国开展草鱼出血病的监测情况

（一）概况

2020 年，监测计划中全国有 20 个省（自治区、直辖市）参加草鱼出血病监测工作，包括北京、天津、河北、内蒙古、吉林、上海、江苏、浙江、安徽、江西、山东、湖北、湖南、广东、广西、重庆、四川、贵州、宁夏、新疆，监测样品预计共计 385 个。截止到 2020 年 12 月 31 日，一共完成监测样品 388 份，北京、山东和新疆 3 个省超额完成任务，其他省份按照计划完成全部监测任务（图 1）。

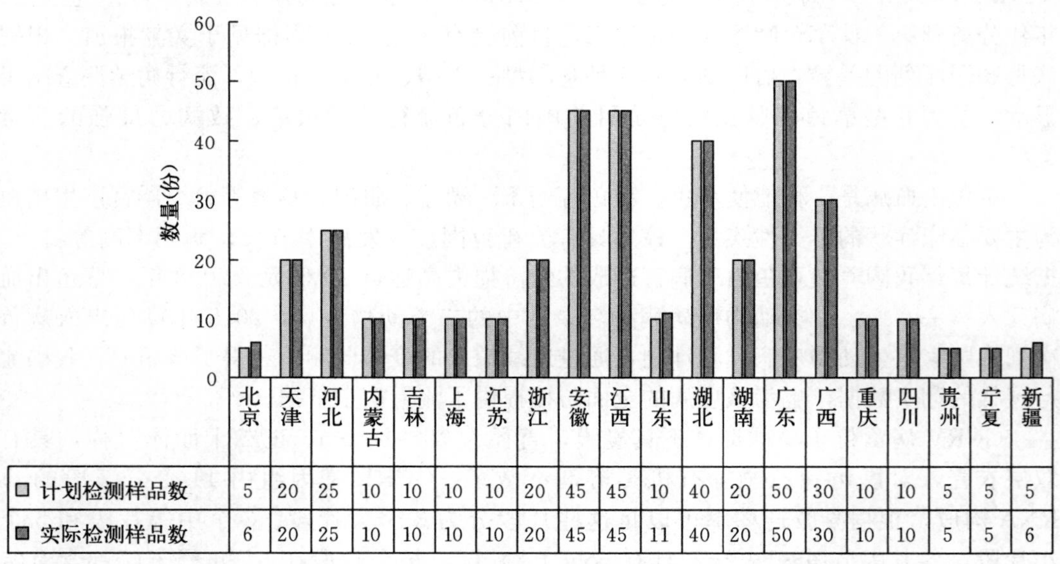

	北京	天津	河北	内蒙古	吉林	上海	江苏	浙江	安徽	江西	山东	湖北	湖南	广东	广西	重庆	四川	贵州	宁夏	新疆
计划检测样品数	5	20	25	10	10	10	10	20	45	45	10	40	20	50	30	10	10	5	5	5
实际检测样品数	6	20	25	10	10	10	10	20	45	45	11	40	20	50	30	10	10	5	5	6

图 1　2020 年各省份草鱼出血病监测样品的完成情况

（二）监测点的分布和类型

2020 年，在全国 20 个草鱼主要养殖省、市、区开展草鱼出血病监测，共在 188 个区县 267 个乡镇的 360 个监测场点开展监测，每个省份涉及的县和乡镇数如图 2 所示。与 2019 年相比较，2020 年虽然草鱼出血病监测仍然覆盖了 20 个省份，但是监测覆盖区县数减少 24.31%，覆盖乡镇数减少 25.83%，监测场点数减少 25.26%，检测样品数减少 34.15%。

在 360 个监测养殖场中，国家级原良种场 9 个，占监测点 2.50%；省级原良种场

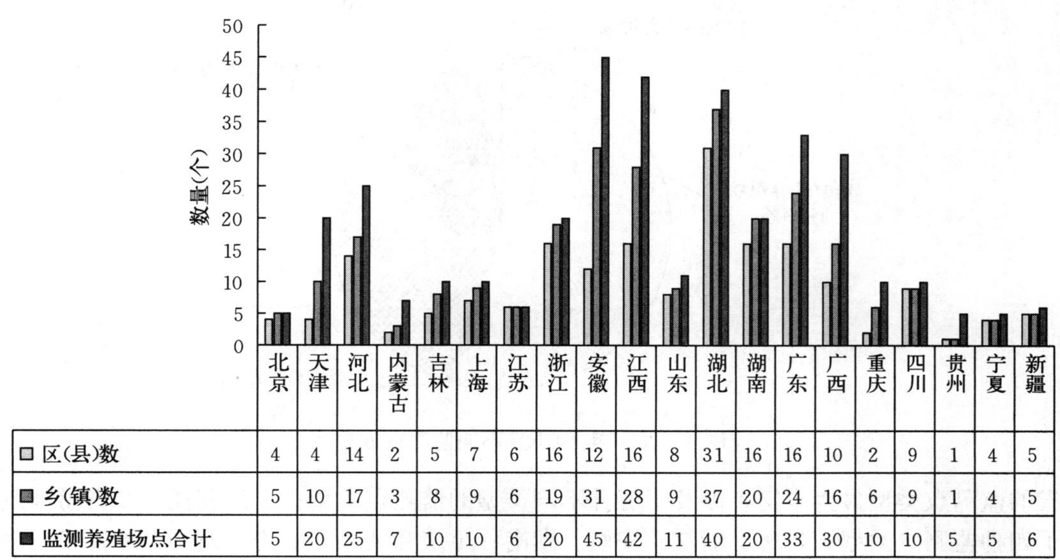

	北京	天津	河北	内蒙古	吉林	上海	江苏	浙江	安徽	江西	山东	湖北	湖南	广东	广西	重庆	四川	贵州	宁夏	新疆
区(县)数	4	4	14	2	5	7	6	16	12	16	8	31	16	16	10	2	9	1	4	5
乡(镇)数	5	10	17	3	8	9	6	19	31	28	9	37	20	24	16	6	9	1	4	5
监测养殖场点合计	5	20	25	7	10	10	6	20	45	42	11	40	20	33	30	10	10	5	5	6

图2　2020年参加草鱼出血病检测的区县、乡镇和检测点数量

47个，占监测点13.06%；重点苗种场105个，占监测点29.17%；成鱼养殖场196个，占监测点54.44%；观赏鱼养殖场3个，占监测点0.83%（图3、图4）。其中湖北

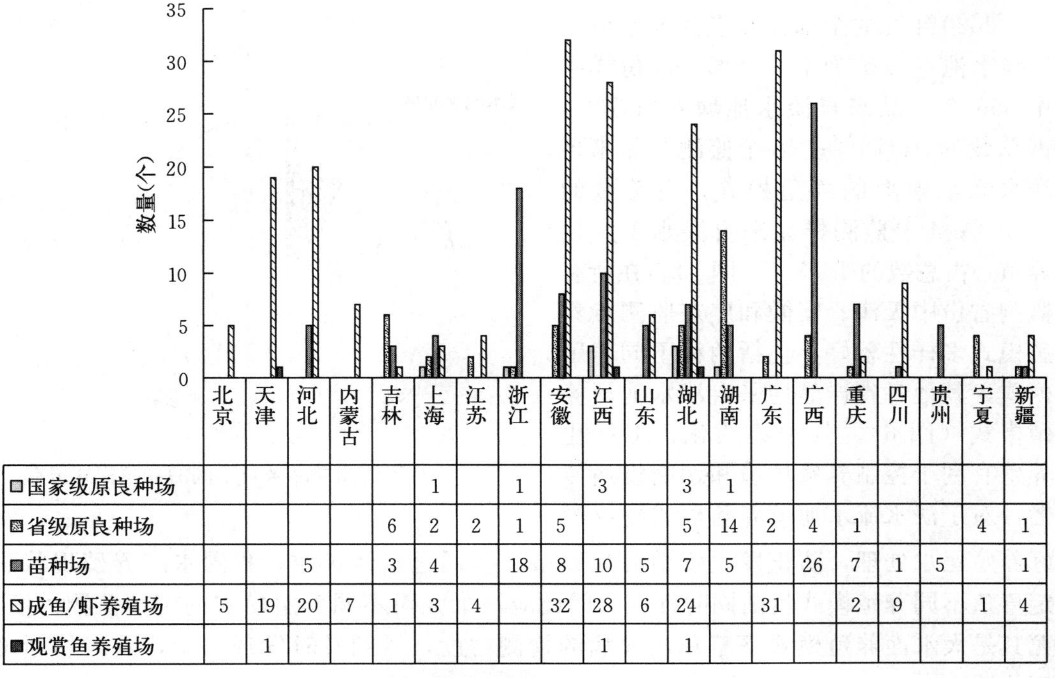

	北京	天津	河北	内蒙古	吉林	上海	江苏	浙江	安徽	江西	山东	湖北	湖南	广东	广西	重庆	四川	贵州	宁夏	新疆
国家级原良种场						1		1		3		3	1							
省级原良种场					6	2	2	1	5			5	14	2	4	1			4	1
苗种场			5		3	4		18	8	10	5	7	5		26	7	1	5		1
成鱼/虾养殖场	5	19	20	7	1	3	4		32	28	6	24		31		2	9		1	4
观赏鱼养殖场		1								1		1								

图3　2020年各省份不同类型监测点数量

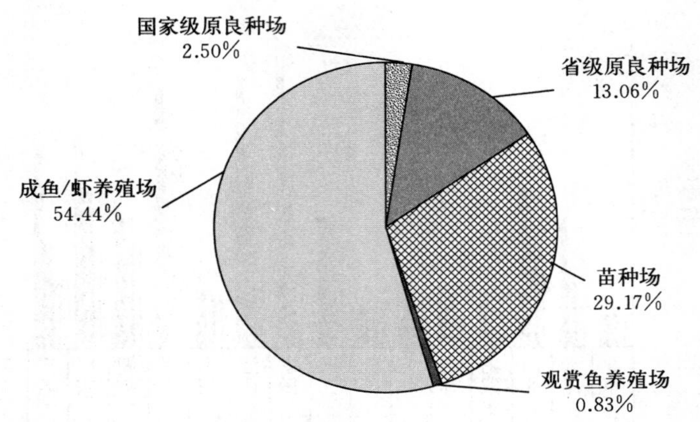

图 4　2020 年 GCRV 不同监测点分布

省的监测点类型最为丰富，涉及了五种不同类型的监测点类型；上海和江西 2 省份涉及了四种监测点类型；吉林、浙江、安徽、湖南、重庆和新疆 6 省份的监测点涉及了三种监测点类型；其他省份都较为单一。由于草鱼出血病的主要危害草鱼苗种，2 龄草鱼主要呈隐形感染，虽然不表现明显的症状，但是具有传染性，因此监测范围应该尽量覆盖苗种场和成鱼养殖场。

（三）监测点养殖模式

2020 年度的全部监测点的养殖模式以淡水池塘养殖为主，全部 388 份样品中 356 个样品来自淡水池塘养殖模式，占总数的 91.75%；28 个监测样品来自淡水流水池塘的养殖模式，占总数的 7.22%；4 个监测样品来自淡水工厂化养殖，占总数的 1.03%（图 5）。在所有监测省份中天津、安徽和广东监测点养殖模式多样性较好，包括两种不同养殖模式；其他各省样品均采自淡水池塘养殖模式（图 6）。其中集约化、工厂化养殖有利于控制养殖环境和切断疫病传播，对于淡水流水池塘养殖模式建议做好养殖尾水处理，防止发生疫情时病原微生物通过水体扩散。我国水产养殖现状决定草鱼不同养殖模式目前同时存在，因此应该加强对不同养殖模式的疫情监测力度，尤其是大水面养殖模式下草鱼出血病的检测力度，做到及时发现疫情，及时切断疫病传播。

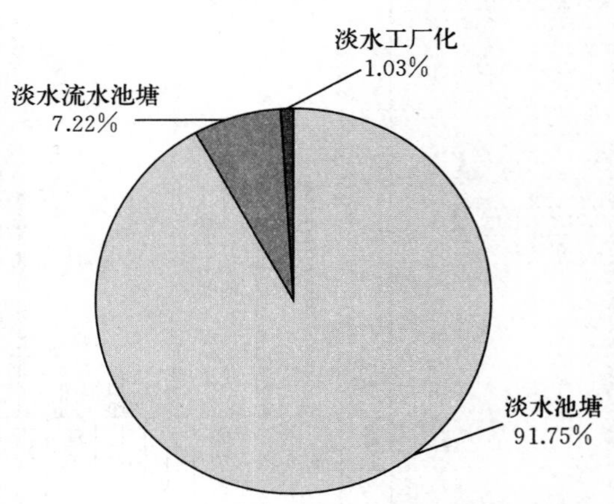

图 5　2020 年监测样品来自不同的养殖模式分布

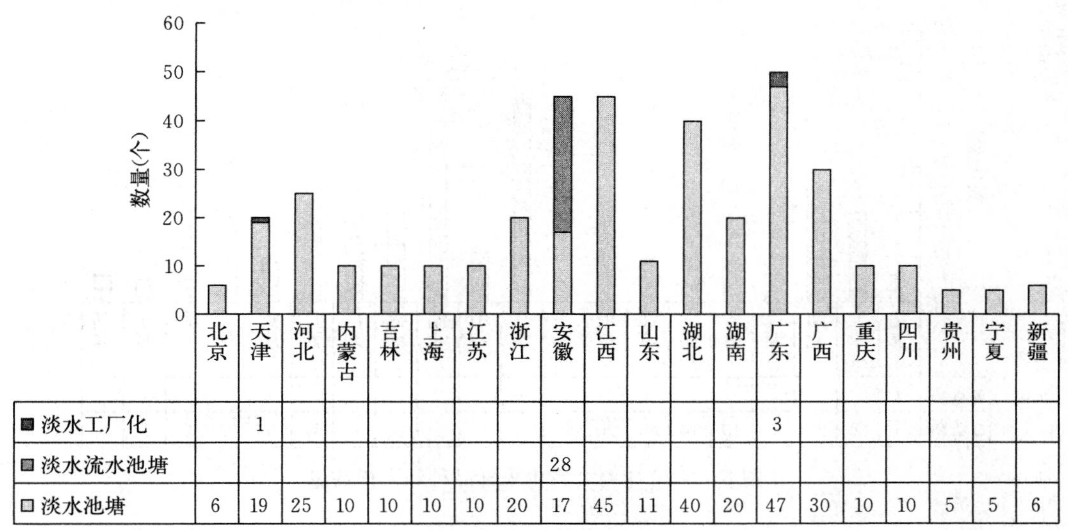

	北京	天津	河北	内蒙古	吉林	上海	江苏	浙江	安徽	江西	山东	湖北	湖南	广东	广西	重庆	四川	贵州	宁夏	新疆
■淡水工厂化		1												3						
■淡水流水池塘									28											
□淡水池塘	6	19	25	10	10	10	10	20	17	45	11	40	20	47	30	10	10	5	5	6

图 6　2020 年监测点养殖模式

（四）采样品种

2020 年度采样品种以草鱼为主，在全部监测样品中，草鱼样品有 384 份，占全部样品的 98.97%，青鱼样品有 4 份，占全部样品 1.03%（图 7），其中北京、江苏、江西和重庆分别对 1 份青鱼样品进行了草鱼呼肠孤病毒的检测（图 8）。基因Ⅱ型草鱼呼肠孤病毒的敏感宿主是草鱼和青鱼，目前我国草鱼养殖量远远大于青鱼养殖量，因此连续六年的草鱼出血病疫情监测样品对象均以草鱼为主，但是青鱼也是草鱼呼肠孤病毒的敏感宿主，应重视该疫病在青鱼群体中的流行情况，加强草鱼出血病在青鱼样品的监测力度。

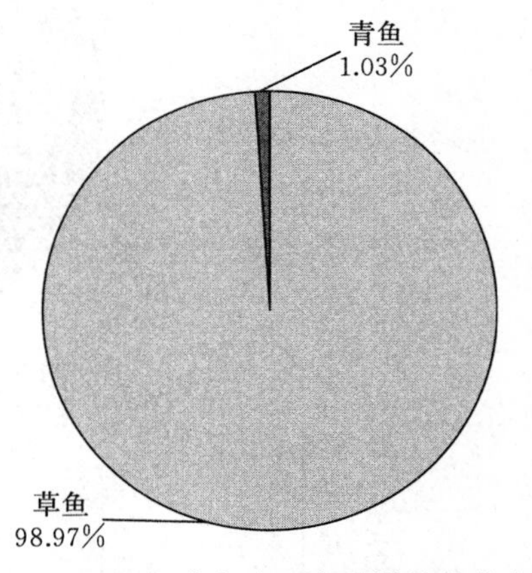

图 7　2020 年草鱼出血病采样品种分布

（五）采样水温

按照草鱼出血病的采样要求，采样在春、夏、秋季进行，水温在 22～30 ℃，最好在 25～28 ℃采样。2020 年度采集的 388 份样品中均在采样时记录了温度，所有样品采集时温度均不低于 10 ℃。其中在 15～19 ℃温度条件下采集的样品 17 个，占 4.38%；在 20～24 ℃温度条件下采集的样品 140 个，占 36.08%；在 25～29 ℃温度条件下采集的样品 197 个，占 50.77%；30 ℃以上采集的样品 34 个，占 8.77%（图 9）。各省样品采集时温度统计结果表明，部分省份样品采集时温度偏低，不是草鱼出血病易流行温度，今后应注意采样季节，提高监测结果有效性（图 10）。

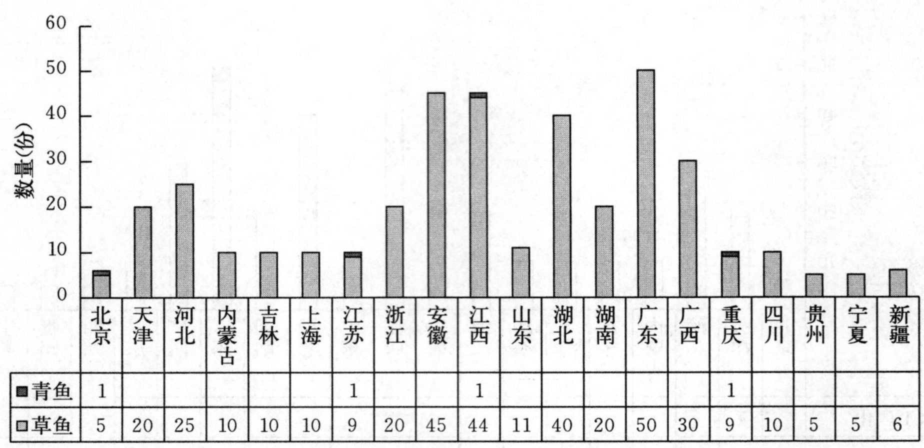

	北京	天津	河北	内蒙古	吉林	上海	江苏	浙江	安徽	江西	山东	湖北	湖南	广东	广西	重庆	四川	贵州	宁夏	新疆
■青鱼	1						1			1						1				
■草鱼	5	20	25	10	10	10	9	20	45	44	11	40	20	50	30	9	10	5	5	6

图 8　2020 年每个省份采样品种和采样数量

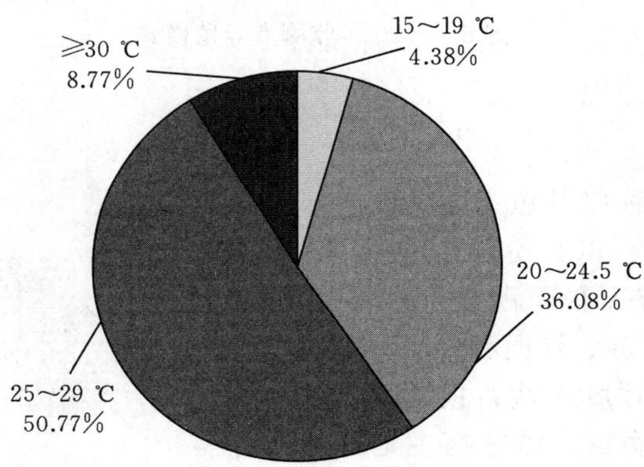

图 9　2020 年样品采集水温分布

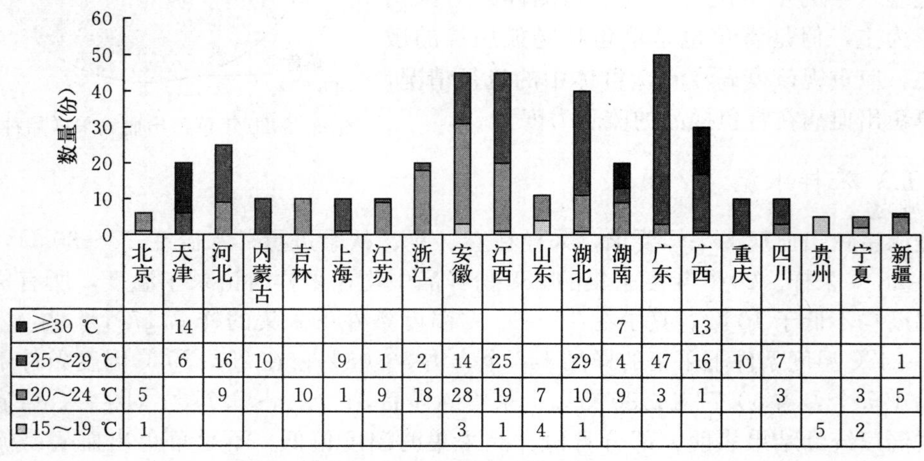

	北京	天津	河北	内蒙古	吉林	上海	江苏	浙江	安徽	江西	山东	湖北	湖南	广东	广西	重庆	四川	贵州	宁夏	新疆
■≥30 ℃		14											7		13					
■25～29 ℃		6	16	10		9	1	2	14	25		29	4	47	16	10	7			1
■20～24 ℃	5		9		10	1	9	18	28	19	7	10	9	3	1		3		3	5
□15～19 ℃	1								3	1	4	1						5	2	

图 10　2020 年各省份采样温度的分布情况

（六）采样规格

2020年所有监测采集样品均记录有样品规格，其中大多数样品采用体长作为规格指标，部分样品是以体重作为规格指标，为了便于统计，一律以样品体长的平均值作为规格指标（提供体重数据的样品进行了体长估算）。从记录的数据来看，2020年草鱼出血病采样规格主要集中在5 cm以下的样品，共计190个，占样品的48.97%；其次为5～10 cm的鱼，共计84个样品，占样品的21.65%；10～15 cm鱼，30份，占7.73%；15～20 cm的鱼34份，占样品的8.76%；20 cm以上的鱼50份，占样品的12.89%（图11和图12）。

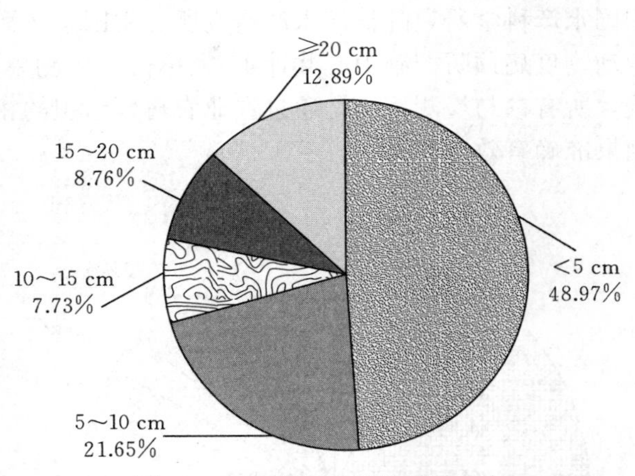

图11　2020年样品采样规格分布

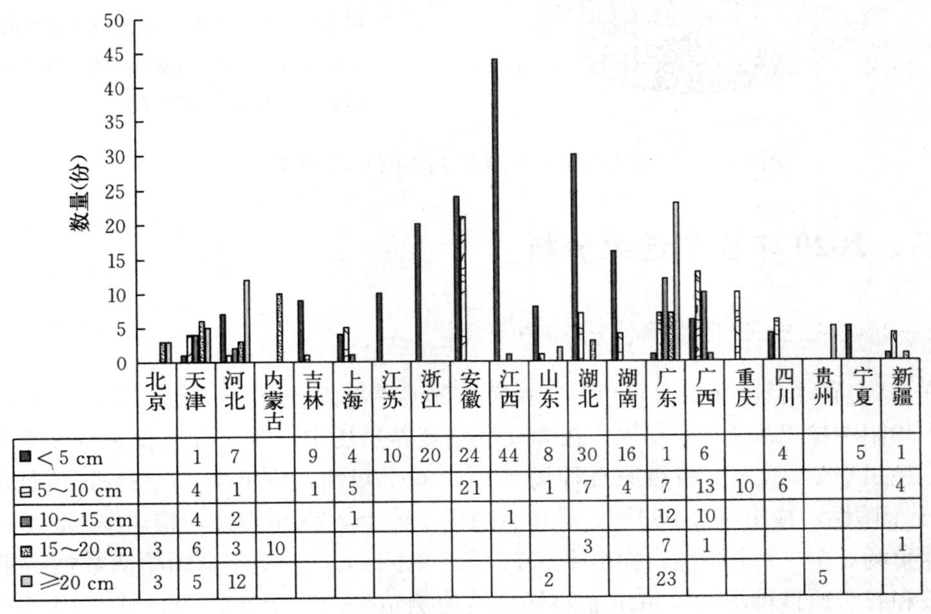

	北京	天津	河北	内蒙古	吉林	上海	江苏	浙江	安徽	江西	山东	湖北	湖南	广东	广西	重庆	四川	贵州	宁夏	新疆
<5 cm		1	7		9	4	10	20	24	44	8	30	16	1	6		4		5	1
5～10 cm		4	1		1	5			21		1	7	4	7	13	10	6			4
10～15 cm		4	2			1				1				12	10					
15～20 cm	3	6	3	10								3		7	1					1
≥20 cm	3	5	12								2			23				5		

图12　2020年各省份采样规格分布

（七）检测单位

参与样品检测任务的单位包括广东省水生动物疫病预防控制中心、广西自治区渔业病害防治环境监测和质量检验中心、连云港海关综合技术中心、青岛海关技术中心、上海市水产技术推广站、深圳海关动植物检验检疫技术中心、长沙海关技术中心、浙江省淡水水产研究所、中国检验检疫科学研究院、中国水产科学研究院黑龙江水产研究所、中国水产科学研究院长江水产研究所、中国水产科学研究院珠江水产研究所和重庆市水生动物疫病预防控制中心共计 13 家单位，检测单位分别来自海关、科研院所和推广系统，所有参与检测机构均通过农业农村部组织的相关疫病检验检测能力验证，确保检测结果准确有效（图 13）。

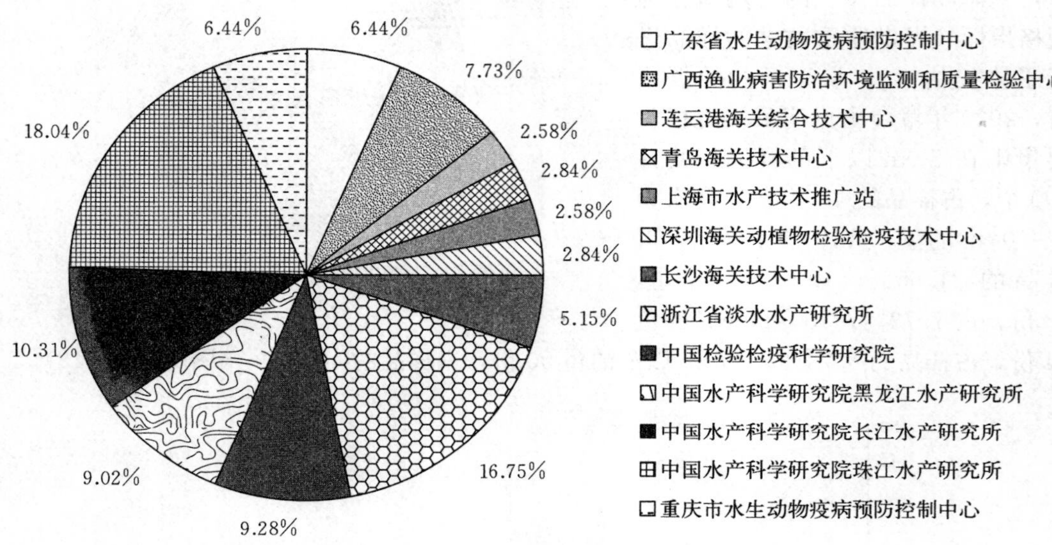

图 13　2020 年参与样品检测工作的单位及监测样品数量占比

三、2020 年检测结果分析

（一）各省份阳性监测点分布和比率

在 20 个省（自治区、直辖市）共设置监测养殖场点 360 个，检出阳性 57 个，养殖场点平均阳性检出率为 15.83%。在 360 个监测养殖场中，国家级原良种场 9 个，2 个阳性，检出率 22.22%；省级原良种场 47 个，6 个阳性，检出率 12.77%；苗种场 105 个，23 个阳性，检出率 21.90%；成鱼养殖场 196 个，25 个阳性，检出率 12.76%；观赏鱼养殖场 3 个，1 个阳性，检出率 33.33%（图 14）。2019 年全国检测数据结果表明国家级和省级原良种场的草鱼出血病样品的检测结果均为阴性，2020 年采用新的半套式 PCR 检测方法，提高了检测灵敏性，在国家级和省级原良种场中均有阳性样品检出，提示需要加强对携带低病毒载量草鱼的监测管理。

（二）各省份阳性样品分布和比率

20 省（自治区、直辖市）共采集样品 388 批次，检出阳性样品 61 批次，样品平均

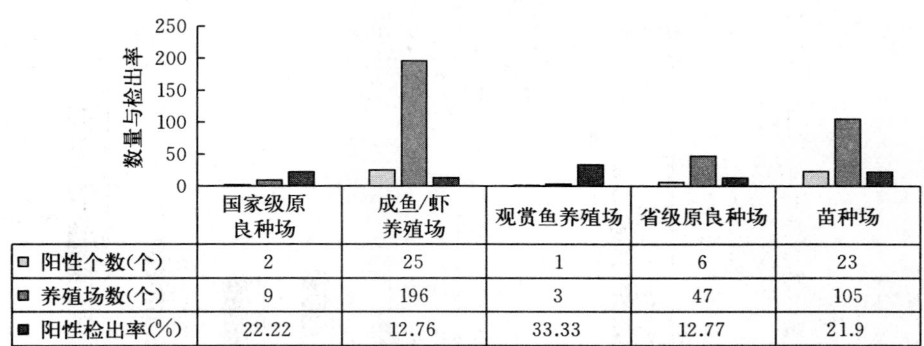

	国家级原良种场	成鱼/虾养殖场	观赏鱼养殖场	省级原良种场	苗种场
□ 阳性个数(个)	2	25	1	6	23
■ 养殖场数(个)	9	196	3	47	105
■ 阳性检出率(%)	22.22	12.76	33.33	12.77	21.9

图 14　2020 年草鱼出血病各种类型养殖场点的阳性检出情况

阳性检出率为 15.72%。在 20 个省（自治区、直辖市）中，吉林、上海、安徽、江西、山东、湖北、广东和广西 8 省份检测出了阳性样品，8 个省（自治区、直辖市）的样品平均阳性检出率为 25.31%（图 15）。养殖场点平均阳性检出率为 26.03%（图 16）。其中，有阳性检出的场点中，广西样品阳性场点检出率最高，为 60%；其次是吉林，样品阳性率为 50%；安徽样品阳性检出率最低，为 6.67%（图 17）。

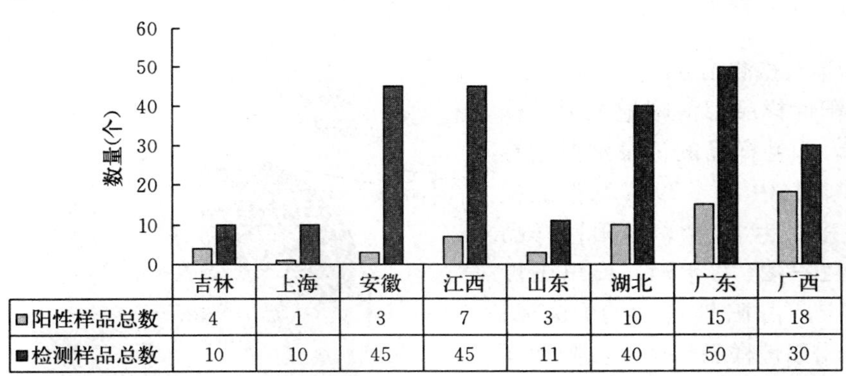

	吉林	上海	安徽	江西	山东	湖北	广东	广西
□阳性样品总数	4	1	3	7	3	10	15	18
■检测样品总数	10	10	45	45	11	40	50	30

图 15　2020 年各省份阳性样品检出情况（8 个阳性省份）

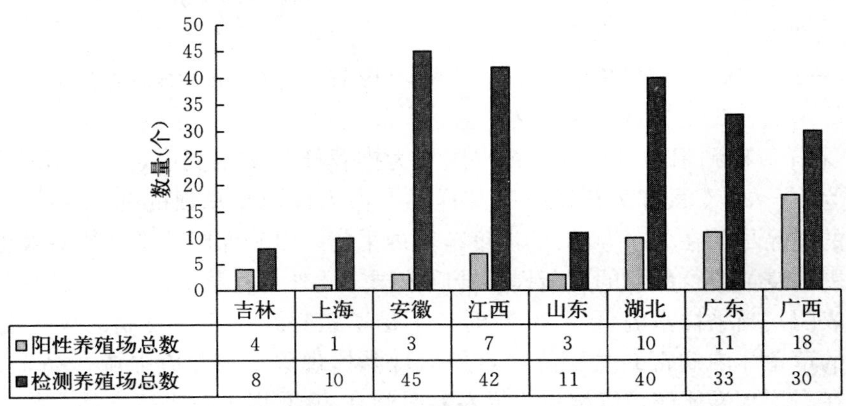

	吉林	上海	安徽	江西	山东	湖北	广东	广西
□阳性养殖场总数	4	1	3	7	3	10	11	18
■检测养殖场总数	8	10	45	42	11	40	33	30

图 16　2020 年各省份阳性养殖场检出情况（8 个阳性省份）

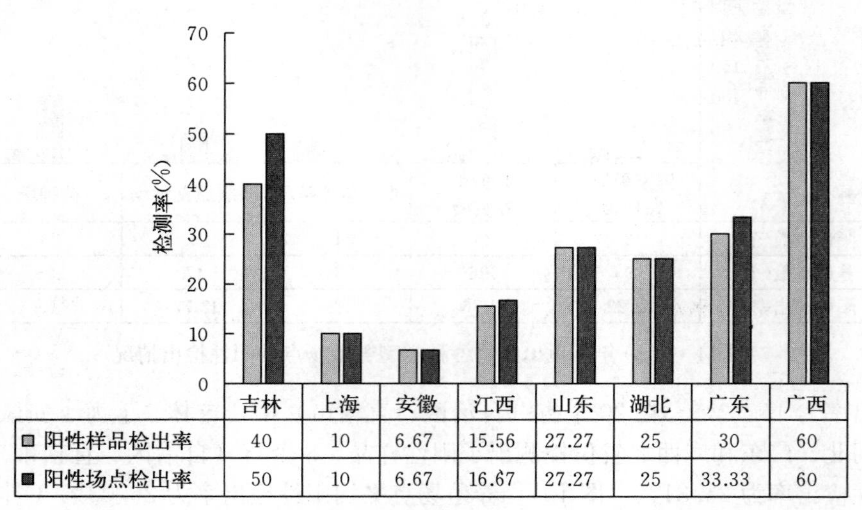

图 17　2020 年阳性样品检出省份样品和养殖场点的阳性率

（三）阳性样品的水温分布

2020 年共检测出 61 个阳性样品，所有检测阳性样品都清晰记录了采样时的水温，阳性样品的记录水温均在 18～31 ℃。其中 25～29 ℃水温的检出样品最多，为 38 个，占阳性样品 62.30%；20～24 ℃水温，检出阳性样品 12 个，占阳性样品 19.67%；≥30 ℃检出阳性样品 8 个，占阳性样品总数的 13.11%；15～19 ℃检出样品最少，为 3 个阳性样品，占阳性样品总数的 4.92%（图 18）。按照草鱼出血病的采样要求，采样在春、夏、秋季进行，水温在 22～30 ℃，最好在 25～28 ℃采样。检测阳性样品的采集水温均为推荐样品采集温度，并且几乎所有的阳性样品均为 20～30 ℃最佳采样温度采集样品，占阳性样品总数的 95.08%，因此我们推荐未来的样品尽量在 20～30 ℃的温度范围内采集，以确保阳性样品能够被正确检出，为全国范围内疫情流行趋势的判断提供准确依据。此外，对草鱼出血病长期的流行病学调查结果表明，当采样水温低于 20 ℃时，不是草鱼呼肠孤病毒复制的理想温度条件，携带病毒的草鱼体内病毒载量下降，容易出现漏检现象，因此应强调样品采集的科学性，尽量在平均水温能够持续维持 1 周左右时间在 20 ℃以上时进行样品采集。

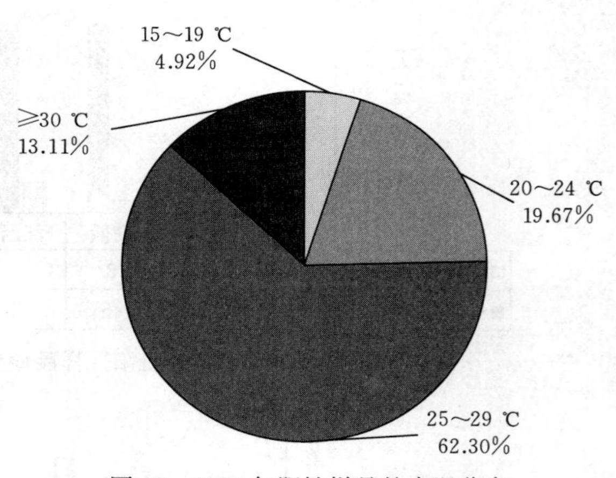

图 18　2020 年阳性样品的水温分布

（四）阳性样品的规格分布

2020年阳性样品61份，其中5 cm以下的样品有20份，占阳性样品32.8%；5～10 cm的样品22个，占阳性样品的36.1%；10～15 cm的样品12个，占阳性样品的19.7%；15～20 cm的样品1个，占阳性样品的1.6%；20 cm以上的样品6个，占阳性样品的9.8%（图19、图20）。但从不同规格采样数和样品阳性率来看，10～15 cm的样品阳性率最高，为40%，其次为体长5～10 cm以上样品，阳性率为26.19%。15～20 cm样品的检测阳性率最低，为2.94%。该检测结果同草鱼出血病易感染草鱼规格一致，符合病原学规律，因此建议草鱼出血病疫情监测过程中重点对体长10～15 cm规格的样品进行监测。

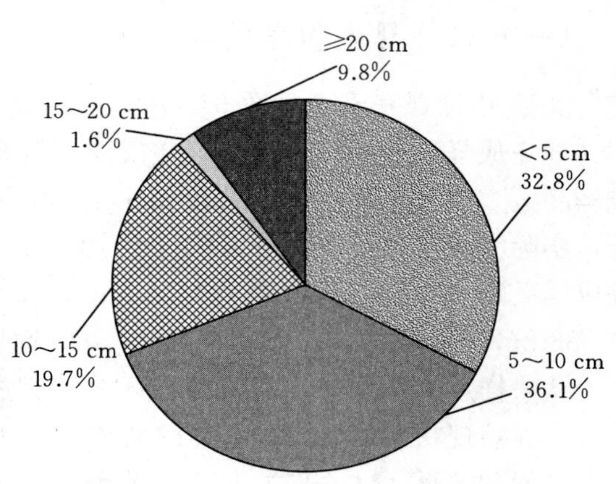

图19　2020年阳性样品的规格分布

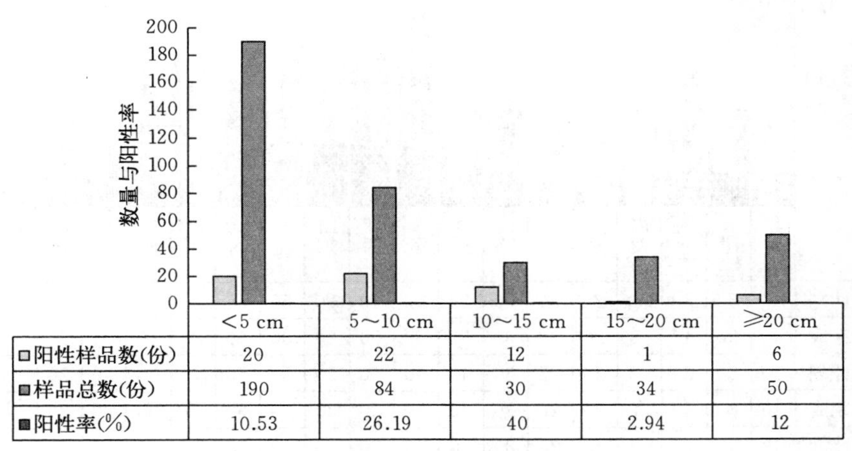

	<5 cm	5～10 cm	10～15 cm	15～20 cm	≥20 cm
阳性样品数(份)	20	22	12	1	6
样品总数(份)	190	84	30	34	50
阳性率(%)	10.53	26.19	40	2.94	12

图20　2020年不同采集样品规格的检测阳性率

（五）阳性样品的地区分布

2020年检出的阳性样品分布在安徽、湖北、吉林、江西、山东、上海、广东和广西8省（自治区、直辖市），大多为南方省份，并且为我国草鱼主要养殖地区，表明在草鱼主要养殖地区，草鱼出血病仍然是危害我国水产养殖的主要病害，需要加强疫病防控力度。

四、2015—2020 年监测情况对比

（一）采样规模和完成情况

2015 年计划完成样品数 510 份，实际完成样品数 498 份，执行率 97.65%；2016 年计划完成样品数 461 份，实际完成样品数 501 份，完成率 108.68%；2017 年计划完成样品数 373，实际完成样品数 395，完成率 105.90%；2018 年计划完成样品数 450 份，实际完成样品数 451 份，执行率 100.22%；2019 年计划完成样品数 295 份，实际完成样品数 299 份，执行率 101.36%；2020 年计划完成样品数 385 份，实际完成样品数 388 份，执行率 100.78%。2016—2020 均超额完成了年初制定的采样任务。

从采样点的设置来看，2015 年内蒙古完成度不理想，可能与所处地理位置有关以及水产养殖现状有关，2016—2018 年停止在内蒙古进行草鱼出血病检测；2017 年新增加了贵州和宁夏，进一步扩大了监测范围；2018 年没有增加监测省份，调整监测布局，增加覆盖了对草鱼主要养殖省份广东省的监测，同时也提高了江西、安徽等草鱼主要养殖省份的检测量，使监测范围的布局更加合理。2019 年在 2018 年的基础上再次进行了调整，增加了河北的检测量。2020 年草鱼出血病与 2019 年采样点分布基本一致（图 21）。

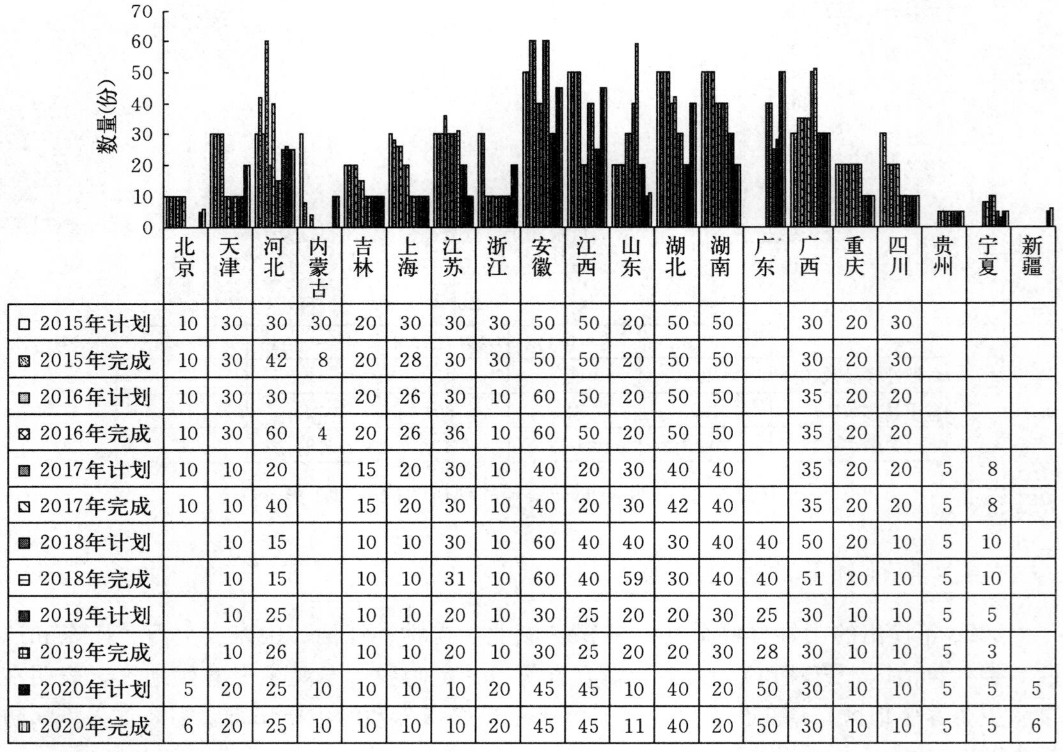

	北京	天津	河北	内蒙古	吉林	上海	江苏	浙江	安徽	江西	山东	湖北	湖南	广东	广西	重庆	四川	贵州	宁夏	新疆
2015年计划	10	30	30	30	20	30	30	30	50	50	20	50	50		30	20	30			
2015年完成	10	30	42	8	20	28	30	30	50	50	20	50	50		30	20	30			
2016年计划	10	30	30		20	26	30	10	60	50	20	50	50		35	20	20			
2016年完成	10	30	60	4	20	26	36	10	60	50	20	50	50		35	20	20			
2017年计划	10	10	20		15	20	30	10	40	20	30	40	40		35	20	20	5	8	
2017年完成	10	10	40		15	20	30	10	40	20	30	42	40		35	20	20	5	8	
2018年计划		10	15		10	10	30	10	60	40	40	30	40	40	50	20	10	5	10	
2018年完成		10	15		10	10	31	10	60	40	59	30	40	40	51	20	10	5	10	
2019年计划		10	25		10	10	20	10	30	25	20	20	30	25	30	10	10	5	5	
2019年完成		10	26		10	10	20	10	30	25	20	20	30	28	30	10	10	5	3	
2020年计划	5	20	25	10	10	10	10	20	45	45	10	40	20	50	30	10	10	5	5	5
2020年完成	6	20	25	10	10	10	10	20	45	45	11	40	20	50	30	10	10	5	5	6

图 21　2015—2020 年采样规模和完成情况对比

（二）监测点的类型

2015 年监测点合计 472 个，2016 年监测点 463 个，2017 年监测点 376 个，2018 年监测点 380 个，2019 年共设置监测点 287 个，2020 年共设监测点 360 个，与 2019 年相比监测点数量有所回升。草鱼是我国最大宗的淡水养殖品种，近年来我国草鱼出血病疫情虽然没有造成大范围的暴发，但仍然是危害我国淡水渔业最主要的疫病之一。加大疫情监测力度是疫病防控的第一步，一旦发现疫情采取有效措施控制疫情蔓延可有效降低草鱼出血病可能给我国草鱼养殖业带来的损失，因此维持草鱼出血病监测点数量和分布范围对于该病的监控至关重要（图 22）。

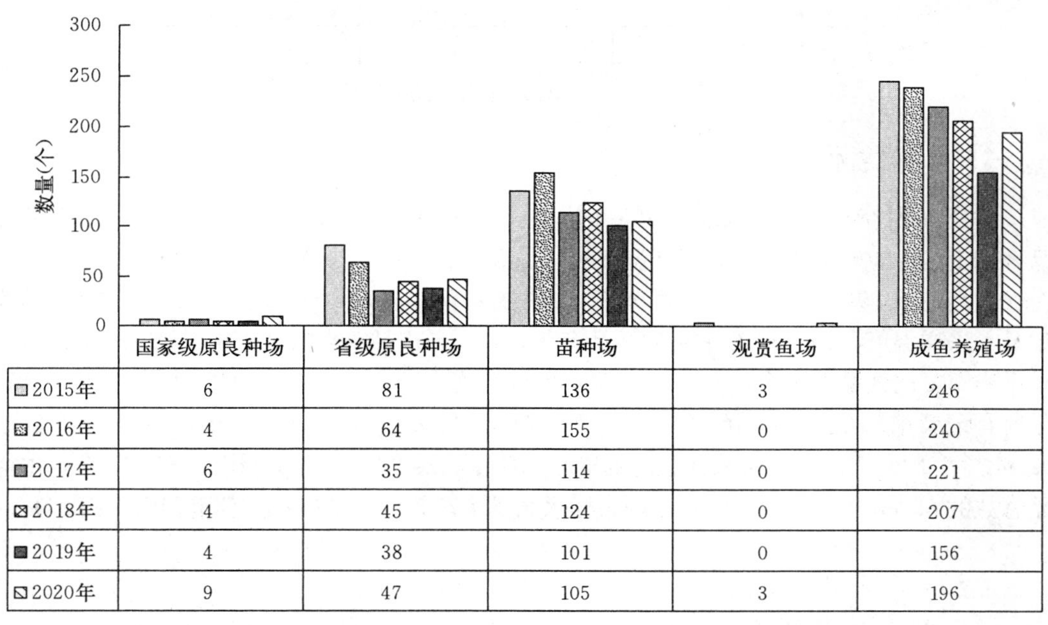

	国家级原良种场	省级原良种场	苗种场	观赏鱼场	成鱼养殖场
2015年	6	81	136	3	246
2016年	4	64	155	0	240
2017年	6	35	114	0	221
2018年	4	45	124	0	207
2019年	4	38	101	0	156
2020年	9	47	105	3	196

图 22　2015—2020 年监测点类型对比

（三）监测品种

2015 年采样品种主要以草鱼为主，488 份样品有 476 份为草鱼样品，其他样品分别是鲤 6 份，青鱼 5 份，鳊 1 份。2016 年度采样品种基本全部为草鱼，501 份样品中，草鱼样品有 500 份，青鱼样品 1 份。2017 年草鱼样品有 387 份，青鱼样品有 8 份。2018 年草鱼样品 441 份，占全部样品的 97.78%，青鱼样品 10 份，占全部样品 2.22%。2019 年草鱼样品 293 份，青鱼样品 2 份，鲤样品 2 份。2020 年草鱼样品 384 份，青鱼样品 4 份。草鱼出血病目前报道自然条件下的敏感宿主为草鱼和青鱼，目前我国草鱼养殖量远远大于青鱼的养殖量，因此适当减少青鱼样品容量是合理的，此外不建议采集鲤、鳊等非敏感宿上样品开展草鱼出血病监测（图 23）。

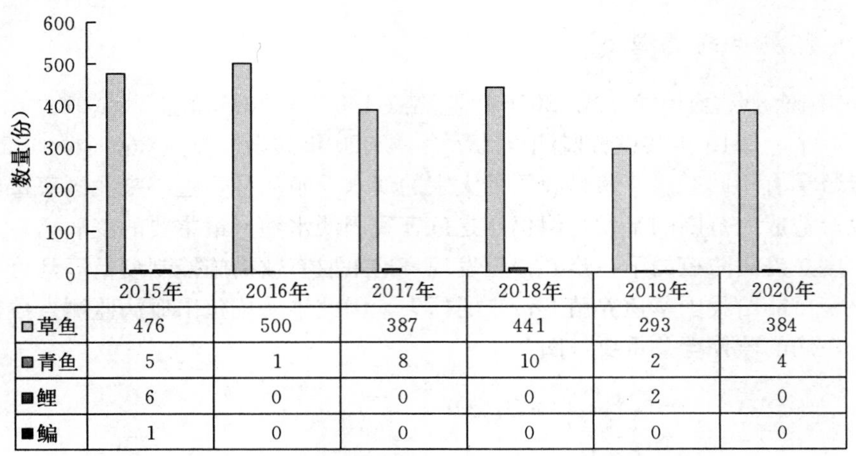

	2015年	2016年	2017年	2018年	2019年	2020年
草鱼	476	500	387	441	293	384
青鱼	5	1	8	10	2	4
鲤	6	0	0	0	2	0
鳊	1	0	0	0	0	0

图 23　2015—2020 年采样品种对比

（四）采样水温

2015 年所有记录采样温度的 405 个样品，20～30 ℃采集的样品有 337 个，占全部样品 83.21%；2016 年所有记录采样温度的样品 397 个，20～30 ℃采集的样品有 332 个，占全部样品的 83.63%；2017 年采样 395 个，仅有一例样品采样温度记录错误，其余样品均记录了采样温度，20～30 ℃采集的样品有 343 个，占样品总数的 86.84%；2018 年所有记录采样温度的样品 451 个，20～30 ℃采集的样品有 360 个，占样品总数的 79.82%；2019 年所有记录采样温度的样品 299 个，20～30 ℃采集的样品有 278 个，占样品总数的 92.98%；2020 年所有记录采样温度的样品 388 个，20～30 ℃采集的样品有 337 个，占样品总数的 86.86%。2015—2020 年的采样水温基本都集中在指南的推荐范围内（图 24）。

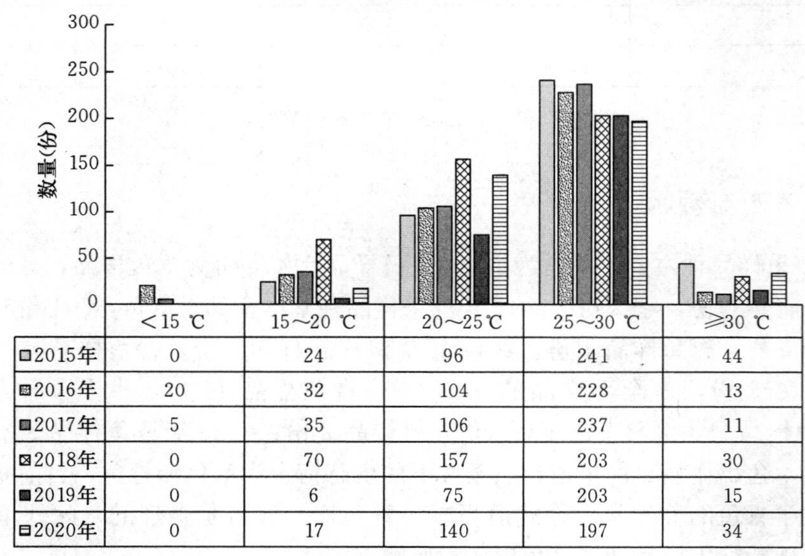

	<15 ℃	15～20 ℃	20～25 ℃	25～30 ℃	≥30 ℃
2015年	0	24	96	241	44
2016年	20	32	104	228	13
2017年	5	35	106	237	11
2018年	0	70	157	203	30
2019年	0	6	75	203	15
2020年	0	17	140	197	34

图 24　2015—2020 年采样水温对比

（五）采样规格

2015 年草鱼出血病采样规格主要集中在 5～10 cm 的鱼，共计 180 个样，占全部样品 52.02%；其次为 10～15 cm 的鱼，共计 112 个样品，占全部样品 32.37%。2016 年的采样规格与 2015 年相似，仍然集中在 5～10 cm 的鱼，共计 211 个样品，占全部样品 59.94%；其次为 5 cm 以下的鱼，共计 83 个样品，占全部样品 23.58%。考虑到草原出血病对草鱼苗种危害较大，尽早检出可以最大限度避免经济损失。2017 年草鱼出血病采样规格主要集中在 5 cm 以下的小鱼，共计 204 个样品，占全部样品的 51.65%；其次为 5～10 cm 的鱼种，共计 117 个，占样品的 29.62%。2016 年和 2017 年都适当增加了 20 cm 以上鱼的检测，并分别检测到一例阳性，提示在后面的监测采样工作中，可以适当加大较大规格的样品。2018 年草鱼出血病采样规格主要集中在 5 cm 以下的鱼，共计 231 个样，占样品的 51.22%；其次为 5～10 cm 的鱼，共计 132 个样品，占样品的 29.27%；10～15 cm 鱼，46 份，占 10.20%；15～20 cm 的鱼 13 份，占样品的 2.88%；20 cm 以上的鱼 27 份，占样品的 5.99%。2019 年草鱼出血病采样规格主要集中在 5 cm 以下的样品，共计 164 个，占样品的 54.85%；其次为 5～10 cm 的鱼，共计 52 个样品，占样品的 17.39%；10～15 cm 鱼，20 份，占 6.69%；15～20 cm 的鱼 23 份，占样品的 7.69%；20 cm 以上的鱼 40 份，占样品的 13.38%。2020 年草鱼出血病采样规格主要集中在 5 cm 以下的样品，共计 190 个，占样品的 48.97%；其次为 5～10 cm 的鱼，共计 84 个样品，占样品的 21.65%；10～15 cm 鱼，30 份，占 7.73%；15～20 cm 的鱼 34 份，占样品的 8.76%；20 cm 以上的鱼 50 份，占样品的 12.89%（图 25）。

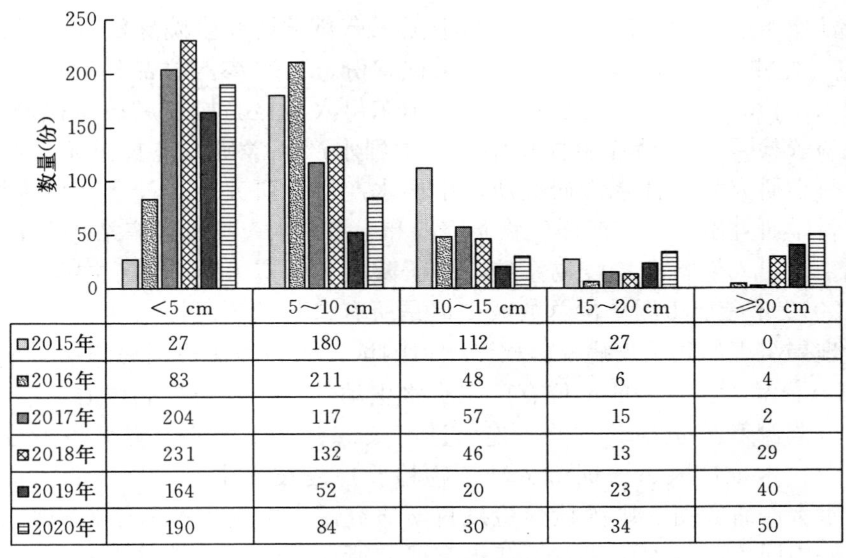

	<5 cm	5～10 cm	10～15 cm	15～20 cm	≥20 cm
2015年	27	180	112	27	0
2016年	83	211	48	6	4
2017年	204	117	57	15	2
2018年	231	132	46	13	29
2019年	164	52	20	23	40
2020年	190	84	30	34	50

图 25　2015—2020 年采样规格

（六）检测单位

2015 年参与样品检测任务的单位包括北京市水产技术推广站、北京出入境检验检疫局检验检疫技术中心、天津市水生动物疫病预防控制中心、河北省水产品质量检验检测站、深圳出入境检验检疫局动植物检验检疫技术中心、江苏省水生动物疾病预防控制中心、浙江淡水水产研究所、四川农业大学、中国水产科学研究院珠江水产研究所等共计 9 个单位；2016 年，参与草鱼出血病样品检测的单位加大到 19 家，除了 2015 年承担检测任务的单位外，还增加了中国水产科学研究院长江水产研究所、湖南出入境检验检疫局、山东海洋生物研究所、连云港出入境检验检疫局、广西渔业病害防治环境监测和质量检验中心、吉林省水产技术推广总站、上海市水产技术推广总站、浙江省水生动物疫病预防控制中心、山东出入境检验检疫局、湖北出入境检验检疫局等共计 10 个单位。2017 年检测单位共计 15 家，根据检测单位的业务特长，对参加检测任务的单位进行了部分调整，其中山东海洋生物研究所、连云港出入境检验检疫局、中国水产科学研究院长江水产研究所、北京出入境检验检疫局检验检疫技术中心、四川农业大学未参加 2017 年的检测任务，增加了吉林出入境检验检疫局检验检疫技术中心作为检测任务的单位。2018 年参与样品检测任务的单位有北京市水产技术推广站、广东省水生动物疫病预防控制中心、广西渔业病害防治环境监测和质量检测中心、河北省水产养殖病害防治监测总站、湖北出入境检验检疫局检验检疫中心、湖南出入境检验检疫局检验检疫中心、吉林出入境检验检疫局检验检疫中心、江苏省水生动物疫病预防控制中心、山东出入境检验检疫局检验检疫中心、山东省海洋生物研究院、上海市水产技术推广站、深圳出入境检验检疫局食品检验检疫中心、天津市水生动物疫病预防控制中心、浙江省淡水水产研究所、浙江省水生动物防疫检疫中心和中国水产科学研究生院珠江水产研究所共计 16 家单位，监测单位所在地覆盖了所有采样省份。2019 参与样品检测任务的单位包括湖北出入境检验检疫局检验检疫中心、山东出入境检验检疫局检验检疫中心、深圳出入境检验检疫局食品检验检疫中心、中国水产科学研究院长黑龙江产研究所、中国水产科学研究院长江水产研究所、中国水产科学研究院珠江水产研究所、中国检验检疫科学研究院、山东海洋生物研究院和上海市水产技术推广站 9 家单位，检测单位分别来自出入境检验检疫局系统、科研院所和推广系统。由于国家事业单位机构改革，2019 年参加检测单位总数减少但是所有参与检测机构均通过农业农村部渔业渔政管理局组织的相关疫病检验检测能力测试，能够确保检测检测结果准确有效。2020 年参与样品检测任务的单位有广东省水生动物疫病预防控制中心、广西渔业病害防治环境监测和质量检验中心、连云港海关综合技术中心、青岛海关技术中心、上海市水产技术推广站、深圳海关动植物检验检疫技术中心、长沙海关技术中心、浙江省淡水水产研究所、中国检验检疫科学研究院、中国水产科学研究院黑龙江水产研究所、中国水产科学研究院长江水产研究所、中国水产科学研究院珠江水产研究所和重庆市水生动物疫病预防控制中心共计 13 家单位。

（七）检测结果对比

1. 阳性监测点　2015 年，15 个省（自治区、直辖市）共设置监测养殖场点 418 个，检出阳性 10 个，平均阳性养殖场点检出率为 2.39%。2016 年 16 省（自治区、直辖市）共设置监测养殖场点 463 个，检出阳性 23 个，平均阳性养殖场点检出率为 4.97%。2017 年，17 省（自治区、直辖市）共设置监测养殖场点 376 个，检出阳性 14 个，平均阳性养殖场点检出率为 3.72%。2018 年，在 17 个省（自治区、直辖市）共设置监测养殖场点 380 个，检出阳性 27 个，平均阳性养殖场点检出率为 7.11%。2019 年，在 17 个省份共设立了 287 个监测点，有阳性样品检出场点 14 个，阳性检出场点均为普通苗种场和成鱼养殖场，所有场点平均阳性检出率为 4.88%。2020 年，20 个省份设立了 360 个监测点，有阳性样品检出场点 57 个，平均阳性养殖场点检出率为 15.83%，与 2019 年监测结果相比较，阳性场点检出率明显增高。对比连续五年的监测情况，平均阳性养殖场检出率基本波动不大，各级苗种场阳性检出率均呈现大幅下降，但是成鱼养殖场的阳性检出率有所升高。监测数据说明，苗种产地检疫等举措有效控制了各级苗种场草鱼出血病的传播和流行，但也提示我们在管理好草鱼苗种养殖同时也应加强对草鱼成鱼科学规范的养殖工作（图 26、图 27）。

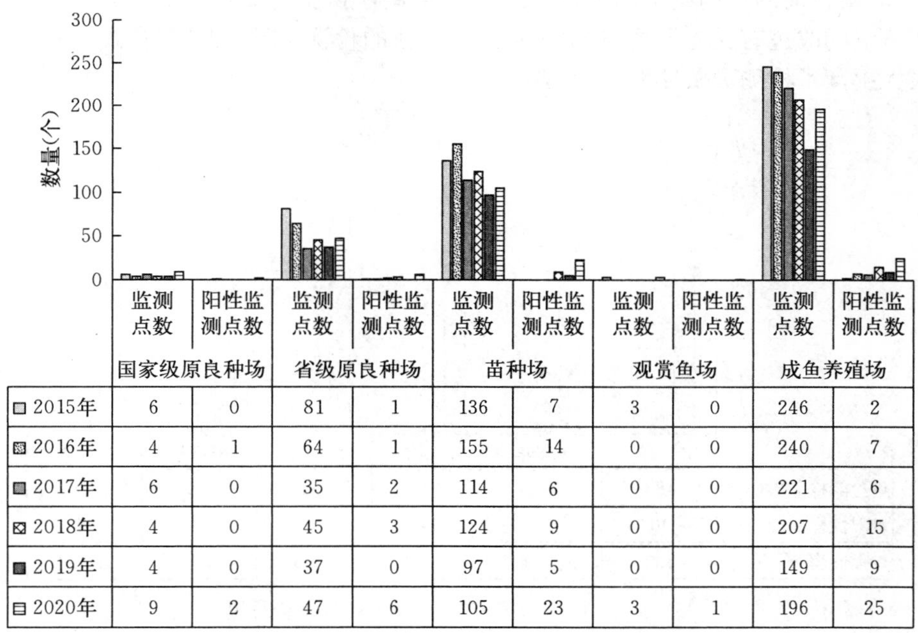

	国家级原良种场		省级原良种场		苗种场		观赏鱼场		成鱼养殖场	
	监测点数	阳性监测点数	监测点数	阳性监测点数	监测点数	阳性监测点数	监测点数	阳性监测点数	监测点数	阳性监测点数
2015年	6	0	81	1	136	7	3	0	246	2
2016年	4	1	64	1	155	14	0	0	240	7
2017年	6	0	35	2	114	6	0	0	221	6
2018年	4	0	45	3	124	9	0	0	207	15
2019年	4	0	37	0	97	5	0	0	149	9
2020年	9	2	47	6	105	23	3	1	196	25

图 26　2015—2020 年监测点和阳性监测点对比

2. 阳性样品　2015 年采集样品 488 个，检出阳性样品 10 个，阳性率 2.05%；2016 年，采集样品 501 个，检出阳性样品 24 个，阳性率 4.79%；2017 年采集样品 395 个，检出阳性样品 14 个，阳性率为 3.54%；2018 年采集样品 451 个，检出阳性样品

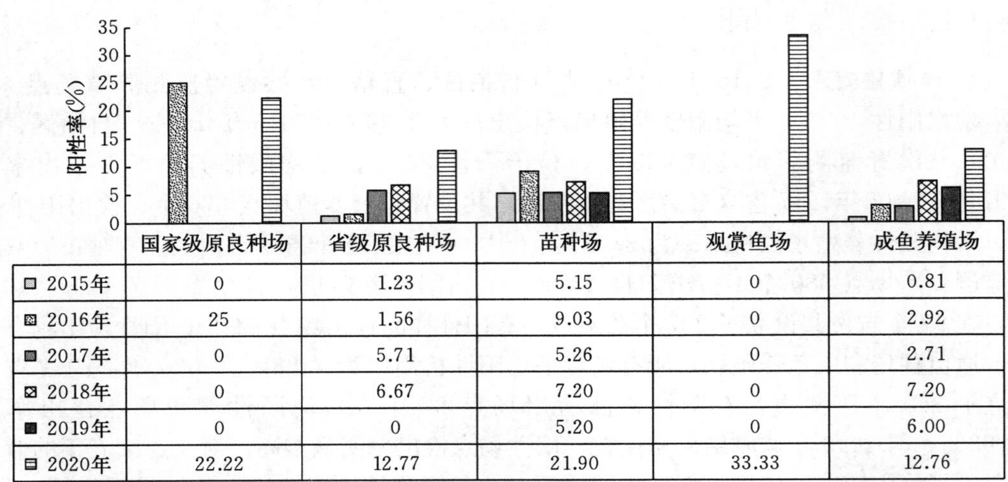

	国家级原良种场	省级原良种场	苗种场	观赏鱼场	成鱼养殖场
2015年	0	1.23	5.15	0	0.81
2016年	25	1.56	9.03	0	2.92
2017年	0	5.71	5.26	0	2.71
2018年	0	6.67	7.20	0	7.20
2019年	0	0	5.20	0	6.00
2020年	22.22	12.77	21.90	33.33	12.76

图 27　2015—2020 年监测点阳性率对比

30 个，阳性率为 6.65%；2019 年对 299 份样品进行检测分析，检出阳性样品 14 份，平均阳性检出率 4.68%；2020 年采集样品 388 个，检出阳性样品 61 个，阳性率 15.72%。与之前的检测结果相比较，2020 年草鱼呼肠孤病毒阳性率显著升高，这主要同检测方法的改进有关，与之前方法相比较，新的检测方法采用半套式 RT - PCR 方法，极大提高了检测灵敏性度（图 28）。

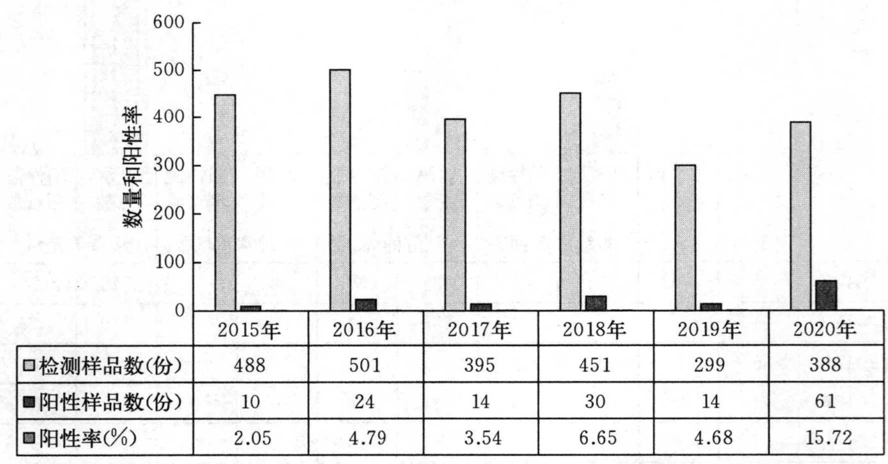

	2015年	2016年	2017年	2018年	2019年	2020年
检测样品数(份)	488	501	395	451	299	388
阳性样品数(份)	10	24	14	30	14	61
阳性率(%)	2.05	4.79	3.54	6.65	4.68	15.72

图 28　2015—2020 年样品数和阳性样品对比

3. *阳性样品分布*　2015 年共有北京、广西、江苏和湖北等 4 个省份检出阳性样品，其中广西阳性检出率最高，为 23.33%。2016 年，阳性检出区域扩大到 6 个省份，包括北京、广西、江苏、江西、上海和天津，比 2015 年多增加了 2 个省份，其中阳性检出率最高的仍然是广西，样品阳性率达到 31.43%。2017 年共有广西、江西、天津和上海检出阳性样品，天津阳性检出率最高，为 40%；其次为江西，阳性检出率为 20%。2018 年 17 个监测省（自治区、直辖市）中，6 个省份检测结果有阳性，其中安徽和重庆首次检测结果为阳性，连续两年检测结果为阴性的湖北省在 2018 年的阳性检出率为 13.30%，首次纳入草鱼出血病监测的广东省的草鱼呼肠孤病毒的阳性检出率也较高为 12.50%。2019 年与 2018 年相比较监测范围相同，在广西、江西、天津、湖北和江西 5 省（自治区、直辖市）有阳性检出，5 省份平均样品的阳性检出率为 12.39%，除天津外，均为草鱼主养地区，平均阳性检出率与往年相比较基本持平略有下降。2020 年共有安徽、广东、广西、湖北、吉林、江西、山东和上海 8 个省份检测出了阳性，其中阳性检出率最高的是广西，样品阳性率高达 60%，广东、湖北、江西、吉林和山东等草鱼主养省份的阳性率均超过 15%。监测结果表明草鱼呼肠孤病毒在我国多个草鱼养殖地区普遍存在，需要加强检疫和流通等管理，避免造成疫情大规模暴发（图 29）。

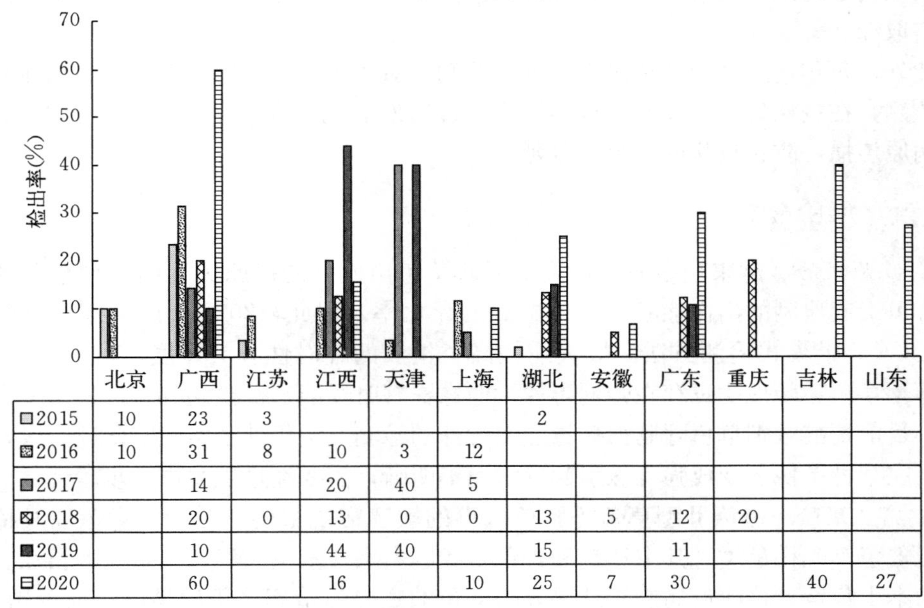

	北京	广西	江苏	江西	天津	上海	湖北	安徽	广东	重庆	吉林	山东
2015	10	23	3				2					
2016	10	31	8	10	3	12						
2017		14		20	40	5						
2018		20	0	13	0	0	13	5	12	20		
2019		10		44	40		15		11			
2020		60		16		10	25	7	30		40	27

图 29　2015—2020 年阳性检出省份的对比

五、风险分析及建议

（一）发病趋势分析

2020 年农业农村部渔业局连续第六年对全国部分省区市的养殖草鱼开展草鱼出血病疫情监测。与往年监测结果相比较，草鱼出血病病原检测阳性率显著提高，这主要与改进后的检测方法检测灵敏度显著提高有关。虽然近年来通过免疫接种、生态防控等方法和科学的水产养殖管理措施，草鱼出血病在我国未有大规模暴发，但监测结果显示，在我国草鱼部分主养区域，病原检测阳性率较高，如果管理不当，存在发生草鱼出血病大规模暴发的风险。

（二）防控措施及成效

现阶段，各个养殖场对草鱼出血病采取的防控措施主要是疫苗接种。市场上通过正规渠道能够购买到的疫苗为大华农生产的草鱼出血病活疫苗，考虑到经济成本渔民也在使用土法灭活疫苗。草鱼出血病活疫苗的保护率高，质量稳定性好，可以通过一针免疫获得良好的保护效果，但是价格较高。土法灭活疫苗虽然便宜，在使用过程中常存在几点问题：①病毒灭活不完全，存在致病性风险，可能导致接种后草鱼出血病大规模暴发；②病毒含量不足，导致保护率较低。通过感染草鱼组织匀浆灭活后制备的疫苗，由于感染鱼的情况差异较大，如果感染草鱼病毒含量较低则导致疫苗保护效率不足。目前组织匀浆苗常免疫两次以确保其免疫效果，但增加了免疫成本。虽然草鱼出血病土法灭活疫苗在特定时期对草鱼出血病防控发挥了重要作用，但是由于其自身存在诸多问题应该严格取缔。

此外，每年通过开展草鱼出血病疫情监测，对各级草鱼养殖场点的草鱼出血病病原进行监测，在疫病暴发前及时发现病原，通过对发病场点和养殖草鱼进行无害化处理，切断病原传播，防止疫病的大范围蔓延。

（三）风险分析

1. *病原风险*　越来越多的数据表明引起草鱼出血病的病原为基因Ⅱ型草鱼呼肠孤病毒，可引起典型的出血症状，导致较高的死亡率。因此，2020 年度采用改进的基因Ⅱ型 GCRV 半巢式检测方法，极大地提高了检测的针对性和灵敏度。值得注意的是，基因Ⅱ型草鱼呼肠孤病毒存在强弱毒株，弱毒株有时候能够被检测到，但是不一定引起发病。目前精准区别草鱼呼肠孤病毒强弱毒株的检测方法仍处于实验室研究阶段，弱毒株能否在某种条件下变成强毒株引起发病尚不明晰，需要经过试验进一步验证。

2. *宿主风险*　基因Ⅱ型草鱼呼肠孤病毒的敏感宿主主要有草鱼、青鱼以及稀有鮈鲫、麦穗鱼等鲤科鱼类。其中草鱼和青鱼是我国大宗淡水鱼品种，也是我国长江、珠江水系的本土鱼种。目前疫病监测结果表明草鱼的主要养殖模式仍然是以池塘养殖为主，因此发病养殖场水体中的病毒可能随养殖尾水排放到自然水域中，使野生草鱼、青鱼以及麦穗鱼等携带病原，存在在自然水域中传播的风险。

3. *管理风险*　养殖生产中发生草鱼出血病的草鱼规格一般为体重 20～40 g，体长 30 cm 或体重 500 g 以上基本不再发生草鱼出血病。本实验室对 199 例草鱼出血病送检样品进行统计，所有阳性样品中 20～29 g 规格草鱼占 36.0%，30～39 g 规格草鱼占 30.5%，占比最高。小规格苗种仍然是对草鱼出血病最敏感的阶段，需要加强苗种期的管理。此外，草鱼呼肠孤病毒的增殖和疾病暴发与水温密切相关。对 200 份草鱼出血病发病水温进行流行病学调查结果表明，56.5%发病样品的水温为 25～30 ℃，15 ℃以下无发病样品检出。因此，每年疾病高峰期要加强饲养管理。疫苗接种至少要在高峰期前 2 个月完成，才能提供有效保护。

（四）存在的问题与建议

农业农村部渔业渔政管理局从 2015 年开始，连续 6 年开展了草鱼出血病监测与防治项目。在项目开展过程中各承担单位均能够按照监测实施方案要求和相关会议精神，认真组织实施，较好完成了各个年度的目标和任务，为草鱼出血病的防控提供了较为准确可靠的基础信息，但也存在一些问题：

1. 可能存在漏检情况　草鱼出血病流行病学调查结果表明，草鱼出血病主要发生在小规格草鱼，且养殖水温在 25～30 ℃时。在其他条件下不易发病，并且样品病毒载量较低（图 30）。新的检测方法虽然提高了检测灵敏性，但是所有的方法都具有一定局限性，对于处于非易感阶段或条件下的样品仍然可能存在漏检现象。2020 年草鱼出血病样品规格中，规格＜5 cm 的样品占全样品总量的 48.97%，规格≥20 cm 的样品占样品总量的 12.89%；此外 4.38%的样品采样水温＜20 ℃，8.76%的样品采集水温≥30 ℃。这些采集样品中即使携带病原，由于处于非易感阶段或条件，很可能出现漏检，造成监测结果与实际疫病发生情况不一致。

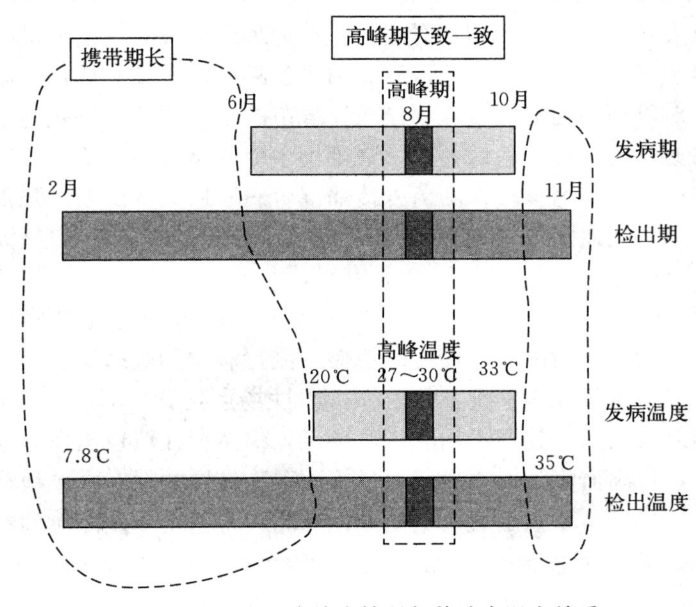

图 30　草鱼出血病检出情况与养殖水温之关系

2. 监测对象的连续性　针对已检出过阳性的检测点进行连续的跟踪监测，对于掌握草鱼出血病的分布情况及流行趋势具有重要意义。本实验室对部分草鱼养殖场草鱼出血病连续 2 年进行检测，结果表明 68.4%的养殖场两年均未检出 GCRV，24%的养殖场先检出 GCRV 后未检出，6.5%的养殖场先未检出 GCRV 后检出，1.1%的养殖场两年均检出 GCRV。如图 31 所示，该结果表明检测阴性的草鱼养殖场，可能由于苗种引进不规范、养殖管理不科学等原因，在第二年检出草鱼呼肠孤病毒；虽然大多数养殖场点草鱼呼肠孤病毒检出后通过消毒处理，可以在病原检出后切断其继续传播，但是部分场点第二年仍然能够被检出草鱼呼肠孤病毒阳性。从监测点的设置看，部分省份未能对往年监测阳性的养殖场开展连续的监测，因此草鱼出血病的流行趋势未能得到最全面的反映，其潜在的传播风险分析由于未能连续跟踪监测而缺乏必要的数据支撑。建议各样品采集单位如无特殊情况，应该对已经开展监测的养殖场连续监测，尤其是国家级和省级良种场，应当全部纳入每年的监测计划中。

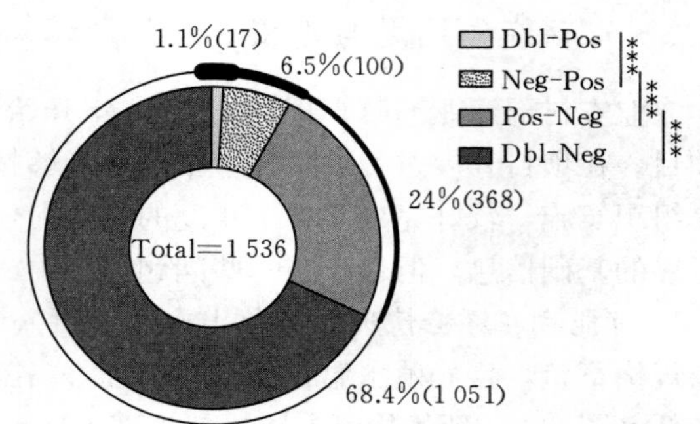

图 31　部分草鱼养殖场连续两年草鱼出血病检出情况

Dbl－Pos 为连续两年检测阳性，Neg－Pos 为第一年检测阴性第二年检测阳性，Pos－Neg 为第一年检测阳性第二年检测阴性，Dbl－Neg 为连续连年检测阴性

3. *草鱼苗种管理的科学性*　监测阳性样品流行病学调查结果表明，有过引种经历的阳性养殖场点大多没有经过处理，对引进种苗处理的也没有规范的进行隔离检疫，并且大多数阳性养殖场点没有开展疫苗接种。引进苗种隔离养殖和检疫，以及疫苗接种等养殖场管理措施对疫病防控都具有重要作用，规范的苗种管理严格执行水产苗种隔离检疫，防止草鱼出血病随苗种跨地区传播，减少由于引入染疫苗种给生产带来的损失，也可以避免不同地区不同基因型毒株随苗种传播混合感染后突变出新的强毒株。此外疫苗接种是目前预防草鱼出血病发生的唯一有效方法，通过接种疫苗可以极大降低养殖草鱼患病风险。

4. *阳性样品和阳性场点处置的合理性*　对监测样品合理的处置可以防止疫情进一步扩大，可从源头切断草鱼出血病疫情的传播。流行病学调查结果表明，多数阳性场点均对发病草鱼采取一定的处理措施，但是缺少阳性场点处置后对草鱼出血病进行复检。流行病学调查结果表明消杀处理不当的阳性场点，仍然存在草鱼出血病暴发的风险。此外，各地检出的草鱼出血病阳性样品仅通过检测引物扩增的保守区域很难分辨检测毒株的遗传变异情况，建议将草鱼出血病监测阳性样品，寄送至草鱼出血病参考实验室，对病原进行进一步分析，使监测结果能够更好地为我国草鱼出血病防控工作提供数据指导。

2020年传染性造血器官坏死病状况分析

北京市水产技术推广站

（王静波　徐立蒲　王　姝　张　文

吕晓楠　曹　欢　王小亮　江育林）

一、前言

传染性造血器官坏死病（infectious haematopoietic necrosis，IHN）是一种冷水性鲑鳟类的急性、全身性传染病。世界动物卫生组织（OIE）一直将其列为必须申报的疫病。2008年，农业部公告第1125号将其列为二类动物疫病，并作为水产苗种产地检疫对象。农业农村部从2011年起每年组织对IHN实施专项监测。

该病病原为传染性造血器官坏死病毒（infectious haematopoietic necrosis virus，IHNV），是一种有囊膜的单链RNA病毒，病毒颗粒呈子弹状，属弹状病毒科、粒外弹状病毒属。囊膜含有病毒糖蛋白和宿主脂质。IHNV对热、酸、醚等不稳定。IHNV在淡水中能至少存活1个月，在有机物质存在的情况下能存活更久。在显性感染中，病毒大量存在于肾、脾和其他器官内，通过尿液、性腺和外部黏液排出。IHNV可通过水平传播，由粪便、尿液、精（卵）液和外黏膜传播；也能够随鱼卵进行垂直传播。

IHNV易感宿主有虹鳟、大鳞大麻哈鱼、红大麻哈鱼、大麻哈鱼、细鳞大麻哈鱼、玫瑰大麻哈鱼、马苏大麻哈鱼、银大麻哈鱼、大西洋鲑，也包括一些海水鱼如牙鲆等。在我国主要危害虹鳟（包括金鳟）。

20世纪40～50年代，IHN流行地区仅限于北美洲的西海岸，之后随着活鱼和鱼卵的国际贸易传播到欧洲和亚洲。20世纪80年代传入我国，IHNV会引起很高的死亡率，已经成为严重危害我国虹鳟产业的主要疫病。

IHN在水温8～15℃时流行，可感染各种年龄的虹鳟，尤其对3月龄以内苗种危害更大。IHN暴发时，首先出现稚鱼和幼鱼的死亡率突然升高。受侵害的鱼通常出现昏睡症状，不喜游动并避开水流；但也有一些鱼，表现乱窜、打转等。患病鱼体色变黑，眼突出，有的腹部有出血，腹部膨大，常见到有的稚鱼肛门处有1条拖尾的排泄物，俗称“假粪”，但这些并非该病所独有特征。此外，通常在病鱼头部之后的侧线上方显示皮下出血，病后幸存鱼有的脊柱变形。内部症状主要为：通常肝、肾、脾苍白，胃充满奶状液，肠道充满黄色黏液，器官组织点状或斑状出血，肠系膜及内脏脂肪组织遍布血斑。

二、主要内容概述

2020 年，对我国 11 个省（自治区、直辖市）50 个县（区）、73 个乡（镇）的 118 个养殖场（监测点）实施了 IHN 的监测。根据上报监测数据，形成了 2020 年传染性造血器官坏死病分析报告。主要内容是：①对 2020 年收集到的全国 IHN 的监测数据进行分析，对发病趋势和疫情风险进行研判，提出相应的防控建议。②对 2020 年全国 IHN 监测工作的执行情况进行评估，并提出相应的监测工作建议。

三、2020 年 IHN 监测实施情况

（一）参加省份及完成情况

2020 年的监测省份包括：北京、河北、辽宁、吉林、黑龙江、山东、云南、陕西、甘肃、青海和新疆 11 个省（自治区、直辖市），涉及 50 个县（区）73 个乡（镇）（表 1、图 1）。监测对象主要是虹鳟（包括金鳟）和鲑。监测省（自治区、直辖市）数量较 2019 年减少 2 个（贵州和四川）；监测活动覆盖的县（区）和乡（镇）数量较 2019 年分别增加 3 和 4 个。

表 1　2011—2020 年参加 IHN 国家监测的省份

省份	2011	2012	2013	2014	2015	2016	2017	2018	2019	2020
河北	√	√	√	√	√	√	√	√	√	√
甘肃	√	√	√	√	√	√	√	√	√	√
辽宁	√	√	√	√	√	√	√	√	√	√
山东	—	—	—	√	√	√	√	√	√	√
北京	—	—	—	√	√	√	√	√	√	√
青海	—	—	—	—	√	√	√	√	√	√
四川	—	—	—	—	√	√	—	—	√	—
吉林	—	—	—	—	√	√	√	√	√	√
湖南	—	—	—	—	√	√	—	—	—	—
陕西	—	—	—	—	√	√	√	√	√	√
新疆	—	—	—	—	—	√	√	√	√	√
云南	—	—	—	—	—	—	√	√	√	√
新疆生产建设兵团	—	—	—	—	—	—	未送	未送	—	—
黑龙江	—	—	—	—	—	—	—	√	√	√
贵州	—	—	—	—	—	—	—	√	√	—

注：“√”表示参加；“—”表示未参加。

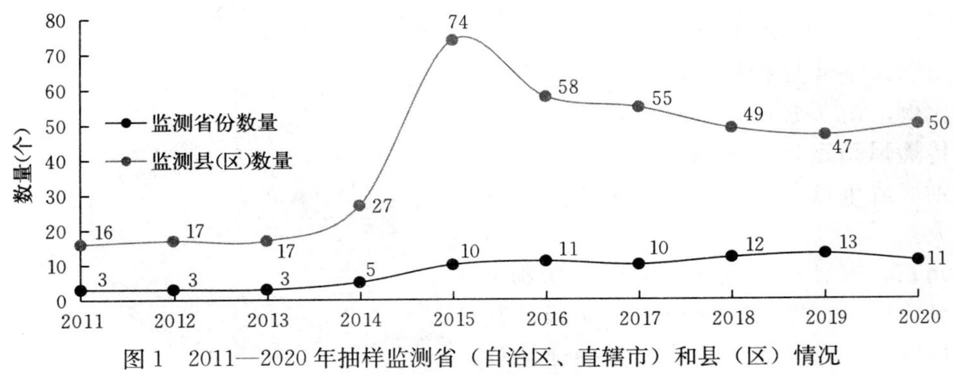

图1　2011—2020年抽样监测省（自治区、直辖市）和县（区）情况

2020年IHN监测点118个，较2019年减少48个监测点（表2）。这主要是因为：一是国家监测任务由2019年的215份下调到2020年的175份；二是部分省份冷水鱼养殖场依据国家有关环保规定腾退，造成部分区域冷水鱼养殖规模有所缩减，其中辽宁和山东较2019年减少50%，甘肃省减少37.5%。2020年IHN国家监测计划任务数量为175份，实际完成201份。11个省（自治区、直辖市）均按照采样任务要求完成了采样。

表2　2020年各省（自治区、直辖市）IHN监测任务数量以及完成情况

项目	辽宁	甘肃	青海	河北	山东	云南	陕西	吉林	新疆	北京	黑龙江	合计
监测任务数量（份）	20	25	60	20	15	10	5	5	5	5	5	175
完成抽样数量（份）	20	25	85	20	15	10	5	5	5	6	5	201
监测养殖场数量（个）	20	13	25	20	12	10	5	4	3	4	2	118

（二）养殖场类型

2020年监测点设置包括国家级原良种场2个、省级原良种场10个、重点苗种场26个、成鱼养殖场80个（图2和图3）。其中国家级、省级原良种场和苗种场为38个，

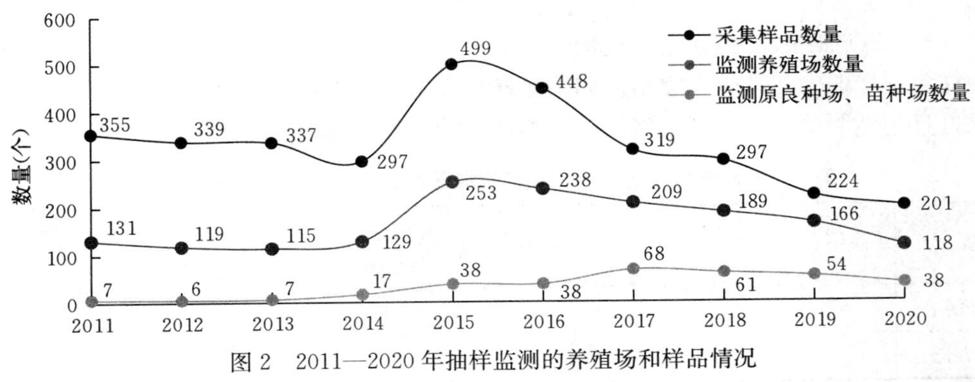

图2　2011—2020年抽样监测的养殖场和样品情况

占全部抽样养殖场的百分率为 32.2%，与 2017、2018 和 2019 年持平，并显著高于 2011—2016 各年度抽样的原良种场和苗种场的比例。由于原良种场或重点苗种场的病毒传播风险远远高于成鱼养殖场，因此原良种场或重点苗种场抽样数量还需进一步加大。

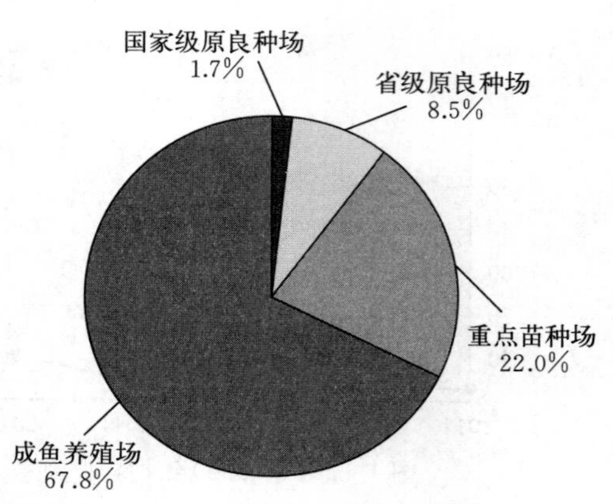

图 3　2020 年不同类型监测点占比情况

北京、吉林、黑龙江、山东和新疆 6 省（自治区、直辖市）抽样的国家级、省级原良种场和苗种场数超过该省抽样场总数量的 50%。另几个省份抽样的原良种场和苗种场总数尚未达到抽样总场数量的 50%（图 4），需要在今后采样工作中提高比例。

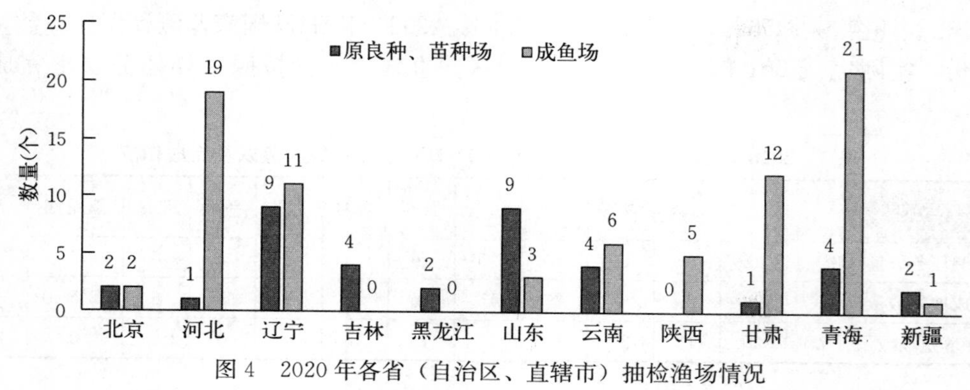

图 4　2020 年各省（自治区、直辖市）抽检渔场情况

（三）采样规格和水温条件

2020 年，多数省（自治区、直辖市）均能按照国家监测计划的要求，采集符合规格的样品（表 3）。各省（自治区、直辖市）共采集 6 月龄以内鱼苗合计 115 份，占总数量（201 份）的 57.2%，这一比例低于 2017、2018 和 2019 年，尤其河北、青海和山东抽样鱼规格偏大问题较为突出。如果送样鱼规格较大，将很难满足每份样品 150 尾的要求，且阳性漏检率会增高，将使得监测结果的可信度降低。

表 3　2020 年各地区抽样鱼规格、水温对应总样本数及阳性样本数

省份	1～15 cm（6 月龄内）	＞16 cm（大于 6 月龄）	＜15 ℃	16～18 ℃	19～20 ℃
	抽样数/阳性数				
北京	6/0	—	6/0	—	—
辽宁	20/3	—	20/3	—	—

（续）

省份	1～15 cm（6月龄内）	>16 cm（大于6月龄）	<15 ℃	16～18 ℃	19～20 ℃
	抽样数/阳性数				
山东	8/0	7/1	14/1	—	1/0
云南	10/0	—	10/0	—	—
甘肃	24/6	1/0	25/6	—	—
青海	26/0	59/0	85/0	—	—
吉林	5/0	—	5/0	—	—
河北	3/0	17/1	13/0	4/0	3/1
陕西	3/0	2/1	1/0	4/0	—
新疆	5/0	—	3/1	2/0	—
黑龙江	3/0	2/0	2/0	3/0	—
总数	113/9	88/3	184/11	13/1	4/1

注："—"表示未有样本。

2020年，多数样品均能按照监测计划要求的水温采样（表3）。但河北省3份样品，在抽样水温20 ℃时，其中有1份样品检出阳性。分析原因，采样时水温到达20 ℃的时间还不是太长，病毒还没有被抗体消灭；水温一高，病毒量就开始下降，但也需要有个过程。

（四）监测品种

2020年采集虹鳟样品183份，占总抽样数量（201份）的91.0%；所有检测样品中检出阳性的12份样品均为虹鳟，阳性检出率6.6%。虹鳟是IHNV的易感宿主，也是我国主要的鲑鳟养殖品种。余下的18份样品为鲑，均为IHNV阴性。

（五）每份样品数量

按照国家水生动物疫病监测计划的要求，每份样品数量应达到150尾鱼。根据生物统计学原理，要使检测可信度达到95%以上，每份样品需要含有150尾鱼。2020年，符合要求的样品（每份150尾）仅占总样品数量的57.2%（115/201），远低于2019年的83.5%；有3个省份共86份低于150尾的样品（表4）。每份样品尾数不足，造成监测结果失真，即易造成假阴性，这个状况急需改变。

表4　2020年3个省每份样品数量不符合的样品数量情况统计

数量（尾）	青海	甘肃	黑龙江	备注
0～10	54	—	1	
11～30	7	—	—	

（续）

数量（尾）	青海	甘肃	黑龙江	备注
31～60	2	9	—	甘肃有症状 6 份，其中 3 份检出阳性，涉及 2 个监测点
61～100	—	2	—	
101～130	—	11	—	
合计（份）	63	22	1	
送检样品总数（份）	85	25	5	
不合格比率（%）	74.1	88	20	

（六）样品状态

采集样品要求活体运输至检测实验室。之所以要求必须送活鱼基于以下几点原因：一是不能送冷冻样品。IHNV 标准检测方法需要接种细胞，样品尤其是没有症状的鱼中病毒含量相对较低，冷冻样品的病毒含量进一步下降，容易造成检测结果假阴性，因此送冷冻鱼是不可取的。二是不能送组织样品，这是目前最不可靠的送样方式。虽然 OIE 手册规定可送组织，但这有前提条件。如果送样单位有样品前处理能力，可在现场采集样品并处理后 48 h 内（运输过程保持 0～10 ℃）运送至检测实验室，并接入细胞。目前看，一是现阶段送样单位不具备上述送样条件；二是实验室根本无法核查每份样品是否达到 150 尾鱼要求。三是尽量不送冰鲜鱼。运输过程需要全程保持 0～10 ℃，48 h 内运输到实验室，由实验室及时处理并接入细胞。难点在于运输过程较长时难以控制温度。综上，因此还是要求送检活鱼。

但 2020 年依然有不少省份未按要求送活鱼。2020 年 10 月全国水产技术推广总站组织专家对疫病监测情况进行调研，根据对深圳海关、中山大学等检测机构调研结果发现，有以下省份送样存在问题：甘肃送检所有样品为冰冻或者冰鲜，虽然送样鱼所在渔场均在发病且鱼有临床症状，但仅能检出 3 份阳性。新疆送 3 个场 5 个样，2 个场 3 个样是冷冻的，均为阴性；另 1 个场 2 个样是活鱼送检，其中 1 个是阳性。云南送的 10 份均为冻鱼，所以均没接种细胞，直接用 PCR 方法检测，均为阴性。

（七）养殖模式

我国鲑鳟养殖主要为淡水水源，养殖与苗种繁育采用流水、工厂化和淡水网箱养殖模式。近年在山东等地还出现了海水深网箱养殖。近几年监测结果显示，在上述养殖模式中均检出过 IHN。

（八）实验室检测情况

2020 年，共有 7 个实验室承担了 IHN 监测样品的检测工作，各实验室承担检测情况见表5。承担检测任务量占前2位的实验室分别为：中国水产科学研究院黑龙江水产研究所和深圳海关动植物检验检疫技术中心。他们承担检测任务量分别占总样品量的46.3%、17.4%。

表5　2020年不同实验室承担检测任务量及检测情况

检测单位名称	样品来源及检测数量	检测情况汇总
中国水产科学研究院黑龙江水产研究所	青海，检测63份，其中阳性0份；河北，检测20份，其中阳性1份；吉林，检测5份，其中阳性0份；黑龙江，检测5份，其中阳性0份	承担样品总数93份，占全国总数量的46.3%；检出阳性1份，占全国检出阳性的8.3%
深圳海关动植物检验检疫技术中心	甘肃，检测25份，其中阳性6份；陕西，检测5份，其中阳性0份；新疆，检测5份，其中阳性1份	承担样品总数35份，占全国总数量的17.4%；检出阳性7份，占全国检出阳性的58.3%
青海省渔业环境监测站	青海，检测22份，其中阳性0份	承担样品总数22份，占全国总数量的10.9%；未检出阳性
大连海关技术中心	辽宁，检测20份，其中阳性3份	承担样品总数20份，占全国总数量的10.0%；检出阳性3份，占全国检出阳性的25%
山东省海洋生物研究院	山东，检测15份，其中阳性1份	承担样品总数15份，占全国总数量的7.5%；检出阳性1份，占全国检出阳性的8.3%
中山大学	云南，检测10份，其中阳性0份	承担样品总数10份，占全国总数量的5.0%；未检出阳性
北京市水产技术推广站	北京，检测6份，其中阳性0份	承担样品总数6份，占全国总数量的3.0%；未检出阳性

按照阳性检出批次由多到少的实验室排序：深圳海关动植物检验检疫技术中心检出7批次，占总阳性检出率的58.3%；大连海关技术中心检出3批次，占总阳性检出率的25%；中国水产科学研究院黑龙江水产研究所和山东省海洋生物研究院均检出1批次，各占总阳性检出率的8.3%；其他实验室均未检出阳性。

四、2020年IHN监测结果分析

（一）检出率

2020年，全国11个省（自治区、直辖市）共设置监测点118个（共采集样品201批次），有5个省（自治区）检出阳性，即河北、辽宁、山东、甘肃和新疆的7县（区），涵盖9个监测点（阳性样品12批次）检出阳性，全国监测点阳性检出率7.6%。其中新疆的阳性监测点检出率最高为33.3%，其次为甘肃、辽宁和山东，分别为23.1%、15%、6.7%，最后河北为5%（图5、表6）。

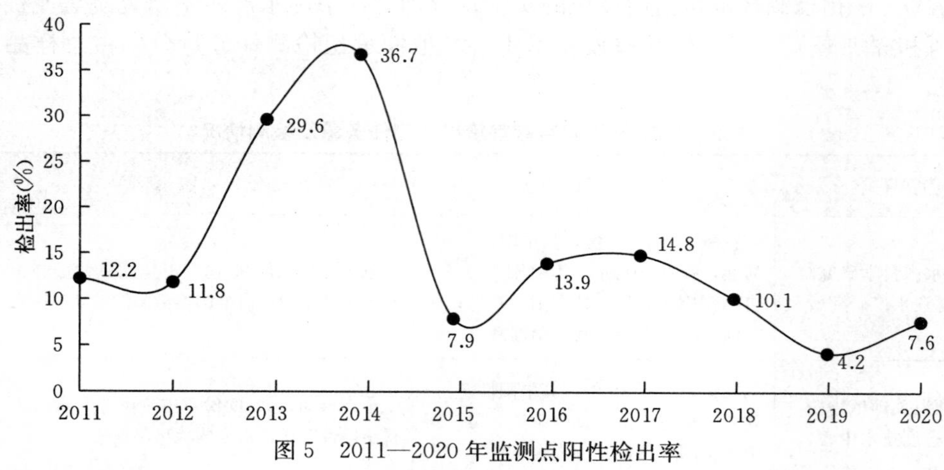

图 5　2011—2020 年监测点阳性检出率

表 6　2020 年 5 个省（自治区、直辖市）IHNV 阳性检出情况

项目	新疆	甘肃	辽宁	山东	河北	合计
检测监测点总数（个）	3	13	20	15	20	71
阳性监测点总数量（个）	1	3	3	1	1	9
阳性监测点检出率（%）	33.3	23.1	15	6.7	5	12.7
检测样品总数（个）	5	25	20	15	20	85
阳性样品总数（个）	1	6	3	1	1	12
阳性样品检出率（%）	20	24	15	6.7	5	14.1

（二）阳性监测点类型

2020 年在 1 个省级良种场、1 个苗种场和 7 个成鱼养殖场检出 IHN，阳性检出率分别为 10%（1/10）、3.8%（1/26）和 8.8%（7/80）（图 6）。

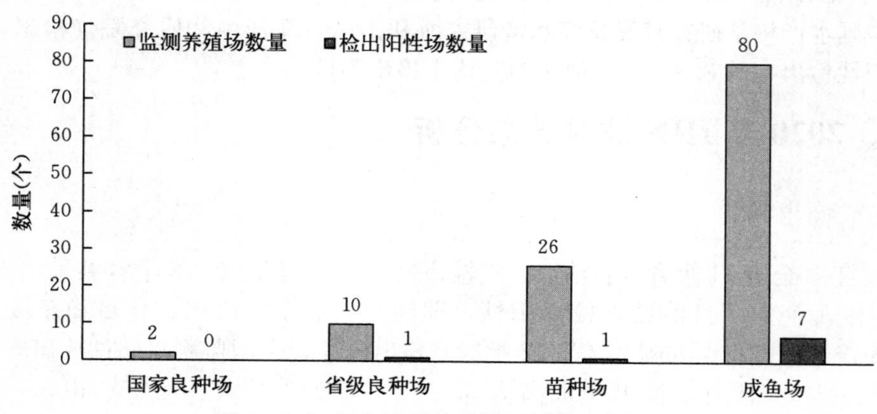

图 6　2020 年各类型养殖场阳性检出率情况

2015—2020年国家级、省级原良种场、苗种场以及成鱼场阳性检出率详见图7。2020年省级原良种场和成鱼场阳性率高于2019年，但与其他年份持平或浮动变化不大，苗种场低于往年。

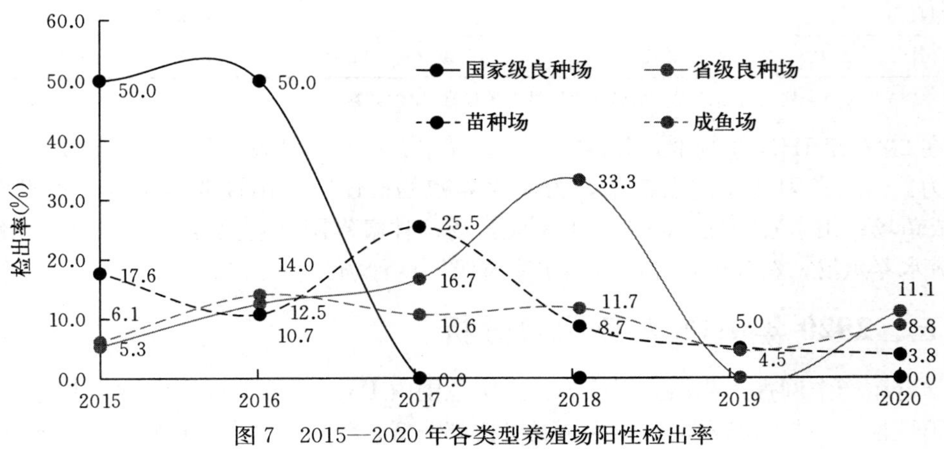

图7　2015—2020年各类型养殖场阳性检出率

（三）阳性检出区域

2011—2020年，参与IHN国家监测各省（自治区、直辖市）检出阳性养殖场数及分布县（区）数量见表7。自全国开展IHN监测以来，2020年检测出阳性场和涉及县（区）略高于2019年。

表7　各省（自治区、直辖市）IHNV检出情况

省份	2011	2012	2013	2014	2015	2016	2017	2018	2019	2020
河北	8/4	11/7	31/9	33/11	4/4	11/5	1/1	3/2	0	1/1
甘肃	8/3	1/1	3/1	0	1/1	9/2	8/2	6/3	1/1	3/2
辽宁	0	2/1	0	0	3/1	2/1	8/2	4/2	0	3/1
山东	—	—	—	5/2	6/1	0	6/4	1/1	4/2	1/1
北京	—	—	—	9/2	5/1	8/1	5/1	2/1	0/0	0
青海	—	—	—	—	1/1	2/2	1/1	1/1	2/2	0
四川	—	—	—	—	0	1/1	—	—	0	—
吉林	—	—	—	—	0	0	0	0	0	0
湖南	—	—	—	—	0	0	—	—	0	—
陕西	—	—	—	—	0	0	0	0	0	0
新疆	—	—	—	—	—	0	0	1/1	0	1/1
云南	—	—	—	—	—	—	2/2	1/1	0	0
黑龙江	—	—	—	—	—	—	—	0	0	0

（续）

省份	2011	2012	2013	2014	2015	2016	2017	2018	2019	2020
贵州	—	—	—	—	—	—	—	0	0	—
新疆兵团	—	—	—	—	—	—	未送样	未送样	—	—
合计	16/7	14/9	32/10	47/15	20/9	33/12	31/13	19/12	7/5	9/6

注："—"为尚未列入监测计划。结果代表阳性养殖场数/阳性县数。

在2020年IHN监测中，分别在河北、辽宁、山东、甘肃和新疆检测到阳性，具体情况为：河北省阳性监测点1个，为流水养殖场；辽宁省阳性监测点为1家苗种场，2家成鱼场；山东省阳性监测点为1家成鱼场；甘肃省阳性监测点为2家网箱养殖场，1家流水养殖场；新疆阳性监测点为1家省级原良种场。

五、2020年IHN监测风险分析

结合生产中调查，我们分析认为：全国范围内IHN阳性率可能在20%以上。但近几年阳性检出率与渔场发病的实际情况对比都偏低，分析原因主要可能与部分省份采集和运输样品不规范有关，主要问题有：①有的样品鱼尾数不足150尾；②送样鱼规格偏大；③送冷冻样品造成样品中病毒降解；④监测点覆盖率偏低。此外，监测是某一固定时间点的抽样，监测时未必一定能够选在发病时取样，造成监测数据低于实际生产发病情况。

（一）发病趋势分析

2020年监测结果显示在国家级原良种场未检出阳性，但这并不能确定国家级原良种场IHN得到有效控制，需要进一步观察核实。而在省级原良种场、苗种场和成鱼养殖场均有IHN检出。从近几年监测结果看，全国IHN发病情况较前几年有所下降，但防控依然不容忽视，还需不断加强。具体分析如下。

1. *IHN定殖区域* 2020年IHN检出省（自治区）为河北、辽宁、山东、甘肃和新疆。监测点阳性检出率由高到低分别为新疆、甘肃、辽宁、山东和河北。这些省（自治区）也是我国主要的虹鳟产地。除新疆外，其他省曾是连续多年检出IHN且发病较严重的区域，多年连续检出表明IHN已在当地定殖，很难完全清除，防控难度较大。其他往年检出阳性的省份（如云南、青海、北京），不排除依然有IHN存在。新疆自2018年第一次检出IHN阳性后，2020年又一次检出，且为省级原良种场。新疆是我国近年虹鳟产量增长较快的地区，IHN防控经验以及能力水平还略显不足，预计近年依然会有IHN发生。自开展IHN监测至今，在陕西、吉林和黑龙江3省一直未检出IHNV。但这3省由于每年的样品数量较少（5份），检测结果的偶然性较大，仍需对这些地区继续加强监测。

2. *IHN发生的养殖模式* 经调查，近几年IHN在网箱养殖虹鳟中尤为突出。如近几年对甘肃省刘家峡水库网箱养殖虹鳟进行监测发现，虹鳟因感染IHN和IPN（传染性胰坏死病）出现大量死亡。由于网箱中病毒更容易往天然水域扩散，造成更大的危害，所以应引起高度关注，并加强苗种产地检疫以及监测工作力度，以及加快疫苗研制，避免更大范围的扩散和经济损失。另外，青海龙羊峡和山东深海网箱养殖虹鳟也要引起高度关注，特别是青海靠近甘肃疫区，更要加强监测。

总之，当一个区域（如某个渔场）发生 IHN 后，如果没有采取措施，也仍然有敏感鱼类存在，按照流行病学原理，IHN 没有理由会突然消失。因此，对曾经阳性而后来再次监测为阴性的渔场，需要持谨慎态度并分析原因。

（二）IHN 防控措施及成效

2020 年，河北、甘肃和新疆针对 IHN 检出阳性的场进行流行病学调查或处理，具体情况如下：

河北省阳性监测点 1 个，为流水养殖。在抽样监测时，采样规格 100～150 g，采样水温 20 ℃。发病初期死亡数量小于 20 尾/d，发病高峰期死亡数量小于 100 尾/d，持续天数少于 7 d。对发病池塘采取消毒隔离等措施，工具消毒、全池泼洒聚维酮碘 0.5 mg/L 对水体消毒、死鱼深埋无害化处理，养殖尾水消毒处理后方可排放等措施。

甘肃省阳性监测点为 2 家网箱养殖场，1 家流水养殖场。网箱养殖场采取了限制苗种外运，并对网具、工具采用碘消毒处理。流水养殖场用二氧化氯进行养殖池消毒处理，由于死亡率高，所剩苗种进行无害化深埋处理。

新疆阳性监测点为 1 家省级原良种场。在抽样监测时，采样规格 10 cm，无症状，采样水温 12 ℃。发病初期死亡数量大于 200 尾/d，发病高峰期死亡数量 200～300 尾/d，持续天数少于 7 d。检出阳性后，使用生石灰等进行消毒。

现阶段，各地对发生 IHN 或检出 IHNV 养殖场采取的措施主要是对鱼池采用化学药物消毒以及投喂各种药物进行治疗，但防控效果不好。应注意到，在我国现有技术能力下，苗种检疫应是目前防控 IHN 主要的有效方式。控制的主要手段是对苗种场的监管和检疫，今后应加强这方面的管理工作。IHN 防控还重在采取预防性措施，在发生疫病后想要清除病毒极其困难，只能采用一些权宜之计以降低死亡率，但同时会增加将病毒扩散出去的风险。对尚未发生 IHN 流行的地区的养殖场，采用对进水消毒和对鱼卵强制消毒的办法可有效预防 IHN 的发生，但需要对养殖户进行危机意识的教育和预防技术的推广。对于已经出现过 IHN 的养殖场，通过对进水消毒和适当的隔离管理，也能在一定程度上降低死亡的风险，但对管理水平提出较高的要求。

全国多家单位开展 IHNV 疫苗研制工作。近几年在北京、河北、甘肃开展多次 IHNV 疫苗试验。试验结果显示注射疫苗有一定防控效果。但需要注意的是，疫苗不是控制 IHN 的根本途径。一方面对小鱼使用困难，同时环境污染病毒后无法全面控制，所以应在带毒亲本和苗种的流通环节上重点布防。从行政管理角度讲是加强检疫，从技术服务角度讲是进行基本知识宣传，缺一不可。

（三）IHN 风险分析

1. 主要风险点识别

（1）原良种场和苗种场　原良种场和苗种场仍然是 IHN 传播风险最高点，因为带毒的苗种会随着苗种流通，快速传播。2020 年，在国家级原良种场虽未检出 IHNV，但在省级原良种场有检出，苗种场检出阳性率较往年略有下降，但整体风险依然较高。

（2）养殖模式　我国鲑鳟养殖主要以流水和网箱养殖模式为主。前些年 IHNV 主要是在流水和工厂化养殖模式的养殖场里检出，但近几年已在网箱养殖中连续检出阳性。网箱中带有 IHN 病毒容易往天然水域扩散，传播速度更快，防控难度加大，将会造成更大的危害，所以应引起高度关注。

2. 风险评估　该病病原明确，对虹鳟危害极大，已经对我国虹鳟类的养殖造成了很大的危害，是制约鲑鳟养殖发展的重要因素之一。我国尚有部分养殖鲑鳟类的地区没有被感染，需要采取严格控制、扑灭等措施，防止扩散。因此，建议继续加强对该病的监测、防控力度。

（四）风险管理建议

（1）严格落实水产苗种产地检疫，各地实施原良种场和苗种场登记备案制度各地切实做好水产苗种产地检疫工作，严格控制带毒苗种和亲鱼的流通。对原良种场和苗种场开展强制性的连续监测。同一养殖场在监测的前两年内，在同一年份不同时间段（中间间隔至少 1 个月）发病适温下需抽样 2 次，每次抽样应涵盖所有鱼池的鱼群；如果连续 2 年阴性，在该场不引入外来鱼情况下，从第三年开始每年抽样 1 次即可。2017 年农业农村部已经建成并开始运行水生动物疫病监测系统，连续 2 年以上检出阴性结果的苗种场、原良种场可通过该系统自动生成并及时发布。

（2）建议需虹鳟苗的养殖者购买受精卵而不是鱼苗，购买的受精卵进入到孵化车间后立即进行消毒处理（采用聚维酮碘消毒 10～15 min），这可有效降低苗种感染 IHNV 的风险。没有条件进行受精卵孵化、必须购买苗种的，应将外购的苗种置于流水末端，经监测无 IHNV 后方可正常养殖。

（3）继续加强监测工作力度，积累防控经验，加强推广应用与培训；尤其加强对网箱养殖模式发病情况的监控力度。

（4）继续推进 IHNV 疫苗研究及应用工作。

六、监测工作存在的问题及相关建议

（一）抽样和检测需进一步规范

1. 抽样数量和规格不够规范　2020 年部分省份（甘肃、新疆、云南等）考虑运输活体不便，运输冰冻或者冰鲜样品，冻融会降解样品中病毒造成漏检。为避免上述问题，各地在今后送样应坚持送活鱼。部分省份（青海、河北、山东、黑龙江）抽样规格较大，抽样水温偏高（河北），抽样尾数不足（青海、甘肃、黑龙江），这些因素都可能造成检测结果的不准确。对于青海建议尝试采取以下措施：针对苗种场每批孵化采样1～2次；针对成鱼场，在每次进鱼苗后1个月以上2个月之内（避免鱼长得太大）采样一次，这样取样能保证基本上是小鱼，即可以确保每份150尾；由于青海水温偏低，可以不考虑水温影响。对于大型网箱养殖场，可将该场进行分区设置为不同监测点，并按此分区进行采样，可避免同一监测点出现多次采样记录。

2. 抽样要具代表性　为提高抽样代表性，抽样单位抽样时应调查每个养殖场有多少个鱼池，各鱼池如何排布，鱼苗什么时候从孵化车间或苗种池进入养殖池，取样是在孵化车间或者是在什么类型的鱼池中，各个鱼池间的水是如何流动的。通过上述调查分析该养殖场IHNV是否存在散在分布的可能性。抽样应严格按全国水产技术推广总站组织制定的《IHN监测规范》实施。在往年监测中发现的阳性点也必须坚持连续多年抽样；转为阴性的养殖场也需要连续抽样确认并分析转为阴性的原因，为防控提供科学依据。应将辖区内国家级原良种场、省级原良种场、引育种中心、重点苗种场全部纳入监测范围。对于抽样、运输确有较大困难的，由实验室派技术人员到现场协助实施抽样及样品处理。

（二）加强对虹鳟其他疫病以及网箱养殖模式的监测

2020年在青海、甘肃、北京部分养殖场的虹鳟上检测到IPNV并出现死亡，造成一定损失。与IHN相比、IPN更难消除。建议将IPN列入监测计划，与IHN监测可同时抽样。IHNV已经由流水、工厂化养殖扩散到网箱养殖模式中（近年淡水、海水网箱均有阳性检出），应引起高度关注。建议加强对网箱养殖模式（青海、甘肃、山东）的监测，避免疫情扩大造成更大损失。

2020 年病毒性神经坏死病状况分析

福建省淡水水产研究所

（樊海平　吴　斌　李苗苗）

一、前言

鱼类病毒性神经坏死病（viral nervous necrosis，VNN），又称病毒性脑病和视网膜病（viral encephalopathy and retinopathy，VER），是世界范围内的一种鱼类流行性传染病，主要危害 40 多种鱼类的幼鱼、稚鱼，对成鱼也有一定的危害，目前已有石斑鱼、大黄鱼、卵形鲳鲹、鲈、河鲀、欧洲鳗鲡、鲇等多个品种感染发病的相关报道。患病鱼临床症状表现为食欲降低、行为异常、在水体中打转、鱼体发黑、病鱼腹部肿大等症状，累积死亡率可达到 65%～100%，患病鱼典型的病理变化为视网膜细胞和中枢神经组织脑细胞出现空泡化。

VNN 的病原为神经坏死病毒（nervous necrosis virus，NNV），隶属于乙型野田村病毒属（又称 β-诺达病毒属，Betanodavirus）。1997 年，Nishizawa 等人对 25 种 Betanodavirus 病毒外壳蛋白基因所包含的部分核苷酸序列的同源性进行分析比对，分别为红鳍东方鲀神经坏死病毒（tiger puffer NNV，TPNNV）、黄带拟鲹神经坏死病毒（striped jack NNK，SJNNV）、条斑星鲽神经坏死病毒（barfin flounder NNV，BFNNV）和赤点石斑鱼神经坏死病毒（red - spotted grouper NNV，RGNNV）。NNV 引起的鱼类传染性疾病危害性广，致病性强，给养殖业造成了严重的经济损失。

鉴于病毒性神经坏死病流行广泛、危害严重，且目前尚无良好控制方法，为及时了解我国 VNN 发病流行情况，有效控制该病在我国的发生和蔓延，农业农村部自 2016 年将 VNN 列入国家疫病监测范围，5 年以来，累计设置监测点 651 个，累计完成检测样品 1 132 份，累计检出阳性样品 220 份，通过开展 VNN 监测工作，掌握了该病的流行规律和对石斑鱼等易感品种的危害，提高了综合防控能力。

二、2020 年海水鱼病毒性神经坏死病全国监测情况

（一）概况

2020 年海水鱼病毒性神经坏死病监测省份为天津市、河北省、浙江省、福建省、山东省、广东省、广西壮族自治区和海南省 8 个省（自治区、直辖市），涉及 38 个区（县），55 个乡（镇），共设 166 个监测点（场），计划采集样品 215 份，实际采集样品

219份，检出阳性样品27份（表1）。

表1　2020年VNN专项监测基本情况（个）

省　份	项　　目	数　量
天津	国家监测计划样品数	10
	实际采集样品数/阳性样品数	10/0
	监测养殖场数/阳性场数	7/0
	阳性场分布县域数	0
	阳性场分布乡镇数	0
河北	国家监测计划样品数	30
	实际采集样品数/阳性样品数	30/0
	监测养殖场数/阳性场数	28/0
	阳性场分布县域数	0
	阳性场分布乡镇数	0
浙江	国家监测计划样品数	40
	实际采集样品数/阳性样品数	40/1
	监测养殖场数/阳性场数	36/1
	阳性场分布县域数	1
	阳性场分布乡镇数	1
福建	国家监测计划样品数	10
	实际采集样品数/阳性样品数	10/0
	监测养殖场数/阳性场数	9/0
	阳性场分布县域数	0
	阳性场分布乡镇数	0
山东	国家监测计划样品数	20
	实际采集样品数/阳性样品数	20/0
	监测养殖场数/阳性场数	15/0
	阳性场分布县域数	0
	阳性场分布乡镇数	0
广东	国家监测计划样品数	55
	实际采集样品数/阳性样品数	55/18
	监测养殖场数/阳性场数	27/10
	阳性场分布县域数	3
	阳性场分布乡镇数	5
广西	国家监测计划样品数	20
	实际采集样品数/阳性样品数	20/7

（续）

省 份	项 目	数 量
广西	监测养殖场数/阳性场数	16/7
	阳性场分布县域数	3
	阳性场分布乡镇数	3
海南	国家监测计划样品数	30
	实际采集样品数/阳性样品数	34/1
	监测养殖场数/阳性场数	28/1
	阳性场分布县域数	1
	阳性场分布乡镇数	1

（二）监测点设置

2020 年 VNN 监测共设置 166 个监测点（场）。其中，国家级原良种场 2 个（阳性场 0 个），省级原良种场 21 个（阳性场 2 个），苗种场 31 个（阳性场 3 个），成鱼养殖场 112 个（阳性场 14 个）。按养殖模式划分，包括池塘养殖场 40 个（阳性场 11 个），工厂化养殖场 78 个（阳性场 3 个），网箱养殖场 48 个（阳性场 5 个）（表 2，图 1，图 2）。

表 2 2020 年 VNN 监测各省份不同养殖模式监测点数量及阳性监测点数（个）

省 份	不同养殖模式监测点/阳性监测点数	数 量
天津	池塘/阳性监测点数	0/0
	工厂化/阳性监测点数	7/0
	网箱/阳性监测点数	0/0
	其他/阳性监测点数	0/0
河北	池塘/阳性监测点数	0/0
	工厂化/阳性监测点数	28/0
	网箱/阳性监测点数	0/0
	其他/阳性监测点数	0/0
浙江	池塘/阳性监测点数	15/0
	工厂化/阳性监测点数	1/0
	网箱/阳性监测点数	20/1
	其他/阳性监测点数	0/0

（续）

省　份	不同养殖模式监测点/阳性监测点数	数　量
福建	池塘/阳性监测点数	1/0
	工厂化/阳性监测点数	0/0
	网箱/阳性监测点数	8/0
	其他/阳性监测点数	0/0
山东	池塘/阳性监测点数	0/0
	工厂化/阳性监测点数	15/0
	网箱/阳性监测点数	0/0
	其他/阳性监测点数	0/0
广东	池塘/阳性监测点数	23/10
	工厂化/阳性监测点数	0/0
	网箱/阳性监测点数	4/0
	其他/阳性监测点数	0/0
广西	池塘/阳性监测点数	1/1
	工厂化/阳性监测点数	2/2
	网箱/阳性监测点数	13/4
	其他/阳性监测点数	0/0
海南	池塘/阳性监测点数	0/0
	工厂化/阳性监测点数	25/1
	网箱/阳性监测点数	3/0
	其他/阳性监测点数	0/0

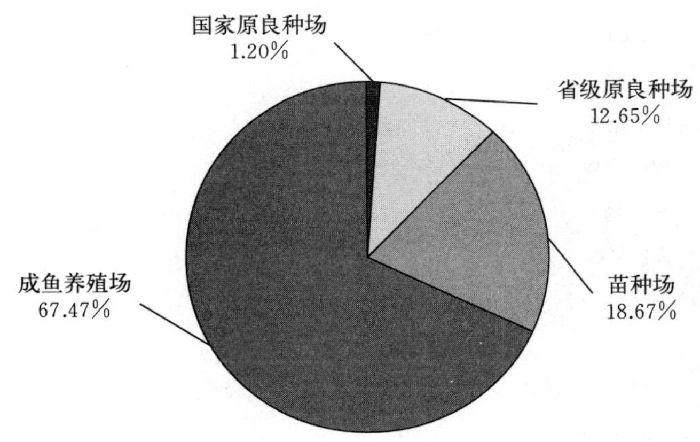

图1　2020年VNN监测不同类型监测点占比情况

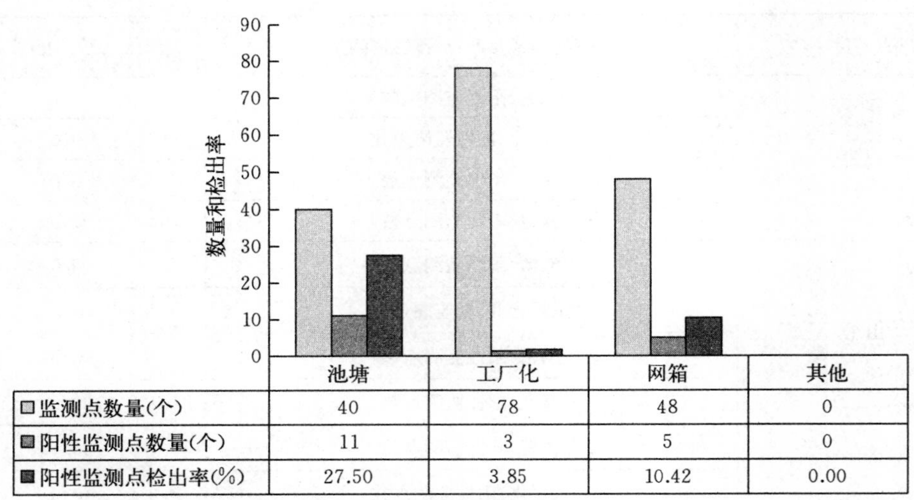

图 2 2020 年 VNN 监测不同养殖模式监测点数量及阳性监测点检出率

（三）采样品种和水温

2020 年，VNN 监测采样品种以石斑鱼、大黄鱼、鲆为主。219 份样品中，石斑鱼样品有 84 份，占全部样品的 38.36%；大黄鱼样品有 34 份，占全部样品的 15.53%；鲆样品有 28 份，占全部样品的 12.79%；卵形鲳鲹样品有 27 份，占全部样品的 12.33%；除上述四个品种外，其他采样品种有半滑舌鳎 17 份、鲈（海）15 份、许氏平鲉 8 份、鲷 3 份、河鲀 1 份、绿鳍马面鲀 1 份、大泷六线鱼 1 份。各品种采样水温 15.5～33 ℃，大多采样水温为 22～33 ℃（表 3，图 3）。

表 3 2020 年 VNN 监测采样品种和水温

序号	品种	水温（℃）	数量（份）	阳性样品数量（份）
1	石斑鱼	23～32	84	21
2	大黄鱼	17～28.7	34	0
3	鲆	16～22	28	0
4	卵形鲳鲹	25～32	27	5
5	半滑舌鳎	18～28.8	17	0
6	鲈（海）	21～29	15	1
7	许氏平鲉	18～23	8	0
8	鲷	27	3	0
9	河鲀	25	1	0
10	绿鳍马面鲀	22	1	0
11	大泷六线鱼	16	1	0
	合计		219	27

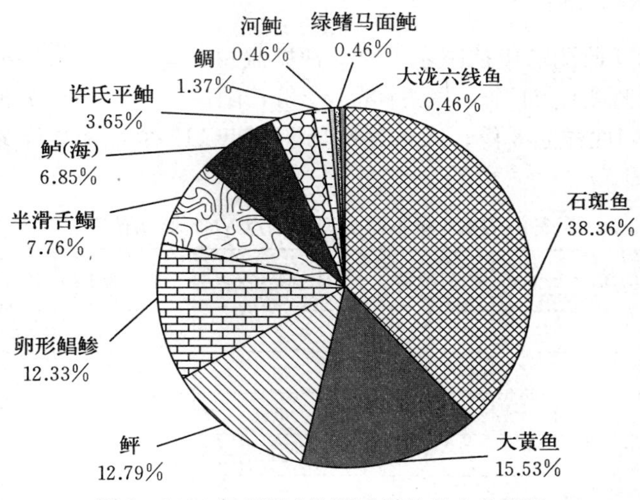

图3 2020年VNN监测采样品种占比情况

（四）采样规格

2020年，218份VNN监测样品中，绝大多数以体长作为规格指标，部分样品以体重作为指标，为了便于计算，所有样品均以体长作为指标（将体重为指标的样品进行体长估算）。2020年，VNN监测样品规格在5 cm以下的最多，共计87份样品，占样品总数的39.73%；其次为5～10 cm，共计71份样品，占样品总数的32.42%；10～15 cm样品有30份，占13.70%；15 cm以上的样品有31份，占14.16%（图4）。

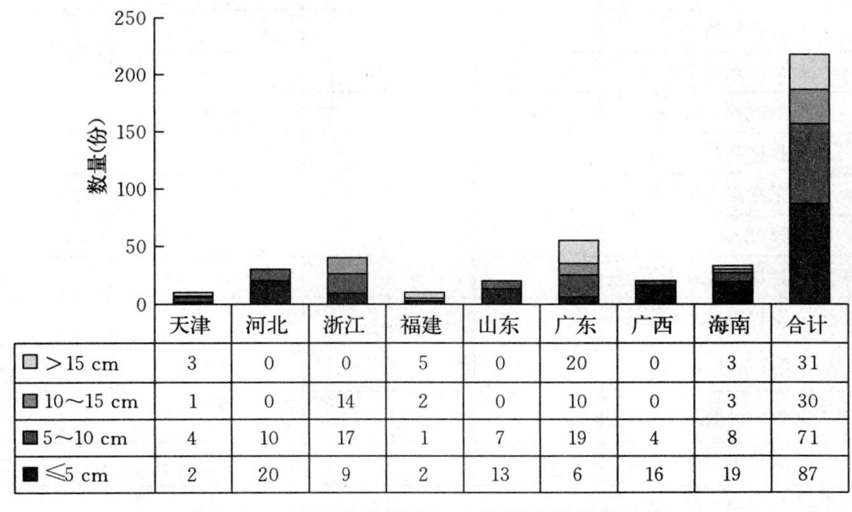

	天津	河北	浙江	福建	山东	广东	广西	海南	合计
>15 cm	3	0	0	5	0	20	0	3	31
10～15 cm	1	0	14	2	0	10	0	3	30
5～10 cm	4	10	17	1	7	19	4	8	71
≤5 cm	2	20	9	2	13	6	16	19	87

图4 2020年各省份VNN监测采样规格分布

（五）不同类型监测点的监测情况

2020 年，VNN 监测点包括国家级原良种场监测点 2 个，采集样品 2 个，阳性样品 0 份；省级良种场监测点 21 个，采集样品 34 份，阳性样品 2 份；苗种场监测点 31 个，采集样品 36 份，阳性样品 3 份；成鱼养殖场监测点 112 个，采集样品 147 份，阳性样品 22 份（表 4，图 5）。

表 4　2020 年不同类型监测点 VNN 监测情况

省份	指标	苗种场	成鱼养殖场	省级原良种场	国家级原良种场
天津	采样点（个）	2	5	0	0
	采样份数（份）	2	8	0	0
	阳性样品数（份）	0	0	0	0
河北	采样点（个）	6	21	2	0
	采样份数（份）	5	23	2	0
	阳性样品数（份）	0	0	0	0
浙江	采样点（个）	0	32	4	0
	采样份数（份）	0	35	5	0
	阳性样品数（份）	0	1	0	0
福建	采样点（个）	0	8	0	1
	采样份数（份）	0	9	0	1
	阳性样品数（份）	0	0	0	0
山东	采样点（个）	7	1	7	0
	采样份数（份）	11	1	8	0
	阳性样品数（份）	0	0	0	0
广东	采样点（个）	0	23	4	0
	采样份数（份）	0	47	8	0
	阳性样品数（份）	0	17	1	0
广西	采样点（个）	2	13	1	0
	采样份数（份）	3	13	4	0
	阳性样品数（份）	2	4	1	0
海南	采样点（个）	15	9	3	1
	采样份数（份）	15	11	7	1
	阳性样品数（份）	1	0	0	0
合计	采样点（个）	31	112	21	2
	采样份数（份）	36	147	34	2
	阳性样品数（份）	3	22	2	0

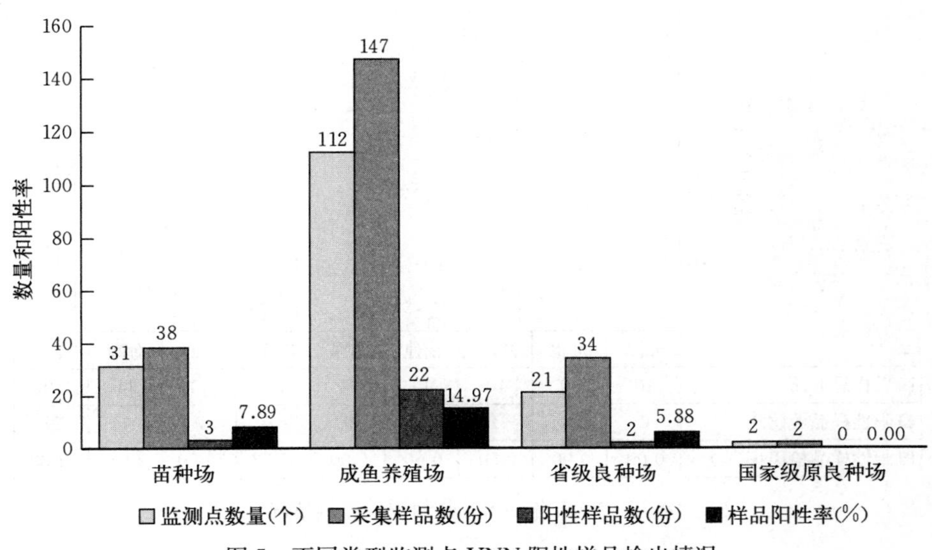

图5　不同类型监测点VNN阳性样品检出情况

(六) 阳性样品分析

2020年共检测到VNN阳性样品27份，包括石斑鱼样品21份、卵形鲳鲹样品5份、鲈（海）样品1份。石斑鱼阳性样品采集水温在25～31 ℃，规格为0.5～21 cm；卵形鲳鲹阳性样品采集水温在28～31 ℃，规格为2.5～3 cm；鲈（海）阳性样品采集水温为25 ℃，规格为7～8 cm（表5、图6）。

表5　2020年VNN监测阳性样品信息

省份	样品采集数（份）	样品阳性数（份）	阳性样品品种	阳性样品养殖方式	阳性样品采集水温（℃）	阳性样品规格（cm）
天津	10	0	—	—	—	—
河北	30	0	—	—	—	—
浙江	40	1	鲈（海）	海水普通网箱	25	7～8
福建	10	0	—	—	—	—
山东	20	0	—	—	—	—
广东	55	18	石斑鱼	海水池塘	25～28	5～21
广西	20	7	石斑鱼、卵形鲳鲹	海水工厂化、海水普通网箱	28～31	0.5～5
海南	34	1	石斑鱼	海水工厂化	31	6
合计	219	27	鲈（海）、石斑鱼、卵形鲳鲹	海水普通网箱、海水池塘、海水工厂化	25～31	0.5～21

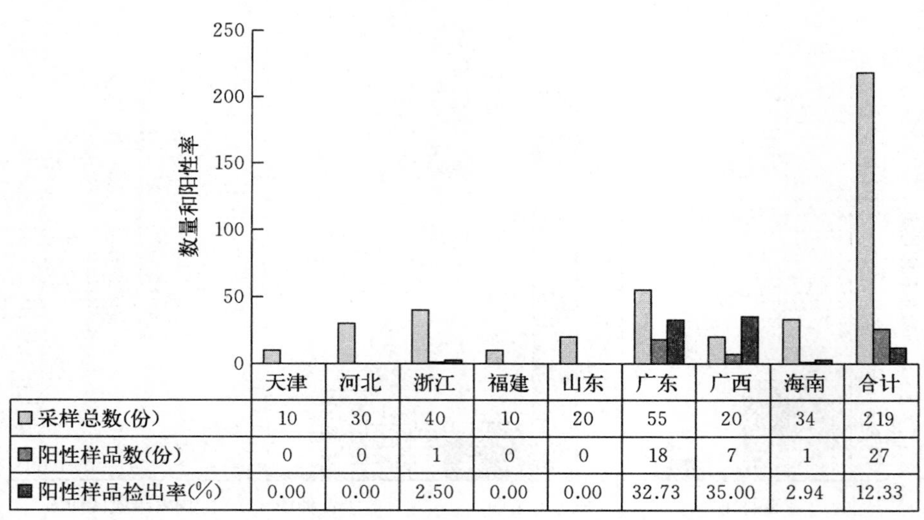

	天津	河北	浙江	福建	山东	广东	广西	海南	合计
采样总数(份)	10	30	40	10	20	55	20	34	219
阳性样品数(份)	0	0	1	0	0	18	7	1	27
阳性样品检出率(%)	0.00	0.00	2.50	0.00	0.00	32.73	35.00	2.94	12.33

图 6 2020 年 VNN 监测样品检测情况

（七）VNN 检测单位

2020 年 VNN 检测单位共 8 家，承担检测样品数量分别为：中国检验检疫科学研究院 10 份，无阳性样品检出；中国水产科学研究院黑龙江水产研究所 30 份，无阳性样品检出；浙江省水生动物防疫检疫中心 40 份，检出阳性样品 1 份；福建省水产技术推广总站（福建省水生动物疫病预防控制中心）10 份，无阳性样品检出；青岛海关技术中心 20 份，无阳性样品检出；广东省水生动物疫病预防控制中心 35 份，检出阳性样品 18 份；中国水产科学研究院珠江水产研究所 30 份，无阳性样品检出；广西渔业病害防治环境监测和质量检验中心 20 份，检出阳性样品 7 份；海南省水产技术推广站 24 份，检出阳性样品 1 份（表 6，图 7）。

表 6 2020 年各检测单位 VNN 检测情况

检测单位名称	样品来源（省份）	承担检测样品数（份）	检测到阳性样品数（份）	采用的检测方法
中国检验检疫科学研究院	天津	10	0	SC/T 7216—2012
中国水产科学研究院黑龙江水产研究所	河北	30	0	SC/T 7216—2012
浙江省水生动物防疫检疫中心	浙江	40	1	SC/T 7216—2012
福建省水产技术推广总站（福建省水生动物疫病预防控制中心）	福建	10	0	SC/T 7216—2012
青岛海关技术中心	山东	20	0	SC/T 7216—2012
广东省水生动物疫病预防控制中心	广东	35	18	SC/T 7216—2012
中国水产科学研究院珠江水产研究所	广东	20	0	SC/T 7216—2012
	海南	10	0	SC/T 7216—2012

（续）

检测单位名称	样品来源（省份）	承担检测样品数（份）	检测到阳性样品数（份）	采用的检测方法
广西渔业病害防治环境监测和质量检验中心	广西	20	7	SC/T 7216—2012
海南省水产技术推广站	海南	24	1	SC/T 7216—2012
合计	—	219	27	—

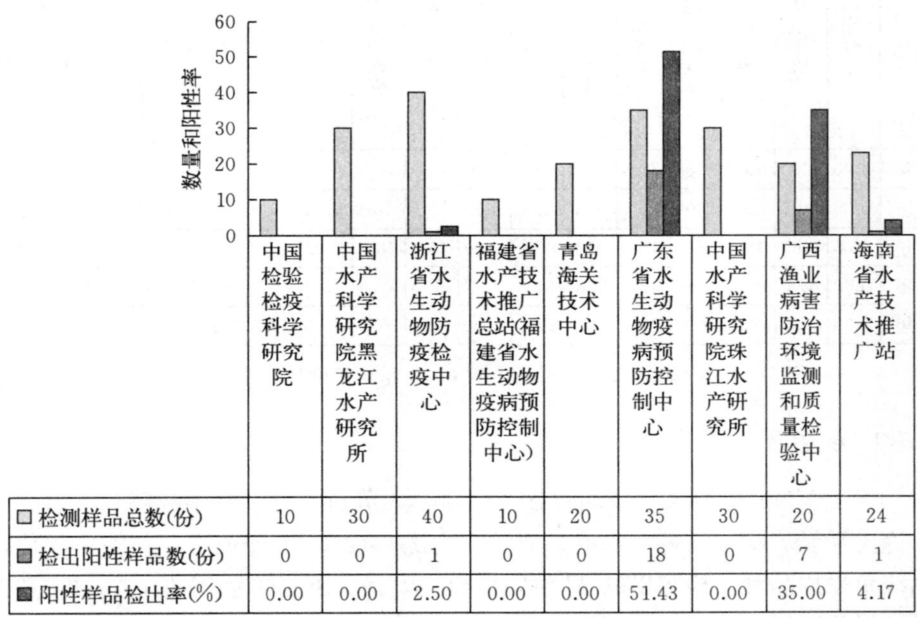

图7　2020年各检测单位VNN样品阳性检出情况

三、2020年VNN检测结果分析

（一）总体阳性检出情况

2020年，VNN监测范围包括天津、河北、浙江、福建、山东、广东、广西和海南等8个省（自治区、直辖市），采集样品219份，检出阳性样品27份，样品阳性率为12.33%；共设166个监测点（场），有19个监测点检出VNN阳性，监测点阳性率为11.45%。与2019年相比，样品阳性率和监测点阳性率分别下降了32.44%和50.84%，样品阳性率降低或许与采样品种构成有关（图8）。石斑鱼是VNNV感染的最主要宿主，VNN监测采样品种中，2019年石斑鱼样品占比为61.31%，2020年石斑鱼样品占比为38.36%，2020年石斑鱼样品占比较2019年下降了37.43%。

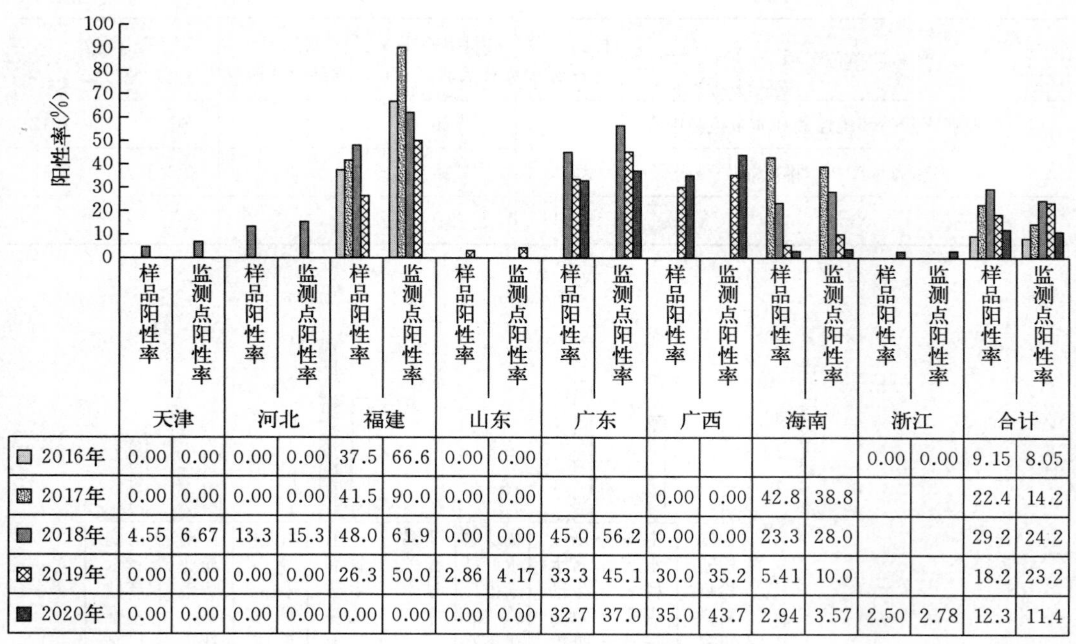

	天津		河北		福建		山东		广东		广西		海南		浙江		合计	
	样品阳性率	监测点阳性率	样品阳性率	监测点阳性率	样品阳性率	监测点阳性率	样品阳性率	监测点阳性率	样品阳性率	监测点阳性率	样品阳性率	监测点阳性率	样品阳性率	监测点阳性率	样品阳性率	监测点阳性率	样品阳性率	监测点阳性率
2016年	0.00	0.00	0.00	0.00	37.5	66.6	0.00	0.00							0.00	0.00	9.15	8.05
2017年	0.00	0.00	0.00	0.00	41.5	90.0	0.00	0.00			0.00	0.00	42.8	38.8			22.4	14.2
2018年	4.55	6.67	13.3	15.3	48.0	61.9	0.00	0.00	45.0	56.2	0.00	0.00	23.3	28.0			29.2	24.2
2019年	0.00	0.00	0.00	0.00	26.3	50.0	2.86	4.17	33.3	45.1	30.0	35.2	5.41	10.0			18.2	23.2
2020年	0.00	0.00	0.00	0.00	0.00	0.00	0.00	0.00	32.7	37.0	35.0	43.7	2.94	3.57	2.50	2.78	12.3	11.4

图 8　2016—2020 年 VNN 监测阳性检出率

（二）易感宿主品种分析

2020 年，VNN 监测采集样品包括石斑鱼、大黄鱼、鲆、卵形鲳鲹、半滑舌鳎、鲈（海）、许氏平鲉、鲷、河鲀、绿鳍马面鲀和大泷六线鱼 11 种鱼类，与往年相比，新增大泷六线鱼采样品种。检测出的 27 份阳性样品中有石斑鱼样品 21 份，为最主要的易感宿主，卵形鲳鲹样品 5 份，鲈（海）样品 1 份。

（三）易感宿主规格分析

2020 年，浙江省 VNN 阳性样品规格为 7～8 cm，广东省 VNN 阳性样品规格为5～21 cm，广西壮族自治区 VNN 阳性样品规格为 0.5～3 cm，海南省 VNN 阳性样品规格为 6 cm。检测结果说明 NNV 仍主要感染各类海水鱼类苗种，但是少量较大规格的鱼体（10 cm 以上）中也有检出 VNNV。

（四）阳性样品的养殖水温分析

2020 年，浙江省鲈（海）阳性样品采集时间为 6 月 17 日，水温 25 ℃；广东省石斑鱼阳性样品采集时间为 4 月 15 日至 8 月 21 日，水温 25～28 ℃；广西壮族自治区石斑鱼阳性样品采集时间为 5 月 20 日至 7 月 28 日，水温 29～30 ℃，卵形鲳鲹阳性样品采集时间为 5 月 21 日至 6 月 3 日，水温 28～31 ℃；海南省石斑鱼阳性样品采集时间为 6 月 29 日，水温 31 ℃。因此，2020 年 VNN 监测阳性样品采样水温主要在 25～31 ℃。2016 年检出阳性样品石斑鱼的养殖水温均为29～32℃，低于25℃温度未检出阳性，检出阳性样品河鲀的养殖水温为24℃；2017年石斑鱼阳性样品养殖采样水温高于28℃；2018年检出石斑鱼阳性样品养殖水温为24～30℃，检出大黄鱼阳性样品养殖水温均为25℃，检出河鲀和鲆阳性样品养殖水温均为20℃；2019年检出石斑鱼阳性样品采集水温在18～33℃，卵形鲳鲹阳性样品采集水温在28～31℃。综合2016—2020年的阳性样品检测结果分析，夏秋高温季节（水温22～33℃）是石斑鱼病毒性神经坏死病发病的高峰季节，但是在较低的水温条件（水温18℃）下也检出了石斑鱼VNN阳性样品。

（五）阳性监测点情况分析

2020年，在全国166个监测点中，国家级原良种场2个，阳性0个；省级原良种场21个，阳性2个，阳性检出率为9.52%；苗种场31个，阳性3个，阳性检出率为9.68%；成鱼养殖场112个，阳性14个，阳性检出率为12.50%。2020年，成鱼养殖场阳性检出率12.50%＞苗种场阳性检出率9.68%＞省级原良种场的阳性检出率9.52%＞国家级原良种场阳性检出率0。2016年以来，国家级原良种场阳性养殖场点检出率平均为4.55%；省级原良种场阳性养殖场点检出率平均为25.45%；苗种场阳性养殖场点检出率平均为21.17%；成鱼养殖场阳性养殖场点检出率平均为16.52%。

（六）监测点连续设置情况

2016—2020年VNN检测共设置监测点651个，其中检出阳性养殖场120个，阳性率为18.43%。2017—2020年，共设置监测点564个，连续2年被纳入监测点的养殖场点数有44个，占比为7.80%；连续3年被纳入监测点的养殖场点数有19个，占比为3.37%；连续4年被纳入监测点的养殖场点数有13个，占比为2.30%（表7）。

表7　2017—2020年监测点连续设置情况（个）

省份	连续2年被纳入监测点数量	连续3年被纳入监测点数量	连续4年被纳入监测点数量
天津	5	3	1
河北	9	6	8
福建	11	1	1
山东	7	5	1
广东	1	0	0
广西	7	4	0
海南	4	0	2
合计	44	19	13

四、风险分析及建议

1. 风险分析

（1）海水养殖鱼感染NNV的风险较高　NNV对成鱼的危害相对较小，对仔鱼和幼鱼的致死率较高，造成刚孵化仔鱼和幼鱼大量死亡。与往年相比，2020 年多数省份 VNN 监测点阳性率下降，但部分省份监测点阳性率仍然很高，如广东、广西 2020 年 VNN 监测点阳性率分别为 37.04%和 43.75%，VNN 风险防控仍然十分重要。

（2）感染 NNV 的水产养殖品种增多　2016 年开展 VNN 监测以来，共检测到阳性样品 220 份，NNV 阳性品种及其在历年来所有阳性样品中占比情况为：石斑鱼 92.73%、卵形鲳鲹 4.09%、鲆 1.36%、河鲀 0.91%、大黄鱼 0.45%、鲈（海）0.45%。2020 年首次在 VNN 监测样品中检测到鲈（海）样品 1 份。近年来我国感染 NNV 水产养殖品种增多，感染对象不仅限于海水养殖品种，感染的淡水养殖品种也有所增加。

（3）苗种场传播 NNV 的风险较高　2017—2020 年，省级苗种场 VNN 监测点阳性率分别为：25%、30%、44.44%、9.52%；苗种场 VNN 监测点阳性率分别为：20.31%、28%、31.71%、9.68%。如果苗种场出现 VNN，对我国鱼类亲本和苗种的供应造成较大危险，通过苗种有可能会扩大 VNN 传播的风险，对水产养殖业造成严重的后果。

2. 风险管控建议

（1）加强苗种 VNN 检疫与监测　对苗种生产过程 NNV 传播途径中的亲鱼、卵、饵料等关键环节开展 NNV 检测是防治该病的关键。在加大监测力度的同时，要积极落实全国水产苗种产地检疫，禁止携带 NNV 苗种和亲鱼的流通。海水养殖鱼类，特别是石斑鱼苗种（含受精卵）生产中要选择健康无病毒的亲鱼进行苗种培育，加强苗种的 NNV 检疫和受精卵的消毒，避免阳性苗种的流动和 NNV 的扩散。

（2）加强养殖生产管理　加强对苗种、生物饵料 NNV 检测，养殖水体和生产用具的消毒，避免病原引进和水平传播；育苗和养殖过程中定期投喂益生菌等增强苗种免疫力；建立生态育苗的理念，注重育苗水环境的苗相和藻相平衡，及时处理养殖水体中的垃圾、残饵等。

（3）加强阳性养殖场管理　要持续地开展 VNN 监测，特别是易感宿主苗种场的监测，对有阳性样品检出的养殖场，开展流行病学调查，完善阳性养殖场点的详细信息，查明苗种来源和去向，以便进行溯源和关联分析。另外，及时处置携带 NNV 的阳性苗种，在疫病处理过程中应制定切实可行的管理办法和操作细则，阳性样品的无害化处理很多时候没有按要求执行。

3. 风险趋势分析　VNN 的感染风险趋势主要有：①感染的品种增多，尤其是海水养殖品种；②随着海水养殖鱼类苗种检疫工作的开展，能较好地降低 VNN 垂直传播的风险；③根据 2016 年以来的监测结果以及 VNN 流行病学的深入研究，指导海水养殖鱼类育苗场建立有效防控 VNN 的措施，能有效降低苗种期 VNN 的发病率，提高 VNN 发病后的成活率。

五、监测工作存在的问题及相关建议

1. 监测范围需进一步扩大　随着 NNV 感染品种的增加，建议进一步扩大监测范围，特别是要增加苗种场的监测范围。同时，要适当扩大监测品种的种类，采样时间避免太集中，以便更加全面了解 NNV 的分布、流行和危害状况。

2. 监测点连续设置情况需进一步加强　为了更好地分析 VNN 在同一养殖场、同一采样区域的传播情况，应加强连续监测点的设置，阳性养殖场点必须纳入下年度的监测点才有利于分析与掌握 VNN 的流行规律。同时，要在“国家水生动物疫病监测信息管理系统”中增加连续监测点的汇总功能。

3. 部分检测单位样品信息填报不规范　“国家水生动物疫病监测信息管理系统”中样品采集时，涉及采样时间、水温、规格、酸碱度等参数，以及检测结果的测序信息，部分实验室相关数据未能按要求上传，或数据填报不完整，样品规格数据填报不统一，有时按体长，有时按体重，不利于 VNN 监测分析工作的开展。

4. 加强对阳性养殖场的疫病防控指导　进一步做好养殖场的疫病防控指导工作，特别是指导养殖场做好阳性样品的无害化处理。

2020 年鲤浮肿病状况分析

北京市水产技术推广站

（吕晓楠　徐立蒲　王小亮　王　姝

张　文　曹　欢　王静波　江育林）

鲤浮肿病（carp edema virus disease，CEVD），也称锦鲤昏睡病（koi sleepy disease，KSD），是由鲤浮肿病毒（carp edema virus，CEV）感染鲤、锦鲤引起的一种高度传染性流行病。该病引起病鱼出现烂鳃、凹眼、昏睡等症状并急性死亡，可造成严重经济损失。

2016 年我国首次报道发生 CEVD。2018 年，农业农村部将 CEVD 列为疫病监测对象（农办渔〔2018〕75 号）。2020 年，各项目承担单位按照农业农村部要求（农渔发〔2020〕8 号），继续组织实施 CEVD 监测工作，现将 2020 年监测情况总结如下：

一、监测抽样概况

（一）监测计划任务完成情况

2020 年，CEVD 计划监测任务样品数 305 份，实际完成 360 份。各省（自治区、直辖市）计划抽样数量以及实际完成抽样情况见表 1。除宁夏外，各省按规定完成抽样任务数量。

表 1　各省份 CEVD 监测任务及完成情况

省份	任务数量（份）	检测样品总数（份）	检测养殖场总数（个）	阳性养殖场总数量（个）	阳性养殖场点检出率（%）
北京市	15	23	20	4	20.0
天津市	10	25	23	4	17.4
河北省	25	25	25	1	4.0
内蒙古自治区	10	21	18	2	11.1
辽宁省	20	20	20	0	0.0
吉林省	20	20	20	0	0.0
黑龙江省	10	10	10	0	0.0
上海市	5	5	5	0	0.0
江苏省	10	10	7	0	0.0

（续）

省份	任务数量（份）	检测样品总数（份）	检测养殖场总数（个）	阳性养殖场总数量（个）	阳性养殖场点检出率（%）
浙江省	20	20	20	0	0.0
安徽省	20	20	20	0	0.0
江西省	5	15	15	0	0.0
河南省	25	25	25	1	4.0
湖北省	25	26	25	0	0.0
湖南省	10	15	15	1	6.7
广东省	25	25	11	3	27.3
重庆市	10	10	7	0	0.0
四川省	15	15	15	2	13.3
贵州省	0	5	5	0	0.0
陕西省	5	5	5	0	0.0
甘肃省	15	15	15	0	0.0
宁夏回族自治区	5	5	5	0	0.0
合计	305	360	331	18	5.5

（二）监测抽样基本情况

1. 监测范围　2020年该病监测范围覆盖全国22个省（自治区、直辖市）152个县（区）236个乡（镇）的331个养殖场。不同地区的监测抽样情况见表2。

表2　2020年鲤浮肿病（CEVD）监测情况汇总

省份	监测养殖场点（个）								病原学检测														
									国家级原良种场（批次）		省级原良种场（批次）		苗种场（批次）		观赏鱼养殖场（批次）		成鱼养殖场（批次）		抽样总数（批次）	检测结果			
	区（县）数	乡（镇）数	国家级原良种场	省级原良种场	苗种场	观赏鱼养殖场	成鱼养殖场	监测养殖场点合计	抽样数量	阳性样品数	抽样数量	阳性样品数	抽样数量	阳性样品数	抽样数量	阳性样品数	抽样数量	阳性样品数		阳性样品总数（批次）	样品阳性率（%）	阳性品种	阳性处理措施
北京	5	12				19	1	20							22	4	1		23	4	17.4	锦鲤	CL、Tsu
天津	6	15	1				22	23	1								24	4	25	4	16	锦鲤	CL、Tsu

（续）

省份	监测养殖场点（个）								病原学检测														
									国家级原良种场（批次）		省级原良种场（批次）		苗种场（批次）		观赏鱼养殖场（批次）		成鱼养殖场（批次）		抽样总数（批次）	检测结果			
	区（县）数	乡（镇）数	国家级原良种场	省级原良种场	苗种场	观赏鱼养殖场	成鱼养殖场	监测养殖场点合计	抽样数量	阳性样品数	抽样数量	阳性样品数	抽样数量	阳性样品数	抽样数量	阳性样品数	抽样数量	阳性样品数		阳性样品总数（批次）	样品阳性率（%）	阳性品种	阳性处理措施
河北	15	18		1	4	1	19	25			1		4	1	1		19		25	1	4	鲤	M、Gsu、Tsu
内蒙古	4	13					18	18									21	2	21	2	9.5	鲤	CL、Tsu
辽宁	3	10		1		3	16	20			1				3		16		20		0		
吉林	8	16		11	4	1	4	20			11		4		1		4		20		0		
黑龙江	2	3			1		9	10					1				9		10		0		
上海	4	4		1	1	3		5			1		1		3				5		0		
江苏	3	6				1	6	7							1		9		10		0		
浙江	15	19		1	17	2		20			1		17		2				20		0		
安徽	3	15				6	14	20							6		14		20		0		
江西	10	12				1	14	15							1		14		15		0		
河南	14	18			8	13	4	25					8		13		4	1	25	1	4	鲤	CL、M
湖北	17	19	1	4	4	4	12	25	1		5		4		4		12		26		0		
湖南	13	15	1	12	2			15	1		12	1	2						15	1	6.7	鲤	CL
广东	6	6				9	2	11							18	2	7	1	25	3	12	鲤、锦鲤	CL
重庆	2	5		1			6	7			3						7		10		0		
四川	10	13	1		7		8	15	0				7				8	2	15	2	13.3	鲤	CL、Tsu、Qi
贵州	1	1			5			5					5						5		0		
陕西	4	5	1	1			3	5	1		1						3		5		0		
甘肃	4	6		1	2		12	15			1		2				12		15		0		
宁夏	3	5	1	4				5	1		4								5		0		
合计	152	236	6	38	55	63	170	331	5		41	1	55	1	75	6	184	10	360	18	5		

注：CL 代表消毒；M 代表监控；Gsu 代表全面监测；Tsu 代表专项调查；Qi 代表移动控制。

2. 不同类型养殖场抽样监测情况　CEVD抽样监测的养殖场类型包括国家级、省级原良种场、苗种场、成鱼养殖场和观赏鱼养殖场。其中国家级、省级原良种场和苗种场的抽样监测总数依次为6、37、55个，占全部抽样监测场的百分率为29.7%；观赏鱼养殖场抽样监测63个，占全部抽样监测场的百分率为19.1%；成鱼场抽样监测169个，占全部抽样监测场的百分率为51.2%，见图1。

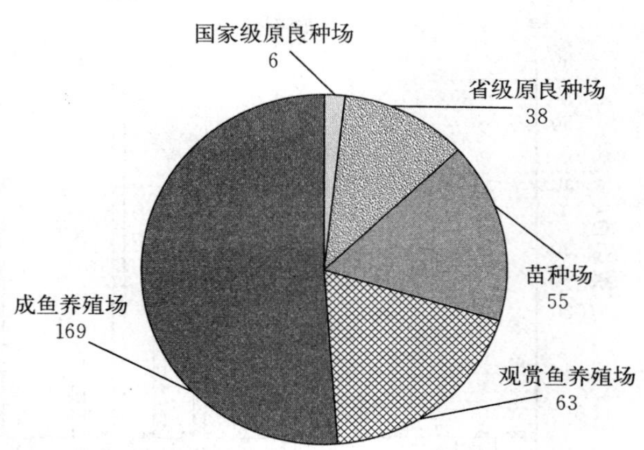

图1　各类型场抽样监测情况（个）

分析不同省份CEVD抽取样品的来源养殖场类型，宁夏、贵州、湖南、浙江、吉林、四川这6个省份抽样的国家级、省级原良种场和苗种场总数占全部抽样场总数量百分比均超过50%，分别为100%、100%、100%、90%、75%、53.3%；其余省份抽样的国家级、省级原良种场和苗种场总数占全部抽样场总数量百分比不足50%。抽样要求重点覆盖辖区内国家级、省级原良种场、重点苗种场和引育种中心以及往年阳性场，各地区应在2021年将抽样重点放在鲤、锦鲤的国家级、省级原良种场和苗种场。

3. 养殖场抽样份数、每份样品抽样尾数　绝大部分省份每个场抽样1～2份，能够满足疫病监测的技术需求。按照国家水生动物疫病监测计划要求，每份样品应达到150尾鱼，这是为了使检测可信度达到95%以上所需要的数量。绝大多数样品能按照每份样品150尾活鱼的规定要求完成抽样送检，但个别样品送样数量低于150尾，未按照国家水生动物疫病监测计划要求执行（1200002020CEV0021，采样60尾，检测结果为阴性；采样编号3100002020CEV0004，采样10尾，检测结果为阴性）。

4. 不同养殖模式的抽样监测情况　各养殖模式下抽样监测情况为：淡水池塘346份，淡水工厂化13份，其他1份。主要以池塘养殖模式为主，占总抽样数量的96.1%，池塘养殖也是我国鲤、锦鲤养殖的主要模式。

5. 抽样监测品种　2020年共抽取样品360份，采样品种包括鲤、锦鲤、金鱼、草鱼共4种。其中鲤256份、锦鲤98份，分别占总抽样数量71.1%和27.2%，两者合计占总抽样数量的98.3%。此外，还抽样金鱼5份、草鱼1份。鲤、锦鲤是目前CEV已知的感染对象，因此抽样应以鲤、锦鲤为主。各地也可少量抽取其他品种，以进一步研究其他品种感染CEV情况，但其他品种抽样数量不宜过多。

6. 抽样水温　2020年，抽样温度范围为4～31℃（图2）。根据养殖生产发病情况调查，20～27℃是CEVD发病较为集中的水温范围，在此温度范围抽样检出率会比较高。由图3可知，抽样水温20℃以下样品55份，占比15.3%；抽样温度20～27℃样品251份，占比69.7%；抽样温度27℃以上样品54份，占比15.0%。多数样品符合抽样监测的需求，应在今后抽样中注意水温要求，尽量集中在20～27℃抽样。

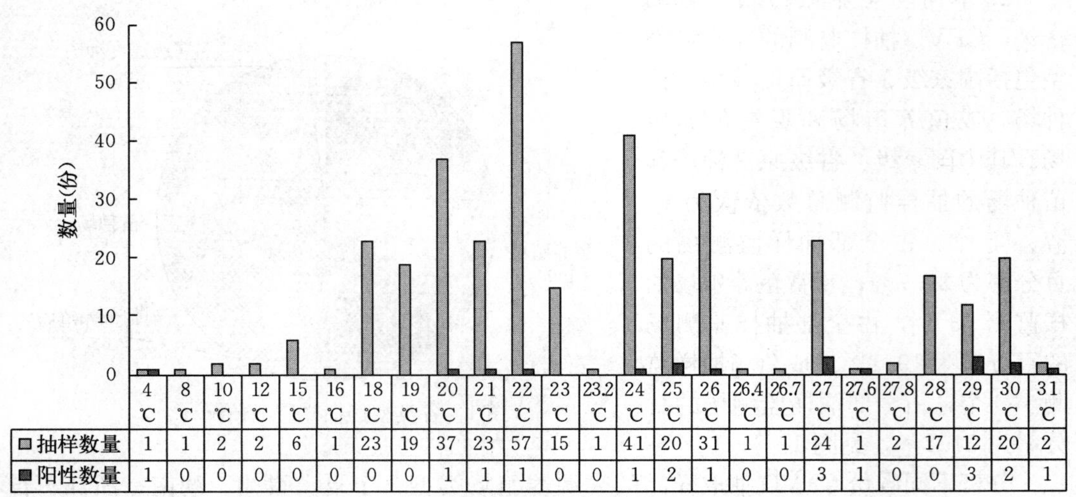

	4℃	8℃	10℃	12℃	15℃	16℃	18℃	19℃	20℃	21℃	22℃	23℃	23.2℃	24℃	25℃	26℃	26.4℃	26.7℃	27℃	27.6℃	27.8℃	28℃	29℃	30℃	31℃
抽样数量	1	1	2	2	6	1	23	19	37	23	57	15	1	41	20	31	1	1	24	1	2	17	12	20	2
阳性数量	1	0	0	0	0	0	0	0	1	1	1	0	0	1	2	1	0	0	3	1	0	0	3	2	1

图 2　不同水温抽样数与阳性数

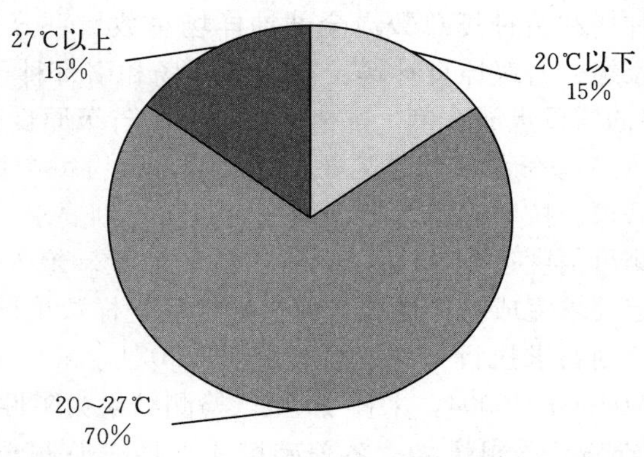

图 3　2020 年 CEVD 监测样品的采样水温分布

（三）检测单位和检测方法

1. 检测单位　2020 年，共 12 家单位承担 CEV 的检测工作，各单位检测样品数量及检出阳性情况见图 4。

4 家科研院所共承担 161 份样品检测工作，占抽样监测总数量的 44.7%。其中，中国水产科学研究院黑龙江水产研究所检出 1 个阳性，中国水产科学研究院长江水产研究所检出 1 个阳性，另 2 家单位（浙江省淡水水产研究所、中国水产科学研究院珠江水产研究所）未检出阳性。

4 家出入境检疫系统实验室承担 70 份样品检测工作，占抽样监测总数量的 19.4%。其中，长沙海关技术中心检出 1 个阳性，另 3 家单位（大连海关技术中心、连云港海关综合技术中心、深圳海关动植物检验检疫技术中心）未检出阳性。

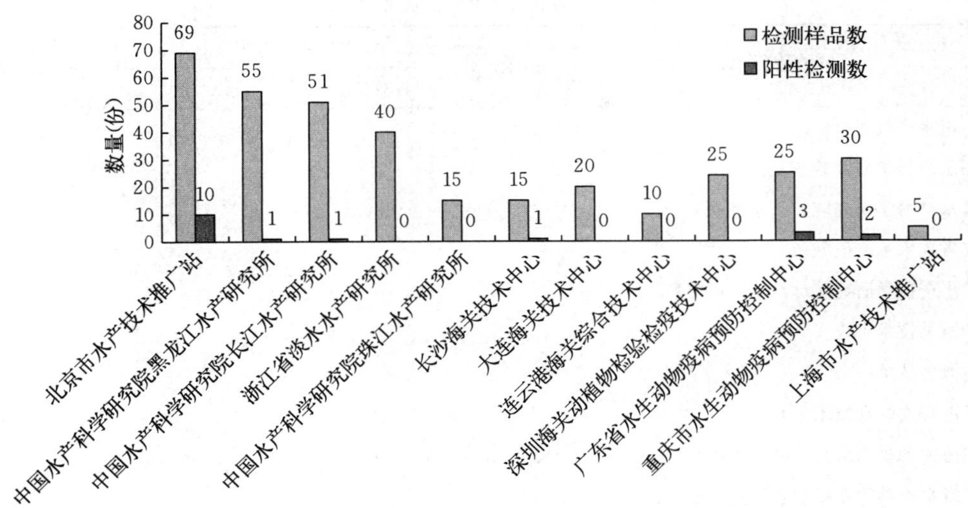

图4　各检测单位的CEV检测数和阳性检出情况

4家疫病预防控制系统实验室承担129份样品检测工作，占抽样监测总数量的35.8%。其中，北京市水产技术推广站检出10个阳性，广东省水生动物疫病预防控制中心检出3个阳性，重庆市水生动物疫病预防控制中心检出2个阳性，上海市水产技术推广站未检出阳性。

自2019年监测经费不能直接下达到公益一类事业单位（水产技术推广系统多数实验室均为公益一类），因此多数省份的水产技术推广系统实验室不能承担检测任务，这不利于该系统实验室的建设发展，将对各地水产苗种产地检疫等各项工作造成不必要的影响。

2. 检测方法　2020年CEVD监测计划中规定检测方法参照《鲤浮肿病诊断规程》（农渔技疫函〔2020〕81号）。前期研究结果表明：该标准中推荐的qPCR方法阳性检出效果优于Nested PCR，仅采用Nested PCR有漏检情况，有条件的实验室应首选qPCR；没有荧光PCR仪的实验室应同时采用两种Nested PCR方法检测，并应考虑到有漏检风险。

承担2020年CEV检测任务的12家实验室均采用《鲤浮肿病诊断规程SC/T 7229—2019》中的qPCR和/或Nested PCR进行检测（图4、表3）。其中，采用qPCR检测的单位有9家。考虑到目前部分检测实验室不具备荧光PCR设备，也可使用Nested PCR检测，但仅使用Nested PCR检测CEV存在漏检风险，应予以关注。重庆市水生动物疫病预防控制中心采用了2种Nested PCR方法检测可行，漏检风险相对较小；中国水产科学研究院长江水产研究所、上海推广站仅采用1种Nested PCR方法检测，这2家实验室的检测结果漏检风险较高，不符合《国家水生动物疫病监测计划技术规范（第一版）（鱼类）》要求，其2020年监测得到的阳性率结果可能会低于实际情况。

表 3　各实验室 CEV 检测情况汇总

检测单位	qPCR	Nested PCR		是否检出阳性
		528/478	548/180	
北京市水产技术推广站	√			√
中国水产科学研究院黑龙江水产研究所	√	√		√
中国水产科学研究院长江水产研究所		√		√
浙江省淡水水产研究所	√	√		
中国水产科学研究院珠江水产研究所	√	√		
长沙海关技术中心	√			√
大连海关技术中心	√			
连云港海关综合技术中心	√	√	√	
深圳海关动植物检验检疫技术中心	√	√	√	
广东省水生动物疫病预防控制中心	√			√
重庆市水生动物疫病预防控制中心		√	√	√
上海市水产技术推广站			√	

3. 检测结果判定　2020 年抽样的 360 份样品中：359 份样品无 CEVD 临床症状（或未记录采集样品是否有临床症状），另 1 份样品有症状描述（该样品来自广东省，症状描述为濒死、浮塘，并非 CEVD 临床症状，但经检测为 CEV 阳性）。按《鲤浮肿病诊断规程》（SC 7229—2019）规定：养殖的鲤或锦鲤出现临床症状，qPCR、Nested PCR、LAMP 检测中任意一种方法检测结果阳性，判定为 CEVD 阳性。养殖的鲤或锦鲤无临床症状，qPCR、Nested PCR、LAMP 检测中任意一种方法检测结果阳性，判定为 CEV 核酸阳性。因此 2020 年通过 qPCR 和/或 Nested PCR 检出的全部 18 份阳性样品，依据标准应全部判定为 CEV 核酸阳性。为便于表述，下文中将这 18 份检测结果阳性样品均简称为 CEV 阳性。

二、监测结果和分析

（一）CEV 阳性检出情况

2020 年，在全国 331 个养殖场抽样 360 份，检出阳性样品 18 份，来源于 18 个养殖场，养殖场阳性率 5.5%。

2019 年，在全国 312 个养殖场抽样 344 份，检出阳性样品 35 份，来源于 35 个养殖场，养殖场阳性率 11.2%。

2018 年，在全国 659 个养殖场抽样 902 份，检出阳性的样品 116 份，阳性样品来源于 106 个养殖场，养殖场阳性率 16.1%。

2017 年，CEVD 尚未列入监测计划。全年共监测 764 个养殖场，检出阳性养殖场 122 个，养殖场阳性率 16.0%。其中出现临床症状并采样检测的养殖场，即被动监测养殖场290个，阳性52个，阳性率17.9%；没有临床症状采样检测的养殖场，即主动监测养殖场474个，阳性70个，阳性率14.8%。

对比2017—2020年监测结果（图5），CEV阳性率在4年内持续下降。但我国养殖鲤、锦鲤主要产地的局部地区仍有CEVD疫情发生，我国鲤和锦鲤CEVD防控形势依然不可松懈。如河北省水产技术推广总站对2020年河北省CEVD调查情况显示，河北省共抽样72例，检出CEV阳性12例，阳性率达16.7%，远高于河北省上报到监测系统中数据（检测样品25个，CEV阳性样品1个，阳性率4.0%）。调查报告中对该省14家CEVD发病（或疑似）养殖场调查结果显示，唐山13家中12家实验室检测CEV阳性；石家庄1家养殖场实验室检测CEV阳性。可见，我国局部地区鲤和锦鲤CEVD防控形势依然严峻。

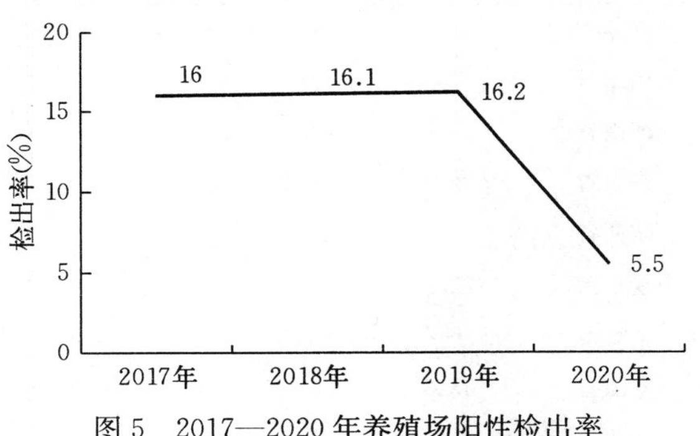

图5 2017—2020年养殖场阳性检出率

（二）CEV阳性地区分布

2020年，在22个参与CEV监测的省份中有北京、天津、河北、内蒙古、河南、湖南、广东、四川等8省份检出了CEV阳性；2019年，在21个参与CEV监测的省份中有北京、河北、辽宁、河南、安徽、四川等6省份检出了CEV阳性；2018年，在23个参与CEV监测的省份中有14个省份检出了CEV阳性；2017年，在23省份中有15个省份检出了CEV阳性。

综合近4年的CEV阳性地区分布情况（表4），有些省份在某些年份未检出CEV阳性。如辽宁省2017—2019连续3年检出CEV，但2020年未检出，这应该不是该省份CEV已经消失，而极可能是由于抽样、运输或检测环节的原因而导致未检出CEV阳性。在没有采取CEVD有效防控措施前，各地CEVD不可能全部消失。这提示我国部分地区CEVD抽样环节或检测环节可能出现了问题。

表4 2017—2020年各地阳性养殖场检出率（%）

省份	2017	2018	2019	2020	省份	2017	2018	2019	2020
北京市	72.7	19.4	26.3	20.0	广西自治区	0.0	0.0	—	—
天津市	39.5	13.3	0.0	17.4	重庆市	0.0	0.0	0.0	0.0
河北省	5.9	3.7	63.2	4.0	四川省	0.0	0.0	7.1	13.3
内蒙古自治区	100.0	24.1	0.0	11.1	甘肃省	0.0	0.0	0.0	0.0
辽宁省	34.8	66.0	32.0	0.0	新疆自治区	50.0	0.0	—	—
黑龙江省	47.8	40.0	0.0	0.0	吉林省	9.1	—	0.0	0.0

（续）

省份	2017	2018	2019	2020	省份	2017	2018	2019	2020
江苏省	0.0	4.9	0.0	0.0	山西省	20.0	—	—	—
山东省	0.0	28.0	0.0	—	湖北省	0.0	—	—	0.0
河南省	22.4	25.9	32.0	4.0	云南省	100.0	—	—	—
广东省	22.1	33.3	0.0	27.3	湖南省	—	5.7	0.0	6.7
陕西省	40.0	13.3	0.0	0.0	浙江省	—	0.0	0.0	0.0
宁夏自治区	22.2	20.0	0.0	0.0	新疆兵团	—	0.0	—	—
上海市	—	20.0	0.0	0.0	贵州省	—	—	—	0.0
安徽省	33.3	0.0	5.6	0.0	合计	16.0	16.1	11.2	5.5
江西省	0.0	0.0	0.0	0.0					

可以判断：现阶段 CEV 是一种分布范围较广的水生动物病毒，我国鲤和锦鲤主要产地均有 CEV 分布，且原良种场、苗种场有检出，病毒扩散风险较高。

（三）不同类型养殖场的 CEV 检出情况

2020 年，在抽样的省级原良种场、苗种场、观赏鱼养殖场和成鱼养殖场等 4 种类型的养殖场中均有 CEV 阳性检出（图 6）。其中，38 个省级原良种场中有 1 个阳性，阳性率 2.7%；55 个苗种场有 1 个阳性，阳性率 1.8%；63 个观赏鱼养殖场有 6 个阳性，阳性率 9.5%；169 个鲤成鱼养殖场有 10 个阳性，阳性率 5.9%。采用 SPSS 对不同养殖场类型的 CEV 阳性检出率进行卡方分析，养殖场类型对 CEV 阳性检出率无显著差异（$P>0.05$）。

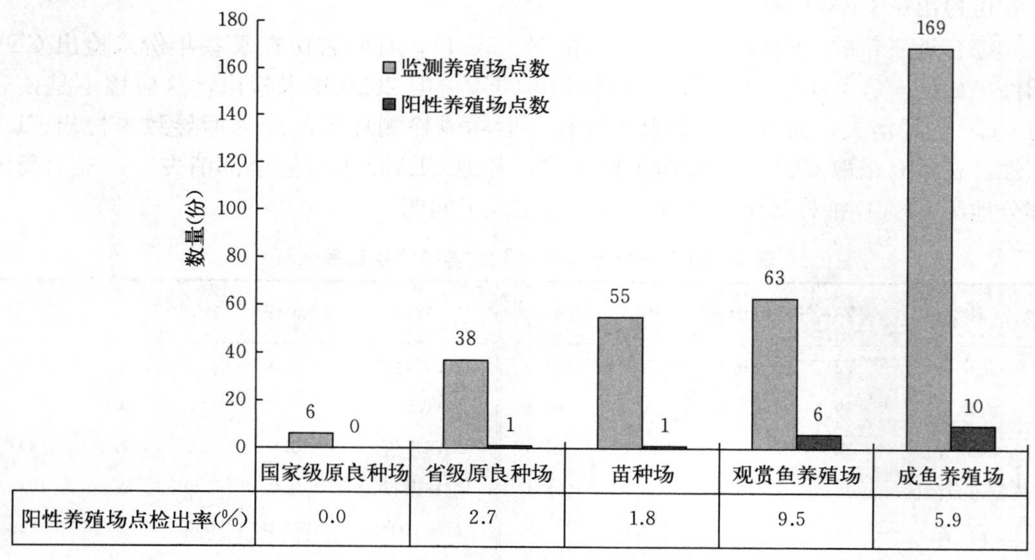

图 6　不同类型养殖场的 CEV 抽样数和阳性检出情况

2021 年开展 CEVD 监测应尽量将辖区内国家级原良种场、省级原良种场、重点苗种场、引育种中心全覆盖。各地严格落实水产苗种产地检疫工作，禁止带毒苗种向外运输、销售，防止病毒扩散；同时加强对阳性场的管理和连续几年的复核，及时总结阳性场转阴的经验并加以推广。

（四）不同品种 CEV 检出情况

2020 年，监测的 360 份样品中，鲤样品 256 份，阳性样品 9 份，阳性率 3.5%；锦鲤样品 98 份，阳性样品 9 份，阳性率 9.2%。在其他品种上均未检出阳性，其他品种是否为 CEV 宿主尚需要更多相关数据积累和验证。

对不同品种的 CEV 检出率进行方差分析，结果锦鲤样品的 CEV 检出率显著高于鲤样品的检出率（$P<0.05$），可能锦鲤比鲤更易感染 CEV，尚须进一步实验验证，也可能与锦鲤的贸易和交流更加频繁有关。

（五）不同养殖模式的 CEV 检出情况

2020 年，将 CEV 监测样品按照来源场的养殖模式分类，共监测淡水池塘样品 345 份，阳性样品 15 份，阳性率 4.3%；淡水工厂化样品 13 份，阳性样品 3 份，阳性率 23.1%。

（六）不同抽样温度的 CEV 检出情况

2020 年 CEV 监测的抽样温度范围为 4～31 ℃。在抽样温度 4 ℃、20～22 ℃、24～26 ℃、27～27.6 ℃、29～31 ℃均有 CEV 阳性检出（图 2）。综合近 4 年 CEV 监测结果，CEV 在 4～33 ℃均可检出，可见 CEV 的存活温度范围较广。生产中，20～27 ℃是发病的主要温度范围。

三、CEVD 风险分析及管理建议

（一）对产业影响情况

鲤是全球养殖最广泛的鱼类，也是水产养殖中最具经济价值的品种之一。我国是鲤养殖大国，我国鲤养殖产量约 300 万 t。锦鲤是鲤的变种，在我国同样具有重要的市场价值。目前我国鲤和锦鲤主要存在三种危害较严重的病毒病，包括鲤春病毒血症（SVC）、锦鲤疱疹病毒病（KHVD）和鲤浮肿病（CEVD）。2019 年，我国 SVCV、KHV、CEV 平均阳性养殖场点检出率分别为 9.3%、1.27%、11.2%，CEVD 是对我国鲤和锦鲤危害最严重的病毒病。

我国在 2016 年首次报道确认发生 CEVD，2017 年即已在 15 个省份检出 CEV；2018 年在 14 个省份检出了 CEV 阳性，全国范围内的 CEV 阳性场检出率 16.1%；2019 年在 6 个省均检出 CEV 阳性，全国范围内的 CEV 阳性场检出率 11.2%；2020 年在北京、天津、河北、内蒙古、河南、湖南、四川、广东等 8 个省份均检出 CEVD 阳性样品，全国范围内的CEV阳性场检出率5.5%，我国CEV感染范围较广。此外，在连续4年监测中北京市、河南省、河北省均为CEV阳性地区，是CEV重点防控区域。

2020年，我国部分地区鲤和锦鲤养殖区域CEVD发生较严重，部分调查结果如下：

2020年7月下旬，内蒙古自治区鄂尔多斯市准格尔旗十二连城乡巨合滩村养殖池塘暴发了鲤浮肿病，巨合滩村17户的19个池塘（共12 hm^2 以上）养殖鲤发生大规模死亡，死亡率高达80%，同一片区的其他养殖户池塘（40 hm^2 以上）也在同一时间段出现了不同程度的病症。同年5月下旬至9月下旬，河北省全省CEV呈扩散趋势，发病则主要集中在唐山地区。发病率有9家达到100%，发病区域内平均死亡率20%，直接经济损失约183万元。2020年天津市宁河、蓟州区等地同样发生了较往年严重的CEVD，发病面积30%～40%，死亡率达60%～70%。在河南省，CEVD发病时间持续较长，5月上旬持续到10月中旬，发病率在15%左右，死亡率在30%，发病率略有下降，死亡率和往年基本持平。在北京市，顺义、平谷区个别锦鲤渔场也先后发生CEVD，发病面积约6.67 hm^2，死亡率达50%～90%。CEVD自2016年在我国首次报道以来，已给我国鲤和锦鲤养殖业造成严重经济损失，CEVD防控形势严峻。

（二）主要风险点识别

1. *带毒苗种流通*　2020年观赏鱼养殖场监测点阳性率9.5%。锦鲤是我国重要的有价值的观赏鱼品种，各地为保种、繁育，跨省交易现象较普遍。锦鲤感染CEV后将成为病毒传播的载体，存在很高传播风险。2020年省级原良种场监测点阳性率2.7%；苗种场监测点阳性率1.8%。带毒苗种流通是CEV传播的主要风险点之一。

2. *养殖水源*　目前一些地区用自然河水做水源养殖鲤。未经处理的含CEV的尾水排放到外界环境，病原进入水体，易造成下游养殖鱼感染。

（三）风险管理建议

1. *预防措施*　由于病毒病没有有效治疗药物，预防工作非常重要。主要预防措施如下：

（1）购买检疫合格苗种，或从国家、省级水生动物疫病监测阴性苗种场购买苗种，避免引入带病原苗种。

（2）控制养殖密度不宜过高，尽量与一定比例花白鲢混养。

（3）投喂高质量饲料并加强管理，避免残饵导致水质突变；投喂含免疫增强剂（黄芪多糖粉、三黄散等）饲料15 d后，再投喂正常饲料1个月，依次轮换。

（4）投饵区安装增氧设施，防止局部缺氧；晴天中午开动增氧机1～2 h，阴雨天以及清晨水体氧气不足时开动增氧机；定期监测水质，避免溶氧缺乏、水质突变。

（5）一般每15 d一次定期对水体消毒。使用消毒剂时，注意避免水质突变，老水酌情减少消毒剂用量。

（6）关注天气，在天气突变前停食、增氧；投放抗应激药品稳定水质，避免水质突变。

(7) 不要盲目定期投喂抗菌药物、杀虫药物预防疾病；使用改底等药物应均匀泼洒；减少倒池等操作，尽量避免采取对养殖鱼产生应激的管理措施，避免鱼体受伤。

(8) 养殖前拉动底泥，彻底清塘；养殖工具专池专用；尾水消毒后排放。

2. 控制措施　一旦发现疑似CEVD，应立即向当地水生动物疫病预防控制机构（或水产技术推广机构）报告，并送典型发病样品到有资质实验室诊断，同时紧急采取以下控制措施：

(1) 立即对养殖场相关鱼池采取隔离措施，限制养殖场病鱼的移动和运输，及时捞出病死鱼进行无害化处理。

(2) 工具专池专用，避免交叉污染；养殖尾水排放前需经消毒处理。

(3) 停止投喂饵料、停止用药、停止换水，打开增氧设备，保持水体中氧气含量在5毫克/升以上。

(4) 发病4～5 d后，适当泼洒中药（三黄散、大黄末等）；发病的同池鱼，如同时患有其他细菌性疾病或寄生虫性疾病，至少待CEVD发病10 d以后，再开始治疗这些细菌性、寄生虫性疾病。

四、监测工作相关建议

(一) 继续加强抽样环节规范性，并组织异地交叉抽检

2020年，养殖场阳性率为5.5%，这种较往年明显偏低情况是不正常的。除检测能力等方面的原因需要进一步分析外，采样时机也可能存在问题。根据实验室的人工感染数据：鱼感染CEV后一周后开始发病，再过2周体内的病毒量就下降到无法检出。因此，提示只有在发病前或发病期间采样才能检测到病毒。如果采样季节过迟，可能已经错过最佳采样时机，这一点需要特别提醒各采样单位注意。

在2021年将抽样重点向鲤或锦鲤的国家级、省级原良种场和苗种场进一步集中，实现辖区内国家级和省级原良种场、重点苗种场、引育种中心监测全覆盖。

对CEVD流行的高发地区，尤其是历年监测阳性率变动较大地区（如河南、河北、辽宁、广东、天津等省份），建议组织承担检测任务的异地实验室到现场抽样、制备样品，并带回实验室检测。同时开展流行病学调查，以全面了解CEVD流行情况，并实地推广防控经验。

(二) 进一步规范检测工作

根据农业农村部全国水产技术推广总站要求，承担检测任务的实验室应通过CEV能力验证。2020年承担CEV检测工作单位共12家，7家单位参与并通过上一年度CEV能力验证，1家单位参与但未通过，另外3家单位未参与2019年CEV能力验证，北京市水产技术推广站为CEV能力验证承担单位。建议2021年检测单位的选择应注意该单位是否通过上一年度能力验证，以确保检测结果真实性。

检测每份样品（150尾鱼）时，至少分为10份小样并分别检测。

开展 CEV 检测工作建议优先采用 8.3 qPCR 方法。对于承担检测任务但缺少荧光 PCR 仪的实验室，需采用 8.4.1 和 8.4.2 两种套式 PCR 同时检测。不建议仅采取一种套式 PCR 方法检测，这样漏检风险太大。

在挑选承担检测任务的实验室时，除了现有组织开展的实验室能力测试考核活动外，建议增加对实验室检测能力现场审查的环节，组织专家不定期飞行检查，检查内容：接样、样品处理、采用标准、检测过程以及结果报告等。

（三）加强对阳性场防控指导

CEVD 为我国养殖鱼类新发疫病，下一步着力加强开展对阳性养殖场的科学指导，包括养鱼池和工具的消毒、苗种引种要求、水质管理、尾水处理、投喂管理、预防用药以及发病后应急措施等，以切实服务养殖户。

2020年传染性胰脏坏死病状况分析

北京市水产技术推广站

（徐立蒲　江育林　张　文）

一、前言

传染性胰脏坏死病（Infectious Pancreatic Necrosis，IPN）是虹鳟（包括金鳟）稚鱼的急性传染病。1957年Wolf第一次报道分离到IPN病毒。随后该病原遍及欧洲、亚洲、北美洲。这也是人类第一个分离到的鱼类病毒。

1. *病原*　IPN病原（IPNV）属于双链RNA病毒科水生双链RNA病毒属。该属中的分离株已分为9种有交叉反应的血清型。后来又根据VP2序列的相似性定义了六个基因组，它们之间的对应关系见表1。IPNV是无囊膜的二十面体颗粒，直径60～65 nm。IPNV对环境因素的抵抗力极强，是已知鱼类病毒中最稳定的，其感染力在水中可保持230 d以上，在泥浆中可保持210 d，在完全干燥时也长达4周；但用200 mg/L的有机碘、2%的福尔马林、2%的烧碱处理和紫外线照射可以使该病毒灭活。

表1　IPNV的血清型和对应的基因型

血清型	A1（WB）	A2（Sp）	A3（Ab）	A4（He）	A5（Te）	A6（C1）	A7（C2）	A8（C3）	A9（VR299）
基因型	基因型1型	基因型5型	基因型3型	基因型6型	基因型4型	基因型4型	基因型2型	基因型2型	基因型1型

不同IPN病毒株对鳟的毒力相差很大。国际上公认的强毒株就是欧洲的Sp株（即A2血清型或基因5型）和美洲的VR299株（即A9血清型或基因1型）。

2. *宿主*　IPN感染宿主范围很广，包括圆口动物、贝类、甲壳类和蛇等至少25种宿主以上，但主要引起人工养殖的虹鳟鱼苗生病和死亡，其他种感染后无临床症状，只是IPN病毒的携带者与传播者。

3. *症状*　发病鱼体色发黑、眼突出、腹部膨大、皮肤和鳍条出血、肠内无食物而且充满了黄色黏液，胃幽门部出血。组织病理变化：胰腺组织坏死，细胞坏死，黏膜上皮坏死，肠系膜、胰腺泡坏死，脂肪病变。大多数急性感染的鱼都出现上述病症，被感染了的成年鱼则没有病理解剖学上的变化。

4. *流行病学*　该病只在人工养殖条件下流行，多在3个月以内的虹鳟鱼苗中流行并引起很高的死亡率。发病率和死亡率与病毒的毒力、水温和鱼龄有关，在条件恶劣时损失可达100%。疾病流行过后，症状消失了的鱼仍处于带毒状况，会传播病毒。20周龄内虹鳟易感。鲑鳟抗IPNV感染的能力随年龄而增长，死亡率将逐渐降低，5～6个月以上的鱼不再发病，这些鱼经过一次无症状的感染并产生抗体，而带毒状况能同抗体同时存在并持续多年。水温对IPN的发病及死亡率影响大。水温10～14℃为发病高峰，8℃以下或16℃以上几乎不发病。

5. 分布　1987年，江育林等用细胞分离、免疫学等方法报道山西虹鳟感染IPN，并进一步确认是强毒株Sp。同期，牛鲁祺等用细胞、电镜等方法也报道东北虹鳟发生IPN。随后国内先后有山东、甘肃、北京、云南、青海等地发生IPN。

6. 诊断检测　目前IPNV诊断检测主要有细胞分离病毒、分子生物学方法以及免疫学方法。各方法见表2。现有国家标准：《鱼类检疫方法 第1部分：传染性胰脏坏死病毒（IPNV）》（GB 15805.1）。即用CHSE、PG、RTG-2细胞分离病毒，病鱼组织接种细胞在15℃时3～4 d即出现明显的CPE（细胞破碎、崩解）；再用中和试验或ELISA方法进一步鉴定。但很多实验室检测IPN使用PCR方法，对现有的多种PCR检测方法，我们经过试验验证，有检测漏检情况，或者说很难判断是否覆盖了IPNV的所有型，所以选择方法要慎重，以避免漏检。经过我们前期试验筛选，推荐在IPN监测中使用CHSE培养，连传2代，有CPE的，再RT-PCR或荧光RT-PCR或依照国标的免疫学鉴定。目前，黑龙江所制定的RT-PCR方法（刘淼，等，2017）和北京市水产技术推广站制定的荧光RT-PCR方法较为可靠，至少可以把国内的IPN这两个流行株（基因1和5型）都检测出来，但不能确认IPNV的血清型。

表2　IPNV检测方法

分类	方法	靶点	特点
病毒分离	细胞培养	—	经典方法，需要分子生物学或免疫学技术确诊
分子生物学	RT-PCR	*VP*2	快速，简便，可分析序列
		*VP*3和*VP*5	
	荧光RT-PCR	*VP*2	快速，灵敏，序列分析困难
	LAMP	*VP*2	适合现场检测
免疫学	对流免疫电泳	—	针对大量血清样本，灵敏度低，需进行细胞培养，时间长
	中和试验	—	灵敏特异，操作烦琐
	ELISA	—	灵敏特异，需相应抗体
	免疫印迹	—	灵敏特异，需相应抗体
	免疫荧光	—	灵敏特异，需相应荧光抗体，设备要求高

7. 控制

化学方法：没有有效药物，越用药死亡越严重。

免疫方法：国内没有可用于生产的抗IPNV商业疫苗。

抗病育种：三倍体有应用前景，但不能抗 IPNV。

受精卵的消毒：采用聚维酮碘消毒受精卵。

管理措施：养殖场应当利用独立的不带病毒的水产卵和孵化鱼苗；降低养殖密度、投喂破壁大黄等中药有一定效果。

二、监测实施情况

在我国，20 世纪 80～90 年代就发现养殖虹鳟因 IPN 大量损失情况。进入 2000 年后，养殖和研究者更关注传染性造血器官坏死病（也就是 IHN）。IPN 报道减少，一段较长时间以来似乎销声匿迹。这与 OIE 把 IPN 从疫病名录中取消有关。从名录中取消的原因是由于 IPN 传播范围较广、几乎找不到无 IPN 病毒的地区，因此 OIE 根据病原列入名录的标准将 IPN 从名录中删除。2019 年末至 2020 年初，甘肃、北京局地突发 IPN 疫情，河北出现疑似 IPN 疫情。农业农村部渔业渔政管理局和全国水产技术推广总站高度关注此次 IPN 疫情，在 2020 年水生动物疫病监测任务中增加了 IPN 的监测。现将监测实施情况汇总如下：

1. 监测完成情况　2020 年，农业农村部下达的国家水生动物疫病（IPN）监测任务共 25 份，其中北京 5 份，河北 20 份，实际完成数量 26 份。此外检测机构还对甘肃、青海、吉林、黑龙江四省的水生动物疫控机构以及养殖企业送检的样品进行了 IPN 检测，共 124 份（表 3）。

表 3　2020 年各省 IPN 监测完成概况

项　目	国家疫病监测计划		国家计划外监测				
	北京	河北	甘肃	青海	吉林	黑龙江	合计
监测任务数量（份）	5	20	/	/	/	/	25
完成抽样数量（份）	6	20	25	89	5	5	150
检出阳性样品数量（份）	1	0	5	9	0	0	15
监测养殖场数量（份）	4	20	6	24	4	2	60
阳性养殖场数量（份）	1	0	3	8	0	0	12
监测场阳性率（%）	25	0	50	33.3	0	0	20

2. 监测省份　2020 年对北京、河北、甘肃、青海、吉林、黑龙江 6 省份 29 县（区）41 乡（镇）60 场进行 IPN 抽样监测，检测样品数量共 150 份（表 3、表 4）。除上述监测覆盖省份外，我国虹鳟主产区还有云南、辽宁、新疆等地未在 2020 年进行 IPN 抽样监测。云南、辽宁等省份之前均有 IPN 检出报道。未来开展 IPN 监测应将这些虹鳟主产区尤其是发生过 IPN 疫情的省份列入，可结合 IHN 监测工作同时开展 IPN 监测。

3. 各类型养殖场抽样情况　由表 4，抽样监测的引育种中心、省级以上原良种场和苗种场总数为 15 个，占全部抽样养殖场的百分率为 25%。由于引育种中心、原良种场或苗种场的病毒传播风险远远高于成鱼养殖场，因此各地应坚持重点对引育种中心、原良种场或苗种场抽样监测。各省抽样的各类型场情况如下：

表 4　2020 年传染性胰坏死病（IPN）监测情况汇总

省份	监测养殖场点（个）								病原学检测														
									国家级原良种场（批次）		省级原良种场（批次）		苗种场（批次）		引育种中心（批次）		成鱼/虾养殖场（批次）		抽样总数（批次）	检测结果			
	区（县）数	乡（镇）数	国家级原良种场	省级原良种场	苗种场	引育种中心	成鱼/虾养殖场	监测养殖场点合计	抽样数量	阳性样品数	抽样数量	阳性样品数	抽样数量	阳性样品数	抽样数量	阳性样品数	抽样数量	阳性样品数		阳性样品总数（批次）	样品阳性率（%）	阳性品种	阳性样品处理措施
北京	1	3			2		2	4					3	1			3	0	6	1	16.7	虹鳟	CL、M
河北	8	11		1			19	20			1	0					19	0	20	0	0	—	
吉林	4	4	1	3				4	1	0	4	0							5	0	0	—	
黑龙江	1	1			1	1		2					2	0	3	0			5	0	0	—	
甘肃	5	5	1		2		3	6	14	0			5	2			6	3	25	5	20	虹鳟	CL、M
青海	10	17			3		21	24					10	0			79	9	89	9	10.1	虹鳟	CL、M、Tsu
合计	29	41	2	4	8	1	45	60	15	0	5	0	20	3	3	0	107	12	150	15	10		

注：CL 代表消毒；M 代表监控；Gsu 代表全面监测；Tsu 代表专项调查；Qi 代表移动控制。

北京抽样场 4 个，其中苗种场 2 个、成鱼场 2 个；河北抽样场 20 个，其中省级原良种场 1 个、成鱼养殖场 19 个；吉林省抽样场 4 个，其中国家级原良种场 1 个、省级原良种场 3 个；黑龙江省抽样场 2 个，其中引育种中心 1 个、苗种场 1 个；甘肃省抽样场 6 个，其中国家级原良种场 1 个、苗种场 2 个、成鱼场 3 个（其中 1 家养殖场有 3 个场址，分别为 2 个苗种场和 1 个成鱼场，共列为 3 个场）；青海省抽样场 24 个，其中苗种场 3 个、成鱼场 21 个。结合各省（直辖市）虹鳟养殖情况，抽样基本符合实际需求。

4. 抽样水温、品种、规格、尾数、样品状态

抽样水温：根据资料，IPN 发病主要在 8～16 ℃。各省绝大多数抽取的样品在此水温范围内。河北有 7 份样品采样水温在 17～20 ℃，黑龙江有 3 份样品在 18 ℃，水温较高时 IPN 检出率会有所降低。

抽样品种：2020 年共抽样 150 份，主要是虹鳟（包括金鳟）125 份，占总抽样数量的 83%；检出阳性 15 份，均为虹鳟。虹鳟是 IPNV 主要易感品种，也是我国重点的鲑鳟养殖品种。采集的其他品种共 25 份（表 5），主要来自青海，为青海省渔业环境监测站为调查阳性样品所在水域其他品种感染 IPNV 情况，结果未检出 IPNV，因此建议今后 IPN 的监测工作应仅限于虹鳟。

表 5　各省采集样品种类及份数（份）

类别	北京	河北	甘肃	青海	吉林	黑龙江	合计
虹鳟	6	20	25	66	3	5	125
大西洋鲑	—	—	—	2	—	—	2
白鲑	—	—	—	1	—	—	1
七彩鲑	—	—	—	—	2	—	2
鲤	—	—	—	2	—	—	2
草鱼	—	—	—	3	—	—	3
鲫	—	—	—	4	—	—	4
斑点叉尾鮰	—	—	—	1	—	—	1
拟硬刺高原鳅	—	—	—	1	—	—	1
花斑裸鲤	—	—	—	6	—	—	6
青苔	—	—	—	1	—	—	1
网箱水	—	—	—	1	—	—	1
鸟粪	—	—	—	1	—	—	1
合计	6	20	25	89	5	5	150
阳性品种及数量	虹鳟，1	—	虹鳟，5	虹鳟，9	—	—	虹鳟，15

抽样鱼规格：根据资料报道，IPN 主要危害 5 月龄以内的虹鳟鱼苗，该阶段鱼苗感染 IPNV 后死亡率较高；大规格成鱼感染了 IPNV 后不会生病和死亡，但可携带 IPNV 及散毒。监测要求采集小规格鱼苗，是为了更好照顾到各地采集和运输便利性的需要。实际采样中仍应尽量采集 5 月龄以内苗种，适当兼顾大规格成鱼，是为了监测这些鱼是否带毒，是否会成为传染源。

北京抽样的 6 份鱼、吉林抽取的 5 份样品规格均在 5 月龄以下。黑龙江、青海、甘肃、河北抽取的样品中近半或过半样品规格超过 5 月龄，但考虑抽样时当地虹鳟生长情况，送样也基本符合当地实际生产监测需求。

每份样品数量和送检样品状态：按照国家水生动物疫病监测计划的要求，每份样品数量应达到 150 尾鱼。

采集样品还要求活体运输至检测实验室。尽量避免送检组织。如果送样单位有样品前处理能力，可在现场采集样品并处理后 48 h 内（运输过程保持 0～10 ℃）运送至检测实验室，并及时接入细胞。但目前看，一是现阶段抽样送样单位不具备上述送样条件，很难达到在现场一次性处理 1 个样品 150 尾鱼的能力；二是实验室根本无法核查每份样品是否达到 150 尾鱼要求，也不能很好确认鱼组织在运输过程中是否由于温度上升而影响病毒检出。综上，因此还是要求送检活鱼，避免送检鱼组织。从 2020 年 IPN 监测实施情况看，由于新冠疫情影响，运输活鱼以及运输大规格鱼有较大困难。河北、青海都是送检鱼组织，这无法核实鱼尾数，抽样代表性不足，因此对这两个省份的阳性检测结果可认可，但对阴性结果难以确认真实准确性。送组织易造成监测结果失真，即易造成假阴性，这个状况需改变。

5. 养殖模式　我国鲑鳟养殖水绝大多数为淡水水源。青海、甘肃成鱼养殖以网箱养殖为主，苗种培育以工厂化养殖为主。北京、河北、吉林、黑龙江均以流水养殖为主。在2020年的监测中，工厂化、网箱、流水等三种模式下均有IPN阳性检出。需要特别关注的是，在青海和甘肃的网箱养殖模式的养殖场中检出多个IPN阳性，而网箱中带有IPN病毒容易往天然水域扩散造成更大的危害，所以应引起关注。

6. 检测单位　有4个实验室开展了IPNV的检测工作。

中国检验检疫科学研究院承担了国家计划任务的20份样品，样品来自河北，未检出阳性。北京市水产技术推广站承担了国家计划任务的6份样品，样品来自北京，检出1份阳性；此外，还在计划任务外，检测甘肃25份样品，检出5份阳性。中国水产科学研究院黑龙江水产研究所在国家计划任务外检测吉林、黑龙江共10份样品，未检出阳性。青海省先后多次取样，分别送往深圳海关、中国水产科学研究院黑龙江水产研究所、北京市水产技术推广站，3家实验室在89份样品中共检出9份阳性，3家实验室均采用敏感细胞分离病毒后再PCR鉴定的方法。

三、监测结果

1. IPNV检出情况　2020年在60个养殖场抽样150份样品，从12个场检出阳性样品15份（表3、表4）。1个引育种中心、2个国家级和4个省级原良种场均未检出阳性；8个苗种场有3个阳性；45个成鱼养殖场有9个阳性（图1）。由于病毒随苗种传播是IPNV大范围扩散的主要途径，而目前苗种场的IPNV阳性率较高，需要高度关注。IPNV非常稳定，进入养殖场后很难清除，故严格把关是目前防控上较为可行的措施，需尽快落实苗种产地检疫制度，防止病毒扩散，同时加强对苗种场的健康管理。

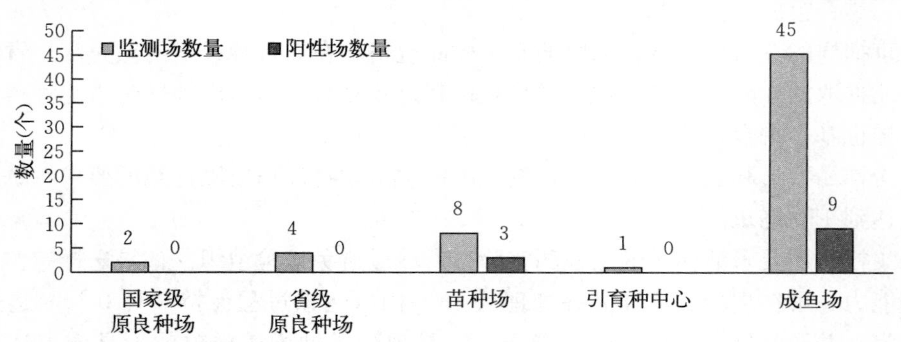

图1　2020年各类型养殖场的阳性检出情况

2. 主要分布区域　从2020年监测结果看，IPN在抽样监测的6个省份中有3个检出IPN，分别为北京、甘肃、青海。各省份阳性养殖场检出率为：北京25%，甘肃50%，青海33.3%。查阅历史文献，往年有IPNV阳性报道，而在2020年未开展IPNV监测的还有辽宁、吉林、黑龙江、山东、山西、云南等几个虹鳟主要产地，上述地区 IPNV 存在的风险较高，建议以后要增加这几个省份的 IPNV 监测。通过 2020 年对 6 个省份的监测，结合往年资料，可以认为现阶段 IPN 在我国分布较广，和 IHN 一样是限制我国虹鳟产业健康发展的主要疫病之一。

3. 我国部分地区 IPNV 主要流行基因型　为明确我国部分地区 IPNV 主要流行基因型，北京市水产技术推广站鱼病防控研究团队于 2020 年重点回顾性检测了 2017—2020 年实验室保藏的虹鳟组织样品，共 144 份，通过细胞分离以及 PCR 鉴定，共检出 IPNV 阳性样品 25 份，阳性样品来自北京、甘肃和辽宁（表 6）。阳性样品测序结果通过 NCBI 的 BLAST 检索系统进行同源性分析，从中选取与所测序列同源性较高的基因序列，使用 MEGA 4.0 软件的邻位相连法（Neighbor - joining）构建系统进化树，通过自举分析进行置信度检测，自举数集 1 000 次（图 2）。结果表明：在甘肃检出 IPNV 基因型 1 型和基因型 5 型；在辽宁检出基因型 1 型；在北京检出基因型 1 型和基因型 5 型（表 6）。

表 6　IPNV 阳性样品基因型

序号	年份	地区	基因型
1	2017	北京	1
2	2018	辽宁	1
3	2018	甘肃	1
4	2018	甘肃	1
5	2018	甘肃	1
6	2019	甘肃	5
7	2019	甘肃	5
8	2019	甘肃	5
9	2019	甘肃	5
10	2019	甘肃	5
11	2019	甘肃	5
12	2019	甘肃	5
13	2019	甘肃	1
14	2019	甘肃	5
15	2019	甘肃	5
16	2019	甘肃	5
17	2019	甘肃	5
18	2019	甘肃	5
19	2019	甘肃	1
20	2019	甘肃	5
21	2020	甘肃	5
22	2020	甘肃	5
23	2020	甘肃	5
24	2020	北京	5
25	2020	甘肃	1

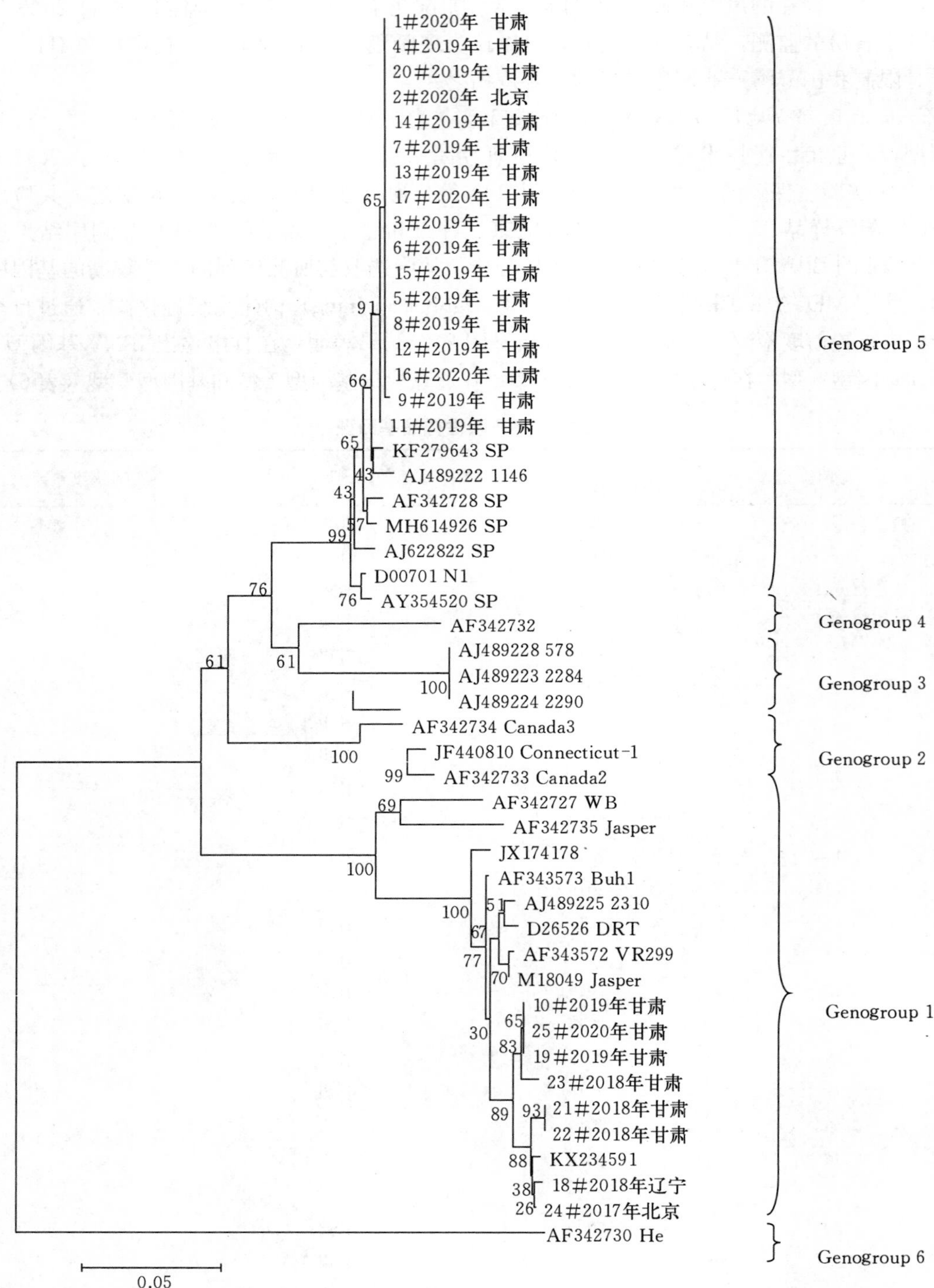

图 2 IPNV 的同源性分析

中国水产科学研究院黑龙江水产研究所也通过对7省份29场样品的回顾性检测和分析，明确我国现行IPNV基因型为1型和5型。

两家实验室结论都表明我国现行IPNV基因型为1型和5型。其中，可以明确的是，基因型5型（即Sp株）为强毒株。基因型1型包括强毒和弱毒株，现有实验室技术条件还难以具体区分出来。

四、IPN风险分析

1. *对产业影响情况*　2019年末到2020年初，我国部分地区局部发生IPN疫情。甘肃某养殖企业孵化车间内2个批次共200万尾虹鳟苗种因发生IPN死亡110万尾，死亡过半；北京某养殖企业孵化车间内1个批次100万尾虹鳟苗种因发生IPN死亡50万尾以上，死亡过半。两家直接经济损失在100万元以上。此外，河北涞源2家场，疑似因IPN死亡40万尾虹鳟苗种。

从后续2020年监测情况看，6省份参与监测，其中北京、甘肃、青海3省份检出IPNV阳性，在监测的60个场中，阳性场占20%。在检出IPNV的企业中，并未都发生疫情，有很大一部分是带毒存活，如青海检出的8家阳性场。分析原因，一是鱼龄较大已经产生了抗病力；二是检出的IPNV可能不是强毒株。但限于实验室条件，目前还不能确定检出阳性样品是否属于强毒株。

值得注意的是，参与监测有8家苗种场（北京2家、黑龙江1家、青海3家、甘肃2家），检出3家阳性场（北京1家、甘肃2家）中，在北京的1家苗种场和甘肃的1家苗种场发生因病死亡情况。也就是说IPN对苗种的影响还是非常大，需严格控制IPN传播到更大范围。

2. *风险分析*　考虑到以下3个原因：一是苗种场阳性率较高；二是青海、甘肃水库网箱中IPNV极难清除，极可能会向陆地上的苗种场扩散；三是IPN分布地域较广。未来我国虹鳟养殖业，尤其是苗种产业会受到较大影响，全国范围内虹鳟苗种发生IPN风险较高。目前应重点加强对现有阳性场以及苗种场的监控、管理，避免IPNV扩散。

3. *风险评估*　IPN病原明确，病毒在环境中较为稳定不易杀灭，对虹鳟苗种危害极大，已经对我国虹鳟类的养殖造成了很大的危害，是制约虹鳟养殖发展的重要因素之一。我国尚有较多养殖鲑鳟类的养殖场没有被感染，需要采取严格控制、扑灭等措施，防止扩散。因此，建议加强对该病的监测、防控力度。

4. *风险管理建议*

（1）在现有水生动物防控能力还不充足的情况下，将IPN防控重点放在苗种场和苗种的管控上，稳定虹鳟苗种供应。IPN病毒的特点之一是非常稳定，对环境的抵抗力极强，在水中能存活一年以上，且有非常广泛的宿主。因此，一旦发生IPNV后，要彻底消灭病毒，恢复无病状态几乎是不可能的。可以预料，只要监测到IPN，疫区状态就会长期存在。在现有防控能力还不是很充足的情况下，暂时不要在这方面投入过多。IPN病毒的特点之二是对五个月以上的虹鳟几乎没有威胁，所以在环境中存在IPNV的情况下，不必对污染了病毒的成鱼养殖场采取扑灭措施。在这些渔场中需要采取的措施是为了防止扩散到其他场，最后波及苗种场。IPN 病毒的特点之三是对三个月以内的虹鳟鱼苗有极强的杀伤力。有时候能达到 90%以上的死亡率，导致无法提供足够的苗种，严重影响虹鳟养殖业。

综上所述，现阶段应把注意力放在苗种场和苗种的管控上，目的是稳定苗种供应，稳定虹鳟养殖规模和水平。在此提出以下建议：及时更新水产苗种产地检疫名录，并将 IPN 列入监测计划；加强国家级原良种场、省级原良种场、引育种中心、重点苗种场等重点企业的监测，必须一年强制抽检 2 次；检测结果阳性的场，不得对外销售苗种，并需有相应的防控措施、并要接受主管部门定期检查；对于那些尚未被 IPN 病毒污染的苗种场，必须采取比 IHN 防控更为严格的消毒和阻止病毒进入的措施，因为 IPN 病毒很难杀死，最有效措施是阻止病毒进入而不是仅仅对场内消毒。当然场内消毒也是必不可少的，但效果有限。病毒进来后再设法消灭的效果非常差，代价也很大。

（2）对于已经被 IPN 病毒污染的苗种场的处理需要付出较大的代价。由于 IPN 病毒非常稳定，能在水里和黏附到各处存活很久，所以只有停止养殖一年以上（通常 2～3 年），并进行彻底消毒数次，直到重新放水后并试放虹鳟养段时间后检测确认是阴性，才能恢复苗种养殖。如果抱有侥幸心理，后果可能是付出更大的代价。值得注意的是，停止养殖是指消毒后放干水干燥一年以上，仅仅不养殖虹鳟是没有用的，因为 IPN 病毒的宿主范围非常广泛。

综上所述，对 IPN 病毒的防控，是需要根据每一个养殖场的实际情况制订一套具体、详细、可行的方案，并保证能够严格遵照执行。预防是一刻也不能放松的行为，而病毒污染则是发生一次就能导致损失的事件。所以，对养殖场里一切有关人员进行宣传教育非常重要，绝不是简单地告知厂长和技术员就能好防控工作！

五、监测工作相关建议

1. *抽样需进一步规范* 2020 年河北、青海受新冠疫情影响送检鱼组织，易形成假阴性结果。各地在今后送样应坚持送活鱼。同时，应尽量送检 5 月龄以内苗种；抽样时要求水温范围在 8～16 ℃；每份样品应达到 150 尾的数量要求。应将辖区内国家级原良种场、省级原良种场、引育种中心、重点苗种场全部纳入监测范围。

2. *IPN 和 IHN 监测可结合在一起进行* IPN 和 IHN 感染对象、感染规格、水温等类似。在开展 IHN 监测的同时，可进行 IPN 的监测，以最大限度节约抽样资源。

3. *尽快修订完善相关检测标准* 现有国标 GB 15805.1 采用免疫学方法鉴定 IPNV，很多实验室不具备免疫学检测能力。建议应尽快修订标准，增加有关 PCR 的检测方法。

2020年白斑综合征状况分析

中国水产科学研究院黄海水产研究所

（董　宣　李富俊　邱　亮　万晓媛　张庆利　黄　倢）

一、前言

白斑综合征（white spot disease，WSD）是由白斑综合征病毒（white spot syndrome virus，WSSV）所引起的虾类疫病，被我国《一、二、三类动物疫病病种名录》列为一类动物疫病，被我国《中华人民共和国进境动物检疫疫病名录》列为二类进境动物疫病，被世界动物卫生组织（World Organization for Animal Health，OIE）收录为需通报的水生动物疫病。

农业农村部组织全国水产技术推广和疫控体系，从2007年开始先后在广西、广东、河北、天津、山东、江苏、福建、浙江、辽宁、湖北、上海、安徽、江西、海南、新疆等我国主要甲壳类养殖省（自治区、直辖市）和新疆生产建设兵团开展了WSD的专项监测工作，系统地掌握WSD在我国的流行病学信息和产业危害情况，为我国WSD的防控工作和水产养殖业绿色发展提供了数据支撑。

二、全国各省（自治区、直辖市）开展WSD的专项监测情况

（一）概况

农业农村部组织全国水产病害防治体系，从2007年开始逐步在部分省（自治区、直辖市）开展了WSD的专项监测工作，最早在广西开展监测工作。2008年监测范围扩大到广西和广东；2009年监测范围进一步扩大，包括广西、山东、河北和天津4个省（自治区、直辖市）；2010年包括广西、广东、山东、河北和天津5个省（自治区、直辖市）；2011—2013年包括广西、广东、江苏、山东、天津和河北6个省（自治区、直辖市）；2014年包括广西、广东、福建、浙江、江苏、山东、天津、河北和辽宁9个省（自治区、直辖市）；2015年包括广西、广东、福建、浙江、江苏、山东、天津、河北、辽宁和湖北10个省（自治区、直辖市）；2016年包括广西、广东、福建、浙江、江苏、山东、河北、天津、辽宁、湖北、上海和安徽12个省（自治区、直辖市）；2017—2019年包括广西、广东、福建、浙江、江苏、山东、河北、天津、辽宁、湖北、上海、安徽、江西、海南、新疆共15省（自治区、直辖市）和新疆生产建设兵团。监测工作的取样范围覆盖了我国甲壳类主要养殖区，每年涉及约20～167个区（县），51～329乡（镇），335～751个监测点，635～1 425批次样本。

2020 年 WSD 专项监测范围包括广西、广东、福建、浙江、江苏、山东、河北、天津、辽宁、湖北、上海、安徽、江西、海南共 14 省（自治区、直辖市），共涉及 146 个区（县），260 个乡（镇），537 个监测点，包括 7 个国家级原良种场、39 个省级原良种场、213 个重点苗种场、278 个对虾养殖场。2020 年国家监测计划样品数为 560 批次，各监测省（自治区、直辖市）均完成国家监测采集任务，部分省份超标完成检测任务，实际采集和检测样品为 635 批次。2007—2020 年，各省（自治区、直辖市）累计监测样品数 12 296 批次，其中广西累计监测样品数量最多，为 2 710 批次；其次是天津，累计监测样品 2 167 批次；第三位是广东，累计监测样品 1 884 批次（表 1、图 1）。

表 1　2007—2020 年 WSD 专项监测省（自治区、直辖市）**采样情况**（批次）

监测省份	广西	广东	福建	浙江	江苏	山东	河北	天津	辽宁	湖北	上海	安徽	江西	海南	新疆	新疆兵团
监测样品数	2 710	1 884	415	469	1 144	1 441	722	2 167	310	263	145	267	50	271	25	13

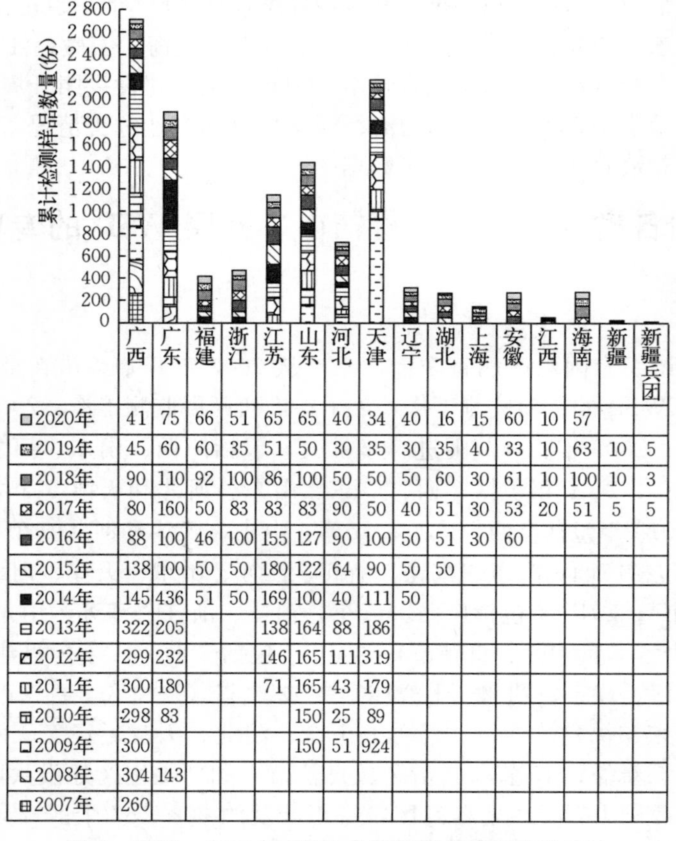

	广西	广东	福建	浙江	江苏	山东	河北	天津	辽宁	湖北	上海	安徽	江西	海南	新疆	新疆兵团
2020年	41	75	66	51	65	65	40	34	40	16	15	60	10	57		
2019年	45	60	60	35	51	50	30	35	30	35	40	33	10	63	10	5
2018年	90	110	92	100	86	100	50	50	50	60	30	61	10	100	10	3
2017年	80	160	50	83	83	83	90	50	40	51	30	53	20	51	5	5
2016年	88	100	46	100	155	127	90	100	50	51	30	60				
2015年	138	100	50	50	180	122	64	90	50	50						
2014年	145	436	51	50	169	100	40	111	50							
2013年	322	205			138	164	88	186								
2012年	299	232			146	165	111	319								
2011年	300	180			71	165	43	179								
2010年	298	83				150	25	89								
2009年	300					150	51	924								
2008年	304	143														
2007年	260															

图 1　2007—2020 年 WSD 专项监测的采样数量统计

（二）不同养殖模式监测点情况

2007—2020 年各省（自治区、直辖市）和新疆生产建设兵团的专项监测数据统计表明，15 省（自治区、直辖市）和新疆生产建设兵团记录监测模式的监测点共 7 383 个。其中，4 382 个监测点为池塘养殖，占全部监测点的 59.4%；2 704 个监测点为工厂化养殖，占全部监测点的 36.6%；297 个监测点为其他养殖模式，占全部监测点的 4.0%（图 2）。

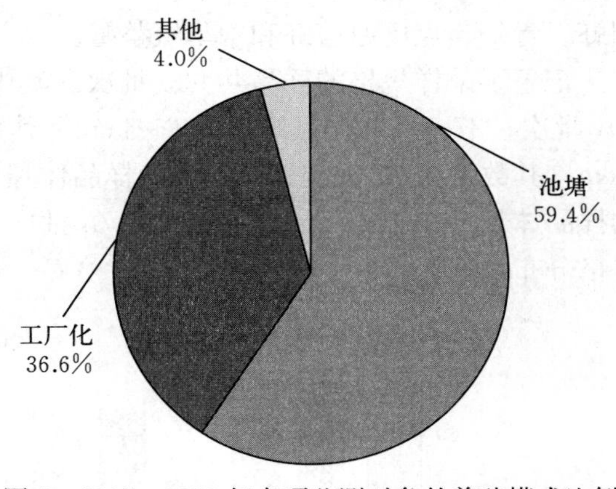

图 2　2007—2020 年专项监测对象的养殖模式比例

注：其他养殖模式主要包括稻田养殖、网箱养殖等。

（三）连续设置为监测点的情况

对 2007—2020 年各省（自治区、直辖市）和新疆生产建设兵团的专项监测数据提供的监测点信息进行规整后，对连续设置为监测点的情况进行了分析。结果表明，广西自治区的 1 606 个 WSD 监测点中有 387 个进行了多年监测，其中 292 个进行了 2 年及以上连续监测；广东省的 468 个 WSD 监测点中有 89 个进行了多年监测，其中 49 个进行了 2 年及以上连续监测；福建省的 125 个 WSD 监测点中有 29 个进行了多年监测，其中 27 个进行了 2 年及以上连续监测；浙江省的 221 个 WSD 监测点中有 51 个进行了多年监测，其中 45 个进行了 2 年及以上连续监测；江苏省的 664 个 WSD 监测点中有 116 个进行了多年监测，其中 90 个进行了 2 年及以上连续监测；山东省的 573 个 WSD 监测点中有 92 个进行了多年监测，其中 81 个进行了 2 年及以上连续监测；天津市的 312 个 WSD 监测点中有 41 个进行了多年监测，其中 31 个进行了 2 年及以上连续监测；河北省的 362 个 WSD 监测点中有 93 个进行了多年监测，其中 77 个进行了 2 年及以上连续监测；辽宁省的 216 个 WSD 监测点中有 44 个进行了多年监测，其中 42 个进行了 2 年及以上连续监测；湖北省的 170 个 WSD 监测点中有 50 个进行了多年监测，其中 46 个进行了 2 年及以上连续监测；上海市的 65 个 WSD 监测点中有 24 个进行了多年监测，其中 21 个进行了 2 年及以上连续监测；安徽省的 191 个 WSD 监测点中有 38 个进行了多年监测，其中 37 个进行了 2 年及以上连续监测；江西省的 43 个 WSD 监测点中有 6 个进行了多年监测，且均进行了 2 年及以上的连续监测；海南省的 133 个 WSD 监测点中有 23 个进行了多年检测，其中 19 个进行了 2 年及以上的连续监测；新疆自治区有 16 个 WSD 监测点，4 个进行了多年检测，且均进行了 2 年及以上的连续监测；新疆生产建设兵团有 11 个 WSD 监测点，2 个进行了多年检测，且均进行了 2 年及以上的连续监测。

（四）2020 年采样的品种、规格

2020 年监测样品种类有凡纳滨对虾、斑节对虾、中国明对虾、日本囊对虾、罗氏

沼虾、青虾、克氏原螯虾和中华绒螯蟹。

记录了采样规格的样品共 635 批次。其中 31.7%的样品体长小于 1 cm，其数量为 201 批次；27.1%的样品体长为 1～4 cm，其数量为 172 批次；11.2%的样品体长为 4～7 cm，其数量为 71 批次；17.8%的样品体长为 7～10 cm，其数量为 113 批次；12.3%的样品体长不小于 10 cm，其数量为 78 批次。具体各省（自治区、直辖市）监测样品规格分布情况见图 3。

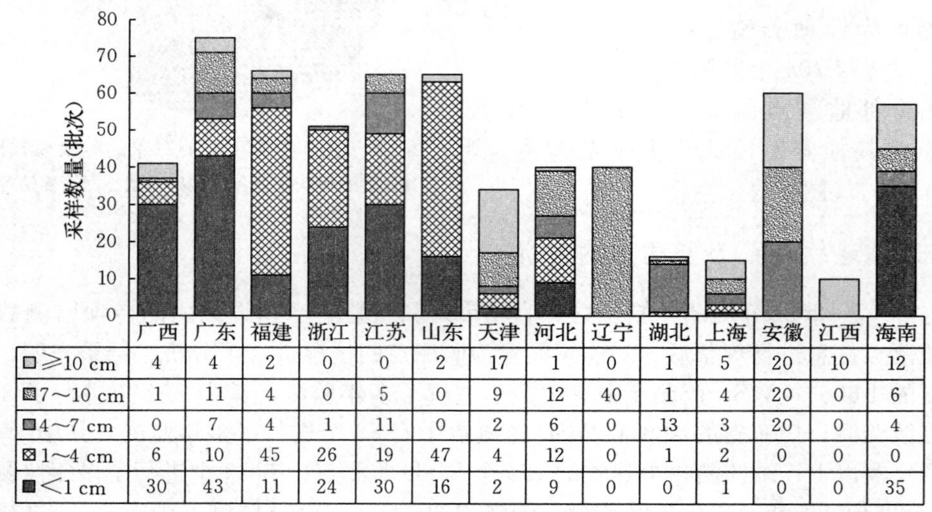

	广西	广东	福建	浙江	江苏	山东	天津	河北	辽宁	湖北	上海	安徽	江西	海南
≥10 cm	4	4	2	0	0	2	17	1	0	1	5	20	10	12
7～10 cm	1	11	4	0	5	0	9	12	40	1	4	20	0	6
4～7 cm	0	7	4	1	11	0	2	6	0	13	3	20	0	4
1～4 cm	6	10	45	26	19	47	4	12	0	1	2	0	0	0
＜1 cm	30	43	11	24	30	16	2	9	0	0	1	0	0	35

图 3　2020 年 WSD 专项监测样品的采样规格

（五）抽样的自然条件

2020 年记录了采样时间的样品共 635 批次。其中，3 月采集样品 18 批次，占总样品的 2.8%；4 月采集样品 50 批次，占总样品的 7.9%；5 月采集样品 202 批次，占总样品的 31.8%；6 月采集样品 84 批次，占总样品的 13.2%；7 月采集样品 57 批次，占总样品的 9.0%；8 月采集样品 124 批次，占总样品的 19.5%；9 月采集样品 62 批次，占总样品的 9.8%；10 月采集样品 23 批次，占总样品的 3.6%；11 月采集样品 15 批次，占总样品的 2.4%（图 4）；1 月、2 月和 12 月无样品采集。样品采集主要集中在 5～9 月，其中 5 月采集样品数量最多，8 月次之。

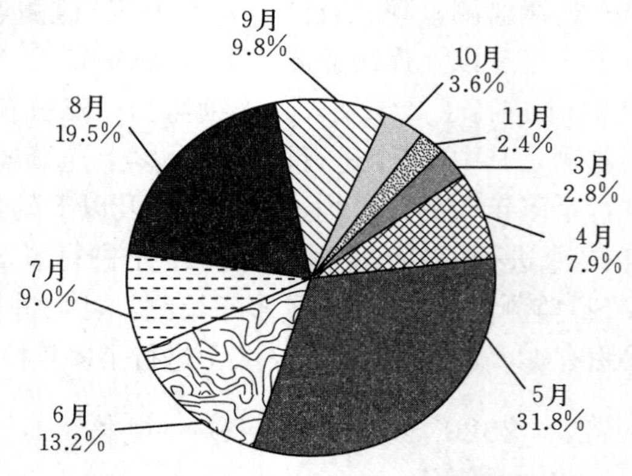

图 4　2020 年 WSD 专项监测样品的采样时间分布

2007—2020 年各专项监测省（自治区、直辖市）的专项监测数据表中有采样时间记录的样品共 10 428 批次。其中，1 月采集样品 61 批次，占总样品的 0.6%；2 月采集样品 66 批次，占总样品的 0.6%；3 月采集样品 222 批次，占总样品的 2.1%；4 月采集样品 647 批次，占总样品的 6.2%；5 月采集样品 2 739 批次，占总样品的 26.3%；6 月采集样品 1 674 批次，占总样品的 16.1%；7 月采集样品 1 671 批次，占总样品的 16.0%；8 月采集样品 1 380 批次，占总样品的 13.2%；9 月采集样品 1 223 批次，占总样品的 11.7%；10 月采集样品 524 批次，占总样品的 5.0%；11 月采集样品 192 批次，占总样品的 1.8%；12 月采集样品 29 批次，占总样品的 0.3%。样品采集工作主要集中在 5～9 月，这期间采集的样品量占样品总量的 83.3%，广东和江苏全年各月份均有采样（图 5）。

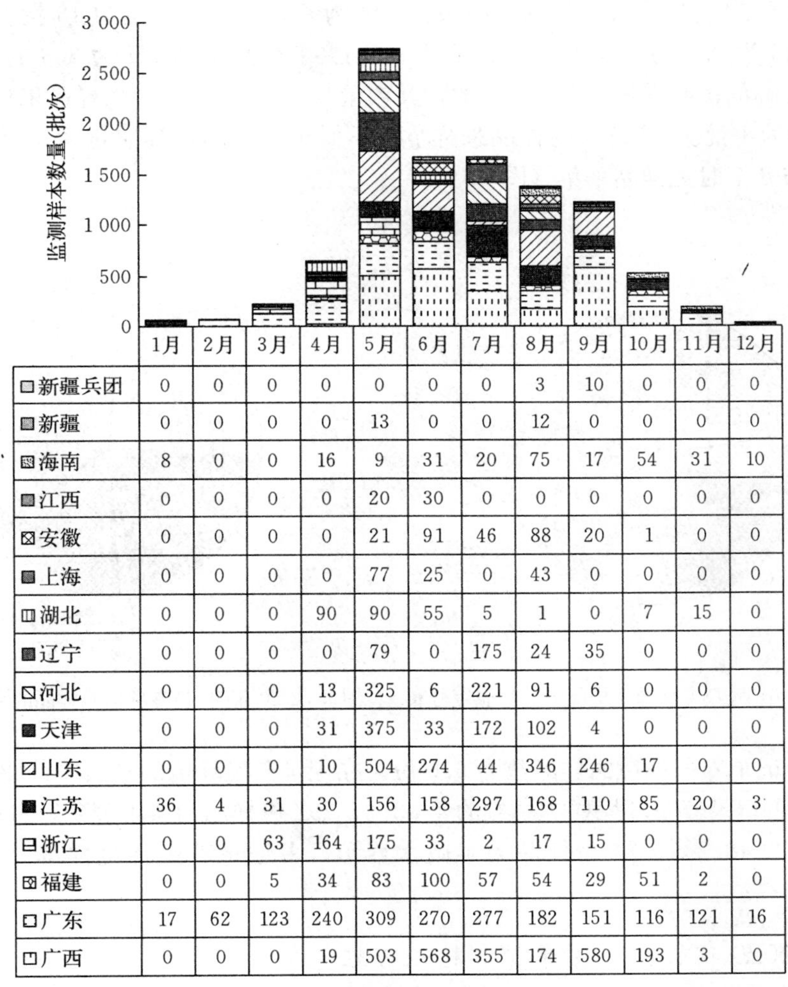

	1月	2月	3月	4月	5月	6月	7月	8月	9月	10月	11月	12月
新疆兵团	0	0	0	0	0	0	0	3	10	0	0	0
新疆	0	0	0	0	13	0	0	12	0	0	0	0
海南	8	0	0	16	9	31	20	75	17	54	31	10
江西	0	0	0	0	20	30	0	0	0	0	0	0
安徽	0	0	0	0	21	91	46	88	20	1	0	0
上海	0	0	0	0	77	25	0	43	0	0	0	0
湖北	0	0	0	90	90	55	5	1	0	7	15	0
辽宁	0	0	0	0	79	0	175	24	35	0	0	0
河北	0	0	0	13	325	6	221	91	6	0	0	0
天津	0	0	0	31	375	33	172	102	4	0	0	0
山东	0	0	0	10	504	274	44	346	246	17	0	0
江苏	36	4	31	30	156	158	297	168	110	85	20	3
浙江	0	0	63	164	175	33	2	17	15	0	0	0
福建	0	0	5	34	83	100	57	54	29	51	2	0
广东	17	62	123	240	309	270	277	182	151	116	121	16
广西	0	0	0	19	503	568	355	174	580	193	3	0

图 5　2007—2020 年各省（自治区、直辖市）和新疆生产建设兵团每月采样数量分布

2020 年记录了采样温度的样品共 635 批次。其中，有 126 批次采样温度低于24 ℃，占总样品的 19.8%；有 33 批次采样温度在24～25 ℃，占总样品的 5.2%；有 47 批次采

样温度在 25～26 ℃，占总样品的 7.4%；有 67 批次采样温度在 26～27 ℃，占总样品的 10.6%；有 44 批次采样温度在27～28 ℃，占总样品的 6.9%；有 133 批次采样温度在 28～29 ℃，占总样品的 20.9%；有 43 批次采样温度在 29～30 ℃，占总样品的 6.8%；有 91 批次采样温度在30～31 ℃，占总样品的 14.3%；有 33 批次采样温度在 31～32 ℃，占总样品的 5.2%；有 18 批次采样温度不低于 32 ℃，占总样品的 2.8%（图 6）。

2020 年记录了采样水体 pH 的样品共 141 批次。其中，35.5%的样品采样 pH 不高于 7.4，其数量为 50 批次；4.3%的样品采样 pH 为 7.5，其数量为 6 批次；10.6%的样品采样 pH 为 7.6，其数量为 15 批次；0.7%的样品采样 pH 为 7.8 的，其数量为 1 批次；1.4%的样品采样 pH 为 7.9 的，其数量为 2 批次；21.3%的样品采样 pH 为 8.0 的，其数量为 30 批次；10.6%的样品采样 pH 为 8.1 的，其数量为 15 批次；8.5%的样品采样 pH 为 8.2 的，其数量为 12 批次；2.1%的样品采样 pH 为 8.3 的，其数量为 3 批次；3.5%的样品采样 pH 为 8.4 的，其数量为 5 批次；0.7%的样品采样 pH 为 8.5 的，其数量为 1 批次；0.7%的样品采样 pH 不低于 8.8 的，其数量为 1 批次；pH 为 7.7、8.6 与 8.7 时无样品采集（图 7）。

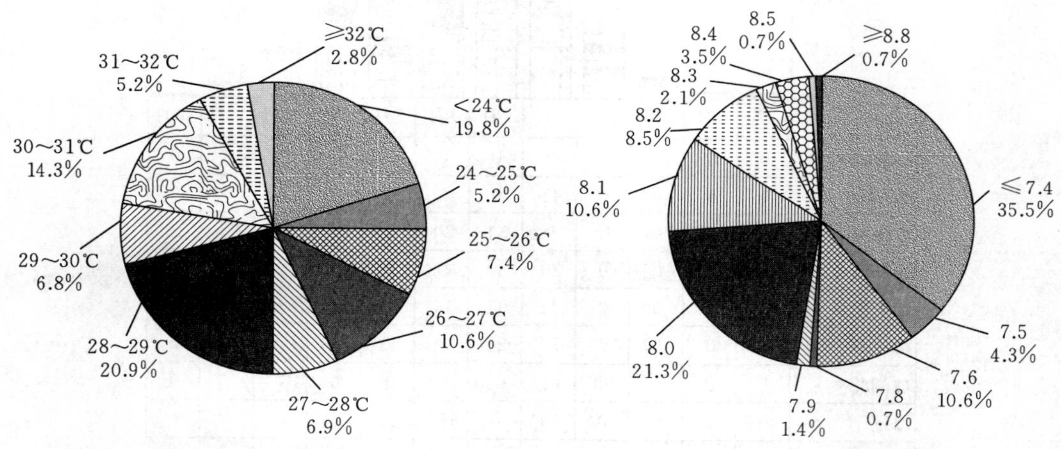

图 6　2020 年 WSD 专项监测样品的采样温度分布　　图 7　2020 年 WSD 专项监测样品的采样 pH 分布

2020 年记录养殖环境的样品数为 616 份。在记录养殖环境的样品中，285 份样品为海水养殖，占记录养殖环境样本总量的 46.3%；297 份样品为淡水养殖，占记录养殖环境样本总量的 48.2%；34 份样品为半咸水养殖，占记录养殖环境样本总量的 5.5%（图 8）。

（六）2020 年样品检测单位和检测方法

2020 年各省（自治区、直辖市）监测样品分别委托中国检验检疫科学研究院、河北省水产技术推广总站、中国水产科学研究院黄海水产研究所、辽宁省水产技术推广总站、大连海关技术中心、上海市水产技术推广站、江苏省水生动物疫病预防控制中心、连云港

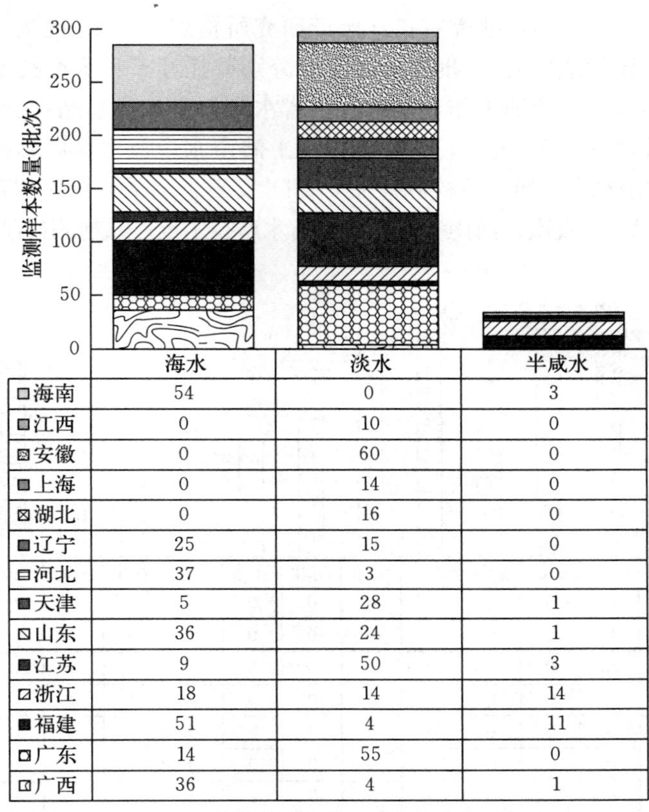

	海水	淡水	半咸水
海南	54	0	3
江西	0	10	0
安徽	0	60	0
上海	0	14	0
湖北	0	16	0
辽宁	25	15	0
河北	37	3	0
天津	5	28	1
山东	36	24	1
江苏	9	50	3
浙江	18	14	14
福建	51	4	11
广东	14	55	0
广西	36	4	1

图 8　2020 年 WSD 专项监测样品的养殖环境分布

海关综合技术中心、浙江省水生动物防疫检疫中心、浙江省淡水水产研究所、福建省水产技术推广总站、集美大学、中国水产科学研究院珠江水产研究所、山东省海洋生物研究院、中国水产科学研究院长江水产研究所、广东省水生动物疫病预防控制中心、广西渔业病害防治环境监测和质量检验中心、海南省水产技术推广站 18 家单位按照《白斑综合征（WSD）诊断规程第 2 部分：套式 PCR 检测法》（GB/T 28630.2—2012）进行实验室检测。

广西壮族自治区委托广西渔业病害防治环境监测和质量检验中心检测样品 41 批次。广东省委托广东省水生动物疫病预防控制中心检测样品 75 批次。福建省分别委托福建省水产技术推广总站和集美大学承担样品检测工作，其中福建省水产技术推广总站检测样品 15 批次，集美大学检测样品 51 批次。浙江省委托浙江省水生动物防疫检疫中心检测样品 51 批次。江苏省分别委托江苏省水生动物疫病预防控制中心和连云港海关综合技术中心承担样品检测工作，其中连云港海关综合技术中心检测样品 50 批次，江苏省水生动物疫病预防控制中心检测样品 15 批次。山东省分别委托中国水产科学研究院黄海水产研究所和山东省海洋生物研究院承担其样品检测工作，其中中国水产科学研究院黄海水产研究所检测样品 50 批次，山东省海洋生物研究院检测样品 15 批次。河北省分别委托中国水产科学研究院黄海水产研究所和河北省水产技术推广总站承担其样品监测工作，其中河北省水产技术推广总站检测样品 10 批次，中国水产科学研究院黄海水产研究所检测样品 30 批次。湖北省委托中国水产科学研究院长江水产研究所检测样品 16 批次。天津市委托中国检验检疫科学研究院检测样品 34 批次。辽宁省分别委托辽宁省水产技术推广总站和大连海关技术中心承担其样品监测工作，其中辽宁省水产技术推广总站检测样品 10 批次，大连海关技术中心检测样品 30 批次。上海市委托上海市水产技术推广站检测样品 15 批次。安徽省委托浙江省淡水水产研究所检测样品 60 批次。江西省委托中国水产科学研究院珠江水产研究所检测样品 10 批次。海南省委托海南省水产技术推广站检测样品 57 批次（图 9）。

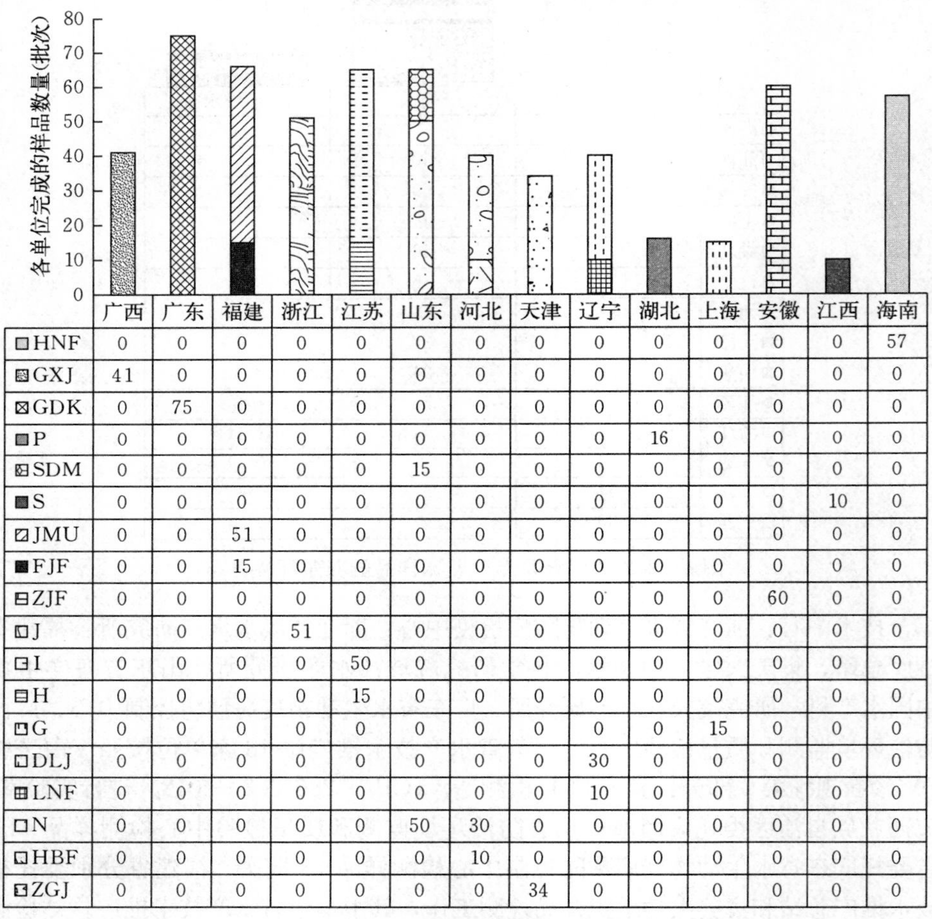

	广西	广东	福建	浙江	江苏	山东	河北	天津	辽宁	湖北	上海	安徽	江西	海南
HNF	0	0	0	0	0	0	0	0	0	0	0	0	0	57
GXJ	41	0	0	0	0	0	0	0	0	0	0	0	0	0
GDK	0	75	0	0	0	0	0	0	0	0	0	0	0	0
P	0	0	0	0	0	0	0	0	0	16	0	0	0	0
SDM	0	0	0	0	0	15	0	0	0	0	0	0	0	0
S	0	0	0	0	0	0	0	0	0	0	0	0	10	0
JMU	0	0	51	0	0	0	0	0	0	0	0	0	0	0
FJF	0	0	15	0	0	0	0	0	0	0	0	0	0	0
ZJF	0	0	0	0	0	0	0	0	0	0	0	60	0	0
J	0	0	0	51	0	0	0	0	0	0	0	0	0	0
I	0	0	0	0	50	0	0	0	0	0	0	0	0	0
H	0	0	0	0	15	0	0	0	0	0	0	0	0	0
G	0	0	0	0	0	0	0	0	0	0	15	0	0	0
DLJ	0	0	0	0	0	0	0	0	30	0	0	0	0	0
LNF	0	0	0	0	0	0	0	0	10	0	0	0	0	0
N	0	0	0	0	0	50	30	0	0	0	0	0	0	0
HBF	0	0	0	0	0	0	10	0	0	0	0	0	0	0
ZGJ	0	0	0	0	0	0	0	34	0	0	0	0	0	0

图 9　2020 年 WSD 专项监测样品送检单位和样品数量

注：检测单位代码与农渔发〔2018〕10 号文件一致，农渔发〔2018〕10 号文件中未涉及的检测单位代码按照《2016 年我国水生动物重要疫情病情分析》一书中 2016 年白斑综合征（WSD）分析章节中的编写规则进行编写。G：上海市水产技术推广站；HNF：海南省水产技术推广站；FJF：福建省水产技术推广总站；N：中国水产科学研究院黄海水产研究所；DLJ：大连海关技术中心；ZGJ：中国检验检疫科学研究院；P：中国水产科学研究院长江水产研究所；S：中国水产科学研究院珠江水产研究所；GDK：广东省水生动物疫病预防控制中心；GXJ：广西渔业病害防治环境监测和质量检验中心；JMU：集美大学；I：连云港海关综合技术中心；ZJF：浙江省淡水水产研究所；J：浙江省水生动物防疫检疫中心；H：江苏省水生动物疫病预防控制中心；LNF：辽宁省水产技术推广总站；HBF：河北省水产技术推广总站；ZGJ：中国检验检疫科学研究院。各单位排名不分先后。

2020年，各检测单位共承担635批次样品的检测任务，其中中国水产科学研究院黄海水产研究所承担的检测任务量最多，为80批次；其次是广东省水生动物疫病预防控制中心，为75批次；第三是浙江省淡水水产研究所，为60批次。3家检测单位的检测样品量占总样品量的33.9%。

三、检测结果分析

（一）总体阳性检出情况及其区域分布

WSD专项监测自2007年开始先后在沿海不同省（自治区、直辖市）开始实施，2007年首次对广西进行监测，随后监测范围扩大到广东（2008）、河北（2009）、天津（2009）、山东（2009）、江苏（2011）、福建（2014）、浙江（2014）、辽宁（2014）、湖北（2015）、上海（2016）、安徽（2016）、江西（2017）、海南（2017）、新疆（2017）和新疆生产建设兵团（2017）。总监测样品12 296批次，WSSV阳性样品1 930批次，平均样品阳性率15.7%，其中2020年的平均样品阳性率为12.9%（82/635）。14年各省（自治区、直辖市）和新疆生产建设兵团的监测点阳性率为21.2%（1 512/7 139）。2020年各省（自治区、直辖市）的监测点阳性率为14.0%（75/537）。在2010年后样品阳性率和监测点阳性率呈波动下降趋势（图10）。

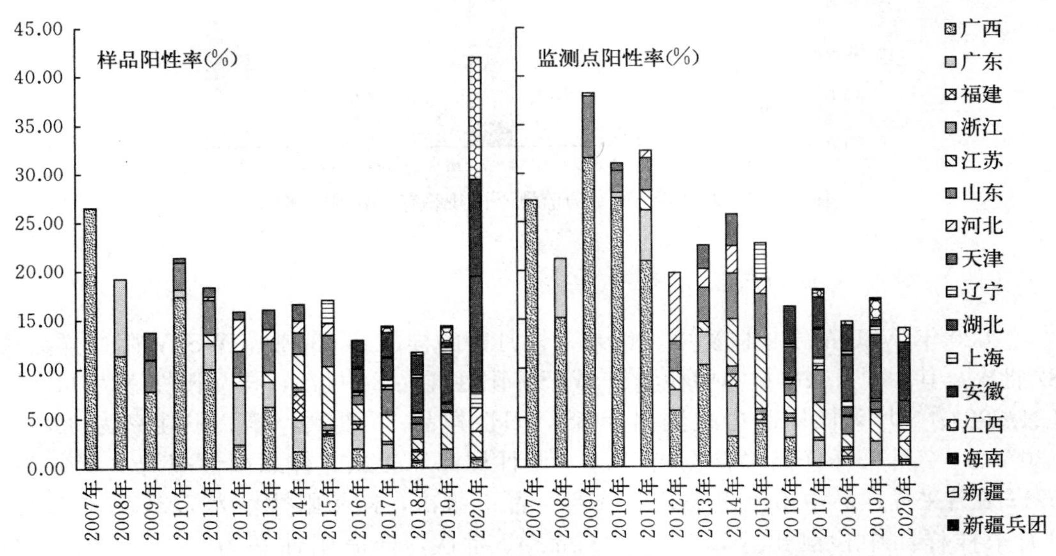

图10　2007—2020年WSD专项监测的样品阳性率和监测点阳性率

注：阳性率是以各年批次的样品/监测点次总数为基数计算。

经过14年的专项监测表明，除新疆外，所有参加WSD监测的省（自治区、直辖市）和新疆生产建设兵团中均在不同年份检出了WSSV阳性，表明我国沿海主要甲壳类养殖区都可能存在WSSV。

（二）易感宿主

2020 年监测养殖品种有凡纳滨对虾、斑节对虾、中国明对虾、日本囊对虾、罗氏沼虾、青虾、克氏原螯虾和中华绒螯蟹。除罗氏沼虾、中华绒螯蟹、斑节对虾和淡水养殖的凡纳滨对虾以外的所有品种均有 WSSV 阳性检出。其中，克氏原螯虾阳性率高达为 65.4%（68/104），日本囊对虾的阳性率为 33.3%（1/3），中国明对虾为 30.8%（4/13），青虾为 14.3%（1/7），海水养殖的凡纳滨对虾的阳性率为 3.0%（8/265）。

（三）不同养殖规格的阳性检出情况

2020 年 WSD 专项监测中，记录了采样规格的样品 635 批次，其中 WSSV 阳性样品共 82 批次。体长为 4～7 cm 的阳性样品在该体长的样品中的阳性率最高，为 42.3%（30/71）；其次不小于 10 cm 的样品，阳性率为 26.9%（21/78）；体长为 7～10 cm 的样品，阳性率为 16.8%（19/113）；1～4 cm 样品的阳性率为 4.7%（8/172）；小于 1 cm 样品的阳性率为 2.0%（4/201）（图 11）。

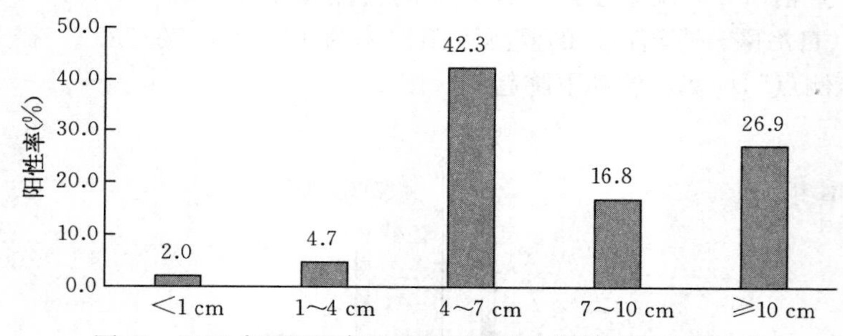

图 11　2020 年 WSD 专项监测不同规格样品的阳性检出率

（四）阳性样品的月份分布

2020 年 WSD 的专项监测中，记录采样月份的样品共 635 次，WSSV 阳性样品共 82 批次。其中 5 月采样样品中检测出 WSSV 阳性样品 24 批次，样品阳性率为 11.9%（24/202）；6 月采样样品中检测出 WSSV 阳性样品 30 批次，样品阳性率为 35.7%（30/84）；7 月采样样品中检测出 WSSV 阳性样品 4 批次，样品阳性率为 7.0%（4/57）；8 月采样样品中检测出 WSSV 阳性样品 9 批次，样品阳性率为 7.3%（9/124）；9 月采样样品中检测出 WSSV 阳性样品 15 批次，样品阳性率为 24.2%（15/62）（图 12）。6 月采样的样品中，阳性检出率最高。

统计 2007—2020 年各省（自治区、直辖市）和新疆生产建设兵团记录有采样月份的样品总数为 10 428 批次，WSSV 阳性样品总数为 1 748 批次，平均阳性率为 16.8%，其中 2～4 月和 6～8 月呈现两个阳性率高峰，2～4 月的样品阳性率高峰主要是因为广东和广西等省（自治区、直辖市）的监测样品，6～8 月的样品阳性率高峰的主要是因为广西和山东等省（自治区、直辖市）的监测样品（图 13）。

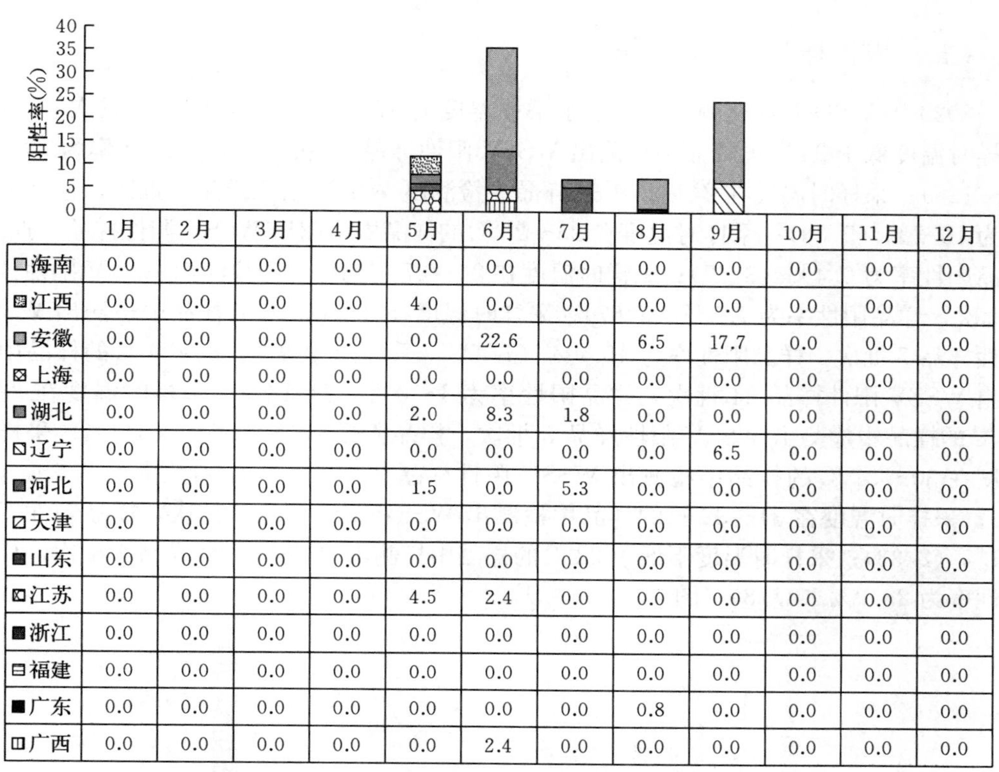

	1月	2月	3月	4月	5月	6月	7月	8月	9月	10月	11月	12月
海南	0.0	0.0	0.0	0.0	0.0	0.0	0.0	0.0	0.0	0.0	0.0	0.0
江西	0.0	0.0	0.0	0.0	4.0	0.0	0.0	0.0	0.0	0.0	0.0	0.0
安徽	0.0	0.0	0.0	0.0	0.0	22.6	0.0	6.5	17.7	0.0	0.0	0.0
上海	0.0	0.0	0.0	0.0	0.0	0.0	0.0	0.0	0.0	0.0	0.0	0.0
湖北	0.0	0.0	0.0	0.0	2.0	8.3	1.8	0.0	0.0	0.0	0.0	0.0
辽宁	0.0	0.0	0.0	0.0	0.0	0.0	0.0	0.0	6.5	0.0	0.0	0.0
河北	0.0	0.0	0.0	0.0	1.5	0.0	5.3	0.0	0.0	0.0	0.0	0.0
天津	0.0	0.0	0.0	0.0	0.0	0.0	0.0	0.0	0.0	0.0	0.0	0.0
山东	0.0	0.0	0.0	0.0	0.0	0.0	0.0	0.0	0.0	0.0	0.0	0.0
江苏	0.0	0.0	0.0	0.0	4.5	2.4	0.0	0.0	0.0	0.0	0.0	0.0
浙江	0.0	0.0	0.0	0.0	0.0	0.0	0.0	0.0	0.0	0.0	0.0	0.0
福建	0.0	0.0	0.0	0.0	0.0	0.0	0.0	0.0	0.0	0.0	0.0	0.0
广东	0.0	0.0	0.0	0.0	0.0	0.0	0.0	0.8	0.0	0.0	0.0	0.0
广西	0.0	0.0	0.0	0.0	0.0	2.4	0.0	0.0	0.0	0.0	0.0	0.0

图 12　2020 年 WSD 专项监测各月份的阳性检出率

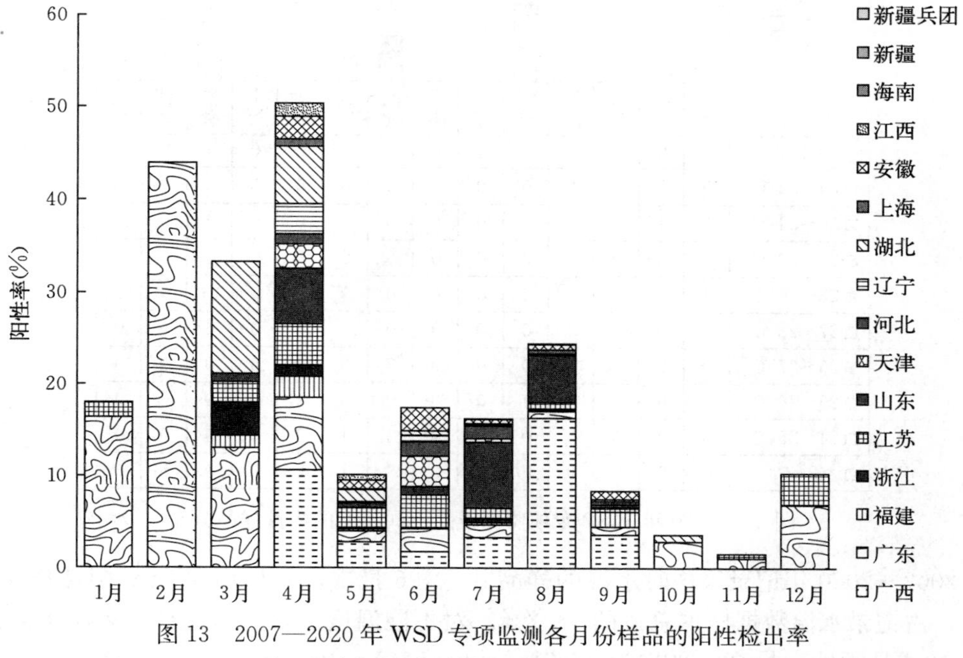

图 13　2007—2020 年 WSD 专项监测各月份样品的阳性检出率

注：阳性率是以各月份的总样品数为基数计算。

（五）阳性样品的温度分布

2020 年 WSD 专项监测中，记录了采样温度的 WSSV 阳性样品共 82 批次。其中，采样时温度低于 24 ℃的样品中检测出 WSSV 阳性样品 25 批次，样品阳性率为 19.8%（25/126）；采样时温度在 24～25 ℃的样品中检测出 WSSV 阳性样品 5 批次，样品阳性率为 15.2%（5/33）；采样时温度在 25～26 ℃的样品中检测出 WSSV 阳性样品 3 批次，样品阳性率为 6.4%（3/47）；采样时温度在 26～27 ℃的样品中检测出 WSSV 阳性样品 5 批次，样品阳性率为 7.5%（5/67）；采样时温度在 27～28 ℃的样品中检测出 WSSV 阳性样品 7 批次，样品阳性率为 15.9%（7/44）；采样时温度在 28～29 ℃的样品中检测出 WSSV 阳性样品 24 批次，样品阳性率为 18.0%（24/133）；采样时温度在 29～30 ℃的样品中检测出 WSSV 阳性样品 5 批次，样品阳性率为 11.6%（5/43）；采样时温度在 30～31 ℃的样品中检测出 WSSV 阳性样品 2 批次，样品阳性率为 2.2%（2/91）；采样时温度在 31～32 ℃的样品中检测出 WSSV 阳性样品 2 批次，样品阳性率为 6.1%（2/33）；采样时温度不低于 32 ℃的样品中检测出 WSSV 阳性样品 4 批次，样品阳性率为 22.2%（4/18）（图 14）。

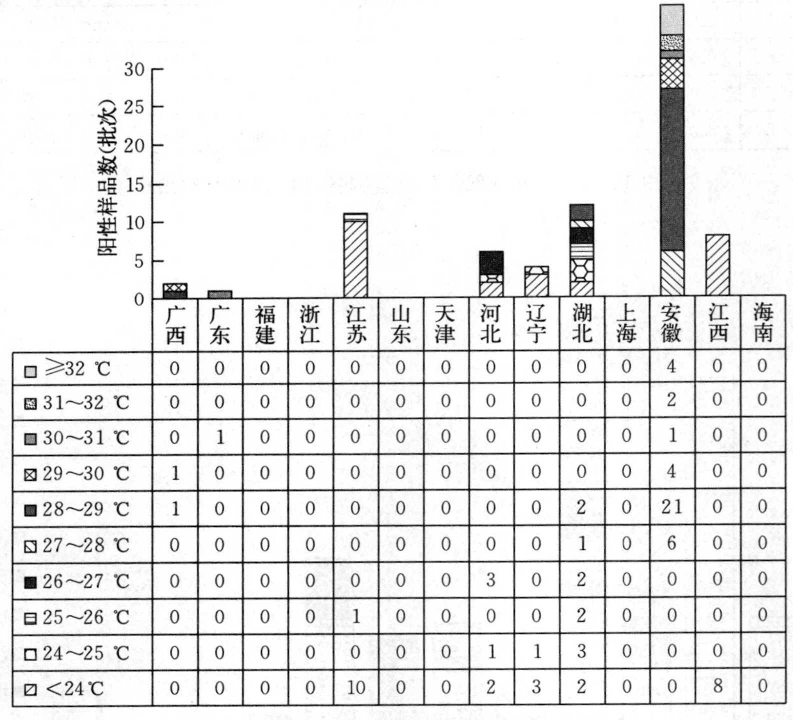

	广西	广东	福建	浙江	江苏	山东	天津	河北	辽宁	湖北	上海	安徽	江西	海南
≥32 ℃	0	0	0	0	0	0	0	0	0	0	0	4	0	0
31～32 ℃	0	0	0	0	0	0	0	0	0	0	0	2	0	0
30～31 ℃	0	1	0	0	0	0	0	0	0	0	0	1	0	0
29～30 ℃	1	0	0	0	0	0	0	0	0	0	0	4	0	0
28～29 ℃	1	0	0	0	0	0	0	0	0	2	0	21	0	0
27～28 ℃	0	0	0	0	0	0	0	0	0	1	0	6	0	0
26～27 ℃	0	0	0	0	0	0	0	3	0	2	0	0	0	0
25～26 ℃	0	0	0	0	1	0	0	0	0	2	0	0	0	0
24～25 ℃	0	0	0	0	0	0	0	1	1	3	0	0	0	0
<24 ℃	0	0	0	0	10	0	0	2	3	2	0	0	8	0

图 14　2020 年 WSD 专项监测样品不同温度的阳性样品分布

2007—2020 年记录采样时水温的样品共 5 496 批次，共检出 WSSV 阳性样品 785 批次，占记录水温数据样本总量的 14.3%。对不同温度区段进行统计，表明水温低于 24 ℃的样品阳性率最高，平均为 23.3%（195/836）；其次 24～25 ℃，样品阳性率为

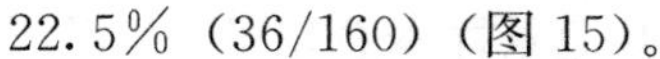
22.5%（36/160）（图 15）。

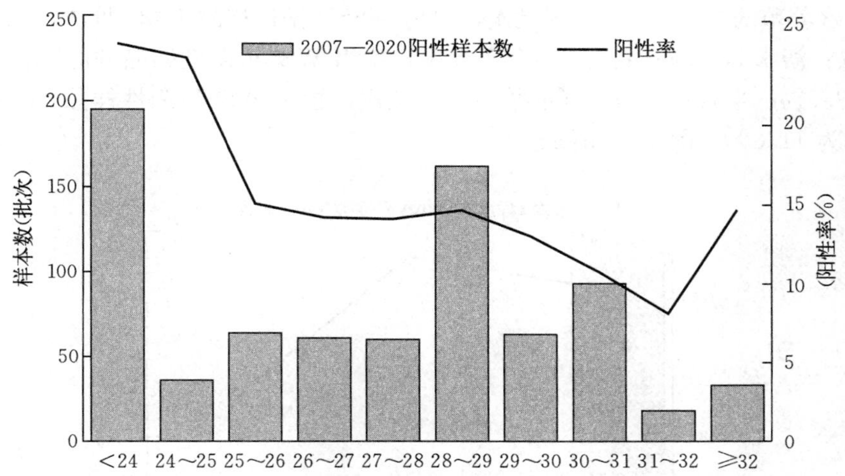

图 15　2007—2020 专项监测有水温数据的 WSSV 阳性样本数和阳性率

（六）阳性样品的 pH 分布

2007—2020 年记录采样时水体 pH 的样品共 3 168 批次，共检出 WSSV 阳性样品 453 批次，占记录水体 pH 数据的样本总量的 14.3%。对不同水体 pH 区段进行统计（图 16），阳性率表现出较明显的波动，总体趋势是 pH8.0 以下阳性率 17.4%（308/1 766），明显高于 pH8.0 以上 10.3%（145/1 402）；养殖最适 pH7.8～8.3 范围的阳性率 11.7%（235/2011），pH≤7.7 和≥8.4 的平均阳性率 18.8%（218/1 157）。

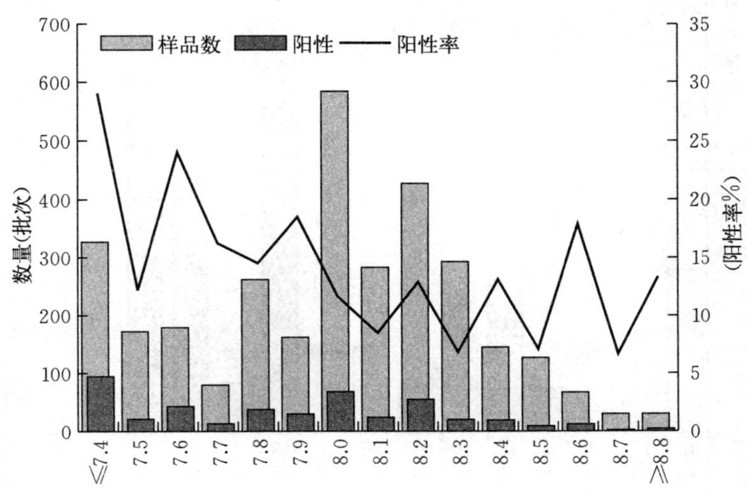

图 16　2007—2020 年样品不同采样 pH 条件下的样本数、阳性数和阳性率

（七）不同养殖环境的阳性检出情况

2007 至 2020 年，各省（自治区、直辖市）和新疆生产建设兵团记录有养殖环境的

样品数为 10 698 批次，WSSV 阳性样品数为 1 845 批次，占有记录样本总量的 17.2%。其中，海水养殖的样品数为 6 513 批次，检出 WSSV 阳性样品 1 127 批次，阳性检出率为 17.3%；淡水养殖的样品数为 3 237 批次，检出 WSSV 阳性样品 606 批次，阳性检出率为 18.7%；半咸水养殖的样品数为 948 批次，检出 WSSV 阳性样品 112 批次，阳性检出率为 11.8%（图 17 和图 18）。

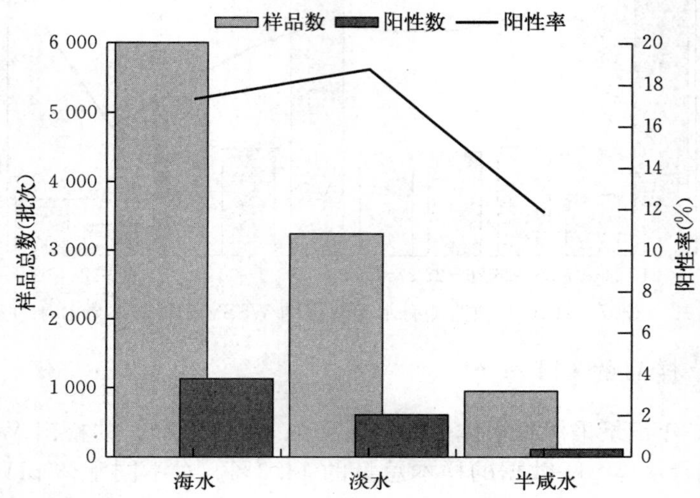

图 17　2007—2020 年不同养殖环境的样品数和 WSSV 阳性率

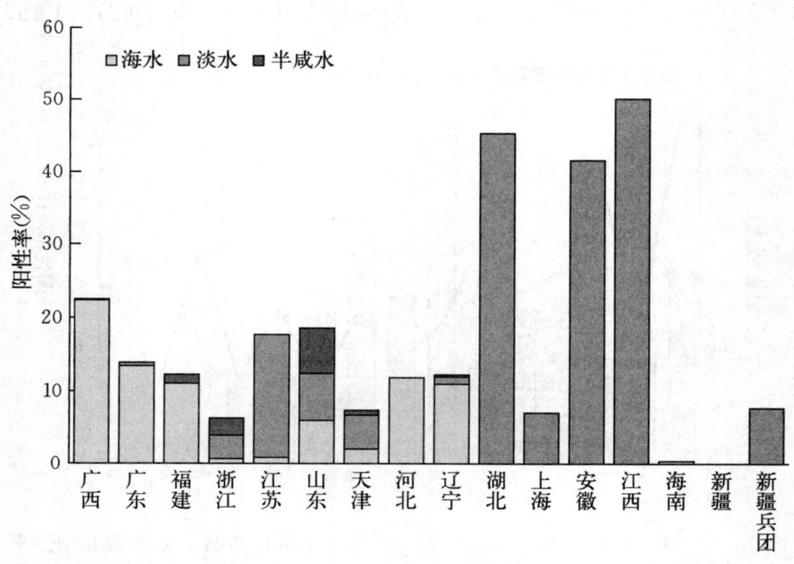

图 18　2007—2020 年各监测省（自治区、直辖市）和新疆生产建设兵团不同养殖环境的 WSSV 阳性率

注：阳性率是以各省批次样品总数为基数计算。

（八）不同类型监测点的阳性检出情况

2020 年 14 省（自治区、直辖市）的专项监测设置的 537 个监测点中，国家级原良种场 7 个，其中 2 个检出 WSSV 阳性，阳性检出率是 28.6%；省级原良种场 39 个，2 个检出 WSSV 阳性，阳性检出率是 5.1%；苗种场 213 个，4 个检出 WSSV 阳性，阳性检出率是 1.9%；成虾养殖场 278 个，67 个检出 WSSV 阳性，阳性检出率是 24.1%。

2007 至 2020 年，15 个省（自治区、直辖市）和新疆生产建设兵团国家级原良种场的样品阳性率为 9.9%（14/141），监测点 WSSV 阳性率为 20.4%（10/49）；省级原良种场的样品阳性率为 6.1%（33/538），监测点阳性率为 6.6%（15/226）；重点苗种场的样品阳性率为 8.1%（343/4 253），监测点阳性率为 9.3%（253/2 713）；对虾养殖场的样品阳性率为 24.9%（1 473/5 907），监测点阳性率 29.7%（1 234/4 151）（图 19）。

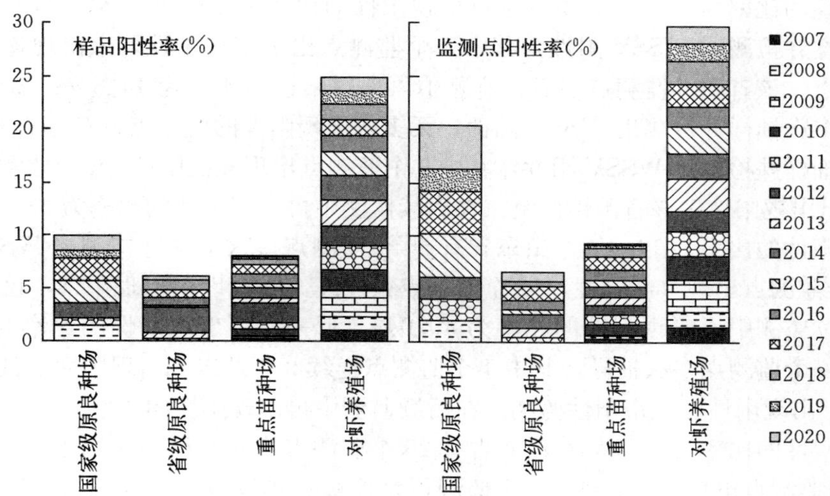

图 19　2007—2020 年不同类型监测点的样品 WSSV 阳性率和监测点 WSSV 阳性率

（九）不同养殖模式监测点的阳性检出情况

2007 至 2020 年，15 省（自治区、直辖市）和新疆生产建设兵团的 7 383 个记录养殖模式的监测点中，共 1 527 个 WSSV 阳性监测点，平均阳性检出率为 20.7%。其中，池塘养殖模式的阳性检出率为 25.1%；工厂化养殖模式的阳性检出率为 12.2%；其他养殖模式的阳性检出率为 32.3%（图 20）。

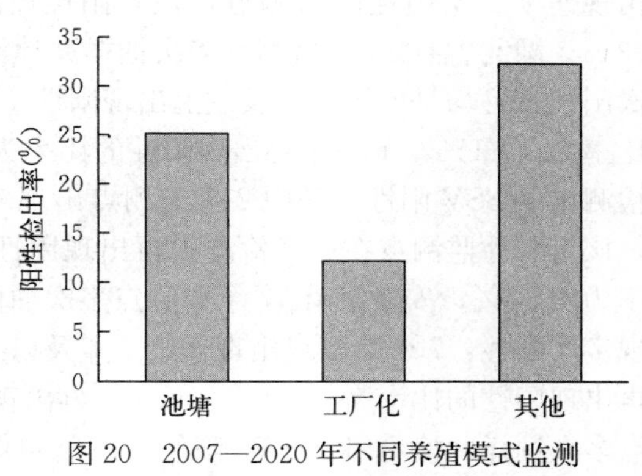

图 20　2007—2020 年不同养殖模式监测点的 WSSV 阳性检出率

（十）连续抽样监测点的阳性检出情况

2007—2020 年 WSD 的专项监测中，详细记录监测信息的监测点共有 5 174 个，1 089 进行了多年监测，869 个进行了 2 年及以上连续监测，其中 142 个监测点出现多次 WSSV 阳性，98 个监测点连续 2 年及以上出现阳性，各省（自治区、直辖市）阳性监测点在后续监测中再出现阳性的平均比率为 37.7%，下一年再出现阳性的平均比率 26.0%。

从各省的情况来看，不计最后一年，广西自治区有 137 个监测点多次抽样并检测出阳性，其中 45 个监测点出现多次 WSSV 阳性，32 个监测点是连续 2 年及以上出现阳性，其阳性监测点在后续监测中再出现阳性的比率为 32.8%，下一年再出现阳性的比率为 23.4%；广东省有 37 个监测点多次抽样并检测出 WSSV 阳性，其中 15 个监测点出现多次阳性，4 个监测点是连续 2 年及以上出现阳性，该省阳性监测点在后续监测中再出现阳性的比率为 40.5%，下一年再出现阳性的比率为 10.8%；福建省有 7 个监测点多次抽样并检测出 WSSV 阳性，其中 1 个监测点出现多次阳性，未出现连续 2 年阳性的监测点，该省阳性监测点在后续监测中再出现阳性的比率为 14.3%；浙江省有 10 个监测点多次抽样并检测出 WSSV 阳性，无多次出现阳性的监测点；江苏省有 27 个监测点多次抽样并检测出 WSSV 阳性，其中 9 个监测点出现多次阳性，4 个监测点是连续 2 年及以上出现阳性，该省阳性监测点在后续监测中再出现阳性的比率为 33.3%，下一年再出现阳性的比率为 14.8%；山东省有 50 个监测点多次抽样并检测出 WSSV 阳性，其中 20 个监测点出现多次阳性，12 个监测点是连续 2 年及以上出现阳性，该省阳性监测点在后续监测中再出现阳性的比率为 40.0%，下一年再出现阳性的比率为 24.0%；天津市有 4 个监测点多次抽样，其中 1 个监测点连续 2 年及以上出现阳性，且均是连续 2 年及以上出现阳性，该市阳性监测点在后续监测中再出现阳性的比率为 25.0%，下一年再出现阳性的比率为 25.0%；河北省有 26 个监测点多次抽样并检测出 WSSV 阳性，其中 10 个监测点出现多次阳性，7 个监测点是连续 2 年及以上出现阳性，该省阳性监测点在后续检测中再出现阳性的比率为 38.5%，下一年再出现阳性的比率为 26.9%；辽宁省有 7 个监测点多次抽样并检测出 WSSV 阳性，其中 1 个监测点出现多次阳性，未出现连续 2 年阳性的监测点，该省阳性监测点在后续监测中再出现阳性的比率为 14.3%；湖北省有 49 个监测点多次抽样并检测出 WSSV 阳性，其中 28 个监测点出现多次阳性，且均是连续 2 年及以上出现阳性，该省阳性监测点在后续检测中再出现阳性的比率为 57.1%，下一年再出现阳性的比率为 57.1%；上海市有 5 个监测点多次抽样并检测出 WSSV 阳性，其中 2 个监测点出现多次阳性，且均是连续 2 年及以上出现阳性，该市阳性监测点在后续检测中再出现阳性的比率为 40.0%，下一年再出现阳性的比率为 40.0%；安徽省有 17 个监测点多次抽样并检测出 WSSV 阳性，其中 9 个监测点出现多次阳性，7 个监测点出现连续 2 年及以上出现阳性，该省阳性监测点在后续检测中再出现阳性的比率为 52.9%，下一年再出现阳性的比率为 41.2%；江西省有 1 个监测点多次抽样并检测出 WSSV 阳性，该监测点连续 2 年及以上出现阳性，该省阳性监测点在后续检测中再出现阳性的比率为 100.0%，下一年再出现阳性的比率为 100.0%；

海南省、新疆维吾尔自治区和新疆生产建设兵团均有多年设置的监测点，尚未在这些监测点中多次检出过 WSSV 阳性（图 21）。

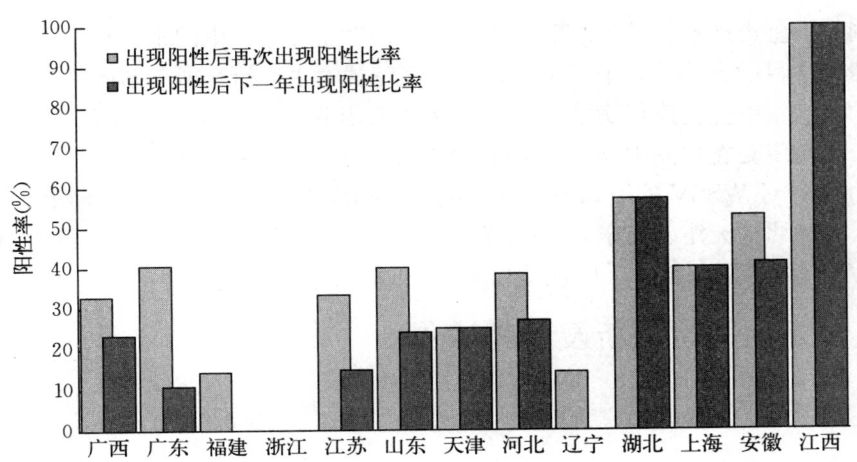

图 21　2007—2020 年各监测省（自治区、直辖市）在后续监测中出现阳性的比率

（十一）不同检测单位的检测结果情况

中国检验检疫科学研究院承担天津市样品检测工作，未检出 WSSV 阳性样品（0/34）；河北省水产技术推广总站承担河北省的样品检测工作，未检出 WSSV 阳性样品（0/10）；中国水产科学研究院黄海水产研究所承担山东省与河北省委托的样品检测工作，样品阳性检出率 7.5%（6/80），其中山东省样品中未检出 WSSV 阳性（0/50），河北省样品阳性率为 20.0%（6/30）；辽宁省水产技术推广总站承担辽宁省委托的样品检测工作，样品阳性检出率 10.0%（1/10）；大连海关技术中心承担辽宁省委托的样品检测工作，样品阳性检出率为 10%（3/30）；上海市水产技术推广站承担上海市委托的样品监测工作，未检出 WSSV 阳性样品（0/15）；江苏省水生动物疫病预防控制中心承担江苏省委托的样品监测工作，未检出 WSSV 阳性样品（0/15）；连云港海关综合技术中心承担江苏省委托的样品监测工作，样品阳性检出率为 22.0%（11/50）；浙江省水生动物防疫检疫中心承担浙江省委托的样品监测工作，未检出 WSSV 阳性样品（0/51）；浙江省淡水水产研究所承担安徽省委托的样品检测工作，阳性样品检出率为 63.3%（38/60）；福建省水产研究所承担福建省委托的样品检测工作，未检出 WSSV 阳性样品（0/15）；集美大学承担福建省委托的样品监测工作，未检出 WSSV 阳性样品（0/51）；中国水产科学研究院珠江水产研究所承担江西省委托的样品检测工作，检测样品总阳性率 80.0%（8/10）；山东省海洋生物研究院承担山东省委托的样品检测工作，未检出 WSSV 阳性样品（0/15）；中国水产科学研究院长江水产研究所承担湖北省委托的样品检测工作，阳性检出率为 75.0%（12/16）；广东省水生动物疫病预防控制中心承担广东省委托的样品监测工作，阳性样品检出率为 1.3%（1/75）；广西渔业病害防治环境监测和质量检验中心承担广西委托的样品检测工作，样品阳性率为 4.9%（2/41）；海

南省水产技术推广站承担江苏省委托的样品检测工作，未检出 WSSV 阳性样品（0/57）。

四、国家 WSD 首席专家团队的实验室被动监测工作总结

在国家虾蟹类产业技术体系病害防控岗位科学家任务、中国水产科学研究院基本科研业务费等项目的支持下，中国水产科学研究院黄海水产研究所养殖生物病害控制与分子病理学研究室甲壳类流行病学与生物安保技术团队应产业需求，对 2020 年我国沿海主要省份养殖甲壳类样品中 WSSV 流行情况开展了调查和被动监测。

2020 年针对 WSSV 的被动监测范围覆盖包括海南、广东、福建、河北、浙江、江苏、山东、河北、天津、辽宁共 10 个省（自治区、直辖市），共监测 225 批次样品，检出 WSSV 阳性样品 23 批次，阳性检出率为 10.2%。

五、WSD 风险分析及防控建议

（一）WSD 在我国的流行现状及趋势

WSD 的专项监测自 2007 年以来先后在 15 个省（自治区、直辖市）和新疆生产建设兵团开始实施，涉及了 7 139 个养殖场点，监测样品 12 296 批次，其中 WSSV 阳性样品 1 930 批次，阳性监测点 1 512 点次，平均样品阳性率 15.7%，平均监测点阳性率 21.2%。2020 年，监测的 14 省（自治区、直辖市）537 个养殖场点中，有 75 个检出 WSSV 阳性，平均监测点阳性率 14.0%；共采集样品 635 批次，检出 WSSV 阳性样品 82 批次，平均样品阳性率 12.9%。除新疆自治区外，其他参加 WSD 监测的 14 个省（自治区、直辖市）和新疆生产建设兵团均在不同年份检出了 WSSV 阳性，说明 WSD 是威胁我国甲壳类养殖业的重要疫病。经过持续 14 年的 WSD 监测，从 15 省（自治区、直辖市）和新疆生产建设兵团的样品阳性率和监测点阳性率进行分析发现，WSD 在我国的流行率在 2010 年后呈波动下降趋势。

（二）易感宿主

2007—2020 年的专项监测结果显示，我国凡纳滨对虾、中国明对虾、日本囊对虾、克氏原螯虾、青虾、罗氏沼虾、斑节对虾、脊尾白虾和蟹类中均有 WSSV 的核酸阳性检出。其中 2020 年的专项监测结果显示阳性样品种类有凡纳滨对虾、中国明对虾、日本囊对虾、青虾、和克氏原螯虾。从阳性样品种类来看，多种品种均有 WSSV 的核酸阳性检出，说明 WSSV 可能对我国多种海淡水养殖甲壳类造成威胁。OIE 水生动物疾病诊断手册（2019 版）第 2.2.8 章提到在所有检测的物种中，暂未发现对 WSSV 具有抗性的十足目甲壳类动物，提示应重视和评估不同甲壳动物混养模式为 WSSV 在不同宿主之间的进化和传播的风险。

（三）WSSV 传播途径及传播方式

根据 2007—2020 年不同类型监测点的监测结果来看，国家级原良种场、省级原良

种场和重点苗种场的平均样品阳性率达为7.9%（390/4 934），监测点阳性率为9.3%（278/2 989）。其中，国家级原良种场的阳性率20.4%（10/49）＞重点苗种场阳性率9.3%（253/2 713）＞省级原良种场阳性率6.6%（15/226）。这可能是由于国家级原良种场在累代选育过程中未重视生物安保工作，未开展WSSV的系统监测和净化工作，导致WSSV在原良种场的垂直传播；另一方面该结果也可能是因为国家级原良种场的监测点和监测样本数量少所导致的阳性检出数据偏离。

对监测数据中多次抽样监测点进行分析，监测点多次出现阳性或连续出现阳性的情况值得注意，2007至2020年的平均监测点阳性率为21.2%，而37.7%的阳性监测点在后续的监测中再出现阳性，26.0%的阳性监测点下一年会再出现阳性。如此高比例的多次或连续阳性监测点提示存在WSSV在阳性监测点留存和跨年度横向传播的风险，应重视水产养殖过程中对于WSD阳性监测点的阳性处理措施。

（四）WSSV流行与环境条件的关系

通过2007—2020年15个省（自治区、直辖市）和新疆生产建设兵团提供的监测数据来看，WSSV的阳性检出率与某些环境条件存在一定的相互关系。

14年的水温监测数据分析发现，WSSV阳性率在水温25℃以下较高，随着温度的升高阳性率波动性浮动，在水温为28～29℃时阳性率达到新高峰，高于31℃后又逐渐降低。这与产业中在放苗后1～2个月出现WSD发病高峰以及在秋季再次出现发病高峰的一般规律基本相符。

将阳性样品与采样时水体pH进行分析，2007至2020年监测数据中，pH在8.0～8.5时WSSV阳性率最低，平均阳性率为10.5%（195/1 859）；pH≤7.7和≥8.4时阳性率显著提高，平均阳性率为18.8%（218/1 157），这与产业中观察到的水质条件引起对虾WSD急性发病的流行规律基本吻合。

将阳性样品与采样时水体盐度进行分析，2007至2020年监测数据中，半咸水养殖的样品阳性率最低为11.8%（112/948）；其次为海水养殖，样品阳性率为17.3%（1 127/6 513）；淡水养殖的样品阳性率最高，为18.7%（606/3 237）。然而各省（自治区、直辖市）和新疆生产建设兵团提供的数据未包含准确的盐度值，仅用海水、淡水和半咸水进行区分，因此该结论需在今后的监测过程中进行确认。

六、监测中存在的主要问题

我国2007年首次开展了我国甲壳类WSD的专项监测，经过14年的监测工作，逐渐形成了稳定的监测方案和监测体系，并对WSD在我国主要对虾养殖区的流行情况有了整体的认识，为制订我国WSD防控方案提供了重要依据。2020年各省（自治区、直辖市）和新疆生产建设兵团提供的数据通过国家水生动物疫病监测信息管理系统进行提交，数据的规范性有了很大提高，但2020年的监测过程中依然暴露了一些问题，主要包括：

（一）监测数据缺少复核环节

国家水生动物疫病监测工作的持续开展，采样单位、检测单位和专家团队对监测工作各司其职，然而在当前的监测工作中，未对包括检测结果在内的监测数据建立复核机制，检测与监测数据质量尚无法准确评估，监测数据填报仍然存在不规范、不及时的情况，给准确和深入解析 WSD 的流行病学特征和提供有效政策建议造成了障碍。

（二）监测工作经费严重不足

国家水生动物疫病监测工作是一项长期性的工作，多年连续的高质量 WSD 监测数据对于全面认识 WSD 的流行病学规律和提供有效政策建议具有重要意义。国家水生动物疫病监测经费尚不能满足获取高质量监测数据的需求，尤其是 2020 年监测经费被大幅度削减，毫无疑问会对国家水生动物疫病监测体系的良好运行与高质量监测数据的获取造成不利影响。

七、对甲壳类疫病监测和防控工作的建议

（一）增加监测数据复核环节，持续提升监测工作水平

随着我国水生动物疫情监测和能力验证等工作的持续开展，我国水生动物疫情监测能力不断提升，但目前监测工作的检测环节、数据采集与填报环节等尚无复核要求，监测数据质量尚无完善的评估方案。建议在监测工作中对样品采集、病原检测与数据填报等过程设立复核环节，以保障监测样品采集、检测和数据收集等工作的持续高质量进行，并提升我国水生动物疫病监测工作的规范化和科学化水平。

（二）继续优化监测技术方案，不断提高监测工作效率

我国 2007 年首次开展了我国甲壳类 WSD 的专项监测，经过 13 年的监测工作，逐渐形成了稳定的监测方案和监测体系，为更好掌握我国养殖甲壳动物中多病原感染的情况，建议继续优化监测技术方案，在充分考虑群体大小、预定流行率、工作经费和工作时间的基础上，结合上年度疫病的流行率和估计精度来确定下年度的监测方案，优化监测范围和监测样本量，不断提高我国水生动物疫情监测工作的效率。

（三）加大监测经费投入，切实提升国家渔业生物安全管理水平

2020 年新冠肺炎疫情暴发以来，我国政府高度重视生物安全，并强调“把生物安全纳入国家安全体系，系统规划国家生物安全风险防控和治理体系建设，全面提高国家生物安全治理能力”。2021 年 4 月 15 日《中华人民共和国生物安全法》正式实施，对人类、动植物疫病相关生物安全管理提出了更高的要求。加大监测经费投入，对我国水生动物开展 WSD 等重要疫病的持续和科学监测，是掌握国家渔业生物安全状况，提升国家渔业生物安全工作水平的根本保障。

2020 年传染性皮下和造血组织坏死病状况分析

中国水产科学研究院黄海水产研究所

（董　宣　秦嘉豪　谢国驷　万晓媛　张庆利　黄　倢）

一、前言

传染性皮下和造血组织坏死病（infection with infectious hypodermal and haematopoietic necrosis virus，IHHN）是由传染性皮下和造血组织坏死病毒（infectious hypodermal and haematopoietic necrosis virus，IHHNV）所引起的虾类疫病。IHHNV 属于细小病毒科，细角对虾浓核病毒属，病毒颗粒大小为 20～22 nm，呈二十面体状。IHHN 被世界动物卫生组织（OIE）收录为需通报的水生动物疫病，被我国《一、二、三类动物疫病病种名录》列为二类动物疫病，被我国《中华人民共和国进境动物检疫疫病名录》列为二类传染病。

农业农村部组织全国水生动物疫病防控体系，从 2015 年开始先后在广西、广东、福建、浙江、江苏、山东、天津、河北、辽宁、上海、安徽、海南、新疆、江西、湖北等我国主要甲壳类养殖省（自治区、直辖市）和新疆生产建设兵团开展了 IHHN 的专项监测工作，逐步掌握了 IHHN 在我国的流行病学信息和产业危害情况，为我国制定 IHHN 的有效防控和净化措施提供了数据支撑。

二、全国各省开展 IHHN 的专项监测情况

（一）概况

从 2015 年开始，农业农村部组织全国水生动物疫病防控体系逐步在部分省（自治区、直辖市）开展 IHHN 专项监测，监测范围从南到北包括广西、广东、福建、浙江、江苏、山东、天津、河北和辽宁 9 省（自治区、直辖市）中 62 个区（县）所属 119 个乡（镇），412 个监测点，共采集来自 7 个国家级原良种场、13 个省级原良种场、137 个重点苗种场和 255 个对虾养殖场的 709 批次样本。2016 年 IHHN 专项监测涉及广西、广东、福建、浙江、上海、江苏、山东、天津、河北和辽宁 10 省（自治区、直辖市）中 79 个区（县）所属 172 个乡（镇），503 个监测点，共采集来自 3 个国家级原良种场、24 个省级原良种场、264 个重点苗种场、212 个对虾养殖场的 761 批次样本。2017 年 IHHN 专项监测包括海南、广西、广东、福建、浙江、上海、安徽、江苏、山东、河北、天津、辽宁、新疆在内的 13 省（自治区、直辖市）和新疆生产建设兵团，共涉

及 108 个区（县），207 个乡（镇），597 个监测点，其中国家级原良种场 5 个、省级原良种场 39 个、重点苗种场 357 个、对虾养殖场 196 个。2018 年 IHHN 专项监测范围包括广西、广东、福建、浙江、江苏、山东、河北、天津、辽宁、上海、海南、新疆和新疆生产建设兵团，共涉及 115 个区（县），240 个乡（镇），623 个监测点，其中国家级原良种场 6 个、省级原良种场 33 个、重点苗种场 349 个、对虾养殖场 235 个。2019 年 IHHN 专项监测范围包括广西、广东、福建、浙江、江苏、山东、河北、天津、辽宁、上海、海南、安徽、江西、湖北、新疆等 15 个省（自治区、直辖市）和新疆生产建设兵团，共涉及 122 个区（县），220 个乡（镇），445 个监测点，其中国家级原良种场 3 个、省级原良种场 32 个、重点苗种场 164 个、对虾养殖场 246 个。

2020 年 IHHN 专项监测范围包括广西、广东、福建、浙江、江苏、山东、河北、天津、辽宁、上海、海南、安徽、江西、湖北 14 个省（自治区、直辖市），共涉及 128 个区（县），229 个乡（镇），477 个监测点，其中国家级原良种场 7 个、省级原良种场 34 个、重点苗种场 194 个、对虾养殖场 242 个。2020 年，国家监测计划样品数为 520 批次，除广西未完成国家监测采集任务外，其余各监测省（自治区、直辖市）均完成国家监测采集任务，部分省份超标完成任务，实际采集和检测样品数达 555 批次。2015—2020 年，各省（自治区、直辖市）和新疆生产建设兵团累计监测样品数 4 308 批次（表 1）。其中广东累计监测样品数最多，为 590 批次；第二是山东，累计监测样品数为 532 批次；第三是广西，累计监测样品数为 482 批次（图 1）。

表 1　2015—2020 年 IHHN 专项监测采样累计情况（批次）

监测省份	广西	广东	福建	浙江	江苏	山东	河北	天津	辽宁	上海	安徽	海南	新疆	新疆兵团	江西	湖北
监测样品数	482	590	365	416	335	532	359	364	250	145	90	271	25	13	20	51

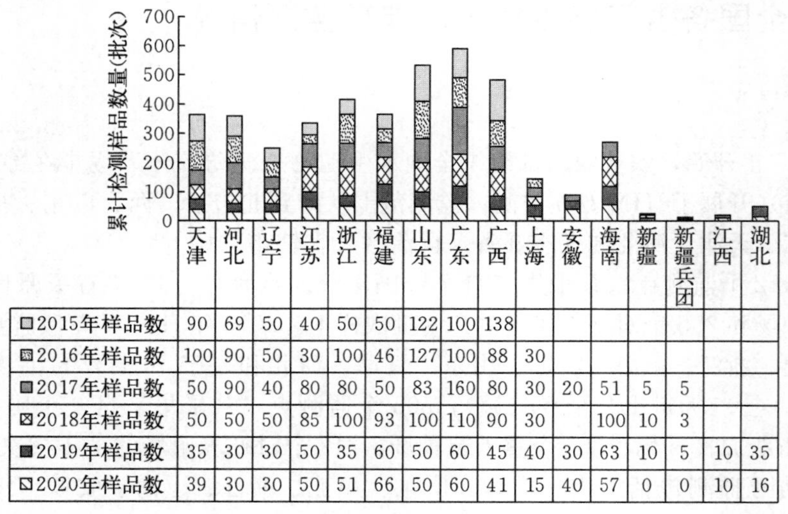

累计检测样品数量(批次)
700
600
500
400
300
200
100
0
天津 河北 辽宁 江苏 浙江 福建 山东 广东 广西 上海 安徽 海南 新疆 新疆兵团 江西 湖北
2015年样品数 90 69 50 40 50 50 122 100 138
2016年样品数 100 90 50 30 100 46 127 100 88 30
2017年样品数 50 90 40 80 80 50 83 160 80 30 20 51 5 5
2018年样品数 50 50 50 85 100 93 100 110 90 30 100 10 3
2019年样品数 35 30 30 50 35 60 50 60 45 40 30 63 10 5 10 35
2020年样品数 39 30 30 50 51 66 50 60 41 15 40 57 0 0 10 16

图 1　2015—2020 年专项监测的采样数量统计

（二）不同养殖模式监测点情况

2020年各省（自治区、直辖市）的专项监测数据表中记录养殖模式的监测点共477个。其中，池塘养殖监测点数量为240个，占总监测点数的50.3%；工厂化养殖监测点数量为179个，占总监测点数的37.5%；稻虾连作养殖监测点数量为28个，占总监测点数的5.9%；其他养殖模式（主要包括网箱养殖等）的监测点数量为30个，占总监测点数的6.3%。

2015—2020年各省（自治区、直辖市）和新疆生产建设兵团的专项监测数据表中记录养殖模式的监测点共3 028个。其中，池塘养殖监测点1 556个，占51.4%；工厂化养殖测点1 330个，占43.9%；稻虾连作养殖监测点50个，占1.7%；其他养殖模式的监测点92个，占3.0%（图2）。

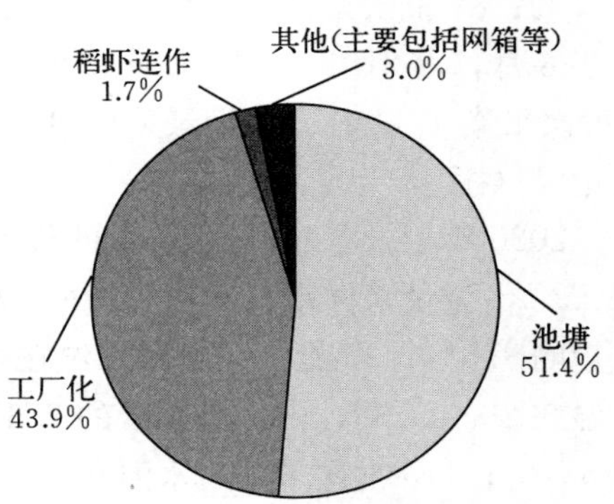

图2　2015—2020年IHHN专项监测对象的养殖模式比例

（三）2020年采样的品种、规格

2020年IHHN专项监测样品的种类有罗氏沼虾、青虾、克氏原螯虾、凡纳滨对虾、斑节对虾、中国明对虾、日本囊对虾。记录了采样规格的样品共555批次。其中，有190批次体长小于1 cm的样品，占样品总量的34.2%；有151批次体长为1～4 cm的样品，占样品总量的27.2%；有57批次体长为4～7 cm的样品，占样品总量的10.3%；有101批次体长为7～10 cm的样品，占样品总量的18.2%；有56批次体长大于10 cm的样品，占样品总量的10.1%。具体各省（自治区、直辖市）监测样品规格分布情况见图3。

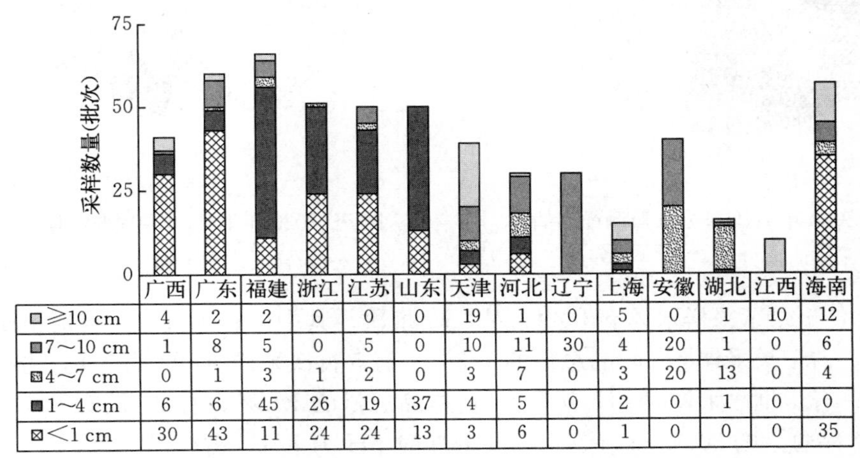

	广西	广东	福建	浙江	江苏	山东	天津	河北	辽宁	上海	安徽	湖北	江西	海南
≥10 cm	4	2	2	0	0	0	19	1	0	5	0	1	10	12
7～10 cm	1	8	5	0	5	0	10	11	30	4	20	1	0	6
4～7 cm	0	1	3	1	2	0	3	7	0	3	20	13	0	4
1～4 cm	6	6	45	26	19	37	4	5	0	2	0	1	0	0
<1 cm	30	43	11	24	24	13	3	6	0	1	0	0	0	35

图3　2020年IHHN专项监测样品的采样规格

（四）抽样的自然条件

2020 年记录了采样时间的样品共 555 批次。其中，15 批次采集于 3 月，占记录采样时间的样品总量的 2.7%；48 批次采集于 4 月，占 8.6%；176 批次采集于 5 月，占 31.7%；82 批次采集于 6 月，占 14.8%；58 批次采集于 7 月，占 10.5%；117 批次采集于 8 月，占 21.1%；36 批次采集于 9 月，占 6.5%；16 批次采集于 10 月，占 2.9%；7 批次采集于 11 月，占记录采样时间的样品总量的 1.3%；1 月、2 月和 12 月无样品采集记录（图 4）。

2020 年记录了采样时水温的样品共 555 批次。其中，119 批次采集时水温低于 24 ℃，占记录采样水温样品总量的 21.4%；20 批次采集时水温在 24～25 ℃，占样品总量的 3.6%；39 批次采集时水温在 25～26 ℃，占样品总量的 7.0%；48 批次采集时水温在 26～27 ℃，占样品总量的 8.6%；34 批次采集时水温在 27～28 ℃，占样品总量的 6.1%；115 批次采集时水温在 28～29 ℃，占样品总量的 20.7%；40 批次采集时水温在 29～30 ℃，占样品总量的 7.2%；89 批次采集时水温在 30～31 ℃，占样品总量的 16.0%；33 批次采集时水温在 31～32 ℃，占样品总量的 5.9%；18 批次采集时水温不低于 32 ℃，占样品总量的 3.2%（图 5）。

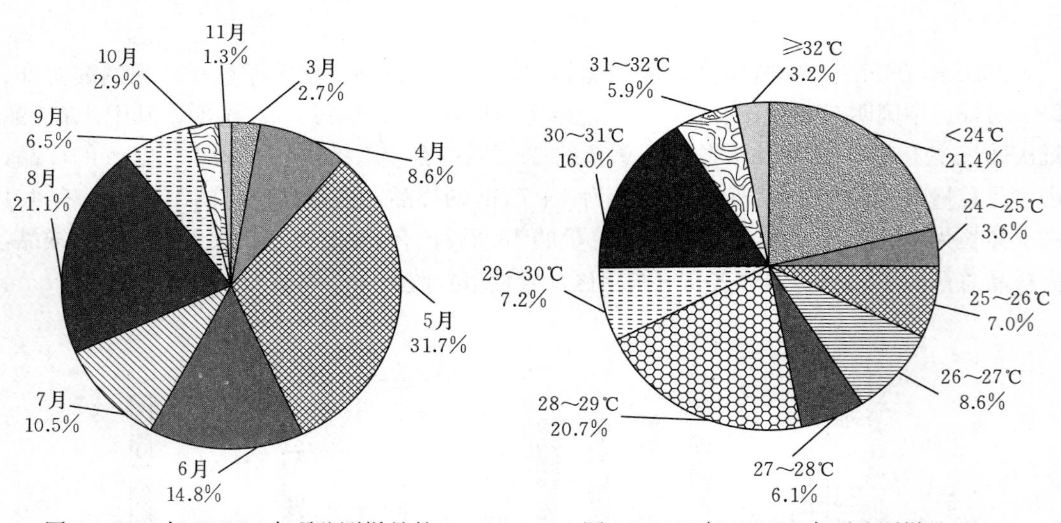

图 4　2020 年 IHHN 专项监测样品的采样时间分布

图 5　2020 年 IHHN 专项监测样品采样时水温分布

2020 年记录了采样水体 pH 的样品共 79 批次。其中，有 1 批次采样时 pH 低于或等于 7.4，占记录采样 pH 样品总量的 1.3%；有 5 批次采样时 pH 为 7.8，占样品总量的 6.3%；有 1 批次采样时 pH 为 7.9，占样品总量的 1.3%；有 24 批次采样时 pH 为 8.0，占样品总量的 30.4%；有 15 批次采样时 pH 为 8.1，占样品总量的 19.0%；有 15 批次采样时 pH 为 8.2，占样品总量的 19.0%；有 4 批次采样时 pH 为 8.3，占样品总量的5.1%；有2批次采样时pH为8.4，占样品总量的2.5%；有11批次采样时pH为8.5，占样品总量的13.9%；有1批次采样时pH为8.6，占样品总量的1.3%（图6）。

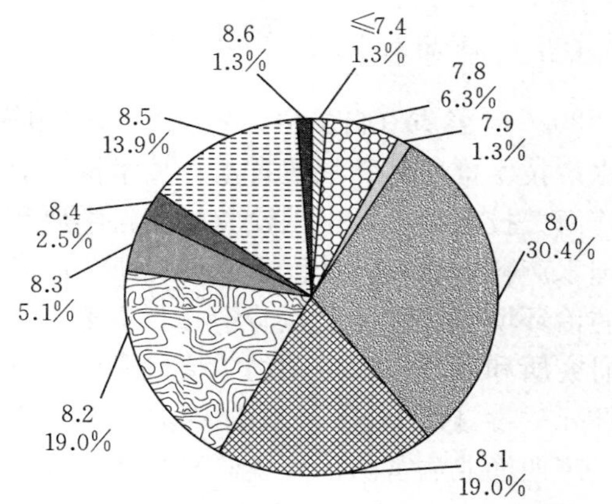

图6　2020年IHHN专项监测样品的采样pH分布

2020年记录养殖环境的样品共537份，其中，广西、福建、天津、河北、辽宁、湖北、江西、安徽和海南共9省（自治区、直辖市）提供了全部监测样品的养殖环境信息。在记录养殖环境的样品中，46.0%的样品为海水养殖，其数量有247份样品；47.9%的样品为淡水养殖，其数量有257份样品；6.1%的样品为半咸水养殖，其数量有33份样品（图7）。

监测样本数量(批次)

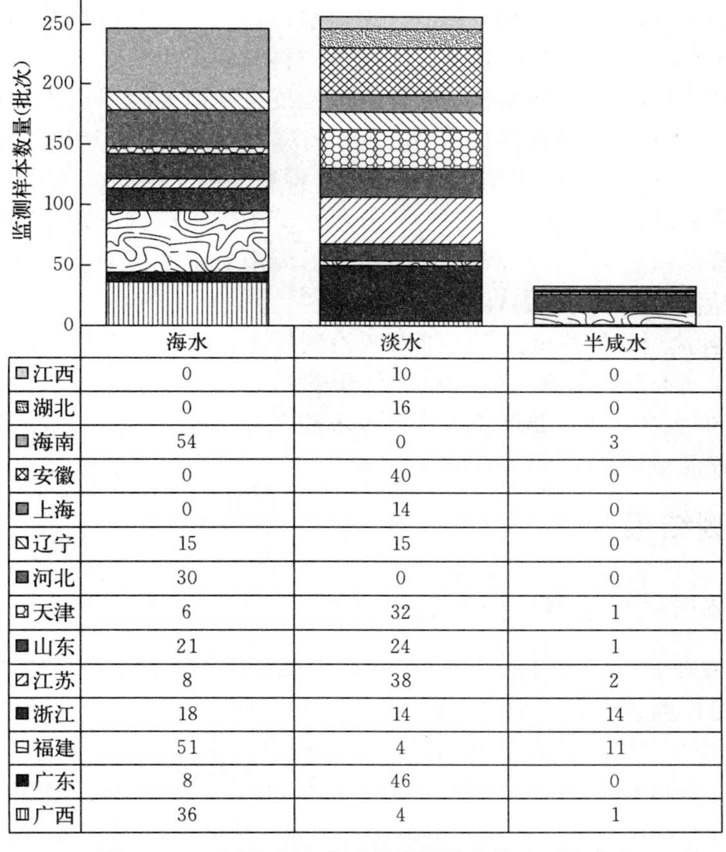

	海水	淡水	半咸水
江西	0	10	0
湖北	0	16	0
海南	54	0	3
安徽	0	40	0
上海	0	14	0
辽宁	15	15	0
河北	30	0	0
天津	6	32	1
山东	21	24	1
江苏	8	38	2
浙江	18	14	14
福建	51	4	11
广东	8	46	0
广西	36	4	1

图7　2020年IHHN专项监测样品的养殖环境分布

（五）样品检测单位和检测方法

2020年各省（自治区、直辖市）监测样品分别委托上海市水产技术推广站、海南省水产技术推广站、福建省水产技术推广总站、中国水产科学研究院黄海水产研究所、大连海关技术中心、中国检验检疫科学研究院、中国水产科学研究院长江水产研究所、中国水产科学研究院珠江水产研究所、广东省水生动物疫病预防控制中心、广西渔业病害防治环境监测和质量检验中心、集美大学、连云港海关综合技术中心、浙江省淡水水产研究所和浙江省水生动物防疫检疫中心共14家单位按照《对虾传染性皮下及造血组织坏死病毒（IHHNV）检测PCR法》（GB/T 25878—2010）进行实验室检测。

广西渔业病害防治环境监测和质量检验中心承担广西壮族自治区样品检测工作，检测样品41批次。广东省水生动物疫病预防控制中心承担广东省样品检测工作，检测样品60批次。福建省水产技术推广总站和集美大学承担福建省样品检测工作，其中福建省水产技术推广总站检测样品15批次，集美大学检测样品51批次。浙江省水生动物防疫检疫中心承担浙江省样品检测工作，检测样品51批次。连云港海关综合技术中心承担江苏省样品检测工作，检测样品50批次。中国水产科学研究院黄海水产研究所承担山东省样品检测工作，检测样品50批次。中国水产科学研究院黄海水产研究所承担河北省样品检测工作，检测样品30批次。中国水产科学研究院长江水产研究所承担湖北省样品检测工作，检测样品16批次。中国检验检疫科学研究院承担天津市样品检测工作，检测样品39批次。大连海关技术中心辽宁省样品检测工作，检测样品30批次。上海市水产技术推广站承担上海市样品检测工作，检测样品15批次。浙江省淡水水产研究所承担安徽省样品检测工作，检测样品40批次。中国水产科学研究院珠江水产研究所承担江西省样品检测工作，检测样品10批次。海南省水产技术推广站承担海南省样品检测工作，检测样品57批次（图8）。

2020年，各检测单位共承担555批次的检测任务，其中承担的检测任务量最多的是中国水产科学研究院黄海水产研究所，为80批次；其次是广东省水生动物疫病预防控制中心，为60批次；再次是海南省水产技术推广站，为57批次。3家检测单位的检测样品量占总样品量的35.5%。

三、检测结果分析

（一）总体阳性检出情况及其区域分布

2015年，农业农村部组织全国水生动物疫病防控体系首次对IHHN实施了专项监测，监测范围是广西、广东、福建、浙江、江苏、山东、天津、河北和辽宁等9个省（自治区、直辖市）。2016年监测范围扩大到广西、广东、福建、浙江、江苏、山东、天津、河北、辽宁和上海10个省（自治区、直辖市）。2017年进一步扩大到天津、河北、辽宁、上海、江苏、浙江、安徽、福建、山东、广东、广西、海南、新疆等13个省（自治区、直辖市）和新疆生产建设兵团，包括108个县、207个乡（镇）。2018年

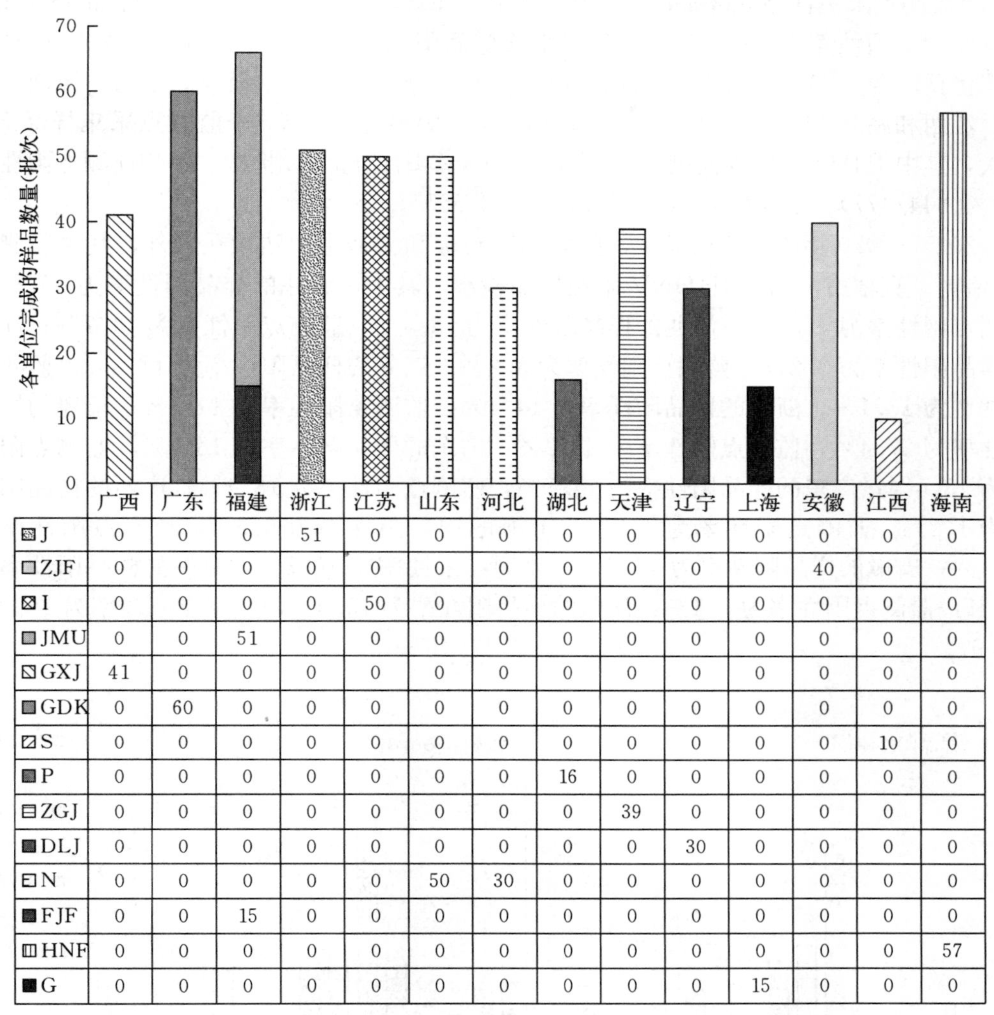

	广西	广东	福建	浙江	江苏	山东	河北	湖北	天津	辽宁	上海	安徽	江西	海南
J	0	0	0	51	0	0	0	0	0	0	0	0	0	0
ZJF	0	0	0	0	0	0	0	0	0	0	0	40	0	0
I	0	0	0	0	50	0	0	0	0	0	0	0	0	0
JMU	0	0	51	0	0	0	0	0	0	0	0	0	0	0
GXJ	41	0	0	0	0	0	0	0	0	0	0	0	0	0
GDK	0	60	0	0	0	0	0	0	0	0	0	0	0	0
S	0	0	0	0	0	0	0	0	0	0	0	0	10	0
P	0	0	0	0	0	0	0	16	0	0	0	0	0	0
ZGJ	0	0	0	0	0	0	0	0	39	0	0	0	0	0
DLJ	0	0	0	0	0	0	0	0	0	30	0	0	0	0
N	0	0	0	0	0	50	30	0	0	0	0	0	0	0
FJF	0	0	15	0	0	0	0	0	0	0	0	0	0	0
HNF	0	0	0	0	0	0	0	0	0	0	0	0	0	57
G	0	0	0	0	0	0	0	0	0	0	15	0	0	0

图 8　2020 年 IHHN 专项监测样品送检单位和样品数量

注：检测单位代码与农渔发〔2018〕10 号文件一致，农渔发〔2018〕10 号文件中未涉及的检测单位代码按照《2016 年我国水生动物重要疫情病情分析》一书中 2016 年白斑综合征（WSD）分析章节中的编写规则进行编写。G：上海市水产技术推广站；HNF：海南省水产技术推广站；FJF：福建省水产技术推广总站；N：中国水产科学研究院黄海水产研究所；DLJ：大连海关技术中心；ZGJ：中国检验检疫科学研究院；P：中国水产科学研究院长江水产研究所；S：中国水产科学研究院珠江水产研究所；GDK：广东省水生动物疫病预防控制中心；GXJ：广西渔业病害防治环境监测和质量检验中心；JMU：集美大学；I：连云港海关综合技术中心；ZJF：浙江省淡水水产研究所；J：浙江省水生动物防疫检疫中心。各单位排名不分先后。

检测范围包括天津、河北、辽宁、上海、江苏、浙江、福建、山东、广东、广西、海南、新疆等 12 个省（自治区、直辖市）和新疆生产建设兵团。2019 年监测范围再次扩大，包括广西、广东、福建、浙江、江苏、山东、河北、天津、辽宁、上海、海南、安徽、江西、湖北、新疆 15 个省（自治区、直辖市）和新疆生产建设兵团。2019 年共从

445 个监测点采集样品 588 批次，其中 IHHNV 阳性监测点 47 个，阳性样品 48 批次，平均监测点阳性率 10.6%（47/445），平均样品阳性率 8.2%（48/588）。2020 年检测范围包括广西、广东、福建、浙江、江苏、山东、河北、天津、辽宁、上海、海南、安徽、江西和湖北 14 个省（自治区、直辖市）。2020 年共从 477 个监测点采集样品 555 批次，其中 IHHNV 阳性监测点 44 个，IHHNV 阳性样品 52 批次，平均监测点阳性率 9.2%（44/477），平均样品阳性率 9.4%（52/555）。

2015—2020 年监测数据显示，除湖北、新疆和新疆生产建设兵团外，其他监测省（自治区、直辖市）均有 IHHNV 阳性样品检出。其中，天津的样品阳性率为 16.8%，监测点阳性率为 15.3%；河北的样品阳性率为 13.4%，监测点阳性率为 14.7%；辽宁的样品阳性率为 3.2%，监测点阳性率为 3.2%；江苏的样品阳性率为 11.6%，监测点阳性率为 13.1%；浙江的样品阳性率为 14.4%，监测点阳性率为 17.3%；福建的样品阳性率为 27.4%，监测点阳性率为 31.2%；山东的样品阳性率为 18.8%，监测点阳性率为 18.4%；广东的样品阳性率为 14.7%，监测点阳性率为 18.4%；广西的样品阳性率为 1.2%，监测点阳性率为 1.8%；上海的样品阳性率为 6.9%，监测点阳性率为 10.1%；安徽的样品阳性率为 15.6%，监测点阳性率为 16.7%；海南的样品阳性率为 5.9%，监测点阳性率为 5.4%；江西的样品阳性率为 15.0%，监测点阳性率为 15.0%（图 9）。

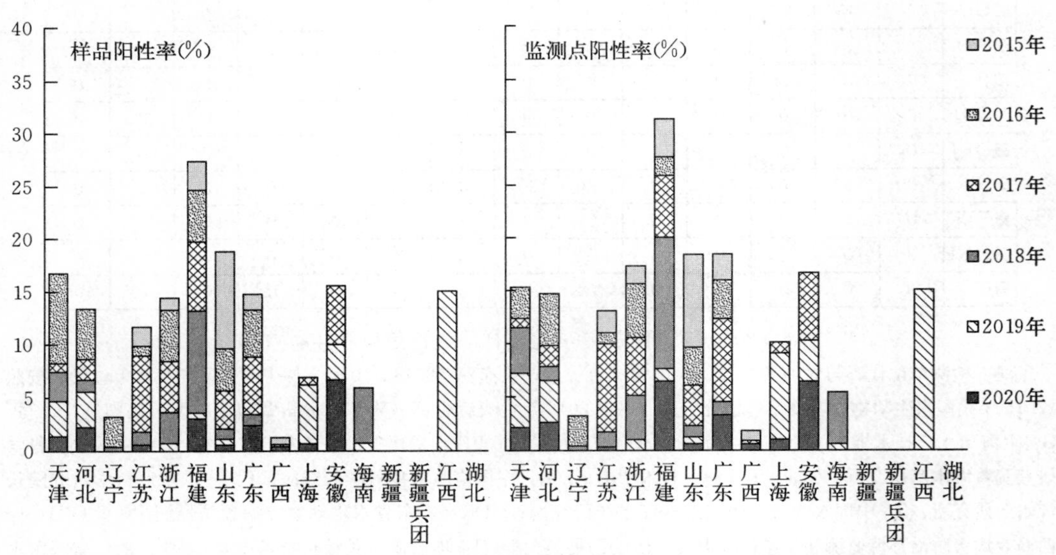

图 9 2015—2020 年 IHHN 专项监测的样品阳性率和监测点阳性率

注：各阳性率是以 2015—2020 年的样品总数或监测点总数为基数计算。

（二）易感宿主

研究表明，凡纳滨对虾、斑节对虾和蓝对虾等多数对虾均是 IHHNV 的易感宿主。

2020年IHHN专项监测结果显示，IHHNV阳性样品种类有凡纳滨对虾、克氏原螯虾和中国明对虾。其中，中国明对虾样品阳性率为8.3%（1/12），克氏原螯虾样品阳性率为7.1%（6/84），淡水养殖的凡纳滨对虾和海水养殖的凡纳滨对虾的样品阳性率分别为13.3%（26/195）和8.2%（19/233）。

（三）不同规格的阳性样品检出情况

2015—2020年IHHN专项监测中，记录了采样规格的IHHNV阳性样品共546批次。其中，阳性率最高的是体长不小于10 cm的样品，为21.5%（89/414）；其次为7～10 cm的样品，阳性率为19.7%（93/471）；4～7 cm的样品，阳性率为15.8%（62/392）；1～4 cm的样品，阳性率为11.2%（180/1 613）；小于1 cm的样品，阳性率为9.4%（122/1 303）（图10）。

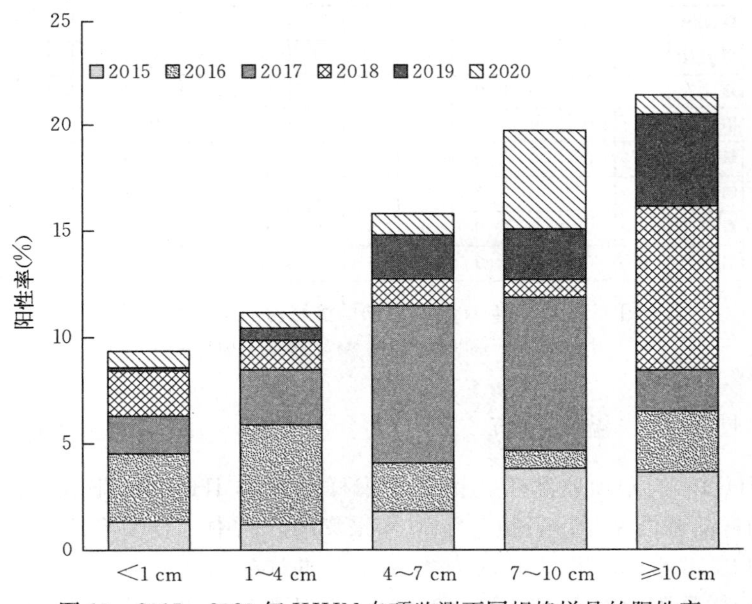

图10 2015—2020年IHHN专项监测不同规格样品的阳性率

（四）不同月份的IHHN阳性检出情况

2020年IHHN的专项监测中，记录采样月份的样品共555批次，IHHNV阳性样品共52批次（图11）。其中，采集于4月的样品中IHHNV阳性样品有2批次，样品阳性率为4.2%（2/48）；采集于5月的样品中IHHNV阳性样品有12批次，样品阳性率为6.8%（12/176）；采集于7月的样品中IHHNV阳性样品有9批次，样品阳性率为15.5%（9/58）；采集于8月的样品中IHHNV阳性样品有28批次，样品阳性率为23.9%（28/117）；采集于10月的样品中IHHNV阳性样品有1批次，样品阳性率为6.3%（1/16）。8月采样的样品中，IHHNV阳性检出率最高。

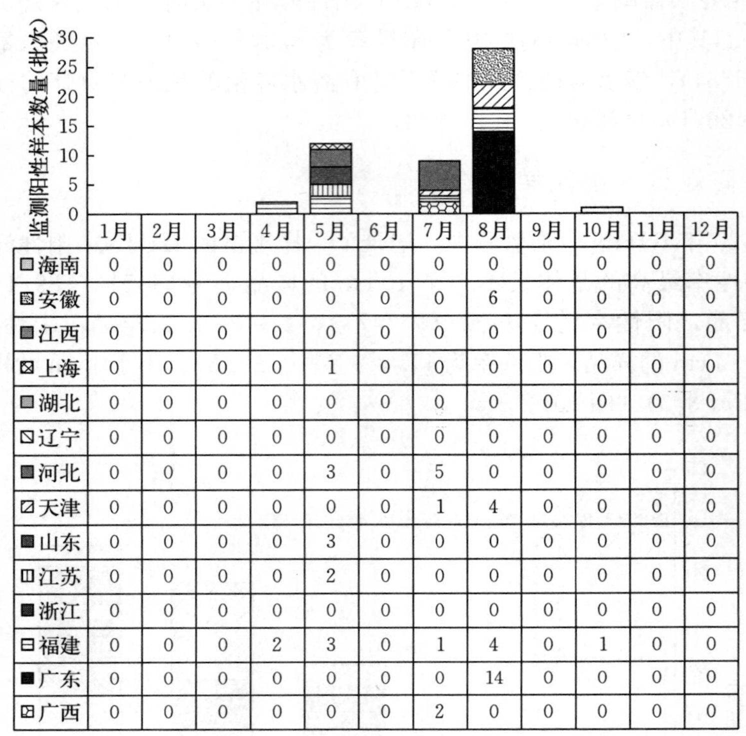

	1月	2月	3月	4月	5月	6月	7月	8月	9月	10月	11月	12月
海南	0	0	0	0	0	0	0	0	0	0	0	0
安徽	0	0	0	0	0	0	0	6	0	0	0	0
江西	0	0	0	0	0	0	0	0	0	0	0	0
上海	0	0	0	0	1	0	0	0	0	0	0	0
湖北	0	0	0	0	0	0	0	0	0	0	0	0
辽宁	0	0	0	0	0	0	0	0	0	0	0	0
河北	0	0	0	0	3	0	5	0	0	0	0	0
天津	0	0	0	0	0	0	1	4	0	0	0	0
山东	0	0	0	0	3	0	0	0	0	0	0	0
江苏	0	0	0	0	2	0	0	0	0	0	0	0
浙江	0	0	0	0	0	0	0	0	0	0	0	0
福建	0	0	0	2	3	0	1	4	0	1	0	0
广东	0	0	0	0	0	0	0	14	0	0	0	0
广西	0	0	0	0	0	0	2	0	0	0	0	0

图 11　2020 年 IHHN 专项监测月份的阳性率分析

注：阳性率是以各月份的总样品数为基数计算。

（五）阳性样品的温度分布

2020 年 IHHN 的专项监测中，记录了采样温度的 IHHNV 阳性样品共 52 批次。从不同温度的样品阳性率角度分析，2020 年采集的样品中，温度不低于 32 ℃的样品阳性率最高，为 27.8%（5/18）；其次为 31～32 ℃的样品阳性率为 18.2%（6/33）；水温在 24～25 ℃的样品阳性率为 15.0%（3/20）；水温在 27～28 ℃的样品阳性率为 14.7%（5/34）；水温在 29～30 ℃的样品阳性率为 12.5%（5/40）；水温在 30～31 ℃的样品阳性率为 12.4%（11/89）；水温在 26～27 ℃的样品阳性率为 10.4%（5/48）；水温在＜24 ℃的样品阳性率为 5.9%（7/119）；水温在 25～26 ℃的样品阳性率为 5.1%（2/39）；水温在 28～29 ℃的样品阳性率为 2.6%（3/115）（图 12）。

（六）阳性样品的 pH 分布

2020 年记录采样时水体 pH 的样品共 79 批次，共检出记录 pH 数据的 IHHNV 阳性样品 2 批次，占有 pH 数据样本量的 2.5%。对不同 pH 的阳性样品进行统计，统计结果显示 pH 为 8.2 时，阳性率最高，为 6.7%（1/15）；pH 为 8.0 时阳性率最低，为 4.2%（1/24）（图 13）。

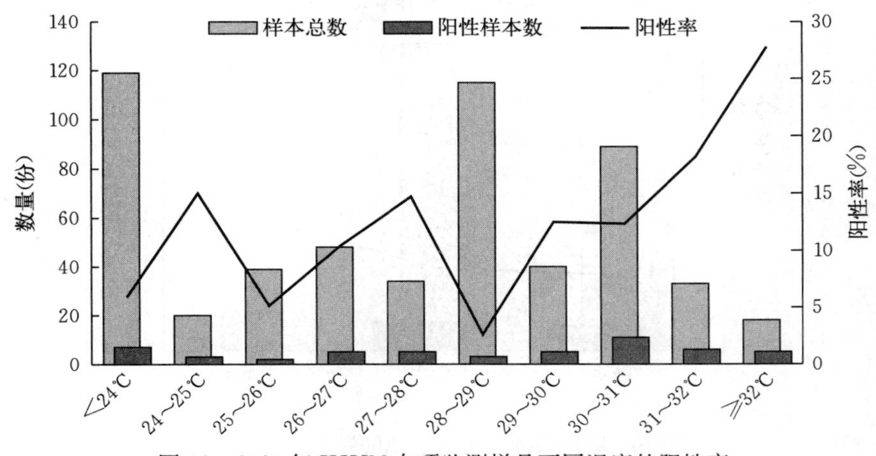

图12　2020年IHHN专项监测样品不同温度的阳性率

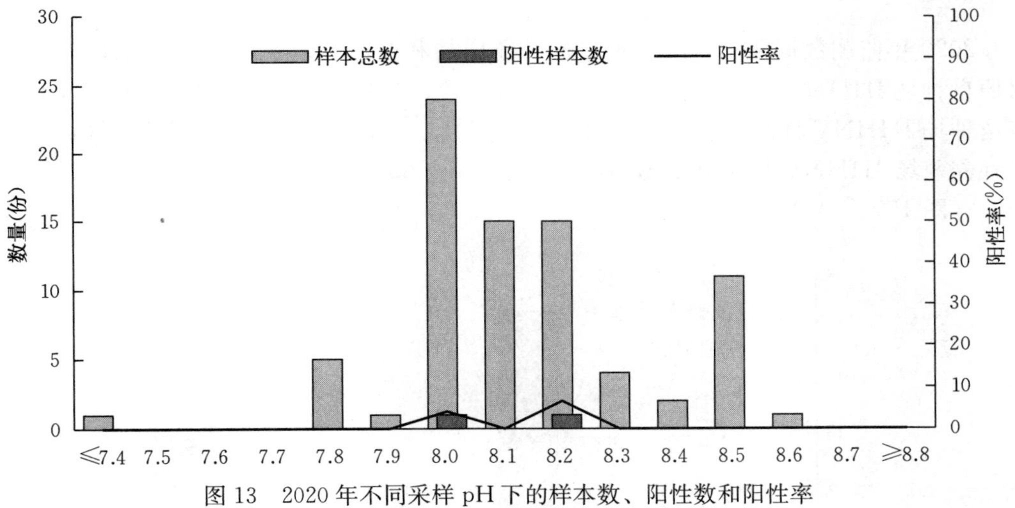

图13　2020年不同采样pH下的样本数、阳性数和阳性率

（七）不同养殖环境的阳性检出情况

2020年记录有养殖水体条件的样品数为537批次，IHHNV阳性样品数为50批次，占有记录样本总量的9.3%。其中，海水养殖的样品数为247批次，检出IHHNV阳性样品21批次，阳性率为8.5%，阳性样品来自广西、广东、福建、山东和河北5个省（自治区）；淡水养殖的样品数为257批次，检出IHHNV阳性样品24批次，阳性率为9.3%，阳性样品来自广东、福建、江苏、天津、上海和安徽6个省（直辖市）；半咸水养殖的样品数为33批次，检出IHHNV阳性样品5批次，阳性率为15.2%，阳性样品来自福建（图14）。

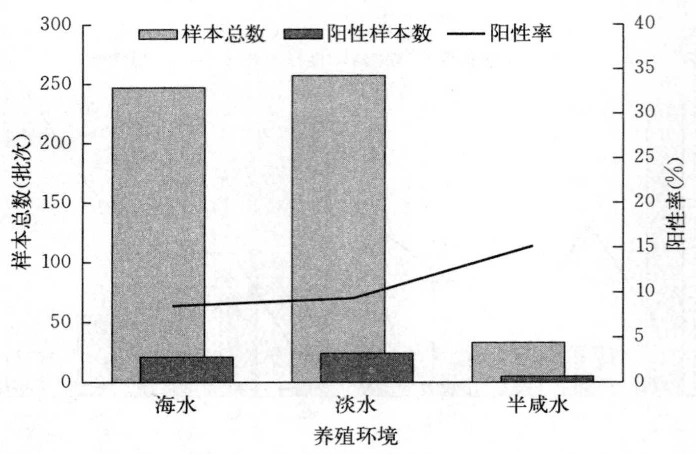

图 14　2020 年不同养殖环境的样本数和阳性数

（八）不同类型监测点的阳性检出情况

2020 年监测数据显示，国家级原良种场样品和监测点均无 IHHNV 阳性检出；省级原良种场 IHHNV 样品阳性率为 9.9%（7/71），监测点阳性率为 14.7%（5/34）；重点苗种场 IHHNV 样品阳性率为 7.1%（15/212），监测点阳性率为 7.2%（14/194）；对虾养殖场 IHHNV 样品阳性率为 11.3%（30/265），监测点阳性率为 10.3%（25/242）（图 15）。

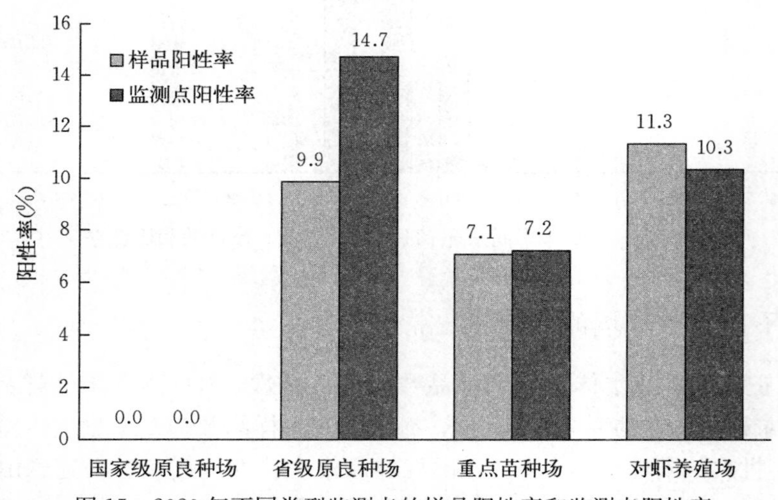

图 15　2020 年不同类型监测点的样品阳性率和监测点阳性率

（九）不同养殖模式监测点的阳性检出情况

2015—2020 年，15 个省（自治区、直辖市）和新疆生产建设兵团的共 3 028 个记录养殖模式的监测点，IHHNV 阳性监测点 424 个，平均阳性率为 14.0%。其中，池塘养殖模式的 IHHNV 阳性率为 14.9%（232/1 556）；工厂化养殖模式的 IHHNV 阳性率为 13.2%（175/1 330）；稻虾连作的 IHHNV 阳性率为 16.0%（8/50）；其他养殖模式的 IHHNV 阳性率为 9.8%（9/92）（图 16）。

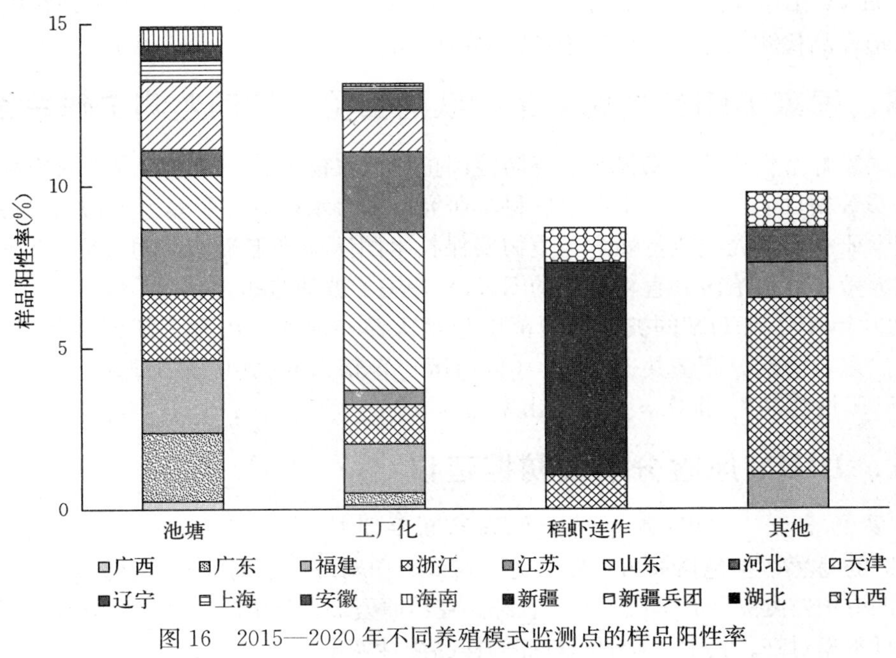

图 16　2015—2020 年不同养殖模式监测点的样品阳性率

（十）不同检测单位的检测结果情况

2020 年共 14 家检测单位承担 14 个省（自治区、直辖市）的检测任务，共计检测样品 555 批次，检出 IHHNV 阳性样品 52 批次。

上海市委托上海市水产技术推广站承担样品检测工作，IHHNV 阳性样品检出率为 6.7%（1/15）；海南省委托海南省水产技术推广站承担样品检测工作，未检出阳性样品（0/57）；福建省分别委托福建省水产技术推广总站和集美大学承担样品检测工作，其中福建省水产技术推广总站未检出阳性样品（0/15），集美大学的 IHHNV 阳性样品检出率为 21.6%（11/51）；山东省和河北省委托中国水产科学研究院黄海水产研究所承担样品检测工作，检测 IHHNV 阳性样品检出率为 13.8%（11/80），其中山东省 IHHNV 阳性样品检出率为 6.0%（3/50），河北省 IHHNV 阳性样品检出率为 26.7%（8/30）；辽宁省委托大连海关技术中心承担样品检测工作，未检出阳性样品（0/30）；天津市委托中国检验检疫科学研究院承担样品检测工作，IHHNV 阳性样品检出率为 12.8%（5/39）；湖北省委托中国水产科学研究院长江水产研究所承担样品检测工作，未检出阳性样品（0/16）；江西省委托中国水产科学研究院珠江水产研究所承担样品检测工作，未检出阳性样品（0/10）；广东省委托广东省水生动物疫病预防控制中心承担样品检测工作，IHHNV 阳性样品检出率为 23.3%（14/60）；广西壮族自治区委托广西渔业病害防治环境监测和质量检验中心承担样品检测工作，IHHNV 阳性样品检出率为 4.9%（2/41）；江苏省委托连云港海关综合技术中心承担样品检测工作，IHHNV 阳性样品检出率为 4.0%（2/50）；安徽省委托浙江省淡水水产研究所承担样品检测工作，IHHNV 阳性样品检出率为 15.0%（6/40）；浙江省委托浙江省水生动物防疫检疫中心承担样品检测工作，未检出阳性样品（0/51）。

四、国家 IHHN 首席专家团队的实验室被动监测工作总结

在国家虾蟹类产业技术体系病害防控岗位科学家任务、中国水产科学研究院基本科研业务费等项目的支持下，中国水产科学研究院黄海水产研究所养殖生物病害控制与分子病理学研究室甲壳类流行病学与生物安保技术团队应产业需求，对 2020 年我国主要甲壳类养殖省（自治区、直辖市）的 IHHN 开展了被动监测。

2020 年针对 IHHN 的被动监测范围包括天津、河北、山东、江苏、湖南、上海、浙江、广东、海南、新疆共 10 个省（自治区、直辖市），共监测 199 批次样品，检出 IHHNV 阳性样品 19 批次，阳性检出率为 9.5%。

五、IHHN 风险分析及防控建议

1. *易感宿主* 《OIE 水生动物疾病诊断手册》（2019 版）第 2.2.4 部分提到 IHHNV 的易感宿主包括加州对虾、斑节对虾、白对虾、蓝对虾和凡纳滨对虾。2020 年 IHHN 的专项监测品种有罗氏沼虾、青虾、克氏原螯虾、凡纳滨对虾、斑节对虾、中国明对虾和日本囊对虾。其中，凡纳滨对虾的样品阳性率最高，为 10.5%（45/428）；其次为中国明对虾的样品阳性率为 8.3%（1/12），克氏原螯虾的样品阳性率为 7.1%（6/84）。

2. *IHHNV 传播途径及传播方式* 根据 2020 年不同类型监测点的监测结果，省级原良种场的样品阳性率为 9.9%（7/71），监测点阳性率 14.7%（5/34）。IHHNV 可通过亲虾进行垂直传播，这给 IHHN 的疫病防控工作带来了极大的挑战。因此，建议尽快在产业中实施对虾种业生物安保工作，甲壳类种苗的产地检疫工作应尽快落实并加强，逐步实现 IHHNV 的源头净化。

3. *IHHN 在我国的流行现状及趋势* 2020 年 IHHN 的专项监测涉及了天津、河北、辽宁、上海、江苏、浙江、福建、山东、广东、广西、海南、湖北、江西和安徽共 14 省（自治区、直辖市）在内的 477 个监测点，检测样品 555 批次，其中 IHHNV 阳性样品 52 批次，样品阳性率为 9.4%；检出 IHHNV 阳性监测点 44 个，监测点阳性率为 9.2%。天津、河北、上海、江苏、山东、安徽、广东、福建和广西共 9 省（自治区、直辖市）检出了 IHHNV 阳性样品，说明在我国该病仍有一定范围的流行。

六、对甲壳类疫病监测工作的建议

1. *建立 IHHN 监测技术规范* 建议逐步建立我国 IHHN 监测技术规范，从监测对象、监测点的设置、采样、样品包装和送样、实验室检测和检测结果报告等各个环节逐

步建立水产行业标准，使本工作可实施、可复核、可追溯，切实提高数据质量，以便为渔业主管部门提供更加科学和准确的决策建议。

2. *加强对专项监测数据的管理和复核* 根据国家水生动物疫病监测任务的要求，充分利用国家水生动物疫病监测信息管理系统对监测数据的有效管理，规范流行病学监测数据的采集和录入，建立数据复核机制，保障监测数据的完善性和规范性。

3. *重视检测单位资质与资格，着力保障监测工作质量* 建议对监测任务承担单位的检测能力和资质提出明确要求，检测单位应通过上一年度农业农村部开展的水生动物防疫系统实验室检测能力验证，或国际能力验证，或取得中国合格评定国家认可委员会认可等相应等效资质，具备IHHNV检测资格。同时，定期组织开展检测单位实验室能力比对和资质认定，对承担检测任务的监测机构定期进行审查和能力测试。

2020年虾肝肠胞虫病状况分析

中国水产科学研究院黄海水产研究所

（谢国驷　万晓媛　董　宣　张庆利　黄　倢）

一、前言

虾肝肠胞虫病（*Enterocytozoon hepatopenaei* disease，EHPD）是由虾肝肠胞虫（*Enterocytozoon hepatopenaei*，EHP）引起的虾类真菌疫病，自被报道以来，严重威胁包括中国在内的全球对虾产业的可持续发展。

农业农村部组织全国水生动物疫病防控体系，自2017—2020年以来，开始对EHPD开展专项监测，监测范围包括安徽、福建、广东、广西、海南、河北、湖北、江苏、江西、辽宁、山东、上海、天津、浙江、新疆共15省（自治区、直辖市）和新疆生产建设兵团，监测的开展极大丰富了我国EHPD的流行病学基本数据，也为该疫病的综合防控等措施的制定提供了基础数据支持。现将2020年监测结果分析如下：

二、EHPD监测

（一）监测概况

自2017年以来，全国水生动物疫病防控体系已连续4年开展了EHPD的专项监测。2017—2020年的监测区域及采样批次如图1所示。2020年EHPD专项监测，计

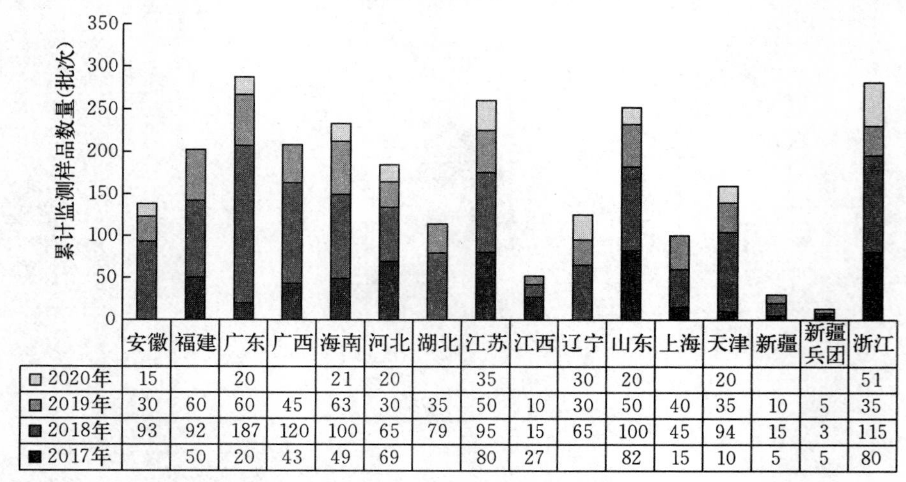

	安徽	福建	广东	广西	海南	河北	湖北	江苏	江西	辽宁	山东	上海	天津	新疆	新疆兵团	浙江
2020年	15		20		21	20		35		30	20		20			51
2019年	30	60	60	45	63	30	35	50	10	30	50	40	35	10	5	35
2018年	93	92	187	120	100	65	79	95	15	65	100	45	94	15	3	115
2017年		50	20	43	49	69		80	27		82	15	10	5	5	80

图1　2017—2020年EHPD专项监测各地区采样批次

9省（直辖市），共涉及49个区（县），93个乡（镇），219个监测点，采集232批次样本。其中国家级原良种场1个，省级原良种场23个，重点苗种场116个，虾类养殖场79个，监测点以重点苗种场为主，占监测点53.0%。本年度监测样品数量排在前三位是浙江、江苏和辽宁，分别采集样品51、35和30批次。

（二）不同养殖模式监测点情况

2020年监测数据统计表明，各省（直辖市）的监测点共219个，养殖模式共220个。不同养殖模式监测点中，池塘养殖监测点148个，占67.3%；工厂化养殖监测点55个，占25.0%；稻虾连作养殖模式的监测点10个，占4.5%；淡水其他养殖模式监测点5个，占2.3%；海水其他养殖模式监测点2个，占0.9%（图2）。

图2　2020年EHPD专项监测不同养殖模式比例

（三）采样的品种和规格

2020年监测样品种类包括凡纳滨对虾（*Penaeus vannamei*）、斑节对虾（*P. monodon*）、中国明对虾（*P. chinensis*）、克氏原螯虾（*Procambarus clarkii*）和罗氏沼虾（*Macrobrachium rosenbergii*），计5种。各省（直辖市）检测虾类样品1～2种，其中河北、辽宁和浙江各检测2种（图3）。

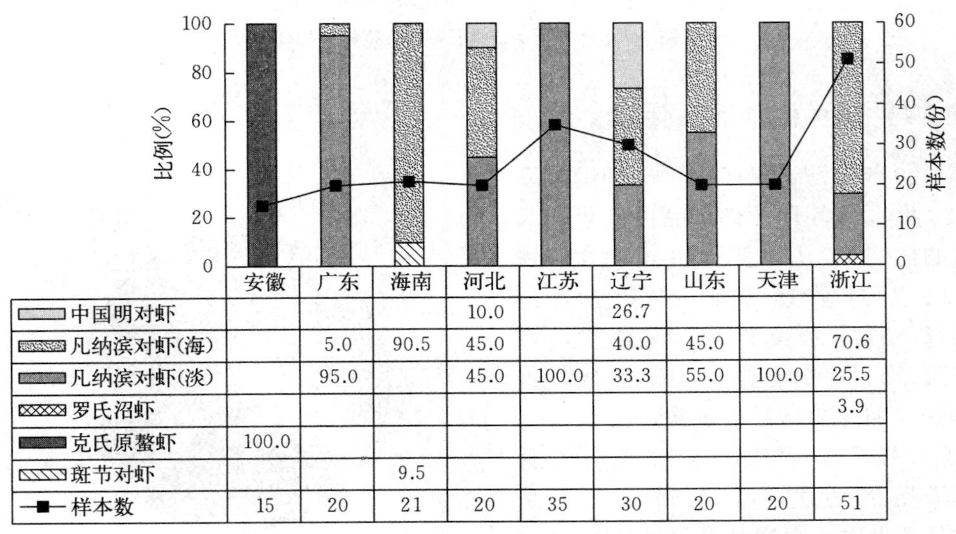

	安徽	广东	海南	河北	江苏	辽宁	山东	天津	浙江
中国明对虾				10.0		26.7			
凡纳滨对虾(海)		5.0	90.5	45.0		40.0	45.0		70.6
凡纳滨对虾(淡)		95.0		45.0	100.0	33.3	55.0	100.0	25.5
罗氏沼虾									3.9
克氏原螯虾	100.0								
斑节对虾			9.5						
样本数	15	20	21	20	35	30	20	20	51

图3　2020年EHPD专项监测虾种类及数量

有体长规格数据（体长数据为一范围时，按范围值两端数值的平均数计）的样品共计206批次。虾类中，体长小于1 cm的样品103批次，占样品总量的50.0%；体长为1～5 cm的样品43批次，占样品总量的20.9%；体长为5～10 cm的样品39批次，占样品总量的18.9%；体长为10～15 cm的样品18批次，占样品总量的8.7%；体长大于15 cm的样品3批次，占样品总量的1.5%。具体各省（直辖市）监测虾类样品规格分布情况见图4。

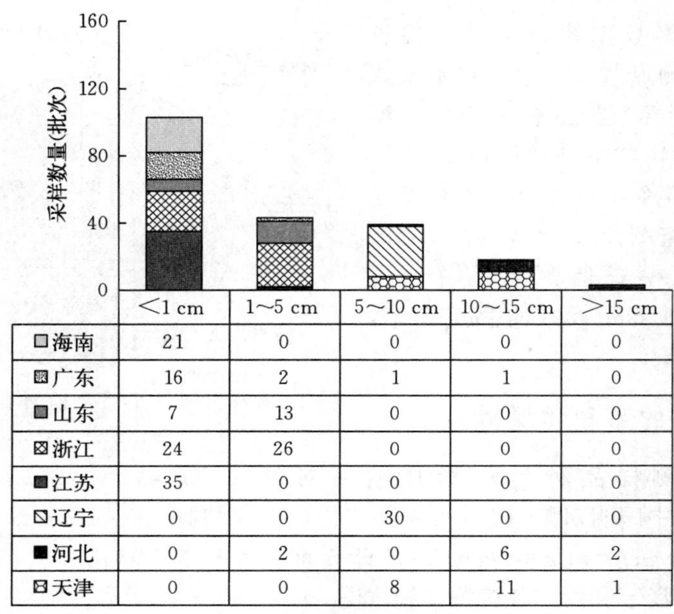

	<1 cm	1～5 cm	5～10 cm	10～15 cm	>15 cm
海南	21	0	0	0	0
广东	16	2	1	1	0
山东	7	13	0	0	0
浙江	24	26	0	0	0
江苏	35	0	0	0	0
辽宁	0	0	30	0	0
河北	0	2	0	6	2
天津	0	0	8	11	1

图4　2020年EHPD专项监测虾类样品体长规格

注：图中下表中数据为有体长规格数据样品的统计数。

（四）抽样的自然条件

2020年监测记录了采样时间的样品共232批次，各月采集样品占记录样品总量的比例为3月采集样品15批次，占6.5%；4月采集样品24批次，占10.3%；5月采集样品30批次，占12.9%；6月采集样品15批次，占6.5%；7月采集样品8批次，占3.4%；8月采集样品53批次，占22.8%；9月采集样品80批次，占34.5%；11月采集样品7批次，占样品总量的3.0%；1月、2月、10月和12月无采样（图5）。

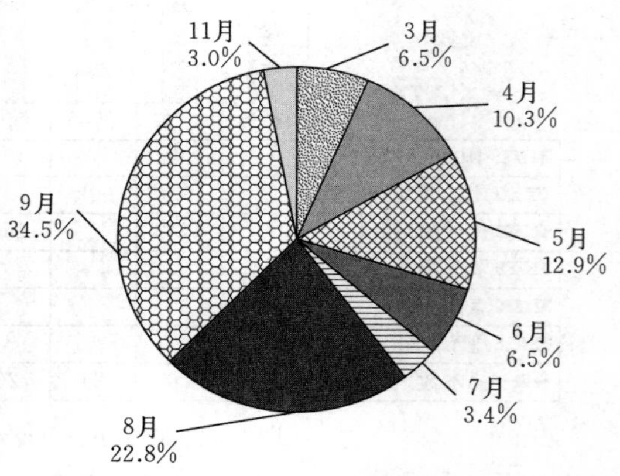

图5　2020年EHPD专项监测样品采样时间分布

2020年监测记录了采样时水温的样

品共232批次。不同温度下采样批次占采样总批次比例为：37批次样品采样时水温小于25℃，占15.9%；8批次样品采样时水温在25℃，占3.4%；67批次样品采样时水温在26℃，占28.9%；31批次样品采样时水温在27℃，占13.4%；35批次样品采样时水温在28℃，占15.1%；18批次样品采样时水温在29℃，占7.8%；26批次样品采样时水温在30℃，占11.2%；10批次样品采样时水温在30℃以上，占4.3%（图6）。

2020年监测记录了采样水体pH的样品仅为27批次，占样品总量的11.6%。不同pH采样批次占记录采样水体pH的总批次的比例为：1批次样品采样pH为7.8，占3.7%；2批次样品采样pH为8.0，占7.4%；8批次样品采样pH为8.1，占29.6%，该批次有1批次的检测结果为阳性；1批次样品采样pH为8.2，占3.7%；3批次样品采样pH为8.3，占11.1%；2批次样品采样pH为8.4，占7.4%；9批次样品采样pH为8.5，占33.3%；1批次样品采样pH为8.6，占3.7%（图7）。

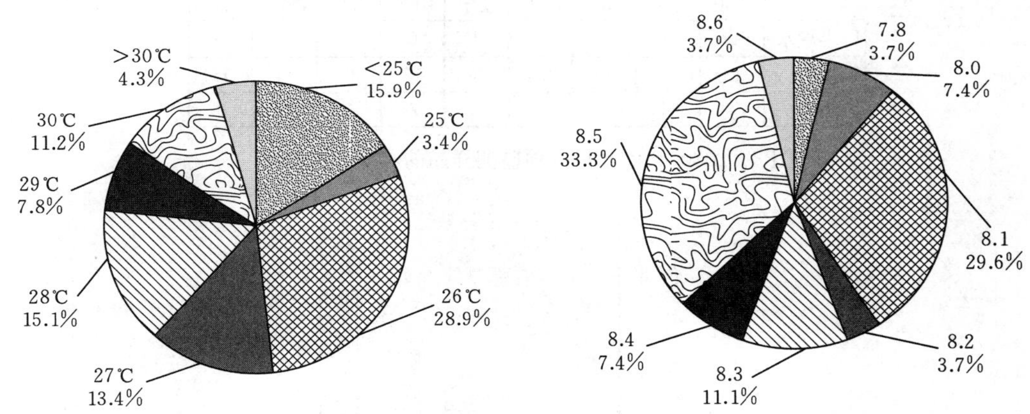

图6　2020年EHPD专项监测样品采样水温分布　　图7　2020年EHPD专项监测样品的采样pH分布

2020年记录了来自不同养殖环境的样品数216批次。其中，海水养殖的样品数为69批次，占样本总量的31.9%；淡水养殖的样品数为130批次，占样本总量的60.2%；半咸水养殖的样品数为17批次，占样本总量的7.9%（图8）。

（五）样品检测单位和检测方法

2020年，各省（直辖市）的监测样品分别委托以下5家单位来完成：中国水产科学研究院黄海水产研究所、中国检验检疫科学研究院、浙江省水生动物防疫检疫中心、中国水产科学研究院珠江水产研究所、浙江省淡水水产研究所。EHPD检测采用Jaroenlak等（2016）针对EHP孢壁蛋白（SWP）基因建立的套式PCR方法，为确保检测结果的准确性，还需对所得的PCR产物进行测序分析确定。

2020年，各检测单位共承担232批次的检测任务。其中，承担任务最多的3家依次为中国水产科学研究院黄海水产研究所（105批次）、浙江省水生动物防疫检疫中心（51批次）和中国水产科学研究院珠江水产研究所（41批次）（图9）。

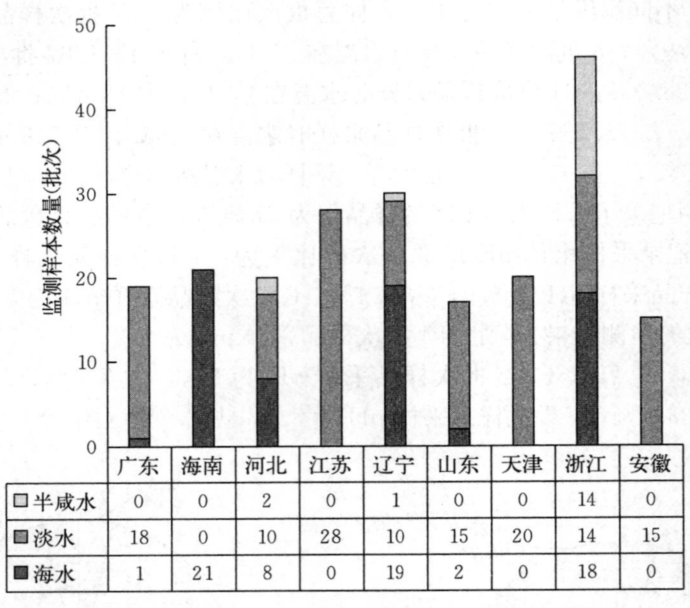

	广东	海南	河北	江苏	辽宁	山东	天津	浙江	安徽
半咸水	0	0	2	0	1	0	0	14	0
淡水	18	0	10	28	10	15	20	14	15
海水	1	21	8	0	19	2	0	18	0

图 8　2020 年 EHPD 专项监测样品的养殖环境情况

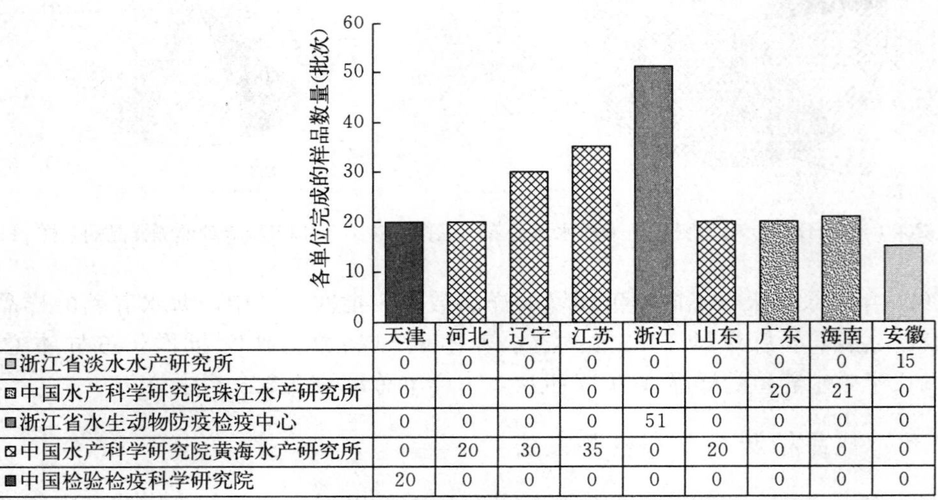

	天津	河北	辽宁	江苏	浙江	山东	广东	海南	安徽
浙江省淡水水产研究所	0	0	0	0	0	0	0	0	15
中国水产科学研究院珠江水产研究所	0	0	0	0	0	0	20	21	0
浙江省水生动物防疫检疫中心	0	0	0	0	51	0	0	0	0
中国水产科学研究院黄海水产研究所	0	20	30	35	0	20	0	0	0
中国检验检疫科学研究院	20	0	0	0	0	0	0	0	0

图 9　2020 年 EHPD 专项监测送检单位及检测样本批次数

三、EHP 检测分析

（一）总体阳性检出情况及区域分布

2020 年 EHP 监测共涉及 49 个区（县）93 个乡（镇）。全年共从 219 个监测点采集样品 232 批次，平均监测点阳性率 15.5%（34/219），平均样品阳性率 14.7%（34/232）。

2020年专项监测数据显示，安徽、江苏、山东和天津无阳性样品检出，其监测点数分别为10、35、20和17个，其样品数分别为15、35、20和20个。各阳性检出省的检出情况分别为：广东的EHP样品阳性率为10.0%（2/20），监测点阳性率为10.5%（2/19）；海南的样品阳性率为4.8%（1/21），监测点阳性率为5.3%（1/19）；河北的样品阳性率和监测点阳性率均为80.0%（16/20）；辽宁的样品阳性率为46.7%（14/30），监测点阳性率为48.3%（14/29）；浙江的样品阳性率和监测点阳性率均为2.0%（1/51）（图10）。

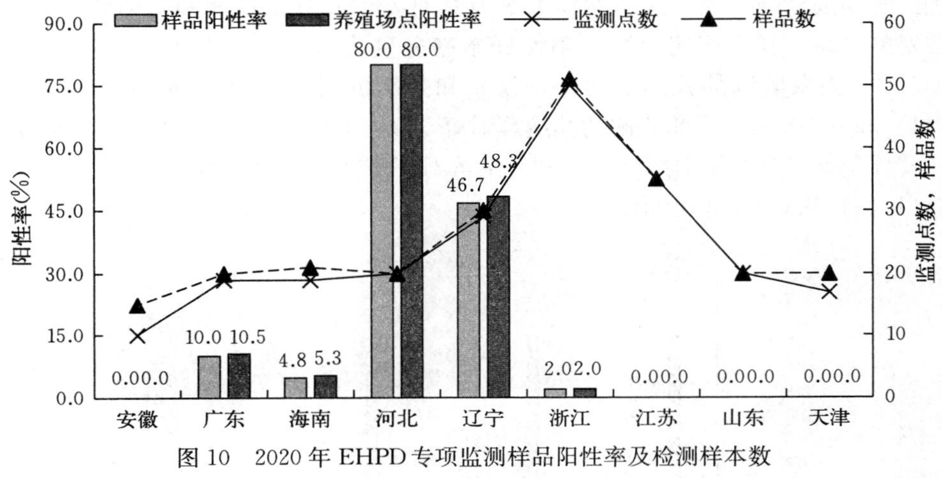

图10　2020年EHPD专项监测样品阳性率及检测样本数

（二）检出EHP阳性的样品种类

2020年EHP监测中，只有凡纳滨对虾（海水或淡水养殖）有EHP阳性检出，其中凡纳滨对虾（淡水养殖）阳性检出率为12.0%（14/117），凡纳滨对虾（海水养殖）阳性检出率为23.3%（20/86）（图11）。

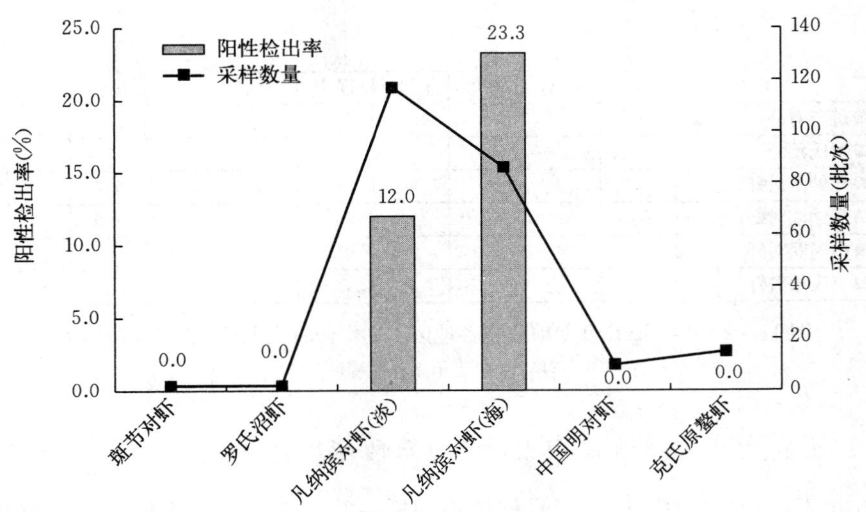

图11　2020年EHPD专项监测不同虾种EHP的阳性率及检测样本数

（三）各地区甲壳类样品中 EHP 的阳性检出情况

2020 年监测中，广东监测的凡纳滨对虾（淡）和凡纳滨对虾（海），阳性样本率分别为 5.3%（1/19）和 100%（1/1）；海南监测的斑节对虾和凡纳滨对虾（海），阳性样本率分别为 0（0/2）和 5.3%（1/19）；河北监测的凡纳滨对虾（淡）、凡纳滨对虾（海）和中国明对虾，阳性样本率分别为 100%（9/9）、77.8%（7/9）和 0（0/2）；江苏监测的凡纳滨对虾（淡）的阳性样本率为 0（0/35）；辽宁监测的凡纳滨对虾（淡）、凡纳滨对虾（海）和中国明对虾，阳性样本率分别为 30%（3/10）、91.7%（11/12）和 0（0/8）；山东监测的凡纳滨对虾（淡）和凡纳滨对虾（海），阳性样本率分别为 0（0/11）和 0（0/9）；天津监测的凡纳滨对虾（淡）的阳性样本率为 0（0/20）；浙江监测的罗氏沼虾、凡纳滨对虾（淡）和凡纳滨对虾（海），阳性样本率分别为 0（0/2）、7.7%（1/13）和 0（0/36）（图 12）。

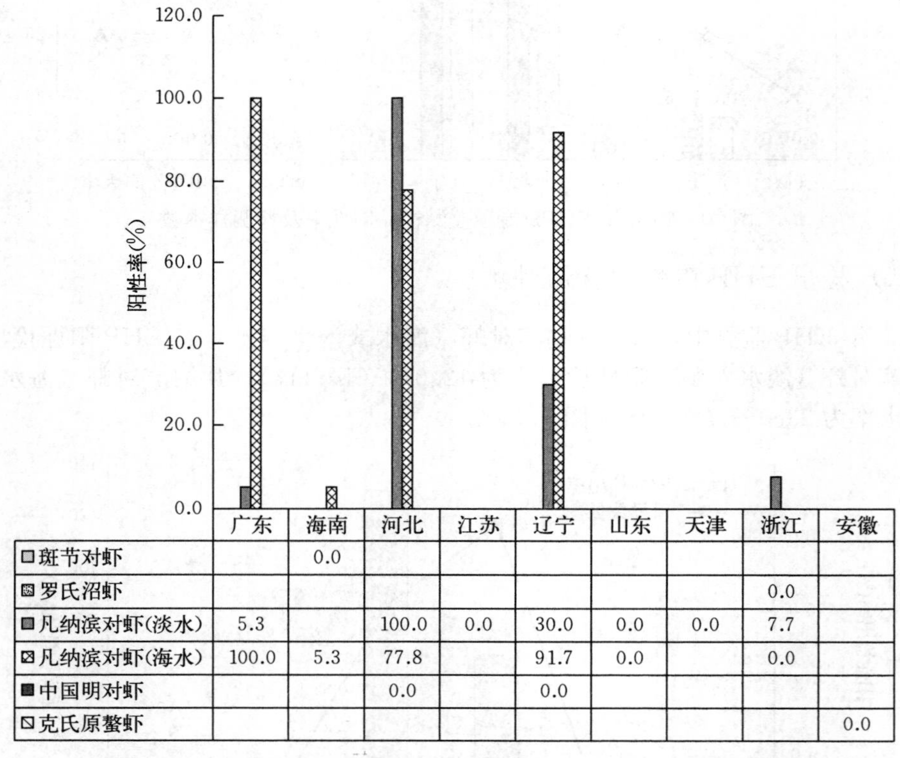

	广东	海南	河北	江苏	辽宁	山东	天津	浙江	安徽
斑节对虾		0.0							
罗氏沼虾								0.0	
凡纳滨对虾(淡水)	5.3		100.0	0.0	30.0	0.0	0.0	7.7	
凡纳滨对虾(海水)	100.0	5.3	77.8		91.7	0.0		0.0	
中国明对虾			0.0		0.0				
克氏原螯虾									0.0

图 12　2020 年 EHPD 专项监测各地区不同甲壳种类 EHP 的阳性检出率

注：空白表示无样品检测。

（四）不同大小个体样品中 EHP 的阳性检出情况

2020 年 EHP 监测中，记录了采样规格的样品共 206 批次。不同规格虾类样品阳性率从高到低依次为：体长为 10～15 cm 的样品阳性率为 38.9%（7/18），体长为 5～

10 cm的样品阳性率为 35.9%（14/39），体长小于 1 cm 的样品阳性率为 2.9%（3/103），其他规格无阳性检出（图 13）。

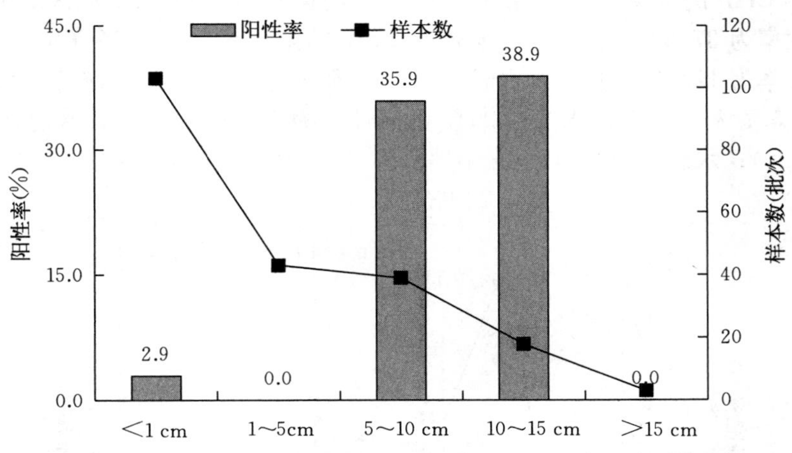

图 13　2020 年 EHPD 专项监测不同规格样品阳性率及检测样本数

（五）不同月份样品中 EHP 的阳性检出情况

2020 年 EHP 的监测中，记录采样月份的样品共 232 批次，阳性样品共 34 批次，其中 1 月、2 月、10 月和 12 月无记录样品。采样月份中，3 月样品阳性率为 0（0/15）；4 月样品阳性率为 4.2%（1/24）；5 月样品阳性率为 3.3%（1/30）；6 月样品阳性率为 0（0/15）；7 月样品阳性率为 0（0/8）；8 月样品阳性率为 32.1%（17/53）；9 月样品阳性率为 17.5%（14/80）；11 月样品阳性率为 14.3%（1/7）（图 14）。

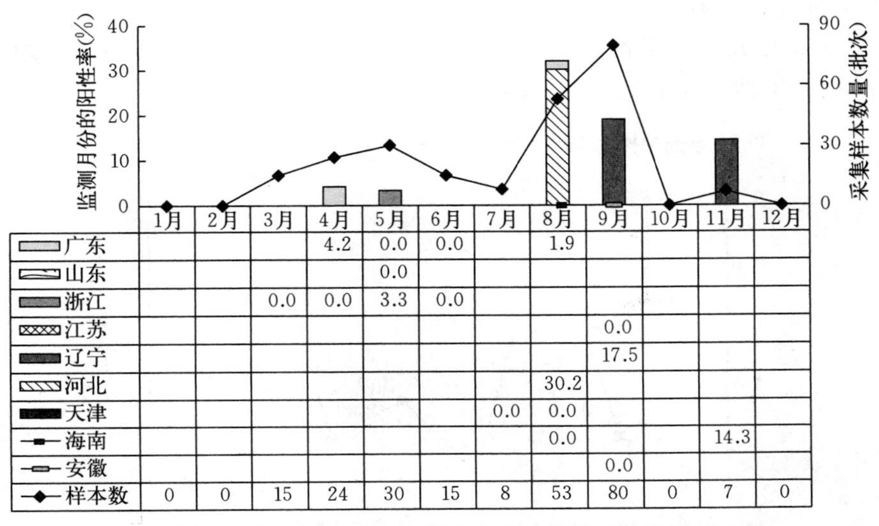

	1月	2月	3月	4月	5月	6月	7月	8月	9月	10月	11月	12月
广东				4.2	0.0	0.0		1.9				
山东					0.0							
浙江			0.0	0.0	3.3	0.0						
江苏									0.0			
辽宁									17.5			
河北								30.2				
天津							0.0	0.0				
海南								0.0			14.3	
安徽									0.0			
样本数	0	0	15	24	30	15	8	53	80	0	7	0

图 14　2020 年 EHPD 专项监测各月份的阳性率及检测样本数

注：空白表示无样品检测。

（六）EHP 阳性样品与采样时温度的关系

2020 年 EHP 的监测中，记录了采样温度的阳性样品共 232 批次。水温在小于 25 ℃的阳性率为 37.8%（14/37）；水温在 27 ℃的阳性率为 32.3%（10/31）；水温在 25 ℃的阳性率为 12.5%（1/8）；水温在 26 ℃的阳性率为 9.0%（6/67）；水温在 28 ℃的阳性率为 5.7%（2/35）；水温在 29 ℃的阳性率为 5.6%（1/18）；水温在 30 ℃无阳性检出（0/26）；水温大于 30 ℃也无阳性检出（0/10）（图 15）。

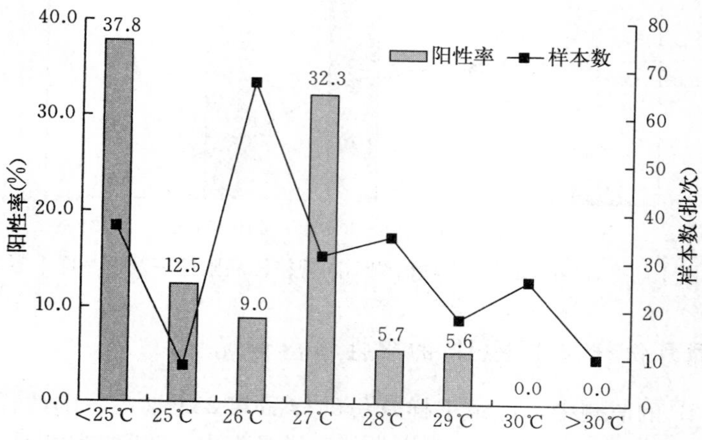

图 15　2020 年 EHPD 专项监测不同温度下阳性率及检测样本数

（七）EPH 阳性样品与采样时 pH 的关系

2020 年监测中，记录采样时水体 pH 的样品仅 27 批次，共检出记录 pH 数据的阳性样品为 1 批次，占有 pH 数据样本量的 3.7%。所记录中，pH 为 7.8、8.0、8.2、8.3、8.4、8.5 和 8.6 所采样本数分别为 1、2、1、3、2、9 和 1，但均无阳性检出。pH 为 8.1 时，阳性率为 12.5%（1/8）（图 16）。

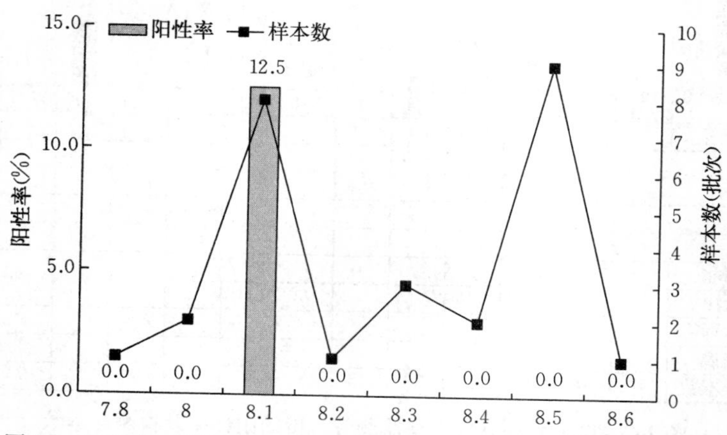

图 16　2020 年 EHPD 专项监测不同采样 pH 下阳性率及检测样本数

（八）不同养殖环境中 EHP 的阳性检出情况

2020 年监测中，记录有来自不同养殖环境的样品数 216 批次，其中阳性样品数为 33 批次，占有记录样本总量的 15.3%。其中，海水养殖样品的阳性率为 26.1%（18/69）；淡水养殖样品的阳性率为 11.5%（15/130）；半咸水养殖样品的阳性率为 0（0/17）（图 17）。

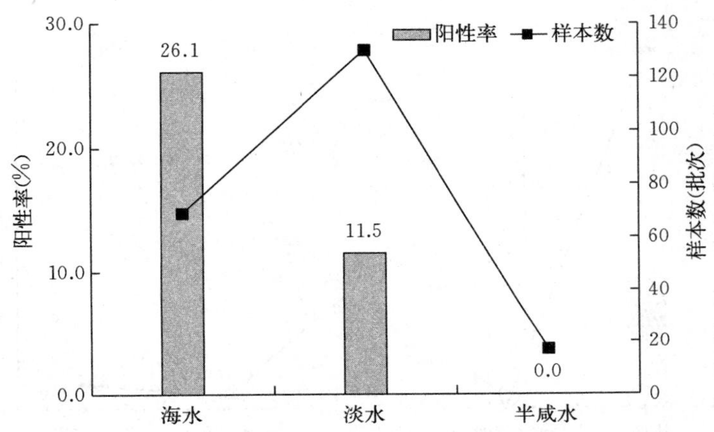

图 17　2020 年 EHPD 专项监测不同养殖环境下阳性率及检测样本数

（九）不同类型监测点样品中 EHP 的阳性检出情况

2020 年监测结果中，国家级原良种场样品和监测点无阳性检出，其对应的样品和监测点数分别为 1 个；省级原良种场样品阳性率为 12.0%（3/25），监测点阳性率为 13.0%（3/23）；重点苗种场的样品阳性率为 1.7%（2/118），监测点阳性率为 1.7%（2/116）；对虾养殖场的样品阳性率为 33.0%（29/88），监测点阳性率为 36.7%（29/79）（图 18）。

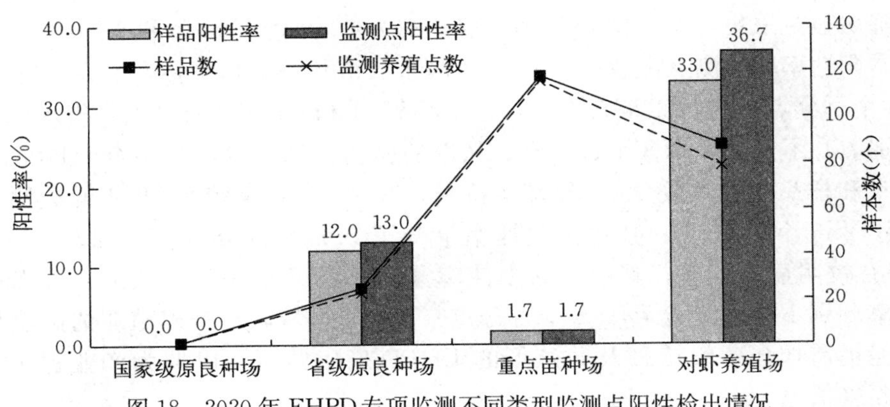

图 18　2020 年 EHPD 专项监测不同类型监测点阳性检出情况

（十）不同养殖模式监测点中 EHP 的阳性检出情况

2020 年监测中，监测的 9 省（直辖市）不同养殖模式监测点平均阳性率为 15.5%（34/220）。其中，池塘养殖模式的阳性率为 20.3%（30/148）；工厂化养殖模式的阳性率为 5.5%（3/55）；海水其他养殖模式的阳性率为 50%（1/2）；稻虾连作养殖模式（0/10）和淡水其他养殖模式（0/5）无阳性检出（图 19）。

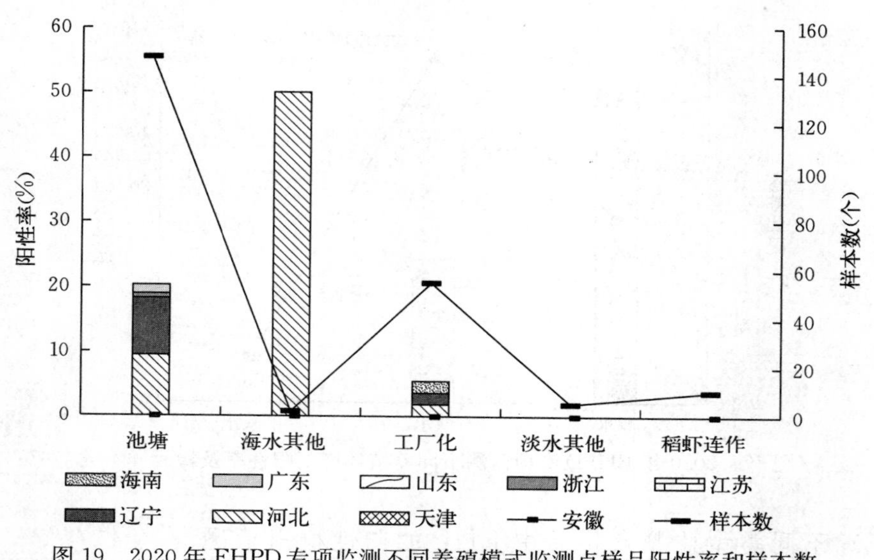

图 19　2020 年 EHPD 专项监测不同养殖模式监测点样品阳性率和样本数

四、EHP 风险分析及防控建议

（一）EHPD 在我国总体流行现状及趋势

EHPD 专项监测自 2017 年起已连续开展了 4 年。2020 年监测中，监测范围和样本数下降明显，采集样本批次和监测点数分别为 2019 的 39.5%和 49.0%。较 2019 年的样本阳性率和监测点阳性率，2020 年的重点苗种场下降明显，分别下降了 12.0 和 15.8 个百分点，但对虾养殖场分别上升了 15.4 和 16.5 个百分点，省级原良种场所也分别上升了 6.4 和 6.8 个百分点。从总的监测数据上看，2020 年 EHPD 的监测点阳性率和样品阳性率较 2019 年基本持平，其中 2020 年较 2019 年的监测点阳性率下降了 2.6 个百分点，但样品阳性率上升了 0.2 个百分点。但相较 2017 年和 2018 仍有较明显的下降，其中样品阳性率分别下降了 6.8 和 7.7 个百分点；监测点阳性率分别下降了 6.6 和 8.5 个百分点（图 20）。着眼对虾养殖业的高质量绿色发展，但仍需加强各级苗种及养殖场的 EHPD 疫病监测，以期为产业提供 EHPD 的准确预警信息。

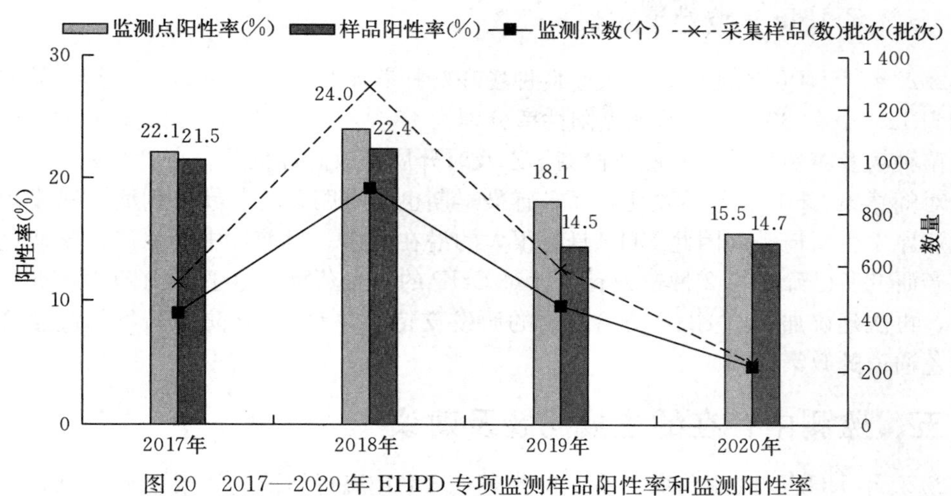

图20　2017—2020年EHPD专项监测样品阳性率和监测阳性率

（二）EHP在苗种场及养殖场检出情况

2020年，仅监测的1家国家级原良种场样品和监测点无EHP阳性样品检出；重点苗种场样品阳性率和监测点阳性率较低，均为1.7%；省级原良种场和对虾养殖场EHP阳性率较高，其样品阳性率分别为12.0%和33.0%，监测点阳性率13.0%和36.7%。这一结果表明，2020年检测的重点苗种场EHPD防控工作较好，但检测中的对虾产业中省级原良种场和对虾苗种场苗种仍存有较大的EHP传播风险。另外，本年度的仅监测1家国家级原良种场的EHPD的疫情真实情况还有待更多监测数据的分析评估。

（三）EHP阳性检出样品种类与易感宿主

2020年的EHPD专项监测涉及甲壳类5种，包括斑节对虾、克氏原螯虾、罗氏沼虾、凡纳滨对虾和中国明对虾，但2020年只有凡纳滨对虾有阳性检出的情况。考虑除凡纳滨对虾外的其他4种虾类（包括EHP的确定宿主斑节对虾在内）的采样批次仅为2～15批，这些虾类的EHPD的检出结果的可靠性还有待更多的监测样本的数据分析。

（四）EHP流行与环境条件的关系

2020年的EHPD专项监测中记录数据显示，水温在小于25℃（20～24℃）时EHP有10%～65.0%的较高阳性检出率，该区间范围的平均阳性率为37.8%（14/37），其次为27℃时EHP有32.3%（10/31）的阳性检出率；本年度pH记录区间为7.8～8.6，pH有记录的数据占总样本数的11.6%（27/232），其中pH有记录样本的阳性检出率仅为3.7%（1/27），基于数据过少的情况，难以进行pH与EHPD可靠相关性的分析。

（五）EHPD 防控对策建议

2020 年 EHPD 监测中，省级原良种场和对虾养殖场的阳性率较高，其样品阳性率分别为 12.0%和 33.0%，监测点阳性率分别为 13.0%和 36.7%。因此有必要加强包括各级苗种场及养殖场在内的疫情检测，以及时开展有效防控措施。

对虾感染 EHP 后并不致死，而且感染早期也没有明显的症状，因而不易发现或被其他病原发生所掩盖，因此 EHP 具有很大的潜在危害。目前，中国水产科学研究院黄海水产研究所已筛选出 2 种较为有效针对 EHP 的驱虫药物。鉴于 EHPD 对产业的严重危害，再次建议加强对 EHP 防治药物的研发支持，并对 EHP 防治药物的应急开发给予绿色通道的政策倾斜。

五、监测中存在的主要问题及建议

2020 年 EHPD 监测获取了我国虾类养殖 EHP 流行情况的重要基础数据，这对虾类的疫病的流行及防控具有重要意义，但本次监测工作中也存在如下有待完善和改进的地方，主要包括：

1. 监测点和采样数量少　2020 年，EHPD 的监测点数量和采样数量均较 2019 年有大幅下降，其中监测点和采样批次仅分别为 2019 年的 49.0%和 39.5%，另外监测布局的 9 省（直辖市）中 7 省（直辖市）监测的总样品数仅为 10～29 份，斑节对虾和罗氏沼虾仅采集了 2 批次。监测点数量和采样数量低会对监测结果的代表性和准确性造成负面影响，不利于全面和精确掌握我国有关 EHPD 的实际流行与危害情况，也会给我国对虾主养区 EHPD 的有效防控带来障碍。

2. 监测范围有限　2020 年，EHPD 监测范围为 9 省（直辖市），较 2019 年的 15 省（自治区、直辖市）和新疆生产建设兵团在监测范围上有大幅下降，2020 年监测涉及区（县）和乡（镇）数为 2019 年的 39.2%和 41.3%。监测点布局范围的缩小，也会给监测结果的代表性和准确性带来不利影响，从而对基于 2020 年监测与往年监测结果的数据分析可靠性产生影响。

3. 个别监测数据不完整　在 2020 年监测任务有限的样本中，仍存在个别监测点没有按照监测任务工作方案要求全面采集数据、及时上传监测相关数据的情况，如 232 份样品有 pH 记录的只占到 11.6%等。EHPD 相关环境及背景信息的缺失，会导致对 EHPD 流行特征的评估出现偏差，影响对该疫病发生规律的准确判断。

总体而言，2020 年 EHPD 监测任务中存在的监测点数量与样本量少、监测覆盖范围有限和监测数据不完整等问题，这些会对 2020 年度 EHPD 监测结果分析的准确性带来一定程度的不良影响，建议 2021 年度 EHPD 监测中能够加强监测任务组织，以期逐步提升监测任务的数据产出质量。

六、对甲壳类疫病监测工作的建议

1. 扩大监测范围及采样数量　鉴于 EHPD 在虾类产业上的严重危害，以及 2020 年监测中存在监测范围及采样数量较小的不足，建议扩大监测范围以覆盖我国主要的养殖区域及品种，如将更多国家级原良种场、省级原良种场、重点苗种场和对虾苗种场纳入监测范围，并增加每个检测点的采样数量，以准确掌握 EHPD 在我国甲壳类的流行情况，进而为该疫病的有效防控提供可靠流行病学数据。

2. *加强监测单位检测能力测试* 为了保障我国水生动物相关疫病专项监测结果的可靠性与准确性，农业农村部渔业渔政管理局和全国水产技术推广总站共同组织和实施了“水生动物防疫系统实验室检测能力测试”活动，EHPD 能力验证计划项目自 2018 年起已连续实施 3 年，2020 年全国共 75 个参测实验室参加了 EHPD 能力验证计划项目，对参测单位的评估总体满意率为 74.7%，与 2019 年的 75.0%的满意率基本持平。这一结果提示，全国参测实验室对 EHPD 监测的总体水平还有待提高。建议将参加专项监测的各检测单位都应纳入水生动物疫病的能力测试中，每年评估其检测疫病病原的真实水平，专项监测任务主管部门根据评估结果择优选择检测能力水平高的检测单位承担 EHPD 的年度监测计划任务，以便保障其能够提供准确的检测结果。

3. *加强包括 EHP 在内的各种疫控资源的收集* 病原本身也是重要的疫控资源，建议在开展全国范围的 EHPD 疫情监测的基础上，开展对包括 EHP 在内的各种病原微生物的收集、鉴定和保藏工作，为我国水生动物病原的基础及应用开发研究提供病原微生物材料支撑。

2020年虾虹彩病毒病状况分析

中国水产科学研究院黄海水产研究所

（邱　亮　董　宣　万晓媛　张庆利　黄　倢）

一、前言

虾虹彩病毒病（SHID）是由十足目虹彩病毒1（DIV1）引起的甲壳类动物疫病，已经被亚太水产养殖中心网（NACA）收录亚太水生动物季度报告疫病名录（QAAD），并于2021年被世界动物卫生组织（OIE）收录为需通报的水生动物疫病。

目前研究证实的易感宿主有凡纳滨对虾、红螯螯虾（*Cherax quadricarinatus*）、罗氏沼虾、日本沼虾（*M. nipponense*）、脊尾白虾（*Exopalaemon carinicauda*）、克氏原螯虾以及斑节对虾。

DIV1可侵染宿主的造血组织、淋巴器官、血细胞和上皮细胞。原位杂交和地高辛标记的原位环介导等温扩增实验表明，DIV1的阳性信号不仅存在于细胞质，也存在于细胞核内，说明此病毒的复制过程可能与虹彩病毒科的其他成员相似，既包括细胞核阶段，也包括细胞质阶段。

自2014年以来，DIV1已经在我国多个甲壳类养殖省份检出。2020年，NACA发布紧急警告，在印度洋的野生斑节对虾样品中检出DIV1，阳性率达到19.2%（5/26）。同年，OIE在其官方网站发布紧急通知，我国台湾的斑节对虾、红螯螯虾和凡纳滨对虾样品中也检出了DIV1阳性。由于缺乏世界范围的监测调查，DIV1的起源和传播情况尚不明确。

针对DIV1，已经建立了多种核酸检测方法。2020年，农业农村部根据中国水产科学研究院黄海水产研究所建立的套式PCR以及组织病理学方法，制定发布了《虾虹彩病毒病诊断规程》行业标准。最近，还有一些新的DIV1检测方法建立和发表，如TaqMan-MGB探针荧光定量PCR、环介导等温扩增以及重组酶聚合酶快速检测等。

二、全国各省开展SHID的专项监测情况

（一）概况

农业农村部组织全国水生动物疫病防控体系，从2017年开始首次在天津、河北、上海、江苏、浙江、福建、江西、山东、湖北、广东、广西、海南、新疆13个省（自治区、直辖市）和新疆生产建设兵团开展了SHID的专项监测工作，涉及113个区（县），182个乡（镇），450个监测点，554批次样本。2018年，监测范围进一步增加了

辽宁和安徽两个省份，包括 15 个省（自治区、直辖市）和新疆生产建设兵团，涉及 185 个区（县），358 个乡（镇），871 个监测点，共采集和检测样品 1 255 批次。2019 年，在天津、河北、辽宁、湖北、江苏、浙江、福建、山东、上海、江西、安徽、广东、广西、海南和新疆 15 个省（自治区、直辖市）开展监测，涉及 121 个区（县），220 个乡（镇），441 个监测点，587 批次样品。

2020 年，SHID 专项监测范围，包括天津、河北、辽宁、江苏、浙江、江西、山东、广东和海南 9 个省（直辖市），共涉及 60 个区（县），114 个乡（镇），285 个监测点。其中，省级原良种场 24 个，苗种场 150 个，成虾养殖场 111 个。2020 年，国家监测计划样品数为 245 批次，实际采集和检测样品 297 批次，各省（直辖市）均较好地完成了年度目标任务。2017—2020 年，各省（自治区、直辖市）累计监测样品数 2 693 批次（表 1），其中，山东累计监测样品 287 批次、广东累计监测样品 286 批次、浙江累计监测样品 280 批次，累计监测样品的数量分列前三位（图 1）。

表 1　2017—2020 年 SHID 专项监测省（自治区、直辖市）**采样数量**（批次）

监测省份	天津	河北	辽宁	湖北	江苏	浙江	福建	山东	上海	江西	安徽	广东	广西	海南	新疆	新疆兵团
监测样品数	171	201	130	146	255	280	204	287	100	48	123	286	192	232	30	8

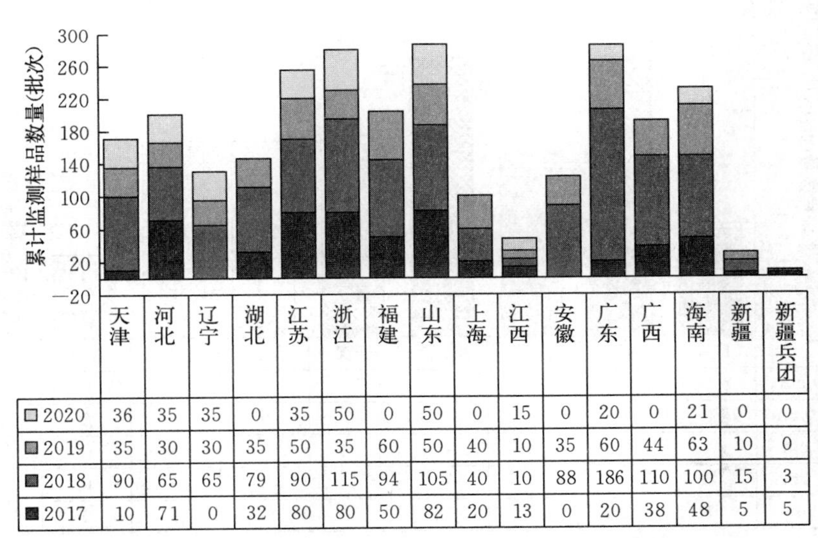

图 1　2017—2020 年 SHID 专项监测的采样数量统计

（二）不同养殖模式监测点情况

2020 年，各省（自治区、直辖市）专项监测数据的 285 个监测点全部记录了养殖模式。其中，池塘养殖的监测点 188 个，占 66.0%；工厂化养殖的监测点 90 个，占

31.6%；稻虾连作的监测点 1 个，占 0.4%；其他养殖模式的监测点 6 个，占 2.1%（图 2）。

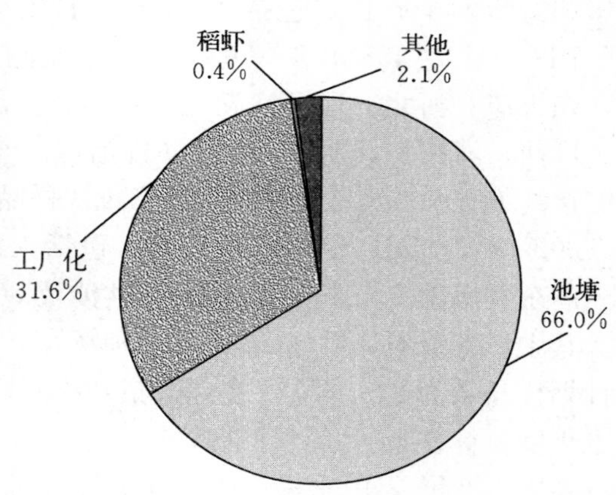

图 2　2020 年 SHID 专项监测点的养殖模式比例

（三）2020 年采样的品种、规格

2020 年监测样品种类有凡纳滨对虾、罗氏沼虾、斑节对虾、中国明对虾和克氏原螯虾。相比于 2019 年，缺少了青虾、日本囊对虾、澳洲龙虾和中华绒螯蟹等 4 个种类。

2020 年，所监测的 297 批次样品全部记录了采样规格。其中，体长小于 1 cm的样品 111 批次，占样品总量的 37.4%；体长为 1～4 cm 的样品 70 批次，占样品总量的 23.6%；体长为 4～7 cm 的样品 19 批次，占样品总量的 6.4%；体长为 7～10 cm 的样品 46 批次，占样品总量的 15.5%；体长不小于 10 cm 的样品 51 批次，占样品总量的 17.2%。具体各省（自治区、直辖市）监测样品规格分布情况见图 3。

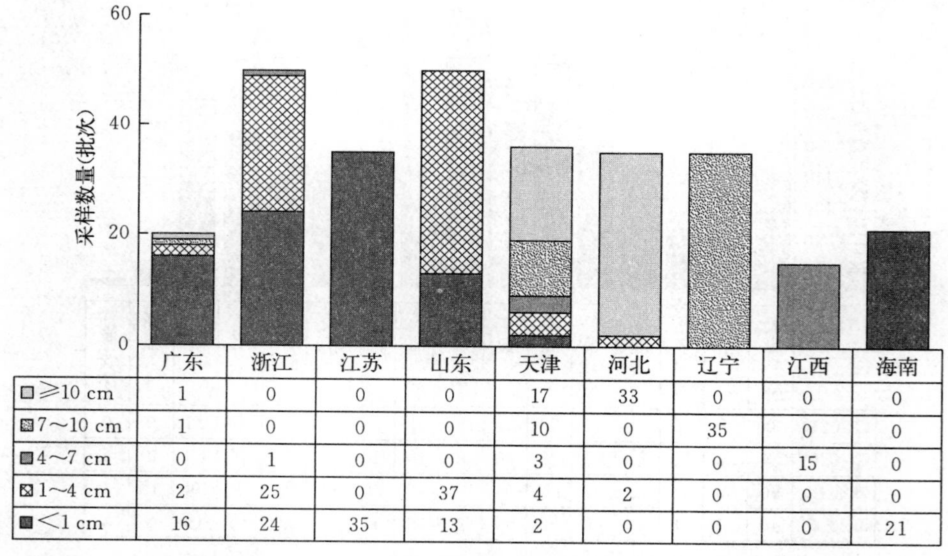

	广东	浙江	江苏	山东	天津	河北	辽宁	江西	海南
≥10 cm	1	0	0	0	17	33	0	0	0
7～10 cm	1	0	0	0	10	0	35	0	0
4～7 cm	0	1	0	0	3	0	0	15	0
1～4 cm	2	25	0	37	4	2	0	0	0
<1 cm	16	24	35	13	2	0	0	0	21

图 3　2020 年各省份 SHID 专项监测样品的采样规格

2017—2020 年监测样品的规格分布情况见图 4，可见体长小于 1 cm 的样品所占比例逐年增加，体长 1～4 cm 的样品所占比例逐年减小，体长 4～7 cm 的样品所占比例相比 2018 和 2019 年明显减小，体长 7～10 cm 和体长大于 10 cm 的样品所占比例相比前三年有所增加。

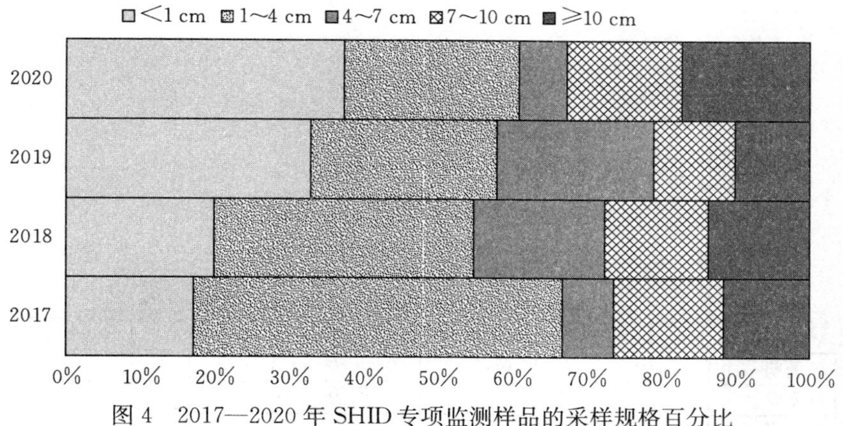

图 4　2017—2020 年 SHID 专项监测样品的采样规格百分比

（四）抽样的自然条件

2020 年，所监测的 297 批次样品全部记录了采样时间。其中，1 月和 2 月无样品采集；3 月采集样品 15 批次，占总样品的 5.1%；4 月采集样品 24 批次，占总样品的 8.1%；5 月采集样品 65 批次，占总样品的 21.9%；6 月采集样品 15 批次，占总样品的 5.1%；7 月采集样品 12 批次，占总样品的 4.0%；8 月采集样品 74 批次，占总样品的 24.9%；9 月采集样品 85 批次，占总样品的 28.6%；10 月无样品采集；11 月采集样品 7 批次，占总样品的 2.4%；12 月无样品采集。样品采集主要集中在 5 月、8 月和 9 月，其中，9 月采集样品数量最多，8 月次之。

2017—2020 年，各专项监测省（自治区、直辖市）的专项监测数据中总共 2 693 批次样品，全部记录了采样时间。其中，1 月采集样品 8 批次，占总样品的 0.3%；2 月无样品采集；3 月采集样品 64 批次，占总样品的 2.4%；4 月采集样品 167 批次，占总样品的 6.2%；5 月采集样品 897 批次，占总样品的 33.3%；6 月采集样品 362 批次，占总样品的 13.4%；7 月采集样品 492 批次，占总样品的 18.3%；8 月采集样品 388 批次，占总样品的 14.4%；9 月采集样品 153 批次，占总样品的 5.7%；10 月采集样品 119 批次，占总样品的 4.4%；11 月采集样品 33 批次，占总样品的 1.2%；12 月采集样品 10 批次，占总样品的 0.4%。样品采集主要集中在 5～8 月，占总采样量的 79.4%（图 5）。

2020 年，所监测的 297 批次样品全部记录了采样时水温。其中，53 批次样品采样时水温低于 24 ℃，占样品总量的 17.8%；14 批次样品采样时水温在 24～25 ℃，占 4.7%；13 批次样品采样时水温在 25～26 ℃，占 4.4%；77 批次样品采样时水温在 26～27 ℃，占 25.9%；31 批次样品采样时水温在 27～28 ℃，占 10.4%；48 批次样品采样时水温在 28～29 ℃，占 16.2%；17 批次样品采样时水温在 29～30 ℃，占 5.7%；34 批次样品采样时水温在 30～31 ℃，占 11.4%；7 批次样品采样时水温在 31～32 ℃，占 2.4%；3 批次样品采样时水温不低于 32 ℃，占 1.0%。

2017—2020 年监测样品的水温分布情况见图 6，可见 2020 年采样水温在低于 24 ℃

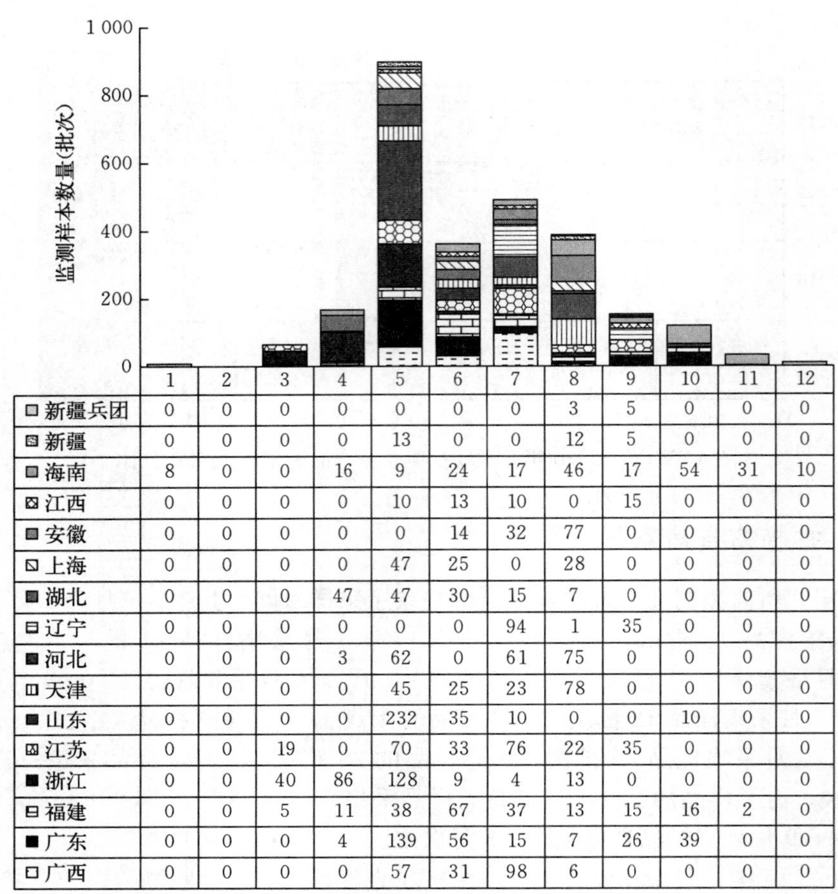

	1	2	3	4	5	6	7	8	9	10	11	12
新疆兵团	0	0	0	0	0	0	0	3	5	0	0	0
新疆	0	0	0	0	13	0	0	12	5	0	0	0
海南	8	0	0	16	9	24	17	46	17	54	31	10
江西	0	0	0	0	10	13	10	0	15	0	0	0
安徽	0	0	0	0	0	14	32	77	0	0	0	0
上海	0	0	0	0	47	25	0	28	0	0	0	0
湖北	0	0	0	47	47	30	15	7	0	0	0	0
辽宁	0	0	0	0	0	0	94	1	35	0	0	0
河北	0	0	0	3	62	0	61	75	0	0	0	0
天津	0	0	0	0	45	25	23	78	0	0	0	0
山东	0	0	0	0	232	35	10	0	0	10	0	0
江苏	0	0	19	0	70	33	76	22	35	0	0	0
浙江	0	0	40	86	128	9	4	13	0	0	0	0
福建	0	0	5	11	38	67	37	13	15	16	2	0
广东	0	0	0	4	139	56	15	7	26	39	0	0
广西	0	0	0	0	57	31	98	6	0	0	0	0

图 5　2017—2020 年各省（自治区、直辖市）每月采样数量分布

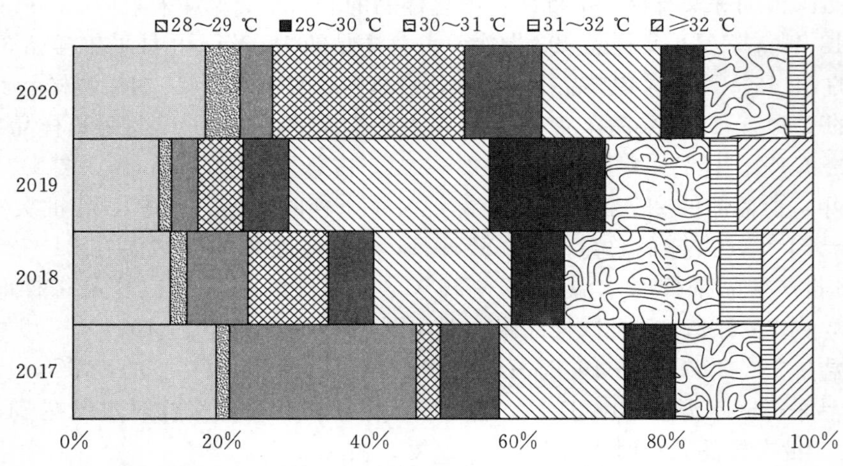

图 6　2017—2020 年 SHID 专项监测样品的采样水温百分比

时的样品所占比例相比 2018 和 2019 年有所增加，采样水温在 24～25 ℃时的样品所占比例相比前三年有所增加，采样水温在 25～26 ℃时的样品所占比例相比 2017 和 2018 年明显减小，采样水温在 26～28 ℃时的样品所占比例相比前三年有明显增加，采样水温不低于 32 ℃时的样品所占比例相比前三年有明显减小。

2020 年，记录了采样水体 pH 的样品共 26 批次，仅占全年总样品量的 8.8%，这个比例在 2017、2018、2019 年分别为 53.4%、31.2%、24.5%，呈逐年下降趋势。其中，2 批次样品 pH 为 8.0，占记录采样 pH 样品总量的 7.7%；8 批次样品 pH 为 8.1，占 30.8%；1 批次样品 pH 为 8.2，占 3.8%；3 批次样品 pH 为 8.3，占 11.5%；2 批次样品 pH 为 8.4，占 7.7%；9 批次样品 pH 为 8.5，占 34.6%；1 批次样品 pH 为 8.6，占 3.8%（图 7）。

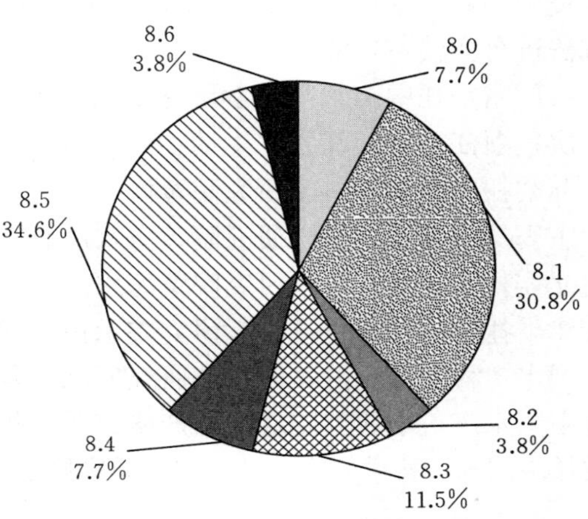

图 7　2020 年 SHID 专项监测样品的采样 pH 分布

2020 年，记录有养殖环境的样品数为 280 批次。其中，海水养殖的样品数为 111 批次，占样本总量的 39.6%；淡水养殖的样品数为 150 批次，占样本总量的 53.6%；半咸水养殖的样品数为 19 批次，占样本总量的 6.8%（图 8）。

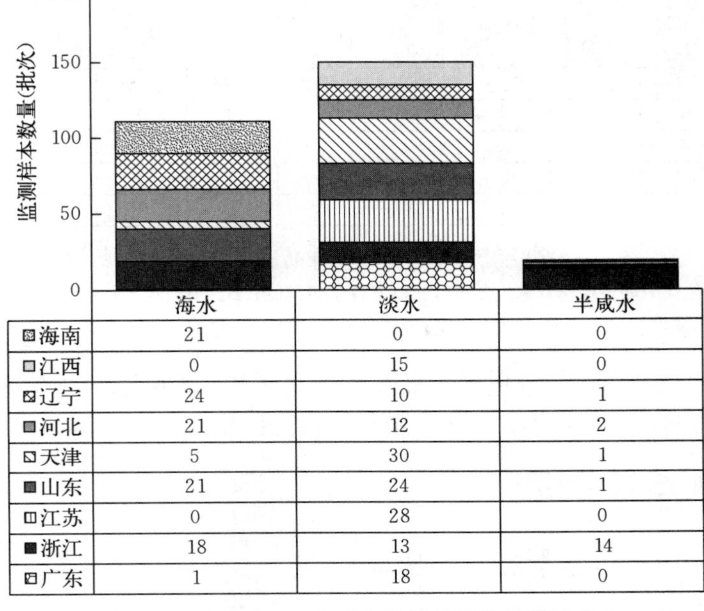

	海水	淡水	半咸水
海南	21	0	0
江西	0	15	0
辽宁	24	10	1
河北	21	12	2
天津	5	30	1
山东	21	24	1
江苏	0	28	0
浙江	18	13	14
广东	1	18	0

图 8　2020 年 SHID 专项监测样品的养殖环境分布

（五）样品检测单位

2020 年各省（直辖市）监测任务分别委托中国检验检疫科学研究院、中国水产科学研究院黄海水产研究所、中国水产科学研究院珠江水产研究所、浙江省水生动物防疫检疫中心共 4 家单位按照中国水产科学研究院黄海水产研究所建立的 DIV1 套式 PCR 方法进行实验室检测。

广东委托中国水产科学研究院珠江水产研究所承担其样品检测工作，检测样品 20 批次；浙江委托浙江省水生动物防疫检疫中心承担其样品检测工作，检测样品 50 批次；江苏委托中国水产科学研究院黄海水产研究所承担其样品检测工作，检测样品 35 批次；山东委托中国水产科学研究院黄海水产研究所承担其样品检测工作，检测样品 50 批次；河北委托中国水产科学研究院黄海水产研究所承担其样品检测工作，检测样品 35 批次；天津委托中国检验检疫科学研究院承担其样品检测工作，检测样品 36 批次；辽宁委托中国水产科学研究院黄海水产研究所承担其样品检测工作，检测样品 35 批次；江西委托中国水产科学研究院珠江水产研究所承担其样品检测工作，检测样品 15 批次；海南委托中国水产科学研究院珠江水产研究所承担其样品检测工作，检测样品 21 批次（图 9）。

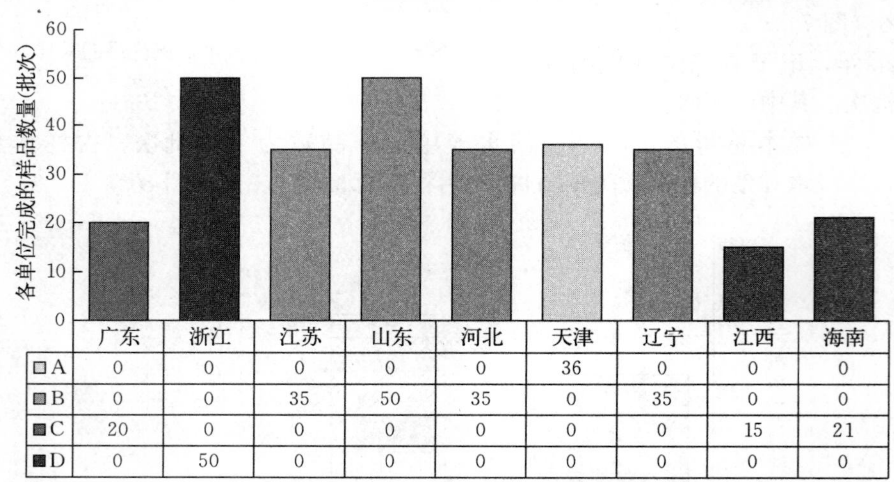

	广东	浙江	江苏	山东	河北	天津	辽宁	江西	海南
□A	0	0	0	0	0	36	0	0	0
■B	0	0	35	50	35	0	35	0	0
■C	20	0	0	0	0	0	0	15	21
■D	0	50	0	0	0	0	0	0	0

图 9　2020 年 SHID 专项监测样品送检单位和样品数量

注：检测单位代码如下所示。A：中国检验检疫科学研究院；B：中国水产科学研究院黄海水产研究所；C：中国水产科学研究院珠江水产研究所；D：浙江省水生动物防疫检疫中心。

2020 年，各检测单位共承担 297 批次的检测任务，中国水产科学研究院黄海水产研究所承担的检测任务量最多，为 155 批次，占总样品量的 52.2%。

三、检测结果分析

（一）总体阳性检出情况及其区域分布

SHID 的专项监测从 2017 年开始实施，首次的监测范围包括 13 个省（自治区、直辖市）和新疆生产建设兵团。2018 年，进一步增加了对辽宁和安徽 2 个省的监测，扩大到 15 个省（自治区、直辖市）和新疆生产建设兵团。2019 年，未对新疆生产建设兵团进行监测，监测范围包括 15 个省（自治区、直辖市）。2020 年，监测范围有所减小，包括天津、河北、辽宁、江苏、浙江、山东、江西、广东和海南等 9 个省（直辖市）。共采集样品 297 批次，检出阳性样品 26 批次，样品阳性率为 8.8%；设置监测点 285 个，检出阳性 26 个，监测点阳性率为 9.1%。

2017—2020 年共监测样品 2 693 批次，检出阳性样品 297 批次，DIV1 的平均样品阳性率为 11.0%；共设置监测点 2 047 个，检出阳性 262 个，平均监测点阳性率为 12.8%。监测数据显示，除新疆和新疆生产建设兵团暂无阳性样品检出，天津、河北、辽宁、湖北、江苏、浙江、福建、山东、上海、江西、安徽、广东、广西和海南均监测到阳性。其中，天津的样品阳性率为 0.6%（1/171），监测点阳性率为 0.7%（1/134）；河北的样品阳性率为 1.0%（2/201），监测点阳性率为 1.1%（2/177）；辽宁的样品阳性率和监测点阳性率均为 4.6%（6/130）；湖北的样品阳性率为 6.8%（10/146），监测点阳性率为 6.9%（10/145）；江苏的样品阳性率为 13.7%（35/255），监测点阳性率为 15.0%（35/234）；浙江的样品阳性率为 20.7%（58/280），监测点阳性率为 26.2%（55/210）；福建的样品阳性率为 0.5%（1/204），监测点阳性率为 1.1%（1/91）；山东的样品阳性率为 8.7%（25/287），监测点阳性率为 10.0%（25/251）；上海的样品阳性率为 29.0%（29/100），监测点阳性率为 36.7%（29/79）；江西的样品阳性率和监测点阳性率均为 39.6%（19/48）；安徽的样品阳性率为 33.3%（41/123），监测点阳性率为 35.8%（34/95）；广东的样品阳性率为 18.5%（53/286），监测点阳性率为 23.0%（28/122）；广西的样品阳性率为 8.3%（16/192），监测点阳性率为 9.9%（16/161）；海南的样品阳性率为 0.4%（1/232），监测点阳性率为 0.7%（1/136）（图 10）。

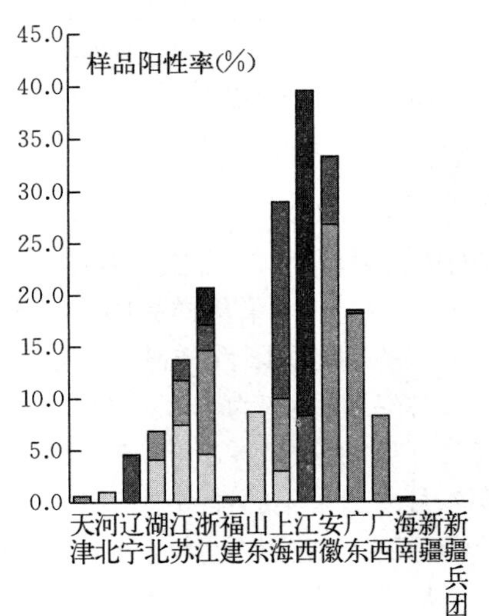

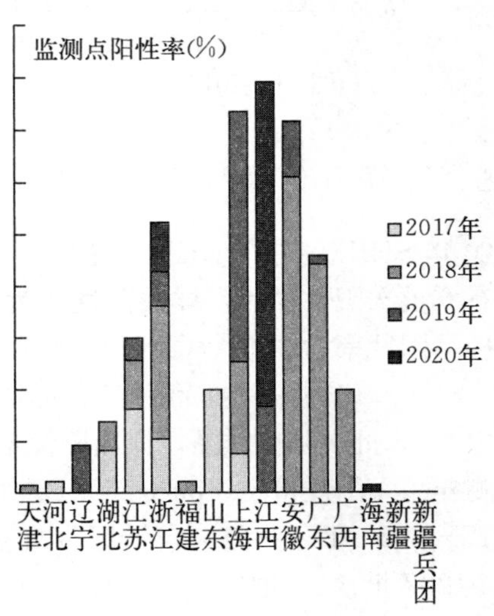

图 10　2017—2020 年 SHID 专项监测样品阳性率和监测点阳性率

注：各省阳性率是以 2017—2020 年的样品总数或监测点总数为基数计算。

（二）检出阳性的甲壳类

2020 年 SHID 专项监测结果显示，DIV1 阳性样品种类有凡纳滨对虾和克氏原螯虾。其中，淡水养殖的凡纳滨对虾的样品阳性率为 3.0%（4/135）、海水养殖的凡纳滨对虾的样品阳性率为 5.4%（7/129）、克氏原螯虾的样品阳性率达到 100%（15/15）。

（三）不同养殖规格的阳性检出情况

2017—2020 年 SHID 专项监测中，记录了采样规格的阳性样品共 297 批次。其中，体长为 4～7 cm 的样品阳性率最高，为 21.6%（87/402）；其次为 7～10 cm 的样品，阳性率为 10.6%（39/367）；小于 1 cm 样品的阳性率为 9.4%（61/649）；1～4 cm 的采样样品的阳性率为 9.2%（86/930）；不小于 10 cm 样品的阳性率为 7.0%（24/345）（图 11）。

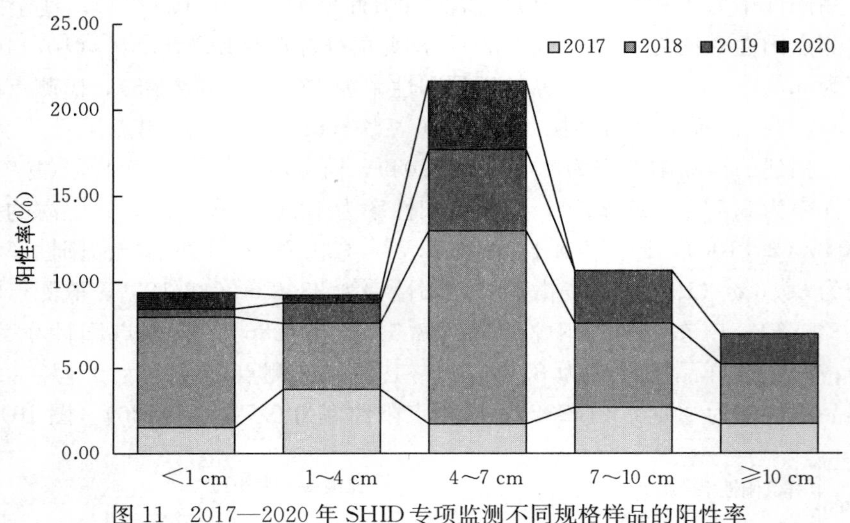

图 11　2017—2020 年 SHID 专项监测不同规格样品的阳性率

（四）不同月份的 SHID 阳性检出情况

2020 年 SHID 的专项监测中，记录采样月份的阳性样品共 26 批次。其中，4 月采集样品中有 6 批次阳性样品，样品阳性率为 25.0%（6/24）；5 月采集样品中有 2 批次阳性样品，样品阳性率为 3.1%（2/65）；6 月采集样品中有 2 批次阳性样品，样品阳性率为 13.3%（2/15）；8 月采集样品中有 1 批次阳性样品，样品阳性率为 1.4%（1/74）；9 月采集样品中有 15 批次阳性样品，样品阳性率为 17.6%（15/85）。1～3 月、7 月以及 10～12 月的监测样品无阳性检出。2020 年，DIV1 主要在 4 月之后采集的样品中检出。

2017—2020 年，各省（自治区、直辖市）和新疆生产建设兵团记录采样月份的阳性样品共 297 批次。四年的监测中，6 月的阳性率最高，为 16.3%（59/362）；其次是 5 月，为 12.8%（115/897）；然后是 4 月、9 月和 7 月。总体来看，阳性样品全部集中在 4～10 月。1～3 月和 11、12 月暂无阳性样品检出（图 12）。

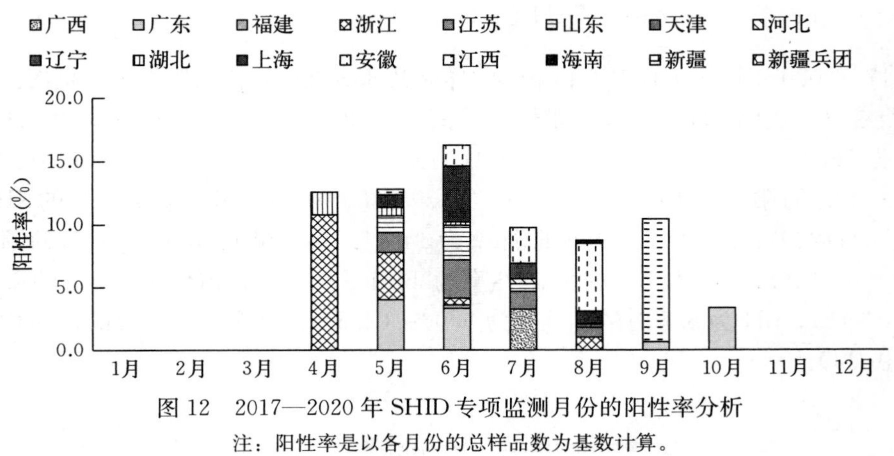

图12　2017—2020年SHID专项监测月份的阳性率分析

注：阳性率是以各月份的总样品数为基数计算。

（五）阳性样品与采样时温度的关系

2020年SHID的专项监测中，记录了采样温度的阳性样品共26批次。从样品阳性率角度分析，2020年采集的样品中，温度在低于24℃的阳性率最高，为28.3%（15/53）；其次为31～32℃，为14.3%（1/7）；水温在28～29℃的阳性率为12.5%（6/48）；水温在25～26℃的阳性率为7.7%（1/13）；水温在26～27℃的阳性率为3.9%（3/77）；水温在24～25℃、27～28℃、29～31℃以及不低于32℃时，无阳性样品检出。

2017—2020年，各省（自治区、直辖市）和新疆生产建设兵团记录采样水温的阳性样品共297批次。四年的监测中，温度在27～28℃的阳性率最高，为16.0%（30/188）；其次是31～32℃，为15.5%（17/110）；然后是29～30℃，为14.8%（35/236）。整体来看，水温从低于24℃至不低于32℃的监测范围均有阳性样品检出（图13）。

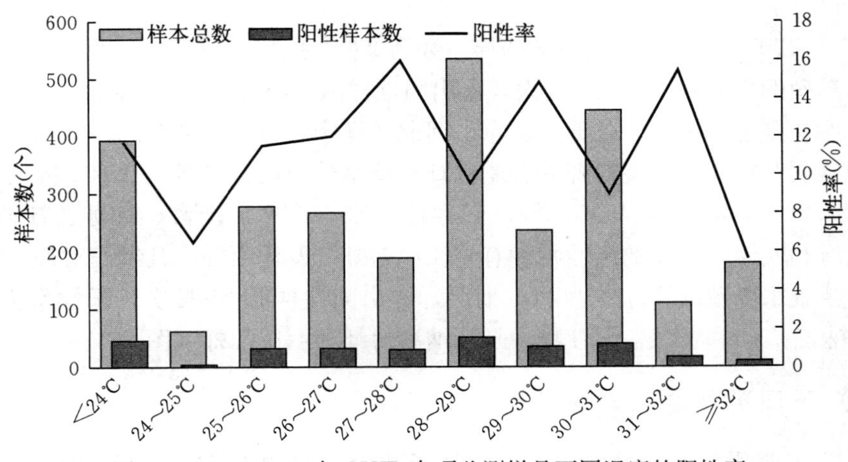

图13　2017—2020年SHID专项监测样品不同温度的阳性率

（六）阳性样品与采样时 pH 的关系

2017—2020 年记录采样时水体 pH 的样品共 858 批次，检出阳性 142 批次。对不同 pH 进行统计，表明 pH 为 7.5 时阳性率最高，为 26.8%（26/97）；其次为 pH7.6 时，阳性率为 26.4%（14/53）；pH 为 8.2 时的阳性率为 19.0%（19/100）；pH 为 8.3、8.4 和 8.6 时的阳性率均为 16.7%（4/24、6/36、1/6）；pH 为 8.0 时的阳性率为 16.6%（38/229）；pH 为 7.8 时的阳性率为 14.7%（10/68）；pH≤7.4 时的阳性率为 11.5%（14/122）；pH 为 7.9 时的阳性率为 11.1%（1/9）；pH 为 8.1 时的阳性率为 9.0%（7/78）；pH 为 8.5 时的阳性率为 8.0%（2/25）；其余 pH 采集的样品均无阳性检出（图 14）。

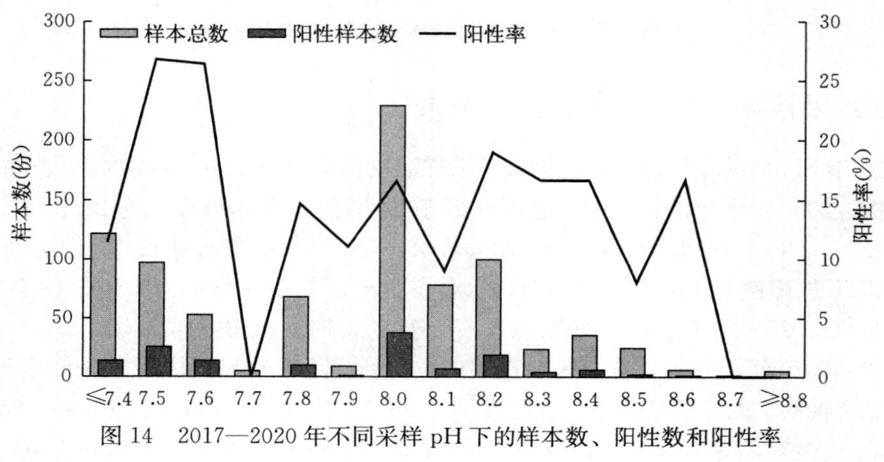

图 14　2017—2020 年不同采样 pH 下的样本数、阳性数和阳性率

（七）不同养殖环境的阳性检出情况

2017—2020 年记录有养殖环境的样品数为 2 653 批次，阳性样品数为 294 批次。其中，海水养殖的样品数为 1 160 批次，检出阳性样品 70 批次，阳性率为 6.0%，阳性样品来自广西、福建、浙江、江苏、山东、河北、辽宁和海南，涉及的阳性物种有凡纳滨对虾、中国明对虾、日本囊对虾和脊尾白虾；淡水养殖的样品数为 1 292 批次，检出阳性样品 204 批次，阳性率为 15.8%，阳性样品来自广东、浙江、江苏、江西、湖北、天津、上海和安徽，涉及的阳性物种有克氏原螯虾、罗氏沼虾、凡纳滨对虾、青虾和澳洲龙虾；半咸水养殖的样品数为 201 批次，检出阳性样品 21 批次，阳性率为 10.4%，阳性样品来自广西和浙江，阳性物种是凡纳滨对虾和罗氏沼虾（图 15）。

（八）不同类型监测点的阳性检出情况

2020 年，监测数据显示：省级原良种场共设立监测点 24 个，监测样品 26 批次，无阳性检出；重点苗种场的样品阳性率为 5.8%（9/155），监测点阳性率为 6.0%（9/

150)；对虾养殖场的样品阳性率为 14.7%（17/116），监测点阳性率为 15.3%（17/111）（图 16）。

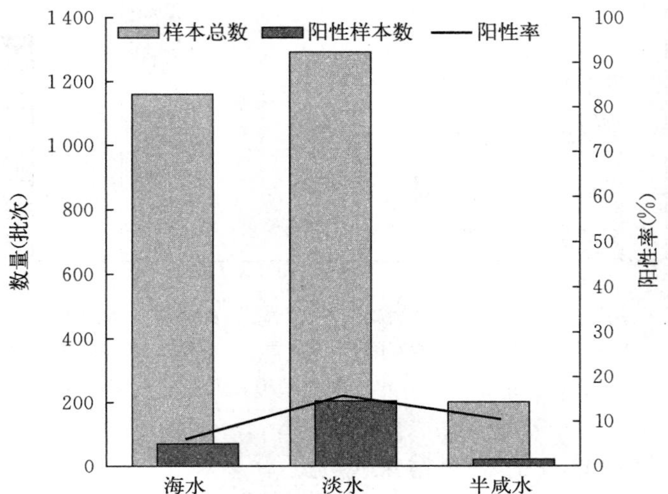

图 15　2017—2020 年不同养殖环境的样本数、阳性数和阳性率

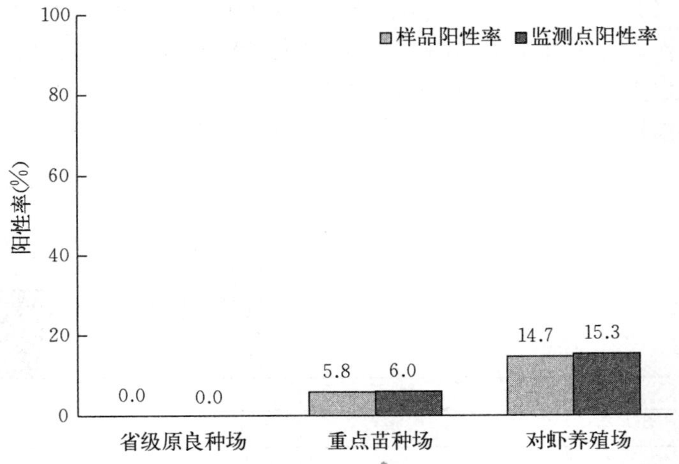

图 16　2017—2020 年不同类型监测点的样品阳性率和监测点阳性率

（九）不同养殖模式监测点的阳性检出情况

2017—2020 年，15 省（自治区、直辖市）和新疆生产建设兵团共 2 047 个记录养殖模式的监测点，检出 262 个阳性监测点，平均阳性率为 12.8%。其中，池塘养殖模式的阳性率为 14.1%（182/1 291）；工厂化养殖模式的阳性率为 9.6%（61/637）；网箱养殖模式的阳性率为 0（0/16）；稻虾连作养殖模式的阳性率为 23.8%（5/21）；其他养殖模式的阳性率为 17.1%（14/82）（图 17）。

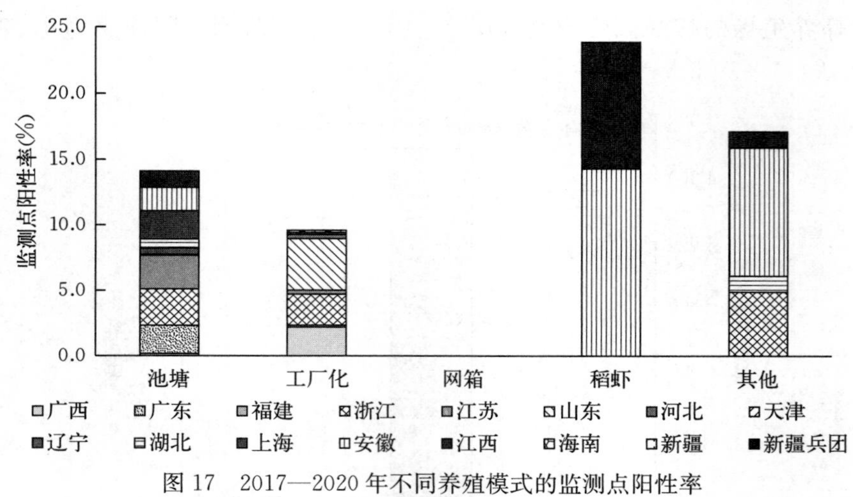

图 17　2017—2020 年不同养殖模式的监测点阳性率

（十）不同检测单位的检测结果情况

中国检验检疫科学研究院承担天津委托的样品检测工作，无阳性样品检出（0/36）。中国水产科学研究院黄海水产研究所承担江苏、山东、河北和辽宁委托的样品检测工作，无阳性样品检出（0/155）。中国水产科学研究院珠江水产研究所承担广东、江西和海南委托的样品检测工作，总阳性率为 28.6%（16/56）；其中，广东无阳性样品检出（0/20），江西的样品阳性率为 100%（15/15），海南的样品阳性率为 4.8%（1/21）。浙江省水生动物防疫检疫中心承担浙江委托的样品检测工作，样品阳性率为 20.0%（10/50）（图 18）。

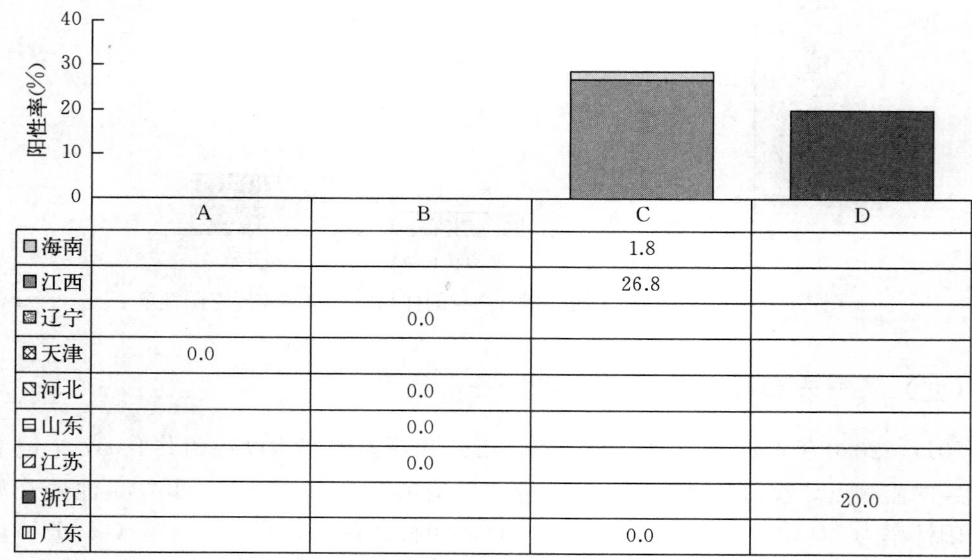

	A	B	C	D
海南			1.8	
江西			26.8	
辽宁		0.0		
天津	0.0			
河北		0.0		
山东		0.0		
江苏		0.0		
浙江				20.0
广东			0.0	

图 18　2020 年 SHID 专项监测样品送检单位和阳性率

注：各字母为检测单位代码，详见图 9 说明，阳性率基数为各检测单位承担样品总数，空白表示无样品检测。

四、SHID的被动监测工作小结

在国家虾蟹类产业技术体系病害防控岗位科学家任务、中国水产科学研究院基本科研业务费等项目的支持下，中国水产科学研究院黄海水产研究所甲壳类流行病学与生物安保技术团队对2020年我国沿海主要省份的样品开展了SHID被动监测工作。

2020年针对SHID的被动监测范围覆盖包括天津、河北、辽宁、山东、江苏、浙江、广东、海南、福建等9个省（直辖市），共监测232批次样品，其中检出SHID阳性样品6批次，阳性检出率为2.6%。

五、SHID风险分析及防控建议

（一）DIV1在我国的阳性检出情况

自2017年以来，我国先后在15个省（自治区、直辖市）和新疆生产建设兵团实施SHID的专项监测，监测样品2 693批次，涉及2 047个监测点次；其中，阳性样品297批次，阳性监测点262点次，平均样品阳性率为11.0%，平均监测点阳性率为12.8%。除新疆和新疆生产建设兵团以外，其他的14个省份均在不同的年份检出DIV1阳性。其中，浙江已连续4年检出阳性，江苏和上海连续3年检出阳性，湖北、江西、安徽和广东连续2年检出阳性，而江西、安徽和上海的样品阳性率和监测点阳性率均在25%以上。以上结果说明SHID已经在我国主要甲壳类养殖省份流行传播，但从连续4年的监测结果来看，SHID的流行率整体呈下降趋势。

（二）检出DIV1阳性的甲壳类

根据OIE对于特定病原易感宿主的认定标准，DIV1已经证实的易感宿主有凡纳滨对虾、罗氏沼虾、脊尾白虾、青虾、克氏原螯虾、红螯螯虾和斑节对虾。从2017—2020年的专项监测数据来看，除斑节对虾未检出阳性外，养殖凡纳滨对虾、罗氏沼虾、青虾、克氏原螯虾、中国明对虾、日本囊对虾、脊尾白虾和澳洲龙虾中均检测到DIV1核酸阳性。检测阳性的物种中既包括已知的DIV1易感宿主，如凡纳滨对虾、罗氏沼虾、克氏原螯虾等，也包括一些未证实为易感宿主的物种，如中国明对虾、日本沼虾和澳洲龙虾。以上信息提示，DIV1具有较为广泛的宿主范围，应重点警惕近缘甲壳类混养模式造成的病原跨物种传播风险。值得注意的是，2020年克氏原螯虾的样品阳性率达到100%（15/15），这些样品均来自江西省。而前期研究表明，通过肌肉注射的人工感染方式可以造成克氏原螯虾100%死亡。可见，高密度养殖地区的高感染率会对克氏原螯虾产业造成严重的威胁，应重点加强对克氏原螯虾苗种的检疫和对养殖阶段的疫病防控宣传。

（三）SHID流行与环境条件的关系

2017—2020年的专项监测数据统计显示，6月采集的样品阳性率最高，5月次之，然后是 4 月、9 月和 7 月。总体来看，阳性样品全部集中在 4～10 月。

采样水温为 27～28 ℃的样品阳性率最高，其次为 29～30 ℃，当水温大于 32 ℃时的样品阳性率最低，提示 32 ℃以上的高温可能会影响 DIV1 的感染。pH 为 7.5～7.6 时样品阳性率最高，其次是 pH 为 8.2 时，但因整体记录 pH 的样品量偏低，需要更多的数据来支持统计结果。海水、半咸水和淡水养殖的样品均可监测到 DIV1 阳性，其中淡水养殖的阳性率最高，半咸水养殖次之，海水养殖的阳性率最低。

环境条件尤其是水温指标的变化，对 DIV1 的感染具有显著影响，应加强对此方面基础研究的支持，以期为 SHID 的防控提供新的技术思路。

六、监测工作建议

（一）完善 SHID 诊断标准与监测技术规范

2020 年农业农村部发布了《虾虹彩病毒病诊断规程》行业标准，并被广泛应用于 SHID 的流行监测中。OIE、FAO 和 NACA 等国际组织也相继发布了此疫病的诊断卡和防控建议。随着 SHID 科学研究的不断深入，该病相关的流行病学信息和诊断技术也被不断更新。因此，有必要持续跟踪有关 SHID 的最新研究进展，并对其诊断规程进行不断更新和修订。同时，建议尽快建立我国 SHID 的监测技术规范，对监测点的设置、样品采集、实验室检测及结果报送等各个环节提出标准化要求，以提高 SHID 监测工作的规范化水平，保障产出高质量监测数据，为我国 SHID 的防控提供科学、准确的建议。

（二）开展 DIV1 阳性样品复核与流行病学分析

自 2017 年以来，先后在 14 个省份的养殖甲壳类中检测到 DIV1 阳性。在这些检测阳性的样品中既包括未确定为易感宿主的物种，也包括来自国家级、省级原良种场的种苗样品，其检测结果的准确性对于 DIV1 的流行病学研究和疫病防控具有重要意义。由于检测单位的实际检测能力差异以及单一检测手段的局限性，十分有必要对检测阳性的样品进行进一步的复核。因此，建议检测单位每年将检测阳性的样品（DNA 和组织样品）寄送至首席专家单位进行进一步的复核分析，以保证检测结果的可靠性与准确性，同时也为 DIV1 的流行病学研究和防控提供支持。

（三）加大 DIV1 监测与基础研究的资助力度

SHID 流行危害使我国部分地区对虾养殖遭受了严重经济损失。DIV1 作为我国研究人员首次鉴定到的对虾新发疫病病原，其传播和流行也引起了多国对虾养殖从业者和研究人员的重视，我国率先开展了 SHID 的系统研究和防控工作，为各国紧急监测和防控提供了重要的技术方案。在此基础之上，建议加大对 SHID 的监测力度，增加对 DIV1 的病原学、流行病学基础研究的支持，以便使我国继续保持在 SHID 基础研究与防控技术领域的领先地位，为我国养殖对虾 SHID 的有效防控提供更强有力的科技支撑。

2020年急性肝胰腺坏死病状况分析

中国水产科学研究院黄海水产研究所

（万晓媛　张庆利　王佳翠　谢国驷　董　宣　黄　倢）

一、前言

急性肝胰腺坏死病（Acute hepatopancreatic necrosis disease，AHPND）自2010年前后在越南和我国发现以来，其流行与危害先后在马来西亚、越南、泰国、菲律宾、墨西哥、拉丁美洲等国家和地区被报道。

前期报道显示，该病是由一类含有特殊毒力因子的弧菌（V_{AHPND}），如副溶血性弧菌（*Vibrio parahaemolyticus*）、哈维氏弧菌（*V. harveyi*）、坎贝氏弧菌（*V. campbellii*）、欧文斯氏弧菌（*V. owensii*）和溶藻弧菌（*V. alginolyticus*）等引起的虾类疫病。

凡纳滨对虾、斑节对虾和中国明对虾均为AHPND的易感种群，其中凡纳滨对虾最为敏感。通常，在养殖池放苗（仔虾或幼虾）后的7～35 d内突发大规模死亡，传播范围广，速度快，患病对虾死亡率可达90%以上。患病后的对虾表现出体色变浅，尾扇或附肢发蓝，空肠空胃或肠道内食物不连续。发病初期，肝胰腺白膜消失，色浅发白，萎缩可达50%以上且不易用手指捏破，晚期表面常可见黑色斑点和条纹。显微镜下观察散开的肝胰腺小管，可见由于小管壁肌丝圈异常收缩而导致小管形态上出现分节的勒痕。近年来对我国乃至全球对虾养殖业造成了巨大的影响和经济损失。

2020年，农业农村部组织全国水生动物疫病防控体系开始对AHPND开展专项监测，监测范围涉及天津、河北、辽宁、江苏、安徽、江西、山东、广东和海南9个省（直辖市），监测数据初步揭示了我国对虾养殖产业中V_{AHPND}的流行情况，为制定AHPND有效防控措施、开展相应的防控工作提供了支持。

二、2020年AHPND专项监测

（一）概况

2020年，AHPND监测9个省份，分别为天津、河北、辽宁、江苏、安徽、江西、山东、广东和海南，涉及41个区（县）、87个乡（镇），共设246个监测点（场），计划采集样品265份，实际采集样品266份，检出阳性样品12份（表1）。

表 1　2020 年 AHPND 专项监测基本情况

省份	国家监测计划样品数（份）	实际采集样品数/阳性样品数（份）	监测养殖场数/阳性场数（个）	阳性区（县）数（个）	阳性乡（镇）数（个）
天津	35	35/1	32/1	1	1
河北	35	35/4	33/4	3	4
辽宁	35	35/3	35/3	2	2
江苏	35	35/0	35/0	0	0
安徽	20	20/0	10/0	0	0
江西	15	15/0	15/0	0	0
山东	50	50/2	48/2	2	2
广东	20	20/2	19/2	2	2
海南	20	21/0	19/0	0	0
合计	265	266/12	246/12	10	11

（二）监测点设置

2020 年，AHPND 监测共设置 246 个监测点（场）。监测点中，国家级原良种场 2 个（其中阳性场 0 个）；省级原良种场 21 个（其中阳性场 2 个）；苗种场 107 个（其中阳性场 4 个）；虾养殖场 116 个（其中阳性场 6 个）。按养殖模式划分，包括淡水池塘 113 个（其中阳性场 5 个）；淡水工厂化 22 个（其中阳性场 1 个）；海水池塘 44 个（其中阳性场 3 个）；海水工厂化 55 个（其中阳性场 3 个）；稻虾连作 11 个（其中阳性场 0 个）；海水其他 1 个（其中阳性场 0 个）（表 2、图 1、图 2，其中“—”表示该省份没有该养殖模式）。

表 2　2020 年 AHPND 监测各省份不同养殖模式监测点数量及阳性监测点数（个）

省份	稻虾连作/阳性监测点数	淡水池塘/阳性监测点数	淡水工厂化/阳性监测点数	海水池塘/阳性监测点数	海水工厂化/阳性监测点数	海水其他/阳性监测点数	总计
天津	—	26/1	—	—	6/0	—	32/1
河北	—	10/2	—	13/0	9/2	1/0	33/4
辽宁	—	10/1	—	24/2	1/0	—	35/3
江苏	—	35/0	—	—	—	—	35/0
安徽	10/0	—	—	—	—	—	10/0
江西	1/0	14/0	—	—	—	—	15/0
山东	—	—	22/1	5/0	21/1	—	48/2
广东	—	18/1	—	1/1	—	—	19/2
海南	—	—	—	1/0	18/0	—	19/0
总计	11/0	113/5	22/1	44/3	55/3	1/0	246/12

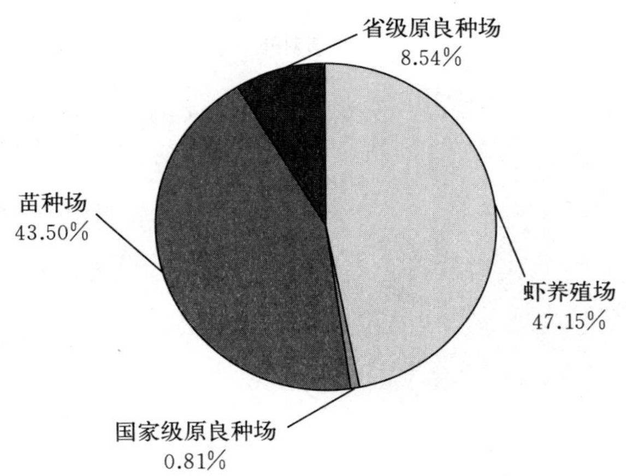

图1　2020年AHPND监测不同类型监测点占比情况

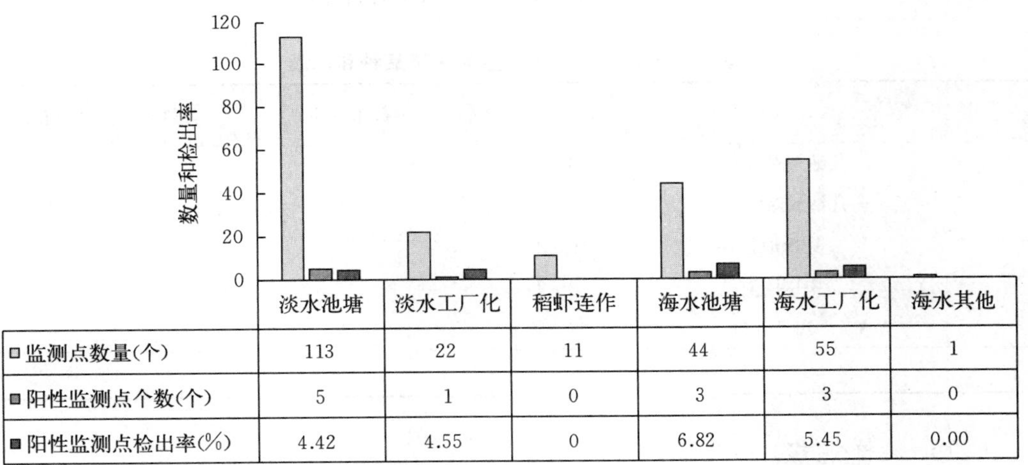

	淡水池塘	淡水工厂化	稻虾连作	海水池塘	海水工厂化	海水其他
□监测点数量(个)	113	22	11	44	55	1
■阳性监测点个数(个)	5	1	0	3	3	0
■阳性监测点检出率(%)	4.42	4.55	0	6.82	5.45	0.00

图2　2020年AHPND不同养殖模式监测点数量及阳性监测点检出率

（三）采样品种和水温

2020年，AHPND监测任务的采样种类有4种，以凡纳滨对虾为主，另外还有斑节对虾、克氏原螯虾和中国明对虾，共采集样品266份，凡纳滨对虾样品214份，占全部样品的80.45%。其中，淡水养殖凡纳滨对虾有122份，占全部样品的45.86%；海水养殖凡纳滨对虾有92份，占全部样品的34.59%。除凡纳滨对虾外，采集的其他种类样品包括斑节对虾2份，占全部样品的0.75%；克氏原螯虾35份，占全部样品的13.16%；中国明对虾15份，占全部样品的5.64%（图3）。

采集样品中，阳性样品全部为凡纳滨对虾，共计12份，占全部样品总数的4.51%。其中淡水、海水养殖凡纳滨对虾阳性样品各6份。

各品种采集水温17～33℃，大多采样水温在20～26℃（表3）。

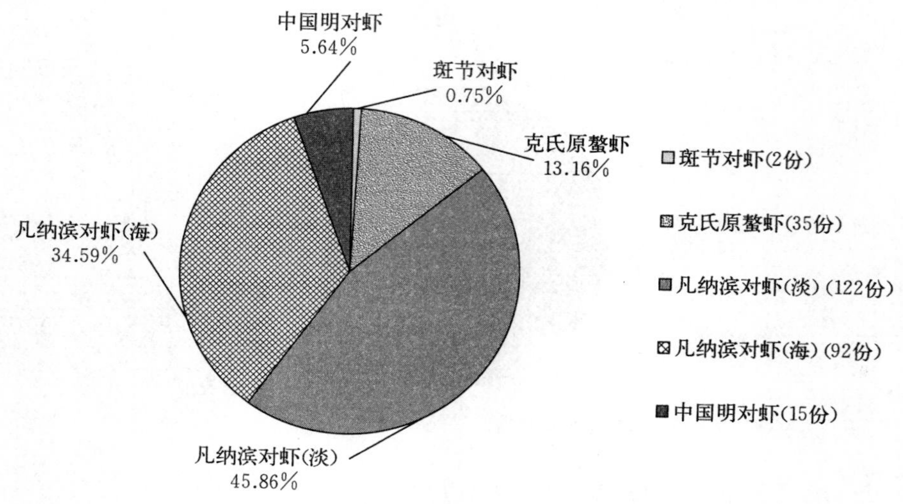

图 3　2020 年 AHPND 监测采样品种占比情况

表 3　2020 年 AHPND 监测采样品种和水温

序号	品种	水温（℃）	数量（份）	阳性样品数量（份）
1	凡纳滨对虾（淡）	20～33	122	6
2	凡纳滨对虾（海）	17～32	92	6
3	克氏原螯虾	20～29	35	0
4	中国明对虾	18～26	15	0
5	斑节对虾	28～30	2	0
	总计		266	12

（四）采样规格

2020 年，266 份 AHPND 监测样品中，绝大多数以体长作为规格指标，部分样品以体重作为指标。为了便于计算，所有样品均以体长作为指标（将体重为指标的样品进行体长估算）。2020 年，AHPND 监测样品规格主要在 6 cm 以下，共 149 份样品，占样品总数的 56.02%；6～10 cm 的有 50 份样品，占样品总数的 18.80%；10～15 cm 的有 30 份样品，占样品总数的 11.28%；10～15 g 的有 37 份样品，占样品总数的 13.91%。具体各省（直辖市）监测样品规格分布情况见图 4。

（五）不同类型监测点的监测情况

2020 年，AHPND 监测点包括国家级原良种场监测点 2 个，采集样品 2 份，V_{AHPND} 阳性样品 0 份；省级原良种场 21 个，采集样品 23 份，阳性样品 2 份；苗种场 107 个，采集样品 111 份，阳性样品 4 份；虾养殖场 115 个，采集样品 130 份，阳性样品 6 份（表 4、图 5）。

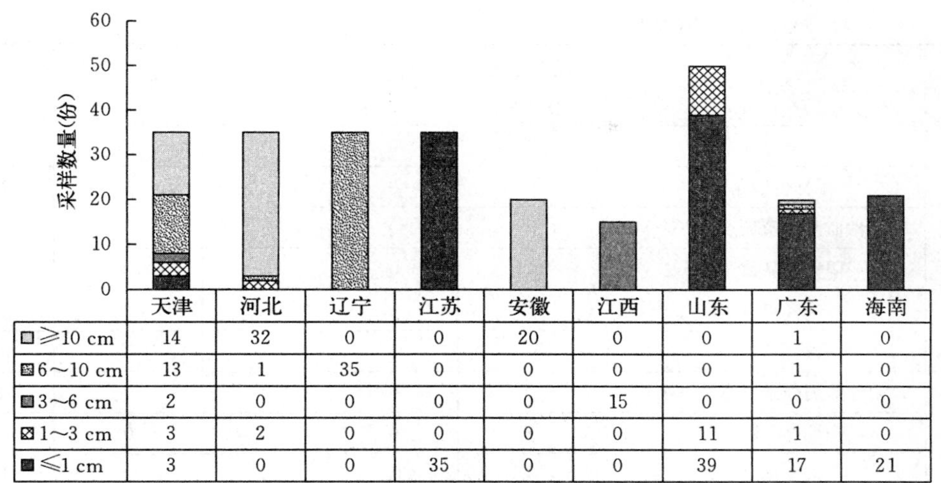

	天津	河北	辽宁	江苏	安徽	江西	山东	广东	海南
≥10 cm	14	32	0	0	20	0	0	1	0
6～10 cm	13	1	35	0	0	0	0	1	0
3～6 cm	2	0	0	0	0	15	0	0	0
1～3 cm	3	2	0	0	0	0	11	1	0
≤1 cm	3	0	0	35	0	0	39	17	21

图4　2020年各省份AHPND监测采样规格分布

表4　2020年不同类型监测点AHPND监测情况

省份	指标	国家级原良种场	省级原良种场	苗种场	虾养殖场	合计
天津	采样点（个）	0	0	5	27	32
	采样份数（份）	0	0	5	30	35
	阳性监测养殖场点数（个）	0	0	0	1	1
	阳性样品数（份）	0	0	0	1	1
河北	采样点（个）	0	1	6	26	33
	采样份数（份）	0	1	7	27	35
	阳性监测养殖场点数（个）	0	0	2	2	4
	阳性样品数（份）	0	0	2	2	4
辽宁	采样点（个）	0	0	0	35	35
	采样份数（份）	0	0	0	35	35
	阳性监测养殖场点数（个）	0	0	0	3	3
	阳性样品数（份）	0	0	0	3	3
江苏	采样点（个）	0	0	35	0	35
	采样份数（份）	0	0	35	0	35
	阳性监测养殖场点数（个）	0	0	0	0	0
	阳性样品数（份）	0	0	0	0	0
安徽	采样点（个）	0	0	0	10	10
	采样份数（份）	0	0	0	20	20
	阳性监测养殖场点数（个）	0	0	0	0	0
	阳性样品数（份）	0	0	0	0	0

（续）

省份	指标	国家级原良种场	省级原良种场	苗种场	虾养殖场	合计
江西	采样点（个）	2	0	0	13	15
	采样份数（份）	2	0	0	13	15
	阳性监测养殖场点数（个）	0	0	0	0	0
	阳性样品数（份）	0	0	0	0	0
山东	采样点（个）	0	1	44	3	48
	采样份数（份）	0	1	46	3	50
	阳性监测养殖场点数（个）	0	0	2	0	2
	阳性样品数（份）	0	0	2	0	2
广东	采样点（个）	0	15	2	2	19
	采样份数（份）	0	16	2	2	20
	阳性监测养殖场点数（个）	0	2	0	0	2
	阳性样品数（份）	0	2	0	0	2
海南	采样点（个）	0	4	15	0	19
	采样份数（份）	0	5	16	0	21
	阳性监测养殖场点数（个）	0	0	0	0	0
	阳性样品数（份）	0	0	0	0	0
合计	采样点（个）	2	21	107	116	246
	采样份数（份）	2	23	111	130	266
	阳性监测养殖场点数（个）	0	2	4	6	12
	阳性样品数（份）	0	2	4	6	12

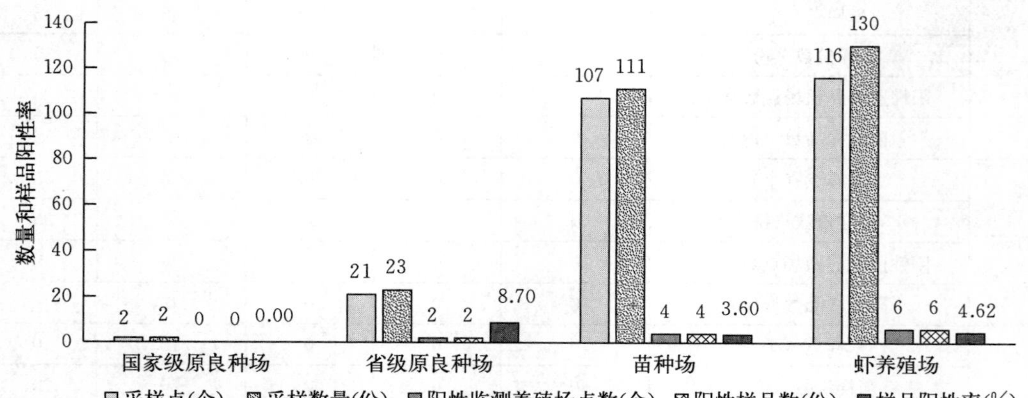

图 5　不同类型监测点 V_{AHPND} 阳性样品检出情况

（六）阳性样品分析

2020年，共检测到V_{AHPND}阳性样品12份，全部为凡纳滨对虾，包括淡水养殖凡纳滨对虾6份、海水养殖凡纳滨对虾6份。淡水养殖凡纳滨对虾阳性样品采集水温在20～27℃，规格为0.5～1 cm及8～12 cm；海水养殖凡纳滨对虾阳性样品采集水温在20～29℃，规格为2～3 cm及8～12 cm（表5、图6）。

表5　2020年AHPND监测阳性样品信息

省份	样品采集数（份）	阳性样品总数（份）	阳性样品品种	阳性样品养殖方式	阳性样品采集水温（℃）	阳性样品规格
天津	35	1	淡水养殖凡纳滨对虾	淡水池塘	27	12 cm
河北	35	2	淡水养殖凡纳滨对虾	淡水池塘	27	12 g
		1	海水养殖凡纳滨对虾	海水工厂化	26	12 cm
		1	海水养殖凡纳滨对虾	海水工厂化	27	12 g
辽宁	35	1	淡水养殖凡纳滨对虾	淡水池塘	20	8 cm
		2	海水养殖凡纳滨对虾	海水池塘	20	8 cm
江苏	35	0	—	—	—	—
安徽	20	0	—	—	—	—
江西	15	0	—	—	—	—
山东	50	1	淡水养殖凡纳滨对虾	淡水工厂化	26	1 cm
		1	海水养殖凡纳滨对虾	海水工厂化	24	2～3 cm
广东	20	1	淡水养殖凡纳滨对虾	淡水池塘	24	0.5 cm
		1	海水养殖凡纳滨对虾	海水池塘	29	10～11 cm
海南	21	0	—	—	—	—
合计	266	12	淡水养殖凡纳滨对虾、海水养殖凡纳滨对虾	淡水池塘、海水池塘、淡水工厂化、海水工厂化	20～29	0.5～12 cm、12 g

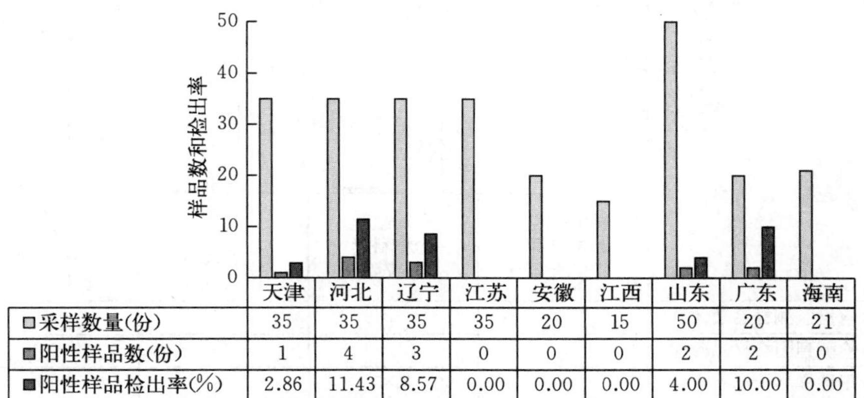

样品数和检出率
50
40
30
20
10
0
天津 河北 辽宁 江苏 安徽 江西 山东 广东 海南
□采样数量(份) 35 35 35 35 20 15 50 20 21
■阳性样品数(份) 1 4 3 0 0 0 2 2 0
■阳性样品检出率(%) 2.86 11.43 8.57 0.00 0.00 0.00 4.00 10.00 0.00

图6　2020年AHPND监测样品阳性检出情况

（七）不同检测单位的检测情况

2020 年，承担 AHPND 检测任务的单位共 4 家。承担单位及其承担样品的检测情况分别为：浙江省淡水水产研究所 20 份，无阳性样品检出；中国检验检疫科学研究院 35 份，检出阳性样品 1 份，阳性样品来自天津市；中国水产科学研究院黄海水产研究所 155 份，检出阳性样品 9 份，其中 4 份来自河北省，3 份来自辽宁省，2 份来自山东省；中国水产科学研究院珠江水产研究所 56 份，检出阳性样品 2 份，均来自广东省（表 6，图 7）。各检测单位采用的检测方法均引自《国家水生动物疫病监测计划技术规范（第一版）》。

表 6　2020 年不同检测单位检出 V_{AHPND} 情况列表

检测单位	样品来源	承担监测样品数（份）	检测到阳性样品数（份）
浙江省淡水水产研究所	安徽	20	0
中国检验检疫科学研究院	天津	35	1
中国水产科学研究院黄海水产研究所	河北	35	4
	江苏	35	0
	辽宁	35	3
	山东	50	2
中国水产科学研究院珠江水产研究所	广东	20	2
	海南	21	0
	江西	15	0
总计		266	12

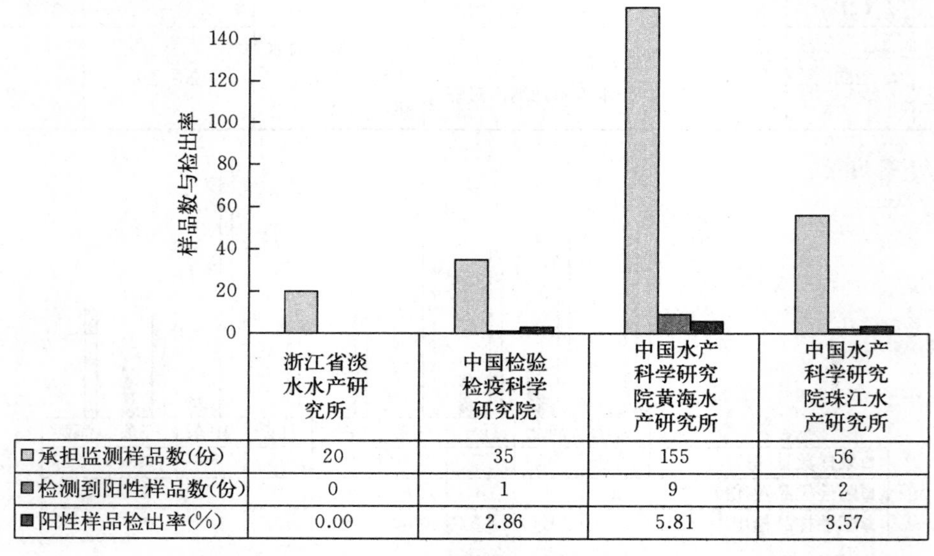

图 7　2020 年 AHPND 监测任务承担单位检出 V_{AHPND} 对比

三、2020 年 AHPND 监测结果分析

（一）总体阳性检出情况

2020 年，AHPND 监测省份为天津、河北、辽宁、江苏、安徽、江西、山东、广东和海南 9 个省（直辖市），采集样品 266 份，检出阳性样品 12 份，样品 V_{AHPND} 阳性率为 4.51%；共设 246 个监测点（场），12 个监测点检出 V_{AHPND} 阳性，监测点阳性率为 4.88%（表 7、图 8）。

表 7　阳性样品情况汇总

省份	天津	河北				辽宁			山东		广东	
市	天津	沧州			唐山	盘锦	营口		滨州		湛江	阳江
县区	东丽	黄骅	海兴		曹妃甸	大洼	盖州		无棣	博兴	麻章	江城
监测点类型	虾养殖场	苗种场	虾养殖场	虾养殖场	苗种场	虾养殖场	虾养殖场	虾养殖场	苗种场	苗种场	省级原良种场	省级原良种场
养殖条件	淡水	海水	淡水	淡水	海水	淡水	海水	海水	海水	淡水	淡水	海水
养殖方式	A	D	A	A	D	A	B	B	D	C	A	B
采样品种	a	b	a	a	b	a	b	b	b	a	a	b
水温（℃）	27	27	27	27	26	20	20	20	24	26	24	29
采样月份	7	8	8	8	8	9	9	9	5	5	4	8
规格	12 cm	12 g	12 g	12 g	12 cm	8 cm	8 cm	8 cm	2～3 cm	1 cm	0.5 cm	10～11 cm

注：养殖方式：A 表示淡水池塘；B 表示海水池塘；C 表示淡水工厂化；D 表示海水工厂化。送检品种：a 表示凡纳滨对虾（淡）；b 表示凡纳滨对虾（海）。

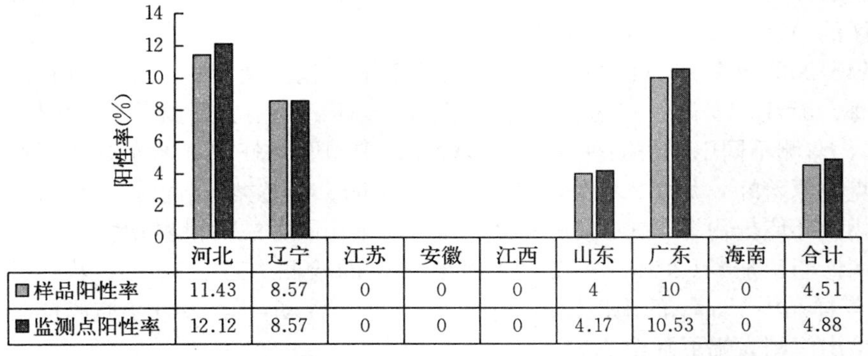

图 8　2020 年 AHPND 监测任务中 V_{AHPND} 阳性检出率和监测点阳性率

（二）易感宿主品种分析

2020 年，AHPND 监测采集样品包括凡纳滨对虾、斑节对虾、克氏原螯虾、中国明对虾 4 种虾类，其中凡纳滨对虾分为淡水养殖和海水养殖。检测出的 12 份阳性样品

中，全部为凡纳滨对虾，其中包括 6 份淡水养殖凡纳滨对虾和 6 份海水养殖凡纳滨对虾，其他品种样品未检出阳性。

（三）易感宿主规格分析

2020 年，天津市阳性样品的规格为 12 cm 左右；河北省阳性样品的规格为 12 g 和 12 cm；辽宁省阳性样品的规格为 8 cm 左右；山东省 V_{AHPND} 阳性样品规格为 1～3 cm；广东省阳性样品的规格为 0.5 cm 和 10～11 cm。检测结果表明，体长≤1 cm 的凡纳滨对虾和体长 1～15 cm 的凡纳滨对虾都存在 V_{AHPND} 感染的情况。

（四）阳性样品的养殖水温分析

2020 年，V_{AHPND} 阳性样品的采集时的水温多在 20～29 ℃。天津市淡水养殖凡纳滨对虾阳性样品采集时间为 7 月 29 日，水温 27 ℃。河北省淡水养殖凡纳滨对虾阳性样品采集时间为 8 月 21 日，水温 27 ℃；海水养殖凡纳滨对虾阳性样品采集时间为 8 月 20 日至 8 月 25 日，水温 26～27 ℃。辽宁省淡水养殖凡纳滨对虾阳性样品采集时间为 9 月 10 日，水温 20 ℃；海水养殖凡纳滨对虾阳性样品采集时间为 9 月 16 日，水温 20 ℃。山东省淡水养殖凡纳滨对虾阳性样品采集时间为 5 月 7 日，水温 26 ℃；海水养殖凡纳滨对虾阳性样品采集时间为 5 月 7 日，水温 24 ℃。广东省淡水养殖凡纳滨对虾阳性样品采集时间为 4 月 16 日，水温 24 ℃；海水养殖凡纳滨对虾阳性样品采集时间为 8 月 7 日，水温 29 ℃。

四、实验室被动监测工作总结

在国家虾蟹类产业技术体系病害防控岗位科学家任务、中国水产科学研究院基本科研业务费等项目的支持下，中国水产科学研究院黄海水产研究所养殖生物疾病控制与分子病理学研究室甲壳类流行病学与生物安保技术团队对 2014—2020 年我国主要甲壳类养殖地区的 AHPND 开展了被动监测。

2014—2020 年针对 AHPND 的被动监测范围，包括辽宁、天津、河北、山东、江苏、上海、浙江、安徽、湖南、福建、广东、广西、海南、新疆等 14 个省（自治区、直辖市），监测不同甲壳类品种（凡纳滨对虾、中国明对虾、日本囊对虾、青虾、罗氏沼虾、克氏原螯虾、龙虾、中华绒螯蟹、丰年虫卵、桡足类）、饲料、粪便、虾仁制品、饵料生物、环境生物等 4 000 余份样品。监测所采用的方法为世界动物卫生组织《水生动物疾病诊断手册》（2019）第 2.2.1 章节规定的检测方法。监测结果显示，2014—2019 每年样品中 V_{AHPND} 的阳性检出率在 13%～19%浮动，但 2020 年监测样品中 V_{AHPND} 的阳性检出率则大幅下降至 2.8%。

五、风险分析及建议

（一）风险分析

1. AHPND 致病菌种类增多，防控难度加大　AHPND 是细菌性疫病，早期研究认为其病原为副溶血弧菌（*V. parahaemolyticus*）的特定毒力株（Vp_{AHPND}），该毒株携带一个约70 kb的毒性质粒（pVA1），质粒上具有可编码发光杆菌杀昆虫毒素（Pir）的同源毒力基因（*PirA* 和 *PirB*）。近年来发现，携带pVA1毒性质粒的哈维氏弧菌（*V. harveyi* - like）、欧文斯弧菌（*V. owensii*）、坎贝氏弧菌（*V. campbellii*）和浦那弧菌（*V. punensis*）可能会导致AHPND。研究还证明上述携带致病基因的质粒可在不同弧菌种间交换。被确认的AHPND致病菌种类的数量增多，这些致病菌的耐药性和增殖特性等各异，会导致AHPND的有效防控面临更棘手的问题。

2. *V_{AHPND}易感宿主增多，潜在危害风险不容忽视* 根据OIE法典（2019）第1.5章"列为易受特定病原体感染物种的标准"，完全满足列为V_{AHPND}易感宿主的标准的甲壳类为：凡纳滨对虾、斑节对虾。易感性证据不完全的种类包括：中国明对虾、日本囊对虾和三疣梭子蟹（*Portunus trituberculatus*）。2020年AHPND专项监测的种类包括凡纳滨对虾、斑节对虾、克氏原螯虾、中国明对虾，其中阳性样品全部为凡纳滨对虾，但被动检测的结果显示，能够携带或感染V_{AHPND}的甲壳类不仅局限于凡纳滨对虾。这也提示V_{AHPND}具有感染更多养殖甲壳类动物种类的风险。

3. *V_{AHPND}致病质粒变异增加，AHPND监测方案亟待调整* 近年来，关于V_{AHPND}致病质粒以及AHPND发病机理的研究逐渐增多。多项研究表明，一些弧菌分离株携带具有 *PirA* 和 *PirB* 基因的pVA1毒性质粒，但其 *PirA* 或 *PirB* 基因并不能表达出毒力蛋白，这对目前普遍认为的具有 *PirA* 和 *PirB* 毒力基因或pVA1毒性质粒的弧菌菌株即可导致AHPND提出了挑战，同时也使目前基于 *PirA* 和 *PirB* 毒力基因或毒性质粒建立的V_{AHPND}分子生物学检测方法的有效性面临风险。2021年4月，OIE亚太地区代表处专门致函OIE各水生动物疫病参考实验室，就如何提高AHPND致病菌检测准确性进行咨询。建议国内AHPND相关研究者密切关注进展，并及时更新V_{AHPND}的分子生物学检测方法与监测方案。

4. *对虾"玻璃苗"病害暴发，对虾养殖业面临新的弧菌病威胁* 2020年我国沿海养殖凡纳滨对虾发生大规模"玻璃苗（Translucent post - larva disease，TPD）"病害，导致全国沿海地区50%以上凡纳滨对虾育苗场关闭。流行病学研究初步揭示该疫病最早于2019年前后出现于我国华南对虾养殖地区，2020年随对虾苗种运输快速传播至我国华东、华北等沿海地区，导致2020年春季沿海多省份对虾养殖无苗种可用。依据"柯赫氏法则"确定一种高毒力副溶血弧菌是引发该病害的细菌性病原，暂命名为致玻璃苗副溶血弧菌（Vp_{TPD}），其不同于引发AHPND的V_{AHPND}，是一种携带新型毒力基因的致病菌。基本查明了TPD在沿海地区的流行情况，明确了我国养殖对虾面临新的弧菌病威胁。

（二）风险管控建议

1. *扩大AHPND监测范围，加强AHPND检疫与监测* 2020年，AHPND流行病学调查工作所依据的水产行业诊断规程《急性肝胰腺坏死病诊断规程》（SCT 7233—2020）发布实施。对AHPND开展定点、定期的系统性采样，增加监测点数量，扩大监测点覆盖范围，提高 AHPND 监测数据的系统性和准确性，及时发布 AHPND 疫情公告，有助于原良种场、苗种场和养殖场以及地方水生动物疫控单位采取及时应对措施，降低对虾因 AHPND 发生所致经济损失，为我国对虾养殖业的健康和可持续发展提供基础数据和技术支持。

2. 开展致玻璃苗病原监测，防范新发疫病大规模流行　2020 年“玻璃苗”病害在我国沿海养殖对虾中暴发，当年养殖凡纳滨对虾、中国明对虾和日本囊对虾等的健康苗种供应受到严重冲击，并使对虾养殖遭受了严重经济损失。国内产销量曾过百亿尾的对虾苗种头部企业大都受到了该病害的影响，部分企业甚至一度停产。时至本报告起草的 2021 年 5 月，沿海主要对虾养殖地区“玻璃苗”病害仍十分严重。目前，该病害的病原已明确，中国水产科学研究院黄海水产研究所和自然资源部第三海洋研究所也均已研发了其病原的检测技术，对该疫病开展全国监测的条件已具备。为防止该新发疫病继续扩散，导致更大规模的流行和经济损失，保障对虾养殖业的绿色高质量发展，建议政府主管部门尽早启动对“玻璃苗”病害的监测。

六、监测工作存在的问题

2020 年，全国水生动物疫病防控体系对 AHPND 开展了首次专项监测，对该疫病的全面流行病学调查尚处于初步阶段。总体上看，专项监测中对国家级、省级原良种场、引育种中心及养殖户等设置的监测点数量尚不充足，监测点覆盖面相对有限，样品采集及信息填报的水平尚待提高。另外，仅凭一个年度的监测数据，尚难以全面掌握 AHPND 在我国的流行规律和我国对虾种业及养殖业面临的风险。具体来说，我国对包括 AHPND 在内的养殖对虾细菌性疫病的专项监测工作尚有如下问题待完善和解决：①采样人员缺乏基本的水生疫病专业知识，采样技术不规范；②样品暂存、包装及运输环节易发生污染或变质；③采样时间集中，采样频次不足，缺乏对疫病高发季节、易感生长阶段等关键要素的关注；④采样环节、检测环节缺乏必要的跟踪监督或复核环节；⑤监测任务执行中发现 V_{AHPND} 的阳性养殖场后续处理不规范。

七、甲壳类疫病监测与防控工作建议

1. 增加检测结果复核与监测任务追溯环节　尽管全国水生动物疫病防控体系组织甲壳类疫病专项监测任务时，对承担特定病原检测任务的单位提出了需具备 CNAS/CMA 检测资质或通过了农业农村部组织的检测能力验证的条件，但承担单位检测结果的准确性、可靠性尚无考核或可追溯方案，建议未来专项监测任务中增加对样品检测结果的复核环节，由检测任务承担单位将阳性样品送首席专家单位复核。另外，采样环节也会对疫病监测结果的准确性起到决定性作用，建议未来专项监测任务中规定采样单位需保留采样过程影像记录，以备专项监测任务主管部门如农业农村部渔业与渔政管理局，或专项监测任务组织部门如全国水产技术推广总站抽验或首席专家抽查，提高专项监测结果的准确性和可靠性。

2. 尽快开展“玻璃苗”新发疫病的流行病学监测　鉴于“玻璃苗”病害发病迅速，

死亡率高，传播快，产业危害严重，国家渔业主管部门宜尽快设立专项项目支持开展TPD的流行病学监测。通过分析 TPD病原的多样性风险和感染特征，筛查养殖生态系统中Vp_{TPD}的传播媒介，掌握其致病性、传播模式、易感宿主、中间宿主和地理分布等病原生态学特征基础信息；并通过开展广泛的流行病学调查和病原监测，系统掌握引发“玻璃苗”的病原在凡纳滨对虾国家原良种场、省级原良种场以及主要养殖地区的流行和危害情况，为切实做好“玻璃苗”疫病防控提供扎实的基础信息和理论依据。

3. *着力推动对虾细菌性病害生物防控技术和敏感药物研发*　水产微生态制剂在调节水质、改善水产动物肠道微生物菌群结构和预防疾病发生方面具有重要作用，并已在水产养殖中普遍使用。近年以来，细菌性病害的发生规模和影响均出现大幅提高的趋势。建议针对细菌性病害病原尽快开展有效颉颃益生菌的筛选及效果评估，研发可有效防控细菌性病害的有益微生物产品。水产药物仍是目前水产病害防控的有效手段，建议尽早开展已获兽医主管部门批准水产用兽药中抗菌类药物对关键细菌性病原抗病效果的评估，以期筛选到可有效防控细菌性病害的抗菌类药物，为我国养殖对虾细菌性病害防控提供可以利用的防疫物质基础，以防止包括V_{AHPND}、Vp_{TPD}等进一步传播扩散，避免我国对虾养殖产业遭受更大的损失。

地 方 篇

2020 年北京市水生动物病情分析

北京市水产技术推广站

（王静波　徐立蒲　王　姝　吕晓楠

张　文　曹　欢　王小亮）

2020 年北京市水产技术推广站继续开展常规鱼病监测、重要水生动物疫病监测工作。通过水产病害监测，了解掌握北京市水产病害流行状况，做到合理用药、科学防治，保障水产品食用安全。

一、监测结果与分析

（一）常规鱼病监测

1. 基本情况

监测点设置：共设置常规鱼病监测点 66 个，监测总面积 182.87 hm^2。

主要监测品种：草鱼、鲤、鲫、观赏鱼（金鱼、锦鲤）、虹鳟（金鳟）、鲟等。

监测项目：病毒性疾病、细菌性疾病、寄生虫性疾病、真菌病以及非生物源性疾病（表 1）。

监测时间：1～12 月。

表 1　监测的主要疾病种类

疾病性质	疾　病　名　称
病毒性疾病	鲤春病毒血症、草鱼出血病、锦鲤疱疹病毒病、鲤疱疹病毒Ⅱ型、传染性造血器官坏死病、传染性胰坏死病、鲤浮肿病
细菌性疾病	淡水鱼细菌性败血症、链球菌病、烂鳃病、赤皮病、细菌性肠炎病、打印病、竖鳞病、烂尾病、鱼屈挠杆菌病、疖疮病
真菌性疾病	水霉病、鳃霉病
寄生虫性疾病	三代虫病、小瓜虫病、黏孢子虫病、斜管虫病、指环虫病、车轮虫病、锚头鳋病
非生物源性疾病	气泡病、缺氧症、畸形、脂肪肝、维生素 C 缺乏病、不明原因疾病

2. 监测结果与分析　监测结果显示，全年监测共发生 21 种疾病（表 2），其中细菌性疾病 7 种、病毒性疾病 3 种、寄生虫性疾病 7 种、真菌性疾病 1 种、非病原性疾病 2 种、不明原因疾病 1 种。各监测品种中易发病的主要品种是草鱼、鲤、鲫、鲢、鳟、罗

非鱼、鲟和观赏鱼（锦鲤、金鱼）。发病种类以细菌性疾病和寄生虫性疾病为主，所占比例均为33%，病毒性疾病占15%，其他性疾病占15%，真菌性疾病占4%（图1、图2）。

表2 监测疾病种类

类别		病 名	数量（种）
鱼类	细菌性疾病	烂鳃病、赤皮病、细菌性肠炎病、柱状黄杆菌病（细菌性烂鳃病）、腹水病、打印病、淡水鱼细菌性败血症	7
	病毒性疾病	传染性胰脏坏死病	1
	真菌性疾病	水霉病	1
	寄生虫性疾病	指环虫病、车轮虫病、锚头鳋病、小瓜虫病、三代虫病、斜管虫病	6
	非病原性疾病	气泡病、缺氧症	2
	其他	不明病因疾病	1
观赏鱼	病毒性疾病	鲤浮肿病、金鱼造血器官坏死病	2
	细菌性疾病	淡水鱼细菌性败血症、烂鳃病、细菌性肠炎病	3
	寄生虫性疾病	黏孢子虫病、三代虫病、指环虫病	3
	其他	不明病因疾病	1
	真菌性疾病	水霉病	1

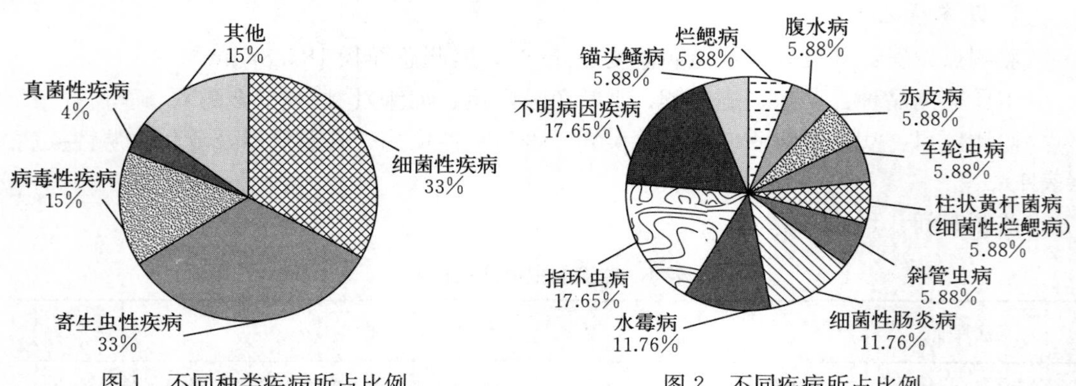

图1 不同种类疾病所占比例

图2 不同疾病所占比例

北京市鱼病总体上呈现出以下特点：①细菌性疾病依然是引起养殖鱼类发病死亡的主要病因；发生普遍，死亡率较高。②寄生虫病存在滥用药物现象；甚至因施药过量导致鱼类受到应急刺激而死亡或者继发感染细菌性疾病。

（二）重要水生动物疫病监测

2020年北京市水产技术推广站全年抽样监测鲤春病毒血症（SVC）样品25个，传染性造血器官坏死病（IHN）样品6个，传染性胰坏死病（IPN）样品6个，锦鲤疱疹病毒病（KHVD）样品23个，鲫造血器官坏死病（CyHV-2）样品22个，鲤浮肿病（CEVD）样品23个，草鱼出血病（GV）样品6个，共计111个。发现IPN阳性样品1

个，CyHV－2阳性样品3个，CEV阳性样品4个，涉及阳性渔场8个。

1. 鲤春病毒血症（SVC）监测结果及分析

（1）监测基本情况　2020年北京市SVC监测工作主要集中在5月开展，池塘水温约15℃，是SVC的适合发病温度。北京市水产技术推广站在北京通州区5个乡镇的8个养殖场；顺义区3个乡镇的3个养殖场；平谷区4个乡镇的4个养殖场；延庆区1个乡镇的1个养殖场；房山区1个乡镇的1个养殖场，合计在5个区的14个乡镇的17个养殖场采集了25份样品。监测品种为：金鱼、草金鱼、锦鲤、鲤、草鱼、鲢、鳙等。这些品种既是北京地区的主养品种，也是SVC易感品种。

（2）监测结果分析　北京市水产技术推广站采用《鲤春病毒血症（SVC）诊断规程》（GB/T 15805.5—2017）检测，25份样品中未检出阳性。2013—2020年监测阳性场检出率如图3所示。结果显示：2013—2015年阳性场检出率较高，而在之后的五年监测中，只有2018年检测到的1份阳性样品，采集自通州区于家务某个体养殖场。采样品种为蝴蝶鲤，是引种繁育的新品种。此样品既检测到SVC，也检测到CEV，是混合感染。相比较，近年北京地区的SVC检出率明显下降，对养殖场的情况进行调查也显示北京市未出现因感染SVC而死鱼的情况，但是外来引进新品种应是未来北京市水生动物疫病监测重点。

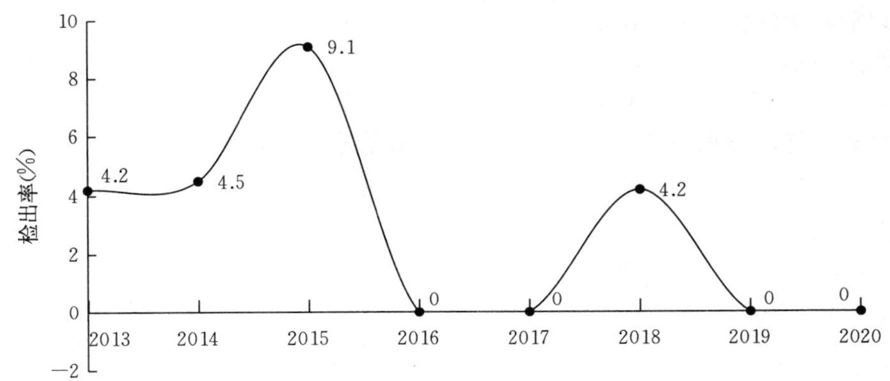

图3　2013—2020年北京市SVC阳性场检出率

2. 传染性造血器官坏死病（IHN）和传染性胰脏坏死病（IPN）监测结果及分析

（1）监测基本情况　2020年1～3月，北京市水产技术推广站技术人员在怀柔区的4个养殖场抽检6份样品，品种为虹鳟、金鳟。

（2）监测结果分析　采用《传染性造血器官坏死病诊断规程》（GB/T 15805.2—2017）检测，未检出IHN阳性；参照农业农村部下达的监测方法，检出1份IPN阳性。2015—2020年监测阳性场检出率如图4所示。结果显示：2015—2018年阳性场检出率较高，而2019—2020年北京地区均未检出IHN阳性。分析原因：一是因为北京市虹鳟养殖场数量减少，一些养殖规模小、防控技术不到位的养殖场关闭；二是监测与防控工作发挥作用，养殖户的防病意识增强，管理措施更加科学有效。2020年检测到1

份 IPN 阳性，可见鲑鳟病毒性疾病防控工作依然不能放松。

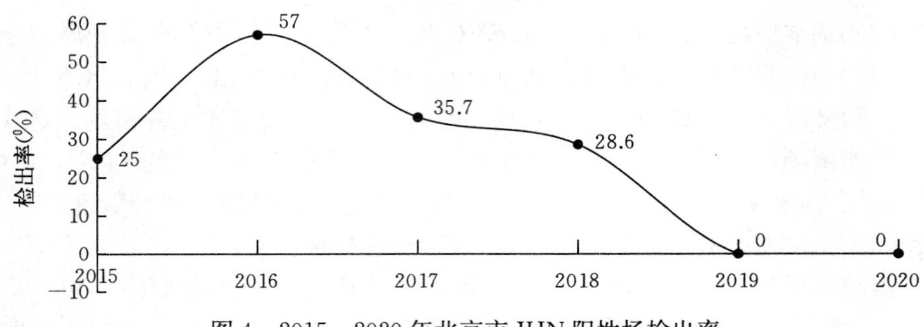

图 4　2015—2020 年北京市 IHN 阳性场检出率

3. 锦鲤疱疹病毒病（KHVD）监测结果及分析

（1）监测基本情况　2020 年 5～9 月，在通州区 4 个乡镇 12 个养殖场、顺义区 3 个乡镇 3 个养殖场、平谷区 3 个乡镇 3 个养殖场，朝阳区 1 个乡镇 1 个养殖场、大兴区 1 个乡镇 1 个养殖场，共计采集 20 个养殖场的 23 份样品。监测品种为锦鲤、鲤。

（2）监测结果分析　采用行标《鲤疱疹病毒监测方法 第 1 部分：锦鲤疱疹病毒》（SC/T 7212.1—2011）检测，未检出阳性。2008 年北京地区首次发现 KHV 感染病例后，在以后每年的监测中，KHV 并不是每年均有检出。2015—2020 年 KHV 阳性场检出率如图 5 所示，除 2017 和 2020 年未检出阳性外，其他年份均有检出，阳性场检出率范围在 5%～11.1%。值得注意的是，2019 年发现的 2 份 KHV 阳性样品，均为锦鲤，且是从外省引种。看来外来引种风险较高，要加强对外来苗种和成鱼的监测。

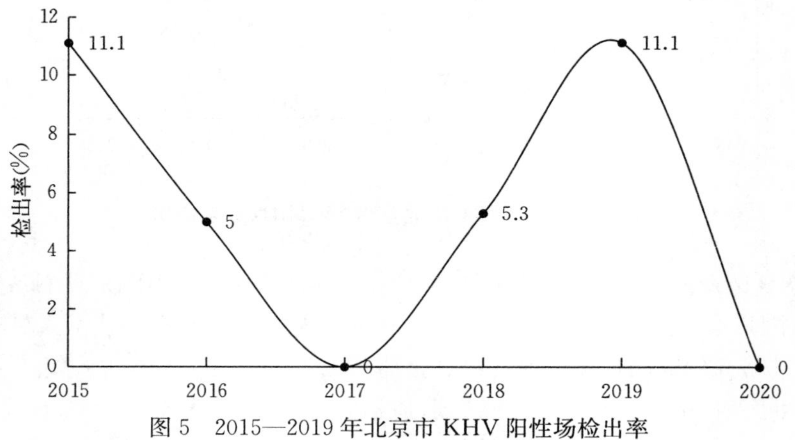

图 5　2015—2019 年北京市 KHV 阳性场检出率

4. 鲫造血器官坏死病（CyHV - 2）监测结果及分析

（1）监测基本情况　2020 年 5～9 月，在通州区 4 个乡镇 8 个养殖场、顺义区 4 个乡镇 4 个养殖场、平谷区 2 个乡镇 3 个养殖场，采集了 15 个养殖场的 22 份样品。采样品种为金鱼、草金鱼和鲫，包括成鱼、卵和苗种。

（2）监测结果分析　采用国标《金鱼造血器官坏死病毒检测方法》（GB/T 36194—2018）检测，22份样品中检出3份GFHNV核酸阳性，阳性检出率13.6%，阳性养殖场检出率20%。3份阳性样品均为金鱼，采自平谷区的2家养殖场和顺义区的1家养殖场。自2014年北京市每年连续监测GFHNV，监测结果如图6所示。虽然GFHNV的核酸阳性检出率一直较高，但因其为条件致病病毒，此病的发病率在北京地区较低，还未引发北京地区养殖金鱼大规模的发病与死亡。

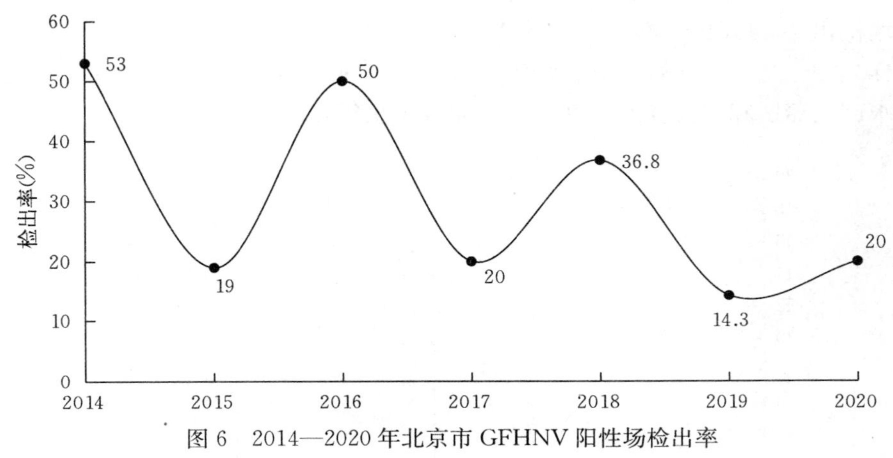

图6　2014—2020年北京市GFHNV阳性场检出率

5. 鲤浮肿病（CEVD）监测结果及分析

（1）监测基本情况　2020年5～9月，在通州区4个乡镇12个养殖场、顺义区3个乡镇3个养殖场、平谷区3个乡镇3个养殖场、朝阳区1个乡镇1个养殖场、大兴区1个乡镇1个养殖场，共计采集20个养殖场的23份样品。监测品种为锦鲤、鲤。

（2）监测结果分析　采用鲤浮肿病毒检测行业标准方法，在23份样品中检出4个阳性，阳性检出率17.4%，阳性养殖场检出率20%。2020年检测到的4份阳性样品采集自顺义、平谷、通州的锦鲤养殖场。CEV阳性检出率17.4 %，是监测疫病种类中最高的。4个阳性养殖场中，1个养殖场的鱼正在发病，有典型临床症状；3个养殖场的鱼未发病。CEV具有潜伏性，被感染的鱼可能终生携带病毒，并在水温骤变、施药消毒等外界环境条件改变时，发病甚至死亡。需进一步加强对CEVD的监测和防控。

6. 草鱼出血病（GCRV）监测结果及分析

（1）监测基本情况　2020年5～9月，在平谷区2个乡镇2个养殖场、通州区1个乡镇1个养殖场、房山区1个乡镇1个养殖场、延庆区1个乡镇1个养殖场，采集5个养殖场的6份样品，监测品种为草鱼和青鱼。

（2）监测结果分析　采用《草鱼出血病诊断规程》（GB/T 36190—2018）标准方法，在6份样品中未检出阳性。

2013—2016年，监测GCRV样品总数量38份，5份阳性，阳性率13.2%，2017年未检出；2018—2019年，因北京地区草鱼养殖面积缩减，未开展GCRV监测。根据以往的监测数据，北京市的草鱼出血病流行病学特征有以下两点：一是发现的阳性样品均为 GV9014 型，北京地区至今未发现 GV873 型。二是发现的阳性品种为草鱼，苗种均购自广西、江苏等南方诸省区，推断北京市的 GCRV 是外源性的。

（三）2020 年北京市水生动物疫病监测分析

2020 年北京市共监测 7 种重大水生动物疫病病种，37 个养殖场，111 份样品，检出 3 种疫病，8 个阳性养殖场，8 份阳性样品（图 7）。总的阳性检出率 7.2%，总的阳性养殖场检出率 21.6%。在怀柔、大兴、顺义、平谷、延庆、通州、朝阳共 7 个区抽样，抽样品种：金鱼、锦鲤、鲤、虹鳟、青鱼、草鱼、鲢、鳙等。监测工作覆盖了北京地区的水产主养区和主要养殖品种，超额完成了全年监测任务。

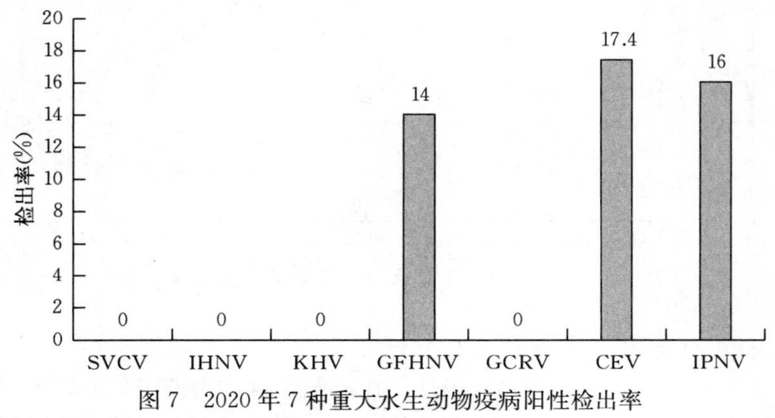

图 7　2020 年 7 种重大水生动物疫病阳性检出率

二、2021 年北京市水产养殖病害发病趋势预测

据统计，2020 年北京市水产养殖总面积 2 086.67 hm²，与 2019 年相比减少了 104 hm²，同比下降 4.75%。其中，北京市池塘养殖面积 2 066.67 hm²，占水产养殖总面积的 99.04%。大宗水产品种（包括草鱼、鲤、花白鲢、鳊、鲂、鲫）养殖产量 1.27 万 t（占比 85.78%）；冷水鱼（鲟、鲑鳟）养殖产量 316 t（占比 2.14%）；名优品种（包括鮰、罗非鱼、鲈等）养殖产量 1 787 t（占比 12.08%）；观赏鱼产量 4.02 亿尾，较 2019 年的 4.69 亿尾减少了 14.29%。因此，根据往年监测数据以及结合北京市水产养殖品种情况，2021 年北京市水产养殖品种病害发病趋势预测如下：

（1）大宗养殖鱼类（草鱼、鲤、鲫等）　易发生烂鳃、肠炎、赤皮、细菌性败血症以及寄生虫性等疾病。其中鲤易发鲤浮肿病，鲫易发金鱼造血器官坏死病。

（2）冷水性养殖鱼类（虹鳟、鲟等）　易发生水霉病、烂鳃等细菌性疾病。其中虹鳟鱼苗易发传染性造血器官坏死病。

（3）观赏鱼养殖鱼类（金鱼和锦鲤）　易发生烂鳃、肠炎、赤皮以及寄生虫性疾病。其中金鱼易发金鱼造血器官坏死病，锦鲤易发鲤浮肿病。

2020年天津市水生动物病情分析

天津市动物疫病预防控制中心

（马文婷　林春友　张　丽　杨　凯　叶桂煊　冯守明）

一、基本情况

根据农业农村部的要求，2020年天津市通过“全国水产养殖动植物病情测报系统”对全市水产养殖动物开展了病情监测工作。将全市养殖区划分为12个监测区，监测18个水产养殖品种（表1）。监测面积8 272.8 hm^2，其中淡水养殖池塘监测面积6 094.1 hm^2，海水养殖池塘监测面积2 163.3 hm^2，海水工厂化养殖监测面积15.4 hm^2。

表1　2020年开展病情监测的水产养殖品种

类别	养殖品种	数量（种）
鱼类	鲢、鳙、草鱼、鳊、鲫、鲤、泥鳅、鮰、黄颡鱼、罗非鱼、白鲳、锦鲤、半滑舌鳎、石斑鱼、鲆、鲽	16
甲壳类	凡纳滨对虾、中华绒螯蟹	2
合计		18

二、监测结果与分析

（一）水产养殖动物疾病流行情况及特点

2020年，监测到水产养殖动物发病品种14种（表2）。监测到疾病30种，其中病毒性疾病2种，细菌性疾病16种，真菌性疾病2种，寄生虫性疾病8种，其他病因致病2种（表3）。各种疾病种数占比见图1。

表2　监测到的水产养殖发病品种

类别	发病品种	数量（种）
鱼类	鲢、鳙、草鱼、鳊、鲫、鲤、鮰、罗非鱼、白鲳、半滑舌鳎、石斑鱼、鲆、鲽	13
甲壳类	凡纳滨对虾	1
合计		14

表 3　监测到的水产养殖动物疾病种类数量

类　别		鱼类疾病（种）	甲壳类疾病（种）	合计（种）
疾病性质	病毒性疾病	1	1	2
	细菌性疾病	11	5	16
	真菌性疾病	2	0	2
	寄生虫性疾病	7	1	8
	其他病因致病	1	1	2
合　计		22	8	30

从月发病面积比例、月死亡率来看，2020 年养殖鱼类发病面积比例 7 月最高，为 2.121 2%；8 月次之，为 1.935 7%；12 月最低，为 0.004 9%。鱼类死亡率 4 月最高，为 0.020 9%；12 月次之，为 0.007 2%；5 月最低，为 0.002 0%（图 2）。养殖甲壳类发病面积比例 6 月最高，为 1.864 8%；7 月次之，为 1.413 7%；5 月最低，为 0.164 4%。甲壳类死亡率 9 月最高，为 0.612 3%；10 月次之，为 0.570 3%；5 月最低，为 0.039 8%（图 3）。池塘养殖鱼类、甲壳类疾病危害程度受病原侵袭力强弱、养殖环境优劣及养殖动物免疫力状况等综合作用的影响。2020 年，池塘养殖鱼类死亡率受养殖环境因素影响较大；池塘养殖甲壳类死亡率受病原侵袭力影响较大。

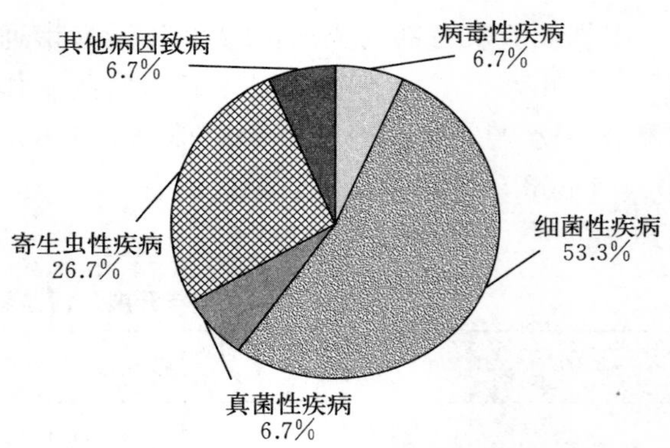

图 1　2020 年天津市水产养殖动物各类疾病比率

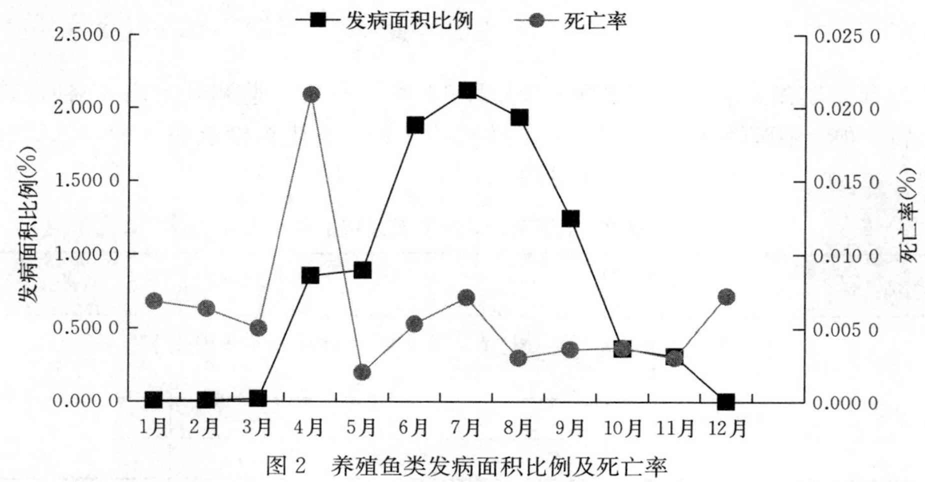

图 2　养殖鱼类发病面积比例及死亡率

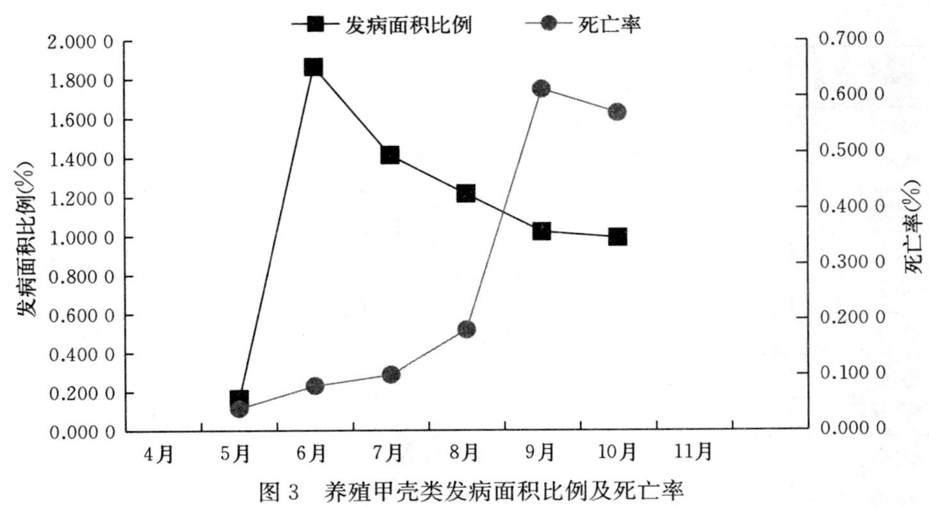

图 3　养殖甲壳类发病面积比例及死亡率

（二）鱼类疾病发生情况

2020 年，共监测到鱼类疾病 22 种，其中病毒性疾病 1 种，细菌性疾病 11 种，真菌性疾病 2 种，寄生虫性疾病 7 种，其他因素致病 1 种（表 4）。

表 4　养殖鱼类疾病种类

疾病类别	疾病名称	种数（种）
病毒性疾病	草鱼出血病	1
细菌性疾病	赤皮病、烂尾病、打印病、溃疡病、疖疮病、烂鳃病、肠炎病、淡水鱼细菌性败血症、弧菌病、腹水病、鮰类肠败血症	11
真菌性疾病	水霉病、鳃霉病	2
寄生虫性疾病	黏孢子虫病、车轮虫病、斜管虫病、固着类纤毛虫病、指环虫病、三代虫病、锚头鳋病	7
其他因素致病	气泡病	1
合　计		22

2020 年鱼类各养殖品种中，月发病面积比例均值较高的品种有鲢、鳙、草鱼、鳊、鲫、鲤、鮰、罗非鱼、白鲳、半滑舌鳎、鲆、鲽，均达 0.5%以上；月死亡率均值较高的品种有鲢、鳙、草鱼、鲤、半滑舌鳎，均达 0.01%以上（表 5）。

表 5　养殖鱼类月发病面积比例及月死亡率（%）

品种	项目	1月	2月	3月	4月	5月	6月	7月	8月	9月	10月	11月	12月	月均值
鲢	发病面积比例			0.008 4	0.899 5	1.017 1	1.539 8	1.688 6	1.112 8	0.837 6	0.323 3	0.238 6		0.885 4
	死亡率			0	0.065 2	0.004 4	0.008 5	0.058 2	0.020 1	0.049 1	0.001 5	0.001 2		0.017 6

（续）

品种	项目	1月	2月	3月	4月	5月	6月	7月	8月	9月	10月	11月	12月	月均值
鳙	发病面积比例			0.008 5	1.152 0	0.168 6	0.842 6	1.042 0	0.916 4	0.489 0	0.140 4	0.337 2		0.589 1
	死亡率			0	0.210 0	0.001 7	0.004 0	0.020 4	0.026 1	0.014 9	0.002 4	0.002 7		0.027 7
草鱼	发病面积比例			0.023 7	0.621 3	1.141 4	1.606 9	3.290 3	3.378 9	2.486 6	0.861 7	0.532 7		1.561 4
	死亡率			0	0.005 0	0.017 4	0.020 8	0.041 2	0.024 8	0.044 4	0.004 0	0.002 2		0.022 4
编	发病面积比例				3.350 0	6.650 0	5.000 0	5.000 0	5.000 0	3.350 0	5.000 0	0		4.168 8
	死亡率				0.006 7	0.006 7	0.006 7	0.006 7	0.003 3	0.003 3	0.003 3	0		0.004 6
鲫	发病面积比例			0.011 9	0.891 8	0.376 5	0.930 9	1.509 6	1.895 6	0.399 8	0.165 0	0.165 0		0.718 0
	死亡率			0	0.034 7	0.000 2	0.002 9	0.010 8	0.006 4	0.012 5	0.001 9	0.000 3		0.006 4
鲤	发病面积比例			0.039 2	0.552 6	1.794 7	4.511 1	3.607 8	3.013 6	2.480 4	0.417 0	0.379 1		1.905 5
	死亡率			0.003 2	0.004 1	0.008 1	0.038 3	0.029 0	0.004 7	0.017 2	0.001 2	0.000 9		0.017 3
泥鳅	发病面积比例			0	0	0	0	0	0	0	0	0		0
	死亡率			0	0	0	0	0	0	0	0	0		0
鮰	发病面积比例				5.000 0	6.650 0	8.350 0	5.000 0	3.350 0	5.000 0	5.000 0	0		4.793 8
	死亡率				0.010 0	0.006 7	0.008 3	0.006 7	0.002 0	0.005 0	0.005 0	0		0.005 5
黄颡鱼	发病面积比例			0	0	0	0	0	0	0	0	0		0
	死亡率			0	0	0	0	0	0	0	0	0		0
罗非鱼	发病面积比例				24.812 0	0	0	0						6.203 0
	死亡率				0	0	0	0						0
白鲳	发病面积比例				9.661 8	0								4.830 9
	死亡率				0	0								0
锦鲤	发病面积比例			0	0	0	0	0	0	0	0			0
	死亡率			0	0	0	0	0	0	0	0			0

（续）

品种	项目	1月	2月	3月	4月	5月	6月	7月	8月	9月	10月	11月	12月	月均值
半滑舌鳎	发病面积比例	0.010 3	0.010 3	0.008 9	1.369 9	8.082 2	4.050 8	1.958 8	7.035 9	0.010 5	0.330 7	0.008 7	0.008 7	2.266 2
	死亡率	0.022 6	0.021 0	0.018 8	0.000 6	0.024 8	0.024 4	0.024 4	0.020 9	0.026 3	0.014 4	0.018 6	0.016 3	0.019 3
石斑鱼	发病面积比例	0	0	0.460 8	0	0.666 7	0.666 7	0.673 3	0	0.666 7	0	11.666 7	0	0.233 3
	死亡率	0	0	0.002 6	0	0	0	0	0	0	0	0	0	0.000 5
鲆	发病面积比例	0	0	0	2.692 3	5.000 0	5.000 0	0	20.384 6			0	0	2.598 4
	死亡率	0	0	0	0	0	0	0	0			0	0	0
鲽	发病面积比例			0.937 5										0.937 5
	死亡率			0.002 2										0.002 2

注：月发病面积比例均值＝监测区各月发病面积总和÷监测区各月监测面积总和×100%；月死亡率均值＝监测区各月死亡尾数总和÷监测区各月监测尾数总和×100%。

1. *池塘主养鱼类疾病发生情况*　2020年，池塘养殖鱼类监测面积为2 860.18 hm^2。月发病面积比例7月最高，为2.121 9%；8月次之，为1.928 0%；3月最低，为0.018 3%。月死亡率4月最高，为0.027 2%；7月次之，为0.007 0%；3月、11月最低，均为0.000 9%（图4）。疾病对池塘养殖鳙、鲢、草鱼、鲤、鲫的危害较重（图5、图6）。

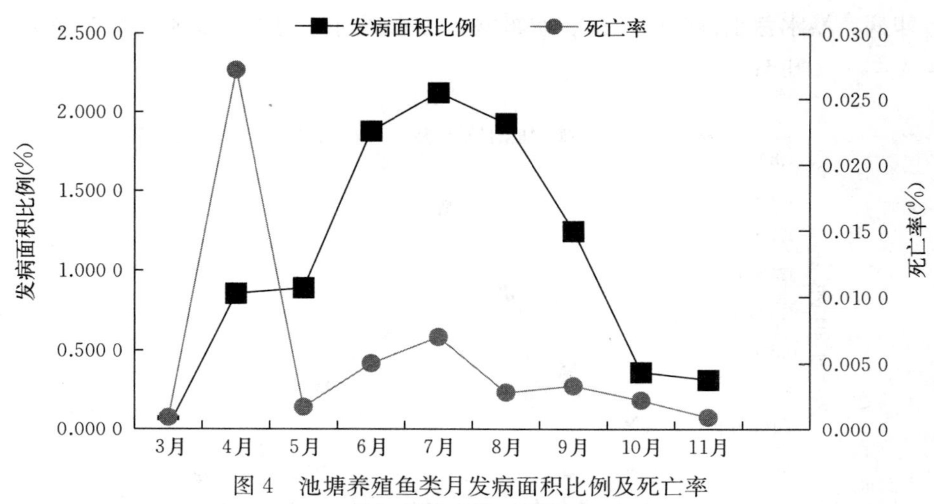

图4　池塘养殖鱼类月发病面积比例及死亡率

（1）鲢　监测时间3～11月，监测面积2 372.33 hm^2。从总体上看，鲢发病面积比例7月最高，为1.688 6%（图5）；死亡率4月最高，为0.065 2%（图6）。各种疾病

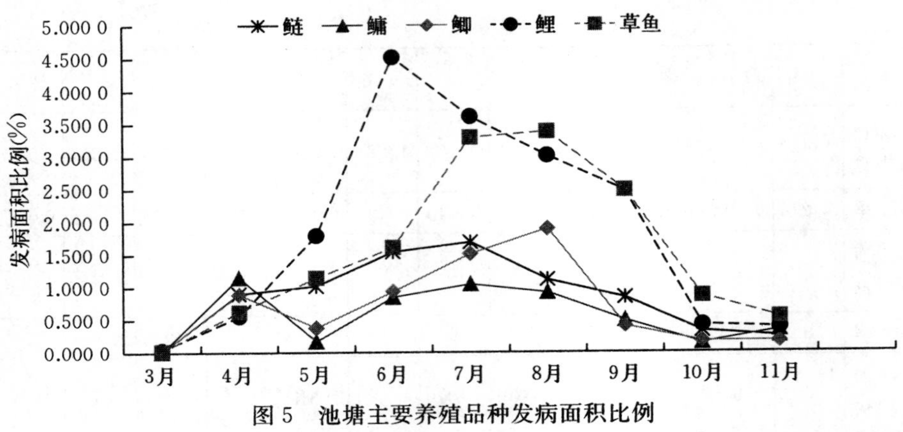

图 5　池塘主要养殖品种发病面积比例

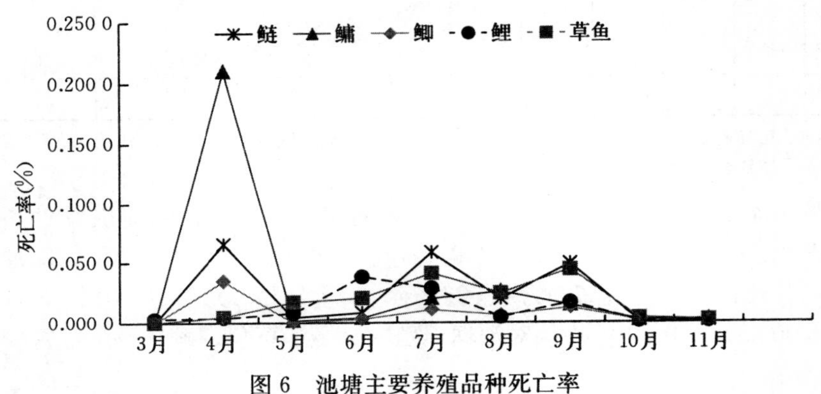

图 6　池塘主要养殖品种死亡率

中，打印病、淡水鱼细菌性败血症、水霉病、鳃霉病对鲢的危害较大。鲢主要疾病的发病情况见图 7、图 8：

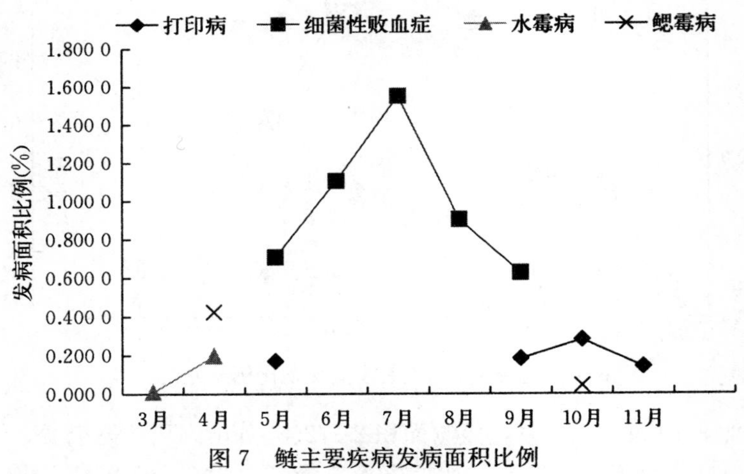

图 7　鲢主要疾病发病面积比例

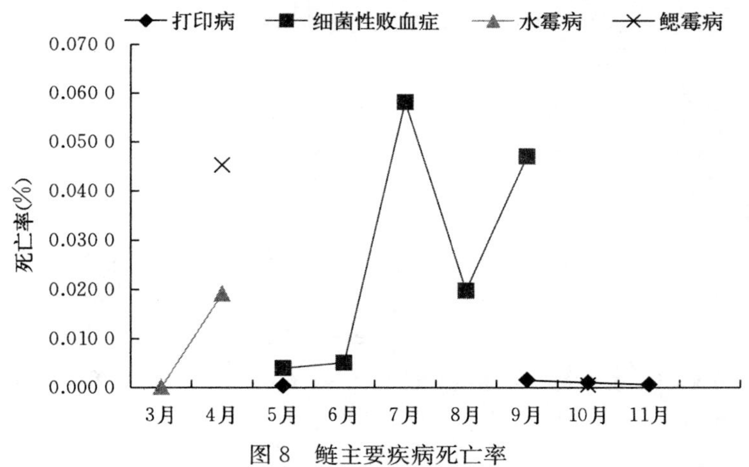

图 8　鲢主要疾病死亡率

打印病：流行于 5 月、9～11 月，发病面积 18.33 hm^2。发病面积比例 10 月最高，为 0.281 2%；死亡率 9 月最高，为 0.001 5%。

细菌性败血症：流行于 5～9 月，发病面积 116 hm^2。发病面积比例 7 月最高，为 1.548 3%；死亡率 7 月最高，为 0.058 2%。

水霉病：流行于 3～4 月，发病面积 4.8 hm^2。发病面积比例分别为 0.008 4%、0.196 9%；死亡率分别为 0、0.019 1%。

鳃霉病：流行于 4 月、10 月，发病面积 11 hm^2。发病面积比例分别为 0.421 5%、0.042 2%，死亡率分别为 0.045 2%、0.000 5%。

（2）鳙　监测时间 3～11 月，监测面积 2 372.33 hm^2。从总体来看，鳙发病面积比例 4 月最高，为 1.152 0%（图 5）；死亡率 4 月最高，为 0.210 0%（图 6）。各种疾病中，细菌性败血症、水霉病、鳃霉病、车轮虫病、指环虫病、锚头鳋病对鳙的危害较大。鳙主要疾病发病情况见图 9、图 10：

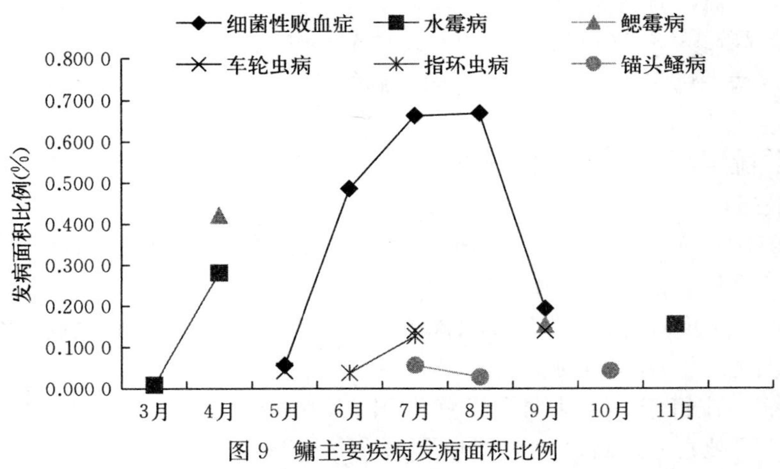

图 9　鳙主要疾病发病面积比例

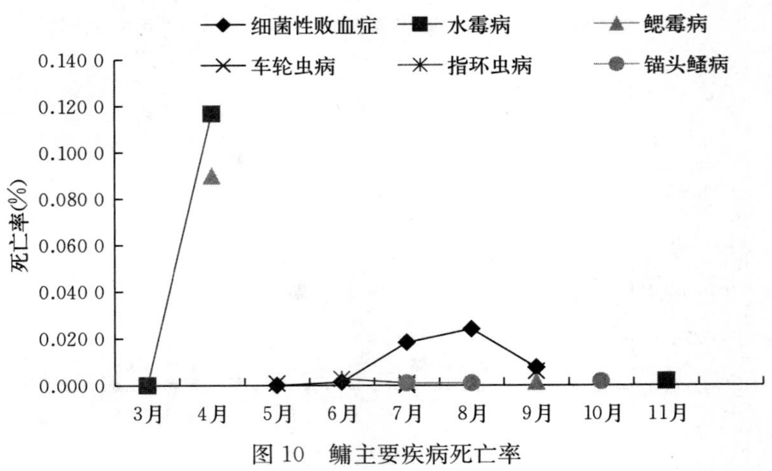

图 10 鳙主要疾病死亡率

细菌性败血症：流行于 5～9 月，发病面积 49.06 hm²。8 月发病面积比例最高，为 0.669 0%；死亡率 8 月最高，为 0.024 0%。

水霉病：流行于 3～4 月、11 月，发病面积 10.47 hm²。4 月发病面积比例最高，为 0.281 2%；死亡率 4 月最高，为 0.116 7%。

鳃霉病：流行于 4 月、9 月，发病面积 13.67 hm²。发病面积比例分别为 0.421 5%、0.154 7%；死亡率分别为 0.089 8%、0.001 4%。

车轮虫病：流行于 5 月、7 月、9 月，发病面积 7.66 hm²。7 月、9 月发病面积比例最高，均为 0.140 4%；死亡率 9 月最高，为 0.005 9%。

指环虫病：流行于 6～7 月，发病面积 3.8 hm²。发病面积比例分别为 0.037 7%、0.126 5%；死亡率分别为 0.002 7%、0.001 0%。

锚头鳋病：流行于 7～8 月、10 月，发病面积 3 hm²。7 月发病面积比例最高，为 0.056 1%；死亡率 10 月最高，为 0.001 6%。

（3）草鱼　监测时间 3～11 月，监测面积 1 501.67 hm²。从总体来看，草鱼发病面积比例 8 月最高，为 3.378 9%（图 5）；死亡率 9 月最高，为 0.044 4%（图 6）。各种疾病中，赤皮病、烂鳃病、肠炎病、车轮虫病的危害较大。草鱼主要疾病的发病情况见图 11、图 12：

赤皮病：流行于 7～9 月，发病面积 7.74 hm²。7 月发病面积比例最高，为 0.199 8%；8 月死亡率最高，为 0.001 2%。

烂鳃病：流行于 4～10 月，发病面积 82.81 hm²。8 月发病面积比例最高，为 1.438 4%；7 月死亡率最高，为 0.040 8%。

肠炎病：流行于 7～9 月，发病面积 20.67 hm²。7 月发病面积比例最高，为 0.710 5%；8 月死亡率最高，为 0.002 4%。

车轮虫病：流行于 5～11 月，发病面积 85.14 hm²。8 月发病面积比例最高，为 1.305 2%；5 月死亡率最高，为 0.001 7%。

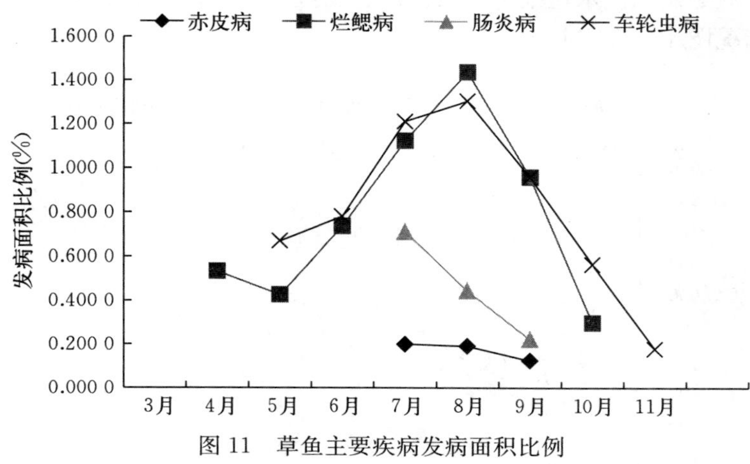

图 11　草鱼主要疾病发病面积比例

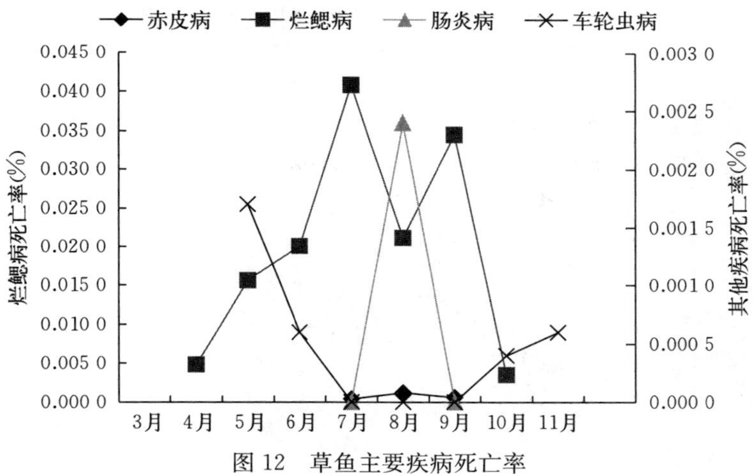

图 12　草鱼主要疾病死亡率

（4）鳊　监测时间 4～11 月，监测面积 20 hm^2。监测到烂鳃病、肠炎病、固着类纤毛虫病、三代虫病。

烂鳃病：发生于 4～5 月，发病面积 2 hm^2。发病面积比例分别为 3.350 0%、6.650 0%。死亡率均为 0.006 7%。

肠炎病：发生于 8 月，发病面积 1 hm^2。发病面积比例为 5.000 0%，死亡率为 0.003 3%。

固着类纤毛虫病：发生于 6 月、10 月，发病面积 2 hm^2。发病面积比例均为 5.000 0%，死亡率分别为 0.006 7%、0.003 3%。

三代虫病：发生于 7 月、9 月，发病面积 1.67 hm^2。发病面积比例分别为 5.000 0%、3.350 0%，死亡率分别为 0.006 7%、0.003 3%。

（5）鲫　监测时间 3～11 月，监测面积 2018.4 hm^2。从总体来看，鲫发病面积比例 8 月最高，为 1.895 6%（图 5）；死亡率 4 月最高，为 0.034 7%（图 6）。各种疾病中，赤皮病、烂鳃病、淡水鱼细菌性败血症、黏孢子虫病、车轮虫病的危害较大。鲫主要疾病发病情况图 13、图 14：

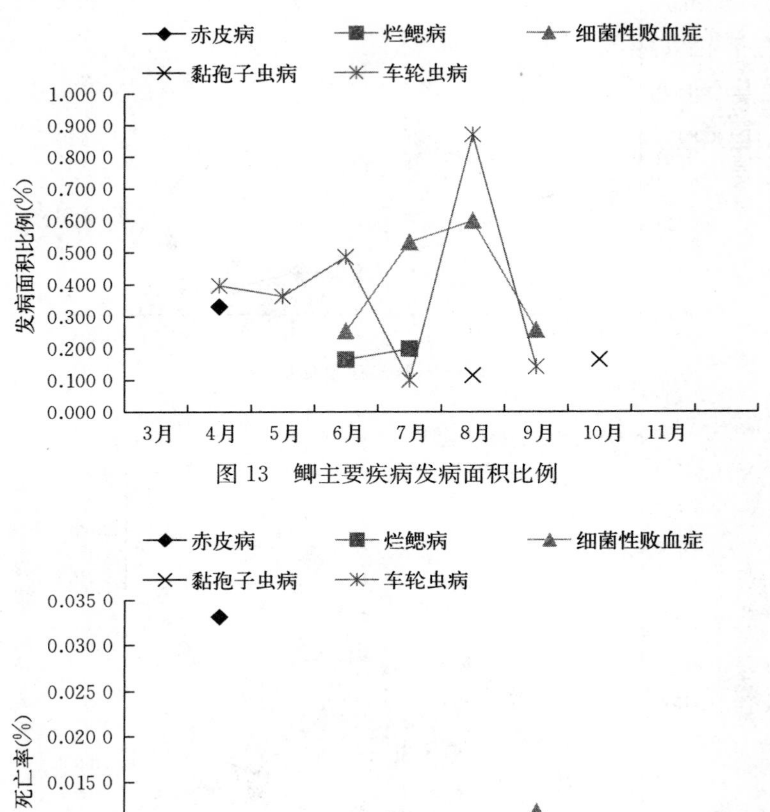

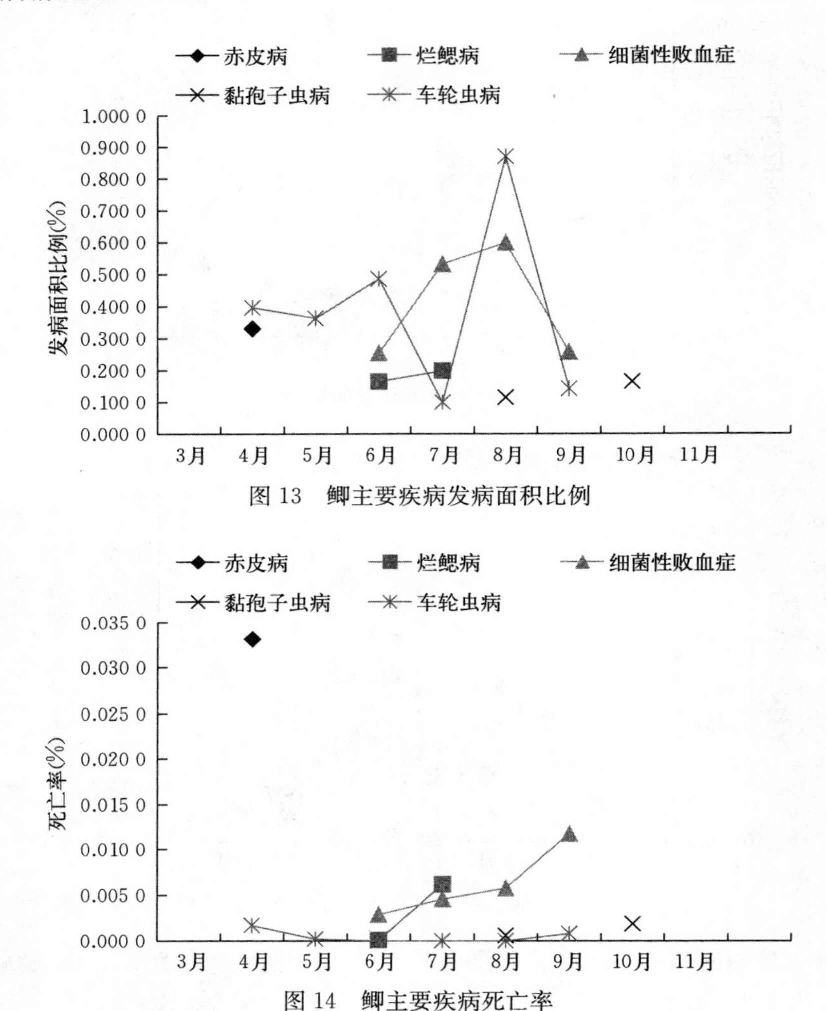

图 13　鲫主要疾病发病面积比例

图 14　鲫主要疾病死亡率

赤皮病：流行于 4 月，发病面积 6.67 hm^2。发病面积比例为 0.330 5%，死亡率为 0.033 1%。

烂鳃病：流行于 6～7 月，发病面积 7.33 hm^2。发病面积比例分别为 0.165 0%、0.198 2%；死亡率分别为 0.000 1%、0.006 2%。

淡水鱼细菌性败血症：流行于 6～9 月，发病面积 33.13 hm^2。8 月发病面积比例最高，为 0.598 0%；9 月死亡率最高，为 0.011 7%。

黏孢子虫病：流行于 8 月、10 月，发病面积 5.66 hm^2。发病面积比例分别为 0.115 4%、0.165 0%，死亡率分别为 0.000 6%、0.001 9%。

车轮虫病：流行于 4～9 月，发病面积 47.53 hm^2。8 月发病面积比例最高，为

0.868 5%；4月死亡率最高，为0.001 7%。

（6）鲤　监测时间3～11月，监测面积2 110.13 hm^2。从总体来看，鲤发病面积比例6月最高，为4.511 1%（图5）；死亡率6月最高，为0.038 3%（图6）。各种疾病中，赤皮病、烂尾病、烂鳃病、三代虫病的危害较重。鲤主要疾病发病情况图15、图16：

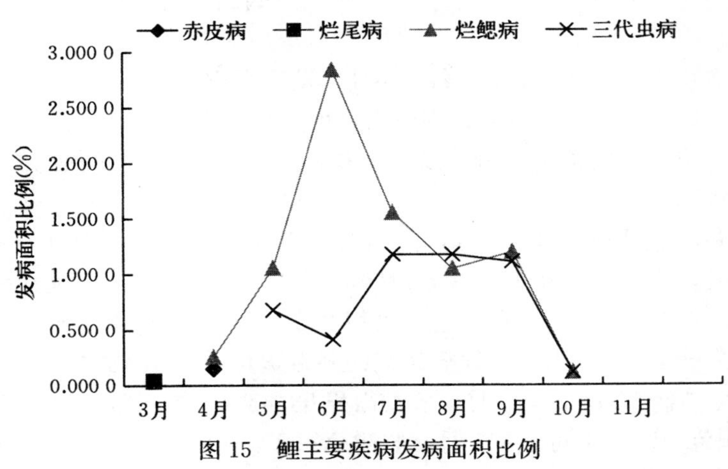

图15　鲤主要疾病发病面积比例

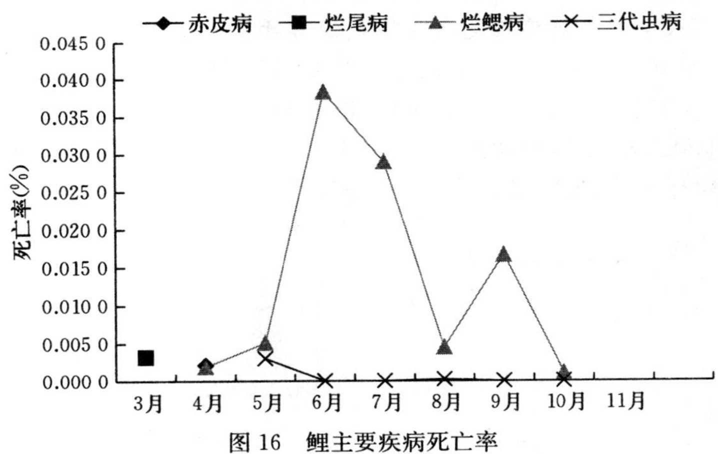

图16　鲤主要疾病死亡率

赤皮病：流行于4月，发病面积3 hm^2。发病面积比例为0.142 2%，死亡率为0.002 1%。

烂尾病：流行于3月，发病面积0.67 hm^2。发病面积比例为0.039 2%，死亡率为0.003 2%。

烂鳃病：流行于4～10月，发病面积170.19 hm^2。6月发病面积比例最高，为2.840 1%；6月死亡率最高，为0.038 3%。

三代虫病：流行于5～10月，发病面积98.41 hm^2。7月、8月发病面积比例最高，均为 1.175 3%；5 月死亡率最高，为 0.003 0%。

（7）鲴　监测时间 4～11 月，监测面积 20 hm²。监测到疖疮病、烂鳃病、鲴类肠败血症、固着类纤毛虫病。

疖疮病：发生于 4 月、10 月，发病面积 2 hm²。发病面积比例均为 5%，死亡率分别为 0.010 0%、0.005 0%。

烂鳃病：发生于 6 月，发病面积 1.67 hm²。发病面积比例为 8.350 0%，死亡率为 0.008 3%。

鲴类肠败血症：发生于 5 月、7 月、9 月，发病面积 3.33 hm²。5 月发病面积比例最高，为 6.650 0%；5 月、7 月死亡率最高，均为 0.006 7%。

固着类纤毛虫病：发生于 8 月，发病面积 0.67 hm²。发病面积比例为 3.350 0%，死亡率为 0.002 0%。

（8）罗非鱼　监测时间 4～7 月，监测面积 1.33 hm²。监测到 1 种疾病，为烂鳃病，发生于 4 月，发病面积 0.33 hm²，发病面积比例为 24.812%，死亡率为 0。

（9）白鲳　监测时间 4～5 月，监测面积 2.07 hm²。监测到 1 种疾病，为烂鳃病，发生于 4 月，发病面积 0.2 hm²，发病面积比例为 9.661 8%，死亡率为 0。

（10）泥鳅　监测时间 3～11 月，监测面积 53.33 hm²。未监测到疾病发生。

（11）黄颡鱼　监测时间 3～11 月，监测面积 20 hm²。未监测到疾病发生。

（12）锦鲤　监测时间 3～11 月，监测面积 10 hm²。未监测到疾病发生。

2. 海水工厂化养殖鱼类疾病发病情况　2020 年，海水工厂化养殖月最高监测面积为 12.26 hm²。从疾病发生情况看，海水工厂化养殖鱼类 8 月发病面积比例最高，为 10.118 3%；5 月次之，为 6.806 6%；11～12 月最低，均为 0.004 9%（图 17）。9 月死亡率最高，为 0.025 8%；7 月次之，为 0.015 2%；4 月最低，为 0.000 3%（图 17）。监测到发病品种有半滑舌鳎、石斑鱼、鲆、鲽，其中溃疡病对半滑舌鳎的危害较重。

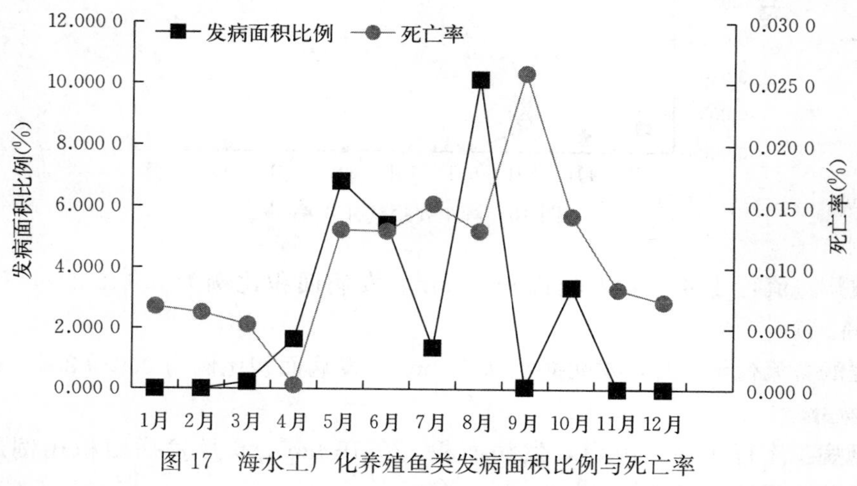

图 17　海水工厂化养殖鱼类发病面积比例与死亡率

（1）半滑舌鳎　监测时间 1～12 月，月最高监测面积为 6.89 hm²。监测到溃疡病、烂尾病、烂鳃病、肠炎病、腹水病、弧菌病，溃疡病危害较重。

溃疡病：发生在1～12月，发病面积0.028 3 hm^2。4月发病面积比例最高，为0.304 4%；5月死亡率最高，为0.028 4%。

（2）石斑鱼　监测时间1～12月，月最高监测面积为0.9 hm^2，仅监测到车轮虫病。该病流行于3月、5～7月、9月，发病面积0.02 hm^2。7月发病面积比例最高，为0.673 3%；3月死亡率最高，为0.002 6%。

（3）鲆　监测时间1～12月，月最高监测面积4.5 hm^2。监测到溃疡病、烂鳃病、肠炎病、腹水病。

溃疡病：流行于8月，发病面积0.53 hm^2。发病面积比例为20.384 6%，死亡率为0。

烂鳃病：流行于6月，发病面积0.13 hm^2。发病面积比例为5.000 0%，死亡率为0。

肠炎病：流行于4月、6月，发病面积0.2 hm^2。发病面积比例分别为2.692 3%、5.000 0%。死亡率均为0。

腹水病：流行于5月，发病面积0.13 hm^2。发病面积比例为5.000 0%，死亡率为0。

（4）鲽　监测时间3月，监测到1种疾病，为烂尾病。监测面积3.2 hm^2，发病面积0.03 hm^2；发病面积比例为0.937 5%，死亡率为0.002 2%。

（三）甲壳类疾病总体流行情况

2020年，养殖甲壳类监测面积5 540.93 hm^2，其中凡纳滨对虾监测面积为5 207.6 hm^2，中华绒螯蟹监测面积333.33 hm^2。监测到疾病8种，其中病毒性疾病1种，细菌性疾病5种，寄生虫性疾病1种，其他病因致病1种，如表6所示。

表6　养殖甲壳类疾病种类

疾病类别	疫　病　名　称	种数（种）
病毒性疾病	白斑综合征	1
细菌性疾病	烂鳃病、红腿病、对虾肠道细菌病、弧菌病、对虾黑鳃综合征	5
寄生虫性疾病	固着类纤毛虫病	1
其他病因致病	蜕壳不遂症	1
合　计		8

1. 凡纳滨对虾　监测时间4～10月，2020年全市池塘养殖凡纳滨对虾月最高监测面积为5 207.6 hm^2，发病面积总计369.38 hm^2。从月发病面积比例来看，6月最高，为1.948 2%；7月次之，为1.504 1%；4月最低，为0。从月死亡率来看，9月最高，为0.613 8%；10月次之，为0.570 5%；4、5月最低，为0（图18）。

各种疾病中，白斑综合征、对虾肠道细菌病、固着类纤毛虫病对凡纳滨对虾的危害较大（图19、图20）。

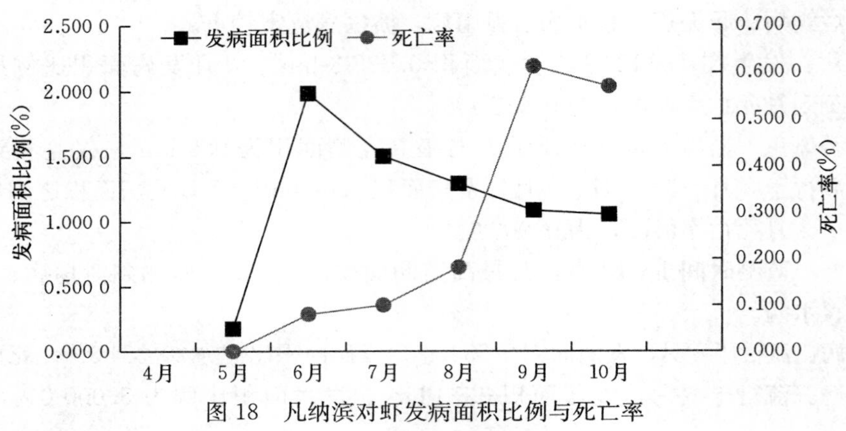

图 18　凡纳滨对虾发病面积比例与死亡率

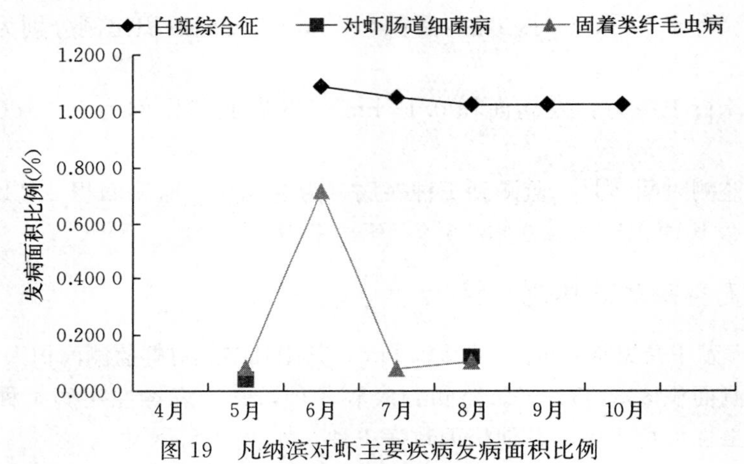

图 19　凡纳滨对虾主要疾病发病面积比例

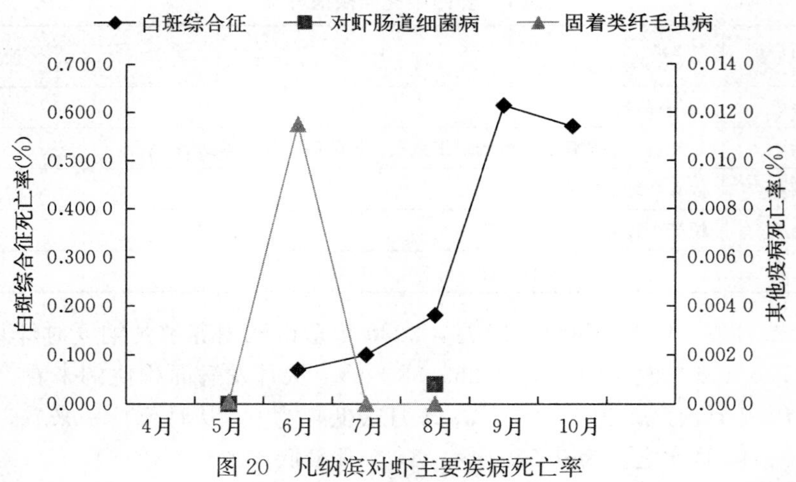

图 20　凡纳滨对虾主要疾病死亡率

白斑综合征：流行于 6～10 月，发病面积 271.33 hm^2。6 月发病面积比例最高，为

1.088 2%；9 月死亡率最高，为 0.613 8%。

对虾肠道细菌病：流行于 5 月、8 月，发病面积 8.33 hm^2。发病面积比例分别为 0.040 5%、0.121 6%。死亡率分别为 0、0.000 8%。

固着类纤毛虫病：流行于 5～8 月，发病面积 50.66 hm^2。6 月发病面积比例最高，为 0.716 8%；6 月死亡率最高，为 0.011 5%。

2. 中华绒螯蟹　2020 年，全市池塘养殖中华绒螯蟹监测时间 4～11 月，监测面积为 333.33 hm^2，未监测到疾病发生。

（四）病情分析

1. 池塘养殖鱼类病情分析　从整体看，2020 年天津市池塘养殖鱼类细菌性疾病的危害最重，真菌性疾病次之，寄生虫性疾病危害最轻。危害池塘养殖鱼类较严重的细菌性疾病为赤皮病、烂鳃病、淡水鱼细菌性败血症；危害较严重的真菌性疾病为水霉病、鳃霉病；危害较严重的寄生虫性疾病为车轮虫病。

从疾病的流行分布来看：池塘养殖鱼类赤皮病分布于武清、静海；烂鳃病分布于宁河、汉沽、武清、蓟州、静海、西青；淡水鱼细菌性败血症分布于蓟州、武清、宁河；水霉病、鳃霉病均分布于武清、静海、宁河；车轮虫病分布于蓟州、武清、静海、汉沽、西青、宁河。

从疾病对池塘养殖鱼类的危害程度看：由重到轻依次为鳙、草鱼、鲢、鲤、鲫、鮰、鳊、罗非鱼、白鲳。与 2019 年相比，2020 年疾病对鳙、鲢、鲤的危害程度有所上升；疾病对草鱼、鲫、鳊、鮰的危害程度有所下降。其中，鲢月死亡率均值由 0.016 2%升至 0.017 6%，鳙月死亡率均值由 0.020 5%升至 0.027 7%，鲤的月死亡率均值由 0.005 4%升至 0.017 3%；而草鱼月死亡率均值由 0.024 4%降至 0.022 4%，鲫月死亡率均值由 0.012 9%降至 0.006 4%，鳊月死亡率均值由 0.011 1%降至 0.004 6%，鮰月死亡率均值由 0.015 9%降至 0.005 5%。

（1）细菌性疾病病情分析

① 体表细菌病病情分析　2020 年池塘养殖鱼类发生的体表细菌病包括赤皮病、溃疡病、打印病、烂尾病、疖疮病，其危害程度春季较重（图 21、图 22）。体表细菌病多由外界因素致鱼体机械损伤而诱发。

② 烂鳃病、肠炎病、淡水鱼细菌性败血症病情分析　池塘养殖鱼类烂鳃病、肠炎病、淡水鱼细菌性败血症的发病面积比例与水温呈正相关（图 23）。从三种疾病的危害程度来看，烂鳃病的危害最大，淡水鱼细菌性败血症次之，肠炎病的危害较小（图 24）。从疾病流行季节来看，鱼类烂鳃病流行于春、夏、秋三季，夏季危害较重；肠炎病流行于春末、夏季、秋季，夏季危害较重；淡水鱼细菌性败血症流行于春末、夏季、初秋，夏季危害较重。烂鳃病常发生于池塘水位较低、池水较瘦、浊度较大且较长时间低氧的寡营养型池塘。肠炎病的发生与摄饵过量有关。淡水鱼细菌性败血症的发生与池塘水质高度富营养化、老化相关；其他细菌病（如肠炎病、赤皮病、溃疡病等）病程较长时，也可引发淡水鱼细菌性败血症。

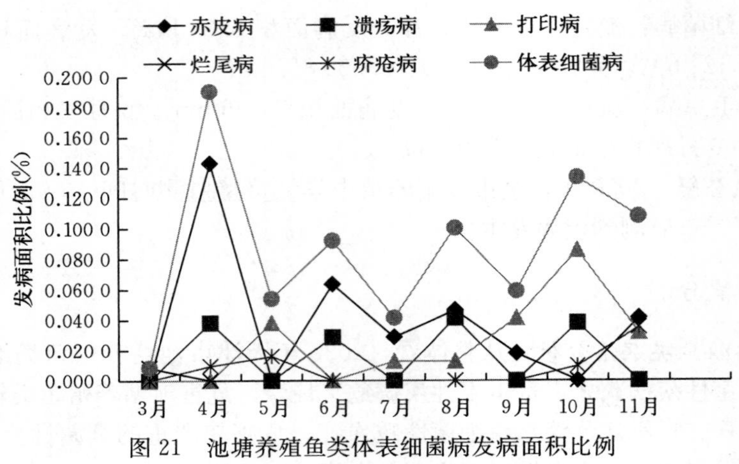

图 21　池塘养殖鱼类体表细菌病发病面积比例

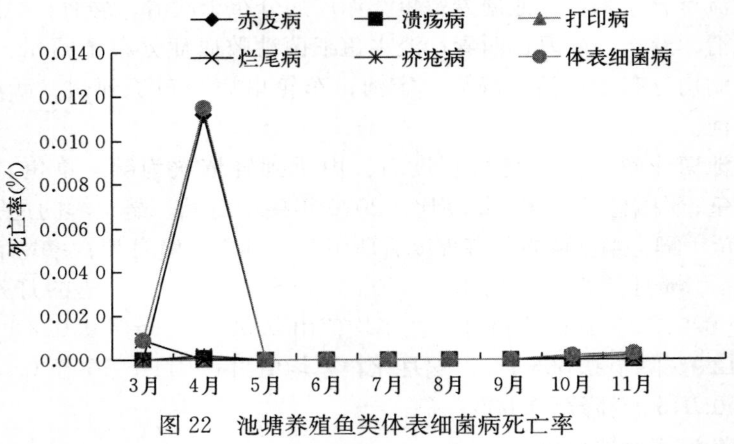

图 22　池塘养殖鱼类体表细菌病死亡率

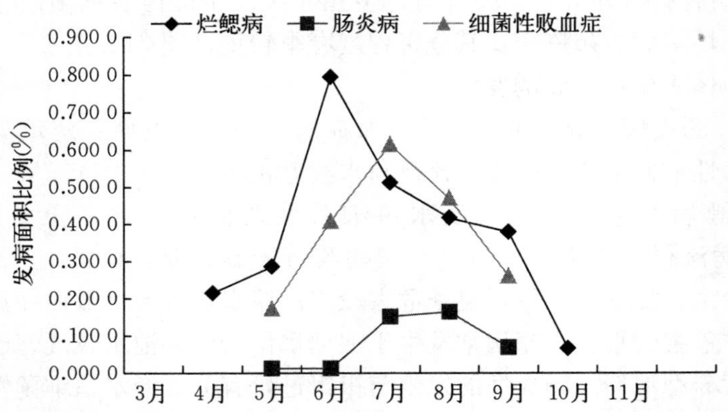

图 23　池塘养殖鱼类烂鳃病、肠炎病、细菌性败血症发病面积比例

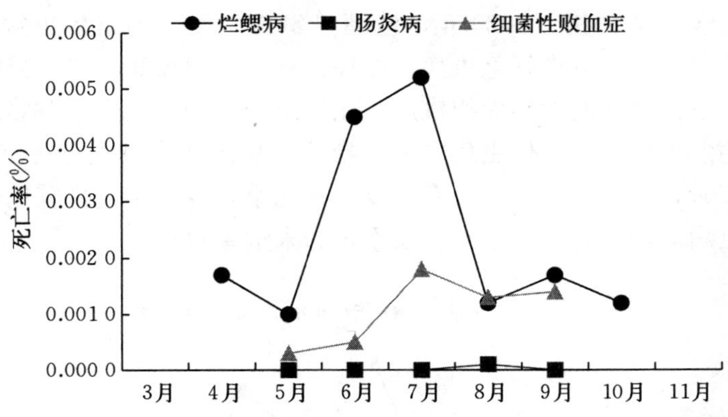

图 24　池塘养殖鱼类烂鳃病、肠炎病、细菌性败血症死亡率

（2）真菌性疾病病情分析　2020 年，池塘养殖鱼类发生的真菌病为水霉病、鳃霉病。从发病季节看，水霉病、鳃霉病均发生于春季和秋季；从不同季节的危害程度看，春季危害较大（图 25、图 26）。

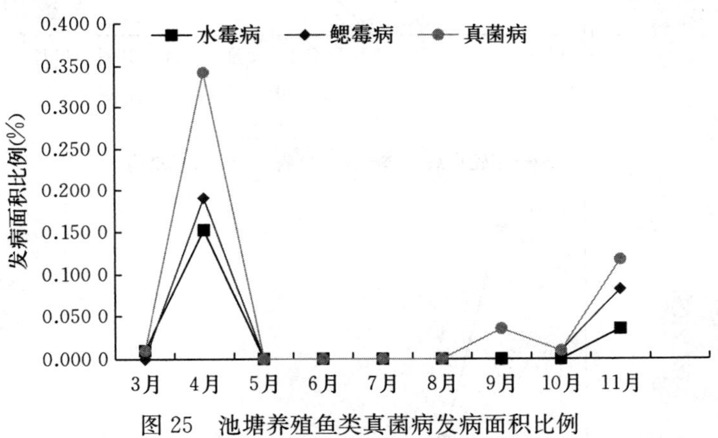

图 25　池塘养殖鱼类真菌病发病面积比例

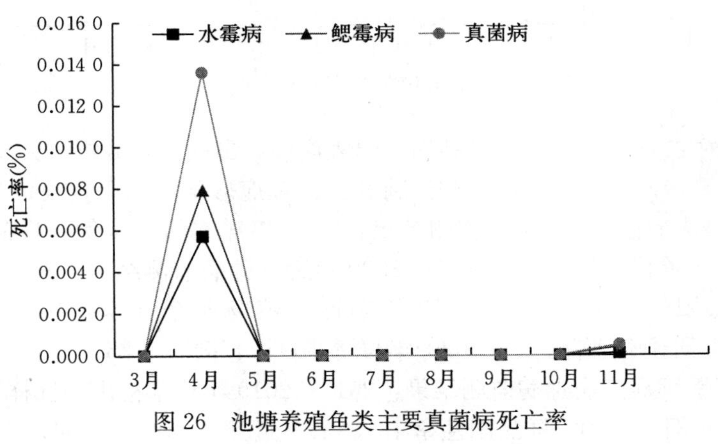

图 26　池塘养殖鱼类主要真菌病死亡率

（3）寄生虫病病情分析 2020 年，池塘养殖鱼类发生的寄生虫病为黏孢子虫病、车轮虫病、斜管虫病、固着类纤毛虫病、指环虫病、三代虫病、锚头鳋病，其中车轮虫病、指环虫病、三代虫病的发病面积较广。比较上述三种寄生虫病对养殖鱼类的危害程度，车轮虫病的危害最大，三代虫病次之，指环虫病未产生较大危害（图 27、图 28）。从疾病流行季节看，车轮虫病流行于春、夏、秋三季，春秋季危害较重；指环虫病流行于夏季；三代虫病流行于春末、夏季、秋季，春末危害较重。

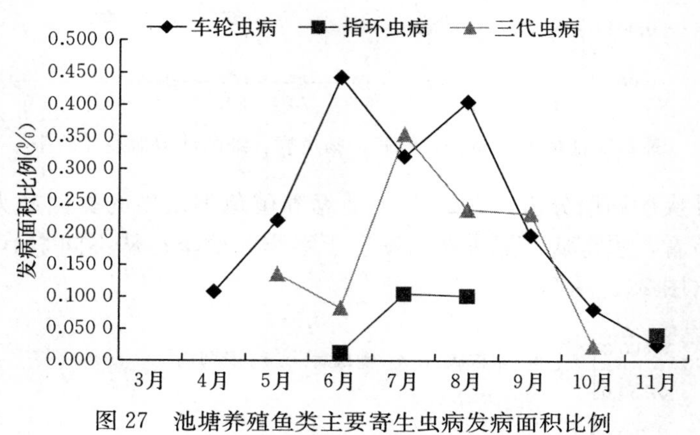

图 27 池塘养殖鱼类主要寄生虫病发病面积比例

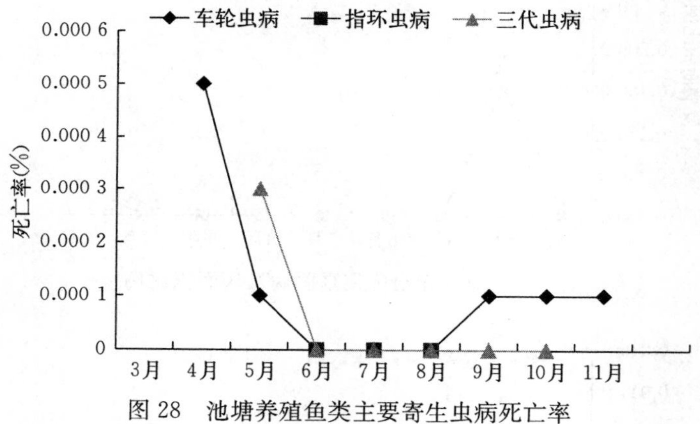

图 28 池塘养殖鱼类主要寄生虫病死亡率

（4）鲫造血器官坏死病、鲤浮肿病、锦鲤疱疹病毒病风险分析 天津市动物疫病预防控制中心对鲫造血器官坏死病、鲤浮肿病、锦鲤疱疹病毒病等重要疫病进行了监测。2017—2020 年鲫造血器官坏死病监测结果：2017 年样本阳性 1 例（样品阳性率 5%），2018—2020 年未检出阳性样本。2017—2020 年鲤浮肿病监测结果：2017 年阳性监测点 15 个（监测点阳性率 39.5%），2018 年阳性养殖场 4 个（养殖场阳性率 13.3%），2019 年未监测到阳性监测点，2020 年样本阳性 4 例（4/25，样品阳性率 16%）。2017—2020 年锦鲤疱疹病毒病监测结果：2017—2019 年均未检出阳性样本，而 2020 年检出阳性样本 4 例（4/30，样品阳性率 13.3%）。近期监测结果表明，天津地区有潜在暴发锦鲤疱疹病毒病、鲤浮肿病的风险。

2. 海水工厂化养殖鱼类病情分析　2020年，海水工厂化养殖鱼类发生的细菌性疾病有溃疡病、烂尾病、烂鳃病、肠炎病、腹水病、弧菌病；发生的寄生虫性疾病为车轮虫病。其中，细菌性疾病的危害较重。

从疾病的流行分布来看：溃疡病、烂尾病分布于塘沽、汉沽；烂鳃病、肠炎病、弧菌病、腹水病分布于汉沽；车轮虫病分布于大港。

从发病面积比例、死亡率来看：海水工厂化养殖鱼类2020年月发病面积比例均值由2019年的0.045 4%升至2.316 7%；月死亡率均值由2019年的0.000 5%升至0.008 8%。以上数据表明，2020年海水工厂化养殖鱼类疾病危害程度有所加重。

3. 池塘养殖甲壳类病情分析　2020年，池塘养殖甲壳类危害较严重的疾病有凡纳滨对虾白斑综合征、固着类纤毛虫病；池塘养殖中华绒螯蟹未发病。

从疾病的流行分布来看：凡纳滨对虾白斑综合征分布于大港、武清；固着类纤毛虫病分布于宁河、武清、汉沽、西青。

从发病面积比例、死亡率来看：2020年池塘养殖凡纳滨对虾月发病面积比例均值由2019年的0.934 0%升至1.028 3%，月死亡率均值由2019年的0.167 9%降至0.118 2%。2020年发病较严重的月份集中在8～10月，其中9月死亡率最高，达0.614 1%。

（1）白斑综合征病情分析　白斑综合征流行于6～10月。与2019年相比，月发病面积比例均值由1.148 3%降至0.755 4%，月死亡率均值由0.208 3%降至0.144 1%，其危害程度较2019年有所下降。

（2）对虾肠道细菌病病情分析　对虾肠道细菌病流行于5月、8月。与2019年相比，月发病面积比例均值由0.152 2%降至0.023 2%，月死亡率均值由0.010 1%降至0.000 1%，其危害程度较2019年有所下降。

（3）固着类纤毛虫病病情分析　固着类纤毛虫病流行于5～8月。与2019年相比，月发病面积比例均值由0.243 6%降至0.141%，月死亡率均值由0.001 5%升至0.003 3%，其危害程度较2019年有所上升。

三、2021年病害流行预测

1. 春季应警惕的疾病

（1）池塘养殖鱼类　鲫造血器官坏死病、赤皮病、竖鳞病、溃疡病、疖疮病、水霉病、鳃霉病、车轮虫病、气泡病。

（2）海水工厂化养殖鱼类　溃疡病、烂尾病、肠炎病、车轮虫病。

2. 夏季应警惕的疾病

（1）池塘养殖鱼类　锦鲤疱疹病毒病、鲤浮肿病、淡水鱼细菌性败血症、烂鳃病、肠炎病、车轮虫病、指环虫病、三代虫病。

（2）海水工厂化养殖鱼类　烂尾病、溃疡病、腹水病。

（3）池塘养殖凡纳滨对虾　白斑综合征、弧菌病、对虾肝胰腺坏死病、对虾肠道细菌病、固着类纤毛虫病。

（4）池塘养殖中华绒螯蟹　固着类纤毛虫病。

3. 秋季应警惕的疾病

（1）池塘养殖鱼类　鲫造血器官坏死病、鲤浮肿病、烂鳃病、肠炎病、淡水鱼细菌性败血症、车轮虫病、三代虫病。

（2）海水工厂化养殖鱼类　溃疡病、烂尾病。

（3）池塘养殖凡纳滨对虾　白斑综合征、对虾肠道细菌病、弧菌病、固着类纤毛虫病。

（4）池塘养殖中华绒螯蟹　固着类纤毛虫病。

4. 冬季应警惕的疾病

（1）池塘养殖鱼类　水霉病、鲢鳙肠炎病、气泡病、冻伤。

（2）海水工厂化养殖鱼类　溃疡病、烂尾病、车轮虫病、刺激隐核虫病。

2020 年河北省水生动物病情分析

河北省水产技术推广总站

（田　洋　刘晓丽　李全振　王凤敏）

2020 年对全省 206 个监测点、24 个养殖品种病害情况进行了病情测报，并对 13 种重要疫病进行了专项监测，监测抽样 365 个，根据病情测报和专项监测及现场调查掌握的情况，对河北省 2020 年水生动物病情分析如下：

一、基本情况

（一）病情测报

2020 年河北省共备案水产养殖病情测报员 94 名，设置监测点 206 个，监测面积 10 584 hm^2，测报养殖品种 24 个，涉及 11 市 59 县区。测报期 1～12 月。监测品种见表 1。

表 1　2020 年水产养殖病情测报监测品种

类别		养 殖 品 种	数量（种）
鱼类		鲤、草鱼、鲢、鳙、鲫、鳟、鲟、罗非鱼、观赏鱼、鮰、泥鳅、青鱼、河鲀、半滑舌鳎、鲆	15
甲壳类	虾类	凡纳滨对虾、日本囊对虾、中国明对虾、罗氏沼虾	4
	蟹类	中华绒螯蟹、梭子蟹	2
爬行类		鳖	1
贝类		扇贝	1
棘皮动物		海参	1
合计			24

（二）疫病监测

河北省承担了农业农村部下达的 2020 年国家水生动物疫病监测计划及补充监测计划，包括鲤春病毒血症 25 个样品，草鱼出血病 25 个样品，锦鲤疱疹病毒病 25 个样品，鲤浮肿病 25 个样品，传染性造血器官坏死病 20 个样品，传染性胰脏坏死病 20 个样品，金鱼造血器官坏死病 30 个样品，病毒性神经坏死病 30 个样品，白斑综合征 30 个样品，虾肝肠胞虫病 35 个样品，虾虹彩病毒病 35 个样品，传染性皮下和造血组织坏死病 30 个样品，急性肝胰腺坏死病 35 个样品，合计 13 种疫病 365 个样品的监测任务。按照总站要求，将样品送至规定检测机构。

二、监测结果与分析

（一）病情测报结果

2020 年测报区共监测出病害 17 种，其中病毒性疾病 5 种，细菌性疾病 9 种，真菌性疾病 1 种，寄生虫病 2 种，另有不明病因 9 宗。在发病原因中，生物源性疾病占 100.00%，其中，病毒病占 29.41%，细菌性疾病占 52.94%，真菌性疾病占 5.88%，寄生虫病占 11.77%。详见表 2。

表 2　2020 年水产养殖病情测报病害种类

类别		病　名	数量（种）
鱼类	病毒性疾病	草鱼出血病、鲤浮肿病、传染性造血器官坏死病、淋巴囊肿病	4
	细菌性疾病	淡水鱼细菌性败血症、赤皮病、烂鳃病、细菌性肠炎病、溃疡病	5
	寄生虫性疾病	锚头鳋病、三代虫病	2
	真菌性疾病	水霉病	1
	其他	不明病因疾病	1
虾类	细菌性疾病	弧菌病、烂鳃病	2
	其他	不明病因疾病	1
其他类	病毒性疾病	鳖红底板病	1
	细菌性疾病	鳖红脖子病、鳖穿孔病、鳖溃烂病	3

（二）疫病监测结果

2020 年河北省全部按时完成 13 种重要疫病的抽样、送检、监测数据录入和分析整理等任务。在检测的样品中，有 8 种疫病 53 个样品检测出阳性。我们将检测结果及时上报，对检出的阳性点进行了流行病学调查和防控技术指导，采取养殖区域隔离、禁止生产性流通、设施与水体消毒、病死水生动物无害化处理等技术措施，防止了疫病发生或蔓延，基本掌握了主要水生动物疫病发病动态和流行规律，增强了水生动物疫病预防能力。疫病监测结果详见表 3。

表 3　2020 年水生动物疫病监测情况

监测疫病	样品数量（份）	阳性数（份）	阳性率（%）	检测单位
SVC	25	0	0	中国水产科学研究院黑龙江水产研究所
GCRV	25	0	0	中国水产科学研究院黑龙江水产研究所

（续）

监测疫病	样品数量（份）	阳性数（份）	阳性率（%）	检测单位
KHVD	25	5	20.00	中国水产科学研究院黑龙江水产研究所
CEV	25	1	4.00	中国水产科学研究院黑龙江水产研究所
IHN	20	1	5.00	中国水产科学研究院黑龙江水产研究所
IPN	20	0	0	中国检验检疫科学研究院
GFHNV	30	1	3.33	中国水产科学研究院长江水产研究所
VNN	30	0	0	中国水产科学研究院黄海水产研究所
WSD	30	6	20.00	中国水产科学研究院黄海水产研究所
IHHN	30	8	26.67	中国水产科学研究院黄海水产研究所
EHP	35	27	77.14	中国水产科学研究院黄海水产研究所
AHPND	35	4	11.43	中国水产科学研究院黄海水产研究所
SHIV	35	0	0	中国水产科学研究院黄海水产研究所
合计/平均	365	53	14.52	

（三）主要病害情况分析

1. *鲤病害情况*　鲤病害主要是鲤浮肿病（CEV）。由于鲤浮肿病对河北省鲤产业影响较大，为此我们对该病的发病情况进行了调查，共调查 14 家鲤浮肿病发病（或疑似）场，其中唐山 13 家，12 家经河北省水产技术推广总站实验室检测 CEV 阳性；石家庄 1 家，经实验室检测 CEV 阳性。其他地区虽有 CEV 检测阳性，但未发现有鲤浮肿病发病。

从病原分析，河北省已连续 4 年专项监测未检出 KHV 阳性，但是 2020 年共检测出 KHV 阳性 9 例（包括河北省水产技术推广总站自检），虽然没有发病死亡报告，但仍应引起重视（表 4）。在 14 家鲤浮肿病发病场中，有 2 家苗种来自天津，1 家来自无锡，11 家来自唐山本地。结合 2017、2018、2019 年河北省鲤浮肿病调查情况看，全省 CEV 病原可能有苗种调运、水域传播或水鸟传播等原因，且呈扩散趋势，尤其是唐山地区，多呈片区发病。2020 年石家庄地区再次出现发病情况，为此我们检测了福瑞鲤苗种来源场的福瑞鲤亲鱼和剩余苗种，CEV 均为阴性，排除了病原来源于苗种的嫌疑。因附近有 1 家渔场在 2018 年曾发生过鲤浮肿病，且 2019 年专项监测也为 CEV 阳性，2019 年附近也有另外 1 家专项监测为 CEV 阳性，因此分析可能为水鸟带来的病原。

表 4　河北省历年 KHV 监测情况

年份	样品数（份）	阳性数（份）	阳性率（%）
2013	12	3	25.00
2014	70	0	0
2015	75	2	2.67

（续）

年份	样品数（份）	阳性数（份）	阳性率（%）
2016	60	0	0
2017	60	0	0
2018	30	0	0
2019	30	0	0
2020	43	5	11.63
合计/平均	380	10	2.63

2020 年全省鲤浮肿病发病时间在 5 月 22 日到 9 月 22 日，发病水温区间 18～25 ℃，发病率有 9 家达到 100%。平均发病率达到 62.16%，平均死亡率 19.69%，经济损失 183 万元（表 5）。针对 CEV 疫情，河北省水产技术推广总站联合相关市站在水产病防 QQ 群、微信群发布了疫病预警及《鲤浮肿病预防及应急管理技术》资料。

表 5　河北省历年 CEV 监测情况

年份	样品数（份）	阳性数（份）	阳性率（%）
2018	60	6	10.00
2019	30	15	50.00
2020	47	11	23.40
合计/平均	137	32	23.36

2. 草鱼病害情况　草鱼病害主要有肠炎病、赤皮病、细菌性败血症、锚头鳋病等。以 5～8 月发病较多，但死亡率较低。发病原因主要是水质恶化，病原微生物对养殖生物构成危害。近 5 年的专项监测未检测出草鱼出血病阳性。

3. 鲫病害情况　鲫病害主要是烂鳃病及水霉病等，病害平均发病率和死亡率均较低。近几年的鲫造血器官坏死病专项监测情况见表 6，虽有阳性检出，但未发生规模性疫病。

表 6　河北省历年鲫造血器官坏死病监测情况

年份	样品数（份）	阳性数（份）	阳性率（%）
2015	72	19	26.39
2016	50	0	0.00
2017	62	6	9.68
2018	30	4	13.33
2019	60	9	15.00
2020	30	2	6.67
合计/平均	304	40	13.16

4. 虹鳟病害情况　2020年春季，受新冠疫情影响，冷水鱼压塘严重，养殖密度逐渐增大，导致病害增加，主要是虹鳟IHN呈扩散趋势（表7）。保定市涞源县有9个虹鳟养殖场不同程度发病，经检测部分场IHNV呈阳性，确诊IHN，部分场为疑似IPN。张家口市赤城县有2个虹鳟养殖场不同程度发病，未经检测，疑似IHN。11个养殖场养殖面积3.03 hm^2，发病面积0.9 hm^2，平均发病率29.74%，发病区域平均死亡率49.71%，直接经济损失104.50万元；发病水温区间7～10 ℃，发病规格为1～700克；除涞源县1个渔场苗种自繁外，其他养殖场苗种均外购，主要来自河北张家口蔚县、山西左权、辽宁本溪；病原可能为原场已存在或来自外购发眼卵。河北省水产技术推广总站进行了现场调查、采样和防控技术指导。

表7　河北省历年IHN专项监测情况

年份	样品数量（份）	阳性数量（份）	阳性率（%）
2013	60	40	66.67
2014	60	52	86.67
2015	93	5	5.38
2016	90	11	12.22
2017	80	0	0
2018	41	3	7.32
2019	30	0	0
2020	34	3	8.82
合计/平均	488	114	23.36

5. 鲟病害情况　鲟病害主要是链球菌病、肠胃胀气病、不明病因疾病等，病害平均发病率和死亡率有所上升，主要集中在石家庄地区，且呈逐步增多趋势。一些不明病因有待进一步研究。

6. 中华鳖病害情况　中华鳖病害主要有鳖红底板病、鳖红脖子病、鳖穿孔病、鳖溃烂病等，发病种类、发病率、死亡率及造成的经济损失均有所降低。发病原因主要是水质恶化、外伤感染等。

7. 对虾病害情况　对虾病害主要是弧菌病、烂鳃病、肝肠胞虫病等，发病种类死亡率及造成的经济损失均有所降低。

8. 鲆鲽类病害情况　鲆鲽类主要病害是细菌性肠炎、溃疡病和淋巴囊肿病等，发病种类死亡率及造成的经济损失没有明显变化。

9. 其他品种病害情况　其他养殖品种如鮰等发生了不同程度的病害，但其发病率和死亡率均较低，造成的经济损失也较低。与2019年相比，发病种类、平均发病率、平均死亡率及造成的经济损失有所降低。另外，鲢、鳙、罗非鱼、观赏鱼、泥鳅、河鲀、半滑舌鳎、中华绒螯蟹、扇贝、海参等在测报区未监测到病害。

三、2021 年河北省水产养殖病害趋势预测

根据近年来河北省水产养殖病害发生情况，预测 2021 年病害发生有以下趋势：

（1）淡水鱼类病害以病毒性、细菌性疾病和寄生虫病为主，主要是鲤浮肿病、传染性造血器官坏死病、肠炎病、烂鳃病等，不会有明显变化，部分地区暴发鲤浮肿病的可能性非常大，并可能造成较大经济损失，应加强苗种检疫和运输管理，防止扩大到其他地区；随着养殖密度降低，冷水鱼类虹鳟传染性造血器官坏死病可能出现下降趋势；鲟链球菌病将呈上升趋势，应加强监测、病情调查和药敏试验。

（2）海水鱼类主要是细菌性肠炎病，不会有明显变化。

（3）中华鳖病害主要是鳖溃烂病、鳖红底板病、鳖红脖子病等，不会有明显变化。

（4）对虾类病害主要是白斑综合征、急性肝胰腺坏死病、弧菌病和虾肝肠胞虫病等，玻璃苗及弧菌病可能造成较大经济损失。

（5）扇贝病害主要是海洋污染、赤潮及风暴等因素引起的滞长和死亡，有可能造成较大经济损失，应加强防范。

（6）海参高温伤害仍可能造成较大损失，应提前加强遮阳和调高水位等防控措施。

2020年内蒙古自治区水生动物病情分析

内蒙古自治区水产技术推广站

（张　利　乌兰托亚）

一、基本情况

2020年，内蒙古自治区水产技术推广站组织全区12个盟（市）、30个旗（县）的65个监测点，重点关注沿黄集中连片养殖地区，对草鱼、鲢、鲤、鳙、鲫、鳊、鲇、乌鳢等8个鱼类养殖品种的病害情况进行了监测（表1）。监测面积13 024.5 hm^2，其中池塘监测面积3 062.5 hm^2。

表1　2020年开展水生动物疾病监测的水产养殖品种

类别	养殖品种	数量（种）
鱼类	草鱼、鲢、鲤、鳙、鲫、鳊、鲇、乌鳢	8
合计		8

二、监测结果与分析

2020年监测到养殖鱼类发病种类3种，分别为草鱼、鲢、鲤（表2）。

表2　2020年监测到的水产养殖发病品种

类别	发病品种	数量（种）
鱼类	草鱼、鲢、鲤	3
合计		3

2020年监测到养殖鱼类病害8种，其中细菌性疾病4种（细菌性肠炎病、打印病、竖鳞病、柱状黄杆菌病），寄生虫性疾病2种（三代虫病、锚头鳋病），真菌性疾病1种（水霉病），不明病因疾病1种（表3）。

表3　2020年监测到的水产养殖鱼类疾病

疾病类别	疾病名称	种数（种）
细菌性疾病	细菌性肠炎病、打印病、竖鳞病、柱状黄杆菌病	4
寄生虫性疾病	三代虫病、锚头鳋病	2
真菌性疾病	水霉病	1
其他	不明病因疾病	1
合计		8

2020 年监测到的内蒙古养殖鱼类疾病中，细菌性疾病（竖鳞病 5.56%、打印病 11.11%、柱状黄杆菌病 27.78%、细菌性肠炎病 5.56%）占 50.00%；真菌性疾病（水霉病）占 11.11%；寄生虫性疾病（锚头鳋病 11.11%，三代虫病 5.56%）占 16.67%；不明病因疾病（其他）占 22.22%（图 1、图 2）。

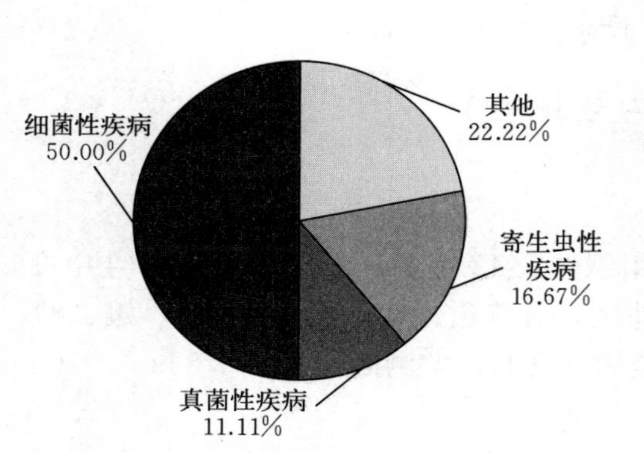

图 1　2020 年监测到的养殖鱼类病种及所占比例

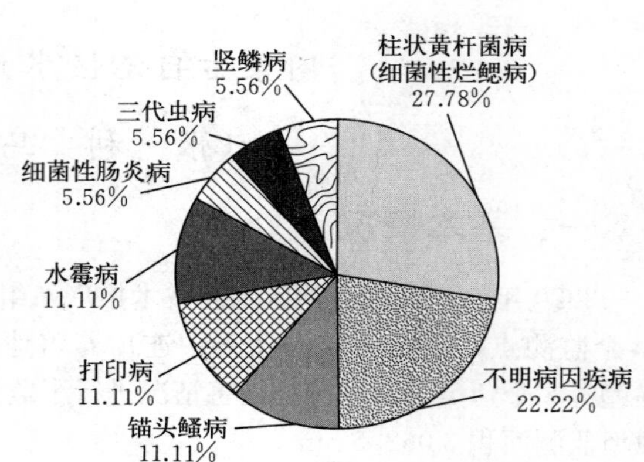

图 2　2020 年监测到的养殖鱼类疾病种类及所占比例

2020 年的监测中，养殖鱼类发病面积占监测区域面积比例以 8 月最高，为 0.63%；10 月次之，为 0.49%；6 月为 0.35%；7 月为 0.32 %；5 月和 9 月为 0.25%；3 月为 0.14%；4 月最低，为 0.08%；其他月份无发病（表 4）。

表 4　养殖鱼类不同月份发病区域面积占监测区域面积比例

时 间	3月	4月	5月	6月	7月	8月	9月	10月
发病区域面积占监测区域面积比例（%）	0.14	0.08	0.25	0.35	0.32	0.63	0.25	0.49

2020 年对内蒙古自治区养殖鱼类危害较大的疾病是鲤浮肿病，监测区域死亡率平均为 50.04%，发病区域死亡率是 51.67%；其次是不明病因疾病，监测区域死亡率平均为 11.17%，发病区域死亡率是 86.54%；烂鳃病监测区域死亡率平均为 0.54%，发病区域死亡率是 3.00%；细菌性肠炎病监测区域死亡率平均为 1.36%，发病区域死亡率是 2.14%；打印病监测区域死亡率平均为 1.15%，发病区域死亡率是 2.07%；竖鳞病监测区域死亡率平均为 0.63%，发病区域死亡率是 1.59%；细菌性烂鳃病监测区域死亡率平均为 0.47%，发病区域死亡率是 0.63%；水霉病监测区域死亡率平均为 0.06%，发病区域死亡率是 0.43%。三代虫病、锚头鳋病均有发生，但没有导致养殖鱼类死亡的现象出现（表 5）。

产生上述病害的主要原因是养殖池塘多年使用，饵料残渣和肥料逐年沉积导致淤泥加厚，池塘老化现象较严重，致使养殖池塘病害多。部分原因是水质恶化、施肥不合理、消毒不规范等，也有少量是由于寄生虫、鱼苗种质量差所致。

表5　2020年监测发病区域面积比例、发病区域死亡率、监测区域死亡率

疾病名称	鲤浮肿病	烂鳃病	细菌性肠炎病	打印病	竖鳞病	细菌性烂鳃病	水霉病	三代虫病	锚头鳋病	不明病因疾病
发病面积占监测面积比例（%）	0.45	22.32	49.61	44.1	16.54	38.59	2.81	4.01	0.8	2.52
监测区域死亡率（%）	50.04	0.54	1.36	1.15	0.63	0.47	0.06	0	0	11.17
发病区域死亡率（%）	51.67	3.00	2.14	2.07	1.59	0.63	0.43	0	0	86.54

自治区水域面积大，以大中水域为主，池塘养殖面积约1.73万hm^2，且较集中。预计下一年度渔业病害趋势仍将是以继发性感染为主，也有可能在春夏之交、越冬水生动物体质差、水温变化较大时，在一定范围出现疫情。

三、2021年内蒙古自治区水产养殖动物病害流行情况预测

根据历年内蒙古自治区水产养殖病害测报和监测数据，2021年在全区水产养殖过程中仍将发生不同程度的病害，疾病种类主要是细菌、真菌、寄生虫等疾病，也要防范病毒性疾病的来袭，尤其是鲤浮肿病近年时有发生，造成了一定的损失。此外，要注意苗种的引进检疫把关和池塘日常管理；一旦发病，科学用药治疗，减少损失。

内蒙古4月气温升高转暖，水温开始回升，但水温仍较低，水产养殖动物处于经过越冬后的生长期，投饵量和排泄物增加，鲤易发细菌性疾病和寄生虫疾病，主要是肠炎病和锚头鳋；4月也是鲤春病毒血症的发病季节，自治区近几年虽未出现鲤春病毒血症暴发情况，但有时检出SVC阳性，应提高警惕，重点区域在呼和浩特市、包头市、巴彦淖尔市和鄂尔多斯市。鲢、鳙易发细菌性疾病，主要是打印病，重点区域在呼和浩特市、包头市。

5月是水生动物开始生长阶段，食欲逐渐增强，摄食量大增。气候变化无常，水质易变，因而5月应密切关注鱼类的水霉病、肠炎病、打印病和寄生虫病。

6月，气温回升比较明显，渔业生产进入旺季，比较常见的鱼病有水霉病、锚头鳋病、烂鳃病。水霉病在生产过程中，因养殖密度过高、转塘、分池等管理不善，一旦造成鱼体受伤，极易感染水霉病。烂鳃病是一种比较常见的鱼病，传播快、病程长，一经发病便难控制其蔓延。危害品种主要有草鱼、白鲢。

7月，将迎来小暑和大暑两个节气，气温会陆续创出新高。

8月，将迎来立秋和处暑两个节气，气温仍然偏高，这两个月水产养殖生产需注意防范高温天气的不利影响，随着气温越来越高，水温也相应升高，各类病原生物开始活跃并且繁殖，谨防暴发性鱼病发生。7、8月密切关注鱼类的烂鳃病。

9～10月，气温略低，本地区不易发生鱼病，注意捕鱼过程中减少鱼体受伤，预防时注意水体消毒。

2020年辽宁省水生动物病情分析

辽宁省水产技术推广站

（胡守义　沈　辉　孟庆宇）

一、基本情况

（一）水产养殖病害监测

2020年，全省14个市、41个县（市）区开展了水产养殖病害监测工作，监测点168个，测报员87人，共监测水产养殖种类26种，监测面积20 639.24 hm²，监测到各种水生动物疾病19种。总体上看，2020年辽宁省未发生大规模流行性养殖病害。

（二）重要水生动物疫病监测

《2020年国家水生动物疫病监测计划》中下达给辽宁省140个水生动物疫病监测任务，对6种疫病进行专项监测，其中鲤春病毒血症20个（鲤科鱼），锦鲤疱疹病毒病20个（鲤、锦鲤），鲤浮肿病20个，传染性造血器官坏死病20个（虹鳟），传染性皮下和造血组织坏死病30个（对虾）和白斑综合征30个（对虾）。全年共监测样品140个，其中阳性样品8个，占送样数量的5.7%，详见表1。

表1　2020年辽宁省重要水生动物疫病监测阳性样品汇总（个）

地区	鲤春病毒血症		虾白斑综合征		锦鲤疱疹病毒病		传染性造血器官坏死病		传染性皮下和造血组织坏死病		鲤浮肿病	
	数量	阳性	数量	阳性	数量	阳性	数量	阳性	数量	阳性	数量	阳性
沈阳	5				5							
丹东			8									
营口			8	3					15			
盘锦	5		7		5				15		5	
锦州			7									
辽阳	10	2			10						15	
本溪							15	3				
葫芦岛							5					
合计	20	2	30	3	20	0	20	3	30	0	20	0

对于检测中出现阳性样品的养殖场，辽宁省水产技术推广站及时向省农业农村厅和

当地水产推广部门反馈，并提出处理意见，要求当地及时采取消毒、隔离、跟踪监测等应对措施，同时汇总备案上报全国水产技术推广总站。

二、监测结果及分析

（一）总体情况

2020年，全省14个市、41个县（市）区开展了水产养殖病害监测工作，共监测水产养殖种类26种，与2019年相同，种类略有变化，虾类减少1种，增加了1种观赏鱼（表2）。

表2　2020年监测种类表（种）

鱼类	虾类	蟹类	贝类	藻类	其他类	观赏鱼	合计
13	3	1	5	1	2	1	26

2020年主要养殖方式有海水池塘、海水滩涂、海水筏式、海水底播、淡水池塘、水库等监测面积20 639.24 hm^2，比2019年增加1 837.61 hm^2（表3）。应国家五大行动要求，工厂化养殖规模显著提高，辽宁省针对性地提高了淡海水工厂化养殖监控面积，最近几年辽宁省退养还湿成果显著的同时，滩涂养殖面积有所减少，同时我们向大海深处发展，加大了海水底播养殖投入，我们在相应减少了滩涂养殖监测面积的同时增加了海水底播养殖的监测。

表3　2020年监测面积表

序号	养殖方式	养殖面积（hm^2）
1	海水池塘	2 461.67
2	海水池塘、海水普通网箱	180.00
3	海水滩涂	3 066.67
4	海水筏式	927.33
5	海水筏式、海水底播	2 000.00
6	海水工厂化	2.00
7	海水底播	4 933.34
8	淡水池塘	1 393.70
9	淡水池塘、淡水其他	133.33
10	淡水网箱	16.33
11	淡水网箱、淡水其他	33.33
12	淡水工厂化	4.20
13	淡水其他	5 487.34
合计		20 639.24

2020 年监测到各种水生动物疾病 18 种，比 2019 年增加 7 种（表 4）。2019 年冬季气候反常导致 2020 年春季开冰后各养殖品种细菌性、真菌性疾病明显多于往年，特别是辽阳地区的鲇养殖区出现了个别监测点发现某养殖户由于管理不善鳃霉病暴发导致整个池塘鲇大量死亡，经济损失达 40 余万元。由于 2019 年对虾两种疾病没有确诊，2020 年对凡纳滨对虾的病害加大了检测力度，发现 2020 年造成凡纳滨对虾死亡的主要原因是急性肝胰腺坏死病，该病是近年来影响对虾养殖最为严重的疾病之一。

表 4　2020 年监测疾病表

类　别		病　名	数量（种）
鱼类	病毒性疾病	病毒性出血性败血症	1
	细菌性疾病	柱状黄杆菌病（细菌性烂鳃病）、赤皮病、细菌性肠炎病、淡水鱼细菌性败血症、烂尾病、溃疡病	6
	真菌性疾病	水霉病、鳃霉病	2
	寄生虫性疾病	车轮虫病、黏孢子虫病、指环虫病、固着类纤毛虫病、盾纤毛虫病	5
虾类	细菌性疾病	急性肝胰腺坏死病	1
其他类	细菌性疾病	海参腐皮综合征、海参烂边病、海参肿嘴病	3
合计			19

（二）主要养殖方式的发病情况

监测面积 20 639.24 hm^2，发病面积 108 48 hm^2，占比 0.53%。其中，鱼类发病面积 81.73 hm^2，平均发病面积比例 3.98%，平均监测区域死亡率 1.64%，平均发病区域死亡率 4.12%。

1. 监测到发病的水产养殖种类　2020 年，辽宁省监测到发病的养殖种类有 9 种（表 5）。

表 5　2020 年监测到发病养殖种类

类　别		种　类	数量（种）
淡水	鱼类	草鱼、鲢、鲫、鲤、鲇、鳟	6
	虾类	凡纳滨对虾	1
海水	鱼类	鲆	1
	其他	海参	1
	虾类	凡纳滨对虾	1

监测到的发病病例中，鱼类 63 例，约占 87.5%；虾类 3 例，约占 4.17%；其他 6 例，约占 8.33%（图 1）。

2. 监测到的疾病种类　2020 年，辽宁省监测到水生动物疾病 72 种。其中，病毒性疾病 3 种，占 4.17%；细菌性疾病 39 种，占 54.17%；真菌性疾病 17 种，占 23.61%；寄生虫性疾病 13 种，占 18.06%（图 2）。

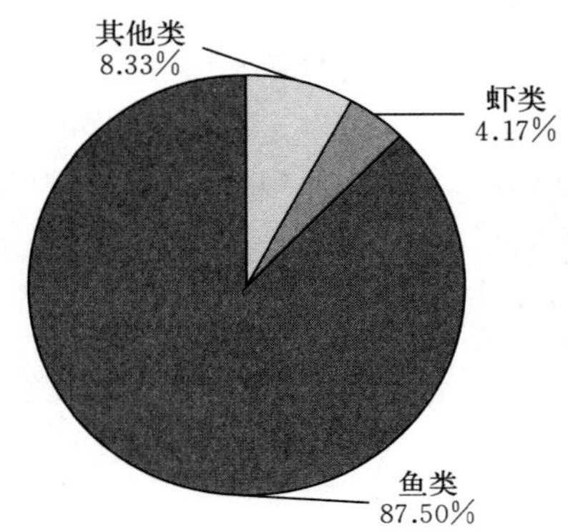

图 1　2020 年监测到的发病种类比例

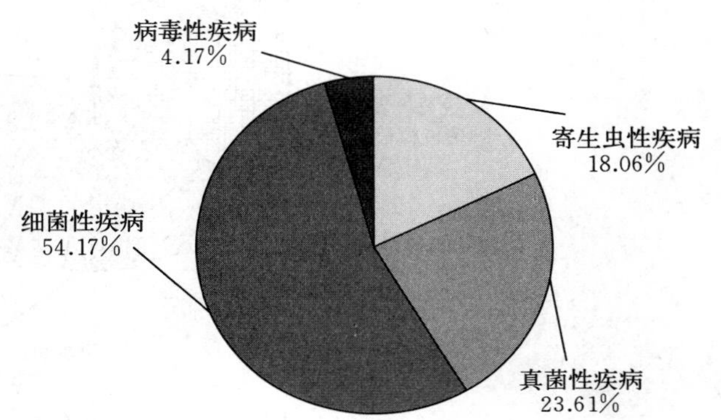

图 2　2020 年监测到的疾病种类比例

鱼类监测到 63 个疾病，以细菌性疾病、真菌性疾病为主。分别是病毒性疾病 3 个，占 4.76%；细菌性疾病 30 种，占 47.62%；真菌性疾病 17 种，占 26.98%；寄生虫性疾病 13 种，占 20.63%。监测到的鱼类主要疾病有水霉病、细菌性肠炎病、烂鳃病、车轮虫病、淡水鱼细菌性败血症等（图 3）。

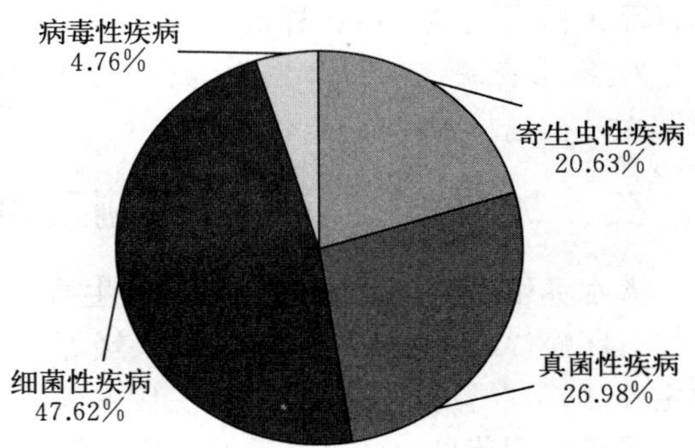

图 3　2020 年监测到的鱼类疾病种类比例

3. 各种类疾病比例　2020 年，辽宁省监测到各种类疾病 63 例。其中，水霉病 15 例，占 23.81%；细菌性肠炎病 11 例，占 17.46%；车轮虫 4 例，占 6.35%；淡水鱼细菌性败血症 2 例，占 3.17%；盾纤毛虫病 3 例，占 4.76%；黏孢子虫病 3 例，占 4.76%；病毒性出血性败血症 3 例，占 4.76%；柱状黄杆菌病（细菌性烂鳃病）11 例，占 17.46%；鳃霉病 2 例，占 3.17%；固着类纤毛虫病 3 例，占 4.76%；赤皮病 3 例，占 4.76%；烂尾病 1 例，占 1.59%；溃疡病 1 例，占 1.59%；指环虫病 1 例，占 1.59%（图 4）。

（三）重要疫病监测分析

从 2020 年监测结果来看，辽宁省监测的 6 种重要疫病阳性率 5.7%，水生动物未发生大规模流行疫病。

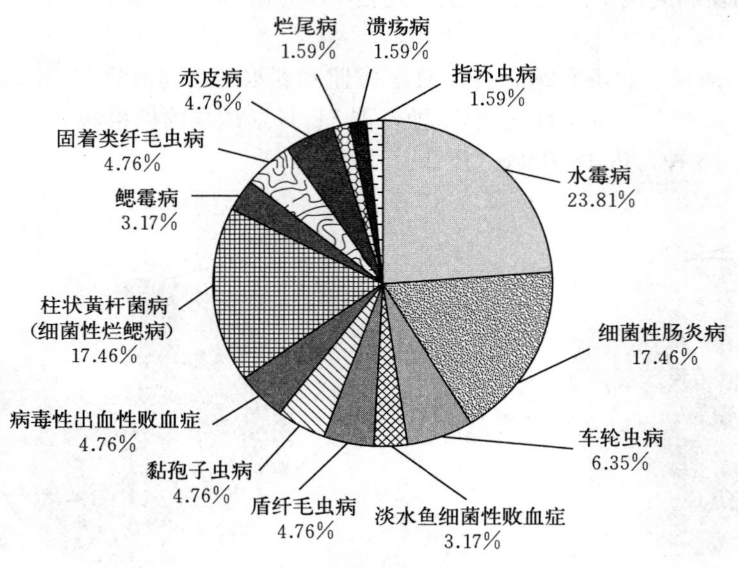

图 4　鱼类监测到的疾病比例

1. 未检出疫病　2020 年鲤浮肿病、锦鲤疱疹病毒病和传染性皮下和造血组织坏死病样品未检出阳性，占送样数量的 50%。

2. 检出疫病　2020 年白斑综合征、传染性造血器官坏死病和鲤春病毒血症均有检出阳性，占送样数量的 50%。

三、2021 年发病趋势预测及对策

淡水养殖品种：大宗淡水鱼易发生鲤浮肿病、细菌性败血病、黏孢子虫病、烂鳃病、打印病、肠炎病、赤皮病和锚头鳋等疾病，重点关注沈阳、辽阳、营口、丹东、鞍山主养区。虹鳟易发生小瓜虫、三代虫病、肠炎病、烂鳃病、烂鳍等疾病，重点关注本溪、丹东、葫芦岛养殖区。泥鳅易发生肠炎病、车轮虫病，重点关注盘锦泥鳅高密度精养区。中华绒螯蟹易发生牛奶病、黑鳃病、纤毛虫病和水肿病，重点关注盘锦中华绒螯蟹稻田、苇田养殖区。凡纳滨对虾易发生白斑综合征，重点关注营口、盘锦、鞍山凡纳滨对虾精养区。

海水养殖品种：大菱鲆易发生红嘴病、肠炎病、腹水病，重点关注葫芦岛养殖区。对虾易发生白斑综合征、急性肝胰腺坏死症等病毒性疾病和肠炎等细菌性疾病，重点关注沿海各市的中国明对虾养殖区和营口、盘锦、鞍山凡纳滨对虾精养区。海参易发生腐皮病综合征和养殖池内发生草害，关注沿海全部养殖区域。海蜇易发生气泡病、顶网、长脖、萎缩、上吊等病，重点关注丹东海蜇养殖区。

2020年吉林省水生动物病情分析

吉林省水产技术推广总站

（袁海延　杨质楠　蔺丽丽）

一、基本情况

2020年，吉林省共备案水产养殖病情测报员60名，确定监测点118个，其中囊括了33家省级水产良种场，测报面积7 333.33 hm^2，测报养殖品种15个。

二、发病情况及分析

（一）监测到的疾病种类及比例

由表1可知，2020年全省监测到的疾病有4类，包括细菌性疾病、寄生虫性疾病、真菌性疾病及少数不明病因的疾病。其中，细菌性疾病发生率最高，高达5种，占比48.84%；其次分别是寄生虫性疾病32.56%、真菌性疾病13.95%。2020年全年无病毒性疾病发生。

表1　2020年病情监测主要养殖品种

检测品种	发病品种	疾病类型	病名	数量（种）	比率（%）
草鱼、鲢、鳙、鲤、鲫、鳊、青鱼、鲇、鮰、鲑、鳟、鳜、红鲌、洛氏鲅、锦鲤	草鱼、鲢、鳙、鲤、鲫	细菌性疾病	淡水鱼细菌性败血症、细菌性肠炎病、细菌性烂鳃病、打印病、烂鳃病	5	48.84
		寄生虫性疾病	锚头鳋病、中华鳋病、车轮虫病、鱼虱病	4	32.56
		真菌性疾病	水霉病	1	13.95
		其他	不明病因疾病	1	4.65

2020年吉林省监测到各类疾病上报数量总计43个。其中，淡水鱼细菌性败血症、锚头鳋病、水霉病高发，分别占总发病数量的14%（各6个）；细菌性肠炎病、打印病各5个，分别占12%；中华鳋病、细菌性烂鳃病各4个，分别占9%；车轮虫病3个，占7%；不明病因疾病2个，占5%；烂鳃病、鱼虱病各1个，占2%（图1）。

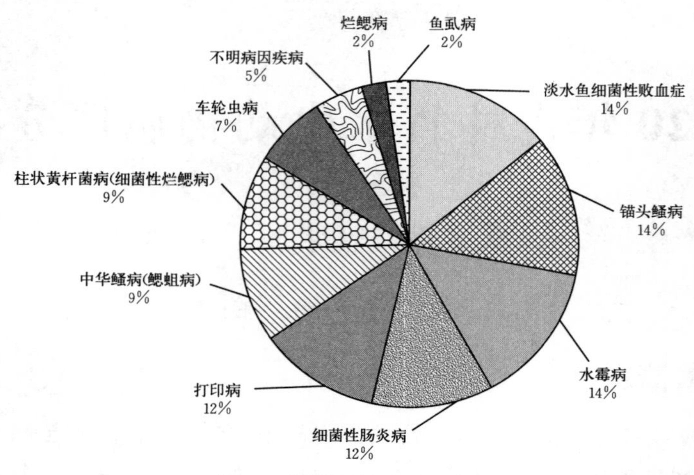

图 1　监测到的疾病比例

（二）监测品种发病情况

2020 年吉林省监测到的发病品种有 5 个，分别为草鱼、鲢、鳙、鲤、鲫，其中鲤、鲢、鳙是各类疫病高发品种，且多发细菌性疾病和寄生虫类疾病（表 2）。

表 2　2020 年吉林省各养殖品种的发病种类

品种	疫　　病	总量（种）
草鱼	淡水鱼细菌性败血症、细菌性肠炎病、细菌性烂鳃病、锚头鳋病、中华鳋病	5
鲢	淡水鱼细菌性败血症、打印病、水霉病、车轮虫病、锚头鳋病、中华鳋病、不明病因疾病	7
鳙	淡水鱼细菌性败血症、打印病、水霉病、锚头鳋病、中华鳋病、不明病因疾病	6
鲤	烂鳃病、细菌性肠炎病、打印病、细菌性烂鳃病、水霉病、车轮虫病、锚头鳋病、中华鳋病	8
鲫	淡水鱼细菌性败血症、水霉病、鱼虱病	3

（1）全年共监测到草鱼病害 5 种，分别为淡水鱼细菌性败血症、细菌性肠炎病、细菌性烂鳃病、锚头鳋病、中华鳋病。其中，中华鳋病发病面积占比最高（32.34%），但无死亡；细菌性肠炎病发病面积占比也相对较高（10.99%），有少量死亡；淡水鱼细菌性败血症发病面积占比虽低（0.83%），但发病区域死亡率较高，占比 15%（表 3）。

表 3　2020 年草鱼发病情况表

疾病名称	淡水鱼细菌性败血症	细菌性肠炎病	细菌性烂鳃病	锚头鳋病	中华鳋病
发病面积比例（%）	0.83	10.99	0.49	0.62	32.34
监测区域死亡率（%）	0.55	0	0.01	0.02	0
发病区域死亡率（%）	15	0.47	0.2	3.33	0

（2）2020年共监测到鲢、鳙病害6～7种，分别为淡水鱼细菌性败血症、打印病、水霉病、锚头鳋病、车轮虫病、中华鳋病、不明病因疾病。其中监测到不明病因疾病发病面积占比非常高，且对鲢、鳙造成了一定量死亡；中华鳋病发病面积占比相对较高，但无死亡；淡水鱼细菌性败血症及打印病发病面积占比虽然低，但监测区及发病区均有一定量死亡（表4、表5）。

表4　2020年鲢发病情况表

疾病名称	淡水鱼细菌性败血症	打印病	水霉病	车轮虫病	锚头鳋病	中华鳋病	不明病因疾病
发病面积比例（%）	0.97	0.38	0.05	0.17	0.06	28.91	60.39
监测区域死亡率（%）	0.02	0.01	0	0	0	0	0.05
发病区域死亡率（%）	1.34	1.67	0	0	0	0	0.13

表5　2020年鳙发病情况表

疾病名称	淡水鱼细菌性败血症	打印病	水霉病	锚头鳋病	中华鳋病	不明病因疾病
发病面积比例（%）	0.67	0.4	0.06	0.06	29.5	71.53
监测区域死亡率（%）	0.04	0.01	0	0	0	0.05
发病区域死亡率（%）	3.85	1.11	0	0	0	0.17

（3）全年共监测到鲤病害8种，分别为烂鳃病、细菌性肠炎病、打印病、细菌性烂鳃病、水霉病、车轮虫病、锚头鳋病、中华鳋病。其中中华鳋病发病面积占比较高（35.8%），但无死亡；其他疾病发病面积占比不高，但发病区均有一定量的死亡，尤其是细菌性疾病无一例外（表6）。

表6　2020年鲤发病情况表

疾病名称	烂鳃病	细菌性肠炎病	打印病	细菌性烂鳃病	水霉病	车轮虫病	锚头鳋病	中华鳋病
发病面积比例（%）	0.1	0.58	0.68	0.35	0.13	0.06	0.2	35.8
监测区域死亡率（%）	0	0	0	0.06	0.03	0.02	0	0
发病区域死亡率（%）	0.44	0.15	0.11	0.88	1.59	0.83	0	0

（4）全年共监测到鲫病害3种，分别为淡水鱼细菌性败血症、水霉病、鱼虱病。水霉病对鲫养殖造成的危害较高，发病面积占比达4.41%，发病区死亡率达10%（表7）。

表7　2020年鲫发病情况表

疾病名称	淡水鱼细菌性败血症	水霉病	鱼虱病
发病面积比例（%）	1.29	4.41	0.41
监测区域死亡率（%）	0.6	0.2	0
发病区域死亡率（%）	3.99	10	0

三、2021 年病害流行趋势与对策建议

综合对比 2019、2020 年的测报数据可以看出，2021 年吉林省可能发生、流行的病害与过去两年大致相同，仍以细菌性疾病和寄生虫性疾病为主，其中 2020 年上报了一例不明病因疾病，且对鲢、鳙造成了一定量的死亡，尤其需要注意。主要发病品种为鲤、鲫、鲢、鳙、草鱼，发病时间多集中在 6～8 月。2021 年吉林省将进一步完善、健全各市县防疫站实验室建设，培养专业、精干的工作人员，指导养殖户有效应对各种病害，合理使用药物，在疫病高发期提前做好预报预警。

2020年黑龙江省水生动物病情分析

黑龙江省水产技术推广总站

（王昕阳　李庆东）

2020年5～10月，黑龙江省采取以点测报方式进行了水产养殖病害测报工作，共设了12个监测区、219个监测点，测报品种为鲤、鲫、鲢、鳙、草鱼等，测报面积为7 340 hm^2。全年共监测到水产养殖病害7种，其中真菌性疾病1种，细菌性疾病3种，寄生虫病3种（表1）。通过六个月的测报统计结果表明：主要养殖鱼类病害为细菌性疾病和寄生虫病；在细菌性疾病中，烂鳃病、打印病、赤皮病危害较重；寄生虫病中以指环虫病、车轮虫病和锚头鳋病较为常见。

表1　2020年黑龙江省水产养殖病害监测汇总

监测品种	发病品种	疾病类别	病名	累计发病数量（个）	比率（%）
青鱼、草鱼、鲢、鳙、鲤、鲫、泥鳅、鲇、黄颡鱼、鲑、鳟、鳜、银鱼、鲟、红鲌、克氏原螯虾、中华绒螯蟹（河蟹）、锦鲤	鲤、鲢、鳙	真菌性疾病	水霉病	1	2.7
		细菌性疾病	赤皮病、烂鳃病、打印病	9	24.32
		寄生虫性疾病	车轮虫病、指环虫病、锚头鳋	27	72.97

一、2020年度主要病害发生与流行情况

1. 病原情况分析　全年共监测到水产养殖病害7种，其中真菌性疾病发病数量1个，占总数的2.7%；细菌性疾病发病数量9个，占总数的24.32%；寄生虫病发病数量27个，占总数的72.97%（图1）。

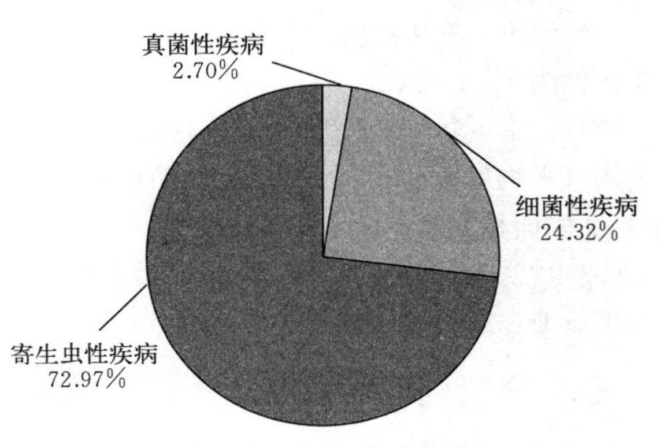

图1　不同病原的发病率

2. 各月份病害数及流行情况分析　图2清晰反映出不同月份的发病情况，5月、6月和7月为发病高峰。

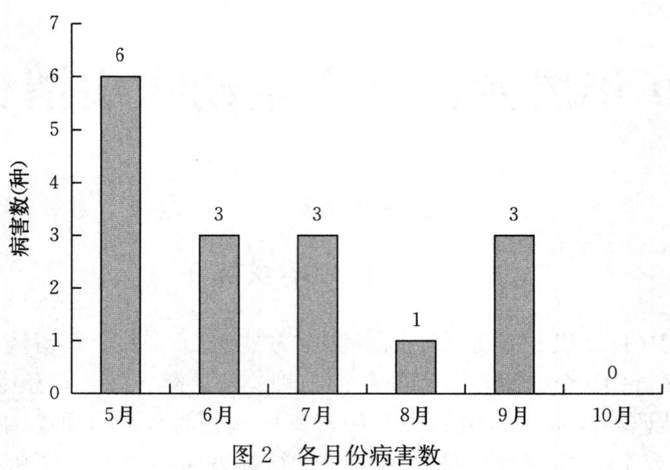

图 2　各月份病害数

二、各月份病害测报数据及分析

(1) 5 月　全月发病数量合计 13 例，其中水霉病 1 例；烂鳃病 1 例；赤皮病 1 例；指环虫病 2 例；车轮虫病 7 例；锚头鳋病 1 例。共发生 6 种病害，其中真菌性疾病 1 种，为水霉病（平均发病面积比例为 1.81%）；细菌性疾病 2 种，为烂鳃病和赤皮病（平均发病面积比例分别为 0.52%、0.35%）；寄生虫病 3 种，为指环虫病、车轮虫病和锚头鳋病（平均发病面积比例为 0.19%、0.33%、0.21%）。

(2) 6 月　全月发病数量合计 10 例，其中烂鳃病 3 例；打印病 1 例；车轮虫病 6 例。共发生 3 种病害，其中细菌性疾病 2 种，为烂鳃病和打印病（平均发病面积比例分别为 0.17%、0.16%）；寄生虫病 1 种，为车轮虫病（平均发病面积比例为 0.71%）。

(3) 7 月　全月发病数量合计 10 例，其中打印病 1 例；指环虫病 1 例；车轮虫病 8 例。共发生 3 种病害，其中细菌性疾病 1 种，为打印病（平均发病面积比例分别为 0.01%）；寄生虫病 2 种，为指环虫病和车轮虫病（平均发病面积比例为 0.79%、0.36%）。

(4) 8 月　全月发病数量为 1 例，发生 1 种病害，为细菌性疾病打印病（平均发病面积比例为 1.31%）。

(5) 9 月　全月发病数量合计 3 例，发生 3 种病害，其中细菌性疾病 1 种，为打印病 1 例（平均发病面积比例为 0.26%）；寄生虫病 2 种，为指环虫病和车轮虫病各 1 例（平均发病面积比例均为 0.17%）。

(6) 10 月　全月无发病。测报结果表明：10 月黑龙江省水温较低，已经陆续出池转入越冬池，本期内鱼病较少。

三、分析讨论

通过对黑龙江省使用全国水产技术推广总站水产养殖病害测报系统软件各月上报数据的分析，我们认为全省各地测报员上报的数据大体上反映出了当地的病害流行情况，但还存在个别测报员错报、漏报的情况，还需要在今后工作中加强培训，使测报工作日趋科学化、专业化和规范化。

四、2021年病害流行预测

2021年，全省可能发生、流行的水产养殖病害与2020年大致相同，主要还是以鱼类的细菌病、寄生虫病为主。在鱼类的细菌性疾病中，要注意防控淡水鱼细菌性败血症、赤皮病、烂鳃病和打印病等；在鱼类的寄生虫疾病中，要注意防控黏孢子虫病、指环虫病、锚头鳋病和车轮虫病等。同时，结合水产苗种产地检疫工作的实施，要高度警惕鲤春病毒血症、锦鲤疱疹病毒、传染性造血器官坏死病及小瓜虫病。

2020年上海市水生动物病情分析

上海市水产技术推广站

（高晓华　何正侃　张明辉）

一、2020年度水产养殖及病情测报总体情况

2020年本市养殖总面积为12 835.33 hm^2，养殖品种30余种，养殖模式以淡水池塘养殖为主，鲫等常规鱼及凡纳滨对虾、中华绒螯蟹仍是本市主要养殖品种。其中，常规鱼养殖面积4 446.40 hm^2，占养殖总面积的34.64%；凡纳滨对虾养殖面积3 587.73 hm^2，占养殖总面积的27.95%；中华绒螯蟹养殖面积为2 440.67 hm^2，占养殖总面积的19.02%。

根据全国水产技术推广总站的要求，纳入《全国水产养殖动植物病情测报信息系统》的监测对象为本市12个重点养殖品种，1～12月全年监测。本年度，在全市9个涉农区共设置监测点80个，测报面积为1 010.00 hm^2，占总养殖面积的7.87 %。2020年度上海市各区监测点分布情况详见表1。

表1　2020年度上海市各区监测点分布情况

区域	监测点（个）	面积（hm^2）
闵行	4	34.53
浦东	12	109.20
奉贤	11	88.60
金山	9	97.53
松江	10	109.11
青浦	20	119.30
嘉定	7	49.80
宝山	1	3.00
崇明	6	398.93
合计	80	1 010.00

二、2020年度上海市水产养殖病害及病情分析

（一）养殖品种总体病害情况

池塘养殖全年累计发病率为26.85%，累计发病率最高的前三位是：凡纳滨对虾43.38%；常规鱼37.96%；斑点叉尾鮰10.99%。

全市水产养殖因病害造成的经济损失全年为 2 597.3 万元，其中凡纳滨对虾经济损失为 1 854.53 万元，占全部经济损失的 71.40%；斑点叉尾鮰病害经济损失为 206.14 万元，占全部经济损失的 7.94%；常规鱼病害损失 144.78 万元，占全部经济损失的 5.57%。其余 20 多个养殖品种的病害损失合计占全部经济损失的 15.09%。

（二）病害监测及水生动物病情分析

2020 年度，本市水产养殖病害测报区域覆盖了全市 9 个郊区，共对 12 种主要水产养殖品种进行了病害监测与报告，监测对象包括 7 种鱼类、4 种甲壳类、1 种爬行类，详见表 2。

表 2　2020 年度上海市水产养殖病害测报监测品种

类别	病害监测品种	数量（种）
鱼类	草鱼、鲫、鲢、鳙、鳊、黄颡鱼、翘嘴鲌	7
甲壳类	罗氏沼虾、青虾、凡纳滨对虾、中华绒螯蟹	4
爬行类	中华鳖	1

12 种主要水产养殖品种中监测到病害发生的有 7 种，其余 5 种（鳙、翘嘴鲌、罗氏沼虾、青虾、中华鳖）在设定的监测点内未监测到病害发生。发病的 7 个养殖品种全年共监测到各类病害 18 种，累计 33 次。各类疾病累计发病次数占比见表 3。

表 3　2020 年度上海市水产养殖动物各类疾病累计发病次数统计

疾病种类	鱼类（次）	甲壳类（次）	爬行类（次）	合计（次）	占比（%）
病毒性	0	1	0	1	3.03
细菌性	21	0	0	21	63.64
真菌性	0	0	0	0	0
寄生虫	5	0	0	5	15.15
蜕壳不遂症	0	4	0	4	12.12
不明病因疾病	0	2	0	2	6.06
合　计	26	7	0	33	100

（三）主要养殖鱼类监测到的病害情况

2020 年本市 7 种主要养殖鱼类（草鱼、鲫、鳙、鲢、鳊、黄颡鱼、翘嘴鲌）经全年监测，除鳙、翘嘴鲌未发病外，其余 5 种鱼共监测到 15 种疾病，其中：

细菌性疾病 11 种：包括草鱼细菌性肠炎病、细菌性败血症、溃疡病；鲫细菌性败血症、溃疡病；鲢细菌性败血症、细菌性肠炎病；鳊细菌性败血症、溃疡病、烂鳃病；黄颡鱼疖疮病。

寄生虫性疾病 4 种：包括草鱼指环虫病；鳊锚头鳋病、指环虫病；黄颡鱼车轮虫病。

全年监测点内未监测到病毒性、真菌性疾病。

1. 草鱼　监测面积 110.13 hm^2，共监测到 4 种病害，分别为草鱼细菌性肠炎病、细菌性败血症、溃疡病、指环虫病。从总体来看，草鱼的病害主要发生在 1～9 月，10～12 月在监测点内未监测到病害。全年各月发病率（与该品种的总测报面积相比，以下相同）以 1～3 月和 8 月最高，达到 9.08%；7 月次之，为 6.05%。全年各月死亡率以 1～3 月最高，为 1.42%；8 月次之，为 0.22%（图 1）。

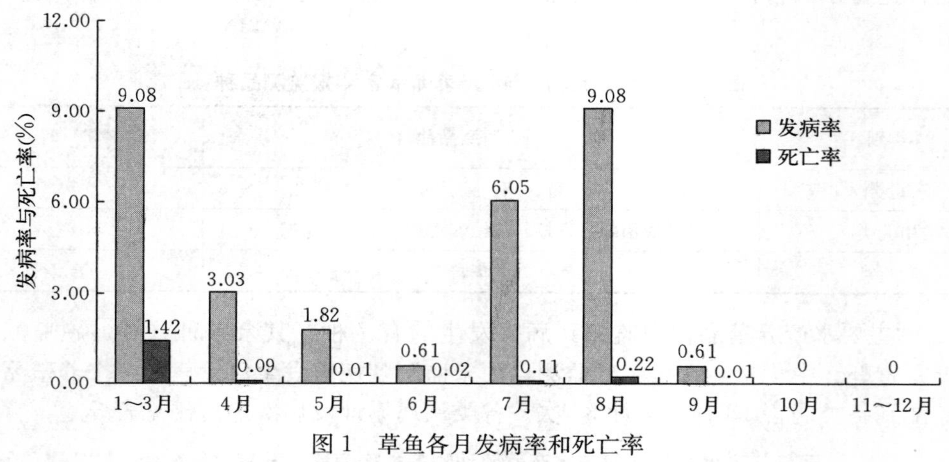

图 1　草鱼各月发病率和死亡率

溃疡病：发生于 1～4 月，全年累计发病率和死亡率分别为 12.11%、1.51%。

细菌性败血症：发生于 6、9 月，累计发病率和死亡率分别为 1.22%、0.03%。

细菌性肠炎病：发生于 7、8 月，累计发病率和死亡率分别为 15.13%、0.33%。

指环虫病：发生于 5 月，累计发病率和死亡率分别为 1.82%、0.01%。

全年草鱼发生的所有疾病中，以细菌性肠炎病发病率最高，溃疡病造成草鱼死亡率最高，危害最大。

2. 鲢　监测面积 105.43 hm^2，共监测到 2 种病害，分别为：鲢细菌性败血症、鲢细菌性肠炎病。从总体来看，鲢发病主要集中在 1～3、5、6、9、10 月。发病率以 9 月最高，为 12.01%；5 月次之，为 1.90%。全年各月死亡率 5 月最高，为 0.03%；1～3 月、9 月次之，为 0.02%。

细菌性败血症：发生于 1～3、5、6、10 月，全年累计发病率和死亡率分别为 4.46%、0.07%。

细菌性肠炎病：发生于 9 月，发病率高达 12.01%，死亡率为 0.02%。

鲢全年监测到的病害主要以鲢细菌性败血症为主，细菌性肠炎病仅在 9 月监测到 1 次，但发病面积较大。

3. 鲫　监测面积 115.27 hm^2，共监测到 2 种病害，分别为：鲫细菌性败血症、溃疡病。从总体来看，病害主要集中在 1～8 月，其余月份未监测到病害发生。全年各月发病率以 6 月最高，为 7.52%；8 月次之，为 3.3%，这两个月的死亡率分别为 0.13%、0.03%（图 2）。

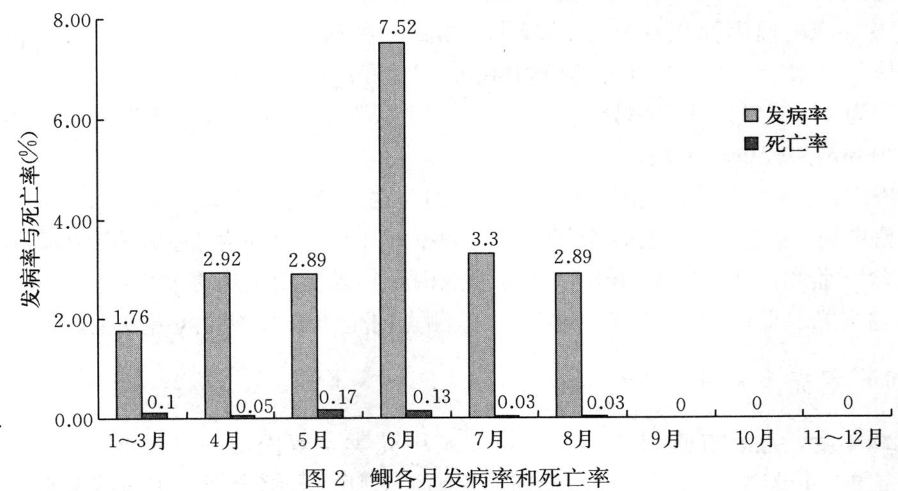

图 2　鲫各月发病率和死亡率

细菌性败血症：发生于 6～8 月，全年累计发病率和死亡率分别为 13.71%、0.19%。

溃疡病：发生于水温较低的 1～5 月，累计发病率和死亡率分别为 7.57%、0.32%。

4. 鳊　监测面积 125.97 hm^2，共监测到 5 种病害，分别为鳊细菌性败血症、溃疡病、烂鳃病、锚头鳋病、指环虫病。从总体来看，病害的发生主要集中在 1～3、5、6、7、9 月，4、8、10～12 月未监测到病害发生。全年各月发病率以 5 月最高，为 1.16%，6 月次之，为 1.07%；这两个月的死亡率分别为 0.01%、0.02%（图 3）。

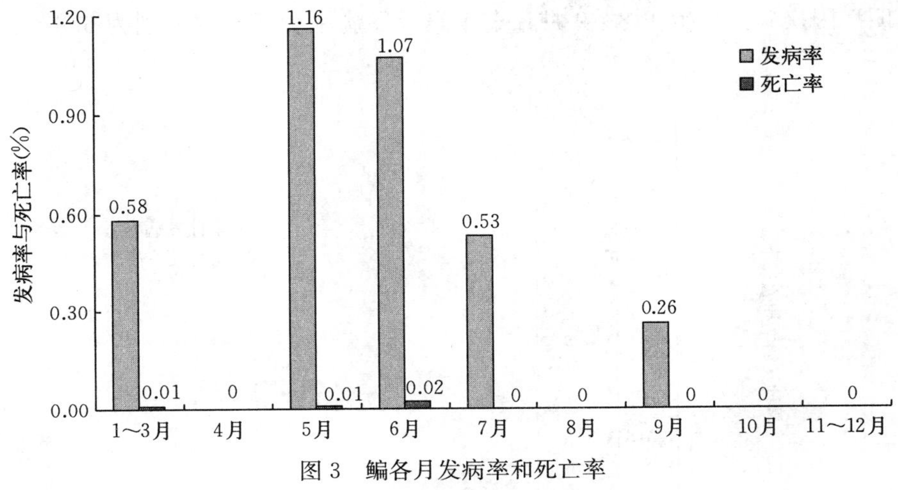

图 3　鳊各月发病率和死亡率

细菌性败血症：发生于 5 月，全年累计发病率和死亡率分别为 1.16%、0.01%。

烂鳃病：发生于 6 月，全年累计发病率和死亡率分别为 0.74%、0.02%。

溃疡病：发生于1～3月，全年累计发病率和死亡率分别为0.58%、0.01%。

锚头鳋病：发生于7月，全年累计发病率为0.53%，未造成鳊死亡。

车轮虫病：发生于6、9月，全年累计发病率为0.52%，未造成鳊死亡。

5. 黄颡鱼　监测面积4.80 hm²，共监测到2种病害，分别为黄颡鱼疖疮病、车轮虫病。从总体来看，病害发生主要集中在6、10月；从全年各月发病率来看，6、9月发病率均为41.67%，死亡率分别为0.45%、0.03%。黄颡鱼较高的发病率与其监测面积（4.80 hm²）较少相关联。

疖疮病：发生于6月，全年累计发病率和死亡率分别为41.67%、0.36%。

车轮虫病：发生于10月，全年累计发病率和死亡率分别为41.67%、0.03%。

6. 鳙　监测面积144.03 hm²，在监测点内全年未监测到病害发生。

7. 翘嘴鲌　监测面积12.87 hm²，在监测点内全年未监测到病害发生。

（四）甲壳类病害

2020年度，上海市监测的4种主要养殖甲壳类（罗氏沼虾、青虾、凡纳滨对虾、中华绒螯蟹）共监测到病害3种，分别为凡纳滨对虾白斑综合征、中华绒螯蟹蜕壳不遂症及中华绒螯蟹不明病因疾病。监测品种罗氏沼虾、青虾在设定的监测点内全年未监测到疾病发生。

1. 凡纳滨对虾　监测面积171.44 hm²，共监测到1种病害，为凡纳滨对虾白斑综合征，发生在4月，发病率和死亡率分别为1.17%、0.42%。

2. 中华绒螯蟹　监测面积88.33 hm²，共监测到2种病害：蜕壳不遂症、不明病因疾病。病害主要发生在5～10月，全年发病率最高的是5月，为7.14%，死亡率为0.4%。

蜕壳不遂症：发生于5～7、10月，全年累计发病率和死亡率分别为16.94%、0.82%。

不明病因疾病：发生于8、9月，全年累计发病率和死亡率分别为6.8%、0.14%（图4）。

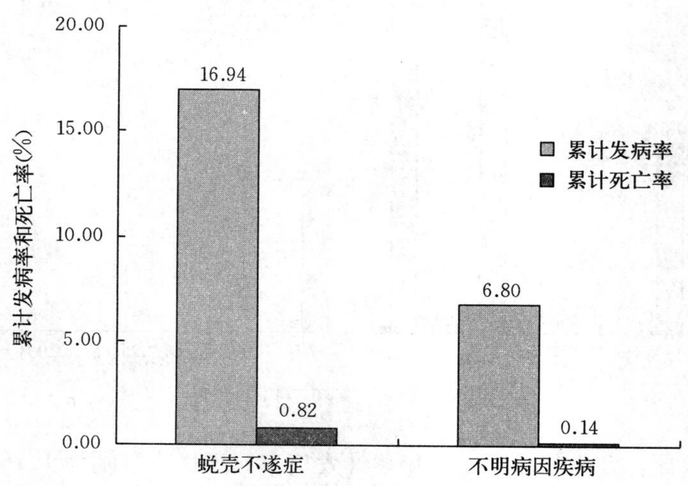

图4　中华绒螯蟹全年累计发病率和死亡率

3. *罗氏沼虾、青虾* 监测面积分别为 44.40、48.18 hm^2，这两个品种在监测点内全年未监测到病害。

（五）爬行类病害

2020 年度上海市主要养殖爬行类为中华鳖，监测面积 39.8 hm^2，在监测点内全年未监测到病害。

三、2021 年病害流行趋势分析

2021 年上海市可能发生、流行的水产养殖病害与近两年大致相同，鱼类以细菌性和寄生虫病为主，少量出现病毒性疾病，如鲫造血器官坏死病、草鱼出血病等，在养殖过程中也需引起足够重视。鱼类在春冬两季由于气温变化反复，应警惕水霉病、赤皮病以及车轮虫病等疾病；夏秋季节应警惕淡水鱼细菌性败血症、肠炎病、溃疡病、锚头鳋病、中华鳋病等疾病。

甲壳类的病害主要发生于凡纳滨对虾，并仍以病毒性疾病为主。根据本市近年来对虾类疫病病原监测数据的统计分析，新发疫病虾肝肠胞虫病、虾虹彩病毒病和急性肝胰腺坏死病等病害可能会对本市 2021 年养殖虾产生较大潜在危害，养殖生产中应重点防范。

四、应对措施与建议

（1）进一步健全市、区两级防疫体系，加强区级防疫站建设，不断提升本市水生动物病原诊断、病情测报及病害防治能力，有效应对各种病害，减少损失。

（2）加大水生动物疫病防控经费投入，培养专业、精干的疫病防控人才队伍，提高基层防治员技能水平，做好一线水产养殖的防疫工作。继续做好水产养殖病害测报与预警预报工作，有效减少病害发生。

（3）加强对本地苗种场的检验检疫工作，从源头控制疫病的发生。同时，应增加苗种产地检疫的宣传工作，提高养殖户的科学意识，从外省份引进苗种，须严格执行检疫制度，自觉挑选具有检疫合格证的苗种厂家，并做好引种后的消毒、隔离观察工作，加强日常管理，确保不将新发疫病病原引入本市。

（4）市、区两级渔业行政主管部门要加强对引进水产苗种的监督管理，随时掌握相关信息，不让无证（动物检疫合格证）苗种流入本地。

（5）水产养殖疾病发生与养殖水环境存在一定关联性，应加大宣传力度，使广大养殖户树立起绿色、生态、健康养殖的理念。

2020 年江苏省水生动物病情分析

江苏省水生动物疫病预防控制中心

（王晶晶　陈　静　倪金俤　方　苹　刘肖汉）

2020 年江苏 13 个市 76 个县（市、区）共设立监测点 443 个，测报员 434 名，全年上报测报记录 5 784 次，比上年度增加 115 次。监测养殖品种共 35 种，其中鱼类 20 种，虾类 8 种，蟹类 2 种、藻类 1 种，其他类（龟鳖类）1 种、观赏鱼 3 种。监测面积 52 671 hm^2，包括海水监测面积 435 hm^2（其中海水池塘 422 hm^2、海水筏式 13 hm^2）、淡水监测面积 51 756 hm^2（其中淡水池塘 49 579 hm^2、淡水网箱 32 hm^2、淡水工厂化 142 hm^2、淡水其他 2 003 hm^2）、半咸水池塘 480 hm^2。

一、病害总体情况

监测数据显示，全省测报点共监测到发病种类 26 种，未发病种类 9 种。全年监测到的疾病种类有细菌性疾病、寄生虫疾病、病毒性疾病以及真菌性疾病等。其中细菌性疾病占比 50.84%，比上年度增加 1.16%；病毒性疾病占比 4.38%，比上年度降低 2.62%；真菌性疾病 5.73%，比上年度增加 1.73%；寄生虫性疾病 15.77%，比上年度降低 1.23%；非病原性疾病 12.93%，比上年度降低 1.07%；病原不明及其他病害 10.35%，比上年度增加 4.35%（图 1）。

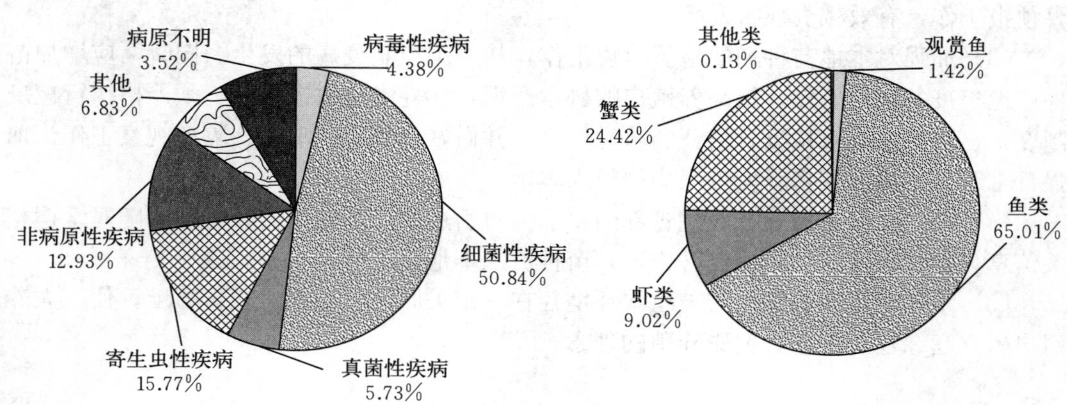

图 1　监测到的疾病种类和发病种类比例

监测到发病的种类占比为鱼类 65.01%，比上年度降低 4.68%；虾类 9.02%，比上年度降低 0.62%；蟹类 24.42%，比上年度增加 2.62%；其他类 0.13%，与上年度持平；观赏鱼1.42%，比上年度增加0.38%（图1）。测报数据来看，病害情况复杂，病害种类较多。监测到的疾病种类有细菌性疾病、寄生虫疾病、病毒性疾病以及真菌性疾病等。危害严重的主要有淡水鱼类细菌性败血症、烂鳃病、肠炎病、鲫造血器官坏死症、鳜传染性脾肾坏死病、甲壳类病毒病、中华绒螯蟹颤抖病、虾蟹肝胰腺疾病等。

发病规律：3～4月以赤皮病、竖鳞病等体表性疾病为主，鱼种放养前后人为操作不当引起外伤，鱼体表掉鳞，免疫力低下；养殖密度过高发生挤压碰伤、养殖管理不当等也往往导致水霉病、鳃霉病等真菌病暴发，对鱼种危害较大。4～6月水温升高，鱼类病毒病开始流行，鲤春病毒血症在春季水温8～20℃，尤其是13～15℃时流行，水温超过22℃不发病。本年度测报区未监测到鲤春病毒血症发生。鲫造血器官坏死症流行于4～11月，在15～30℃均可发病，4～6月、9～11月为高峰季节。6～8月是全省主要养殖生产期和鱼类生长高峰期，也是细菌性疾病和寄生虫类疾病的高发期。夏季鱼类病毒病主要为草鱼出血病，发病水温的低限为25℃左右，暴发大多发生在水温几次陡降后的回升过程中。锦鲤疱疹病毒病最适发病水温在18～28℃。8月中下旬水温开始回落，发病面积比例逐渐下降，气温下行时，鱼类寄生虫容易大量繁殖，水质往往会变差，更容易诱发疾病（表1、表2）。

表1 各养殖种类平均发病面积率

养殖种类			总监测面积（hm^2）	总发病面积（hm^2）	平均发病面积率（%）
淡水	鱼类	青鱼	848.043 1	167.133 4	19.71
		草鱼	5 713.649 5	1 319.589 3	23.1
		鲢	4 762.715 7	708.000 4	14.87
		鳙	5 203.249 3	1 142.467 2	21.96
		鲤	355.733 5	178.133 4	50.07
		鲫	8 152.417 4	3 577.735 1	43.89
		鳊	1 772.354 2	581.133 6	32.79
		泥鳅	85	2.566 7	3.02
		鮰	1 773.334 2	145.666 7	8.21
		黄颡鱼	161.666 7	8	4.95
		河鲀	156.333 4	40	25.59
		鳜	802.067 1	299.400 2	37.33
		鲈（淡）	187.800 1	16.886 7	8.99
		乌鳢	41.333 4	6.866 7	16.61
		白鲳	80	4	5
	虾类	罗氏沼虾	610.393 6	322.666 8	52.86
		青虾	1 604.867 5	70.666 7	4.4
		克氏原螯虾	3 697.851 2	246.066 8	6.65
		凡纳滨对虾（淡）	2 373.334 5	177.733 4	7.49

（续）

养殖种类			总监测面积（hm^2）	总发病面积（hm^2）	平均发病面积率（%）
淡水	蟹类	中华绒螯蟹（河蟹）	13 045.759 9	6 737.418 9	51.64
	其他类	鳖	236.866 8	11.133 3	4.7
	观赏鱼	金鱼	28.066 7	10.166 7	36.22
海水	虾类	凡纳滨对虾（海）	284.000 1	76	26.76
		中国明对虾	40	7	17.5
		脊尾白虾	40	40	100
	蟹类	梭子蟹	136.666 7	136.666 7	100

表 2　2020 年监测点上报次数汇总

市	监测点个数（个）	上报次数（次）
南京市	36	316
无锡市	20	213
徐州市	35	446
常州市	34	496
苏州市	63	822
南通市	22	279
连云港市	17	122
淮安市	42	717
盐城市	68	635
扬州市	42	1 045
镇江市	10	184
泰州市	29	263
宿迁市	25	246
总计	443	5 784

二、不同品种养殖病害情况分析

（一）鱼类病害

各主要测报品种平均发病面积率分别为鲫 2.15%、草鱼 2.72%、青鱼 1.97%、鲢 2.89%、鳙 3.78%、鲤 4.29%、鳊 24.31%、鮰 5.16%、黄颡鱼 18.44%、鳜 2.9%、鲈 2.65%、乌鳢 2.2%等。鲫、草鱼、鲤等鲤科鱼类作为淡水鱼主要养殖品种，病害范围广。测报数据显示，1～4 月水霉病上报次数最多，在鱼类疾病中占 36.4%，其次为各类细菌性病害，其中溃疡病占 7.4%，赤皮病 7.5%，烂尾病 2.8%，烂鳃病 2.8%，细菌性败血症 9.35%，部分监测点病情严重，混养池塘草鱼等品种死亡数量超过上万尾。5～6 月以鲫造血器官坏死症引起的死亡数量最多；7～8 月随着温度上升，烂鳃病、腹水病、弧菌病、肠炎病等细菌性疾病导致的病害比例上升；9～10月水温下降，病害有所缓和，真菌性疾病又开始回升，水产病害总体发病率和死亡率回落（表3）。

表3　2020年监测到的鱼类病害汇总

类别	疾病名称	上报疾病次数（次）	占比（%）	2019年占比（%）
细菌性疾病	赤皮病	55	5.45	3.64
	打印病	3	0.3	0.56
	迟缓爱德华氏菌病	3	0.3	0.09
	淡水鱼细菌性败血症	310	30.72	28.48
	竖鳞病	2	0.2	0.19
	鮰类肠败血症	4	0.4	0.09
	疖疮病	7	0.69	0.28
	溃疡病	22	2.18	1.31
	烂尾病	4	0.4	0.93
	烂鳃病	86	8.53	15.22
	诺卡菌病	1	0.1	0.09
	细菌性肠炎病	106	10.51	9.24
	传染性套肠症	0	0	0.09
	类结节病	0	0	0.09
	腹水病	4	0.4	0.03
病毒性疾病	草鱼出血病	7	0.69	1.77
	斑点叉尾鮰病毒病	1	0.1	0.19
	传染性脾肾坏死病	11	1.09	0.75
	鲫造血器官坏死病	41	4.07	5.51
	锦鲤疱疹病毒病	2	0.2	0
寄生虫疾病	三代虫病	1	0.1	0.09
	固着类纤毛虫病	2	0.2	0.09
	锚头鳋病	61	6.05	5.51
	黏孢子虫病	15	1.49	0.93
	车轮虫病	45	4.46	4.39
	指环虫病	37	3.67	4.3
	小瓜虫病	2	0.2	0.65
	中华鳋病	16	1.58	1.4
	斜管虫病	10	0.99	0.65
	似嗜子宫线虫病（红线虫病）	1	0.1	0.09
	鱼虱病	0	0	0.09
	头槽绦虫病	1	0.1	0

（续）

类别	疾病名称	上报疾病次数（次）	占比（%）	2019 年占比（%）
真菌性疾病	流行性溃疡综合征	3	0.3	0.09
	鳃霉病	6	0.59	0.65
	水霉病	74	7.33	5.32
非病原性疾病及其他	脂肪肝	3	0.3	0.19
	不明病因疾病	24	2.38	2.52
	肝胆综合征	18	1.75	1.78
	缺氧症	20	1.98	2.24
	氨中毒症	1	0.1	0
	冻死	0	0	0.19
	气泡病	0	0	0.28

1. 异育银鲫　异育银鲫以淡水池塘养殖为主，采用草鲫混养模式较多。监测点平均发病面积比例 2.15%，发病区死亡率 4.43%。2020 年测报点仍然监测到了鲫造血器官坏死症和常见细菌性、寄生虫性疾病和真菌性疾病。目前鲫造血器官坏死症仍然是引起测报点经济损失较严重的病害，主要发生水温 18～28 ℃，发病面积比例 4.86%，比上年度 3.92%增加了 0.94 个百分点；发病区死亡率 18.04%，与上年度 12.01%相比增加了 6.03 个百分点（图 2）。鲫高密度养殖风险较大，一旦暴发鳃出血病，采取的措施也只能尽量降低损失，因此应注意做好养殖细节管理，建立安全的养殖环境，控制养殖密度，不选择来源于疫区的鱼种，降低发病风险。

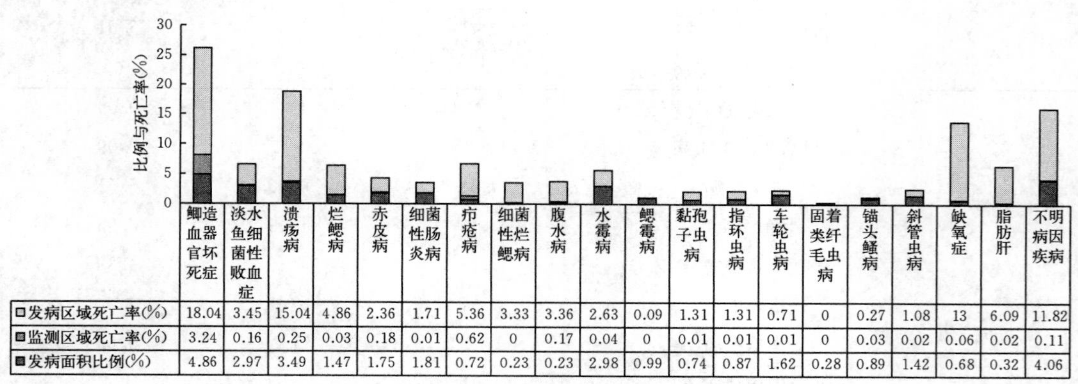

	鲫造血器官坏死症	淡水鱼细菌性败血症	溃疡病	烂鳃病	赤皮病	细菌性肠炎病	疖疮病	细菌性烂鳃病	腹水病	水霉病	鳃霉病	黏孢子虫病	指环虫病	车轮虫病	固着类纤毛虫病	锚头鳋病	斜管虫病	缺氧症	脂肪肝	不明病因疾病
发病区域死亡率(%)	18.04	3.45	15.04	4.86	2.36	1.71	5.36	3.33	3.36	2.63	0.09	1.31	1.31	0.71	0	0.27	1.08	13	6.09	11.82
监测区域死亡率(%)	3.24	0.16	0.25	0.03	0.18	0.01	0.62	0	0.17	0.04	0	0.01	0.01	0.01	0	0.03	0.02	0.06	0.02	0.11
发病面积比例(%)	4.86	2.97	3.49	1.47	1.75	1.81	0.72	0.23	0.23	2.98	0.99	0.74	0.87	1.62	0.28	0.89	1.42	0.68	0.32	4.06

图 2　异育银鲫发病面积比例和死亡率

2. 草鱼、青鱼　测报区平均发病面积比例 3.39%，平均发病区死亡率 4.47%（图 3）。2020 年受新冠疫情影响，水产销售和运输受阻，前期成鱼压塘，后期苗种放养仓促，鱼种质量差，多地监测到鲫、草鱼暴发病，典型症状为红嘴、烂身、水霉、掉

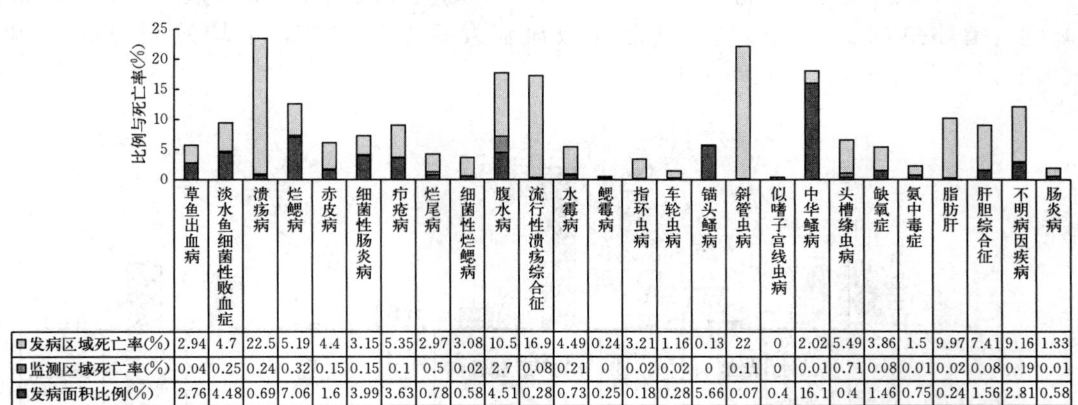

	草鱼出血病	淡水鱼细菌性败血症	溃疡病	烂鳃病	赤皮病	细菌性肠炎病	疖疮病	烂尾病	细菌性烂鳃病	腹水病	流行性溃疡综合征	水霉病	鳃霉病	指环虫病	车轮虫病	锚头鳋病	斜管虫病	似嗜子宫线虫病	中华鳋病	头槽绦虫病	缺氧症	氨中毒症	脂肪肝	肝胆综合征	不明病因疾病	肠炎病
□发病区域死亡率(%)	2.94	4.7	22.5	5.19	4.4	3.15	5.35	2.97	3.08	10.5	16.9	4.49	0.24	3.21	1.16	0.13	22	0	2.02	5.49	3.86	1.5	9.97	7.41	9.16	1.33
■监测区域死亡率(%)	0.04	0.25	0.24	0.32	0.15	0.15	0.1	0.5	0.02	2.7	0.08	0.21	0	0.02	0.02	0	0.11	0	0.01	0.71	0.08	0.01	0.02	0.08	0.19	0.01
■发病面积比例(%)	2.76	4.48	0.69	7.06	1.6	3.99	3.63	0.78	0.58	4.51	0.28	0.73	0.25	0.18	0.28	5.66	0.07	0.4	16.1	0.4	1.46	0.75	0.24	1.56	2.81	0.58

图 3　草鱼、青鱼发病面积比例和死亡率

鳞、赤皮等，发病急，发病率、死亡率均明显高于往年，相关病例通过实验室病原分离鉴定及流行病学分析，结果为以维氏气单胞菌为主的细菌感染。经调查，发病严重的塘口前期多经过拉网或短途运输操作，引起外伤，鱼体表掉鳞，免疫力低下，抗病力下降；加上入春以来气候偏暖、病原微生物较往年活跃，鱼类开食早而投饵率偏低，消毒不及时，鱼体质下降等因素导致发病。本地区草鱼养殖比较常见的寄生虫主要有车轮虫、指环虫、锚头鳋等，常年都有发生。寄生虫造成鳃部、体表损伤，容易诱发细菌感染引起鱼体细菌性溃烂，大量感染时，也可引起大批死亡。

3. 鲢、鳙　测报区鲢、鳙平均发病面积比例 3.23%，平均发病区死亡率 3.53%（图 4）。监测到病害主要有淡水鱼细菌性败血症、细菌性肠炎、烂鳃病、烂尾病、赤皮病、打印病、水霉病、鳃霉病、指环虫病、车轮虫病、锚头鳋病、中华鳋病等。淡水鱼细菌性败血症的发病率和死亡率均最高。

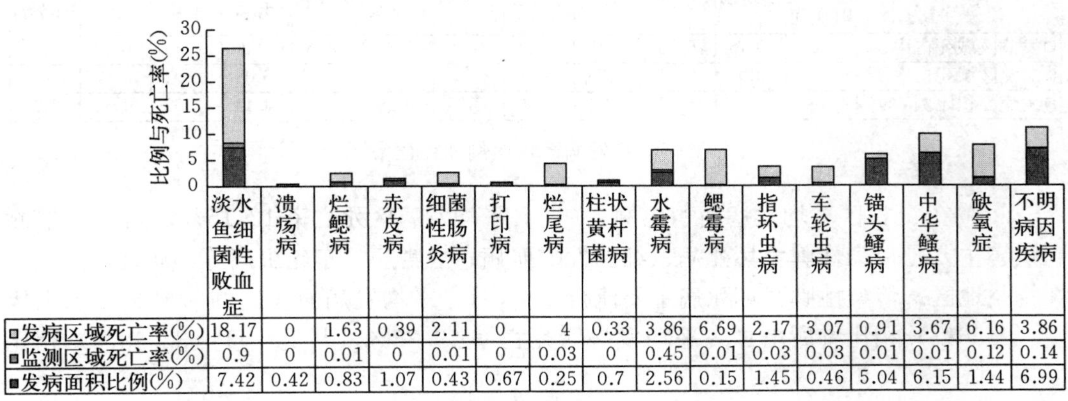

	淡水鱼细菌性败血症	溃疡病	烂鳃病	赤皮病	细菌性肠炎病	打印病	烂尾病	柱状黄杆菌病	水霉病	鳃霉病	指环虫病	车轮虫病	锚头鳋病	中华鳋病	缺氧症	不明病因疾病
□发病区域死亡率(%)	18.17	0	1.63	0.39	2.11	0	4	0.33	3.86	6.69	2.17	3.07	0.91	3.67	6.16	3.86
■监测区域死亡率(%)	0.9	0	0.01	0	0.01	0	0.03	0	0.45	0.01	0.03	0.03	0.01	0.01	0.12	0.14
■发病面积比例(%)	7.42	0.42	0.83	1.07	0.43	0.67	0.25	0.7	2.56	0.15	1.45	0.46	5.04	6.15	1.44	6.99

图 4　鲢、鳙发病面积比例和死亡率

4. 鳊　测报区平均发病面积比例 24.31%，平均发病区死亡率 3.69%，均高于上一年度（图 5）。监测到病害与往年类似，主要有细菌性败血症、肠炎病、烂鳃病、赤皮病、指环虫病、中华鳋病。细菌性败血症发病范围最广，平均发病面积比例 29.51%，平均发病区死亡率 4.17%。

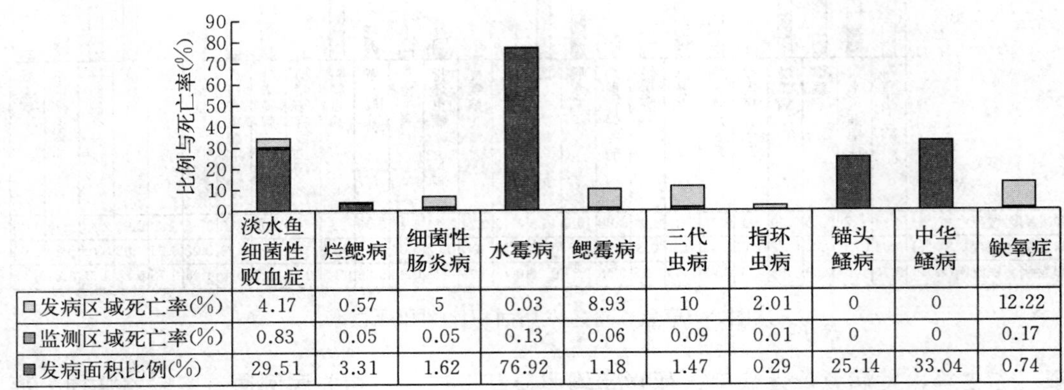

	淡水鱼细菌性败血症	烂鳃病	细菌性肠炎病	水霉病	鳃霉病	三代虫病	指环虫病	锚头鳋病	中华鳋病	缺氧症
发病区域死亡率(%)	4.17	0.57	5	0.03	8.93	10	2.01	0	0	12.22
监测区域死亡率(%)	0.83	0.05	0.05	0.13	0.06	0.09	0.01	0	0	0.17
发病面积比例(%)	29.51	3.31	1.62	76.92	1.18	1.47	0.29	25.14	33.04	0.74

图 5　编发病面积比例和死亡率

5. 鲤　测报区平均发病面积比例 4.29%，平均发病区死亡率 0.20%（图 6）。主要疾病有烂鳃病、肠炎病、赤皮病、水霉病及常见寄生虫病，测报区域主要分布在以徐州、宿迁、连云港。赤皮病发病率和死亡率最高，分别为 22.1% 和 1.45%。

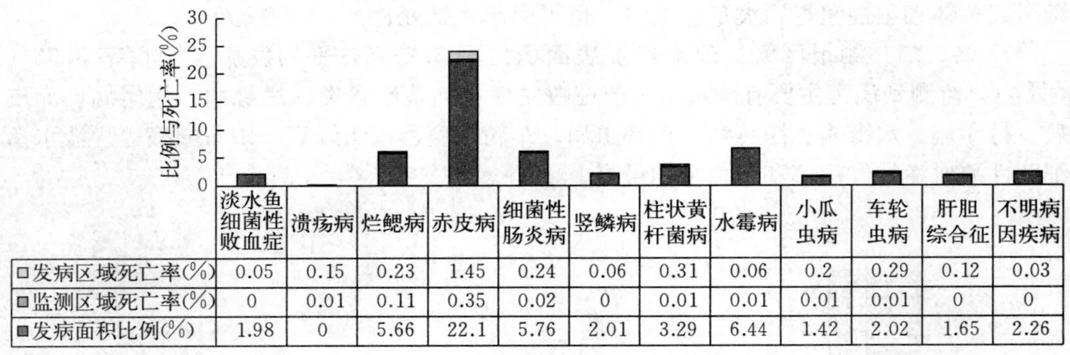

	淡水鱼细菌性败血症	溃疡病	烂鳃病	赤皮病	细菌性肠炎病	竖鳞病	柱状黄杆菌病	水霉病	小瓜虫病	车轮虫病	肝胆综合征	不明病因疾病
发病区域死亡率(%)	0.05	0.15	0.23	1.45	0.24	0.06	0.31	0.06	0.2	0.29	0.12	0.03
监测区域死亡率(%)	0	0.01	0.11	0.35	0.02	0	0.01	0.01	0.01	0.01	0	0
发病面积比例(%)	1.98	0	5.66	22.1	5.76	2.01	3.29	6.44	1.42	2.02	1.65	2.26

图 6　鲤发病面积比例和死亡率

6. 鳜　测报区平均发病面积比例 2.9%，平均发病区死亡率 12.15%（图 7）。监测到病害主要是传染性脾肾坏死病、细菌性败血病、烂鳃病、车轮虫病等，病害范围分布在扬州地区。传染性脾肾坏死病主要流行 7～8 月，平均发病面积比例 3.32%，与上年度（2.36%）相比有所增加，平均发病区死亡率 19.26%，与上年度（32.48%）相比显著下降。

7. 鮰　江苏鮰养殖主要分布在盐城、宿迁等地，养殖模式包括池塘精养和池塘工业化系统水槽养殖，测报区监测到的鮰病害比例为斑点叉尾鮰病毒病 0.62%、淡水鱼细菌性败血症 0.62%、鮰类肠败血症 9.33%、迟缓爱德华氏菌病 4.17%、细菌性肠炎

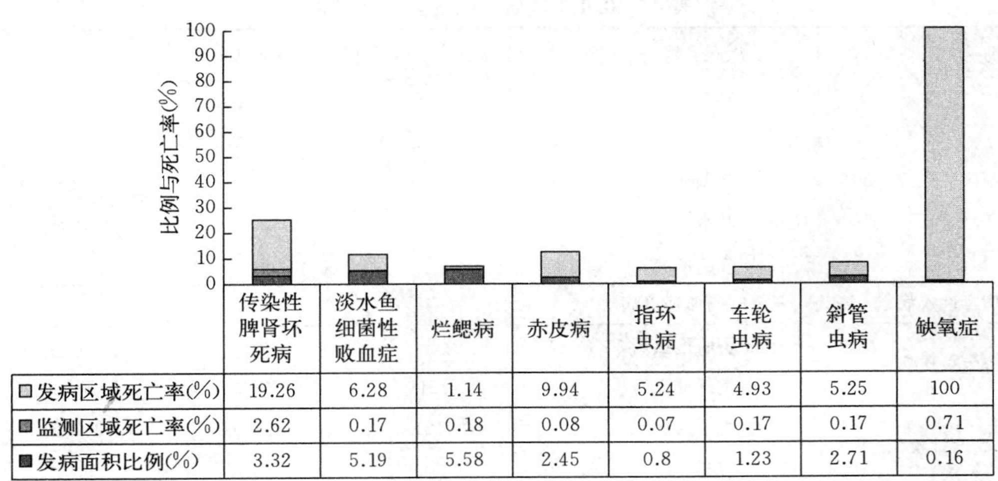

	传染性脾肾坏死病	淡水鱼细菌性败血症	烂鳃病	赤皮病	指环虫病	车轮虫病	斜管虫病	缺氧症
发病区域死亡率(%)	19.26	6.28	1.14	9.94	5.24	4.93	5.25	100
监测区域死亡率(%)	2.62	0.17	0.18	0.08	0.07	0.17	0.17	0.71
发病面积比例(%)	3.32	5.19	5.58	2.45	0.8	1.23	2.71	0.16

图 7　鳜发病面积比例和死亡率

病 5.26%。死亡率均低于 1%。从测报数据看 2020 年度鮰总体病害情况稍好于往年（图 8）。

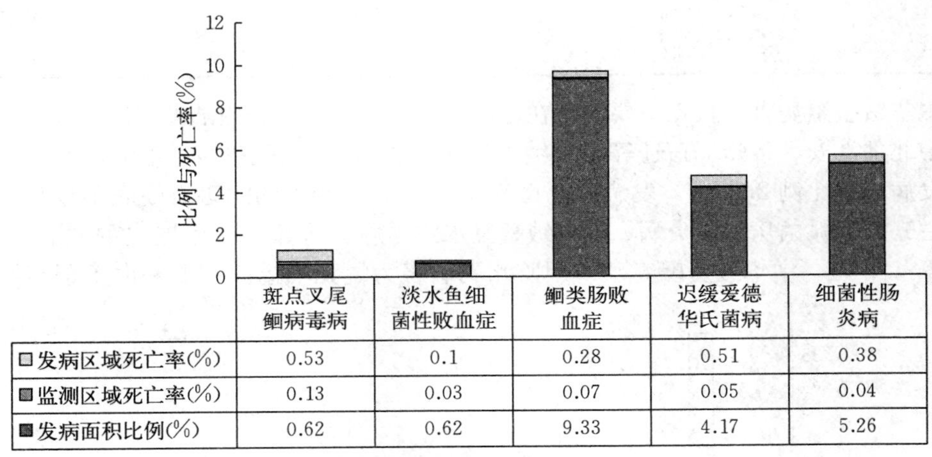

	斑点叉尾鮰病毒病	淡水鱼细菌性败血症	鮰类肠败血症	迟缓爱德华氏菌病	细菌性肠炎病
发病区域死亡率(%)	0.53	0.1	0.28	0.51	0.38
监测区域死亡率(%)	0.13	0.03	0.07	0.05	0.04
发病面积比例(%)	0.62	0.62	9.33	4.17	5.26

图 8　鮰发病面积比例和死亡率

8. *其他养殖鱼类*　其他养殖鱼类测报面积少，病害范围较小。泥鳅、黄颡鱼、鲈、乌鳢等也不同程度地监测到了细菌性疾病和寄生虫病，以细菌性疾病和寄生虫疾病为主。其中，黄颡鱼发病较严重，主要病害为流行性溃疡病和水霉病。

（二）蟹类病害

蟹类病害中，以蜕壳不遂症上报比例最多，占 31.93%。其次为烂鳃病、肠炎病、水瘪子病（表 4）。

表 4　2020 年监测到的蟹类病害汇总

类别	疾病名称	上报疾病次数（次）	占比（%）	2019 年占比（%）
细菌性疾病	肠炎病	46	12.14	13.71
	烂鳃病	54	14.25	12.37
	弧菌病	15	3.96	2.68
	腹水病	9	2.37	2.68
	甲壳溃疡病	1	0.26	0
病毒性疾病	青蟹呼肠孤病毒病	1	0.26	0
寄生虫疾病	梭子蟹肌孢虫病	1	0.26	0
	固着类纤毛虫病	21	5.54	9.7
非病原性疾病	蜕壳不遂症	121	31.93	35.12
	缺氧	16	4.22	9.7
其他	中华绒螯蟹水瘪子病	51	13.46	2.33
	蓝藻中毒	1	0.26	0
	中华绒螯蟹颤抖病	9	2.38	5.69
	不明病因疾病	33	8.71	5.02
	畸形	0	0	0.67
	冻死	0	0	0.33

中华绒螯蟹病害测报点主要分布在苏南地区、沿长江带和内陆湖泊周边养殖区以及江苏中北部淮安、泰州、宿迁等中华绒螯蟹重点池塘养殖区。2020 年中华绒螯蟹病害平均发病面积比例 2.64%，发病区死亡率 4.20%，监测到的病害有蜕壳不遂症、腹水病、烂鳃病、弧菌病、肠炎病、中华绒螯蟹水瘪子病、固着类纤毛虫、颤抖病、白斑综合征等（图 9）。中华绒螯蟹养殖初期监测到病害为蜕壳不遂，主要是由于蟹苗经过漫

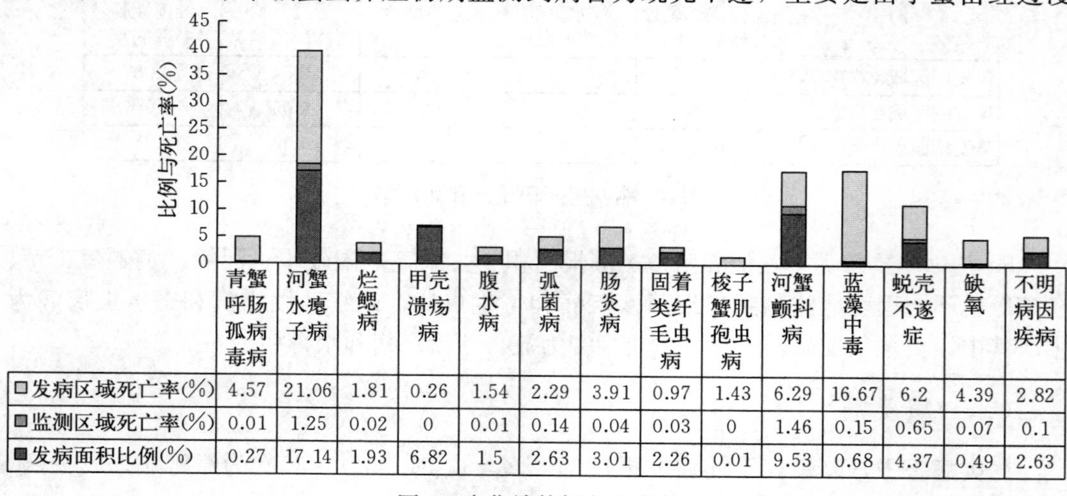

	青蟹呼肠孤病毒病	河蟹水瘪子病	烂鳃病	甲壳溃疡病	腹水病	弧菌病	肠炎病	固着类纤毛虫病	梭子蟹肌孢虫病	河蟹颤抖病	蓝藻中毒	蜕壳不遂症	缺氧	不明病因疾病
发病区域死亡率(%)	4.57	21.06	1.81	0.26	1.54	2.29	3.91	0.97	1.43	6.29	16.67	6.2	4.39	2.82
监测区域死亡率(%)	0.01	1.25	0.02	0	0.01	0.14	0.04	0.03	0	1.46	0.15	0.65	0.07	0.1
发病面积比例(%)	0.27	17.14	1.93	6.82	1.5	2.63	3.01	2.26	0.01	9.53	0.68	4.37	0.49	2.63

图 9　中华绒螯蟹主要病害

长的越冬，体力消耗大、体质较弱，水温上升后螃蟹首次蜕壳困难，加上养殖管理、水质、饲料等多种因素导致蜕壳不遂发病率增加，中华绒螯蟹往往伤亡比较大。中华绒螯蟹水瘪子病、肝胰腺坏死等以肝脏病变为特征的疾病给中华绒螯蟹养殖带来经济损失，发病塘口中华绒螯蟹病死率较高。水瘪子病是一种慢性病，养殖池塘如果使用菊酯类清塘，或在中华绒螯蟹养殖中杀虫次数过多，引起中华绒螯蟹肝胰脏受损伤，常常加重水瘪子病的发生。

中华绒螯蟹颤抖病发病率9.53%、死亡率6.29%，以7、8两月发病率最高，发病快，病程短。中华绒螯蟹养殖后期，水温降低，监测到的病害发生率下降，主要为烂鳃病、固着类纤毛虫病以及缺氧引起的死亡等。近年来江苏确立中华绒螯蟹产业体系，通过建立农业科技示范基地、组织产业科技培训、培育地方技术指导团队、组织现场指导服务及重大特色活动等，突出水质调控、应激管理、科学投喂以及开展用药减量行动、规范用药培训，有效降低病害损失率，为中华绒螯蟹产业发展不断助力增效。

（三）虾类病害

虾类养殖初期病害主要为弧菌病和水霉病。5月随着温度升高，养殖密度增加，对虾肝胰腺出现问题，抵抗力就会随之下降，弧菌、病毒极易感染，造成多种疾病同时并发，治疗相当困难。近年来，随着虾类养殖经济效益好，养殖规模和养殖水平也不断提高，但由于养殖模式、气候变化以及生态恶化，伴随而来的病害数量和种类也在增多，养殖风险增高，而且很多高密度养殖塘口一旦发病，往往很难控制，常常引起大批量的死亡。本年度测报区监测到虾类平均发病面积比例3.93%，发病区死亡率7.27%，发生的病害主要有肠炎病、烂鳃病、甲壳溃疡病、弧菌病、蜕壳不遂、纤毛虫病和不明原因疾病等。发生的细菌性疾病主要为弧菌病、肠炎、黑鳃、甲壳溃疡。病毒性疾病为白斑综合征（表5、图10）。

表5 2020年监测到的虾类病害汇总

类别	疾病名称	上报疾病次数（次）	占比（%）	2019年占比（%）
细菌性疾病	肠炎病	7	5.19	12.84
	对虾肠道细菌病	5	3.70	2.7
	对虾肝杆菌感染（坏死性肝胰腺炎）	2	1.48	3.38
	烂鳃病	23	17.04	10.81
	对虾红腿病	1	0.74	0.68
	弧菌病	8	5.93	6.09
病毒性疾病	白斑综合征	4	2.96	6.08
	桃拉综合征	0	0	1.35
寄生虫疾病	对虾微孢子虫病	1	0.74	1.35
	虾肝肠胞虫病	1	0.74	
	固着类纤毛虫病	12	8.89	15.54

（续）

类别	疾病名称	上报疾病次数（次）	占比（%）	2019年占比（%）
非病原性疾病	蜕壳不遂症	16	11.85	13.51
其他	虾蓝藻中毒症	1	0.74	0
	水霉病	1	0.74	0
	不明病因疾病	49	36.30	19.59
	缺氧	4	2.96	2.03
	冻死	0	0	4.05

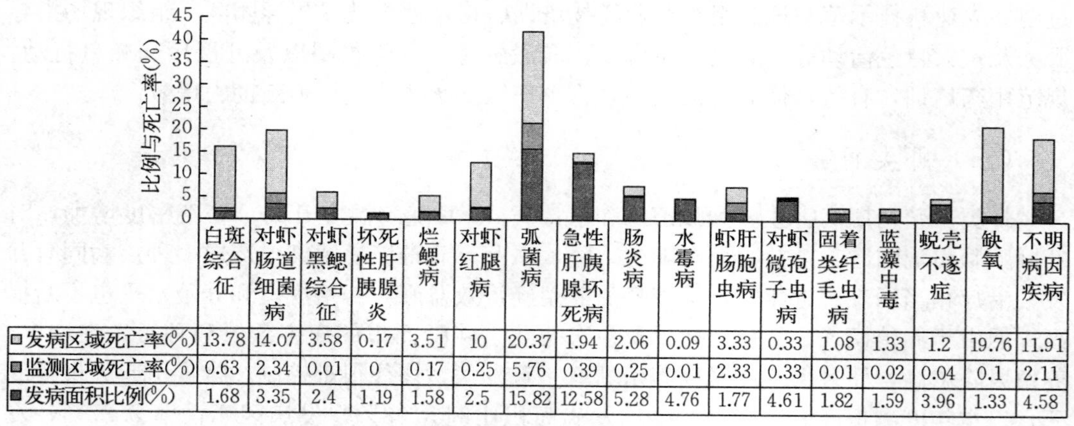

	白斑综合征	对虾肠道细菌病	对虾黑鳃综合征	坏死性肝胰腺炎	烂鳃病	对虾红腿病	弧菌病	急性肝胰腺坏死病	肠炎病	水霉病	虾肝肠胞虫病	对虾微孢子虫病	固着类纤毛虫病	蓝藻中毒	蜕壳不遂症	缺氧	不明病因疾病
发病区域死亡率(%)	13.78	14.07	3.58	0.17	3.51	10	20.37	1.94	2.06	0.09	3.33	0.33	1.08	1.33	1.2	19.76	11.91
监测区域死亡率(%)	0.63	2.34	0.01	0	0.17	0.25	5.76	0.39	0.25	0.01	2.33	0.33	0.01	0.02	0.04	0.1	2.11
发病面积比例(%)	1.68	3.35	2.4	1.19	1.58	2.5	15.82	12.58	5.28	4.76	1.77	4.61	1.82	1.59	3.96	1.33	4.58

图10　虾类主要病害

（1）克氏原螯虾　主要分布在淮安、泰州、扬州、盐城等地，测报点数据显示以肝胰腺坏死性疾病发病面积比例最高为12.58%，发病区死亡率1.94%；死亡率最高的为白斑综合征，平均发病面积比例约0.92%，发病区死亡率13.78%。此外，烂鳃病、蜕壳不遂、弧菌病也是常发病害。

（2）凡纳滨对虾　凡纳滨对虾主要监测到白斑综合征、虾肠道细菌病、弧菌病、对虾微孢子虫病、肠炎病、固着类纤毛虫病等病害。死亡率最高的为对虾弧菌病，为35.36%；其次为白斑综合征，发病区平均死亡率11.25%；此外由于高密度养殖以及苗种质量等多种原因，不明原因疾病引起的死亡率也很高，发病区平均死亡率高达30.01%。凡纳滨对虾一旦发病，使用消毒剂、内服药等一般较难控制，导致死亡率较高。

（3）青虾　平均发病面积比例3.91%，较上年度下降3.28%，发病区死亡率15.51%，较上年度增加12.44%；不明原因疾病发病面积较高为16.86%，死亡率2.41%。其他病害有烂鳃病，发病面积比例2.82%，发病区死亡率6.5%；其次为蜕壳不遂发病面积比例1.77%，发病区死亡率1.98%。

（4）罗氏沼虾　测报点主要分布在扬州高邮、江都等地区，平均发病面积比例2.28%，发病区死亡率0.84%，主要有烂鳃病、弧菌病、肠炎病、蜕壳不遂等。其中蜕壳不遂发病面积比例最高，为 4.2%，发病区死亡率 1.26%；其次烂鳃病，发病面积率 1.08%，死亡率 4.21%；此外还有弧菌病、肠炎病、固着类纤毛虫等病害，发病面积率 1%左右，死亡率纤毛虫病 0.94%，其他病害死亡率在 0.2%左右。

（四）其他种类病害

鳖类监测到病害为鳖溃烂病，发病面积比例 3.01%，死亡率在 6.33%。

观赏鱼病害测报点主要分布在苏州、徐州等地，平均发病面积比例 3.72%，死亡率 0.17%。总体病害发生率与 2019 年接近，监测到的病害仍以细菌性疾病为主，包括细菌性败血症、烂鳃病、赤皮病、肠炎病等，其次为常见寄生虫疾病和水霉病。发生病害中烂鳃病面积比例最高，为 8.86%，全年发生的病害总体死亡率 1%以下。

三、病害流行预测与对策建议

病害流行预测：2021 年各淡水鱼主要养殖区仍将发生鱼类细菌性败血症、肠炎病、烂鳃病、甲壳类细菌性疾病以及常见寄生虫性疾病。需重点关注鲫造血器官坏死症、鳜传染性脾肾坏死病、草鱼出血病、锦鲤疱疹病毒病、斑点叉尾鮰病毒病、虾类病毒性疾病。此外，梅雨季节光照不足，蟹塘水草生长缓慢，底质恶化，容易造成中华绒螯蟹肝胰脏损伤，应注意提高中华绒螯蟹先天免疫能力，构造健康的肠道和肝脏代谢，以降低“水瘪子病”发生。鲫造血器官坏死症流行于 4～11 月，是养殖中重点防控病害之一；鳜传染性脾肾坏死病最适发病水温在 18～28 ℃，鳜主养区需在做好日常管理的同时，关注天气突变，减少应激发病；高密度养殖斑点叉尾鮰应注意做好病害和水质监控，提前预防，一旦发病，则往往不可收拾，病情控制难度大。

对策建议：一是加强生产管理。通过改善池塘水质和底质条件，优化养殖环境，选择优质饲料，合理投喂，保证养殖动物充分摄食、健康生长，避免饵料过量投喂、营养不均衡。适当添加免疫增强剂，精粗饲料合理搭配；适量拌入多维、免疫多糖等增强鱼体的免疫能力和抗病力。二是做到精准用药。在养殖过程中针对鱼体上的常见寄生虫和从患病鱼体中分离的致病菌，利用药物敏感性试验的方法，精选高效药物。对水产种类进行药物防控时，使用剂量科学、合理，避免多次、大量使用各种药物对养殖鱼类造成应激性刺激，尽可能选用对养殖水体中浮游动、植物与益生微生物破坏作用小的药物进行水体消毒，选用毒副作用小的药物进行内服，且避免长时间高剂量使用药物。三是完善病害生态防控机制。控制养殖密度，最大限度减少密度胁迫，合理配养，遵循生态互补原则，提高水产动植物对生长环境的抵抗性和耐受性，减少因环境刺激而暴发病害的现象。

2020年浙江省水生动物病情分析

浙江省水产技术推广总站

（朱凝瑜　郑晓叶　梁倩蓉　丁雪燕）

2020年在全省11个市71个县（市、区）共设立418个监测点，开展水产养殖病害监测工作，监测品种有草鱼、鲫、黄颡鱼、大口黑鲈、大黄鱼、凡纳滨对虾、鳖等22种，监测面积3 746.67 hm^2。监测结果如下：

一、总体发病情况

受新冠疫情导致部分水产品压塘严重，加上暖冬天气水温偏高、梅雨季雨量偏多（超常年82%）和台风黑格比影响，2020年浙江省水产养殖病害发生季节早、病害种类多，经济损失大。

2020年水产养殖全年监测点总发病率11.21%，比2019年减少1.33个百分点。月平均发病率1.43%，比2019年减少了0.61个百分点；月平均死亡率0.41%，比2019年减少0.04个百分点。全省各月水产养殖月平均发病率、月平均死亡率的变化情况见图1、图2。

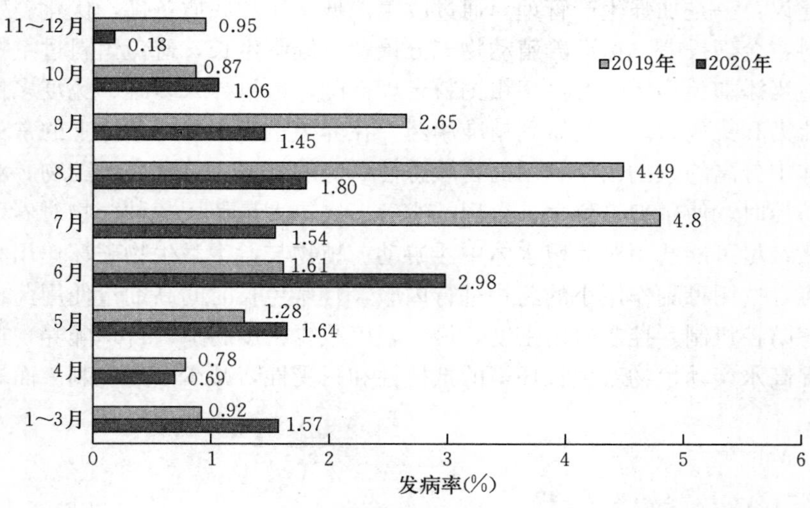

图1　2020年浙江省水产养殖月平均发病率比较

1. 病害发生较往年提早　往年4月开始病害陆续增多，2020年发病时间有所提早，3月即进入发病高峰，1～3月月平均发病率、死亡率、病害发生数均比上年有所增加，

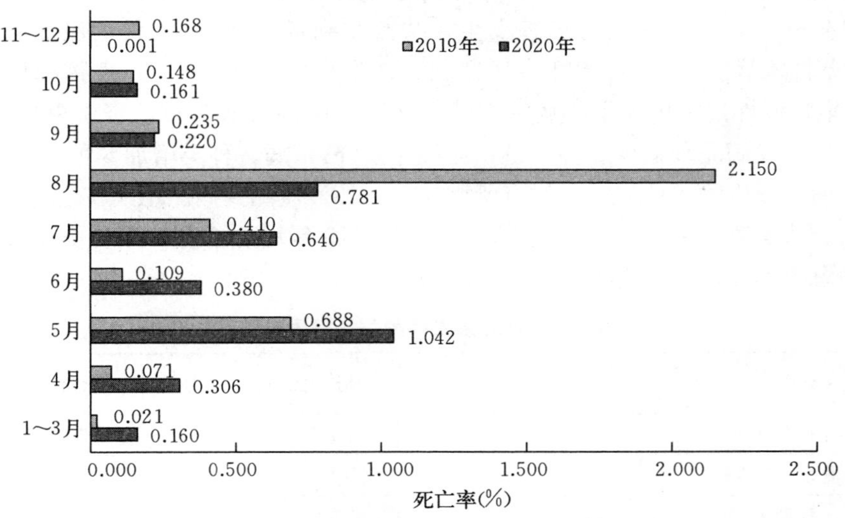

图 2　2020 年浙江省水产养殖月平均死亡率比较

且上半年发病情况较上年同期增加，下半年有所缓和。各月发病情况大致如下：3～4 月鱼类水霉病多发，黄颡鱼出现疑似新病原感染的大面积死亡现象；4～5 月大口黑鲈弹状病毒病高发，6～8 月养殖生物常规性细菌病、寄生虫病为主，鱼类虹彩病毒病也有发生；9～10 月大口黑鲈内脏白点病（诺卡氏菌病）高发，部分地区青蟹黄水病（血卵涡鞭虫）也较为严重；11～12 月水霉病、寄生虫病也有发生。

2. *病害总数、经济损失有所增加*　全省水产养殖品种病害全年发生较多，除 11～12 月病害数较少外，其余月份病害发生种数均不少于 14 种，其中 1～6 月均高于上年同期（图 3）。

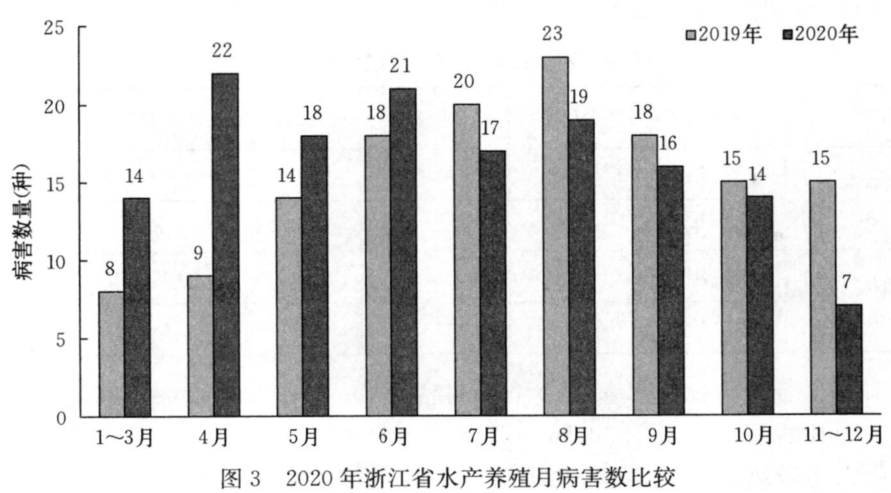

图 3　2020 年浙江省水产养殖月病害数比较

22 个监测品种除鲢、鳙、克氏原螯虾、三角帆蚌、泥蚶、缢蛏等 6 个品种未监测到病害发生外，其余品种均有病害发生，共监测到各类病害 44 种，包括病毒性疾病 7 种、细菌性疾病 18 种、真菌性疾病 2 种、寄生虫疾病 11 种、非生物源性病害 6 种（表 1）。生物源性病害仍为主要病害，其中又以细菌性疾病为重，寄生虫性疾病其次。与上年相比，发病品种减少 2 种（鲢、克氏原螯虾），病害种类增加 8 种，病毒性疾病、细菌性疾病、非生物源性病害数均有所增加。此外，监测到病因不明 12 宗，比 2019 年增加 2 宗。从监测类别上看，鱼类发病总数较 2019 年增加 6 种，甲壳类增加 2 种，爬行类发病总数不变，贝类则未监测到病害发生。

表 1　2020 年水产养殖发病种类、病害属性综合分析

类别		鱼类	甲壳类	爬行类	贝类	合计	2019 年
监测品种数（种）		11	7	1	3	22	21
监测品种发病数（种）		9	6	1	0	16	17
疾病性质	病毒性（宗）	4	3	0	0	7	5
	细菌性（宗）	11	4	3	0	18	13
	真菌性（宗）	2	0	0	0	2	2
	寄生虫（宗）	8	3	0	0	11	11
	非生物源性（宗）	2	4	0	0	6	5
合计		27	14	3	0	44	36

注：2020 年还监测到 12 宗病因不明病例，比 2019 年增加 2 宗。

2020 年浙江省水产养殖监测点上经济总损失 2 579.68 万元，为 2019 年的 1.45 倍。其中鱼类损失 1 567.90 万元，虾类损失 777.17 万元，蟹类损失 167.83 万元，鳖损失 66.76 万元。各养殖大类单位面积的经济损失均有所增加，除虾类略有增加外，其他养殖大类单位面积损失均比 2019 年大幅增加（表 2）。

表 2　不同品种养殖单位经济损失对比

损失	年份	淡水鱼类	海水鱼类	虾类	蟹类	爬行类
经济损失（万元）	2020 年	127.46↑	1 440.44↑	777.17↑	167.83↑	66.76↑
	2019 年	49.1	842.32	763.34	85.25	38.58
单位面积经济损失（元/hm^2）	2020 年	2015.40↑	38 715.75↑	7 129.80↑	2 360.40↑	2 043.75↑
	2019 年	666.45	24 273.00	6 811.95	698.85	1 094.85

3. 部分品种发病较为严重　22 个监测品种中，月平均发病率较高的有拟穴青蟹（6.06%）、凡纳滨对虾（4.53%）、草鱼（3.76%）、鲤（3.74%）、鲫（3.44%）；月平均死亡率较高的有大黄鱼（2.46%）、凡纳滨对虾（1.47%）、青鱼（1.88%）（表 3）。

表 3　各监测品种月平均发病率、月平均死亡率及其与 2019 年增减情况

监测品种	养殖模式	平均发病率（%）			平均死亡率（%）			监测品种	养殖模式	平均发病率（%）			平均死亡率（%）		
		2020 年	2019 年	增减情况	2020 年	2019 年	增减情况			2020 年	2019 年	增减情况	2020 年	2019 年	增减情况
青鱼	池塘	0.71	7.97	−	1.88	0.09	+	凡纳滨对虾	池塘	4.53	6.24	−	1.47	3.20	−
草鱼	池塘	3.76	3.85	−	0.61	0.03	+	青虾	池塘	0.001	0.13	−	0.001	0.01	−
鲢	池塘	/	0.52	−	/	0.18	−	罗氏沼虾	池塘	0.001	0.80	−	0.001	0.01	−
鳙	池塘	/	/	/	/	/	/	克氏原螯虾	池塘	/	/	/	/	/	/
鲤	池塘	3.74	4.75	−	0.16	0.12	+	梭子蟹	池塘	0.04	0.30	−	0.01	0.006	−
鲫	池塘	3.44	4.53	−	0.31	0.42	−	拟穴青蟹	池塘	6.06	3.48	+	0.56	0.58	−
翘嘴红鲌	池塘	2.81	2.83	−	0.30	0.02	+	中华绒螯蟹	池塘	0.53	2.69	−	0.07	0.02	+
大口黑鲈	池塘	0.17	2.80	−	0.001	0.15	−	中华鳖	池塘	0.38	0.33	+	0.12	0.12	+
黄颡鱼	池塘	0.54	0.13	+	0.19	0.01	+	泥蚶	池塘	/	/	/	/	/	/
七星鲈	海水网箱	4.06	0.26	+	0.80	2.53	−	缢蛏	池塘	/	/	/	/	/	/
大黄鱼	海水网箱	0.79	0.34	+	2.46	1.83	+	三角帆蚌	池塘	/	/	/	/	/	/

注："+"表示发病率和死亡率比 2019 年增加，"−"表示发病率和死亡率比 2019 年减少，"/"表示未发病。

（1）大口黑鲈　苗种期（4 月底～5 月初）弹状病毒病发病较严重，主要集中在嘉兴、湖州部分地区，严重的死亡率高达 90%；9～10 月诺卡氏菌病暴发，主要在杭州部分养殖场，病鱼内脏白点、结节明显，后期鱼身开始溃烂，死亡率 30%以上。流行病学调查与疫病监控工作显示大口黑鲈养成期易发鲑虹彩病毒病，死亡率均较高。

（2）黄颡鱼　3～4 月湖州市黄颡鱼养殖重点区域暴发不明病因疾病，病鱼头部发红，体表表皮脱落，发病面高达 30%以上，部分鱼塘 3 d 内全部死亡，初步诊断为一种新的小 RNA 病毒病。6～8 月为拟态弧菌引起的溃烂病高发期，死亡率高达 50%，但较 2019 年发病率大幅下降。裂头病、腹水病等仍有发生。

（3）大黄鱼　1～5 月主要为内脏白点病，6～10 月则白鳃病高发，并有贝尼登虫病、虹彩病毒病和不明病因性疾病等发生。其中 8 月受台风影响发病最为严重，平均死亡率为 13.07%，损失较大。流行病学调查与疫病监控中常规监测与应急检测均检测到虹彩病毒、白鳃病、内脏白点病、刺激隐核虫病、诺卡氏菌病和本尼登虫病病原。

（4）七星鲈　共监测到腐皮病、车轮虫病、三代虫、腹水病等病害，此外肿大虹彩病毒检出率较高，环境突变、鱼体应激易造成发病死亡，应引起重视。

（5）凡纳滨对虾　因 2020 年梅雨季时间长雨量大，对虾发病较严重，共监测到桃拉综合征、白斑综合征、虾虹彩病毒病（十足目虹彩病毒病）、弧菌病、急性肝胰腺坏死病、对虾红腿病、肠胞虫病、蓝藻中毒、缺氧、蜕壳不遂和病因不明等 11 种病害。

近年新发的“玻璃虾”（虾苗空肠空胃、体色透明）疑似病原检出率较高，也增加了病害发生的概率。

（6）青蟹　主要监测到纤毛虫病、台风影响、病因不明（7 月上旬雨水多，海区与池内水体盐度较低引发病害）等，其中 8 月台风影响发病率和死亡率较高，分别为 12.72%、3.49%。流行病学调查与疫病监控中发现，青蟹苗种及成蟹携带呼肠孤病毒率高；8～10 月台州、宁波地区青蟹发生黄水病（血卵涡鞭虫），死亡率近 60%，损失较严重。

（7）中华鳖　共监测到溃烂病、红脖子病、穿孔病和不明病因性疾病 4 种病害，发病程度均较轻。病毒引起的出血病较 2019 年同期有所缓和，但也仍有发生。

二、2021 年病害流行预测

根据历年浙江省水产养殖病情监测结果，2021 年全省水产品在养殖过程中仍将发生不同程度的病害，疾病种类仍会是以细菌、病毒和寄生虫等生物源性疾病为主。

2020 年 1～3 月气温、水温较往年偏高，细菌病、水霉病可能会提早发生，要加强防范。早春天气多变，温差较大，要注意防范水温剧变引起的应激反应和冻伤等现象，晴天中午气温高时可适当投喂饲料。同时也要做好起捕后清塘、消毒等工作，为放苗做好准备。

4～6 月气温逐渐回升，随着鱼类摄食活动增加，残饵增多，水体营养丰富，容易滋生细菌，容易发生水霉病和细菌性疾病，加之 6 月进入梅雨季节后阴雨频繁，易导致水体环境变化，引发养殖生物的应激反应。人工繁殖过程中要做好鱼卵、鱼苗水霉病的防范工作，做好投苗期养殖池塘、苗种的消毒及水质调控。淡水鱼类细菌性、真菌性以及寄生虫性疾病将陆续发生，大口黑鲈苗期易发弹状病毒病；海水鱼类以内脏白点病、弧菌病等疾病为主；凡纳滨对虾养殖放苗选择优质苗种；鳖经过冬眠期消耗后体质较差，应注意加强营养，重点预防白底板病。

7～9 月水产养殖动物进入生长旺盛期，投饲量增加，导致残饵和排泄物增多；期间又逢梅雨季节和台风天气，气温变化幅度大，水质易恶化，水产养殖病害处于高发期。大口黑鲈易发诺卡氏菌病；黄颡鱼易发腹水病及溃疡病；大黄鱼以刺激隐核虫病、本尼登虫病等寄生虫性疾病和白鳃病、虹彩病毒病等病毒性疾病为主；凡纳滨对虾在天气骤变时易暴发白斑综合征、红体病、急性肝胰腺坏死病、偷死症等；海水蟹类以清水病、固着类纤毛虫病为主；养殖鳖要注意细菌性疾病和腮腺炎病的防治工作；海水贝类要预防台风过后由于缺氧或盐度突变引起的死亡。

9 月下旬至 10 月正值夏秋交替，气候多变，昼夜温差较大，可能出现鱼类寄生虫和细菌性疾病发生的小高峰。预计草鱼等常规鱼类仍将以出血病、细菌性肠炎、烂鳃病等为主；海水网箱养殖鱼类要特别注意细菌性疾病和刺激隐核虫病；凡纳滨对虾要注意弧菌病；海水蟹类要注意清水病、黄水病、固着类纤毛虫类病等。

11～12 月随着气温、水温的进一步下降，养殖动物病害将进一步减少，但仍然不能放松生产管理，要注意天气变化，提早做好应对恶劣天气的防范工作。

三、养殖注意要点

在养殖过程中要采取健康养殖技术，提高科学防病意识，认真做好养殖过程的管理工作，尤其要注意天气变化，特别是在特殊、恶劣天气期间，建议加强管理，使用优质饲料，做好病害的预防工作。对发病生物，有必要进行寄生虫镜检和细菌性病原分离及药敏试验，筛选敏感国标药物进行疾病防治，坚决抵制未获批准的假冒伪劣药。

淡水鱼类：定期做好水体、食台和工具等的消毒工作，抑制病原滋生；日常管理中要掌握好投饲量，避免投喂过量污染水质。细菌性疾病发生后，养殖水体可用生石灰或国标渔用含氯、含碘消毒剂消毒，结合药敏结果，使用氟苯尼考、甲砜霉素等敏感国标渔用抗生素药物内服治疗。

海水鱼类：做好池塘/网箱消毒工作，饲料中适当添加维生素C，增加免疫力。密切注意台风，预防台风造成鱼体擦伤、破网逃逸等。出现内脏白点病可拌料服用强力霉素等抗菌药物治疗；细菌性疾病可用氟苯尼考等国标渔用抗生素拌饲料投喂；发现病、死鱼要及时清除。

虾类：养殖期间保持良好水质，使用无污染和不带病毒的水源。选择优质对虾饲料并定期添加维生素C，增强虾苗免疫力。加强巡塘，多观察，发现池水变色要及时调控，特别是暴雨天气要防止水质突变，遇到流行病时暂时封闭不换水。对于一些达到商品规格的对虾，应及时捕捞上市，保持养殖池内合理的密度，促进对虾生长。

海水蟹类：保持海水盐度在适宜范围和相对稳定。定期用生石灰或漂白粉消毒，投喂优质饲料，可在饲料中添加蟹用多维、三黄粉等。尽量减少环境突变、污染以及人为的各种操作等原因可能对养殖蟹造成的应激反应。

鳖：做好日常消毒和水质调节工作；注意投喂新鲜饲料，控制投饲量，避免污染水质。发生细菌性疾病，水体用二氧化氯消毒，同时在饲料中投放药物氟苯尼考和维生素C。

2020 年安徽省水生动物病情分析

安徽省水产技术推广总站

（魏泽能　魏　涛）

2020 年全省 14 个市 44 个县、区设立监测点 236 个，155 名测报员参加测报工作。监测养殖品种 27 个。其中，鱼类 19 种，甲壳动物 3 种，观赏鱼 3 种、其他 2 种（鳖、龟）。测报面积 28 736.1 hm^2，其中测报池塘养殖面积 20 222.5 hm^2、池塘循环流水养殖 233.3 hm^2、其他类型养殖水面 8 249.2 hm^2、工厂化养殖 32 hm^2，全年上报测报记录 2 901 次。

一、水产养殖动物病害总体情况

2020 年全省发病养殖品种 17 种（表 1），监测到的水产养殖动物病害 50 种。其中细菌性疾病 20 种，病毒性疾病 7 种，真菌性疾病 3 种，寄生虫性疾病 10 种，非病原性疾病 6 种，不明病因疾病 4 种（表 2）。细菌性疾病占 40%，寄生虫性疾病占 20%，病毒性疾病占 14%，非病原性疾病占 12%，真菌性疾病占 6%，不明病因疾病占 8%（图 1）。

表 1　监测到发病的养殖种类汇总

类　别			种　类	数量（种）
淡水	鱼类		青鱼、草鱼、鲢、鳙、鲫、鳊、鮰、黄颡鱼、黄鳝、鳜、鲈（淡）、鲟	12
	甲壳类	虾类	青虾、克氏原螯虾	2
		蟹类	中华绒螯蟹（河蟹）	1
	其他		龟、鳖	2
	合计			17

表 2　监测到病害种类汇总（种）

类别		鱼类	虾类	蟹类	其他类	合计
疾病性质	细菌性疾病	10	4	3	3	20
	病毒性疾病	3	2	0	2	7
	真菌性疾病	3	0	0	0	3
	寄生虫性疾病	7	1	1	1	10
	非病原性疾病	4	1	1	0	6
	不明病因疾病	1	1	1	1	4
合计		28	9	6	7	50

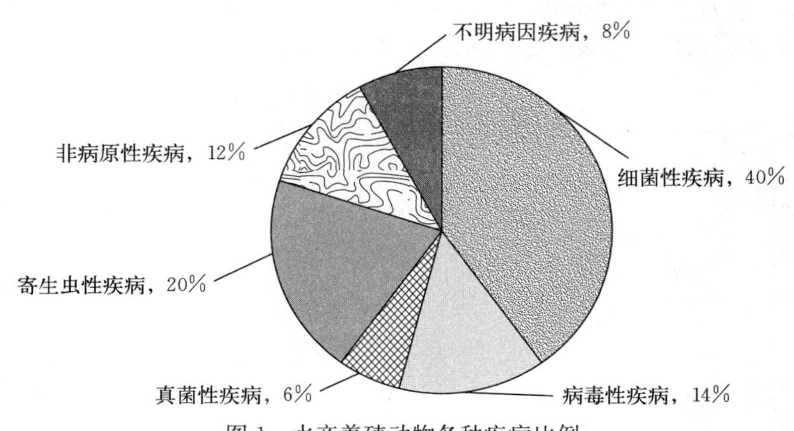

图1　水产养殖动物各种疾病比例

二、主要养殖水生动物疾病发生情况

（一）养殖鱼类发病总体情况

2020年养殖鱼类平均发病率为7.59%，监测区域平均死亡率为0.952%，发病区域平均死亡率为4.852%。共监测到养殖水生动物病害28种，其中细菌性疾病10种，病毒性疾病3种，真菌性疾病3种，寄生虫性疾病7种，非病原性疾病4种，不明病因疾病1种（表3）。

表3　监测养殖鱼类病害汇总

类　别		病　名	数量（种）
鱼类	细菌性疾病	溃疡病、烂鳃病、细菌性肠炎病、烂尾病、淡水鱼细菌性败血症、链球菌病、赤皮病、疖疮病、打印病、柱状黄杆菌病（细菌性烂鳃病）	10
	病毒性疾病	草鱼出血病、病毒性出血性败血症、斑点叉尾鮰病毒病	3
	真菌性疾病	水霉病、鳃霉病、流行性溃疡综合征	3
	寄生虫性疾病	三代虫病、指环虫病、车轮虫病、锚头鳋病、斜管虫病、鱼虱病、中华鳋病	7
	非病原性疾病	缺氧症、脂肪肝、肝胆综合征、气泡病	4
	其他	不明病因疾病	1
	合计		28

（二）主要养殖鱼类疾病发病情况

1. 草鱼疾病　监测草鱼养殖面积为8 299.9 hm^2，发病面积905 hm^2，平均发病率为10.9%。监测区域平均死亡率为0.21%，发病区域平均死亡率为4.98%。其中6月发病率最高，为 1.44%；9～10 月最低。4 月死亡率最高，为 0.69%；9～10 月最低（图 2）。监测区域死亡率最高的疾病为水霉病（图 2）。

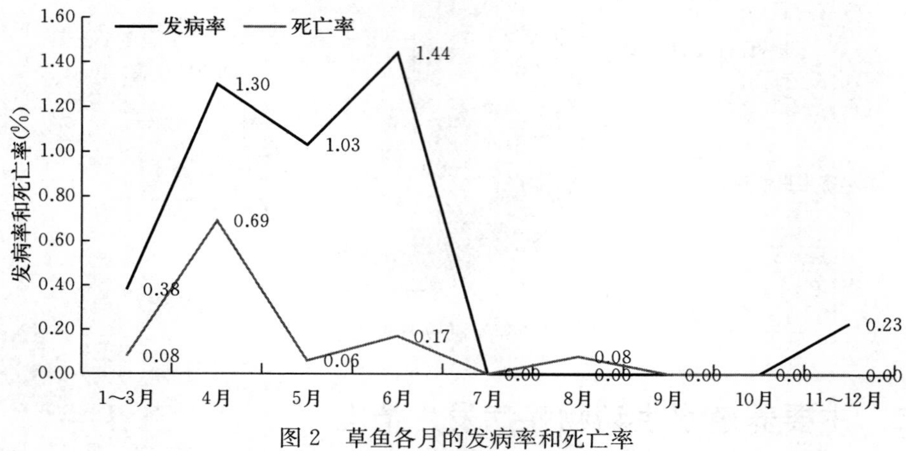

图 2　草鱼各月的发病率和死亡率

监测疾病病种 20 种，其中细菌性疾病 7 种，主要为细菌性出血败血症、烂鳃病、肠炎病、赤皮病；真菌性疾病 2 种，为水霉病、鳃霉病；病毒性疾病 1 种、为草鱼出血病；寄生虫性疾病 6 种、主要为锚头鳋病、指环虫病、三代虫病；非病原性疾病 1 种，为肝胆综合征。

2. 鲫疾病　监测鲫养殖面积为 4 554.12 hm^2，发病面积为 293.8 hm^2，平均发病率为 6.45%。监测区域平均死亡率 0.27%，发病区域平均死亡率为 4.64%。其中 8 月发病率最高，为 12.29%；9 月死亡率最高为 0.45%（图 3）。淡水鱼细菌性败血症是鲫全年最频发的疾病。

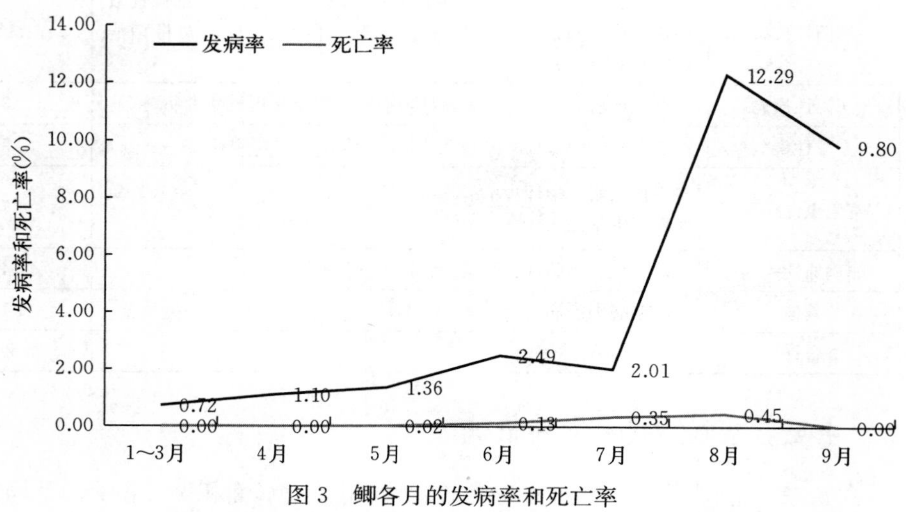

图 3　鲫各月的发病率和死亡率

监测鲫发病病种 10 种，其中细菌性疾病 6 种，主要为细菌性出血败血症；真菌性疾病 1 种，为水霉病；寄生虫性疾病 2 种，主要为锚头鳋；不明病因疾病 1 种。

3. 鲢疾病　监测鲢养殖面积为 6 734.87 hm^2，发病面积为 1 054.47 hm^2，平均发病率为 15.66%。监测区域平均死亡率 0.36%，发病区域平均死亡率为 3.71%。其中 5 月发病率最高，为 9.85%，6 月死亡率最高，为 0.66%（图 4）。锚头鳋病发病率最高，为 19.14%。烂鳃病死亡率最高，为 1.79%。苗种阶段发病区域内死亡率最高的疾病为指环虫病，达到 26.67%。

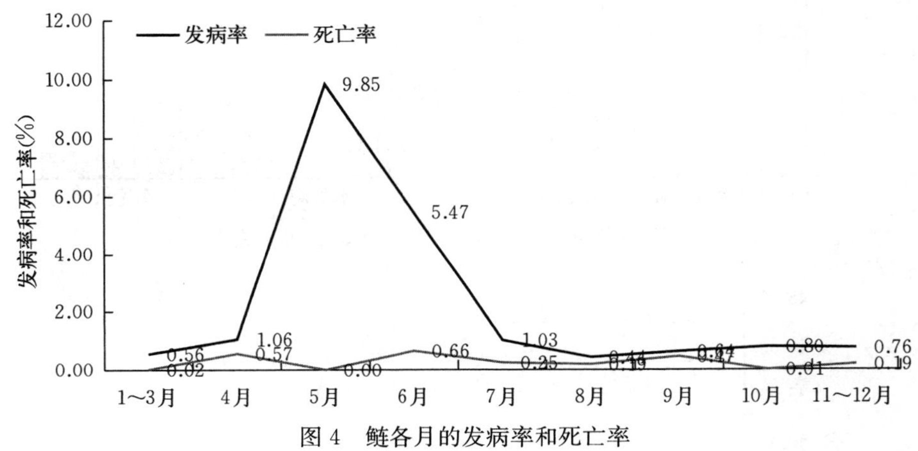

图 4　鲢各月的发病率和死亡率

监测发病病种 12 种，其中细菌性疾病 7 种，主要为细菌性出血败血症；真菌性疾病 1 种，为水霉病；寄生虫性疾病 3 种，主要为锚头鳋病、中华鳋病；不明病因性疾病 1 种。

4. 鳙疾病　监测面积 10 757 163.2 hm^2，发病面积 855 57 hm^2，平均发病率为 0.8%。鳙整体疾病较少，全年发病面积比例最高的疾病是水霉病，为 0.7%。

5. 斑点叉尾鮰疾病　监测面积 27.2 hm^2，发病面积 4.133 3 hm^2，平均发病率为 15.2%，4~9 月监测到斑点叉尾鮰病毒病，发病区域死亡率为 4.38%。

6. 鳜疾病　监测面积 422.27 hm^2，发病面积 36.6 hm^2，平均发病率为 8.67%。疾病种类有 4 种，分别为淡水鱼细菌性败血症、细菌性肠炎病、水霉病、车轮虫病。其中发病面积比例最高的疾病是淡水鱼细菌性败血症，监测区域死亡率最高疾病的是车轮虫病（图 5）。

（三）养殖甲壳类动物疾病发生情况

1. 克氏原螯虾疾病　安徽省克氏原螯虾年产量 40 万 t 左右。监测面积 2 426.0 hm^2，发病面积 425.27 hm^2，平均发病率为 17.53%。7 月发病率最高，为 38.89%，7 月和 8 月死亡率最高，为 0.47%（图 6）。发病率最高的疾病是蜕壳不遂症，为 49.39%；监测区域死亡率最高的疾病是传染性皮下和造血组织坏死病，为 0.5%。

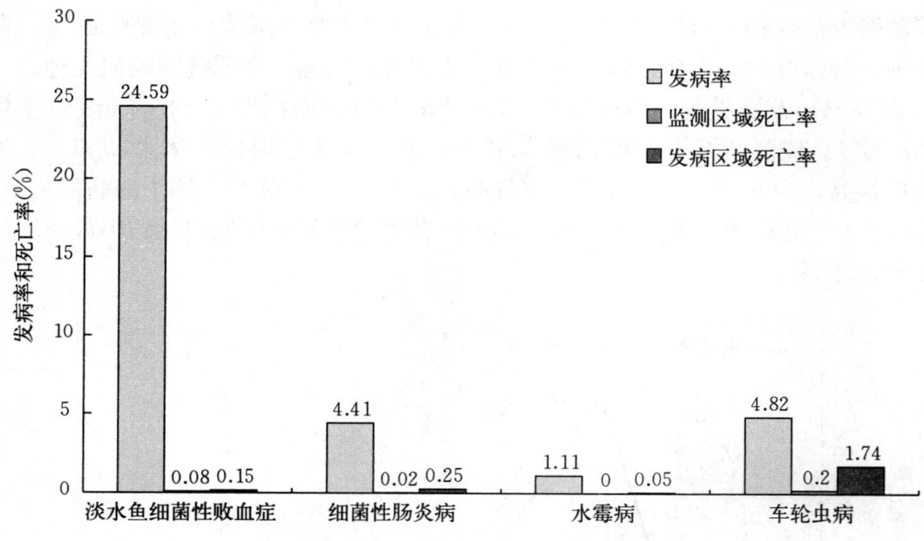

图 5　鳜平均发病率、发病区域死亡率、监测区域死亡率

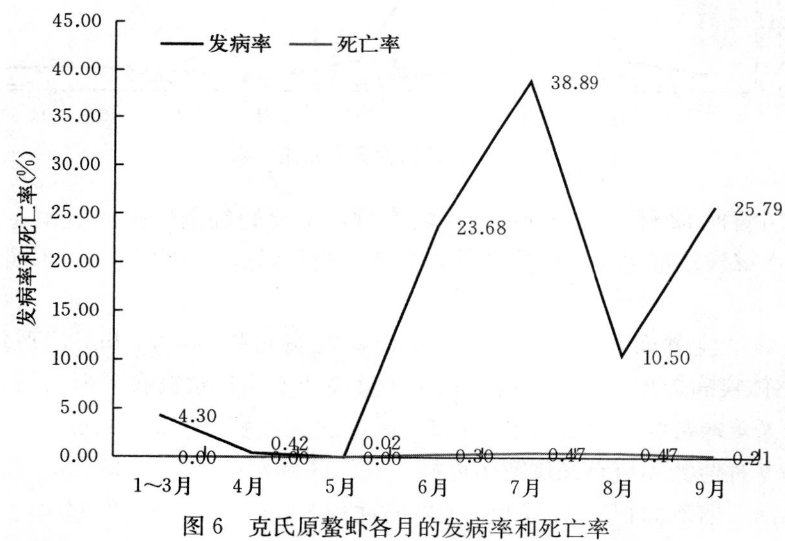

图 6　克氏原螯虾各月的发病率和死亡率

检测到疾病种类有 9 种，其中白斑综合征、传染性皮下和造血组织坏死病采集样品检测为阳性（未见发病）；细菌性疾病 4 种，主要为烂鳃和甲壳溃疡；寄生虫性疾病主要为纤毛虫。

2. 中华绒螯蟹疾病　本省养殖的蟹类主要品种为中华绒螯蟹，池塘养殖中华绒螯蟹最为集中的地区是当涂县、无为县和宣州区，年产量 10 万 t 左右。监测面积 3 781.8 hm^2，发病面积 2 230.93 hm^2，平均发病率 58.99%。年度 10 月份发病率最高，为 24.54%，死亡率也最高，为 2.43%（图 7）。发病率最高的疾病是肠炎病，为 25.52%；弧菌病是导致监测区域、发病区域死亡率最高的疾病，分别为 1.13%、4.06%。

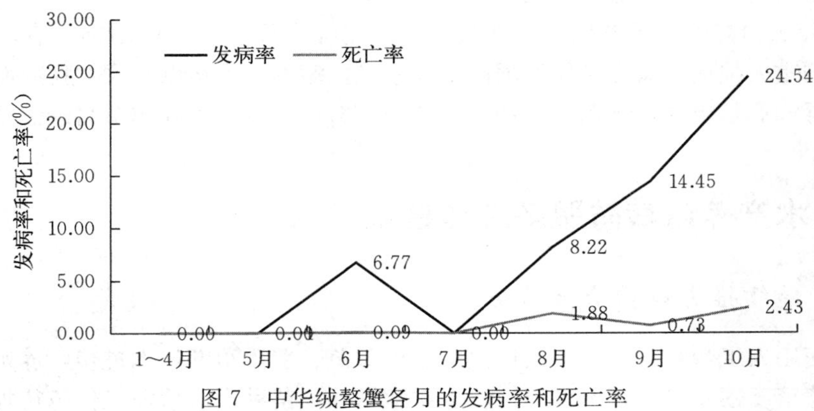

图 7　中华绒螯蟹各月的发病率和死亡率

监测到的疾病种类有 6 种，其中细菌性疾病主要为腹水病（水瘪子病）和弧菌病，寄生虫疾病主要为纤毛虫，非病原性疾病为蜕壳不遂症。

三、2020 年养殖水生动物疾病的危害情况

安徽省养殖水生动物病情测报区域平均发病率为 7.59％，监测区域平均死亡率为 0.952％，发病区域平均死亡率为 4.852％；克氏原螯虾平均发病率为 17.53％，监测区域平均死亡率为 0.271％，发病区域平均死亡率为 7.457％；中华绒螯蟹平均发病率 58.99％，监测区域平均死亡率为 0.437％，发病区域平均死亡率为 1.967％。进行统计分析，各测报点统计死亡水产品 976.6 万 kg，经济损失 19 239.02 万元。其中草鱼病害损失最大，占损失总量的 27.18％，损失额占损失总额的 22.3％；鲫损失量占 28.36％，损失额占 28.71％；鲢、鳙损失量占 22.31％，损失额占 17.18％；中华绒螯蟹等损失量占 13.82％，损失额占 21.64％；克氏原螯虾损失量占 8.33％，损失额占 10.17％。

据此测算，2020 年全省养殖水生动物年因病害死亡量达到 3 394.7 万 kg，经济损失额约为 4.18 亿元。加上龟鳖、大口黑鲈、黄颡鱼、黑鱼、日本沼虾等养殖品种发生疫病的死亡量，安徽省养殖水生动物因疫病死亡，全年经济损失额应在 4.6 亿元左右。

四、2021 年养殖水生动物病害流行趋势研判

草鱼疾病包括草鱼出血病、淡水鱼出血性败血症、草鱼“三病”以及锚头鳋病会较严重发生；鲫淡水鱼败血症、锚头鳋病会继续严重发生；鲫造血器官坏死病，采集样品 40 例，检测未出现阳性样品，影响范围连续缩小，全年未接到发生该病的报告；采集克氏原螯虾样品 60 例，检测白斑综合征阳性 37 例，阳性率 61.7％；采集传染性皮下和造血组织坏死病样品 40 例，检测阳性样品 6 例，阳性率 15％，阳性率呈上升趋势，2021 年可能会延续这种趋势。中华绒螯蟹颤抖病 2020 年没有接到报告，2021 年可能不会发生，即便发生，对养殖生产影响也不大。蟹瘪子病还会持续发生，造成损失加大。

寄生虫病会大范围发生，影响养殖鱼类和甲壳类。

2021 年大口黑鲈、黄颡鱼细菌性疾病、溃疡综合征发病频度增加，有时会造成鱼种和成鱼的重大损失；斑点叉尾鮰国内市场平稳，病毒性疾病以及鮰类肠败血症有所下降；鳖病毒病偶尔出现，细菌性疾病，如溃疡综合征早春、晚秋季节将继续危害鳖的养殖生产。

五、水产养殖病防服务工作建议

（一）继续推进苗种产地检疫工作

随着使用人工颗粒饲料喂养大口黑鲈、黄颡鱼、罗氏沼虾技术进步，养殖范围、养殖量和养殖密度逐步扩大，苗种异地转运频度增加，苗种产地检疫工作亟待加强。

（二）扩大养殖水生动物疫病检测范围

做好草鱼出血病、鲫造血器官坏死症、鳜虹彩病毒病、斑点叉尾鮰病毒病等重大疾病的监测和流行病学调查。尤其是小龙虾白斑综合征、皮下及造血器官坏死病、肝肠胞虫病监测，做好预防信息服务，为“稻渔综合种养百千万工程”实施筑牢生物安全基础。

（三）加强病害防治信息服务平台建设

建设省级规模企业的渔业环境、养殖生产、投入品质量、病害监测诊断结果等信息的收集、整理和发布信息平台，将养殖生产各环节链接起来，进行病防资源共享、信息共用。利用全国水产总站病害远程诊断服务网省级平台，做好养殖水生动物病害综合防治的信息发布、预警预报、诊断咨询和治疗服务。

2020 年福建省水产养殖动植物病情分析

福建省水产技术推广总站

（廖碧钗　王　凡　孙敏秋　王松发　游　宇　林国清）

2020 年，福建省 9 个设区市 51 个县（市、区）共设立测报点 181 个，测报品种为十大福建省特色品种及大宗养殖品种草鱼、罗非鱼等 13 种（表 1），测报面积 1 720.75 hm^2，包括海水监测面积 900.15 hm^2（海水池塘 133.87 hm^2、海水网箱 85.44 hm^2、海水滩涂 8.87 hm^2、海水筏式 628.28 hm^2、海水工厂化 23.52 hm^2、海水高位池 20.17 hm^2），淡水监测面积 800.80 hm^2（淡水池塘 726.38 hm^2、淡水网箱 1.26 hm^2、淡水工厂化 50.40 hm^2、淡水其他 22.76 hm^2），半咸水池塘 19.80 hm^2。

表 1　测报的养殖品种

类　别	养　殖　品　种	数量（种）
鱼类	草鱼、鳗鲡、罗非鱼、倒刺鲃、大黄鱼、石斑鱼、河鲀	7
虾类	凡纳滨对虾	1
贝类	鲍、牡蛎	2
藻类	紫菜、海带	2
棘皮类	海参	1
合计		13

一、病害总体情况

2020 年共监测到发病养殖品种 12 种，监测到水产养殖动植物病害 42 种，其中病毒性疾病 2 种、细菌性疾病 16 种、寄生虫性疾病 10 种、真菌性疾病 3 种、非病原性疾病 6 种、不明病因疾病 5 种（表 2）。与 2019 年相比，病害种类减少 3 种，且均以细菌性疾病和寄生虫性疾病为主。

表 2　监测到的各养殖种类病害分类汇总（种）

类　别		鱼类	虾类	贝类	藻类	棘皮类	合计
疾病性质	病毒性疾病	1	1	0	0	0	2
	细菌性疾病	9	5	1	0	1	16
	寄生虫性疾病	9	1	0	0	0	10
	真菌性疾病	2	1	0	0	0	3
	非病原性疾病	4	2	0	0	0	6
	不明病因疾病	2	1	1	1	0	5
合计		27	11	2	1	1	42

2020 年各主要养殖种类除紫菜外，其余品种均有不同程度病害发生，月平均发病率较高的有鲍、罗非鱼、凡纳滨对虾、河鲀、草鱼等，月平均死亡率较高的有鲍、牡蛎、罗非鱼等。与 2019 年相比，月平均发病率有较大幅度下降的品种有河鲀、草鱼、牡蛎等；月平均发病率有较高幅度上升的品种有凡纳滨对虾、鲍、鳗鲡等。

据不完全统计，2020 年测报区域养殖种类因病害造成的直接经济损失为 1 307.52 万元（表 3），为 2019 年的 0.78 倍。各养殖大类因病害造成的直接经济损失均比 2019 年有所减少。

表 3　各测报品种养殖病害损失情况

类　别	鱼类	虾类	贝类	藻类	棘皮类	合计
损失额（万元）	231.44	650.00	422.60	2.28	1.20	1 307.52
损失率（%）	17.7	49.7	32.3	0.2	0.1	100

注：损失率是养殖品种全年的经济损失额占总经济损失额的比例。

二、不同品种发病情况

（一）鱼类病害

2020 年，养殖鱼类总监测面积 731.34 hm^2。鱼类病害中，柱状黄杆菌病（烂鳃病）流行范围广，占上报疾病比例的 21.68%；其次为指环虫病和细菌性肠炎病，分别占上报疾病比例的 12.72%和 10.98%（表 4）。各养殖品种中，月发病率均值较高的有罗非鱼、河鲀、草鱼，均达到 5%以上；月死亡率均值达 1%以上的品种只有罗非鱼。

表 4　养殖鱼类测报点监测到的病害汇总

类　别	病　名	上报疾病次数（次）	占比（%）
病毒性疾病	脱黏败血综合征	2	0.58
细菌性疾病	淡水鱼细菌性败血症	17	4.91
	柱状黄杆菌病（烂鳃病）	75	21.68
	赤皮病	17	4.91
	细菌性肠炎病	38	10.98
	烂尾病	6	1.73
	链球菌病	7	2.02
	溃疡病	13	3.76
	迟缓爱德华氏菌病	1	0.29
	大黄鱼内脏白点病	6	1.73
真菌性疾病	水霉病	15	4.34
	鳃霉病	3	0.87

（续）

类　别	病　名	上报疾病次数（次）	占比（%）
寄生虫性疾病	小瓜虫病	7	2.02
	指环虫病	44	12.72
	车轮虫病	17	4.91
	锚头鳋病	10	2.89
	中华鳋病	1	0.29
	鱼虱病	2	0.58
	刺激隐核虫病	26	7.51
	盾纤毛虫病	4	1.16
	鱼蛭病	1	0.29
非病原性疾病	缺氧症	4	1.16
	氨中毒症	2	0.58
	冻伤	1	0.29
	肝胆综合征	6	1.73
其他	不明病因疾病	9	2.60
	大黄鱼白鳃症	12	3.47

1. 草鱼　监测时间为1～12月，监测面积516.25 hm^2。监测到疾病17种，其中，细菌性疾病5种、寄生虫性疾病6种、真菌性疾病2种，另有非病原性疾病和不明病因疾病4种。月平均发病率和死亡率分别为5.21%和0.09%，与2019年相比，月平均发病率下降了2.14个百分点，月平均死亡率上升了0.05个百分点。

从总体来看，草鱼月发病率6月最高，为12.33%；9月次之，为8.46%；11～12月最低，为0.42%。月死亡率6月最高，为0.25%；1～3月次之，为0.19%；10月最低，为0.002%（图1）。监测到的疾病主要有细菌性败血症、柱状黄杆菌病（烂鳃

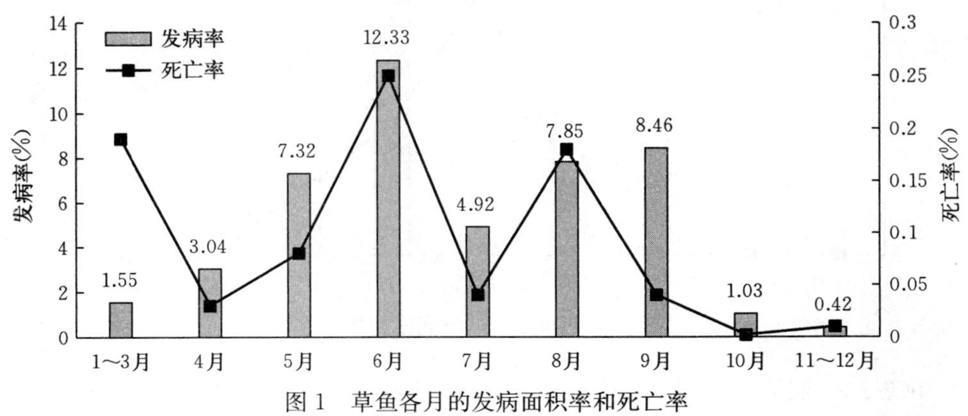

图1　草鱼各月的发病面积率和死亡率

病)、赤皮病、肠炎病、小瓜虫病、指环虫病、车轮虫病和水霉病等。

2. 鳗鲡　监测时间为1～12月，监测面积70.40 hm²。监测到疾病11种，其中，病毒性疾病1种、细菌性疾病5种、寄生虫性疾病3种和真菌性疾病2种。月平均发病率和死亡率分别为2.90%和0.03%，与2019年相比，分别上升了2.16个百分点和0.02个百分点。

从总体来看，鳗鲡月发病率4月最高，为5.63%；6月次之，为5.02%；5月最低，为0.84%。月死亡率1～3月最高，为0.07%；其余各月仅发现少量死亡或未引起死亡（图2）。监测到的疾病有脱黏败血综合征、迟缓爱德华氏菌病、烂鳃病、小瓜虫病、指环虫病和车轮虫病等。

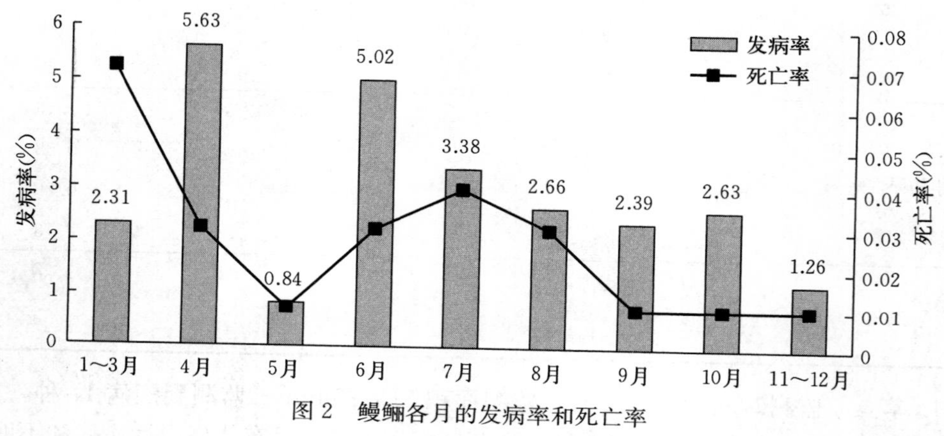

图2　鳗鲡各月的发病率和死亡率

3. 罗非鱼　监测时间为1～12月，监测面积34.33 hm²。从5月开始到9月都监测到链球菌病。月平均发病率和死亡率分别为8.52%和1.53%，与2019年相比，平均月发病率上升了1.09个百分点，月死亡率下降了1.68个百分点（图3）。

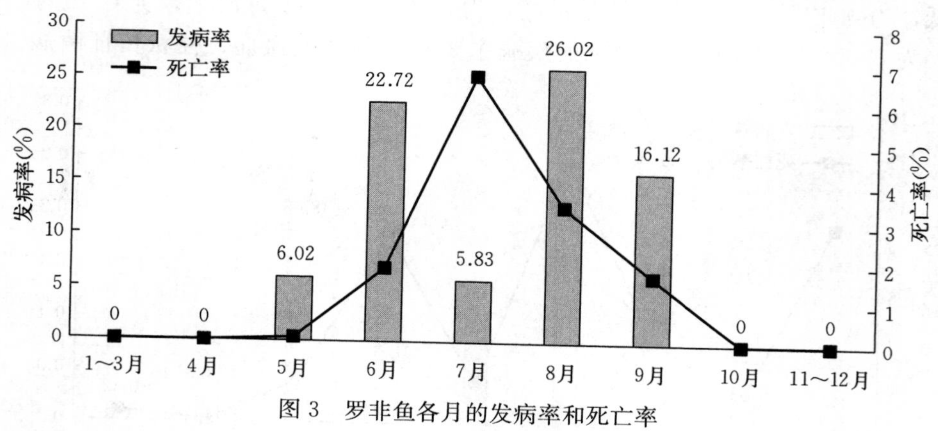

图3　罗非鱼各月的发病率和死亡率

4. 倒刺鲃　监测时间为1～12月，监测面积1.69 hm²。仅4月监测到赤皮病，

7月监测到细菌性败血症和烂尾病，其余各月均未监测到较明显的病害。月平均发病率和死亡率分别为1.42%和0.02%，

5. 大黄鱼　监测时间为1～12月，监测面积49.00 hm^2。监测到疾病7种，其中，细菌性疾病2种、寄生虫性疾病2种，另有非病原性疾病和不明病因疾病3种。月平均发病率和死亡率分别为4.33%和0.13%，与2019年相比，分别下降了0.23个百分点和0.20个百分点。

从总体来看，7月发病率最高，为8.28%；6月次之，为6.49%；1～3月最低，为1.22%。7月死亡率最高，为0.37%；6月次之，为0.25%；1～3月最低，为0.02%（图4）。监测到的疾病主要有大黄鱼白鳃症、溃疡病、内脏白点病、刺激隐核虫病、盾纤毛虫病等。

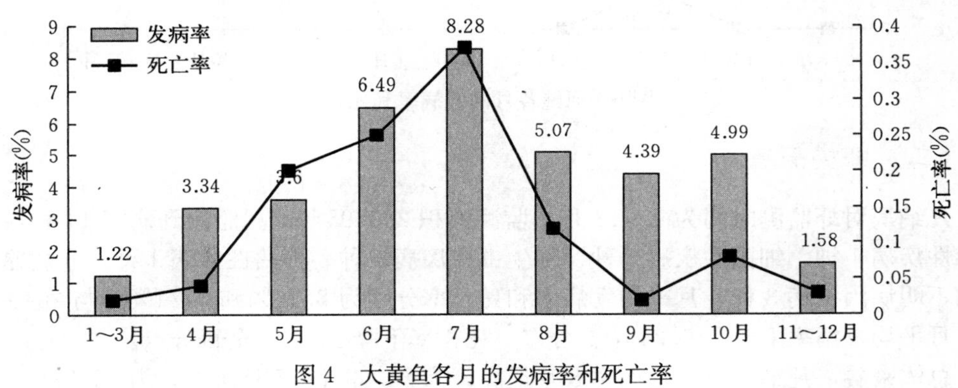

图4　大黄鱼各月的发病率和死亡率

6. 石斑鱼　监测时间为1～12月，监测面积24.67 hm^2。监测到疾病5种，其中，寄生虫性疾病3种，另有非病原性疾病2种。月平均发病率和死亡率分别为0.84%和0.05%，与2019年相比，月平均发病率下降了1.88个百分点，死亡率相当。

从总体来看，石斑鱼发病率9月最高，为1.72%；6月次之，为1.69%；1～3月和8月未监测到病害。11～12月死亡率最高，为0.32%；其余各月死亡率均较低（图5）。监测到的疾病主要有刺激隐核虫病、车轮虫病和鱼蛭病等。

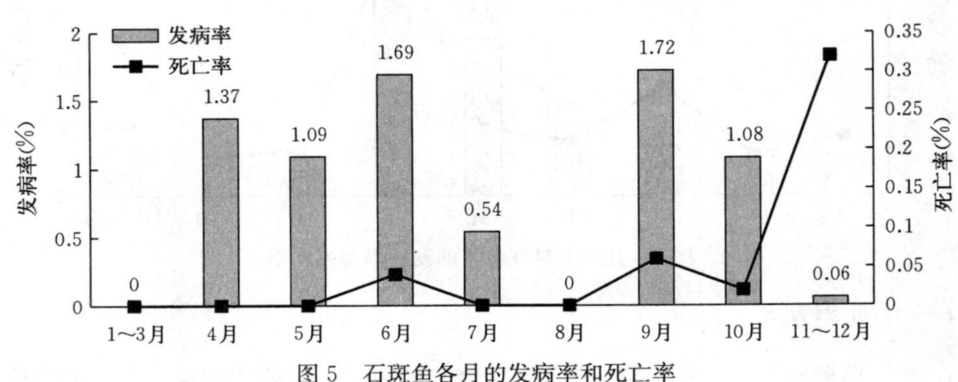

图5　石斑鱼各月的发病率和死亡率

7. **河鲀** 监测时间为1～12月，监测面积35.00 hm^2。在5月、9月和10月时监测到刺激隐核虫病，其余各月均未监测到较明显的病害。月平均发病率和死亡率分别为8.38%和0.32%，与2019年相比，分别下降了20.83个百分点和1.11个百分点（图6）。

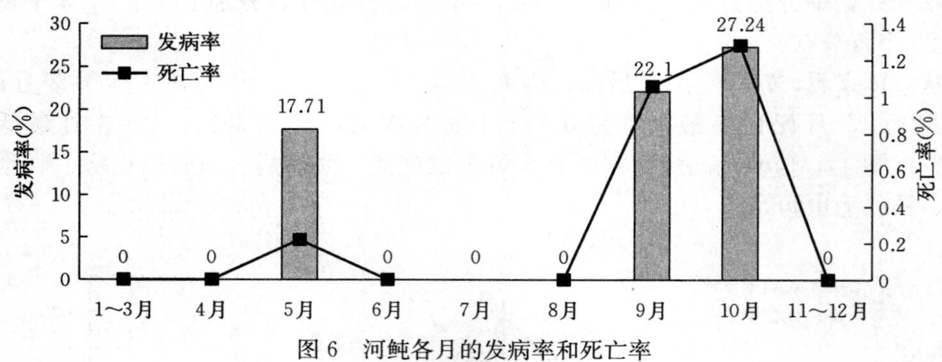

图6 河鲀各月的发病率和死亡率

（二）虾类病害

凡纳滨对虾监测时间为1～12月，监测面积293.96 hm^2。监测到病害11种，其中病毒性疾病1种、细菌性疾病5种、寄生虫性疾病1种、真菌性疾病1种，非病原性疾病和不明病因疾病3种。月平均发病率和死亡率分别为8.46%和0.74%，与2019年相比，月平均发病率上升了6.24个百分点，死亡率下降了0.22个百分点。

总体来看，凡纳滨对虾发病率8月最高，为24.62%；7月次之，为15.32%；9月最低，为2.54%。8月死亡率最高，为2.11%；11～12月次之，为1.19%；10月最低，为0.31%（图7）。监测到的疾病主要有偷死野田村病毒病、急性肝胰腺坏死病、肠道细菌病、弧菌病、虾肝肠胞虫病等。

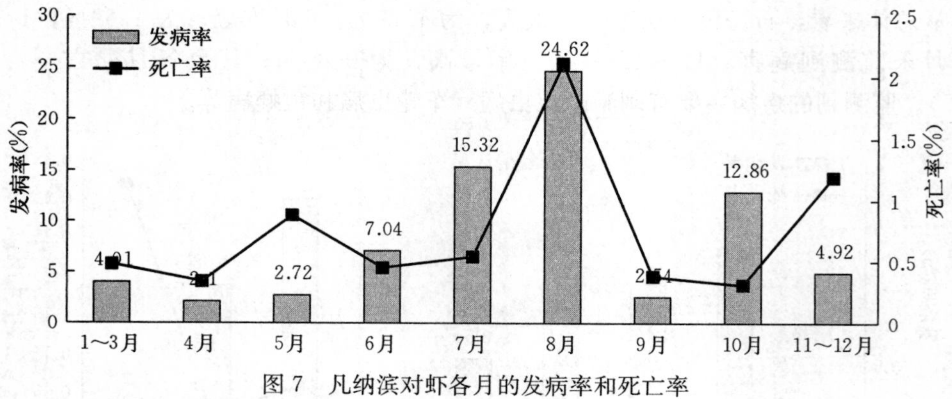

图7 凡纳滨对虾各月的发病率和死亡率

（三）贝类病害

1. **鲍** 监测时间为1～12月，监测面积61.45 hm^2。监测到鲍弧菌病和不明病因疾病。月平均发病率和死亡率分别为11.07%和1.22%，与2019年相比，月平均发病率上升了3.97个百分点，死亡率下降了0.15个百分点。

从总体来看，鲍发病率5月最高，为34.94%；10月次之，为28.48%；1～3月和11～12月未发病。死亡率最高的是5月，为3.03%；9月次之，为2.28%（图8）。

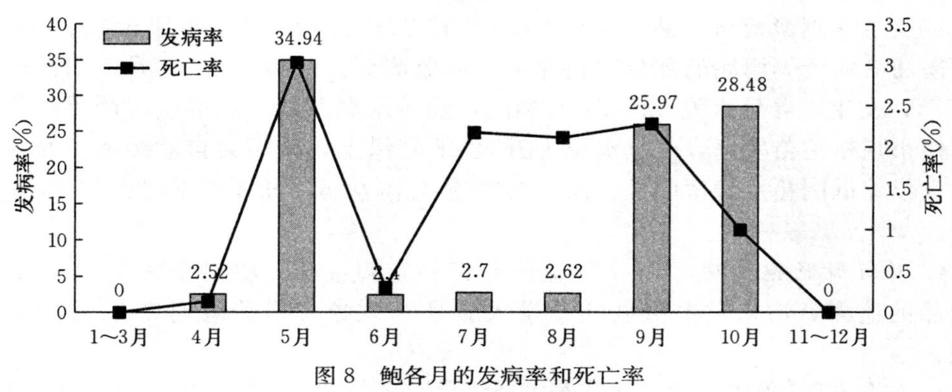

图8　鲍各月的发病率和死亡率

2. *牡蛎*　监测时间为1～12月，监测面积382.53 hm^2。仅1～3月和5月监测到不明病因疾病，其余各月均未监测到明显的病害。月平均发病率和死亡率分别为0.71%和1.65%，与2019年相比，月平均发病率下降了2.11个百分点，死亡率上升了1.64个百分点。

据了解，1～3月的高发病率主要是一牡蛎养殖场因附苗密度高引起的自然死亡，其死亡率高达50%；而5月是每年这个时期牡蛎都会发生不同程度死亡，2020年相对较高可能是由于海区天然饵料缺乏和牡蛎养殖附着密度较高引起。

（四）藻类病害

1. *紫菜*　监测时间为1～12月，监测面积115.20 hm^2。2020年测报点未发现较明显的病害情况。

2. *海带*　监测时间为1～5月和11～12月，监测面积140.27 hm^2。仅4月监测到不明病因疾病，发病率为2.47%，死亡率3.65%。

（五）棘皮类病害

海参监测时间为1～4月和11～12月，监测面积6.00 hm^2。仅在11～12月监测到腐皮综合征，发病率和死亡率分别为4.44%和0.03%，与2019年基本相同。

三、2020年主要病害流行情况

1. *海水鱼病毒性神经坏死病*　2020年7月前福建省测报点未监测出海水鱼病毒性神经坏死病，8月开始检测到阳性样品，阳性率为24%，该病主要感染石斑鱼苗，特别是长度5 cm以下的小规格苗种，通过侵染幼苗的神经系统达到高致死率。

2. 大黄鱼内脏白点病　发病期为11月至翌年5月，3～4月为发病高峰期，发病水温12～22℃，但2020年10月仍有少量监测到。该病病原为变形假单胞菌（*Pseudomonas plecoglossicida*），主要危害50～150 g大黄鱼鱼种，解剖可见脾脏、肾脏出现黄白色结节。在流行季节前预防给药或流行期间隔半个月各预防给药一次的鱼体发病率较低。因此，2020年总体发病情况较2019年有所减轻。

3. 大黄鱼刺激隐核虫病　该病2020年较2019年早发生，4月下旬在福鼎八尺门、霞浦浒屿沃等湾底的部分网箱养殖鱼体监测到。流行于5～8月，阳性检出率18.5%，发生于养殖水温22～27℃期间，随着水温升高，病情呈越严重趋势，且更易使小规格鱼苗发病，一旦水温上升至28℃以上，该病会自然缓解。养殖密度高、水位偏低网箱发病率明显升高。2020年总体发病率和死亡率都比2019年有所下降。

4. 对虾肝肠胞虫病　6～7月监测到该病，阳性样品检出率为18%，检出阳性样品的监测点均未发生明显的暴发大量死亡现象，但养殖对虾生长速度相对缓慢。

5. 春季草鱼暴发性死亡　该病是这两年全国草鱼主养区域都出现的现象。年初因新冠疫情影响，存塘量较大，3月中旬在新罗万安和白沙两个库区监测点混养的草鱼，出现表皮充血、烂鳃、蛀鳍、体表溃疡、鱼体腹部和鳍条基部出血等症状，严重的日死亡率达1%。

6. 紫菜烂菜现象　测报点外，霞浦县紫菜主要养殖区9月底发生烂菜现象，面积约1 333.33 hm^2，直接经济损失约1亿元。本次发病不同区域程度差异大，同一片养殖海区，外海区病情好于靠岸区。发生本次烂菜的原因为：一是气候影响，恰逢阴雨、少风、闷湿天气，造成紫菜干露不充分；二是水质影响，近两年未受台风影响，海区底部大量有机物及有害物质沉积对水质构成一定影响；三是采苗密度过高，造成附着不牢固，容易出现脱苗。

四、2021年病害流行预测与对策建议

1. 流行预测　根据往年的监测结果，结合福建省水产养殖的特点，预测2021年病害流行趋势与往年大致相同，淡水养殖鱼类仍可能以常规病害为主。其中，鳗鲡脱黏败血症、草鱼出血病、细菌性败血病、肠炎病、柱状黄杆菌病、指环虫病、车轮虫病、小瓜虫病等的危害可能较大；2019年和2020年春季全国大部分草鱼主养区域出现了暴发性死亡现象，2021年要重点做好春季淡水鱼类细菌性暴发病的预防措施；海水养殖鱼类仍以病毒性神经坏死病、虹彩病毒病、内脏白点病、白鳃症、刺激隐核虫病和盾纤毛虫病为主；近几年刺激隐核虫病虽未呈大面积暴发死亡，但高温季节仍要做好大黄鱼刺激隐核虫病的预防措施；对虾虹彩病毒病、虾肝肠胞虫病、白斑综合征、偷死野田村病毒病、急性肝胰腺坏死病等是近年养殖虾类危害较严重的病害，需做好相应防范措施；坛紫菜需警惕白露期间采苗后，水温回升出现的烂苗、烂菜现象。

2. 对策建议　养殖生产过程中，要坚持“预防为主、防治结合、防重于治”的原则，可通过优化养殖环境、多选用国家颁布并已经选育的优良新品种的苗种、加强养殖动物免疫力等来预防各类病害的发生。注意天气变化，特别是在特殊、恶劣天气期间，做好水质调控，使用优质饲料、免疫多糖等进行疾病预防，提前做好防范措施。一旦发生病害，要找准病因，对症下药，不要盲目用药和滥用药，同时充分利用“鱼病远诊网”等科技平台，实现病害防治信息化、安全用药规范化，不断提高病害防控技术水平。

2020年江西省水生动物病情分析

江西省水产技术推广站（江西省水生动物疫病监控中心）

（田飞焱　孟　霞　徐节华　胡火根）

一、基本情况

（一）重要、新发水生动物疫病专项监测

2020年江西省组织开展了鲤春病毒血症、锦鲤疱疹病毒病、鲤浮肿病、鲫造血器官坏死病、草鱼出血病、白斑综合征、传染性皮下和造血组织坏死病、虾虹彩病毒病、急性肝胰腺坏死病、草鱼食源性（鱼源性）寄生虫等9种重要、新发水生动物疫病病原及食源性寄生虫的专项监测，共计监测180批样品（表1）。

表1　2020年江西省重要、新发水生动物疫病监测情况

序号	监测疫病	监测批次（批次）	采样品种
1	鲤春病毒血症	20	鲤、锦鲤
2	锦鲤疱疹病毒病	15	
3	鲤浮肿病	15	
4	鲫造血器官坏死病	35	鲫
5	草鱼出血病	45	草鱼、青鱼
6	白斑综合征	10	小龙虾、青虾
7	传染性皮下和造血组织坏死病	10	
8	虾虹彩病毒病	15	
9	急性肝胰腺坏死病	15	

（二）常规水生动物疾病病情测报

2020年，利用全省30个县级防疫站建设项目，每个县设3～4个监测点，涵盖全省国家级良种场和省级良种场等先进企业团队，组成水生动物病情测报队伍，对草鱼、鲢、鳙、鲫、鮰、鲤、白鲳、鳊、鳗鲡、黄颡鱼、倒刺鲃、罗非鱼、鳜、泥鳅、黄鳝、中华鳖、河蚌、中华绒螯蟹等18个品种开展了水产养殖病情测报工作，共设置93个监测点，测报面积合计4 665.323 7 hm^2（表2）。测报方式采用全国水产技术推广总站研发的“病情测报系统”软件进行实时上报，其中1月至3月为一个监测月度，4月至10月期间，每个月为一个监测月度。

表 2　全省水产养殖病害监测种类、面积分类汇总

	监测种类数量（种）					监测面积（hm^2）			
	鱼类	虾类	蟹类	贝类	其他类	淡水池塘	淡水网箱，淡水网栏	淡水工厂化	淡水其他
	13	1	1	1	1	2 393.620 6	1.568 6	28.466 7	2 241.667 8
合计	17					4 665.323 7			

注：监测水产养殖种类合计数不是监测种类的直接合计数，而是剔除相同种类后的数量。

二、监测结果与分析

根据病害监测的发病死亡率情况，以及江西省的水产养殖产量和2020年江西省水产品零售价格行情的不完全统计、估算，不将防治病害所用的药物费用计算在内，2020年全省水产养殖因疾病造成的直接经济损失（估算）为6.42亿元，与2019年（6.26亿元）相比大致相当。

（一）重要、新发水生动物疫病疫情监测风险分析

1. 鲤春病毒血症（SVC）　2020年共监测20个批次SVC样品，品种包括锦鲤、鲤，经检测结果均为阴性。2005—2020年间，全省的鲤科鱼类养殖场共采集616份样品（图1）监测鲤春病毒血症病毒（SVCV），持续16年的SVCV感染流行病学研究共发现了23个鲤春病毒血症病毒（SVCV）分离株，均属于SVCV Ⅰa亚型，阳性检出率为3.73%，在锦鲤、鲤、草鱼、鲫中均检出SVCV，但近四年均未有检出，在特殊条件下（气候、养殖环境等），SVCV中国株存在引起一定规模疫情的可能性，需要加强生物安保意识的宣传，提高渔民在养殖环节中对染疫对象的生物无害化处理意识，筑牢生物安全屏障。

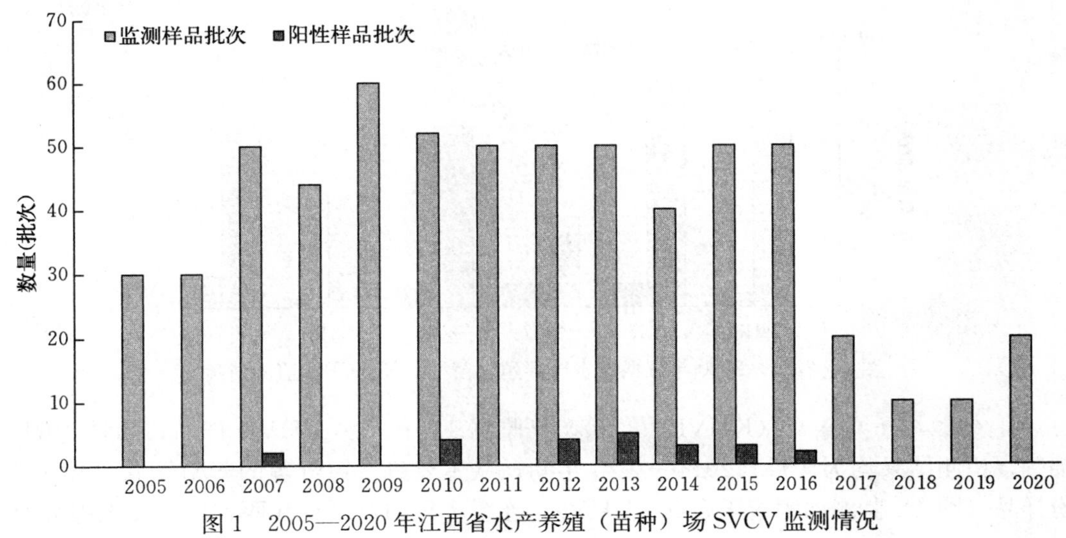

图1　2005—2020年江西省水产养殖（苗种）场SVCV监测情况

2. 白斑综合征（WSD） 2020 年监测 10 个批次 WSD 样品，品种均为克氏原螯虾，检出阳性 8 例，阳性率为 80%。2017—2020 年间，共采集 50 份样品（图 2）监测白斑综合征病毒（WSSV），连续 4 年的监测均有阳性样品检出，阳性样品 25 批次，平均样品阳性率 50%。监测结果显示江西省区域内克氏原螯虾 WSSV 带毒率逐年升高，说明近些年 WSSV 在克氏原螯虾中存在扩散传播，这给该疫病的防控带来了较大难度。

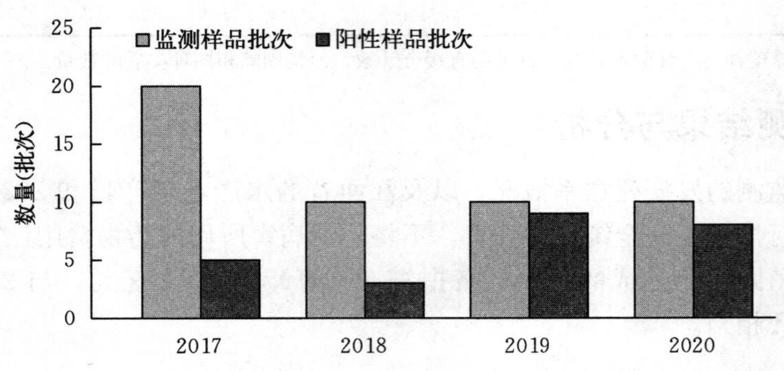

图 2 2017—2020 年江西省虾场 WSSV 监测情况

3. 草鱼出血病（GCHD） 2020 年共监测 45 个批次草鱼出血病草鱼样品，品种均为草鱼，共检出阳性样本 7 例，带毒率为 15.6%。2015—2020 年间，从江西省主要草鱼、青鱼等的养殖场共采集 230 份样品（图 3）监测草鱼呼肠孤病毒（GCRV），连续 6 年均有阳性样品检出，阳性样品 24 批次，平均样品阳性率 10.4%，阳性养殖场类型有省级原良种场、苗种场、成鱼养殖场、观赏鱼养殖场，表明养殖的部分草鱼包括一些苗种场提供的草鱼苗种携带有草鱼呼肠孤病毒（GCRV）。苗种检疫和疫苗接种是预防草鱼出血病的有限措施，在做好苗种检疫的同时对引进的苗种及时做好疫苗接种，才能将草鱼出血病的发病风险降至最低。

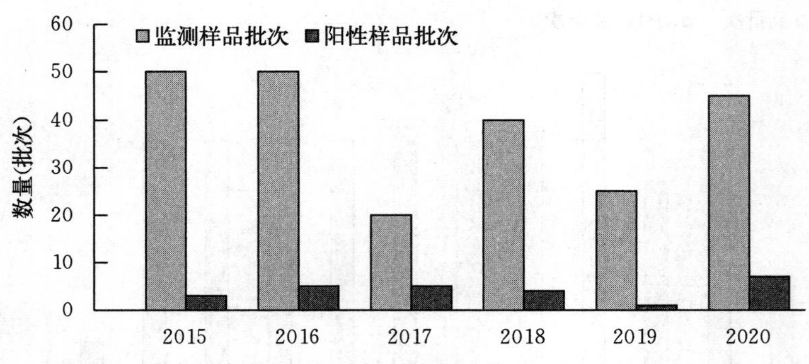

图 3 2015—2020 年江西省水产养殖（苗种）场 GCRV 监测情况

4. 锦鲤疱疹病毒病（KHVD） 2020 年监测 15 个批次 KHVD 样品，品种为鲤、锦鲤，检测结果均为阴性。2014—2020 年间，从主要鲤、锦鲤等的养殖场共采集 125 份样品（图 4）监测锦鲤疱疹病毒（KHV），连续 7 年的监测在江西省均未发现锦鲤疱

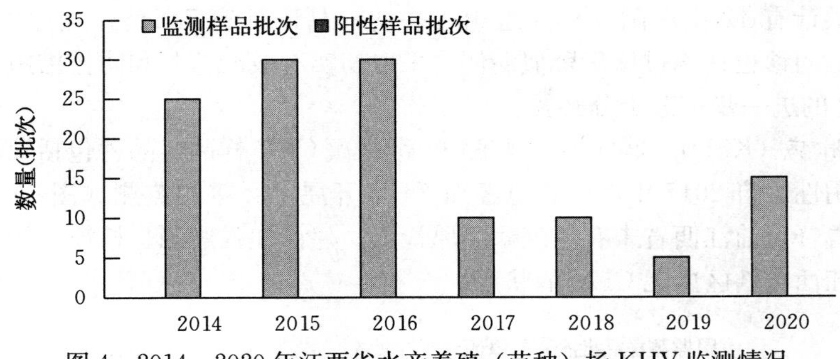

图4 2014—2020年江西省水产养殖（苗种）场KHV监测情况

疹病毒病的病原。从监测情况来看，江西省辖区内处于KHVD无疫状态，近期内江西省出现该病疫情的可能性不大，但鉴于锦鲤疱疹病毒存在潜伏感染的特点，尤其应注意的是跨境引种时病原的传入，严格执行苗种引种时的检疫制度。

5. *传染性皮下和造血组织坏死病* 2020年监测10个批次传染性皮下和造血组织坏死病监测样品，结果均为阴性。2019—2020年在江西省共采集20份样品监测传染性皮下和造血组织坏死病毒（IHHNV），共检出3例阳性，阳性率15%。IHHNV的易感宿主主要是对虾，包括细角滨对虾、凡纳滨对虾和斑节对虾等，而对于克氏原螯虾，在OIE水生动物疾病诊断手册（2017版）的易感宿主和证据不充分的易感宿主中均未提及，IHHNV是否引起克氏原螯虾致病的情况还有待进一步观察（图5）。

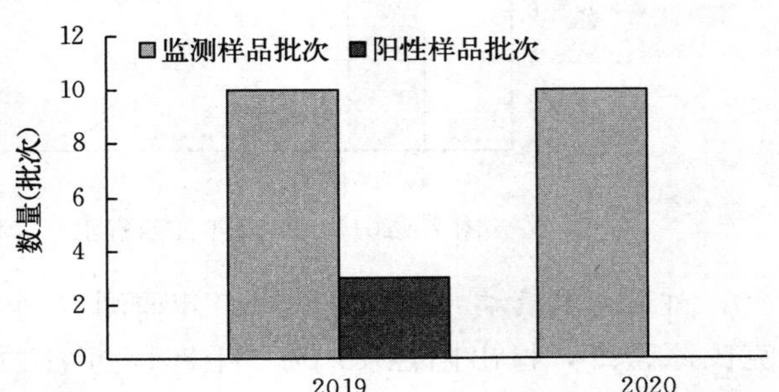

图5 2019—2020年江西省水产养殖（苗种）场IHHNV监测情况

6. *鲫造血器官坏死病*（CCHND） 2020年共监测35个批次CCHND样品，监测对象主要是鲫，检出阳性5例，阳性率为14.3%。2015—2020年间，从主要鲫、观赏金鱼等的养殖场共采集165份样品（图6）监测鲤疱疹病毒2型（CyHV-2），连续6

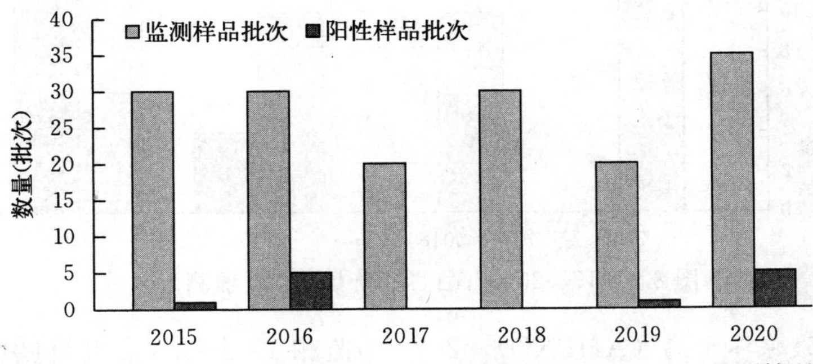

图6 2015—2020年江西省水产养殖（苗种）场CyHV-2监测情况

年的监测，共计有 12 批次阳性样品检出，平均样品阳性率 7.27%。根据疫病专项监测，一些鱼病门诊也接诊过该病疑似病例，采取切实有效的监测和防控措施控制该病病原 CyHV-2 的进一步扩散十分必要。

7. 鲤浮肿病（KSD） 2020 年共监测 15 个批次 CEV 样品，品种包括锦鲤、鲤，检测结果均为阴性。自 2017 年江西省已经对 CEV 开展了 4 年的监测（图 7），就近四年监测结果来看，目前江西省未有该疫病病原检出，建议加强监测、检疫，严格控制苗种来源，确保江西省辖区内无 CEV 的状态。

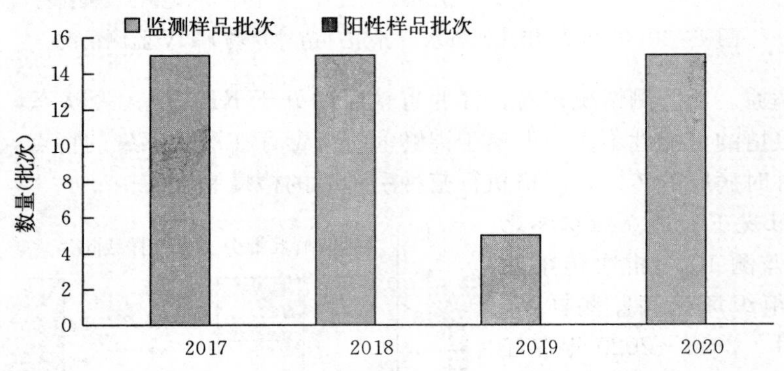

图 7 2017—2020 年江西省水产养殖场 CEV 监测情况

8. 虾虹彩病毒病（SHID） 2020 年监测 15 个批次虾虹彩病毒病监测样品，品种均为克氏原螯虾，检出阳性 15 例。自 2017 年江西省已经对 DIV1 开展了 4 年的监测（图 8），2019、2020 年均有较高的阳性检出，但克氏原螯虾养殖场均未有因该病原引起发病情况的报告，该病原的携带情况也有待持续的监测研究。近些年全国的监测情况显示检出的阳性省份逐步增多，提示有必要进一步确立和实施该病的应对措施，阻止该病病原的扩散和传播。甲壳类不具备特异性免疫及免疫记忆能力，加强产业中生物安保体系建设是甲壳类病害防控的核心。

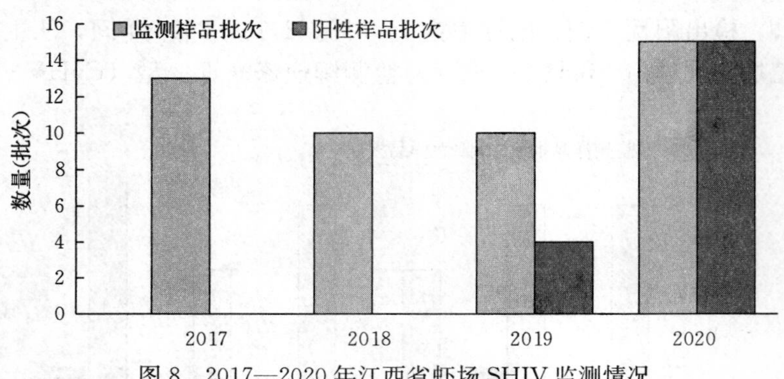

图 8 2017—2020 年江西省虾场 SHIV 监测情况

9. 急性肝胰腺坏死病（AHPND） 2020 年监测 15 个批次急性肝胰腺坏死病监测样品，品种均为克氏原螯虾，均未有检出。急性肝胰腺坏死病是近年来出现的一种新型疾病，它已导致亚洲和南美许多国家的对虾大面积死亡，该病是近年来影响对虾养殖最为严重的疾病之一。2020 年江西省是首次开展虾类急性肝胰腺坏死病病原监测工作，从当前监测情况来看，江西省养殖地区克氏原螯虾还未携带该病病原。目前有关该病病原生活史的报道并不多，其繁殖、感染及传播的情况并未完成查明，克氏原螯虾是否是该病原的易感宿主有必要进一步确认。

（二）常规水生动物疾病发生情况分析

2020 年，江西全省水产养殖测报区共测报病害 31 种，其中鱼类病害 22 种、虾类 3 种、蟹类疾病 1 种、贝类疾病 2 种，其他类（鳖）疾病 3 种（表 3）。从图 9 中可以看出细菌性疾病占主要地位，占 50.87%；其次是寄生虫类疾病，占 28.92%。由于江西省是养殖品种以鱼类为主，其中鱼类细菌性疾病种又以淡水鱼细菌性败血症、细菌性肠炎病、烂鳃病为主，分别占鱼类疾病的 12.31%、10.38%、9.62%。监测结果表明引起水产养殖动物发病的原因较多、病因复杂。细菌性疾病依然是引起养殖鱼类发病死亡的主要病因，其次是寄生虫疾病和真菌性疾病，其他（病毒性等）疾病危害也在增大，感染发病病例增多。

表 3　全省监测到的水产养殖病害汇总

类　别		病　　名	数量（种）
鱼类	病毒性疾病	草鱼出血病	1
	细菌性疾病	淡水鱼细菌性败血症、烂鳃病、赤皮病、细菌性肠炎病、烂尾病、柱状黄杆菌病（细菌性烂鳃病）、溃疡病、鳗鲡红点病	8
	真菌性疾病	水霉病	1
	寄生虫性疾病	小瓜虫病、指环虫病、车轮虫病、固着类纤毛虫病，锚头鳋病、鱼虱病、头槽绦虫病、卵鞭虫病（卵甲藻病）、黏孢子虫病	9
	非病原性疾病	缺氧症、脂肪肝	2
	其他	不明病因疾病	1
虾类	细菌性疾病	烂鳃病、肠炎病	2
	寄生虫性疾病	固着类纤毛虫病	1
蟹类	非病原性疾病	缺氧	1
贝类	细菌性疾病	三角帆蚌气单胞菌病	1
	其他	不明病因疾病	1
其他类	细菌性疾病	鳖白眼病、鳖穿孔病、鳖溃烂病	3
		合计	31

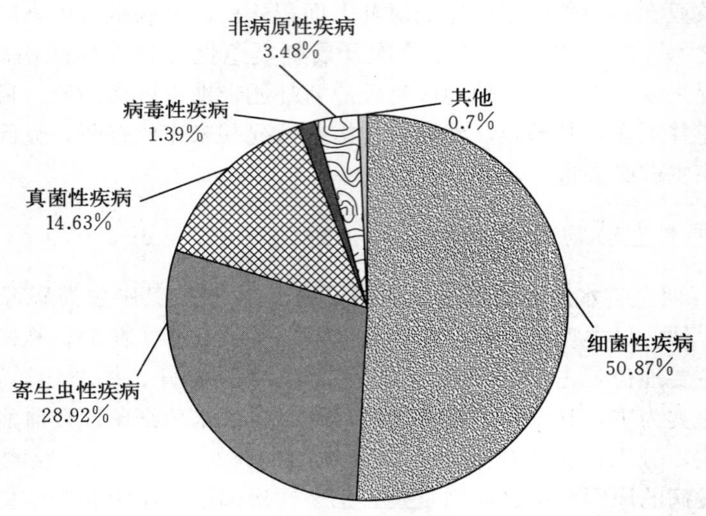

图 9　2020 年监测到的疾病种类比例

（三）2020 江西省水生动物病害发生特点分析

根据 2020 年江西省重大新发水生动物疫病专项监测、常规水产养殖动物疾病病情测报情况，全省水产养殖病害流行特点有：近年来，影响江西省水产养殖业较大的水生动物疫病有草鱼出血病、细菌性败血症、鲫造血器官坏死病、白斑综合征、孢子虫病等，病原以生物源性疾病为主，江西省渔业每年因病害造成的经济损失高达数亿元以上，病害损失大。病害监测显示一些疫病的病原阳性检出率较高，一些重点苗种场也有不同程度重大疫病病原阳性检出，苗种流通性大，病原扩散传播的风险大。病害的流行情况与气温的变化密切相关。2020 年受厄尔尼诺与拉尼娜事件影响，年内江西省天气气候显著异常，气温偏高，同时强寒潮、倒春寒、寒露风等阶段性低温事件频发；罕见大暴雨导致鄱阳湖流域发生超历史大洪水，气候对渔业产生影响，气温偏高起伏大、阴雨寡照等气候易引发病原生物大量繁殖；局地性强降水、雷雨大风与水质变化、鱼类的应激等密切相关。众多因素导致老病难根除，新病不断增加、综合性的并发症多、病毒性疾病引起的死亡率高、区域流行的疫病基因型不明等。疫病传播流行给水产养殖带来巨大压力，是制约水产养殖绿色发展的重要因素之一。

三、2021 年江西省水产养殖病害发病趋势预测

根据历年的监测结果，结合江西省水产养殖特点，预测 2021 年可能发生、流行的水产养殖病害：鱼类易患春季细菌性败血症、烂鳃病、赤皮病、肠炎病、水霉病、草鱼出血病、鲫造血器官坏死病、指环虫病、小瓜虫病，车轮虫病、锚头鳋病等，同时注意防止细菌、寄生虫等多种病原混合感染；虾类中克氏原螯虾是全省养殖面积较大的品种，易患白斑综合征、固着类纤毛虫病、肠炎病、蜕壳不遂等病（症）；蟹类易患腹水病、烂鳃病、肝胰腺坏死病等；鳖类易发腐皮病、疖疮病、穿孔病等；贝类易发车轮虫

病、水霉病、钩介幼虫病等。2020年重大疫病专项监测克氏原螯虾、草鱼、鲫等相关疫病病原检出率较高，2021年需重点防范。

对策建议：水产养殖因疾病病原的传播扩散、养殖密度的增加、水质的恶化、种质退化等原因，导致不同程度的病害发生。采取苗种检疫和疫苗免疫的方式，把疾病扼杀在源头，是预防、控制、减少病害发生和传播的有效措施之一；针对鱼体上的常见寄生虫和从患病鱼体中分离的致病菌，利用药物敏感性试验的方法，精选高效药物，避免多次、大量使用各种药物，做到减量用药、精准治疗；彻底清塘，也是预防一些鱼类寄生虫病的有效措施之一；在投饵方面选择优质饲料，合理投喂，适当添加维生素、免疫多糖等增加免疫能力，避免饵料过量投喂；做好水质管理，注意过剩饲料处理，防止水质恶化。充分利用产学研推结合的研究平台，进一步加强对水产动物病害的基础研究，努力掌握水产动物病害的发生动态流行规律，推广有效可行的疾病防控技术，控制水产动物病害的发生；及时发布病害预测预警信息，为水产生产提供科学参考，有效降低病害损失。

2020 年山东省水生动物病情分析

山东省渔业技术推广站

（倪乐海　徐　涛　赵厚钧）

2020 年共组织全省 16 地市渔业重点养殖区域的 488 处监测点（其中青岛 37 处）对全省 39 个优势养殖品种进行了动态监测报告。现将 2020 年全省水产养殖病情测报情况总结分析如下：

一、总体情况

测报品种：共六大类 39 个品种，其中有鱼类 23 种、甲壳类 6 种、贝类 6 种、藻类 2 种、爬行类 1 种、棘皮动物 1 种（表 1）。

表 1　2020 年水产养殖病害监测品种情况

类别	品　　种	数量（种）
鱼类	青鱼、草鱼、鲢、鳙、鲤、鲫、泥鳅、鲇、鳜、淡水鲈、乌鳢、罗非鱼、鲟、红鲌、白斑狗鱼、海水鲈、大菱鲆、牙鲆、鲽、半滑舌鳎、河鲀、鲷、许氏平鲉	23
甲壳类	凡纳滨对虾、日本囊对虾、中国明对虾、克氏原螯虾、中华绒螯蟹、梭子蟹	6
贝类	扇贝、牡蛎、蛤、鲍、螺、蛏	6
藻类	海带、江蓠	2
爬行类	中华鳖	1
棘皮动物	刺参	1

测报规模：测报总面积 4.15 万 hm^2，占全省水产养殖总面积的 5.5%。测报区域的养殖模式涉及池塘、工厂化、网箱、海上筏式、底播、滩涂等多种模式。

测报数据显示，草鱼、鲤、鲢、鳙、乌鳢、罗非鱼、鲟、淡水鲈、白斑狗鱼、大菱鲆、牙鲆、半滑舌鳎、凡纳滨对虾、日本囊对虾、克氏原螯虾、中华绒螯蟹、梭子蟹 17 个测报品种监测到有病害发生，其余 22 个测报品种未监测到病害。

全年共监测到 26 种病害，其中有细菌性疾病 14 种、寄生虫疾病 5 种、病毒性疾病 1 种、真菌性疾病 2 种、不明病因疾病 2 种、非病原性疾病 2 种（表 2）。

表2　2020年水产养殖病害种类、疾病属性综合分析（种）

类　别		鱼类	甲壳类	合计
疾病性质	细菌性疾病	8	6	14
	病毒性疾病		1	1
	寄生虫疾病	5		5
	真菌性疾病	2		2
	不明病因疾病	1	1	2
	非病原性疾病	1	1	2
合计		17	9	26

如图1所示，细菌性疾病（占比63.19％）仍是山东省2020年水产养殖发生最多的病害类型；不明病因疾病发生概率较高（占13.89％），需要进一步研究确定其致病原因；非病原性病害占比8.33％；真菌性疾病发病比例占7.64％；寄生虫疾病发病比例占比5.56％。

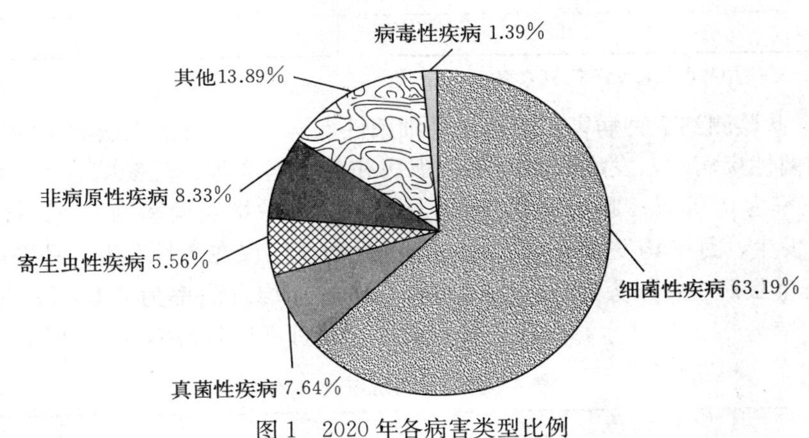

图1　2020年各病害类型比例

二、监测结果与分析

（一）各品种监测结果

1. 草鱼　2020年草鱼共监测到11种病害（表3），包括6种细菌性疾病、2种寄生虫病、1种真菌性疾病、1种非病原性病害和1种不明病因疾病。其中，烂鳃病、赤皮病、肠炎病和细菌性败血症4种疾病发病持续时间较长，是草鱼细菌性疾病中的主要病害。烂鳃病在5～10月均有发生，月平均发病率为0.37％；赤皮病在5月、7～10月均有发生，月平均发病率为0.08％；肠炎病在6～8月发生，月平均发病率为0.51％；细菌性败血症的月平均发病率为0.33％；疖疮病和打印病仅在4月发生。寄生虫病中，中华鳋病和指环虫病的月平均发病率分别为0.19％和0.03％。真菌性疾病中，水霉病在 4～5 月发生，月平均发病率为 0.28%。草鱼在 7 月发生肝胆综合征 1 种非病原性病害，月平均发病率为 0.09%；在 9 月发生 1 种不明病因疾病，月平均发病率为 0.39%。

表 3　草鱼 2020 年病害情况统计（%）

病害	4月	5月	6月	7月	8月	9月	10月	月平均
烂鳃病		0.57/0.48	0.09/0.26	0.77/1.71	0.14/6	0.52/6.46	0.13/8.78	0.37/3.95
赤皮病		0.05/0.11		0.06/4.18	0.03/1.25	0.16/6.52	0.08/0.18	0.08/2.45
肠炎病			0.84/0.37	0.48/0.52	0.21/1.27			0.51/0.72
细菌性败血症			0.5/0.31		0.47/19.44	0.03/0.12		0.33/6.62
疖疮病	0.05/3.33							0.05/3.33
打印病	0.003/0.46							0.003/0.46
指环虫病					0.03/1.68			0.03/1.68
中华鳋病			0.19/0					0.19/0
水霉病	0.24/0.13	0.31/6						0.28/3.07
肝胆综合征				0.09/0.13				0.09/0.13
不明病因疾病						0.39/0.47		0.39/0.47

注：表 3～表 13 中数据代表发病率/死亡率。

2. 鲤　共监测到 7 种病害，包括 4 种细菌性疾病、2 种寄生虫病和 1 种真菌性疾病（表 4）。细菌性疾病中，发病较多的是烂鳃病和肠炎病 2 种，烂鳃病在 8～10 月发生，月平均发病率为 0.05%；肠炎病在 6～8 月发生，月平均发病率为 0.03%；赤皮病在 4 月和 8 月发生，月平均发病率 0.02%；细菌性败血症仅在 7 月发生，月平均发病率为 0.08%。寄生虫病中，锚头鳋病发生相对较多，月平均发病率为 0.08%；指环虫病的月平均发病率为 0.02%。水霉病仅在 5 月发生，其月平均发病率为 0.08%。

表 4　鲤病害情况统计（%）

病害	4月	5月	6月	7月	8月	9月	10月	月平均
细菌性败血症				0.08/22.1				0.08/22.1
赤皮病	0.02/20				0.02/0.5			0.02/10.3
肠炎病			0.04/20	0.02/0.5	0.02/16.7			0.03/12.4
烂鳃病					0.08/9.17	0.05/16.7	0.03/2.08	0.05/9.32
指环虫病					0.02/1.18			0.02/1.18
锚头鳋病		0.08/0		0.08/0.18				0.08/0.09
水霉病		0.08/0.16						0.08/0.16

3. 鲢　鲢发生细菌性败血症、水霉病和不明病因疾病 3 种病害（表 5）。细菌性败血症发生较多，在 6 月、7 月和 9 月均有发生，月平均发病率和发病区内平均死亡率分别为 0.7%和 2.4%；水霉病和不明病因疾病的月平均发病率分别为 0.11%和 0.95%。

表5　鲢病害情况统计（%）

病害	5月	6月	7月	8月	9月	月平均
细菌性败血症		0.52/0.2	1.36/6.21		0.22/0.78	0.7/2.4
水霉病	0.11/1.67					0.11/1.67
不明病因疾病					0.95/3.83	0.95/3.83

4. 鳙　监测到细菌性败血症1种病害，仅在7月发生，月平均发病率和发病区内死亡率分别为0.35%和13.2%。

5. 乌鳢　监测到诺卡菌病1种病害（表6），在4月和6月发生，月平均发病率和发病区内死亡率分别为21.2%和0.62%。

表6　乌鳢病害情况统计（%）

病害	4月	5月	6月	月平均
诺卡氏菌病	0.02/1.06		42.3/0.17	21.2/0.62

6. 罗非鱼　仅在6月监测到水霉病1种病害，其月平均发病率和发病区内平均死亡率分别为0.44%和0.14%。

7. 鲟　监测到肠炎病和不明病因疾病2种病害（表7）。肠炎病在6、8、9月均有发生，月平均发病率和发病区内平均死亡率分别0.22%和10.6%；不明病因疾病在8～9月均有发生，其月平均发病率为3.73%。

表7　鲟病害情况统计（%）

病害	6月	7月	8月	9月	月平均
肠炎病	0.22/13.3		0.22/5.83	0.22/12.5	0.22/10.6
不明病因疾病			5.84/50	1.61/6.67	3.73/28.3

8. 淡水鲈　监测到烂鳃病、溃疡病和指环虫病3种病害（表8），其月平均发病率分别为12.95%、3.7%和7.41%。

表8　淡水鲈病害情况统计（%）

	6月	7月	8月	9月	10月	月平均
烂鳃病			11.1/1.33		14.8/5.71	12.95/3.52
溃疡病	3.7/0.83					3.7/0.83
指环虫病				7.41/10.6		7.41/10.6

9. 白斑狗鱼　监测到烂鳃病、溃疡病、鳃霉病、车轮虫病和不明病因疾病5种病害（表9），5种病害集中在8～10月发生，其月平均发病率分别为10.2%、5.08%、0.68%、2.31%和18.6%。

表 9　白斑狗鱼病害情况统计（%）

	8月	9月	10月	月平均
烂鳃病	10.2/6.67			10.2/6.67
溃疡病		5.08/28.7		5.08/28.7
鳃霉病			0.68/10.5	0.68/10.5
车轮虫病		2.31/69		2.31/69
不明病因疾病	30.5/15.3	6.78/12		18.6/13.7

10. 大菱鲆　发生烂鳃病和弧菌病 2 种细菌性疾病（表 10）。烂鳃病仅在 5 月发生，月平均发病率和发病区内死亡率分别为 0.05%和 20%；弧菌病仅在 10 月发生，月平均发病率和发病区内死亡率分别为 0.13%和 0.56%。

表 10　大菱鲆病害情况统计（%）

	5月	10月	月平均
烂鳃病	0.05/20		0.05/20
弧菌病		0.13/0.56	0.13/0.56

11. 牙鲆　监测到刺激隐核虫病 1 种病害，仅在 4 月发生，其月平均发病率为 0.38%，未造成死亡。

12. 半滑舌鳎　发生肠炎病 1 种病害（表 11），在 7～9 月均有发生，其月平均发病率和发病区内死亡率分别为 5.44%和 10.4%。

表 11　半滑舌鳎病害情况统计（%）

	7月	8月	9月	月平均
肠炎病	6.8/2	6.8/14.3	2.72/15	5.44/10.4

13. 凡纳滨对虾　发生对虾肠道细菌病、坏死性肝胰腺炎、急性肝胰腺坏死病、白斑综合征与不明病因疾病 5 种病害（表 12）。急性肝胰腺坏死病在 7 月、8 月和 10 月都有发生，其月平均发病率和发病区内死亡率分别为 0.006%和 0.01%；在 7 月监测到有白斑综合征发生，其月平均发病率和发病区内死亡率分别为 0.23%和 13.3%；对虾肠道细菌病、坏死性肝胰腺炎及不明病因疾病月平均发病率分别为 0.003%、0.006%和 0.015%。

表 12　凡纳滨对虾病害情况统计（%）

	6月	7月	8月	9月	10月	月平均
对虾肠道细菌病	0.003/0.09					0.003/0.09
坏死性肝胰腺炎					0.006/0.01	0.006/0.01
急性肝胰腺坏死病		0.003/0.01	0.01/0.01		0.006/0.01	0.006/0.01
白斑综合征		0.23/13.3				0.23/13.3
不明病因疾病			0.015/0			0.015/0

14. 日本囊对虾　在7月监测到1种不明病因疾病，其月平均发病率和发病区内死亡率分别为0.02%和100%。

15. 克氏原螯虾　发生烂鳃病、肠炎病、蜕壳不遂症与不明病因疾病4种病害（表13）。其中，蜕壳不遂症发生较多，在6月、7月和9月都有发生，其月平均发病率和发病区内死亡率分别为2.21%和10.1%；烂鳃病和肠炎病的月平均发病率分别为2.39%和1.17%；不明病因疾病月平均发病率和发病区内死亡率分别为0.75%和1.67%。

表13　克氏原螯虾病害情况统计（%）

	6月	7月	8月	9月	10月	月平均
烂鳃病			2.39/32.6			2.39/32.6
肠炎病	2.24/0.18		0.09/13.3			1.17/6.74
蜕壳不遂症	2.99/1	0.06/25		3.58/4.33		2.21/10.1
不明病因疾病					0.75/1.67	0.75/1.67

16. 中华绒螯蟹　在7月发生弧菌病1种疾病，其月平均发病率和发病区内死亡率分别为0.33%和0.17%。

17. 梭子蟹　在7月监测到1种不明病因疾病，其月平均发病率和发病区内死亡率分别为0.16%和40%。

（二）监测结果分析

4～10月，病害发生种类的数量整体呈先升后降的趋势（图2）。四、五月，月度病害发生种类数量相对较少；六至九月正值高温季节，月度病害发生种类数也相对较多，是养殖病害的高发期；十月仍有不少病害发生，之后随着气温、水温的下降，病害发生数量逐步减少。

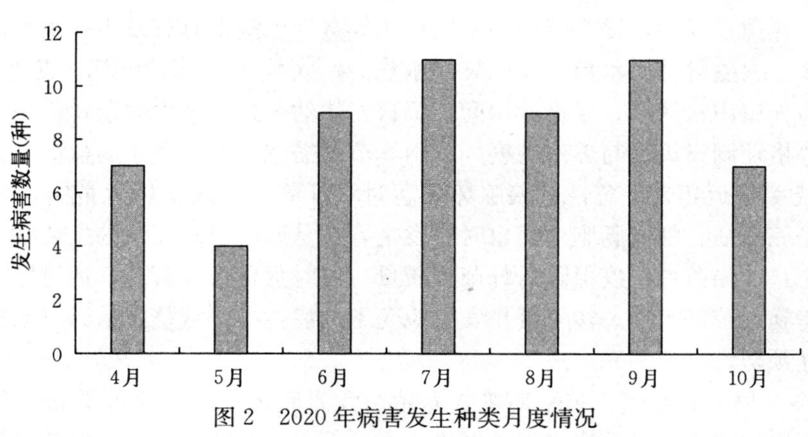

图2　2020年病害发生种类月度情况

2020 年鱼类的月平均发病率为 0.22%（表 14），较 2019 年（2.036%）降低；虾类的月平均发病率为 0.15%，较 2019 年（7.233%）降低；蟹类的月平均发病率为 0.25%，而 2019 年未监测到病害；贝类、藻类、海参和爬行类在 2020 年未监测到病害发生。

表 14　各养殖种类平均发病率与平均发病区死亡率情况（%）

		4 月	5 月	6 月	7 月	8 月	9 月	10 月	平均
鱼类	发病率	0.11	0.25	0.35	0.32	0.14	0.33	0.04	0.22
	死亡率	3.06	4.64	0.67	2.26	6.45	2.52	7.34	3.85
虾类	发病率			0.23	0.21	0.13	0.16	0.024	0.15
	死亡率			0.12	0.59	0.14	4.33	0.008	1.04
蟹类	发病率				0.25				0.25
	死亡率				20.5				20.5

2020 年对淡水鱼类危害较大的是烂鳃病、肠炎病、细菌性败血症等细菌性疾病，夏秋高温季节是淡水鱼类细菌性疾病的高发期；寄生虫病和真菌性疾病也时有发生。对于海水鱼类，肠炎病发生较多，在 7～9 月都有发生。

2020 年虾类养殖发生较多的主要病害是急性肝胰腺坏死病、蜕壳不遂症；凡纳滨对虾在 7 月、8 月和 10 月均监测到急性肝胰腺坏死病；克氏原螯虾在 6 月、7 月和 9 月均发生蜕壳不遂症；部分地区冬季工厂化养殖对虾发生突发性死亡，据调查检测，主要由偷死野田村病毒病等病毒性疾病造成。蟹类中的中华绒螯蟹在 7 月监测到弧菌病发生。

三、2021 年养殖病害发生趋势预测

1. 鱼类　威胁淡水鱼类养殖的主要病害是“草鱼三病”（赤皮病、烂鳃病和肠炎病）及细菌性败血症等细菌性疾病，发病持续时间较长，尤其是在 6～9 月高温季节是其高发期；养殖过程中，锚头鳋病、车轮虫病等寄生虫病也时有发生；水霉病在冬春季节发生较多。大菱鲆等海水鱼类易感染腹水病、肠炎病等细菌性疾病。防控此类病害，要注意保障养殖用水清洁，尽量使用配合饲料替代幼杂鱼，减少幼杂鱼使用量，保证饲料洁净，严格控制投饵量与养殖密度，多雨季节还需注意养殖用水的盐度变化。

2. 甲壳类　近年来，急性肝胰腺坏死病对对虾养殖造成了较大危害，要注意加强预防；白斑综合征、虾肝肠胞虫病也时有发生，也是威胁对虾养殖的主要病害。这些疾病以防为主，加强苗种检疫保障对虾苗种质量，同时强化生产管理，通过定期换水、适时增氧等措施调控好水质。梭子蟹易发生蜕壳不遂症，中华绒螯蟹易感染颤抖病，都需要提前做好预防。

3. 贝类　贝类养殖模式多采用筏式养殖、浅海底播等，因此贝类养殖易受苗种质量、海区环境和养殖密度等诸多因素影响。高温季节，养殖扇贝、牡蛎等可能会发生不

明病因病害。

4. 刺参　养殖刺参易受到腐皮综合征、弧菌病等病害威胁。近年来，夏季高温持续降雨灾害导致部分地区刺参养殖户损失惨重，因此刺参养殖户和企业要特别注意采取有效措施，做好刺参高温期安全度夏工作。

四、病害防控对策与建议

1. 全面推进水产苗种产地检疫制度　推进水产苗种产地检疫，可以从源头控制重大水生动物疫病传播，有效降低病害暴发概率和经济损失。各级畜牧兽医和渔业主管部门通过理顺水产苗种产地检疫工作机制，形成工作合力，依法开展渔业官方兽医资格确认工作，健全渔业官方兽医队伍，加强苗种检疫执法监督，保障水产苗种产地检疫制度落到实处。

2. 科学防控养殖病害　养殖单位在防控渔病时，应坚持“全面预防、科学治疗”。未发病时，通过采取清塘消毒、苗种检疫、水质底质调控、投饵管理等措施做好病害预防。发现病害后，建议及时联系当地渔业技术推广部门或病害防控机构，争取对应领域病害防控专家的专业技术指导，减少“病急乱投医”等盲目用药现象，规范使用国标渔药，增强渔病防治的科学性，有效降低养殖病害造成的经济损失。

3. 强化渔病远程辅助诊断　建议山东省各级渔业技术推广机构积极借助物联网等现代信息化技术，使用“全国水生动物疾病远程辅助诊断服务网”等平台，依托省渔病防委和线上专家队伍，合理配置水产病害防治专家资源，运用已建设的渔病医院和水生动物疫病防治站，开展渔病远程辅助诊断服务，及时有效解决水产养殖病害难题，提升全省水产养殖病害的防控能力和水平。

4. 推进水产养殖业绿色发展　建议各级渔业技术推广机构加大对适合本地区发展的水产养殖绿色养殖技术或模式的宣传推广力度，使广大养殖户或企业逐步树立水产养殖绿色发展理念。进一步推进水产绿色健康养殖“五大行动”实施，推广疫苗免疫、生态防控等措施，开展水产养殖用药减量行动，持续促进水产养殖用药减量，积极探索配合饲料替代幼杂鱼，稳步推动水产养殖尾水治理，加快推进养殖节水减排，促进水产养殖业向绿色发展转型升级。

2020年河南省水生动物病情分析

河南省水产技术推广站

（李旭东　赵黎明　尚胜男）

一、基本情况

2020年，河南省监测的品种有鱼类、虾蟹类和其他类3个养殖大类21个养殖品种（表1）。在18个地市64个县（区、市）设立了172个测报点，监测面积6 919 hm^2，其中淡水池塘5 412 hm^2。

表1　2020年河南省监测的养殖品种

类别	养殖品种	数量（种）
鱼类	青鱼、草鱼、鲢、鳙、鲤、鲫、鳊、鲫、鮰、鳟、鲟、泥鳅、黄颡鱼、锦鲤、金鱼	15
虾蟹类	克氏原螯虾、青虾、中华绒螯蟹	3
其他	龟、鳖、大鲵	3
合计		21

二、2020年河南省水生动物病情分析

2020年监测养殖品种21种，其中11种发生了不同程度的病害，整体流行趋势与2019年基本一致。全年上报月报汇总数据9期，以5月、6月和7月三个月为发病高峰期，病害种类较多，发病周期长。病源以生物源性疾病为主，在生物源性疾病中又以细菌性疾病和寄生虫疾病较严重。

（一）水产养殖病情监测总体情况

1. 监测面积　全省监测的养殖模式主要有淡水池塘、淡水网箱、淡水工厂化、淡水网栏和淡水其他，各养殖模式监测面积见表2，约占全省养殖面积的2.5%。

表2　各养殖模式的监测面积

养殖模式	面积（hm^2）
淡水池塘	5 412.5
淡水网箱	0.03
淡水工厂化	3
淡水网栏	533.5
淡水其他	970

2. 水产养殖发病种类　全省监测到水产养殖发病种类11种，其中鱼类10种、虾蟹类1种，见表3。

表3　水产养殖发病种类

种类	品　种	数量（种）
鱼类	草鱼、鲢、鳙、鲤、鲫、鳊、鲇、鮰、黄颡鱼、锦鲤	10
甲壳类	中华绒螯蟹（河蟹）	1
合计		11

3. 水产养殖病害种类　全年监测到的水产养殖病害种类有32种，其中病毒性疾病4种，细菌性疾病13种，真菌性疾病3种，寄生虫病7种，非病原性疾病4种，其他不明原因疾病1种，见表4。

表4　水产养殖病害种类

病害种类	名　　称	数量（种）
病毒病	草鱼出血病、鲤浮肿病、病毒性出血败血症、斑点叉尾鮰病毒病	4
细菌病	淡水鱼细菌性败血症、烂鳃病、赤皮病、细菌性肠炎病、柱状黄杆菌病（细菌性烂鳃病）、腹水病、打印病、烂尾病、竖鳞病、溃疡病、鮰类肠败血症、弧菌病、斑点叉尾鮰传染性套肠症	13
寄生虫病	小瓜虫病、三代虫病、指环虫病、车轮虫病、锚头鳋病、舌状绦虫病、固着类纤毛虫病	7
真菌病	流行性溃疡综合征、水霉病、鳃霉病	3
非病原性疾病	气泡病、缺氧症、肝胆综合征、蜕壳不遂症	4
其他	不明病因疾病	1
合计		32

4. 各养殖种类平均发病面积率　各养殖种类平均发病面积率为12.67%，最高的为鲇约49.99%，最低的为鳙0.24%，见表5。与2019年相比，鲫、鳊、鮰、黄颡鱼和锦鲤发病面积率上升外，其余品种呈下降趋势。

表5　各养殖种类平均发病率

养殖种类	草	鲢	鳙	鲤	鲫	鳊	鲇	鮰	黄颡鱼	中华绒螯蟹	锦鲤
总监测面积（hm^2）	1 750	3 164	3 008	1 795	1 067	43	0.67	544	147	58	13.7
总发病面积（hm^2）	100	48	7	83	16	11	0.33	190	5	2.1	1
平均发病面积率（%）	5.74	1.53	0.24	4.62	1.46	26.62	49.99	34.93	3.39	3.62	7.28

（二）主要养殖种类病情流行情况

1. 草鱼　草鱼监测到的病害主要有淡水鱼细菌性败血症等 18 种，其中三代虫病发病面积比例最高，肝胆综合征和草鱼出血病死亡率较高，9 月的发病面积比例最高为 0.22%，见图 1。

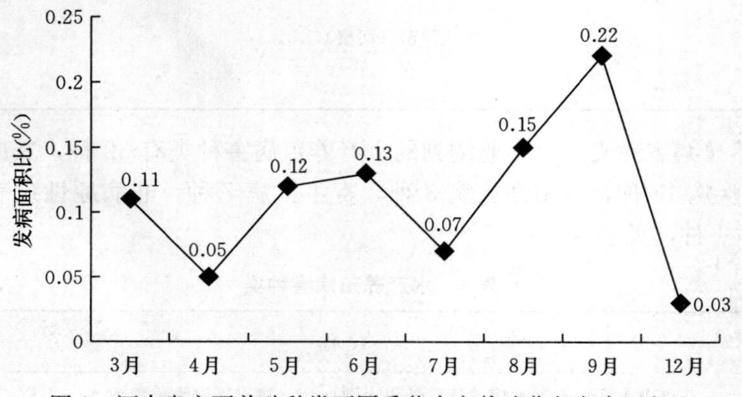

图 1　河南省主要养殖种类不同季节水产养殖草鱼发病面积比

2. 鲢、鳙　鲢、鳙监测到的病害主要有淡水鱼细菌性败血症等 12 种，其中细菌性肠炎和水霉病发病面积比例较高，溃疡病的死亡率最高，4 月的发病面积比例最高为 0.09%，见图 2。

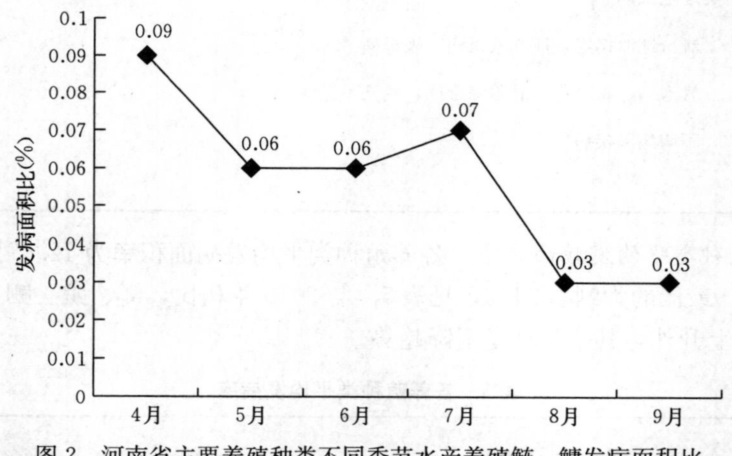

图 2　河南省主要养殖种类不同季节水产养殖鲢、鳙发病面积比

3. 鲤　鲤监测到的病害主要有鲤浮肿病和烂鳃病等 14 种，其中淡水鱼细菌性败血症发病面积比例较高，鲤浮肿病的死亡率最高，10 月的发病面积比例最高为 0.2%，见图 3。

4. 鮰　鮰监测到的病害主要有斑点叉尾鮰传染性套肠症等 13 种，其中斑点叉尾鮰传染性套肠症发病面积比例和死亡率均最高，10 月的发病面积比例最高为 3.68%，见图 4。

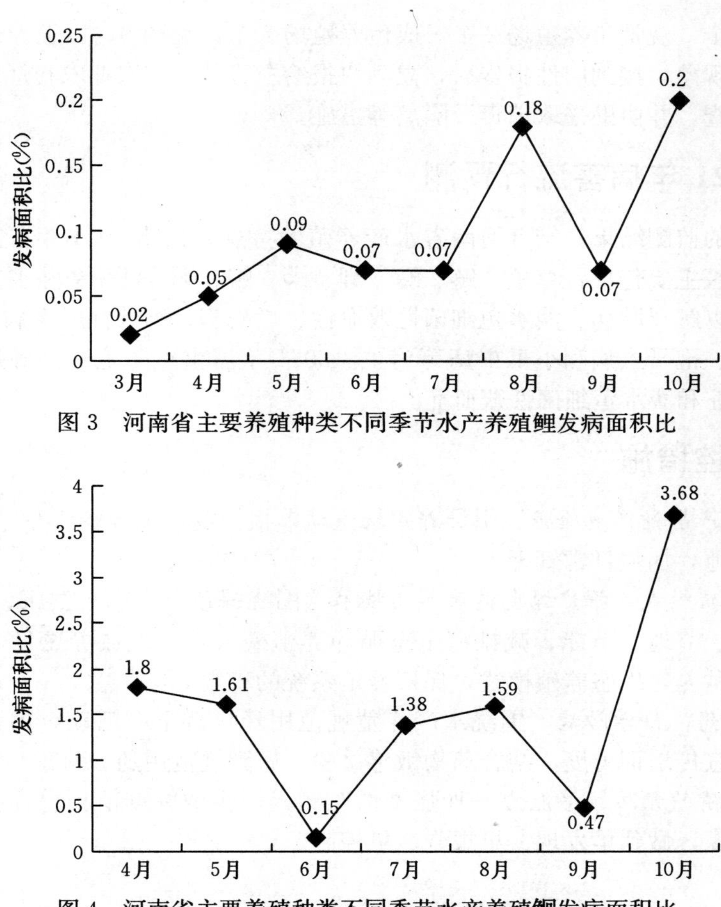

图 3　河南省主要养殖种类不同季节水产养殖鲤发病面积比

图 4　河南省主要养殖种类不同季节水产养殖鮰发病面积比

（三）重要水生动物疫病专项监测

全年共送检 69 个样品，经检测 5 个样品检出 CEV 阳性，阳性率 7.2%，见图 5。

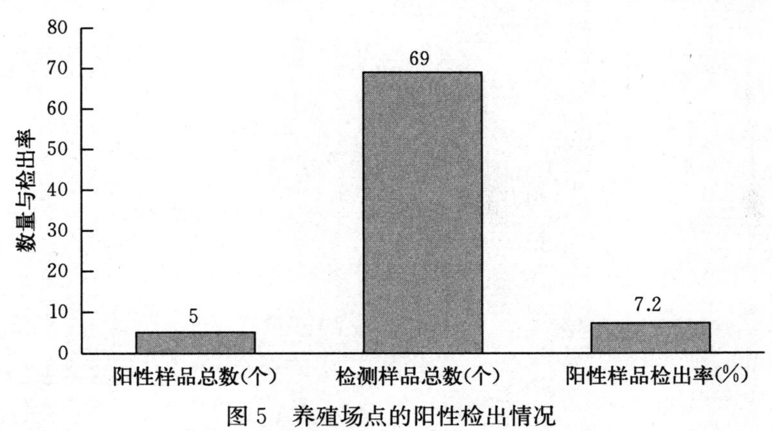

图 5　养殖场点的阳性检出情况

其中苗种场1个，观赏鱼养殖场2个，成鱼养殖场2个，见图5。以上养殖场点没有出现大规模死鱼现象，接到阳性报告后，立刻快报给主管部门省农业农村厅水产局，进行了流行病学调查，并协助采取消毒、隔离等措施。

三、2021 年病害流行预测

根据历年的监测结果，结合河南省水产养殖的特点，预测2021年可能发生、流行的水产养殖病害主要包括：草鱼、鲢、鳙、鲤、鲫、鳊和鮰等河南省主要养殖的大宗淡水鱼类仍可能以鲤浮肿病、淡水鱼细菌性败血症、烂鳃病、细菌性肠炎病、鮰类肠败血症、车轮虫病、孢子虫病和小瓜虫病等为主。2021年需重点防范鲤浮肿病、斑点叉尾鮰传染性套肠症和淡水鱼细菌性败血症。

四、防控措施

1. *加强水产苗种产地检疫* 引导养殖场主动申报检疫，加强购入种苗的检疫工作，建立苗种隔离池，加强日常管理。

2. *转变养殖模式，推广绿色健康养殖技术* 围绕绿色、生态、健康、高效的目标，积极发展节水、节地、节能、减排型生态循环养殖模式，减低放养密度，发展鱼菜共生、稻田综合种养等生态养殖模式，保持养殖系统的稳定。

3. *规范用药，科学防病* 围绕水产养殖规范用药科普下乡活动，加强《水产用药明白纸》等的宣传培训力度，结合药物敏感试验，做到规范用药、科学防病。

4. *提高病情的预防预警能力* 加强疫情监测，切实做好疫情预警预报。建立严格的疫情报告制度，做到早发现、早报告、早控制。

2020年湖北省水生动物病情分析

湖北省水产科学研究所　湖北省鱼类病害防治及预测预报中心

（卢伶俐　韩育章　张惠萍　温周瑞）

一、基本情况

（一）病害测报

根据湖北省养殖模式和养殖品种等特点及各养殖区域不同的养殖特色，2020年依托全省46个县（市）级水生动物疫病防治站共设立151个监测点，监测面积26 933.01 hm^2。监测养殖品种20个，全年共监测到12种养殖品种发病，详见表1。

表1　2020年监测到的水产养殖发病动物种类

类别		种　类	数量（种）
淡水	鱼类	草鱼、鲢、鳙、鲤、鲫、鳊、黄颡鱼、鳜、鲟	9
	虾类	克氏原螯虾（小龙虾）	1
	蟹类	中华绒螯蟹（河蟹）	1
	其他类	鳖	1
合计			12

（二）重大水生动物疫病专项监测

湖北省2020年全年承担鲤春病毒血症（SVC）、白斑综合征（WSD）、草鱼出血病（GCRV）、传染性皮下和造血器官坏死（IHHN）、鲫造血器官坏死（CyHV－2）、罗非鱼湖病毒病（TiLV）、鲤浮肿病（CEVD）等7种疫病155个样品的专项监测工作。样品全部送中国水产科学研究院长江水产研究所检测，详见表2。

表2　2020年水生动物疫病监测及完成情况

监测疫病	下达任务数	完成情况	阳性样品数
SVC	20	21	10
WSD	15	16	12
GCRV	40	40	10
IHHN	15	16	0

（续）

监测疫病	下达任务数	完成情况	阳性样品数
CyHV-2	30	30	1
TiLV	10	10	0
CEVD	25	25	0
合计	155	158	33

二、监测结果与分析

（一）病害测报监测结果

2020 年湖北全省测报区内，共监测到鱼类疾病 19 种、虾类疾病 8 种，蟹类疾病 1 种，其他类（鳖）疾病 5 种。其中，病毒性疾病占 2.43%，细菌性疾病占 67.72%，真菌性疾病占 6.53%，寄生虫病占 17.72%，非病原性疾病 4.85%，其他 0.75%。详见图 1 和表 3。

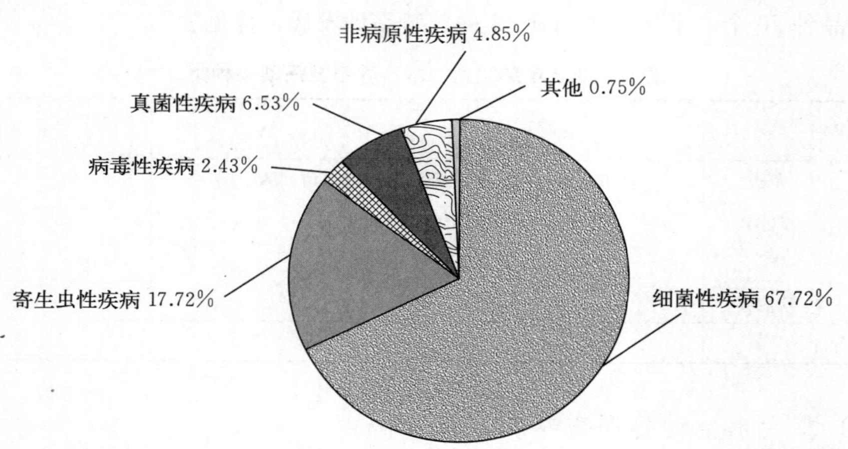

图 1　监测到的疾病种类比例

表 3　2020 年监测到的水产养殖病害汇总

类别		病　名	数量（种）
鱼类	病毒性疾病	草鱼出血病	1
	细菌性疾病	淡水鱼细菌性败血症、赤皮病、细菌性肠炎病、疖疮病、柱状黄杆菌病（细菌性烂鳃病）、打印病、腹水病	7
	真菌性疾病	流行性溃疡综合征、水霉病	2
	寄生虫性疾病	指环虫病、车轮虫病、锚头鳋病、中华鳋病（鳃蛆病）、黏孢子虫病、复口吸虫病（白内障病）	6
	非病原性疾病	肝胆综合征、缺氧症	2
	其他	不明病因疾病	1

（续）

类别		病名	数量（种）
虾类	病毒性疾病	白斑综合征	1
	细菌性疾病	烂鳃病、弧菌病、肠炎病	3
	寄生虫性疾病	固着类纤毛虫病	1
	非病原性疾病	蜕壳不遂症、缺氧	2
	其他	不明病因疾病	1
蟹类	细菌性疾病	烂鳃病	1
其他类（鳖）	病毒性疾病	鳖腮腺炎病	1
	细菌性疾病	鳖肠型出血病（白底板病）、鳖穿孔病、鳖溃烂病、鳖红底板病	4

（二）测报范围内病害经济损失情况

2020年全省测报范围内因病害造成经济损失合计647.90万元，较上一年度增加301.62万元。受新冠肺炎疫情影响，2020年开春以来，枝江、黄梅、公安、潜江、武汉东西湖等地，陆续出现池塘养殖黄颡鱼暴发性发病死亡情况，造成严重经济损失。通过现场调查与实验室临床诊断，发现发病池塘均为放养密度过大、水质恶化，加之早春生产管理不到位，气候变化异常、鱼体受伤等原因导致黄颡鱼抵抗力下降，诱发疾病。后经专家指导用药，病情得到一定程度的控制。全省测报范围内各品种因病造成经济损失详见表4。

表4　2020年全省测报区各品种经济损失情况

养殖品种	草鱼	鲢、鳙	鲫	鳊	黄颡鱼	鳜	鮰	克氏原螯虾	中华绒螯蟹	鳖	合计
经济损失（万元）	163.79	63.29	64.0	27.94	216.05	4.19	27.2	5.05	63.0	13.39	647.90

（三）监测主要养殖品种病情分析

1. **草鱼**　全年共监测到疾病13种，6～8月为草鱼发病高峰季节，全年平均发病面积比4.252%，平均监测区域死亡率0.163%，平均发病区域死亡率3.078%。其中，草鱼出血病是湖北省常见多发疫病之一，全年监测到发病面积比并不高，但发病区域死亡率达24.2%，在养殖过程中仍需重点关注，对于其防治可以通过环境控制或人工免疫预防注射或浸泡疫苗进行。肝胆综合征发病面积比达18.02%，说明草鱼养殖管理有待进一步加强，尤其需要强化水质管理、科学放养及科学投喂。全年发病情况详见图2。

2. **鲢、鳙**　全年共监测到疾病10种，平均发病面积比0.699%，平均监测区域死亡率0.240%，平均发病区域死亡率2.905%。淡水鱼细菌性败血症发病面积比8.94%，发病区域死亡率3.71%。淡水鱼细菌性败血症一直是制约湖北省渔业经济的

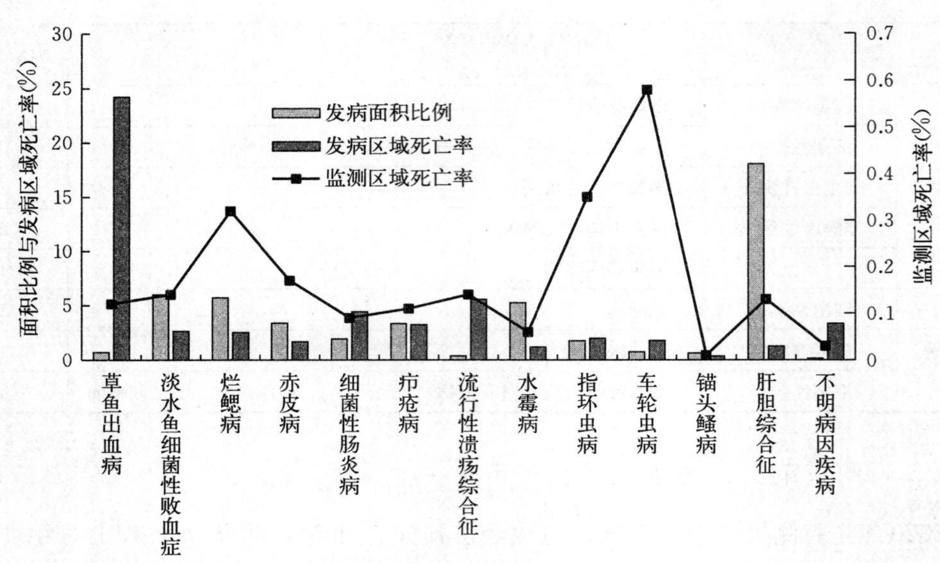

图 2　草鱼全年监测到病害发生情况

重要病害之一，流行时间长、发病温度广、危害大，日常养殖中需重点防范。全年发病情况详见图 3。

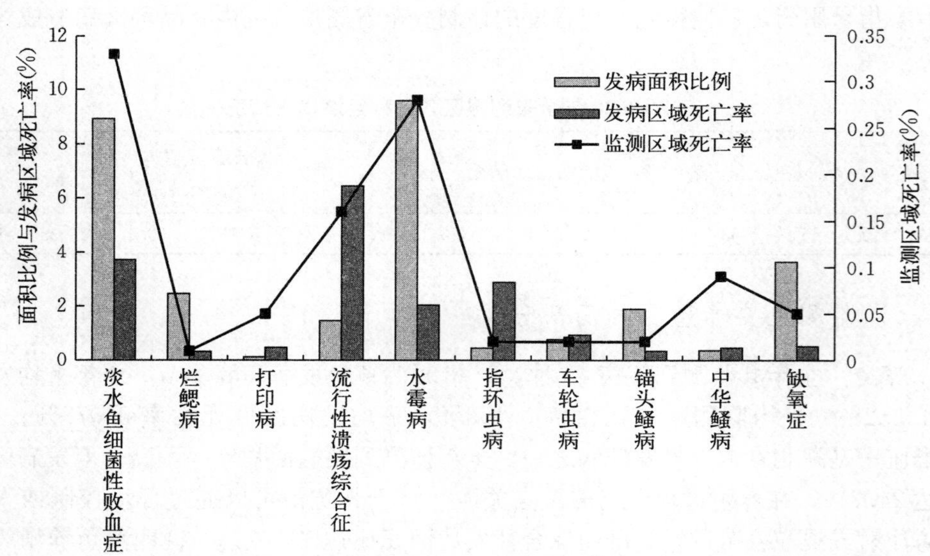

图 3　鲢、鳙全年监测到病害发生情况

3. 鲫　全年共监测到疾病 12 种，6～9 月为鲫发病高峰季节，全年平均发病面积比 8.786%，平均监测区域死亡率 0.125%，平均发病区域死亡率 2.737%。全年发病情况详见图 4。

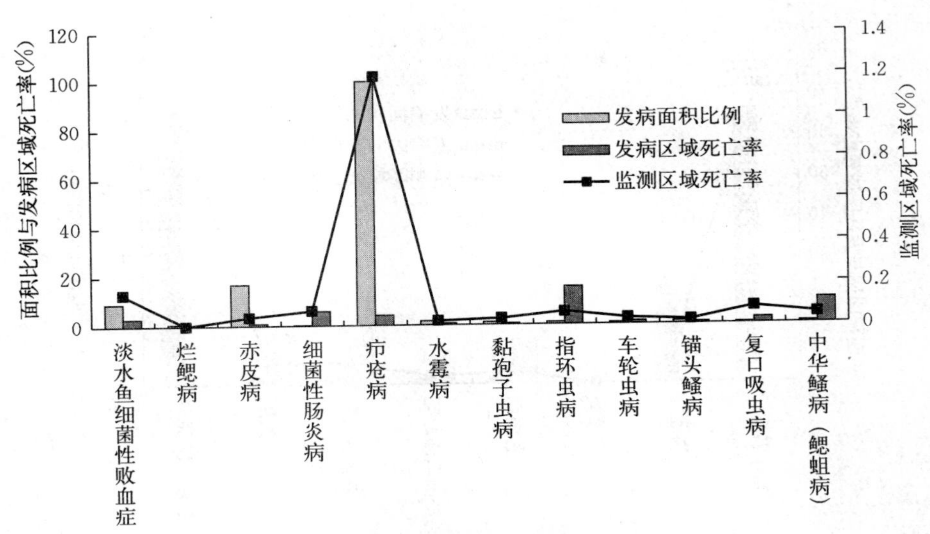

图4　鲫全年监测到病害发生情况

4. 鳊　全年共监测到疾病3种，6～9月为鳊发病高峰季节，全年平均发病面积比13.253%，平均监测区域死亡率0.071%，平均发病区域死亡率1.314%。全年发病情况详见图5。

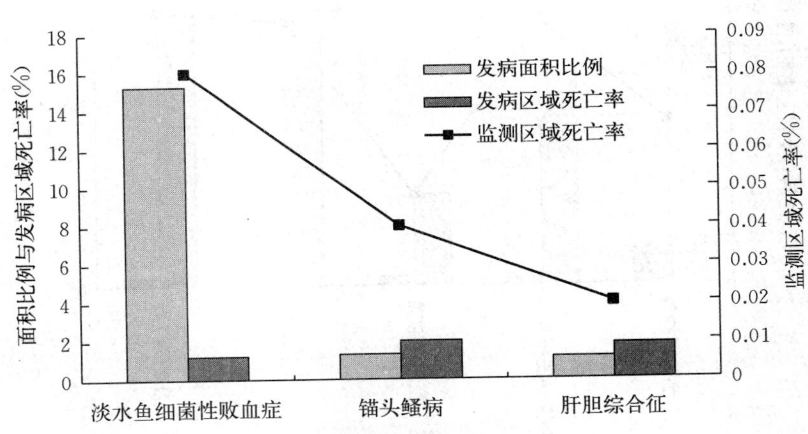

图5　鳊全年监测到病害发生情况

5. 克氏原螯虾　全年共监测到疾病8种，全年平均发病面积比5.385%，平均监测区域死亡率0.410%，平均发病区域死亡率13.050%。白斑综合征发病区域死亡率高达66.67%，结合湖北省多年专项监测结果看，克氏原螯虾白斑综合征病毒携带率依然较高，克氏原螯虾养殖暴发重大疫病的风险仍然较大，防控形势依然严峻。全年发病情况详见图6。

6. 鳖　全年共监测到疾病5种，全年平均发病面积比15.333%，平均监测区域死亡率0.227%，平均发病区域死亡率2.576%。全年发病情况详见图7。

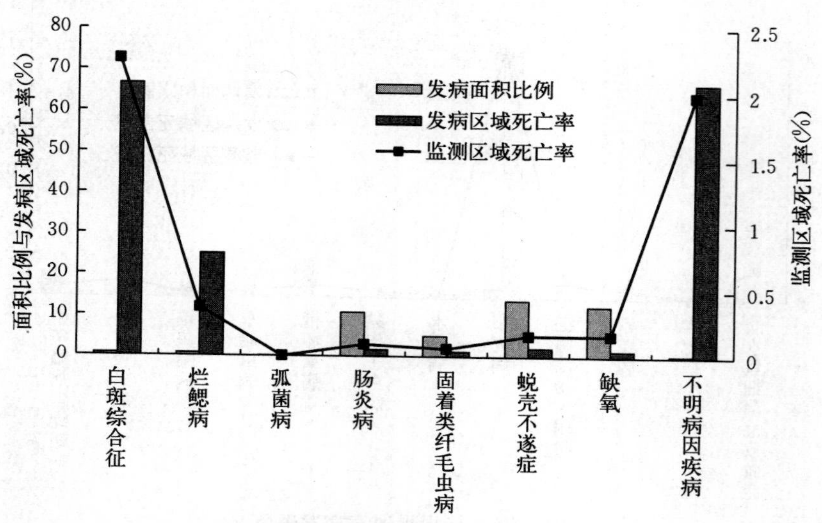

图 6　克氏原螯虾全年监测到病害发生情况

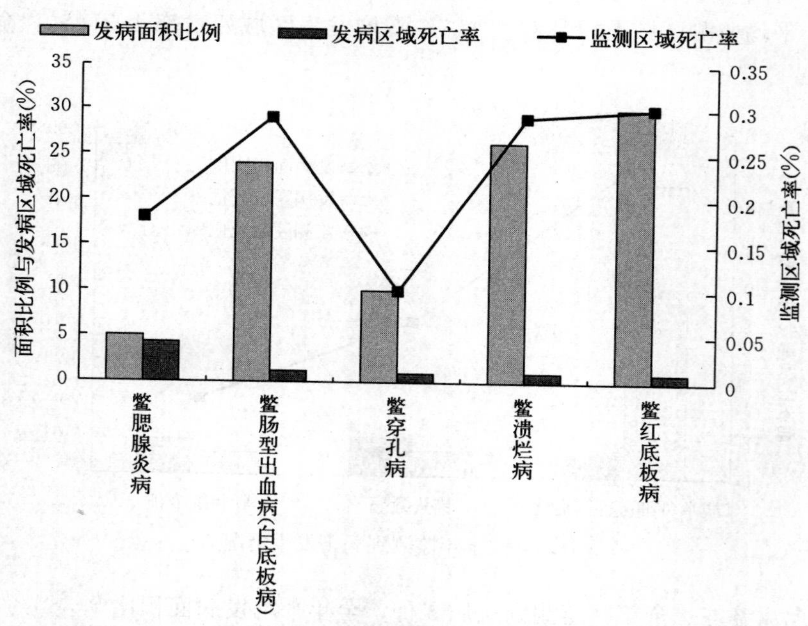

图 7　鳖全年监测到病害发生情况

（四）重要疫病专项监测结果

2020 年全年共完成 7 种疫病的监测任务，采集样品 158 个，超额完成 3 个样品监测任务，共检出阳性样品 33 个。各种疫病的监测点设置情况、采样数量及监测结果详见表 5。

表 5　2020 年湖北省重大水生动物疫病监测概况

监测疫病名称	监测养殖场（个）							抽样总数（批次）	阳性样品总数（份）	阳性样品率（%）
	区（县）数	乡（镇）数	国家级良种场	省级良种场	苗种场	观赏鱼养殖场	成鱼/虾养殖场			
鲤春病毒血症	16	18	1	4	4	4	8	21	10	47.6
鲤浮肿	17	19	1	5	4	4	11	25	0	0
草鱼出血病	31	36	3	5	7	1	24	40	10	25.0
鲫造血器官坏死	27	29	3	6	5	1	15	30	1	3.3
罗非鱼湖病毒病	2	3			2		8	10	0	0
白斑综合征	16	16	2		1		13	16	12	75.0
传染性皮下和造血器官坏死	16	16	2		1		13	16	0	0
合　计								158	33	20.9

从监测结果看，在抽样批次相同的情况下：鲤春病毒血症阳性率较上一年度上升 27.6%，草鱼出血病阳性率较上一度上升 15%。白斑综合征阳性率高达 75.0%，从湖北省历年监测情况看，克氏原螯虾白斑综合征病毒携带率依然较高，克氏原螯虾养殖暴发重要疫病的风险仍然较大，防控形势依然严峻。

对检出阳性样品采样点，及时将检测结果通知相关养殖场和县级水生动物防疫机构，组织开展流行病学调查和病原溯源，填写《流行病学调查表》。同时要求当地县级水生动物防疫机构及时上报同级渔业主管部门，指导消毒、隔离、禁止作为苗种销售。

三、2021 年湖北省水产养殖病害发病趋势预测

根据历年病害监测结果，结合湖北省水产养殖特点，对 2021 年可能发生及流行的水产养殖病害做如下预测：

1. 鱼类　常规养殖鱼类易得烂鳃病、赤皮病、肠炎病、淡水鱼细菌性败血症、车轮虫、锚头鳋；应预防草鱼出血病、鲫造血器官坏死等病毒病的发生；黄颡鱼春季应预防细菌性病的发生；重点预防细菌、寄生虫等多种病原混合感染；应提前预防淡水鱼细菌性败血症对湖北省常规养殖鱼类造成的危害；草鱼出血病可通过注射疫苗预防疾病发生。

2. 虾类　克氏原螯虾易得白斑综合征、固着类纤毛虫病。克氏原螯虾是湖北省养殖面积较大的品种，应加强对白斑综合征的预防和控制，防止该病大面积暴发和流行。

3. 蟹类　蟹类易得烂鳃病、蜕壳不遂症，应严格控制养殖密度，改善水体环境，预防为主。

4. 其他类　其他类中鳖易得腮腺炎、肠型出血病（白底板病）及溃烂病；重点预防腮腺炎病，防止该病大面积暴发及流行。

2020 年湖南省水生动物病情分析

湖南省畜牧水产事务中心渔业发展部

（周　文　王锡荣）

2020 年，全省水产养殖面积 44.2 万 hm^2，其中养殖池塘 26.5 万 hm^2，养殖品种涵盖了四大家鱼等近 30 个品种。水产品产量 258 万 t，其中草鱼、鳙和鲫为全省主要大宗养殖品种，年产量约 112 万 t 左右，占全省水产品社会供给率的 43%。

一、2020 水产养殖病害监测总体情况

2020 年，根据全国水产技术推广总站的统一部署，湖南省通过使用"水产养殖动植物病情测报信息系统"开展测报工作。2020 年湖南省有长沙、湘潭、衡阳、益阳、邵阳、常德、郴州、株洲等 8 个地区继续开展了水产养殖动植物病情测报工作，共设置 41 个县级测报站、水产养殖场布点 141 个，监测面积 11 301.1 hm^2，其中淡水池塘养殖面积 9 285.2 hm^2。

各测报单位每月按时汇总、整理，审核相关测报数据。2020 年共上报省级数据 264 组，监测养殖种类 19 种，监测养殖水面 11 301.1 hm^2，监测到 24 种病害，其中：鱼类细菌病 12 种、鱼类寄生虫病 6 种、鱼类病毒病 2 种、鱼类真菌病 2 种、另有鱼类非病原性疾病 2 种（表 1、表 2）。

表 1　2020 年监测到发病的水产养殖种类汇总

类别	种　类	数量（种）
鱼类	青鱼、草鱼、鲢、鳙、鲤、鲫、鳊、鳟、鳜、鲈（淡）、乌鳢、鲟	12

表 2　2020 年监测到的水产养殖病害汇总

类　别		病　名
鱼类	细菌性疾病	淡水鱼细菌性败血症、烂鳃病、细菌性肠炎病、鮰类肠败血症、溃疡病、赤皮病、打印病、弧菌病、竖鳞病、烂尾病、疖疮病、柱状黄杆菌病（细菌性烂鳃病）
	真菌性疾病	水霉病、鳃霉病
	寄生虫性疾病	锚头鳋病、小瓜虫病、指环虫病、车轮虫病、中华鳋病
	病毒性疾病	草鱼出血病、病毒性出血性败血症
	非病原性疾病	脂肪肝、肝胆综合征
	其他	不明病因疾病

从监测的疾病种类比例（图1）可以看出：所有疾病中细菌性疾病所占比例最高，占67.97%，真菌性疾病、寄生虫性疾病及病毒性疾病分别占11.76%、10.46%和7.19%。

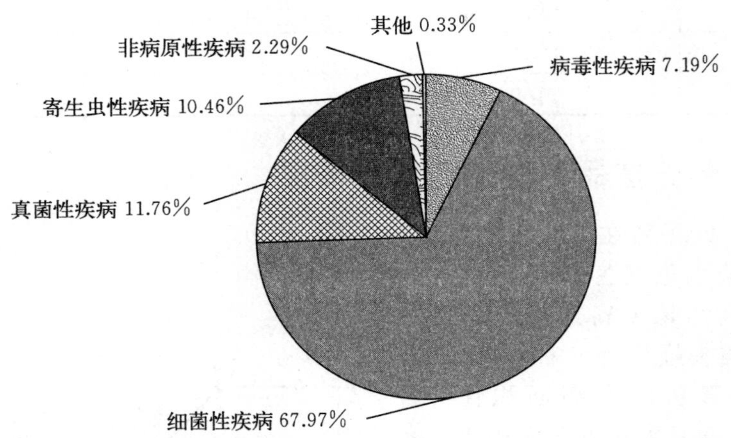

图1 2020年监测到的疾病种类比例

从月发病面积比（图2）来看，2020年水产养殖发病高峰在8月，发病面积比为3.88%。死亡数量6月最高，为23 299尾；8月次之，为13 418尾（表3）。

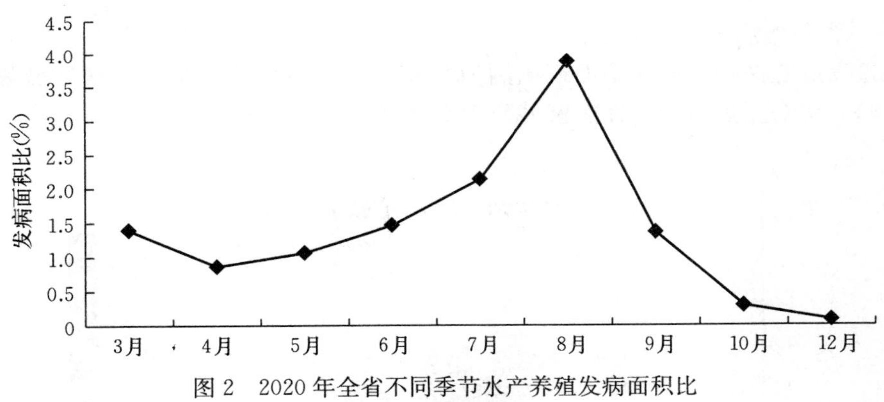

图2 2020年全省不同季节水产养殖发病面积比

表3 水产养殖种类各月发病面积、发病率、死亡数量

月份	发病面积（hm^2）	发病面积比（%）	死亡数量（尾）
1～3	173.4	1.39	4 676
4	127.25	0.86	6 272
5	169.41	1.06	8 707
6	261.56	1.46	23 299
7	355.67	2.13	11 974
8	441.09	3.88	13 418

（续）

月份	发病面积（hm^2）	发病面积比（%）	死亡数量（尾）
9	191.34	1.36	9 748
10	112.28	0.29	1 341
11～12	91.49	0.08	4 938

二、主要养殖品种发生的病害情况

1. **青鱼** 2020 年在监测的青鱼中共监测到淡水鱼细菌性败血症、烂鳃病、细菌性肠炎病、水霉病、指环虫病、锚头鳋病等 6 种病害。从不同季节青鱼的发病面积比（图 3）来看，9 月青鱼发病面积比率全年最高，为 0.03%。

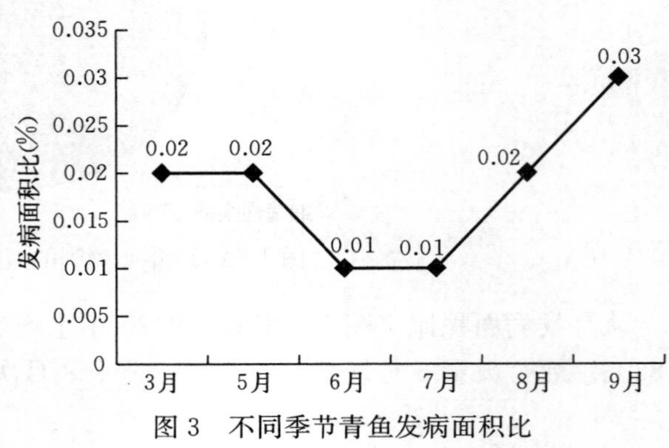

图 3 不同季节青鱼发病面积比

2020 年青鱼的平均发病面积比例为 0.48%，平均监测区域死亡率为 0.22%，平均发病区域死亡率为 25.44%。青鱼各病害发病面积比例（图 4）最高的是烂鳃病，发病面积比例为 0.85%；从各病害造成的发病区域死亡率来看（图 4），锚头鳋病造成的发病区域死亡率最高，为 1.35%。

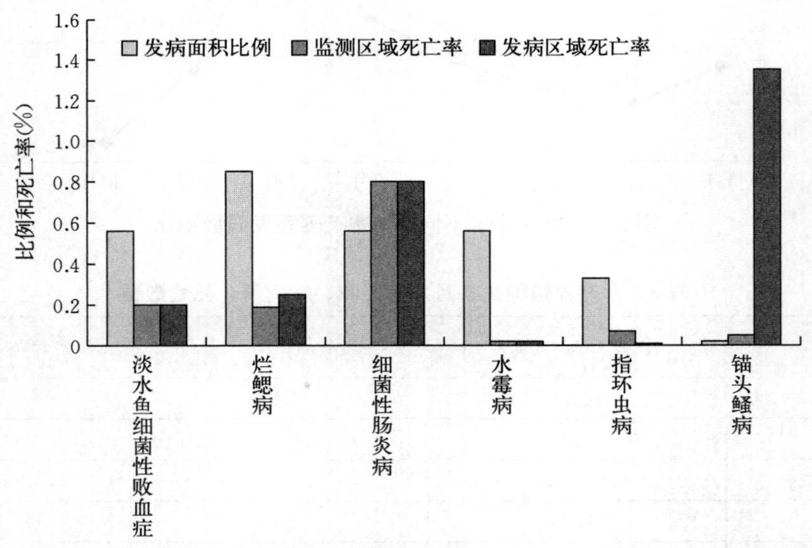

图 4 青鱼的平均发病面积比例、发病区域死亡率、监测区域死亡率

2. 草鱼　2020年在监测的青鱼中共监测到草鱼出血病、淡水鱼细菌性败血症、病毒性出血性败血症、溃疡病、烂鳃病、赤皮病、细菌性肠炎病、打印病、烂尾病、竖鳞病、水霉病、弧菌病、小瓜虫病、指环虫病、车轮虫病、锚头鳋病、中华鳋病、脂肪肝、肝胆综合征等19种病害。从不同季节草鱼的发病面积比（图5）来看，5月草鱼发病面积比率全年最高，为0.19%；10月则是全年最低，为0.01%。

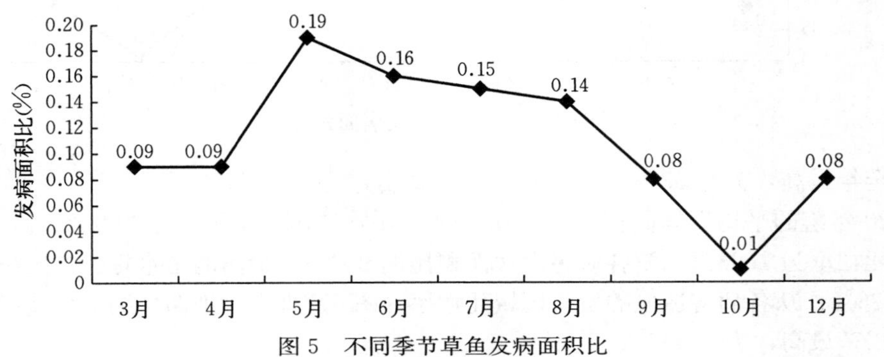

图5　不同季节草鱼发病面积比

2020年草鱼的平均发病面积比例为0.56%，平均监测区域死亡率为0.06%，平均发病区域死亡率为1.26%。草鱼各病害发病面积比例（图6）最高的是肝胆综合征，发病面积比例为2.58%；从各病害造成的发病区域死亡率（图6）来看，细菌性肠炎病造成的发病区域死亡率最高，为3.02%。

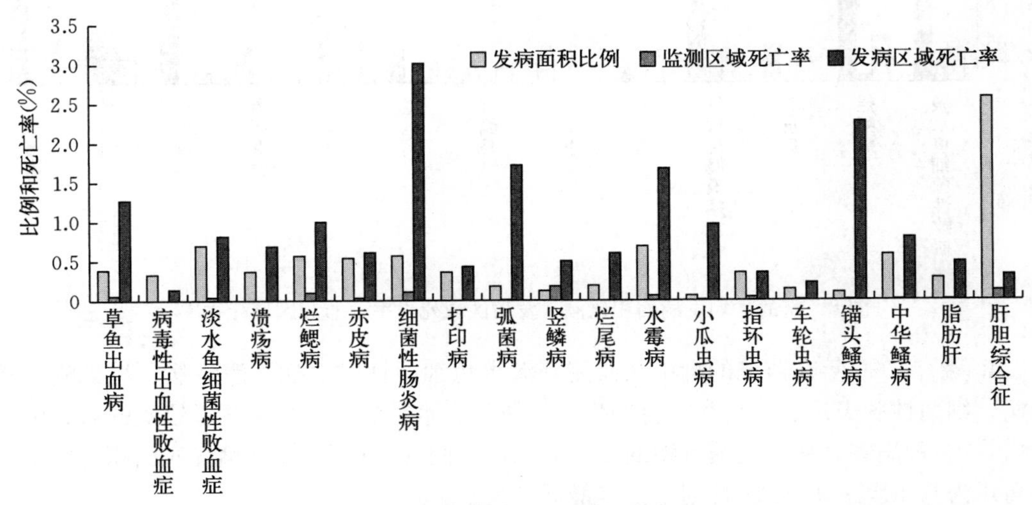

图6　草鱼的平均发病面积比例、发病区域死亡率、监测区域死亡率

3. 鲢　2020年在监测的鲢中共监测到淡水鱼细菌性败血症、溃疡病、烂鳃病、赤皮病、细菌性肠炎病、打印病、竖鳞病、烂尾病、水霉病、指环虫病、车轮虫病、锚头鳋病、中华鳋病等13种病害。从不同季节鲢的发病面积比（图7）来看，4月鲢发病面

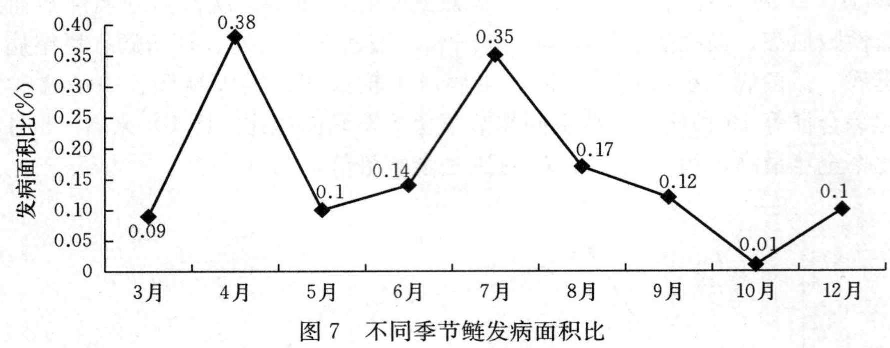

图 7　不同季节鲢发病面积比

积比率全年最高，为 0.38%；10 月则是全年最低，为 0.01%。

2020 年鲢的平均发病面积比例为 0.89%，平均监测区域死亡率为 0.25%，平均发病区域死亡率为 1.63%。鲢各病害发病面积比例（图 8）最高的是水霉病，发病面积比例为 0.86%；从各病害造成的发病区域死亡率（图 8）来看，细菌性肠炎病造成的发病区域死亡率最高，为 3.33%。

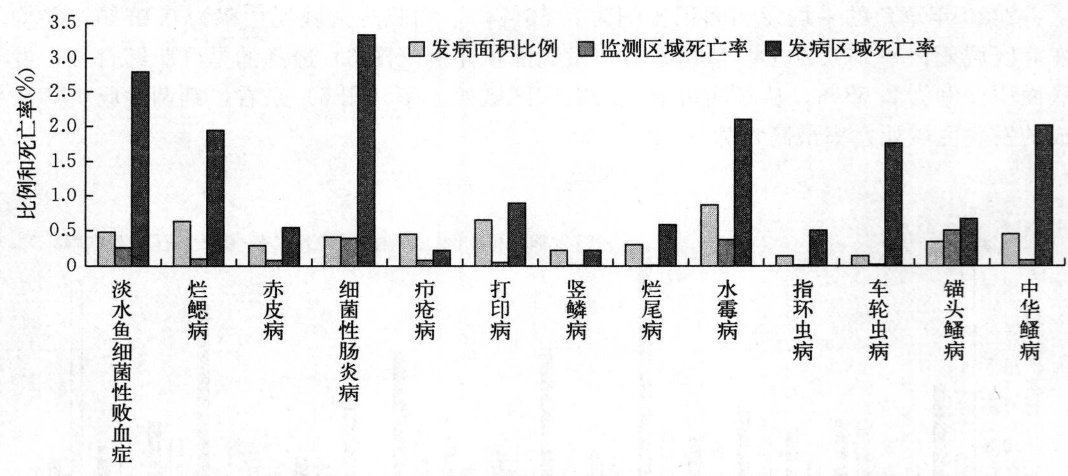

图 8　鲢的平均发病面积比例、发病区域死亡率、监测区域死亡率

4. 鳙　2020 年在监测的鳙中共监测到淡水鱼细菌性败血症、溃疡病、烂鳃病、竖鳞病、细菌性肠炎病、疖疮病、打印病、烂尾病、水霉病、指环虫病、锚头鳋病、中华鳋病等 12 种病害。从不同季节鳙的发病面积比（图 9）来看，3 月鳙发病面积比率全年最高，为 0.12%；11～12 月则是全年最低，为 0。

2020 年鳙的平均发病面积比例为 0.542%，平均监测区域死亡率为 0.116%，平均发病区域死亡率为 2.274%。鳙各病害发病面积比例（图 10）最高的是打印病，发病面积比例为 2.13%；从各病害造成的发病区域死亡率（图 10）来看，淡水鱼细菌性败血症造成的发病区域死亡率最高，为 5.76%。

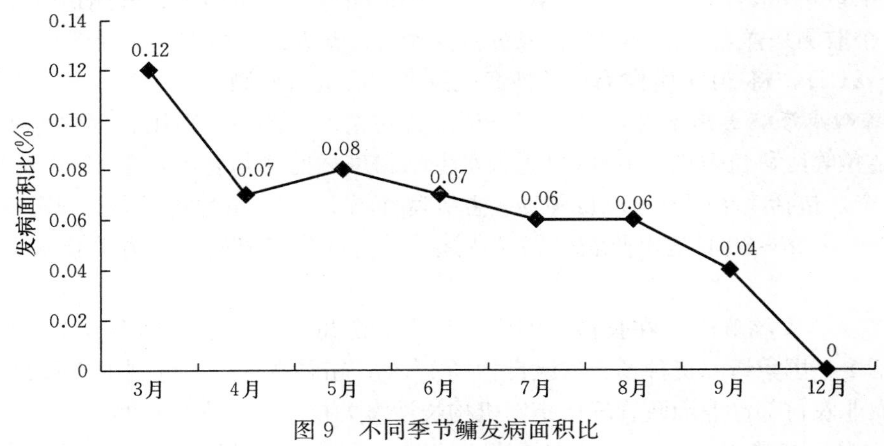

图9　不同季节鳙发病面积比

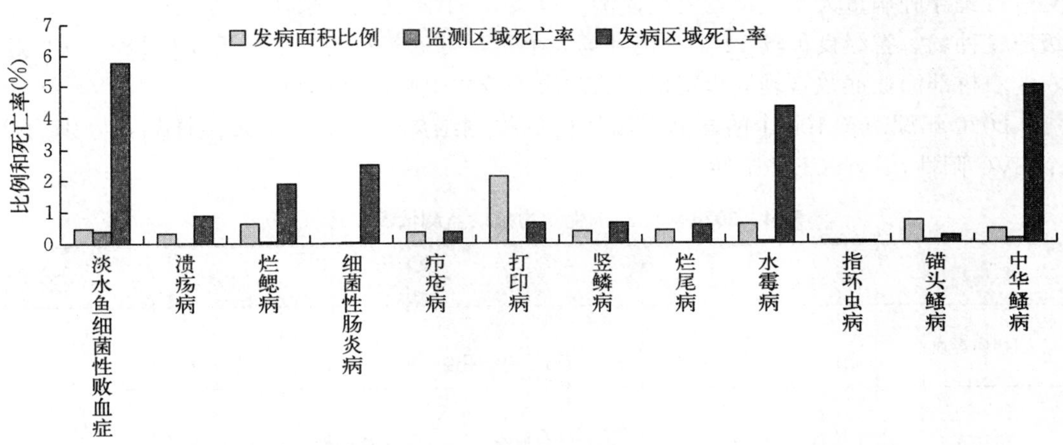

图10　鳙的平均发病面积比例、发病区域死亡率、监测区域死亡率

三、重要疫病监测分析

根据农业农村部印发的《2020年国家水生动物疫病监测计划的通知》〔农渔发20198号〕的文件要求，2020年湖南省在长沙、湘潭、岳阳、郴州等4市组织开展鲤春病毒血症、锦鲤疱疹病毒病、鲫造血器官坏死病和草鱼出血病、鲤浮肿病等5种重大水生动物疫病疫情监测，其中国家监测计划下达采集样品90个，省级监测计划采集样品10个。

1. *鲤春病毒血症监测*　根据监测计划，2020年湖南省在长沙、湘潭、岳阳、郴州等4个地区，对鲤和锦鲤、金鱼、湘云鲫（鲤）等鲤科鱼类进行SVC等重大水生动物疫病监测与防治，落实25个监测点，包括1个国家级原良种场、省级良种场16个、苗种场6个、观赏鱼养殖场2个。于5月18～21日采样25个，送农业农村部渔业渔政管理局指定检测机构长沙海关技术中心进行检测。

2. 鲫造血器官坏死病监测　2020 在长沙市、湘潭市、岳阳市、郴州市等 4 地区确定了 20 个监测采样点，包括 1 个国家级原良种场、省级良种场 13 个、苗种场 6 个，于 5 月 18～21 日，将 20 个鲫样品送长沙海关技术中心进行检测。

3. 锦鲤疱疹病毒病监测　2020 年，湖南省在长沙、湘潭、岳阳、郴州等 4 市，对锦鲤、金鱼等鲤科鱼类进行 KHVD 重大水生动物疫病监测与防治，落实 20 个监测点，采样 20 个，包括 1 个国家级原良种场、省级良种场 14 个、苗种场 3 个、观赏鱼养殖场 2 个。于 6 月 28～30 日送农业农村部渔业渔政管理局指定机构长沙海关技术中心进行检测。

4. 草鱼出血病监测　在长沙、湘潭、岳阳、郴州等 4 市设立监测点共 20 个养殖场，包括 1 个国家级原良种场、省级良种场 14 个、苗种场 5 个。分别于 6 月 20～21 日采样送农业农村部渔业渔政管理局指定机构长沙海关技术中心进行检测。

5. 鲤浮肿病监测　2020 年，在长沙、湘潭、岳阳、郴州等 4 市，对锦鲤等鲤科鱼类进行鲤浮肿病重大水生动物疫病监测，落实 20 个监测点，采样 20 个，包括 1 个国家级原良种场、省级良种场 14 个、苗种场 3 个、观赏鱼养殖场 2 个。于 6 月 28～30 日送农业农村部渔业渔政管理局指定机构长沙海关技术中心进行检测。

2020 年湖南省 100 个的样品采集送检的检测结果，检出 3 个阳性样品，分别为 2 个 SVC 阳性，1 个 CEV 阳性（表 4）。

表 4　2020 年国家水生动物疫病监测情况统计（个）

疫病	长沙	岳阳	湘潭	郴州	合计
鲤春病毒血症	8 1 个阳性/7 个阴性	5 1 个阳性/4 个阴性	7 全阴性	5 全阴性	25
鲫传染性器官坏死病	5 全阴性	5 全阴性	5 全阴性	5 全阴性	20
草鱼出血病	5 全阴性	5 全阴性	5 全阴性	5 全阴性	20
锦鲤疱疹病	5 全阴性	5 全阴性	5 全阴性	5 全阴性	20
鲤浮肿病	5 1 个阳性/4 个阴性	5 全阴性		5 全阴性	15
合计	28	25	22	25	100

虽然检测结果表明在监测区域中不存在大的隐患，全省水生动物疫病防控形势基本稳定，没有发生大规模流行性水生动物疫病，没有发生因感染疫病而大量死鱼的事件，养殖病害死亡率也低于全国死亡率平均水平，但是水生动物疫病病原仍然有潜在的危险。加强对鱼类疫病的专项监测，深入研究致病机理和防控技术，才能确保全省鱼类产业的健康持续发展。

四、存在的问题

（1）2020年在水产养殖病害测报工作中，因机构改革人事变动的原因，部分市级、县级测报员调离后未及时补充接替人员进行系统操作，还有一些新接手的测报员对使用“全国水产养殖动植物病情测报系统”存在不熟练的情况，使测报工作受到一定的影响，导致病害信息滞后和漏报，上报数据不完整。

（2）各地测报点的确定及其数据的代表性和科学性不强，不能够进行有效监测，仍需进一步改进和规范，测报点的上报数据仍存在不及时、不准确现象。

（3）测报员的诊断技术参差不齐，差距较大，现场诊断和不明病因较多，实验室诊断较少，应定期对测报员进行培训，以提高测报员的业务水平。

五、2021年病害流行预测

近年来，通过在各地大力推广生态环保、产品安全的稻渔综合种养等绿色健康技术模式，鱼类的主要养殖病害呈现下降趋势，2021年湖南省可能发生、流行的水产养殖病害与2020年大致相同，主要如下：

出血病、烂鳃病、肠炎病、赤皮病预计4～8月有可能在全省范围流行，尤其是洞庭湖区普遍流行；鱼类细菌性败血症仍然是养殖鱼类的主要细菌性病害，4～10月将在全省流行；养殖鱼类细菌性烂鳃病将继续对鳙、草鱼、鲫养殖生产造成较大损失，从4月开始到10月流行；锚头鳋病、中华鳋病在全年都会流行，随着水温升高，在3月底4月初有可能出现第一次流行。另外，4～5月，水温13～18℃时，长沙市和湘潭市、衡阳市等地要重点注意监测鲤春病毒血症；尤其是近年来在5～6月，水温21～28℃，长沙市和岳阳市养殖的鲤科鱼类送检的样品中都有鲤浮肿病阳性病原检出，也要重点加强监测。

六、建议采取的措施

（1）加强生产管理，推广健康养殖技术，提升绿色防控综合技术示范能力。开展水产养殖动物病害测报及防控技术集成与应用研究，将病害测报预报、疫病监测、流行病学调查、病害防控技术试验示范等汇集于一体，提高科技含量和实际应用效果。

（2）加强监测，及时掌握病害发生情况，提高测报数据的准确性。2021年湖南省将继续做好鱼病常规测报工作，将原有的测报站点进行适当的调整，更进一步完善测报网络。加强对测报人员的技术培训，提高测报员的理论水平和实际操作能力。

（3）加强水生动物重要疫病监测。强化监测点设置总体布局和长远考虑，认真做好2021年的专项监测工作。

（4）加强与渔业主管部门的配合，推进湖南省水产苗种产地的检疫工作，从源头控制疫病的发生。

2020年广东省水生动物病情分析

广东省动物疫病预防控制中心

（唐　姝　林华剑　倪　军　曾庆雄　张　志　袁东辉）

一、水产养殖病害测报情况

2020年广东省有测报员271人，设立常规监测点340个，分布于全省20个地级以上市、95个县（区），监测养殖面积14 437.14 hm^2，其中淡水养殖面积13 946.47 hm^2，海水养殖面积490.67 hm^2。监测养殖种类38种，其中鱼类26种、虾类6种、蟹类1种、贝类2种、其他类2种、观赏鱼1种（表1）。广东省实行周年常规监测，每个监测月度由监测点上报监测数据，县、市、省水生动物疫病防控机构审核和分析水产养殖病害监测数据，上报全国水产技术推广总站。

表1　2020年监测水产养殖种类汇总表

类别		种　类	数量（种）
淡水	鱼类	青鱼、草鱼、鲢、鳙、鲤、鲫、鳊、泥鳅、鲇、鮰、黄颡鱼、河鲀、长吻鮠、鳜、鲈、乌鳢、罗非鱼、鲟、鳗鲡、鲮、倒刺鲃、尖塘鳢	22
	虾类	罗氏沼虾、凡纳滨对虾（淡）、澳洲龙虾（淡）	3
	蟹类	青蟹	1
	其他类	龟、鳖	2
	观赏鱼	锦鲤	1
海水	鱼类	石斑鱼、鲷、卵形鲳鲹、鲈	4
	虾类	凡纳滨对虾（海）、斑节对虾、日本囊对虾	3
	贝类	鲍、螺	2

二、监测结果与分析

（一）水产养殖病害监测结果与分析

1. 监测品种发病情况　全年监测到水产疾病92种。按病原分，病毒性疾病17种，细菌性疾病38种，寄生虫性疾病20种，非病原性疾病9种，真菌性疾病4种，不明病因病4种。按养殖种类分，鱼类疾病59种，甲壳类疾病23种，其他类疾病9种，贝类疾病1种（表2）。

表2　2020年监测到水产养殖病害种类分类统计表

类　别		病　　名	数量（种）
鱼类	寄生虫性疾病	小瓜虫病、锚头鳋病、黏孢子虫病、指环虫病、车轮虫病、斜管虫病、中华鳋病、三代虫病、固着类纤毛虫病、湖蛭病、鱼波豆虫病、裂头绦虫病、刺激隐核虫病、拟指环虫病、鱼蛭病	15
	病毒性疾病	草鱼出血病、鲫造血器官坏死症、鲫造血器官坏死病、斑点叉尾鮰病毒病、传染性脾肾坏死病、真鲷虹彩病毒病、流行性造血器官坏死病、病毒性出血性败血症、脱黏败血综合征、鳜弹状病毒病、病毒性神经坏死病（病毒性脑病和视网膜病）、淋巴囊肿病	12
	细菌性疾病	淡水鱼细菌性败血症、溃疡病、烂鳃病、赤皮病、细菌性肠炎病、打印病、柱状黄杆菌病（细菌性烂鳃病）、鮰类肠败血症、迟缓爱德华氏菌病、爱德华氏菌病、斑点叉尾鮰传染性套肠症、肠炎病、链球菌病、疖疮病、腹水病、烂尾病、鱼柱状黄杆菌病（鱼屈挠杆菌病）、诺卡菌病、类结节病、杀鲑气单胞菌病、鳗弧菌病	21
	真菌性疾病	水霉病、鳃霉病、流行性溃疡综合征	3
	非病原性疾病	气泡病、缺氧症、肝胆综合征、氨中毒症、脂肪肝、三毛金藻中毒症、冻死	7
	其他	不明病因疾病	1
虾类	病毒性疾病	罗氏沼虾白尾病（罗氏沼虾肌肉白浊病）、白斑综合征（白斑病）、传染性皮下和造血组织坏死病（传染性皮下和造血组织坏死病）、虾虹彩病毒病（十足目虹彩病毒病）	4
	细菌性疾病	对虾黑鳃综合征、青虾甲壳溃疡病、肠炎病、坏死性肝胰腺炎、对虾肝杆菌感染（坏死性肝胰腺炎）、烂鳃病、对虾红腿病、腹水病、弧菌病、急性肝胰腺坏死病、对虾肠道细菌病	11
	真菌性疾病	虾肝肠胞虫病	1
	寄生虫性疾病	固着类纤毛虫病、血卵涡鞭虫病、梭子蟹肌孢虫病、对虾微孢子虫病	4
	非病原性疾病	蜕壳不遂症，缺氧	2
	其他	不明病因疾病	1
其他类	病毒性疾病	鳖腮腺炎病	1
	细菌性疾病	鳖白眼病、鳖穿孔病、鳖红脖子病、鳖肠型出血病（白底板病）、鳖肠型出血病、鳖溃烂病	6
	其他	不明病因疾病	1
	寄生虫性疾病	固着类纤毛虫病	1
贝类	其他	不明病因疾病	1

2. 监测到发病种类比例　全年监测到发病种类比例中，鱼类发病占87.12%（2019年86.42%）、虾类发病率占9.29%（2019年9.39%）、其他类发病率占2.67%（2019

年 3.73%）、观赏鱼类占 0.74%（2019 年 0.73%）、贝类发病率占 0.09%（2019 年 0.09%）（表 3）。与 2019 年相比，发病种类比例基本一致。

表 3　监测到的发病种类比例

类别	鱼类	虾类	其他类	观赏鱼	贝类	总个数（个）
个数（个）	948	101	29	8	1	1 087
占比（%）	87.21	9.29	2.67	0.74	0.09	

3. 监测到疾病种类比例　2020 年水产养殖病害以细菌病和寄生虫病为主，严重危害养殖品种。不同的养殖品种所受到的疾病种类不同，如罗非鱼主要为细菌性疾病（罗非鱼链球菌病），而大口黑鲈却因为病毒性疾病死亡严重（大口黑鲈虹彩病毒病与大口黑鲈弹状病毒病），南北美白对虾因为真菌病损失惨重（虾肝肠胞虫病）。所有监测到的疫病种类中，细菌性疾病占 51.79%（2019 年占 49.72%），寄生虫性疾病占 24.84%（2019 年占 31.03%），病毒性疾病占 7.54%（2019 年占 7.17%），真菌性疾病占 6.99%（2019 年占 3.46%），非病原性疾病占 6.16%（2019 年占 7.35%），其他占 2.67%（2019 年占 1.73%）。细菌性疾病所占比率有所提高，寄生虫性疾病所占比率下降，与历年的监测结果基本一致（表 4）。

表 4　2020 年监测疾病种类比例

疾病类别	病毒性疾病	细菌性疾病	真菌性疾病	寄生虫性疾病	非病原性疾病	其他
个数（个）	82	563	76	270	67	29
占比（%）	7.54	51.79	6.99	24.84	6.16	2.67

4. 监测品种病害流行情况

（1）鱼类病害的流行情况　根据广东省各测报点水产养殖病害监测数据分析，养殖鱼类共监测到 59 种病害，其中细菌病 21 种，寄生虫病 15 种，病毒病 12 种，真菌病 3 种，非病原性病 7 种，不明病因疾病 1 种。发病比例较高的病害主要有：细菌性肠炎病 10.86%、淡水鱼细菌性败血症 10.55%、车轮虫病 9.81%、诺卡菌病 5.7%、锚头鳋病 5.06%、水霉病 5.06%、溃疡病 4.96%、指环虫病 4.64%、烂鳃病 4.43%（表 5）。

表 5　2020 年监测鱼类疾病比例

疾病名称	个数（个）	占比（%）	疾病名称	个数（个）	占比（%）
细菌性肠炎病	103	10.86	固着类纤毛虫病	4	0.42
淡水鱼细菌性败血症	100	10.55	鳜鱼弹状病毒病	4	0.42
车轮虫病	93	9.81	腹水病	3	0.32
诺卡菌病	54	5.7	流行性造血器官坏死病	3	0.32
锚头鳋病	48	5.06	爱德华氏菌病	3	0.32

（续）

疾病名称	个数（个）	占比（%）	疾病名称	个数（个）	占比（%）
水霉病	48	5.06	病毒性神经坏死病（病毒性脑病和视网膜病）	3	0.32
溃疡病	47	4.96	三代虫病	3	0.32
指环虫病	44	4.64	鱼波豆虫病	2	0.21
烂鳃病	42	4.43	鳃霉病	2	0.21
赤皮病	34	3.59	杀鲑气单胞菌病	2	0.21
草鱼出血病	32	3.38	鱼柱状黄杆菌病（鱼屈挠杆菌病）	2	0.21
链球菌病	32	3.38	中华鳋病	2	0.21
斜管虫病	29	3.06	斑点叉尾鮰传染性套肠症	2	0.21
肝胆综合征	25	2.64	冻死	2	0.21
柱状黄杆菌病（细菌性烂鳃病）	23	2.43	传染性脾肾坏死病	2	0.21
流行性溃疡综合征	18	1.9	类结节病	2	0.21
小瓜虫病	17	1.79	鲫造血器官坏死症	2	0.21
不明病因疾病	16	1.69	鲫造血器官坏死病	1	0.11
真鲷虹彩病毒病	15	1.58	湖蛭病	1	0.11
缺氧症	13	1.37	鳗弧菌病	1	0.11
鮰类肠败血症	11	1.16	裂头绦虫病	1	0.11
病毒性出血性败血症	8	0.84	淋巴囊肿病	1	0.11
烂尾病	7	0.74	刺激隐核虫病	1	0.11
氨中毒症	6	0.63	斑点叉尾鮰病毒病	1	0.11
迟缓爱德华氏菌病	6	0.63	肠炎病	1	0.11
气泡病	5	0.53	拟指环虫病	1	0.11
黏孢子虫病	5	0.53	鱼蛭病	1	0.11
疖疮病	4	0.42	三毛金藻中毒症	1	0.11
脂肪肝	4	0.42	脱黏败血综合征	1	0.11
打印病	4	0.42			

（2）虾类病害流行情况　根据监测数据分析，养殖虾类共监测到23种病害，其中细菌病11种，寄生虫病4种，病毒病4种，真菌病1种，非病原性病2种，不明病因疾病1种（表6）。总病例数101个。发病比例较高的病害有：弧菌病25.74%、不明病因病8.91%、肠炎病8.91%、固着类纤毛虫病6.93%、虾肝肠胞虫病5.94%。广东省养殖虾类发病主要在粤西和珠三角高密度养殖区域，影响最大的病害主要是由弧菌引起的急性肝胰腺坏死病与虾肝肠胞虫病等。虾肝肠胞虫病发病范围广，受到感染的养虾池中死亡率极高。

表 6　2020 年监测虾类疾病比例

疾病名称	个数（个）	占比（%）	疾病名称	个数（个）	占比（%）
弧菌病	26	25.74	青虾甲壳溃疡病	3	2.97
不明病因疾病	9	8.91	对虾红腿病	2	1.98
肠炎病	9	8.91	传染性皮下和造血组织坏死病	2	1.98
固着类纤毛虫病	7	6.93	梭子蟹肌孢虫病	2	1.98
缺氧	6	5.94	烂鳃病	2	1.98
虾肝肠胞虫病	6	5.94	罗氏沼虾白尾病（罗氏沼虾肌肉白浊病）	1	0.99
蜕壳不遂症	5	4.95	对虾肠道细菌病	1	0.99
坏死性肝胰腺炎	4	3.96	对虾微孢子虫病	1	0.99
急性肝胰腺坏死病	3	2.97	腹水病	1	0.99
白斑综合征（白斑病）	3	2.97	虾虹彩病毒病（十足目虹彩病毒病）	1	0.99
对虾肝杆菌感染（坏死性肝胰腺炎）	3	2.97	血卵涡鞭虫病	1	0.99
对虾黑鳃综合征	3	2.97			

（3）其他类病害的流行情况　根据监测数据分析，养殖其他类共监测到 9 种病害，其中细菌病 6 种，寄生虫病 1 种，病毒病 1 种，不明病因疾病 1 种（表 7）。发病比例较高的病害主要有：鳖溃烂病 41.38%、鳖红脖子病 17.24%、鳖穿孔病 10.34%、不明病因病 10.34%。

表 7　2020 年监测其他疾病比例

疾病名称	鳖溃烂病	鳖红脖子病	鳖穿孔病	不明病因疾病	鳖腮腺炎病	固着类纤毛虫病	鳖白眼病	鳖肠型出血病（白底板病）
个数（个）	12	5	3	3	2	1	1	2
占比（%）	41.38	17.24	10.34	10.34	6.9	3.45	3.45	6.9

（二）重要水生动物疫病监测分析

按照《2020 年国家水生动物疫病监测》要求，广东省动物疫病预防控制中心组织全省开展白斑综合征（WSD）、传染性皮下和造血组织坏死病（IHHNV）各 60 份，草鱼出血病（GCRV）、锦鲤疱疹病毒病（KHV）和鲤浮肿病（CEV）各 25 份，病毒性神经坏死病（VNN）35 份，共 6 种重要水生动物疫病的专项监测任务，由省动物疫病预防控制中心、中国水产科学研究院珠江水产研究所和广东省水生动物卫生协会共同完成。从监测结果分析，对虾养殖与石斑鱼养殖暴发重大疫病的风险仍然较大，防控形势依然较严峻。

1. 对虾传染性皮下及造血组织坏死病（IHHNV）　2020 年在广东省对虾养殖主产区湛江、茂名和阳江采集对虾样本 60 份，阳性样本 14 份，阳性率 23.33%。其中湛江

36份，阳性数2份，阳性率5.56%；茂名10份，阳性数0份；阳江14份，阳性数12份，阳性率85.71%。如下图1所示：茂名地区阳性率为0，阳江的阳性率最高，为85.71%。

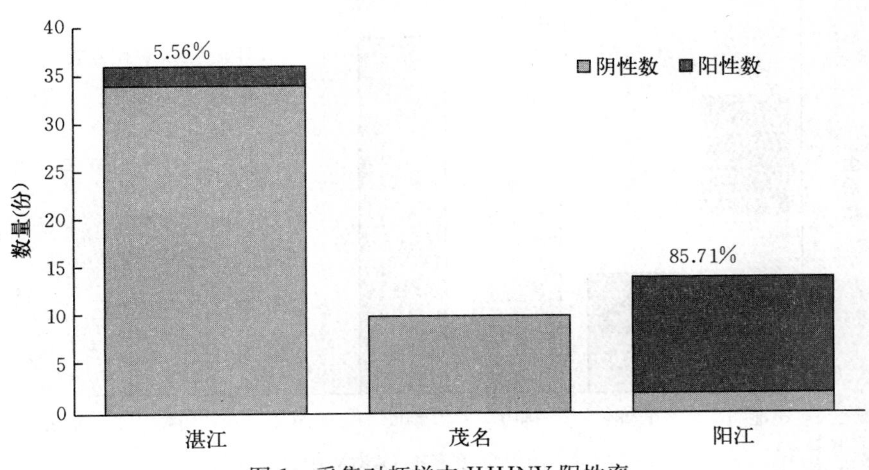

图1 采集对虾样本IHHNV阳性率

2. 对虾白斑综合征（WSD） 2020年4～11月期间，在广东省湛江、茂名、阳江、潮州、江门和惠州6个城市地区共采集样品75份，阳性数1份，阳性率1.33%。其中湛江36份，阳性数0份；茂名10份，阳性数0份；阳江14份，阳性数1份，阳性率7.14%；江门7份，惠州4份，潮州4份。如下图2所示：除阳江外，其余5个地区WSD的阳性率均为0，阳江的阳性率也没有超过10%，只有7.14%。

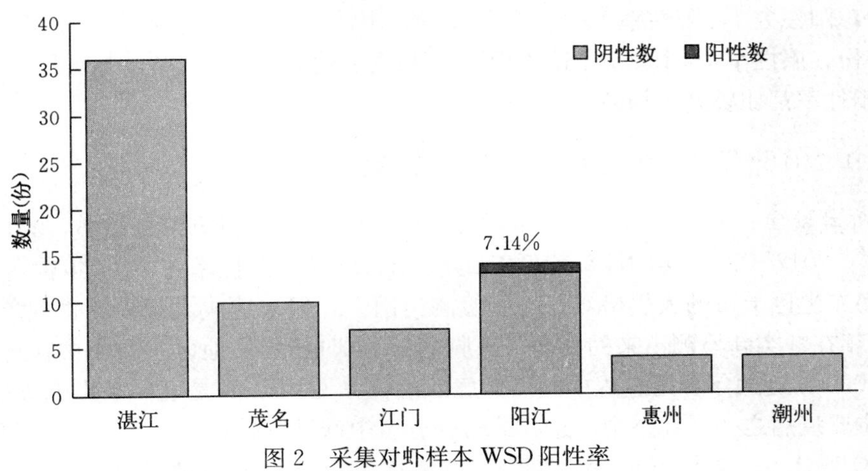

图2 采集对虾样本WSD阳性率

3. 草鱼出血病（GCRV） 2020年2～9月期间，在广东省江门、广州、佛山、肇庆、韶关、河源和清远7个城市地区共采集草鱼样品25份，阳性数3份，阳性率12%。其中江门5份，阳性数2份，阳性率40%；广州2份，阳性数1份，阳性率50%；佛山4份，肇庆6份，韶关1份，河源3份，清远4份，阳性数均为0份。如下

图 3 所示：广州阳性率最高，为 50%，其次为江门 40%。

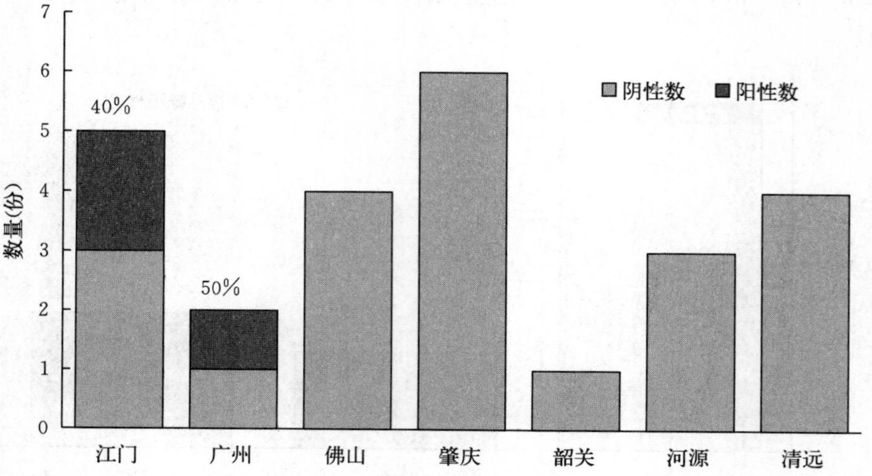

图 3　采集草鱼样本 GCRV 阳性率

4. *锦鲤疱疹病毒病（KHV）和鲤浮肿病毒病（CEV）*　2020 年 4～6 月期间，在广东省江门、中山和惠州 3 个城市地区共采集锦鲤样品 25 份，测定锦鲤疱疹病毒病和鲤浮肿病毒病。其中 KHV 阳性数 0 份，CEV 阳性数 3 份，CEV 阳性率为 12%。江门、中山和惠州，各检测出一份阳性。惠州的阳性率最高，为 14.29%。

5. *病毒性神经坏死病（VNN）*　2020 年 4～8 月期间，在广东省湛江、惠州和阳江 3 个城市地区共采集石斑鱼样品 35 份，阳性数 18 份，阳性率 51.43%。其中湛江主产区 10 份，阳性数 1，阳性率 10%；惠州 4 份，阳性数 1，阳性率 25%；阳江 21 份，阳性数 16 份，阳性率 76.19%。阳江的阳性率最高，达到了 76.19%，其次是惠州，两个地区的阳性率都比较高，均超过了 25%。

（三）2016—2020 年主要监测疫病分析

1. *虾类病害*　如图 4 所示，WSD 的流行情况基本呈现逐渐降低趋势，2016 阳性率尚有 7%，2017—2020 年阳性率均低于 2%。IHHNV 的阳性率在 2017 年曾达到 20%，当年在粤东地区上市的大规格对虾均能检测出阳性，但未造成大规模死亡现象。SHIV 是 2018 年在虾类新检测出来的疫病（黑脚病），当时的暴发地区主要集中在粤东地区，2019—2020 年这两年养殖过程中的黑脚病已经较少见。EHP 是近年来影响养殖对虾成活率的主要疫病之一，在整个广东省的对虾养殖中都呈较高趋势。

2. *鱼类病害*　如图 5 所示，2017—2020 年，VNN 的阳性率均超过 30%，主要影响在苗期过程，该病仍然是影响石斑鱼苗期成活率的决定性因素。GCRV 2018—2020 年的阳性率均高于 10%，仍然是草鱼养殖的主要病害之一。作为观赏鱼的锦鲤，2020 年调查发现部分养殖场有检测出 CEV 阳性，但未造成大规模死亡现象。

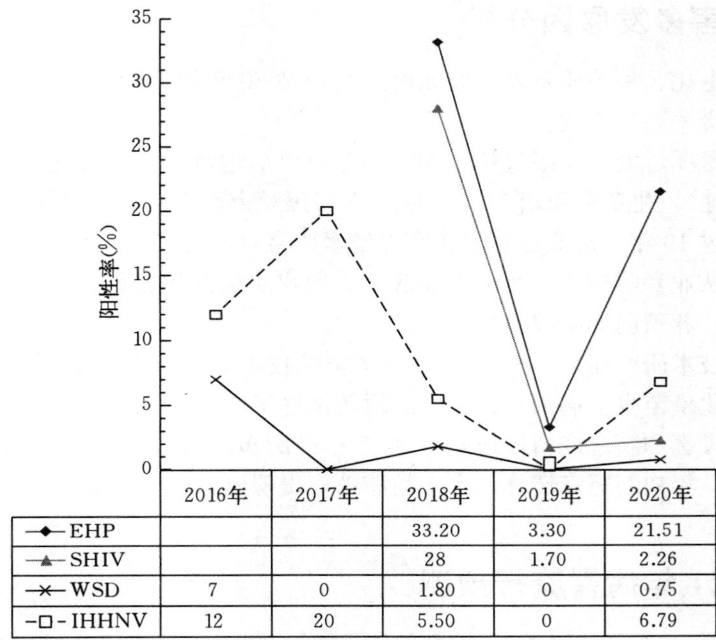

	2016年	2017年	2018年	2019年	2020年
EHP			33.20	3.30	21.51
SHIV			28	1.70	2.26
WSD	7	0	1.80	0	0.75
IHHNV	12	20	5.50	0	6.79

图 4　虾类 4 种疫病流行情况

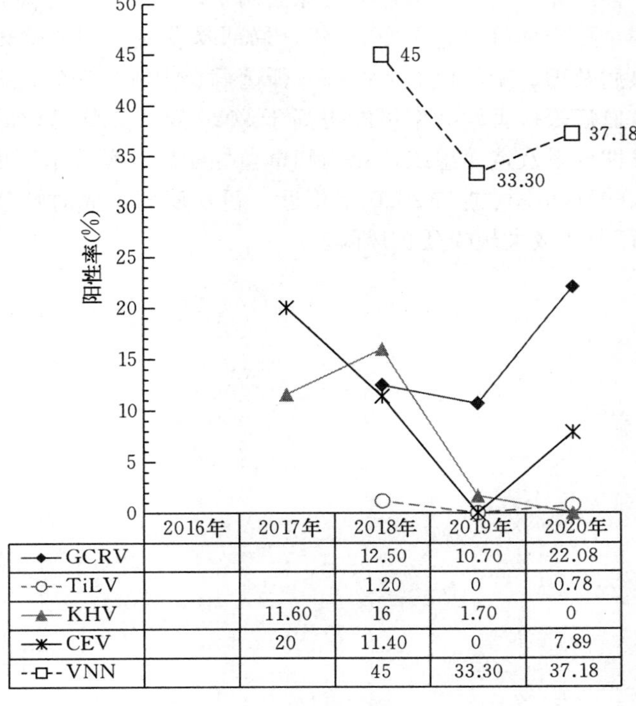

	2016年	2017年	2018年	2019年	2020年
GCRV			12.50	10.70	22.08
TiLV			1.20	0	0.78
KHV		11.60	16	1.70	0
CEV		20	11.40	0	7.89
VNN			45	33.30	37.18

图 5　鱼类 5 种疫病流行情况

三、病害多发原因分析

（1）种质退化、种苗质量差　监测检测发现 2020 年种苗带毒率比往年高。大口黑鲈苗的病毒携带率高达 4 成。

（2）养殖密度过大，年限过长　如对虾养殖放苗达每亩* 10 万尾（土塘）或 30 万尾以上（高位池），生鱼养殖亩产 1 万 kg，大口黑鲈亩产 500 kg，且同一口池塘养殖同一品种年限超过 10 年，造成池塘老化和养殖水质富营养化。

（3）养殖从业者防控意识和水平偏低　养殖户防病意识较差、专业技术水平偏低。乡村渔医短缺，养殖前期防控意识不足。

（4）防治技术研究滞后　水产养殖病害防控技术研究和推广应用滞后生产实际需要，水产商品化疫苗少。病菌、寄生虫的耐药性逐年增强。

（5）自然灾害和新冠疫情等影响　2020 年经历多次寒潮或冷空气影响，导致应激过大造成死亡。年初新冠疫情导致水产品滞销，出现压塘现象严重，引起病害高发造成死亡。

四、2021 年病害流行预测

根据 2020 年广东省水产养殖病害流行态势和 2021 年预测天气情况分析，2021 年广东省主要水产养殖病害仍高发。其中，对虾肝肠胞虫、对虾虹彩病毒和海水鱼类刺激隐核虫病和病毒性神经坏死病、淡水鱼类链球菌病、诺卡氏菌病、弹状病毒病、虹彩病毒病等病害发病率、死亡率可能高于 2020 年，局部暴发流行的风险较大；鱼类细菌性肠炎病、微孢子虫病及鳢、鲈等鱼类溃疡病、弧菌病、锦鲤疱疹病毒病、鲤浮肿病毒病与鲫、鲮细菌性败血症等病害发病率可能也高于 2020 年，点状暴发的风险较高；对虾白斑综合征、传染性皮下及造血组织坏死病和草鱼烂鳃病、鳜等指环虫病、淡水鱼小瓜虫病、锚头鳋等病的发病率可能与 2020 年相近。新发疫病造成对虾玻璃苗现象可能会较 2020 年严重，存在造成大规模死亡风险。

---

* 亩为非法定计量单位。1 亩＝1/15 hm^2。

2020年广西壮族自治区水生动物病情分析

广西壮族自治区水产技术推广站

（韩书煜　胡大胜　黎姗梅　施金谷　梁　怡）

2020年，广西壮族自治区以农业农村部发布的《一、二、三类动物疫病病种名录》中的36种水生动物疫病为主，兼顾其他易发、多发疾病，在24个县开展以“鱼病诊治服务”为主要措施的水产养殖动物病情防控工作，掌握了广西水产养殖病害的流行危害情况，为进一步提升广西水产养殖病害防治水平提供技术支撑。

一、监测方法

1. 监测点设置　2020年，柳州、梧州、玉林、河池、防城港5个市和柳城、武宣、象州、玉州、桂平、合浦、浦北、港口、东兴、凭祥、田东、都安、大化、全州、临桂、蒙山16个县（市、区）水产（渔业）技术推广站参加了水产养殖动物病情精准测报工作，21个测报单位共在24个县（市、区）79个乡镇设置了177个监测点。各测报单位的有效监测点情况详见表1。

表1　测报单位有效测报点详细情况

测报单位	测报点数量（个）	监测面积（hm^2）	监测区放养数量（尾）	发病区放养量（尾）
防城港市	4	2.408 6	3 041 900	0
港口区	5	82.9	95 374 895	95 199 920
东兴市	7	163.666 6	23 320 500	1 800 000
合浦县	25	150.377	52 043 280	50 162 190
柳州市	8	88.399 9	8 612 000	3 736 000
柳城县	5	77.000 0	3 404 000	2 180 000
梧州市	12	45.157	122 202 495	122 202 495
蒙山县	12	27.066 8	2 520 770	248 440
玉林市	5	23.533 4	870 000	870 000
玉州区	9	61.533 3	1 129 060	1 063 900
河池市	7	51.666 7	2 292 670	0
都安县	7	65.133 3	595 385	486 140
大化县	9	26.910 1	858 260	300 000
田东县	7	44.813 5	1 117 650	72 150

（续）

测报单位	测报点数量（个）	监测面积（hm²）	监测区放养数量（尾）	发病区放养量（尾）
凭祥市	11	107.219 4	2 285 955	799 920
桂平市	9	117.666 6	4 484 950	4 013 650
全州县	7	29.403 4	98 152 495	98 111 335
临桂区	5	76.533 3	3 649 850	3 037 800
象州县	13	54.066 6	918 510	433 580
武宣县	6	49.333 5	162 000	17 000
浦北县	4	73.333 4	1 420 000	1 420 000
合计	177	1 418.122 4	428 456 625	386 154 520

2. **测报面积和放养数量**　2020 年，177 个监测点合计测报面积 1 418.122 4 hm^2，总放养数量 42 845.7 万尾，各养殖模式的监测点数量和测报面积及放养数量详见表 2。

表 2　各养殖模式的有效监测点详细情况

养殖模式	测报点数（个）	监测面积（hm²）	监测区放养数量（尾）	发病区放养数量（尾）
海水池塘养虾	9	148.066 7	96 220 000	80 920 000
海水池塘养鱼	1	30	1 800 000	1 800 000
海水网箱养鱼	3	2.618 6	3 216 375	0
海水滩涂养贝	1	33.333 4	50 000 000	50 000 000
海水浮筏养贝	1	5.333 3	12 799 920	12 799 920
淡水池塘养鱼	126	1 069.044	255 433 810	235 388 730
淡水池塘养虾	1	4.333 3	240 500	0
淡水池塘养鳖	1	3.666 7	44 000	0
淡水池塘养龟	2	42.000 0	51 860	0
淡水网箱养鱼	21	6.503 1	4 655 570	3 731 870
淡水工厂化养鱼	1	0.933 3	1 449 990	0
淡水其他养鱼	8	72.266 7	2 544 100	1 514 000
淡水其他养龟	2	0.023 3	500	0
合计	177	1 418.122 4	428 456 625	386 154 520

3. **监测品种**　2020 年，共监测了 26 个养殖品种，分别为凡纳滨对虾、红螯螯虾、石斑鱼、卵形鲳鲹、牡蛎、文蛤、罗非鱼、草鱼、鲢、鳙、鮰、鲤、黄颡鱼、鳟、鲫、大口黑鲈、鲮、乌鳢、泥鳅、倒刺鲃、青鱼、鲟、鲇、短盖巨脂鲤、鳖、龟，各品种的监测点数量和测报面积及放养数量详见表 3。

表3　各品种的有效测报点详细情况

种类	测报点数（个）	监测面积（hm²）	监测区放养数量（尾）	发病区放养数量（尾）
凡纳滨对虾	9	148.066 7	96 220 000	80 920 000
石斑鱼	1	0.233 3	174 975	0
卵形鲳鲹	2	2.385 3	3 041 400	0
文蛤	1	33.333 4	50 000 000	50 000 000
牡蛎	1	5.333 3	12 799 920	12 799 920
罗非鱼	61	268.463 5	12 792 490	8 030 270
草鱼	86	567.179 2	10 917 170	10 097 320
鲢	59	422.466 8	1 546 700	519 430
鳙	54	339.6	822 515	248 550
鲤	51	397.417 4	201 331 255	198 895 200
鲫	21	118.4	6 277 100	3 539 800
鮰	18	200.59	7 148 250	1 115 000
黄颡鱼	12	54.736 8	7 134 400	4 934 400
鲇	5	22.933 3	8 845 000	8 845 000
鳟	4	0.24	1 178 000	1 100 000
鲮	10	37.733 4	3 015 660	2 654 020
泥鳅	3	1.333 3	2 065 100	2 065 100
倒刺鲃	5	0.163 4	202 520	198 140
青鱼	8	18.883 4	177 320	152 380
大口黑鲈	2	1.2	165 000	0
短盖巨脂鲤	2	8.666 7	119 990	39 990
鲟	1	0.733 3	165 000	0
乌鳢	1	22.000 0	1 980 000	0
红螯螯虾	1	4.333 3	240 500	0
鳖	1	3.666 7	44 000	0
龟	4	42.023 3	52 360	0
合计	423	2 722.115 8	428 456 625	386 154 520

4. 监测方法　2020年，结合鱼病诊疗服务，采取定点监测的方法开展水产养殖动物病情精准测报，指导养殖户防治疾病，跟踪调查疾病防治疗效。

（1）现场检测　监测点发生病情，立即赶赴现场开展流行病学调查，结合现场检测水质、剖检观察病症、镜检寄生虫和详细问询测报点的养殖生产情况，初步判断病因，同时现场分离病原菌和固定病毒样品带回实验室进一步检测。

（2）基础防治措施建议　初步判断病因后，指导养殖户采取消除病因等基础防治措施。

(3) 实验室检测　分离的病原菌和固定病毒样品带回实验室后，及时进行病原菌鉴定和病毒检测，并对病原菌进行药敏试验和筛选有效国标水产用兽药药效检验等。

(4) 针对性防治措施建议　根据实验室检测和筛选有效国标水产用兽药结果，指导养殖户采取针对性防治措施养殖户防治疾病。

(5) 病情信息录入系统　完成实验室检测和指导养殖户防治疾病后，将详细的病例信息录入测报系统。

(6) 疗效跟踪　指导养殖户防治疾病一周后，采取电话联系或现场调查的方式，开展疗效跟踪调查，研究调整防治措施。

二、监测结果

（一）病情测报

1. *累计发病面积*　2020 年，有效监测点 177 个，发病监测点 107 个，发病监测点率 60.45%；总监测面积 1 418.1 hm^2，发病面积 1 725.2 hm^2，发病面积率 121.65%。各养殖模式的发病监测点和累计发病面积比率详见表 4。

表 4　各养殖模式累计发病面积比率情况

养殖模式	发病测报点			发病面积		
	有效（个）	发病（个）	比率（%）	监测（hm^2）	发病（hm^2）	比率（%）
海水池塘养虾	9	6	66.67	148.066 7	96.066 7	64.88
海水池塘养鱼	1	1	100.00	30	0.666 7	2.22
海水网箱养鱼	3	0	0.00	2.618 6	0	0.00
海水滩涂养贝	1	1	100.00	33.333 4	66.333 4	199.00
海水浮筏养贝	1	1	100.00	5.333 3	0.866 7	16.25
淡水池塘养鱼	126	81	64.29	1 069.044	1 485.723 1	138.98
淡水池塘养虾	1	0	0.00	4.333 3	0	0.00
淡水池塘养鳖	1	0	0.00	3.666 7	0	0.00
淡水池塘养龟	2	0	0.00	42.000 0	0.000 0	0.00
淡水网箱养鱼	21	15	71.43	6.503 1	75.310 3	1 158.07
淡水工厂化养鱼	1	0	0.00	0.933 3	0	0.00
淡水其他养鱼	8	2	25.00	72.266 7	0.22	0.30
淡水其他养龟	2	0	0.00	0.023 3	0	0.00
合计	177	107	60.45	1 418.122 4	1 725.186 9	121.65

2. *监测品种的发病情况*　2020 年，26 个监测品种共监测到草鱼、青鱼、鲢、鳙、鲤、鲫、泥鳅、鲇、鮰、黄颡鱼、鳟、短盖巨脂鲤、罗非鱼、鲮、倒刺鲃、凡纳滨对虾、牡蛎、蛤 18 个品种发病，占 26 个监测品种的 69.23%。草鱼、罗非鱼、鲤、鲇、

鮰监测到的疾病种类超过10种分别为21种、16种、16种、12种、11种；黄颡鱼、鲫、鲢、鳙、鳟、鲮监测到的疾病种类超5种分别为8种、8种、8种、8种、7种、5种；青鱼、泥鳅、倒刺鲃、凡纳滨对虾、短盖巨脂鲤、牡蛎、蛤监测到的疾病种类分别为4种、4种、4种、2种、1种、1种、1种。各品种监测到的疾病次数依次为草鱼338次、鲤85次、罗非鱼65次、黄颡鱼47次、鮰46次、鲇40次、鲢39次、倒刺鲃26次、鳙21次、鳟21次、鲫20次、凡纳滨对虾15次、鲮12次、泥鳅11次、青鱼7次、蛤2次、短盖巨脂鲤1次、牡蛎1次。详见表5。

表5　各品种监测到的疾病数量和发病次数

监测品种	监测到疾病名称	疾病种类		发病次数	
		数量（种）	比率（%）	次数（次）	比率（%）
凡纳滨对虾	弧菌病、不明病因疾病	2	6.45	15	1.88
牡蛎	不明病因疾病	1	3.23	1	0.13
蛤	不明病因疾病	1	3.23	2	0.25
罗非鱼	传染性套肠症、链球菌病、竖鳞病、细菌性肠炎病、细菌性败血症、水霉病、鳃霉病、小瓜虫病、指环虫病、车轮虫病、固着类纤毛虫病、斜管虫病、肝胆综合征、氨中毒症、缺氧症、冻死	16	51.61	65	8.16
草鱼	细菌性烂鳃病、细菌性肠炎病、赤皮病、烂尾病、细菌性败血症、水霉病、鳃霉病、流行性溃疡综合征、指环虫病、三代虫病、小瓜虫病、中华鳋病、斜管虫病、车轮虫病、锚头鳋病、鱼鲺病、固着类纤毛虫病、头槽绦虫病、不明病因疾病、肝胆综合征、缺氧症	21	67.74	338	42.41
倒刺鲃	细菌性烂鳃病、水霉病、溃疡病、肝胆综合征	4	12.90	26	3.26
短盖巨脂鲤	不明病因疾病	1	3.23	1	0.13
鲤	锦鲤疱疹病毒病、细菌性败血症、细菌性烂鳃病、细菌性肠炎病、竖鳞病、水霉病、鳃霉病、三代虫病、指环虫病、中华鳋病、车轮虫病、固着类纤毛虫病、黏孢子虫病、鱼虱病、缺氧症、氨中毒症	16	51.61	85	10.66
鲢	细菌性败血症、打印病、水霉病、中华鳋病、锚头鳋病、鱼鲺病、指环虫病、缺氧症	8	25.81	39	4.89
鳙	细菌性败血症、打印病、水霉病、锚头鳋病、车轮虫病、鱼鲺病、指环虫病、缺氧症	8	25.81	21	2.63
泥鳅	指环虫病、三代虫病、车轮虫病、气泡病	4	12.90	11	1.38
青鱼	细菌性败血症、细菌性烂鳃病、溃疡病、肝胆综合征	4	12.90	7	0.88
鲫	细菌性败血症、竖鳞病、细菌性烂鳃病、水霉病、鳃霉病、溃疡病、锚头鳋病、车轮虫病	8	25.81	20	2.51
鲮	细菌性败血症、细菌性烂鳃病、水霉病、鳃霉病、溃疡病	5	16.13	12	1.51

（续）

监测品种	监测到疾病名称	疾病种类		发病次数	
		数量（种）	比率（%）	次数（次）	比率（%）
鳟	赤皮病、细菌性败血症、细菌性烂鳃病、水霉病、小瓜虫病、车轮虫病、指环虫病	7	22.58	21	2.63
鮰	传染性套肠症、细菌性烂鳃病、鮰爱德华氏菌病、细菌性肠炎病、水霉病、鳃霉病、溃疡病、指环虫病、车轮虫病、不明病因疾病、肝胆综合征	11	35.48	46	5.77
黄颡鱼	鮰爱德华氏菌病、细菌性烂鳃病、细菌性肠炎病、水霉病、溃疡病、三代虫病、车轮虫病、肝胆综合征	8	25.81	47	5.90
鲇	细菌性烂鳃病、腹水病、细菌性肠炎病、细菌性败血症、水霉病、鳃霉病、溃疡病、指环虫病、车轮虫病、三代虫病、肝胆综合征、缺氧症	12	38.71	40	5.02

26 个监测品种，有效监测点数 423 个，发病监测点数 162 个，发病监测点率 38.30%；监测面积 2 722.1 hm^2，累计发病面积 1 725.2 hm^2，发病面积率 63.38%。各发病品种的发病监测点和发病面积比率详见表 6。

表 6　各发病品种的发病监测点和发病面积比率情况

品种	发病测报点			发病面积		
	有效（个）	发病（个）	比率（%）	监测（hm^2）	发病（hm^2）	比率（%）
凡纳滨对虾	9	6	66.67	148.066 7	96.066 7	64.88
石斑鱼	1	0	0.00	0.233 3	0	0.00
卵形鲳鲹	2	0	0.00	2.385 3	0	0.00
文蛤	1	1	100.00	33.333 4	66.333 4	199.00
牡蛎	1	1	100.00	5.333 3	0.866 7	16.25
罗非鱼	61	26	42.62	268.463 5	139.977 8	52.14
草鱼	86	42	48.84	567.179 2	769.287	135.63
鲢	59	18	30.51	422.466 8	120.866 7	28.61
鳙	54	13	24.07	339.6	43.066 6	12.68
鲤	51	15	29.41	397.417 4	162.094	40.79
鲫	21	5	23.81	118.4	30.866 9	26.07
鮰	18	5	27.78	200.59	22.222 9	11.08
黄颡鱼	12	8	66.67	54.736 8	18.642 3	34.06
鲇	5	5	100.00	22.933 3	221.747 6	966.92
鳟	4	3	75.00	0.24	1.84	766.67
鲅	10	2	20.00	37.733 4	8.000 4	21.20

（续）

品种	发病测报点			发病面积		
	有效（个）	发病（个）	比率（%）	监测（hm²）	发病（hm²）	比率（%）
泥鳅	3	3	100.00	1.333 3	1.866 7	140.01
倒刺鲃	5	4	80.00	0.163 4	1.436 1	878.89
青鱼	8	4	50.00	18.883 4	18.005 1	95.35
大口黑鲈	2	0	0.00	1.2	0	0.00
短盖巨脂鲤	2	1	50.00	8.666 7	2	23.08
鲟	1	0	0.00	0.733 3	0	0.00
乌鳢	1	0	0.00	22.000 0	0	0.00
红螯螯虾	1	0	0.00	4.333 3	0	0.00
鳖	1	0	0.00	3.666 7	0	0.00
龟	4	0	0.00	42.023 3	0	0.00
合计	423	162	38.30	2 722.115 8	1 725.186 9	63.38

表 6 显示，18 个发病品种中，鲇、倒刺鲃、鳟、文蛤、泥鳅、草鱼的累计发病面积均超过监测面积，其累计发病面积率分别达 966.92%、878.89%、766.67%、199.00%、140.01%和 135.63%，排出监测范围较小这一因素，属疾病超易感品种；青鱼、凡纳滨对虾、罗非鱼、鲤、黄颡鱼、鲢、鲫、短盖巨脂鲤、鲮鱼则为疾病易感品种，其发病面积率分别 95.35%、64.88%、52.14%、40.79%、34.06%、28.67%、26.07%、23.08%、21.20%；其余品种的累计发病面积率均在 20%以下，属疾病低易感品种。

3. *监测品种类别的发病情况*　26 个监测品种来源于 4 个品种类别，其中虾类 2 个品种、贝类 2 个品种、鱼类 20 个品种、龟鳖 2 个品种，各品种类别的发病监测点率、累计发病面积率、监测区死亡率和发病区死亡率详见表 7。

表 7　各种监测品种类别的发病情况（%）

监测类别	发病测报点率	发病面积率	监测区域死亡率	发病区域死亡率
虾类	60.00	63.04	23.40	27.89
贝类	100.00	173.79	15.53	15.53
鱼类	37.93	62.84	0.89	0.99
龟鳖	0.00	0.00	0.00	0.00

表 7 显示，贝类的发病监测点率和累计发病面积率最高，达 100.00%和 173.89%；而虾类的监测区死亡率和发病区死亡率则较高，分别为 23.40%和 27.89%；龟鳖因监测范围太小而没监测到疾病。

4. *监测到的疾病种类*　2020 年，共监测到 35 种疾病，其中病毒性疾病 1 种、细菌性疾病 11 种、真菌性疾病 3 种、寄生虫性疾病 11 种、非病原性疾病 6 种、其他疾病 3

种。养殖鱼类监测到32种疾病，其中病毒性疾病1种、细菌性疾病10种、真菌性疾病3种、寄生虫性疾病11种、非病原性疾病6种、其他疾病1种；养殖对虾监测到2种疾病，其中细菌性疾病1种、其他疾病1种；养殖贝类监测到其他疾病1种。各养殖类别监测到的疾病种类和数量详见表8。

表8　监测到的疾病详细情况

类别		病名	数量（种）
鱼类	细菌性疾病	鱼细菌性败血症，细菌性烂鳃病、赤皮病、细菌性肠炎病、打印病、竖鳞病、鮰爱德华氏菌病，迟缓爱德华氏菌病、传染性套肠症、链球菌病、烂尾病	11
	真菌性疾病	鳃霉病、流行性溃疡综合征、水霉病	3
	非病原性疾病	肝胆综合征、气泡病、缺氧症、氨中毒症、冻死	5
	寄生虫性疾病	三代虫病、指环虫病、小瓜虫病、车轮虫病、斜管虫病、黏孢子虫病、固着类纤毛虫病、锚头鳋病、中华鳋病、鱼鲺病、头槽绦虫病	11
	其他	不明病因疾病	1
	病毒性疾病	锦鲤疱疹病毒病	1
虾类	细菌性疾病	弧菌病	1
	其他	不明病因疾病	1
贝类	其他	不明病因疾病	1

35种疾病共监测到798次，其中监测到鱼细菌性烂鳃病124次，属超易发疾病；监测到鱼指环虫病92次、鱼车轮虫病79次、鱼流行性溃疡综合征72次、鱼水霉病64次、鱼细菌性败血症52次，属易发疾病；其余29种疾病监测到的次数均在50次以下，为常发疾病。各种疾病监测到的次数详见表9。

表9　各种疾病监测到的次数及比率情况

疾病名称	次数（次）	比率（%）	疾病名称	次数（次）	比率（%）
锦鲤疱疹病毒病	2	0.25	锚头鳋病	19	2.38
细菌性烂鳃病	124	15.43	三代虫病	12	1.51
细菌性败血症	52	6.52	斜管虫病	12	1.51
鮰爱德华氏菌病	2	0.25	鱼鲺病	8	1.00
迟缓爱德华氏菌病	12	1.51	固着类纤毛虫病	5	0.63
烂尾病	1	0.13	黏孢子虫病	4	0.50
传染性套肠症	7	0.88	中华鳋病	8	1.00
赤皮病	35	4.39	头槽绦虫病	1	0.13
细菌性肠炎病	30	3.76	鱼不明病因疾病	6	0.75
链球菌病	20	2.51	肝胆综合征	48	6.02

（续）

疾病名称	次数（次）	比率（%）	疾病名称	次数（次）	比率（%）
竖鳞病	4	0.50	缺氧症	13	1.63
打印病	4	0.50	氨中毒症	2	0.25
水霉病	64	8.03	气泡病	2	0.25
鳃霉病	18	2.26	冻死	3	0.38
流行性溃疡综合征	72	9.03	弧菌病	3	0.38
指环虫病	92	11.54	虾不明病因疾病	12	1.51
车轮虫病	79	9.91	贝不明病因疾病	3	0.38
小瓜虫病	19	2.38	总次数	798	100.00

5. 各种疾病的危害情况　2020年，监测到的35种疾病中，发病区死亡率高于10%的有鱼缺氧症57.18%、贝不明原因疾病53.12%、虾不明原因疾病43.20%、虾弧菌病19.22%、鱼不明原因疾病18.51%和鱼竖鳞病13.75%，属高危害疾病；各种疾病的发病面积比、监测区死亡率和发病区死亡率详见表10。

表10　各种疾病的发病率和死亡率情况（%）

品种类别	疾病名称	发病次数占比	发病率			死亡率		
			广西	发病县	发病测报点	广西	发病县	发病测报点
虾类	弧菌病	0.38	25.80	60.25	60.25	5.27	10.45	10.45
	不明病因疾病	1.50	39.08	53.88	53.88	23.46	27.89	27.89
贝类	不明病因疾病	0.38	173.79	173.79	173.79	15.53	15.53	15.53
鱼类	锦鲤疱疹病毒病	0.25	12.53	106.67	200.00	0.01	1.44	1.73
	链球菌病	2.51	12.51	19.92	34.45	0.65	1.00	1.31
	迟缓爱德华氏菌病	1.50	4.83	23.11	30.28	0.20	0.39	0.55
	细菌性肠炎病	3.76	5.16	20.80	24.47	0.01	0.10	0.10
	细菌性烂鳃病	15.41	28.41	83.93	94.53	0.20	0.29	0.29
	细菌性败血症	6.52	8.58	24.44	37.70	0.18	0.63	0.64
	赤皮病	4.39	29.36	36.29	47.80	0.51	0.62	0.63
	鮰爱德华氏菌病	0.25	2.60	53.42	53.42	0.05	0.52	0.52
	打印病	0.50	0.74	2.35	5.78	0.00	0.02	0.05
	传染性套肠症	0.88	0.14	1.80	27.14	0.01	0.16	0.40
	竖鳞病	0.50	1.10	11.13	30.92	0.44	2.04	2.37
	烂尾病	0.13	0.07	0.37	0.51	0.00	0.03	0.04
	流行性溃疡综合征	9.02	7.78	42.78	45.50	0.47	1.12	1.13
	水霉病	8.02	5.62	17.83	26.42	0.11	0.38	0.39
	鳃霉病	2.26	1.82	34.34	41.23	0.11	0.17	0.17

（续）

品种类别	疾病名称	发病次数占比	发病率			死亡率		
			广西	发病县	发病测报点	广西	发病县	发病测报点
鱼类	指环虫病	11.53	9.01	26.69	34.54	0.06	0.20	0.21
	三代虫病	1.50	0.84	5.46	5.85	0.01	0.05	0.05
	车轮虫病	10.03	13.41	28.33	34.13	0.17	0.21	0.21
	黏孢子虫病	0.50	0.37	4.06	4.70	0.00	0.00	0.00
	小瓜虫病	2.38	0.73	2.92	5.37	0.07	0.32	0.36
	斜管虫病	1.50	1.25	3.91	5.01	0.01	0.03	0.04
	锚头鳋病	2.38	4.44	8.28	11.89	0.00	0.01	0.01
	中华鳋病	1.00	3.49	13.06	14.28	0.00	0.00	0.00
	鱼鲺病	1.00	0.17	0.92	1.33	0.00	0.04	0.06
	固着类纤毛虫病	0.63	0.26	1.20	1.77	0.00	0.01	0.01
	头槽绦虫病	0.13	1.97	2.43	23.08	0.03	0.03	0.09
	不明病因疾病	0.75	0.79	9.08	9.08	0.88	3.75	3.75
	肝胆综合征	6.02	3.23	14.12	20.33	0.08	0.21	0.54
	气泡病	0.25	45.00	90.00	90.00	0.00	0.00	0.00
	缺氧症	1.63	0.94	5.33	7.83	0.03	0.14	0.14
	氨中毒症	0.25	0.12	1.00	2.74	0.00	0.00	0.00
	冻死	0.38	1.69	12.40	35.19	0.02	0.16	0.28

表10显示，细菌性烂鳃病、指环虫病、车轮虫病的发病次数率均超过10%，分别为15.41%、11.53%、10.03%，属超常发疾病；流行性溃疡综合征、水霉病、细菌性败血症、肝胆综合征的发病次数率在5%～10%，属常发疾病。贝类病因疾病、鲤锦鲤疱疹病毒病的发病监测点累计发病面积率超过100%，分别为173.79%、200%，其发病监测点死亡率分别为15.53%、1.73%，属超高危害疾病；对虾不明病因疾病和弧菌病、鱼不明病因疾病、淡水鱼竖鳞病、罗非鱼链球菌病、流行性溃疡综合征的发病监测点累计发病面积率分别为53.88%和60.25%、9.08%、30.92%、34.45%、45.50%，其发病监测点死亡率分别为27.89%和10.45%、3.75%、2.37%、1.31%、1.13%，属高危害疾病。

6. *各种疾病的流行规律*　2020年，共监测到35种疾病，各月份监测到的疾病名称、数量和次数及累计发病面积详见表11、表12。

表11　各月份监测到的疾病情况

月份	监测到疾病名称	个数（种）
1	细菌性烂鳃病、传染性套肠症、水霉病、鳃霉病、指环虫病、流行性溃疡综合征、小瓜虫病、车轮虫病、锚头鳋病、三代虫病、肝胆综合征	1

（续）

月份	监测到疾病名称	个数（种）
2	锦鲤疱疹病毒病、传染性套肠症、鮰爱德华氏菌病、细菌性肠炎病、水霉病、流行性溃疡综合征、肝胆综合征、锚头鳋病、指环虫病、三代虫病、鱼鲺病、中华鳋病、车轮虫病、固着类纤毛虫病	14
3	细菌性败血症、赤皮病、竖鳞病、细菌性烂鳃病、细菌性肠炎病、鮰爱德华氏菌病、水霉病、鳃霉病、流行性溃疡综合征、车轮虫病、指环虫病、三代虫病、小瓜虫病、斜管虫病、鱼鲺病、中华鳋病、锚头鳋病、不明病因疾病、肝胆综合征、缺氧症、氨中毒症	21
4	细菌性败血症、细菌性烂鳃病、传染性套肠症、竖鳞病、赤皮病、细菌性肠炎病、水霉病、鳃霉病、流行性溃疡综合征、指环虫病、鱼鲺病、锚头鳋病、三代虫病、车轮虫病、中华鳋病、斜管虫病、小瓜虫病、头槽绦虫病、不明病因疾病、肝胆综合征	20
5	锦鲤疱疹病毒病、细菌性烂鳃病、赤皮病、传染性套肠症、细菌性败血症、链球菌病、细菌性肠炎病、烂尾病、水霉病、流行性溃疡综合征、斜管虫病、小瓜虫病、指环虫病、三代虫病、车轮虫病、中华鳋病、黏孢子虫病、固着类纤毛虫病、肝胆综合征、缺氧症	20
6	迟缓爱德华氏菌病、细菌性烂鳃病、细菌性败血症、赤皮病、细菌性肠炎病、链球菌病、流行性溃疡综合征、指环虫病、三代虫病、车轮虫病、黏孢子虫病、固着类纤毛虫病、斜管虫病、不明病因疾病、肝胆综合征	15
7	细菌性烂鳃病、细菌性败血症、赤皮病、细菌性肠炎病、链球菌病、打印病、竖鳞病、迟缓爱德华氏菌病、流行性溃疡综合征、车轮虫病、指环虫病、小瓜虫病、中华鳋病、黏孢子虫病、不明病因疾病、肝胆综合征、缺氧症、气泡病	18
8	细菌性烂鳃病、鮰爱德华氏菌病、细菌性败血症、打印病、细菌性肠炎病、链球菌病、弧菌病、赤皮病、流行性溃疡综合征、车轮虫病、三代虫病、指环虫病、小瓜虫病、不明病因疾病、肝胆综合征	15
9	细菌性烂鳃病、细菌性败血、赤皮病、细菌性肠炎病、链球菌病、迟缓爱德华氏菌病、传染性套肠症、鳃霉病、流行性溃疡综合征、车轮虫病、指环虫病、斜管虫病、锚头鳋病、小瓜虫病、不明病因疾病、肝胆综合征、缺氧症、气泡病	18
10	传染性套肠症、细菌性烂鳃病、迟缓爱德华氏菌病、细菌性肠炎病、打印病、弧菌病、链球菌病、细菌性败血症、水霉病、流行性溃疡综合征、三代虫病、指环虫病、车轮虫病、小瓜虫病、锚头鳋病、斜管虫病、不明病因疾病、肝胆综合征、缺氧症	19
11	细菌性烂鳃病、细菌性肠炎病、水霉病、流行性溃疡综合征、指环虫病、中华鳋病、斜管虫病、小瓜虫病、车轮虫病、锚头鳋病、三代虫病、小瓜虫病、肝胆综合征、缺氧症	14
12	细菌性烂鳃病、细菌性肠炎病、水霉病、鳃霉病、流行性溃疡综合征、车轮虫病、小瓜虫病、黏孢子虫病、固着类纤毛虫病、指环虫病、肝胆综合征、氨中毒症、冻死、缺氧症	14

表12　各月份监测到的疾病数量和次数及发病面积

月份	疾病数量		发病次数		发病面积	
	数量（种）	比率（%）	次数（次）	比率（%）	面积（hm^2）	比率（%）
1	11	35.48	42	5.27	34.613 5	2.44
2	14	45.16	37	4.64	70.853 4	5.00

（续）

月份	疾病数量		发病次数		发病面积	
	数量（种）	比率（%）	次数（次）	比率（%）	面积（hm²）	比率（%）
3	21	67.74	83	10.41	255.856 9	18.04
4	20	64.52	86	10.79	166.967 3	11.77
5	20	64.52	68	8.53	168.777 1	11.90
6	15	48.39	60	7.53	129.206 8	9.11
7	18	58.06	98	12.30	272.375 5	19.21
8	15	48.39	70	8.78	205.998 3	14.53
9	18	58.06	88	11.04	151.515 5	10.68
10	19	61.29	66	8.28	117.528 5	8.29
11	14	45.16	52	6.52	93.070 7	6.56
12	14	45.16	47	5.90	50.223 4	3.54

表 12 显示，2020 年 1～12 月监测到的疾病种类均不少于 11 个，发病次数也不少于 37 次，疾病呈周年流行态势；3、4、5 月和 7、8、9、10 月监测到的疾病种类均不少于 15 个，发病次数也超过 60 次，呈现双峰流行规律。

7. 各类疾病的流行规律　2020 年 1 到 12 月，淡水养殖鱼类监测到病毒病、细菌病、霉菌病、寄生虫病、不明病因疾病、营养性疾病和非生物疾病，各类疾病各月份的死亡率详见图 1；养殖凡纳滨对虾监测到细菌病和不明病因疾病，各类疾病各月份的死亡率详见图 2；养殖贝类监测到不明病因疾病，各类疾病各月份的死亡率详见图 3。

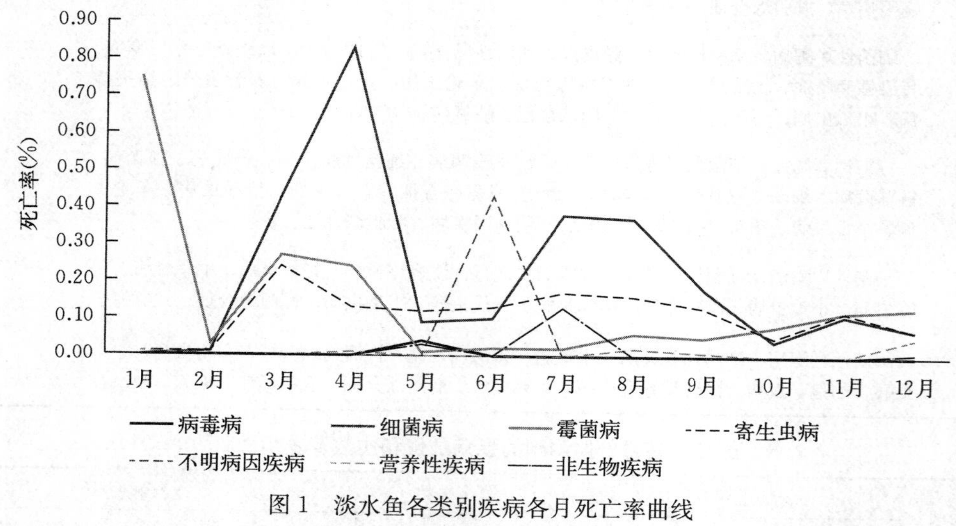

图 1　淡水鱼各类别疾病各月死亡率曲线

图 1 显示，淡水鱼类细菌病、霉菌病、寄生虫病和营养性疾病呈周年流行态势，病毒病、不明病因疾病、非生物疾病则呈偶发态势；图 2、图 3 显示，因病情报送不连续，对虾弧菌病和不明病因疾病、贝类不明病因疾病也呈偶发态势，无规律可循。

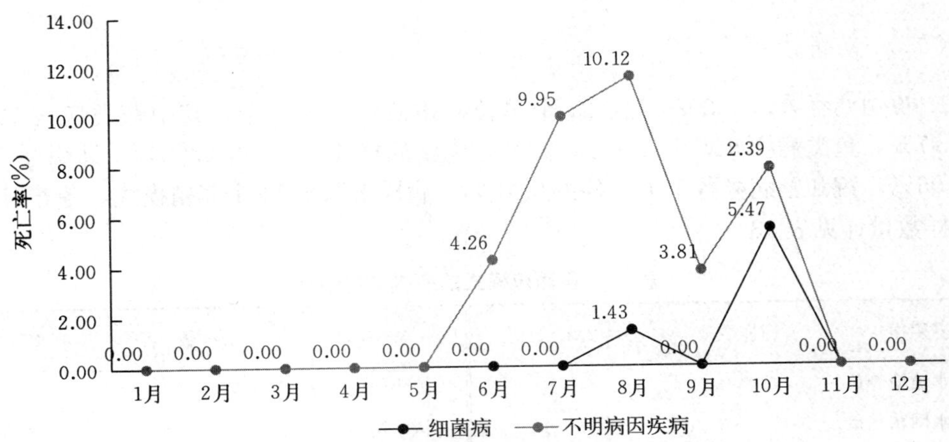

图2 凡纳滨对虾各类别疾病各月死亡率曲线

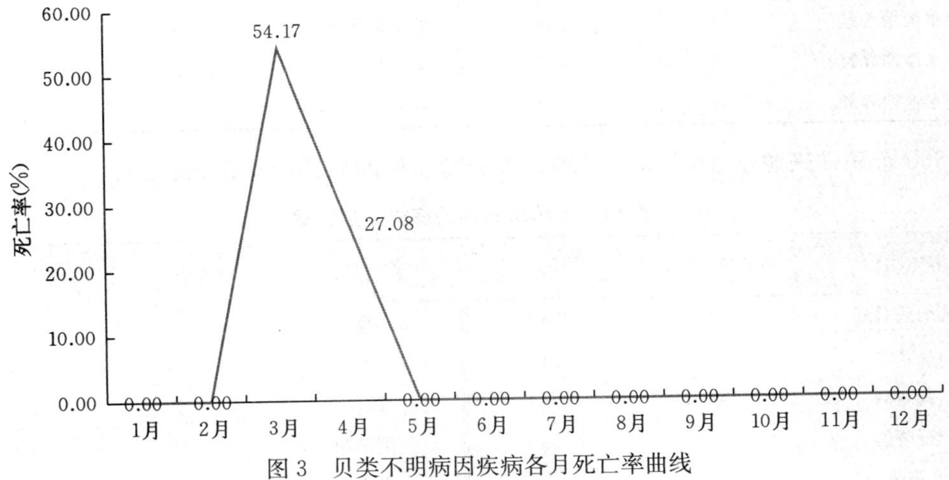

图3 贝类不明病因疾病各月死亡率曲线

8. 面上重大病情

（1）2020年3～5月和8～10月，防城港市港口区沿海滩涂养殖文蛤2次暴发不明原因死亡事件，涉及养殖面积533.33～600.00 hm^2，3～5月死亡率50%～65%，8～10月为20%～30%，全年死亡率为70%～85%，造成了较大的经济损失。

（2）2020年4月，贵港、桂林和南宁等地的养殖黄颡鱼暴发死亡病情，涉及养殖黄颡鱼池塘200 hm^2 以上，病死鱼超11万kg，经济损失约300万元。

（3）2020年6月和7月，西江浔江贵港、梧州河段养殖网箱连续2次发生大面积死鱼事件，导致几百千米沿河水域养殖网箱大面积死鱼，死亡鱼类超过500万kg，经济损失约8 000万元。

（4）2020年8月初，受沿海海域水体盐度、水温等因素影响，钦州市龙门港区养殖网箱发生刺激隐核虫病情，导致养殖鱼类大批死亡，估计有3 500个养殖网箱受损，损失惨重，经济损失约1 000万元。

（二）鱼病诊疗

1. 检测病样来源　2020年，21个单位共检测病样660个，其中虾类病样13个、占1.97%，鱼类病样621个、占94.09%，龟鳖病样17个、占2.58%，蛙病样7个、占1.06%，鲵和蟹病样各1个、各占0.15%。病样来源于14个养殖模式，各养殖模式的病样数量详见表13。

表13　各养殖模式的病样数量情况

养殖模式	病样数（个）	比率（%）	养殖模式	病样数（个）	比率（%）
海水池塘养鱼	4	0.61	淡水池塘养蟹	1	0.15
海水网箱养鱼	3	0.45	淡水网箱养鱼	149	22.58
海水池塘养虾	12	1.82	淡水流水养鱼	28	4.24
淡水池塘养鱼	418	63.33	淡水水泥池养鱼	19	2.88
淡水池塘养蛙	3	0.45	淡水水泥池养蛙	4	0.61
淡水池塘养鳖	5	0.76	淡水水泥池养龟	12	1.82
淡水池塘养虾	1	0.15	淡水水泥池养鲵	1	0.15

660个病样来源于31个养殖品种，各养殖品种的病样数量详见表14。

表14　各养殖品种的病样数量情况

养殖品种	病样数（个）	比率（%）	养殖品种	病样数（个）	比率（%）
凡纳滨对虾	12	1.82	鳙	5	0.76
金鼓鱼	1	0.15	鲫	16	2.42
黄鳍鲷	2	0.30	鲮鱼	7	1.06
石斑鱼	4	0.61	倒刺鲃	13	1.97
草鱼	225	34.09	赤眼鳟	12	1.82
罗非鱼	92	13.94	短盖巨脂鲤	5	0.76
鲤	57	8.64	长臀鮠	3	0.45
胡子鲇	52	7.88	丁鲹	1	0.15
泥鳅	13	1.97	鲟	1	0.15
鲢	21	3.18	蟹	1	0.15
黄颡鱼	35	5.30	蛙	7	1.06
斑点叉尾鮰	31	4.70	鳖	5	0.76
鲇	8	1.21	龟	12	1.82
大口黑鲈	6	0.91	大鲵	1	0.15
杂交鳢	4	0.61	红螯螯虾	1	0.15
青鱼	7	1.06			

660个病样分别来自12个月，各月的病样数量详见表15。

表15　各月的病样数量情况

月份	病样数（个）	比率（%）	月份	病样数（个）	比率（%）
1	41	6.21	7	72	10.91
2	13	1.97	8	81	12.27
3	46	6.97	9	64	9.70
4	56	8.48	10	68	10.30
5	73	11.06	11	36	5.45
6	86	13.03	12	24	3.64

2. *疾病种类*　共检测660个病样，其中并发病占64.55%，单发病占35.45%。

检测病样中，烂鳃-车轮虫并发病、烂鳃病、流行性溃疡综合征检测出的频率最高，分别从71个、56个、55个病样检测出，占660个病样的10.76%、8.48%、8.33%；其次是细菌性败血症、烂鳃-指环虫并发病、烂鳃-溃疡-指环虫并发病、赤皮-烂鳃并发病，分别从38个、36个、21个、21个病样检测出，占660个病样的5.76%、5.45%、3.18%、3.18%；其余检测出疾病的病样数量均在20个以下。

3. *品种疾病*　660个病样来自31个养殖品种。草鱼、罗非鱼、鲤、胡子鲇检测出疾病种类（包含并发病）最多，分别为42种、27种、22种、21种；其次为黄颡鱼、斑点叉尾鮰、鲢和鲫，分别为18种、15种、11种和11种。其余品种检测出疾病种类在10种以下。

4. *各月疾病*　疾病呈周年性流行危害，5月和6月检测出的疾病种类（包含并发病）最多，为38种和35种；其次为4月、7月、8月、10月、3月、9月，分别为30种、30种、28种、28种、25种、24种；1月、11月、12月和2月检测出的疾病种类分别为18种、18种、16种和8种。

5. *疾病流行*　2020年共检测660个病样，发病水体中放养数量52 677 116尾/只，总死亡数量2 131 124尾/只，总死亡率4.05%；各月份的死亡数量和死亡率详见表16。

表16　各月份死亡数量和死亡率情况

月份	死亡数量（尾/只）	死亡率（%）	月份	死亡数量（尾/只）	死亡率（%）
1	124 993	0.24	8	207 089	0.39
2	6 843	0.01	9	214 714	0.41
3	135 492	0.26	10	218 150	0.41
4	89 272	0.17	11	45 839	0.09
5	73 404	0.14	12	51 681	0.10
6	375 298	0.71	合计	2 131 124	4.05
7	588 349	1.12			

表 16 显示，6、7 月死亡率最高，分别达 0.71%、1.12%；其次是 8、9、10 月，死亡率分别为 0.39%、0.41%、0.41%；2 月死亡率最低，仅为 0.01%。

6. *疾病危害* 660 个病样来源于 14 个养殖模式，除海水网箱养鱼和淡水水泥池养鲵因病样较少无死亡现象外，其余 12 个养殖模式均出现死亡现象，尤其以淡水水泥池养鱼因无中央排污系统导致养殖鱼类疾病不断、死亡率高居首位，达 76.80%；其次为淡水水泥池养蛙和海水池塘养虾，死亡率分别为 12.50%和 12.05%；再次为淡水网箱养鱼，死亡率为 7.15%；其余 8 个养殖模式的死亡率均在 5%以下。各养殖模式的死亡率详见表 17。

表 17　各养殖模式的死亡率情况

养殖模式	死亡率（%）	养殖模式	死亡率（%）	养殖模式	死亡率（%）
海水池塘养鱼	2.21	淡水池塘养鳖	0.35	淡水水泥池养鱼	76.80
海水网箱养鱼	0.00	淡水池塘养虾	4.44	淡水水泥池养蛙	12.50
海水池塘养虾	12.05	淡水池塘养蟹	0.08	淡水水泥池养龟	3.23
淡水池塘养鱼	1.87	淡水网箱养鱼	7.15	淡水水泥池养鲵	0.00
淡水池塘养蛙	0.56	淡水流水养鱼	0.39		

660 个病样来自 31 个品种，除石斑鱼和大鲵因病样较少无死亡现象外，其余 29 个养殖品种均出现死亡现象。鲟只有一个病样，死亡率高达 33.33%。病样超过 3 个以上的品种，斑点叉尾鮰和凡纳滨对虾的死亡率最高，分别达 12.65%和 12.05%；其次是龟、黄鳍鲷、胡子鲇，死亡率分别为 8.94%、6.56%、6.49%；其余品种的死亡率均小于 5%。各养殖品种的放养数量、死亡数量和死亡率详见表 18。

表 18　各养殖品种的死亡率情况

品种	放养数量（尾/只）	死亡数量（尾/只）	死亡率（%）	品种	放养数量（尾/只）	死亡数量（尾/只）	死亡率（%）
凡纳滨对虾	2 605 000	314 000	12.05	鳙	114 300	4 490	3.93
金鼓鱼	7 000	200	2.86	鲫	4 894 230	128 993	2.64
黄鳍鲷	915 000	60 050	6.56	鲮鱼	4 005 000	118 785	2.97
石斑鱼	134 100	0	0.00	倒刺鲃	257 500	6 063	2.35
草鱼	9 347 052	269 200	2.88	赤眼鳟	1 208 000	82 822	6.86
罗非鱼	4 240 541	92 114	2.17	短盖巨脂鲤	335 000	10 055	3.00
鲤	4 901 950	103 486	2.11	长臀鮠	231 200	500	0.22
胡子鲇	10 751 460	697 788	6.49	鲟	2 400	800	33.33
鲇	458 500	1 343	0.29	丁鲹	9 000	30	0.33
泥鳅	935 000	12 649	1.35	蟹	60 000	50	0.08
鲢	432 600	12 751	2.95	蛙	316 800	2 548	0.80
黄颡鱼	3 609 796	85 433	2.37	鳖	5 381	19	0.35

（续）

品种	放养数量（尾/只）	死亡数量（尾/只）	死亡率（%）	品种	放养数量（尾/只）	死亡数量（尾/只）	死亡率（%）
斑点叉尾鮰	907 500	114 825	12.65	龟	1 096	98	8.94
大口黑鲈	59 460	1 170	1.97	大鲵	3 800	0	0.00
杂交鳢	1 040 000	5 900	0.57	红螯螯虾	450	20	4.44
青鱼	888 000	4 942	0.56	合计	52 677 116	2 131 124	4.05

共检测660个病样，其中，除石斑鱼组织缺氧症无死亡现象外，其余疾病均导致死亡，死亡率较高的疾病种类依次为对虾弧菌病7.26%、龟白眼病5.84%、白斑综合征4.44%、龟鳖肺炎-白眼并发病2.74%、传染性皮下及造血组织坏死病毒病2.50%、海水鱼类志贺邻单胞菌病2.19%、淡水鱼水质中毒1.82%、淡水鱼不明病因疾病1.42%、淡水鱼赤皮-溃疡并发病1.29%。

三、分析

1. 病情测报信息的数据量

（1）监测点设置　设置的监测点具有代表性是掌握区域病情信息的基础。2020年，21个单位共设置了226个监测点（监测点信息录入系统的有效监测点为177个），26个监测品种中，7个品种各设置了1个监测点，3个品种各设置了2个监测点，仅16个品种设置的监测点超过3个；而16个品种还有5个品种的部分单位仅设置了1～2个监测点。多数品种的监测点设置不科学，缺乏代表性，导致了对虾、贝类、海水鱼类的病情分析无法得出应有的规律。

（2）录入系统信息　病情信息的连续性是掌握区域病情信息的关键。2020年，21个单位共录入病情信息进系统月份数为163个月，平均不到8个月，其中录入病情信息不足5个月有4个单位，只有5个单位每个月都录入病情信息。病情信息上报的不连续，影响了区域病情信息的可信度。

（3）病情信息上报　病情信息的数据量对掌握区域病情流行规律至关重要。2020年，21个单位共录入病情信息进系统的数据1 726条，平均每个单位82条（每个单位每个月不到7条）；其中病情信息798条，平均每个单位38条（每个单位每个月不到4条）。病情信息的数据量严重不足，导致了区域病情信息的缺损。

（4）病情信息质量　病情信息的真实性是掌握区域病情的基石。2020年，21个单位共录入病情信息进系统的数据1 726条，其中病情信息798条，病情信息仅占46.2%；1个单位上报40条信息却没有病情信息，1个单位上报92条信息只有1条病情信息，1个单位上报64条信息只有2条病情信息，1个单位上报29条信息只有3条病情信息。如此测报，严重影响了区域病情信息的可靠性。

2. 鱼病诊治的数据量

（1）检测病样的连续性是了解区域疾病流行危害规律的基础　2020年，21个测报单位共检测病样 660 个，平均每个单位 31 个，但各个月的检测病样数量不一，2 月检测病样最少仅 13 个，其次是 12 月仅 24 个，再次是 1 月和 3 月为 41 个和 46 个。这 4 个月的检测病样数量偏少，代表不了当月疾病流行危害的真实情况，影响了研究区域疾病流行危害规律的真实性。

（2）检测病样的数据量是掌握区域疾病流行危害的关键　2020 年检测的 660 个病样来自 31 个养殖品种，平均每个养殖品种仅 21 个病样，但只有 6 个养殖品种的检测病样在 30 个以上，检测病样 10 个以上 30 个以下有 7 个品种，18 个品种的检测病样在 10 个以下。检测病样数据量较少，无法掌握真实的区域疾病流行危害情况。

3. 疾病的流行危害趋势　并发病的流行危害已成为主流。2020 年共检测 660 个病样，其中并发病占 64.55%，单发病占 35.45%。1～12 月检测到的疾病样品数量分别有 41、13、46、56、73、86、72、81、64、68、36、24 个，并发病的比率分别为 38.89%、62.50%、60.00%、56.67%、55.26%、62.86%、56.67%、57.14%、70.83%、53.57%、72.22%、43.75%，仅 1 月和 12 月低于 50%。细菌和霉菌与寄生虫并发感染、2 种以上细菌并发感染，在病样检测中经常出现，并呈常态化趋势。

4. 病因分析

（1）养殖环境日益恶化　由于水源水的富营养化日益严重及普遍受病原微生物污染，导致了水源水的污染日益严重；同时，养殖密度的增加导致养殖水体环境质量日益下降，养殖水体的自身净化能力削弱，使得养殖动物的抗病能力下降，使得养殖病害频繁发生和迅速流行危害，造成了养殖水体的污染也日渐严重。这是导致滩涂养殖文蛤暴发不明原因死亡和江河养殖网箱发生大面积死鱼事件的主要原因。

（2）气候异常　2020 年 3 月，广西各地气温的快速攀升，带动了养殖水温的迅速回升，部分养殖户开始给养殖鱼类投喂饲料；而 4 月，持续 15～20 d 的大幅降温，又使养殖水温的快速回落，养殖鱼类又跌入越冬模式，激烈的应激导致养殖鱼类抗病能力迅速下降，从而引发疾病危害。这是养殖黄颡鱼发生暴发死亡病情的主要原因。

（3）病原微生物对水体的污染已非常严重　引种的随意性、发病水体的随意排放和养殖水体的交叉污染，造成了病原微生物对水源水及养殖水体的污染非常严重，一旦养殖水质恶化或养殖动物抗病力下降，就导致养殖病害的流行危害。这是近年来养殖疾病严重危害的主要因素。

四、2021 年病害预测

（一）总体发病趋势预测

预测会延续上年度水产养殖病害严重危害的势头，2021 年广西水产养殖病害仍然维持高危害、局部暴发流行的局面。

（二）各养殖种类发病趋势预测

1. 养殖对虾　白斑综合征等病毒病和弧菌病及肝肠孢子虫病将严重危害养殖对虾，

3～6月和9～10月为高发高危害期。

2. *养殖鱼类* 草鱼出血病、鲫疱疹病毒病、流行性溃疡综合征、细菌性败血症、链球菌病、爱德华氏菌病、肠炎病、烂鳃病、赤皮病等细菌病和刺激隐核虫病、小瓜虫病、斜管虫病、指环虫病、车轮虫病、孢子虫病和水霉病等将危害养殖鱼类，呈现季节性危害和周年流行危害态势。春秋两季危害养殖鱼类主要病害为缺氧等水质病、流行性溃疡综合征、烂鳃病、刺激隐核虫病、小瓜虫病、斜管虫病和水霉病等；夏季危害养殖鱼类主要病害为草鱼出血病、鲫疱疹病毒病、罗非鱼湖病毒病、细菌性败血症、链球菌病、爱德华氏菌病、肠炎病、指环虫病、车轮虫病和孢子虫病等；冬季危害养殖鱼类主要病害为细菌性败血症、肠炎病、刺激隐核虫病、小瓜虫病、指环虫病、车轮虫病和孢子虫病等。

3. *养殖龟鳖* 腮腺炎、腐皮病、白眼病等将危害养殖龟鳖，呈周年流行危害态势。

4. *养殖贝类* 类立克次氏体病等原虫病将危害养殖贝类，1～5月流行危害高峰期。

五、防控对策与建议

1. *强化疫病监管* 加强水产苗种产地检疫，预防疾病的交叉感染；实行水产原良种场疫病一票否决制度，杜绝染病苗种的扩散；开展水产苗种生产场所的疫病与重大疾病普查，及时发现疫病或重大疾病并采取措施清除，逐步建设无疫病水产苗种场。

2. *改善养殖环境* 制定中长期养殖发展规划，合理布局，推行生态健康养殖技术；加强水产养殖基础设施建设，完善水产养殖配套设施，配备足够的蓄水池和增添足够的增氧设施，提高养殖水体水质调控的能力，改善水产养殖内部环境条件，减少养殖病害的交叉感染，从而最大限度地降低病害发生和危害；推广鱼-菜、鱼-藕等生态立体养殖技术，提高养殖水体自身的自净能力，保持良好的养殖水体环境。

3. *广泛开展鱼病诊疗服务* 增加投入，建设乡村鱼病诊疗机构；充分发挥水生动物防疫实验室的作用，广泛开展诊疗服务，推广淡水养殖鱼类病害自主诊治软件（淡水鱼病害诊治 App）的使用，逐步改变基层技术人员和养殖户的病害防治观念，依据实验室检测和药敏试验结果来防治病害，切实做到"对症下药"，避免错诊、误诊、漏诊现象发生，提高病害防治疗效，减少病害的危害；加强水产养殖病害病原体的耐药性监测，掌握各地水产养殖病害病原体耐药性情况，筛选其敏感药物，杜绝滥用、乱用药物现象，指导基层诊疗服务机构和养殖户进行病害防治，切实提高病害防治效果，减少病害流行与危害，保证养殖产品的质量安全。

4. *实施养殖投入品质量承诺制度* 在广西各县区广泛实行养殖投入品质量承诺制度，凡进入广西的饲料及渔药厂商，必须先到当地县级渔业主管部门备案，取得经营许可证，并承诺产品没有违禁药物和假冒伪劣后才能在当地销售，以提高饲料及渔药等养殖投入品的质量水平。

2020 年海南省水生动物病情分析

海南省海洋与渔业科学院病害防治研究所

（赵志英　崔　婧　蒙爱云）

一、水产养殖病害测报基本情况

2020 年全省水产养殖病害测报工作涵盖 18 个市（县），测报员 42 人，监测点共计 41 个，监测面积约 0.21 万 hm^2，约占全省养殖面积的 3%。涵盖海水池塘、海水工厂化、海水网箱、海水筏式、淡水池塘等养殖模式。监测品种有 3 大类 7 个养殖品种，其中鱼类 3 种，甲壳类 3 种（虾类 2 种，蟹类 1 种），贝类 1 种（表 1）。测报时间为 2020 年 1～12 月。

表 1　2020 年海南省水生动植物病害监测养殖品种

类别	测报的养殖品种	合计（种）
鱼类	罗非鱼、石斑鱼、卵形鲳鲹	3
甲壳类	凡纳滨对虾、斑节对虾、青蟹	3
贝类	东风螺	1

二、监测结果与分析

（一）监测到的病害总体情况

2020 年全省共监测到 7 个养殖品种发生 25 种病害，以细菌性疾病、病毒性疾病和寄生虫疾病为主，其中细菌性疾病 9 种，寄生虫性疾病 5 种，病毒性疾病 3 种，真菌性疾病 1 种，非病源性疾病 3 种，不明病因疾病 4 种（表 2）。

表 2　2020 年不同养殖品种全年发生的病害种类统计

类　别		病　　名	数量（种）
鱼类	细菌性疾病	爱德华氏菌病、迟缓爱德华氏菌病、链球菌病、烂鳃病、赤皮病、细菌性肠炎病、烂尾病、腹水病、溃疡病	9
	真菌性疾病	水霉病	1
	寄生虫性疾病	指环虫病、车轮虫病、小瓜虫病、黏孢子虫病、鱼蛭病	5
	非病原性疾病	气泡病、缺氧症、氨中毒症	3
	其他	不明病因疾病	1
	病毒性疾病	病毒性神经坏死病、传染性胰脏坏死病	2

（续）

类别		病名	数量（种）
甲壳类	病毒性疾病	桃拉综合征	1
	其他	虾不明病因疾病，蟹不明病因疾病	2
贝类	其他	不明病因疾病	1

（二）不同养殖品种主要病害情况

淡水鱼类养殖病害以链球菌病、迟缓爱德华氏菌病等细菌性疾病为主，还有车轮虫病、指环虫病、不明病因疾病等。海水鱼类养殖病害以细菌性病害为主。对虾养殖有桃拉综合征以及不明病因疾病等病害。蟹类养殖主要以不明病因疾病为主。贝类养殖主要以不明病因疾病为主。

1. 罗非鱼　养殖过程中主要以链球菌病为主（图 1）。从发病面积来看，以链球菌病和病毒性疾病发病流行面积最广，且持续时间长，病情复杂（图 2）。从发病区域平均死亡率来看，链球菌病和非病原性疾病死亡率最高，车轮虫等寄生虫类疾病在 1～5 月和 11～12 月昼夜温差大时死亡率较高。链球菌病和其他细菌性疾病在 5～7 月发病死亡率明显升高（图 3）。

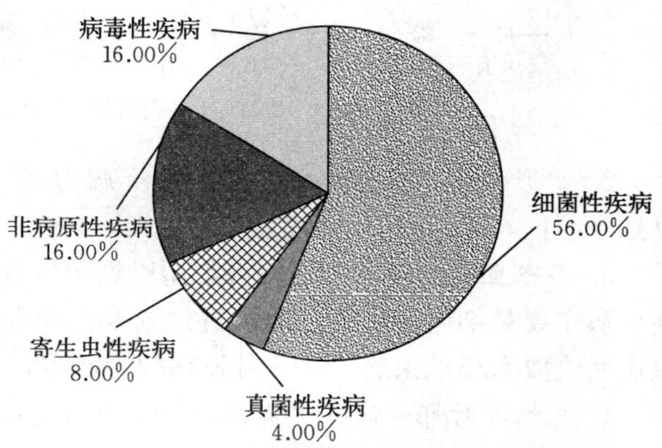

图 1　2020 年海南省罗非鱼病害类型组成情况

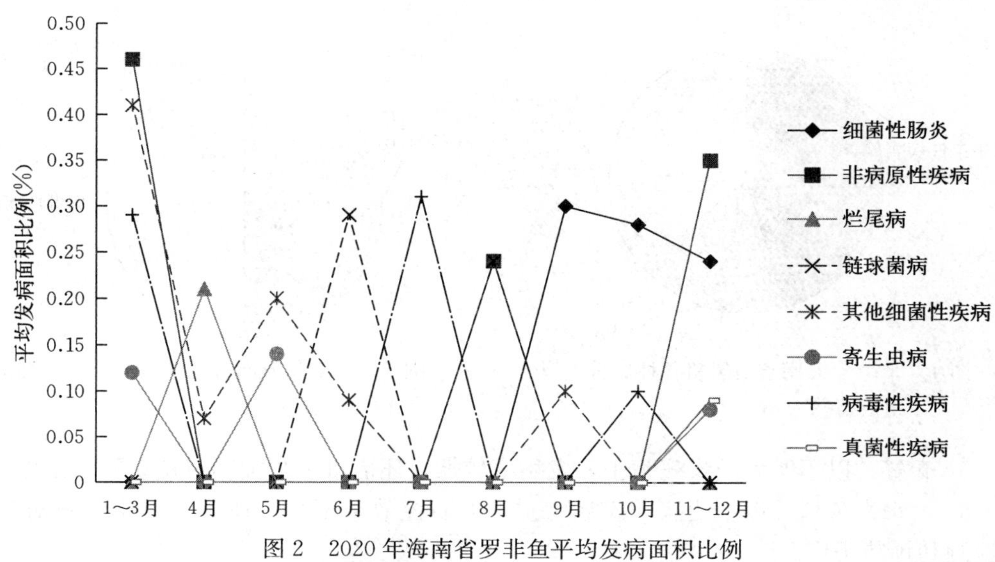

图 2　2020 年海南省罗非鱼平均发病面积比例

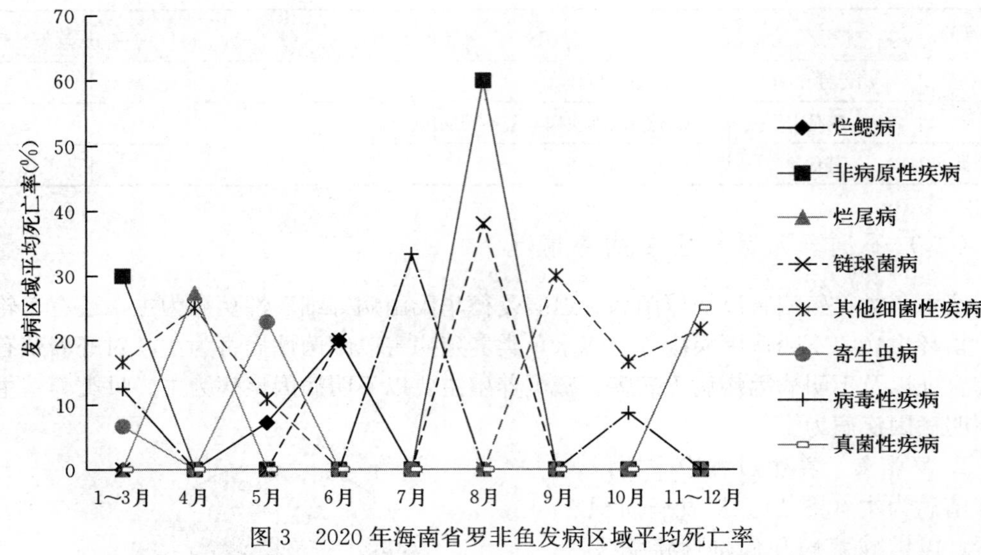

图 3　2020 年海南省罗非鱼发病区域平均死亡率

2. *卵形鲳鲹*　病害类型以细菌性疾病为主。其中以链球菌病为主，特别是每年 8 月到 10 月，为细菌性疾病高发季节。

3. *石斑鱼*　全年的主要病害类型以细菌性疾病和寄生虫性疾病为主（图 4）。细菌性疾病主要是细菌性肠炎，属于慢性疾病，全年均有发生，最高死亡率为 40%。寄生虫疾病主要为小瓜虫病，在 5 月发病较为严重，最高死亡率为 35.71%。

4. *凡纳滨对虾*　病害主要以病毒性疾病为主（图 5）。1～4 月，凡纳滨对虾主要暴发桃拉综合征，最高发病面积达 58.82%（图 6）。桃拉综合征依旧是比较难以防控的疾病，还需进一步加强对疾病的检测和预防工作（图 7）。

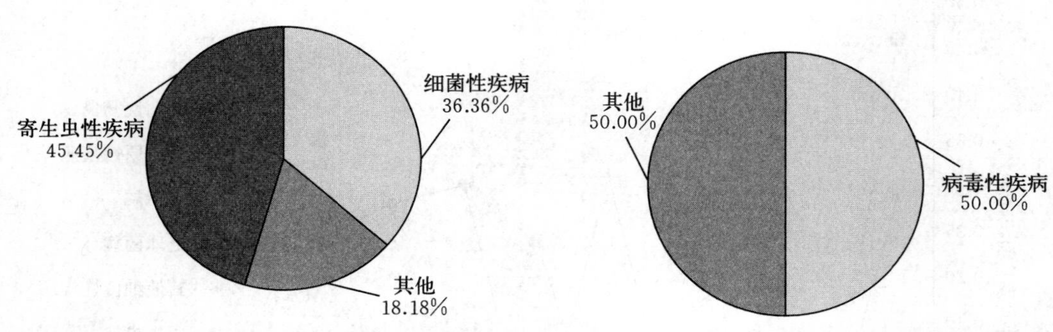

图 4　2020 年海南省石斑鱼各种病害类型组成情况

图 5　2020 年海南省凡纳滨对虾病害类型组成情况

5. *青蟹*　以不明病因疾病为主，发病率较低，还需进一步加强对疾病预防工作。

6. *方斑东风螺*　以不明病因疾病为主，但防控效果不佳，还需进一步加强对疾病的检测和预防工作。

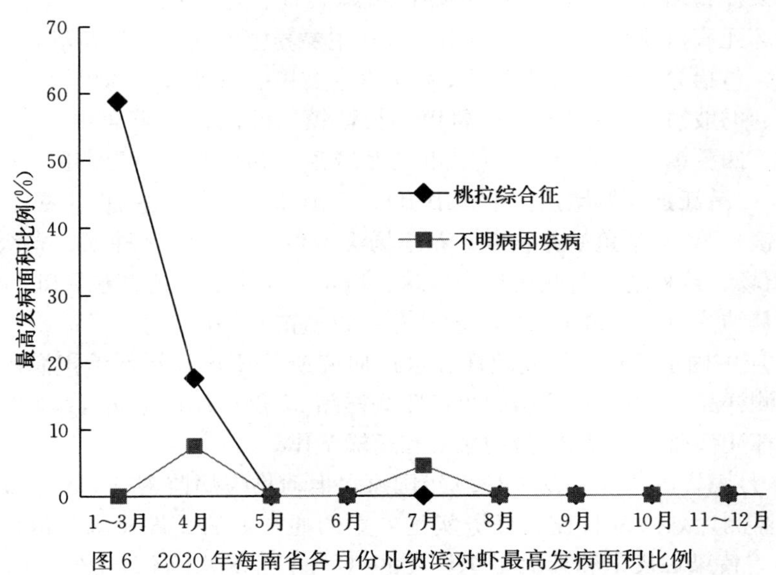

图 6　2020 年海南省各月份凡纳滨对虾最高发病面积比例

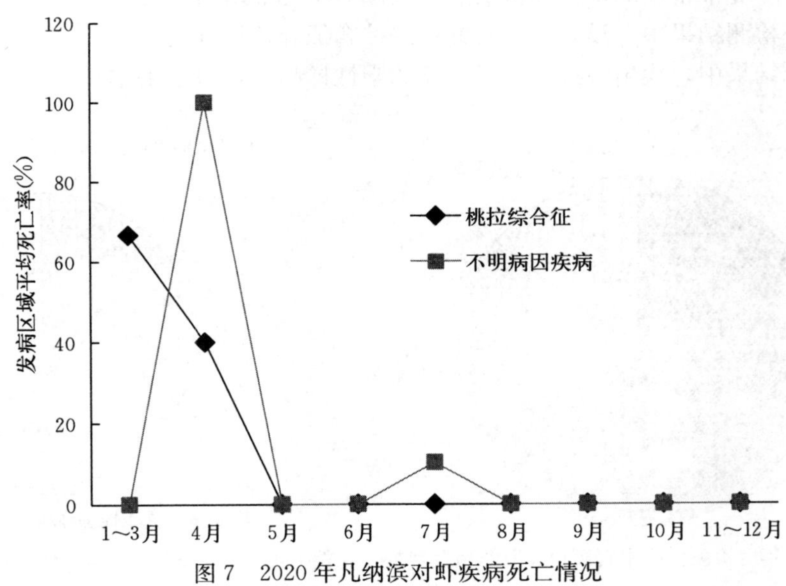

图 7　2020 年凡纳滨对虾疾病死亡情况

三、重要水生动物疫病监测情况

根据海南省 2020 年水生动物疫病监测任务分配情况，2020 年海南省海洋与渔业科学院承担农业农村部下达的白斑综合征（55 个批次）、传染性皮下和造血组织坏死病（55 个批次）、病毒性神经坏死病（20 个批次）专项监测任务共计 130 个批次。

5～12 月，我们进行了对虾白斑综合征、传染性皮下和造血组织坏死病、病毒性神经坏死病的采样检测工作。2020 年对虾白斑综合征、传染性皮下和造血组织坏死病、病毒性神经坏死病监测地点为全省各相关市县主要养殖区的鱼、虾苗场，以及池塘和工厂化精养区，包括海口市、文昌市（文城镇、会文镇、龙楼镇、翁田镇、东郊镇、昌洒镇、铺前镇、冯坡镇）、琼海市（博鳌镇、长坡镇、潭门镇、塔洋镇）、东方市（板桥镇、新龙镇、四更镇、感城镇）、万宁市（万城镇、和乐镇）、儋州市（光村镇、新州镇、峨蔓镇）、昌江县（海尾镇、十月田镇）、三亚市（市辖区、崖州区）、陵水县（黎安镇、新村镇）等 97 个鱼虾养殖点。养殖场类型包括国家级良种场、省级良种场、成鱼/成虾养殖场、苗种场。监测对象为珍珠石斑鱼、龙胆石斑鱼、东星斑、杉虎石斑鱼、卵形鲳鲹和凡纳滨对虾、斑节对虾、罗非鱼，以鱼苗和虾苗为主。

10 月，应中国水产科学研究院珠江水产研究所的要求，新增承担海水鱼病毒性神经坏死病监测样品 10 份、虾肝肠胞虫病监测样品 20 份、虾虹彩病毒病监测样品 20 份、急性肝胰腺坏死病监测样品 20 份的采集和运输工作。

截至 12 月底，已全部完成《2020 年国家水生动物疫病监测计划》《2020 年国家水生动物疫病监测计划海南省监测任务实施方案的通知》的文件要求，包括白斑综合征（57 个批次）、传染性皮下和造血组织坏死病（57 个批次）、病毒性神经坏死病（24 个批次）共计 138 个批次的采样和检测工作（图 8），检测结果如下：

在对虾检测结果中，没有检出对虾白斑综合征和传染性皮下和造血组织坏死病。在石斑鱼检测结果中，检出病毒性神经坏死病阳性样品 1 个（检出率 4%）（图 9）。

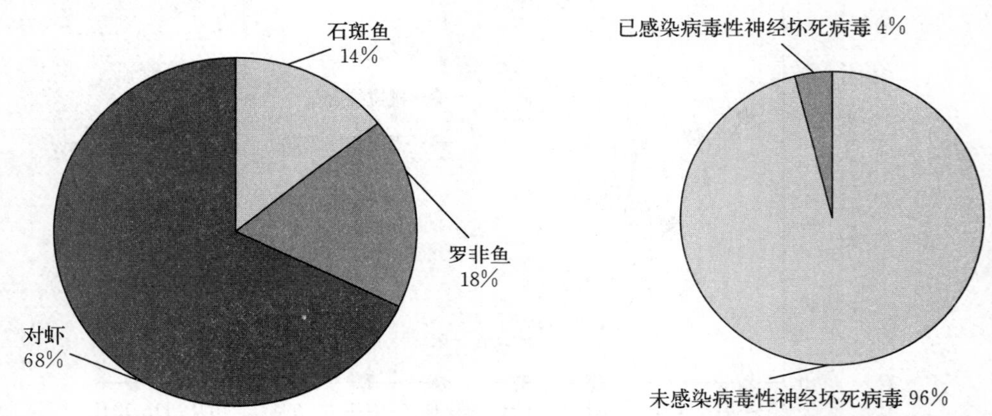

图 8　2020 年度检测样品中石斑鱼、罗非鱼及对虾占比例　图 9　病毒性神经坏死病阳性样品检出率

随后我们对检出阳性样品的 2 个监测点及相关地区进行了流行病学调查分析。其中，石斑鱼病毒性神经坏死病阳性监测点一个，位于琼海市长坡镇椰林村委会，向检出阳性的相关市县以及养殖监测点反馈检测情况，对 VNN 检出区域采取消毒、扑灭处理活力不佳的鱼体等净化措施，对其他未采集区域进行了样本采集检测，未检出阳性，对该监测点养殖区域内其他样本的不定期跟踪抽样调查，并未发现发病现象。

四、2020 年水产养殖病害发生、流行原因分析

（一）罗非鱼细菌性疾病发生、流行原因分析

（1）链球菌病是养殖罗非鱼主要病害　链球菌发病和温度密切相关，常于夏、秋两季发生，流行水温为 25～37 ℃，在水温高于 30 ℃时易暴发。

（2）部分养殖品种抗病能力弱　如吉富系列罗非鱼，由于其生长速度特别快，效益高，成为罗非鱼主要养殖品种。但是该品种鱼类抗病力弱，抗低溶氧能力差，应激能力差，在养殖过程中易染病死亡。

（3）盲目追求高产高效，病害防控意识淡薄　不少养殖户，为了追求高产值、高效益，不断加大养殖密度，以至于病害频发，适得其反。

（二）海水鱼类病害发生、流行原因分析

通过分析海南省近几年海水养殖鱼类发病的流行趋势可知：细菌性疾病、寄生虫疾病和病毒性疾病依然是海南省海水养殖鱼类的主要病害。每年 6～8 月，随着海水平均温度升高，为细菌性疾病发生高峰期；每年 9～11 月，随着海水平均温度下降（<30 ℃），为刺激隐核虫疾病发病高峰期。养殖石斑鱼以神经坏死病毒病、细菌性疾病和寄生虫疾病病害危害最大。卵形鲳鲹病害以细菌性疾病和刺激隐核虫疾病为主，5～11 月为发病高峰期。寄生虫疾病的防治难度较大。目前在深水网箱养殖区域发生的刺激隐核虫疾病较难控制，因为水体中包囊和幼体难以清除，常常会出现再次感染现象。

（三）对虾病害发生、流行原因分析

（1）种苗抗逆性差　海南省对虾养殖户为缩短养殖周期，提高生长速度和产量，盲目追求高产，提高养殖密度，忽视了种质的基本条件，致使养殖病害的暴发。

（2）气候恶劣　连续台风、暴雨导致浮游微藻繁殖不好，溶解氧较低，水质容易恶化，引起对虾应激反应剧烈和生理不适，影响正常摄食。

（3）养殖业自身污染　目前大多数地方的养殖模式，都没有污水处理系统，直排大海，对当地水体自净造成极大压力，周边水土环境越来越差，同时也造成了区域性养殖水体交叉感染。

五、2021 年水产养殖病害流行趋势的预测

根据往年的病害流行特点，海南省 2021 年淡水养殖罗非鱼养殖病害仍以细菌性病害为主，应继续加大对罗非鱼细菌性疾病监测和防治力度。另外，还需要不断探索新的养殖模式和新品种，以减少养殖病害，提高淡水养殖效益。海水养殖鱼类仍然以细菌性疾病与寄生虫疾病为主，重点关注弧菌病和神经坏死病等疾病，加强监测与管理，造成的损失可能会有下降的趋势。

深水网箱养殖鱼类病害流行趋势：海南省网箱养殖鱼类主要病害类型为寄生虫疾病

和细菌疾病，特别是由刺激隐核虫引起的寄生虫病害流行区域有逐渐扩大趋势，防治难度不断增加。2021 年应重点关注该病害流行情况，及时监控水质和气候变化，尽力做好预防措施。

对虾病害流行趋势：病毒病将是危害对虾类健康养殖的主要病害。近年来，虾肝肠胞虫病、固着类纤毛虫病对海南省对虾养殖危害不断加大，2021 年应重点防控。

贝类养殖方面，由于方斑东风螺养殖受到种质退化、海水养殖环境变差和交叉感染等诸多因素的影响，细菌病性病害有加重趋势。

六、水产养殖病害的防治对策建议

（1）提倡生态养殖模式，如鱼菜共生、稻田综合种养等，保持养殖系统的稳定，有效降低养殖废水、有害物质、残饵等排放量。

（2）强养殖水体溶解氧、pH、氨氮等水质因子监测，保持水体稳定。不断提高增氧效率，提倡采取底部增氧等措施，保持水体溶氧充足。定期使用微生物制剂和底质改良剂，调理水质，保持水环境稳定。

（3）进一步加强水产养殖用药管理，投喂多维、免疫增强剂或者中草药制剂，增强养殖品种免疫力，预防疾病发生。病害发生后，根据发生情况，科学合理使用渔药，及时清理死亡养殖生物，以减少感染概率，禁止使用国家明文规定的禁用药。进一步加强水产养殖病害测报与预报管理以及实施水产苗种的定期检验检疫等工作。

（4）不断加强水生动物疫病防控体系人才建设，加强市县级防疫站建设和管理，加大水生动物疫病防控经费投入，培育一批能够深入基层并指导养殖户有效应对各种疫情的病害防治员。

（5）探索新型健康、高效、环保养殖模式，积极引导、鼓励、支持养殖户使用安全、高效、生态、健康、环保的先进养殖技术，积极引导养殖户转向深水网箱养殖以及工厂化循环水养殖等养殖模式，维护好海南省近岸海洋生态环境，促进渔业经济的健康持续发展。

2020年重庆市水生动物病情分析

重庆市水产技术推广总站

（张利平　冉　路　马龙强　卓东渡）

2020年，全市水产养殖面积8.28万hm^2，水产品总产量52.4万t，渔业总产值185.5亿元。纳入重庆市病害监测重点区县16个，监测点共计82个，区县测报员共64人，监测总面积2 011.9 hm^2，全年监测点共计上报865次，测报总面积较2019年同比增加20%，测报人员较2019年同比增加4.6%。监测养殖品种22种，包括青鱼、草鱼、鲢、鳙、鲤、鲫、鳊、泥鳅、鲇、鮰、黄颡鱼、鳟、鲈（淡）、乌鳢、鲟、胭脂鱼、红鲌、罗氏沼虾、克氏原螯虾、中华绒螯蟹（河蟹）、鳖、大鲵。监测到发病品种主要有：草鱼、鲢、鳙、鲤、鲫、黄颡鱼、大口黑鲈、鲟、红鲌、中华绒螯蟹（表1）。据不完全统计，2020年重庆市因疫病造成的经济损失约为840万元，占渔业总产值的0.045%。

表1　2020年监测到发病种类汇总

类　别		种　类	数量（种）
淡水	鱼类	草鱼、鲢、鳙、鲤、鲫、黄颡鱼、鲈（淡）、鲟、红鲌	9
	蟹类	中华绒螯蟹（河蟹）	1

一、水产养殖病害总体情况

（一）重要水生动物疫病监测情况

2020年全市部市级检测样品75批次，涵盖草鱼出血病、鲤浮肿病、锦鲤疱疹病毒病、鲤春病毒血症等五项重要疫病监测指标。按照全国水产技术推广总站和重庆市水产技术推广总站实施方案，根据每种疫病的发病特点和水温，规范抽采样，按照标准方法进行检测，及时将检测结果上报至国家监测系统。在市级监测任务中重庆市检测出1例草鱼出血病阳性，并上报市农业农村委，已按照无害化要求进行了规范处置。

（二）常规水生动物病害测报情况

2020年监测到水产养殖病害23种，鱼病共计22个，占95.65%；蟹类1个，占4.34%。病害种类主要以细菌性疾病和寄生虫性疾病为主，与2019年相比，减少了3种，其中细菌性疾病11种，占47.83%；寄生虫性疾病8种，占34.78%；真菌性疾病1种，占4.35%；非病原性疾病1种，占4.35%，不明病因疾病2种，占8.69%

（表 2、图 1）。

表 2　2020 年水产养殖病害汇总

类　别		病　　名	数量（种）
鱼类	细菌性疾病	溃疡病、烂鳃病、赤皮病、细菌性肠炎病、疖疮病、烂尾病、柱状黄杆菌病（细菌性烂鳃病）、淡水鱼细菌性败血症、打印病、上皮囊肿病、诺卡菌病	11
	真菌性疾病	水霉病	1
	寄生虫性疾病	车轮虫病、舌状绦虫病、锚头鳋病、鲺病、斜管虫病、黏孢子虫病、指环虫病、小瓜虫病	8
	非病原性疾病	肝胆综合征	1
	其他	不明病因疾病	1
蟹类	其他	不明病因疾病	1

2020 年监测的淡水池塘面积为 1 336.486 7 hm^2，其他面积为 20.666 7 hm^2，鱼类的平均发病面积为 1.452%，平均监测区域死亡率为 0.056%，平均发病区域死亡率为 1.131%（表 3）。发病面积比例较高的疾病主要为：指环虫病、上皮囊肿病、小瓜虫病、诺卡菌病、斜管虫病、柱状黄杆菌病，分别为 4.93%、4.14%、3.96%、3.26%、3.31%、2.99%。发病区域死亡率较高的为打印病、水霉病、淡水鱼细菌性败血症等，死亡率分别为 2.84%、2.78%、1.89%（图 2）。发病率较高的品种为红鲌、黄颡鱼、草鱼，平均面积发病率为 46.85%、44.85%、6.64%；蟹类的平均发病面积为 100%，由于蟹类的监测点和面积较少，故不具统计意义。

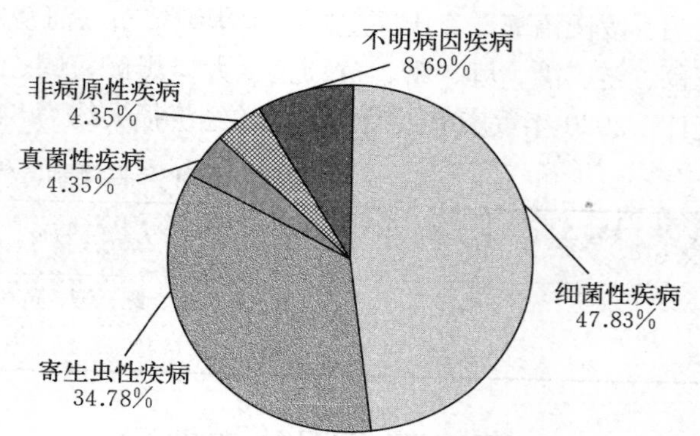

图 1　水生动物疫病种类占比

表 3　2020 年水产养殖监测发病面积及占比

养殖种类	淡水									
	鱼类									蟹类
	草鱼	鲢	鳙	鲤	鲫	黄颡鱼	鲈（淡）	鲟	红鲌	中华绒螯蟹（河蟹）
总监测面积（hm^2）	541	679	533.5	26 844	576.44	114	56.8	74	14.8	4.7
总发病面积（hm^2）	35.9	24.8	10.9	4.9	19.733 3	4.933 3	11.533 3	0.040 0	6.933 3	4.666 7
平均发病面积率（%）	6.64	3.65	2.05	1.81	3.42	44.85	20.31	0.57	46.85	100

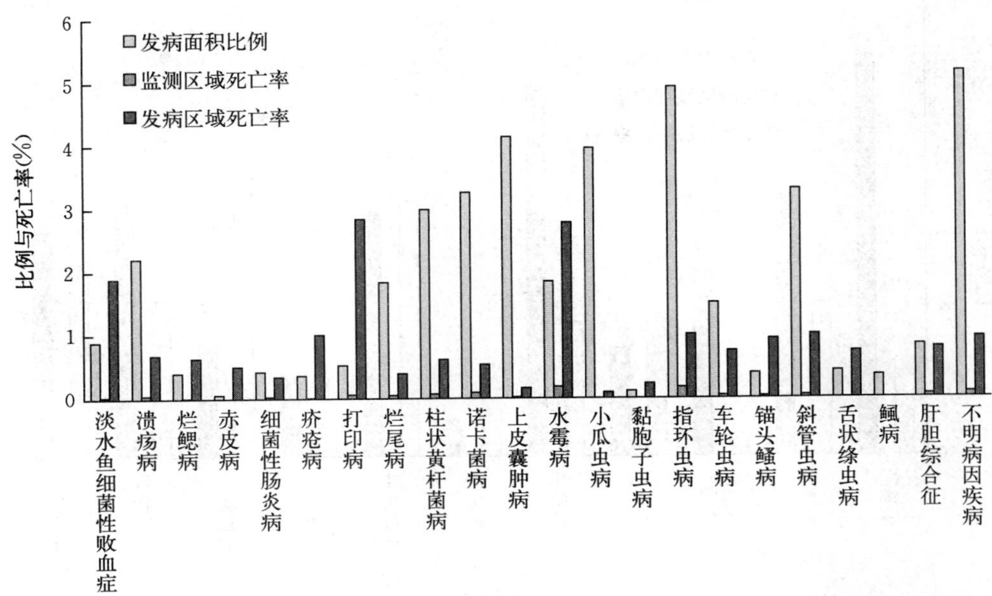

图2　2020年不同种类疫病发病面积、监测区域死亡率、发病区域死亡率占比

（三）主要养殖鱼类病害情况

通过监测数据分析发现，2020年无重大水生动物疫情发生，但是小病害不断，主要为细菌性疾病。尤其在3月，水生动物疫情出现一个小高峰，原因是气温转暖，水温逐步升高，鱼类摄食活动逐渐增加，引发一些细菌性疾病及寄生虫性疾病。

1. 草鱼　监测时间为1～12月，监测到的疾病共计11种，平均发病面积比例为0.36%，平均监测区域死亡率为0.02%，平均发病区域死亡率为0.521%，与2019年相比均有所降低。2020发病较高的主要为柱状黄杆菌病、车轮虫病、肝胆综合征，分别为0.69%、0.79%、0.52%。发病区域死亡率较高的为溃疡病、疖疮病、舌状绦虫病，分别为1.08%、1%、0.73%（图3）。

2. 鲢　监测时间为1～12月，监测到的疾病主要为4种，平均发病面积比例为0.7%，平均监测区域死亡率为0.12%，平均发病区域死亡率为4.18%。监测到的疫病种类主要为淡水鱼细菌性败血症、打印病、水霉病、锚头鳋病，其中水霉病发病区域死亡率达到11.46%（图4）。

3. 黄颡鱼　监测时间为1～12月，监测到的疾病主要为4种，平均发病面积比例为4.25%，平均监测区域死亡率为0.02%，平均发病区域死亡率为0.26%。监测到的疫病种类主要为淡水鱼细菌性败血症、上皮囊肿病、小瓜虫病、车轮虫病，其中淡水鱼细菌性败血症平均发病面积比例为5.17%。另外不明病因发病面积比例为5.17%（图5）。

4. 红鲌　监测时间为1～12月，监测到的疾病主要为3种，平均发病面积比例为8.25%，平均监测区域死亡率为0.13%，平均发病区域死亡率为0.58%。监测到的疫

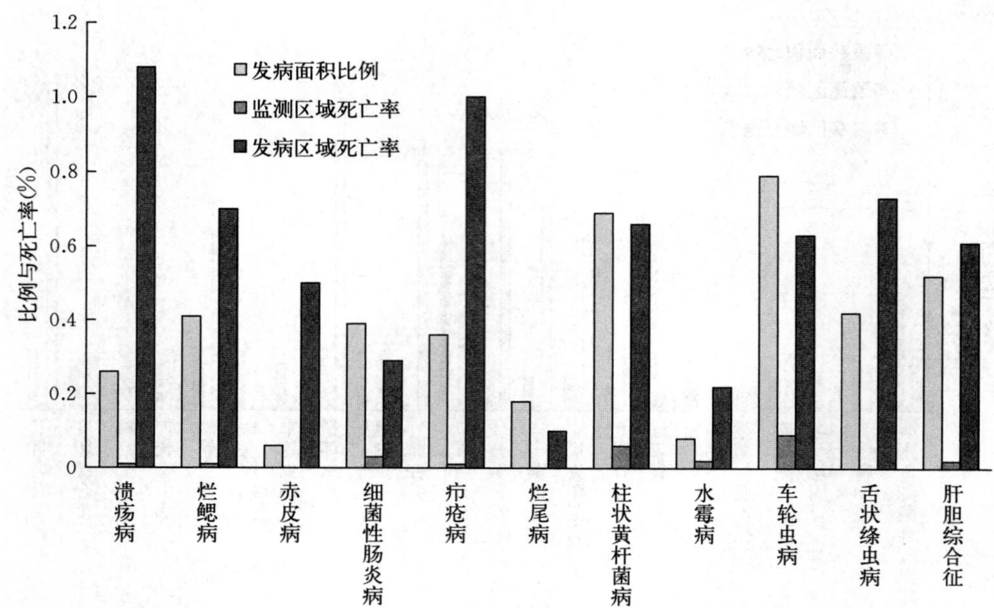

图 3　2020 年草鱼平均发病面积比例、发病区域死亡率、监测区域死亡率

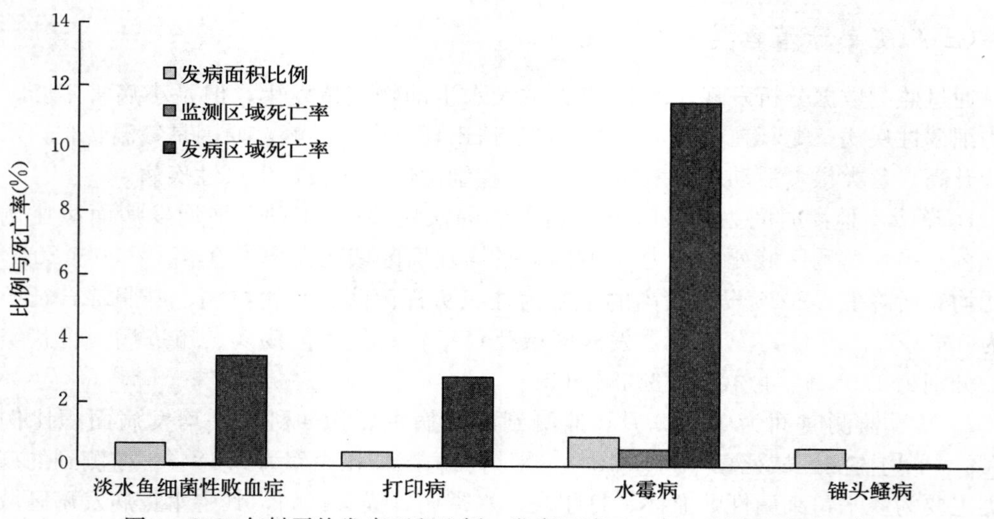

图 4　2020 年鲢平均发病面积比例、发病区域死亡率、监测区域死亡率

病种类主要为柱状黄杆菌病、水霉病、指环虫病，其中水霉病平均发病面积比例为 10.38%（图 6）。

5. 鲈　监测时间为 1～12 月，监测到的疾病主要为 6 种，平均发病面积比例为 3.29%，平均监测区域死亡率为 0.07%，平均发病区域死亡率为 0.66%。监测到的疫病种类主要为溃疡病、烂尾病、诺卡菌病、水霉病、车轮虫病、肝胆综合征，其中水霉病平均发病面积和发病区域死亡率分别为 5.77%、1.54%（图 7）。

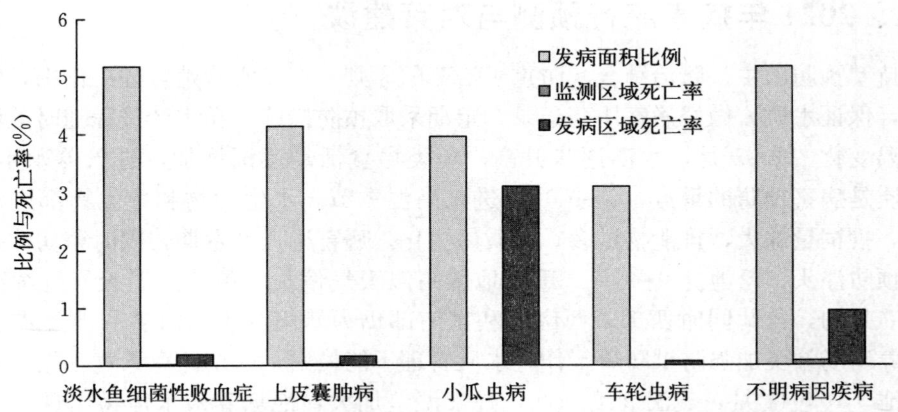

图5　2020年黄颡鱼平均发病面积比例、发病区域死亡率、监测区域死亡率

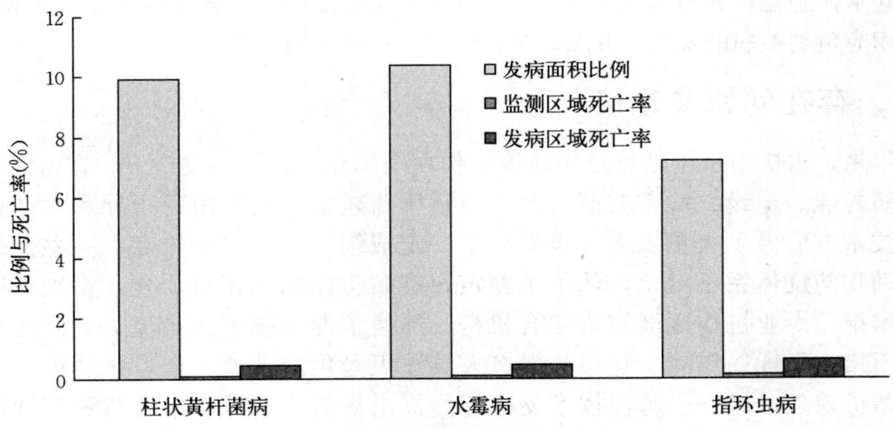

图6　2020年红鲌平均发病面积比例、发病区域死亡率、监测区域死亡率

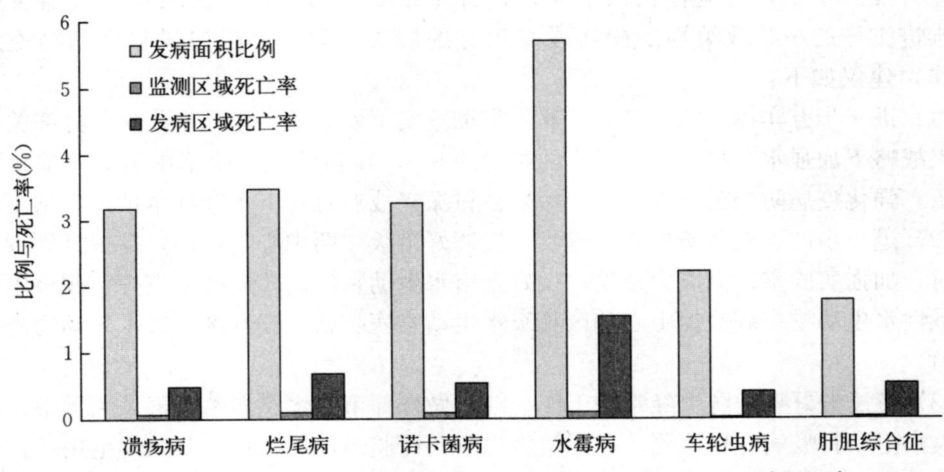

图7　2020年鲈平均发病面积比例、发病区域死亡率、监测区域死亡率

二、2021 年病害流行预测与对策建议

坚持“预防为主、防治结合、防重于治”的原则，在日常养殖管理工作中，做好科学喂养，保证水质，做好病害用药记录，定期采取预防措施。在生产过程随时关注不同季节气温变化。3～5 月，水温逐步升高，鱼类摄食活动逐渐增加，进入养殖生产期，保证水质是病害预防的重点。6～7 月，进入高温季节，水生动物和微生物都进入快速生长期，投饲量加大，排泄物增多，水质易恶化，病害进入高发期，同时密切注意天气预报，预防浮头、泛池。8～9 月，重庆地区高温天气偏长，预计高温天气延续到 8 月底或者 9 月初，与此同时西部、西南部和东南部仍为暴雨洪涝、山洪和地质灾害易发区。各养殖场站要加强防洪防暑工作，水质管理不能松懈，密切注意天气预报，预防浮头、泛池。10～11 月，气温继续降低，昼夜温差加大，池塘养殖水体易出现分层，底层温度较高，易出现底层沉降物大量分解、微生物大量繁殖、有害物质不断积累等现象，引起水体恶化，容易诱发水生动物细菌性和寄生虫疾病，各养殖场要注意水质的变化以及相应鱼类疾病的发生，并及时进行防控，保障养殖收益。

三、存在问题及建议

近年来，重庆市水生动物疫病防控工作在全国总站的关心支持下，在市级水生动物疫病防控能力建设、病害监测、水产养殖用药减量、规范用药指导和水产苗种产地检疫技术方面做了大量工作，也取得了一定成绩。但发展中也存在一些问题：一是水生动物防疫体系不健全，队伍不稳定，疫病防控职能相对弱化，特别是区县级水产技术推广专业机构逐渐转为综合机构，加速了专业技术人员流失，病防队伍人员青黄不接，呈现逐年减少趋势。现有人员知识老化的现象突出，区县级以下水生动物病防员缺乏，对疫病防控技术支撑能力提出挑战。二是对水产苗种产地检疫工作的重要性认识有待进一步提高。水生动物检疫起步晚、推动慢、队伍人员流动性大、业务能力不足，普遍存在人手缺乏、身兼数职的问题，区县级检验仪器设备缺乏，推进工作的一些政策性障碍还没有较好的解决。为进一步加强水生动物疫病防控工作，建议如下：

（1）进一步夯实体系队伍基础　深入贯彻落实《农技推广法》《农业农村部关于乡村振兴战略下加强水产技术推广工作的指导意见》，在新轮机构改革中努力争取稳定机构队伍，强化疫病防控公益性职能，做好乡村振兴战略背景下水产技术推广各项工作。

（2）进一步加强疫病防控能力建设　发挥好市级“两中心”作用，在提升硬件水平的同时，加强实验室检测能力建设，做好全市水生动物疫病防疫技术支撑。积极争取建设区域性水生动物疫病监控中心和区县级水生动物病防站，提升区县级水生动物疫病防控能力。

（3）持续做好疫病防控经常性工作　继续做好部市级水产养殖病害预测预报、部市级重大水生动物疫病专项监测、病原微生物耐药性监测，组织水产养殖规范用药宣传和科普下乡，指导养殖业主规范用药、减量用药，促进渔业绿色健康发展。

（4）加强对重大水生动物疫情分析研判 针对重庆地区主产品种、重大疫病监测情况，充分发挥市水生动物疫病防控专家委员会、市生态渔产业技术专家团队优势，定期开展重大水生动物疫情分析研判，及时提出防控措施和应急预案，确保产业安全。

（5）继续做好水产苗种产地检疫技术支撑工作 加强渔业官方兽医培训和实验室技术支持，为水产苗种产地检疫提供坚强支撑。

2020年四川省水生动物病情分析

四川省水产技术推广总站

（邓红兵　陈　霞）

一、基本情况

2020年，四川省在成都、资阳、内江、自贡、宜宾、眉山、乐山、雅安、德阳、遂宁、南充、广安、巴中、达州等19个市州，116个测报监测点开展了水产养殖动物病害测报，主要监测模式为池塘养殖，监测面积3 363.6 hm^2，主要监测养殖品种15个。

二、监测结果与分析

（一）发病品种与疾病类型

2020年，在全省监测到发病水产养殖品种15种（表1），水产养殖动物疫病共45种，以细菌性和寄生虫性疾病为主，其中细菌性疾病15种，寄生虫性疾病13种，非病原性疾病7种，真菌性疾病2种，不明病因疾病2种（表2）。

表1　2020年监测到发病的水产养殖种类汇总

类　别	种　　类	数量（种）
鱼类	草鱼、鲢、鳙、鲤、鲫、泥鳅、鮰、黄颡鱼、鲈（淡）、鲟	10
虾类	罗氏沼虾、克氏原螯虾	2
蟹类	中华绒螯蟹（河蟹）	1
观赏鱼	锦鲤	1
其他类	鳖	1
合计		15

表2　2020年监测到的水产养殖病害汇总

类　别		病　　名	数量（种）
鱼类	病毒性疾病	草鱼出血病、传染性脾肾坏死病、鱼痘疮病、鲤浮肿病、病毒性出血性败血症、斑点叉尾鮰病毒病	6
	细菌性疾病	淡水鱼细菌性败血症、溃疡病、烂鳃病、赤皮病、细菌性肠炎病、疖疮病、柱状黄杆菌病（细菌性烂鳃病）、打印病、竖鳞病、烂尾病、鮰类肠败血症、斑点叉尾鮰传染性套肠症	12

（续）

类别		病名	数量（种）
鱼类	真菌性疾病	水霉病、鳃霉病	2
	寄生虫性疾病	小瓜虫病、指环虫病、车轮虫病、锚头鳋病、斜管虫病、中华鳋病、黏孢子虫病、鱼虱病、三代虫病、鱼波豆虫病、舌状绦虫病、固着类纤毛虫病	12
	非病原性疾病	气泡病、缺氧症、脂肪肝、维生素C缺乏病、肝胆综合征、肝胆综合征、氨中毒症	7
	其他	不明病因疾病	1
虾类	细菌性疾病	对虾肠道细菌病、弧菌病	2
	其他	不明病因疾病	1
观赏鱼	细菌性疾病	细菌性肠炎病	1
	寄生虫性疾病	车轮虫病	1
合计			45

（二）病害流行情况

2020年，各养殖品种中，总发病面积比例值最高的是鲟，为41.67%，草鱼、鲫、鮰、鲈的总发病面积比例也较高，均值为10%以上（表3）。从疾病的占比来看，危害最严重的为细菌性肠炎病，占比为15.87%；其次为细菌性败血症，占比为12.18%（图1）。

表3　2020年各养殖种类平均发病面积率

养殖种类	淡水										
	鱼类										虾类
	草鱼	鲢	鳙	鲤	鲫	泥鳅	鮰	黄颡鱼	鲈（淡）	鲟	克氏原螯虾
总监测面积（hm^2）	630.733 6	412.200 2	353.800 2	523.000 3	332.800 2	88.4	295.266 8	235.000 1	50.066 7	4	72.333 4
总发病面积（hm^2）	92.366 7	40.933 4	30.266 7	28.833 3	33.9	0.533 3	42.366 7	15.066 7	6.266 7	1.666 7	8.666 7
平均发病面积率（%）	14.64	9.93	8.55	5.51	10.19	0.6	14.35	6.41	12.52	41.67	11.98

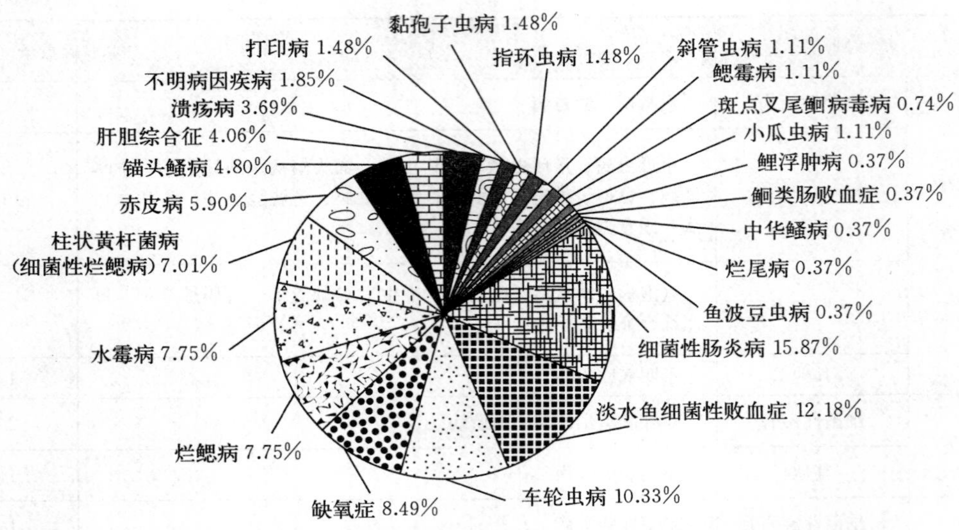

图 1　2020 年四川省监测到的鱼类不同疾病所占比例

（三）疾病流行情况

从发病时间看，5 月、8 月为发病高峰期（图 2）。疾病平均发病面积比例 2.811%，平均监测区域死亡率 1.111%，平均发病区域死亡率 29.385%。

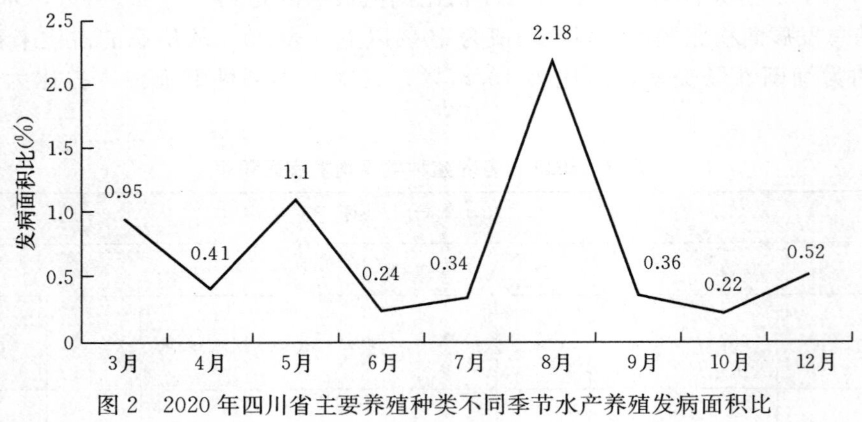

图 2　2020 年四川省主要养殖种类不同季节水产养殖发病面积比

三、疾病发生原因分析

根据 2020 年国家水生动物疫病监测和水产养殖动植物疾病测报结果来看，2020 年病害对四川省水产养殖的威胁仍然较为严峻，其中以鲟、草鱼、鲫、鮰、鲈等养殖品种发病较多，分析原因如下：

1. *检疫薄弱，防治意识缺乏*　检疫在疫病的防控中具有重要作用，尽管四川省已实现水产苗种产地检疫和联网电子出证，但仍存在人员少、经费短缺等困难；另外，部分养殖户对疫病的预防意识淡薄，存在侥幸心理，不注重平时饲养管理过程的疫病预防工作。

2. 管理操作不规范，增加病害隐患　药品使用不够科学，给鱼类疾病埋下隐患，增加了养殖成本，达不到预期的治疗效果。养殖过程操作不规范，使鱼体受伤，为病害发生提供了条件。

3. 苗种质量退化、抗病力下降　水产原良种场及苗种繁育基地均存在亲本使用年限较长，缺乏基因交流等问题，导致苗种质量退化，生长性能、抗病能力下降。

4. 耐药性增强，治疗难度加大　病原的变异导致其侵袭力与致病力的增强，对水产养殖动物危害的加大。病原菌的耐药性增强，发病后使用药物的治疗效果降低，致疫病的损失加大。

四、2020年病害流行趋势及应对措施

从最近几年水产养殖情况看，四川省面临水产养殖动物疾病种类多而复杂的局面，各种病害对水产养殖动物的危害日益严重，目前对部分严重危害水产养殖动物的暴发性病害尚缺乏有效的防控措施，病害问题对水产养殖业可持续健康发展形成重大威胁。2020年，四川省水产养殖病害情况仍将呈现出多发、频发的态势。由于药物使用不当或盲目用药等原因，使细菌产生耐药性、养殖环境不断恶化，常见病毒病、细菌病、寄生虫、营养性疾病等都将直接影响水产养殖生产。为此，要需采取以下应对措施：

1. 加强检疫及专业知识培训，进一步提高行业疫病防控意识与水平　积极推进水产苗种产地检疫制度的全面实施，组织行业内专家与技术能手在四川省主要养殖区定期与不定期开展技术培训，逐步提升从业者的疫病防控意识，并传授可操作的疫病防控技术，提高全省水产行业的疫病防控水平。

2. 进一步完善水产动物疫病监测与预报体系建设　在现有基础上，进一步指导各级实验室的充分运行，完善工作机制、技术体系、稳定人员、保障经费等，提高水产动物疫病监测的准确性，摸清四川省水产动物疫病流行的基本情况，为制定更为科学、有效的疫病防控体系提供必要的基础。

3. 积极指导规范用药，降低养殖损失　积极开展水产养殖减量用药行动和水产养殖规范用药科普下乡等活动，普及规范用药技术知识，减少因药物使用不当造成的水生动物耐药性增强，从而减少因疫病造成的损失。

2020 年贵州省水生动物病情分析

贵州省水产技术推广站

（温燕玲）

一、水产养殖病害总体情况

2020 年贵州省的水产养殖动物病情测报点覆盖了全省 9 个市（州）的 55 个区（县），测报员 81 人，测报点 94 个，贵州省的国家级水产健康养殖示范场已全部纳入了监测范围。2020 年监测面积共计 8 862.249 2 hm^2，其中淡水池塘 253.586 7 hm^2，淡水网栏 24.333 5 hm^2，淡水工厂化 16.779 3 hm^2，半咸水工厂化 1.4 hm^2，淡水其他（含大水面生态养殖）8 566.149 7 hm^2（表 1）。

表 1　2020 年水产养殖病情监测种类及面积分类汇总

监测种类数量（种）				监测面积（hm^2）				
鱼类	虾类	蟹类	其他类	淡水池塘	淡水工厂化	淡水网栏	淡水其他	半咸水工厂化
15	2	1	2	253.586 7	16.779 3	24.333 5	8 566.149 7	1.400 0
合计　20				合计　8 862.249 2				

2020 年病害测报品种共 20 个，包括青鱼、草鱼、鲢、鳙、鲤、鲫、鳊、泥鳅、鲇、鮰、鳟、长吻鮠、鲈、乌鳢、鲟、克氏原螯虾、凡纳滨对虾（淡）、中华绒螯蟹（河蟹）、蛙、大鲵，涵盖了贵州省主要养殖品种。2020 年监测到发病的养殖种类有草鱼、鲤、泥鳅、鲈、鲟、克氏原螯虾、大鲵 7 个品种；监测到的病害有 13 种，有溃疡病、烂鳃病、烂尾病、柱状黄杆菌病、赤皮病、细菌性肠炎病、水霉病、锚头鳋病、气泡病、肝胆综合征、蜕壳不遂症、缺氧、大鲵烂嘴病（表 2）；监测到养殖种类发病数量有 27 个，其中鱼类 23 个，虾类 2 个，其他类 2 个（表 3）；细菌性疾病发病比例最高，各类疾病的数量及所占比例见表 4 及图 1。

表 2　2020 年监测到的水产养殖病害汇总

类　别		病　名	数量（种）	占比（%）
鱼类	细菌性疾病	溃疡病、烂鳃病、烂尾病、柱状黄杆菌病、赤皮病、细菌性肠炎病	6	46.15
	真菌性疾病	水霉病	1	7.69
	寄生虫性疾病	锚头鳋病	1	7.69
	非病原性疾病	气泡病、肝胆综合征	2	15.39

（续）

类　别		病　名	数量（种）	占比（%）
虾类	非病原性疾病	蜕壳不遂症、缺氧	2	15.39
其他类	细菌性疾病	大鲵烂嘴病	1	7.69
		合　计	13	

表3　2020年监测到养殖种类发病数量及比例

类别	鱼类	虾类	其他类	总个数
个数（个）	23	2	2	27
占比（%）	85.19	7.41	7.41	

表4　2020年监测到的疾病类别发病数量及比例

疾病类别	病毒性疾病	细菌性疾病	真菌性疾病	寄生虫性疾病	非病原性疾病	合计
个数（个）	0	17	3	1	6	27
占比（%）	0	62.96	11.11	3.7	22.22	

在农业农村部2020年动物疫情监测与防治项目中，贵州省的任务是对草鱼出血病、鲤浮肿病及鲑鳟类寄生虫病进行专项监测。在遵义市绥阳县的养殖场采集了草鱼、鲤样品，在毕节市大方县采集了虹鳟样品，分别将样品送至重庆市水生动物疫病预防控制中心和深圳海关动植物检验检疫技术中心进行检测，结果均为阴性。

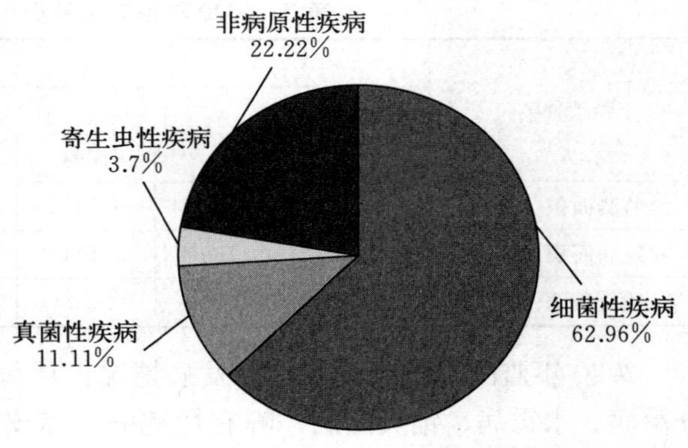

图1　2020年疾病类别发病比例

二、监测结果与分析

2020年监测到的鱼类平均发病面积比例3.686%，平均监测区域死亡率1.613%，平均发病区域死亡率9.877%；虾类平均发病面积比例4.335%，平均监测区域死亡率0.220%，平均发病区域死亡率0.220%；其他类（大鲵）平均发病面积比例5.000%，平均监测区域死亡率1.100%，平均发病区域死亡率1.375%。所有养殖类别中发病面积比例最高的是肝胆综合征，其次是柱状黄杆菌病；监测区域死亡率最高的是肝胆综合征，其次是烂鳃病；发病区域死亡率最高的是赤皮病，其次是肝胆综合征（表5）。2020年发病面积比最高的是8月，其次是3月（表6）；监测到发病的7个品种中，泥鳅和鲈的平均发病面积率最高，其次是草鱼（表7）。

表 5　2020 年监测到的鱼类、虾类、其他类平均发病面积比例、监测及发病区域死亡率

养殖类别	鱼　类										虾类		其他类
疾病名称	溃疡病	烂鳃病	赤皮病	细菌性肠炎病	烂尾病	柱状黄杆菌病（细菌性烂鳃病）	水霉病	锚头鳋病	气泡病	肝胆综合征	蜕壳不遂症	缺氧	大鲵烂嘴病
发病面积比例（%）	0.53	4.47	0.13	0.46	2.44	8	3.26	0.53	1.23	41.67	6.67	2	5
监测区域死亡率（%）	0.02	6.67	0.02	0.01	0.02	2.67	1.14	0	0.83	15	0	0.44	1.1
发病区域死亡率（%）	5	7.21	35	8.57	0.44	2.67	3.67	1.5	2.67	17.14	0	0.44	1.38

表 6　主要养殖种类不同季节水产养殖发病面积比

时间	2020 年 3 月	2020 年 4 月	2020 年 5 月	2020 年 6 月	2020 年 7 月	2020 年 8 月	2020 年 9 月	2020 年 12 月
发病面积比例（%）	3.35	0.78	0.07	0.29	0.09	9.62	0.25	1.13

表 7　2020 年各养殖种类平均发病面积率

养殖种类	淡　水						
	鱼　类					虾类	其他类
	草鱼	鲤	泥鳅	鲈（淡）	鲟	克氏原螯虾	大鲵
总监测面积（hm^2）	20.333 3	128.785 4	6.266 7	3.466 7	29.697 3	223.333 4	3.096
总发病面积（hm^2）	1.2	0.766 7	1.133 3	0.4	0.066 7	7	0.013 3
平均发病面积率（%）	5.90	0.60	18.08	11.54	0.22	3.13	0.43

2020 年监测到的各养殖品种发病情况：草鱼有溃疡病、烂鳃病、烂尾病、柱状黄杆菌病、水霉病、锚头鳋病；鲤有烂鳃病、赤皮病、烂尾病；鲈有肝胆综合征、水霉病；鲟有细菌性肠炎病、烂尾病、气泡病；泥鳅有水霉病、气泡病；克氏原螯虾有蜕壳不遂症、缺氧；大鲵有大鲵烂嘴病。草鱼和鲤发生的病害最多。2020 年因病害造成的经济损失 19.59 万元，较严重的是 2020 年 8 月遵义市赤水某养殖场的鲈发生肝胆综合征，造成经济损失 14.25 万元，监测区域死亡率为 15%，发病区域死亡率为 17.142 9%。

三、2021 年病害流行预测

（1）2021 年细菌性疾病发生数仍会是最高的，要做好烂鳃病、赤皮病、细菌性肠炎病、淡水鱼类细菌性败血症等的防控，重点关注草鱼、鲤、鲟、鲫等养殖品种。

（2）做好草鱼出血病、鲤浮肿病、锦鲤疱疹病毒病等病毒性疾病的防控，这些病毒性疾病危害大，很难控制，要做好苗种消毒和检疫工作。虽然 2020 年贵州省草鱼出血病、鲤浮肿病的专项监测结果为阴性，但是仍存在风险，须加强重大疫病的专项监测，

谨防重大疫病的发生。

（3）真菌性疾病要重点做好鲟水霉病、克氏原螯虾黑鳃病的预防。

（4）寄生虫性疾病要重点预防小瓜虫病、锚头鳋病、车轮虫病。特别是小瓜虫病，发病速度快、致死率高，早期预防和检测是防控的关键。

（5）非病原性疾病要重点预防肝胆综合征、冻死、缺氧、蜕壳不遂症等。重点关注鲈养殖场，由于鲈对脂肪代谢天生存在障碍、肉食性鱼类转为投喂配合饲料、水质恶化等原因容易发生肝胆综合征，要做好此病的预防工作；克氏原螯虾对水质环境要求高，溶氧要求 4 mg/L 以上，对钙需求大，要预防缺氧、蜕壳不遂症的发生。

四、建议采取的措施

（1）强化水产苗种产地检疫工作，从源头上控制疫病传播。由于水产苗种流通较频繁，实施水产苗种产地检疫制度就更重要，要加大检疫合格证明检查力度，加强对养殖单位的宣传培训，水产苗种生产单位在出售、运输、捕苗前要主动申报检疫，购买苗种时要向销售方索要水产苗种产地检疫合格证明。

（2）加强水产苗种体系建设，选用本地优质苗种减少病害发生。尽快建设一批特色鱼种繁育基地，加强良种繁育和苗种培育，提高水产苗种质量和良种覆盖率，满足本省养殖需求，减少染疫苗种跨区域流入的风险。

（3）继续实施水产绿色健康养殖“五大行动”，推广生态健康养殖模式，减少病害的发生。通过推广池塘工程化循环水养殖、稻渔综合种养、大水面生态增养殖等生态健康养殖技术模式，开展养殖尾水治理、用药减量行动等措施改善水体养殖环境，减少疾病的发生。

（4）加强病害监测及预警工作，特别是加强重大疫病的监测，强化测报人员队伍，提高病害测报质量，做好疫情的预警预报，做到早发现、早报告、早控制。

（5）加快贵州省水生动物疫病监控中心实验室建设，为已建有水生动物防疫实验室的6个县级防疫站配备专业人员和运行经费，使这些实验室能正常运作，为水产苗种产地检疫和疫病防控提供技术支撑。

2020年云南省水生动物病情分析

云南省渔业科学研究院

（王　静　熊　燕　宋建宇）

一、开展水生动物病防工作情况

（一）区域性水产养殖病害测报

2020年，云南省渔业科学研究院牵头组织全省16州市重点养殖区的46个县（市、区）开展水产养殖病害预测预报工作。确定草鱼、鲤、鲫、鲢、鳙和中华鳖6个水产养殖品种为监测对象，共设监测点144个，测报面积达3 538.33 hm^2，测报疾病10种（其中细菌性8种，病毒性1种，寄生虫性1种）（表1）。

表1　2020年水产养殖发病种类、病害属性综合分析（种）

类　别		鱼类	两栖/爬行类	合计
养殖种类		5	1	6
疾病性质	细菌性	5	3	8
	病毒性	1		1
	真菌性			
	寄生虫	1		1
	其他			
	不明病因			
	合计	7	3	10

（二）重要水生动物疫病专项监测

2020年云南省承担传染性造血器官坏死病（IHN）监测，共送检10个虹鳟样品。经中山大学检测并通过“国家水生动物疫病信息管理系统”反馈，10份IHN送检样品全为阴性，阳性率0%。

通过连续几年开展传染性造血器官坏死病（IHN）监测，调查了解到云南境内养殖的三倍体虹鳟苗种均来源于美国、挪威、丹麦、西班牙等的发眼卵，也初步掌握了区域内IHNV病原携带情况。此项工作开展了宣传水生动物防疫知识，提高了养殖户对疫病的应急应变能力及防疫意识。

二、病情分析

（一）病害流行情况及特点

（1）流行的范围广，发病种类多。所测报病害流行范围遍及各养殖区、各养殖种类。

（2）病害发生有明显的季节性。发病时间长，全年都有疾病发生，发病主要集中在6～10月，以7～9月最为严重。不同种类和不同疾病的发病高峰期有差异。

（3）病害种类多，同一种类多种疾病交叉感染。同一品种并发病毒、细菌、寄生虫等多种疾病的现象相当普遍。

（4）发病率与死亡率高。除了养殖技术与防治技术上的差异外，普遍现象是发病率与死亡率成明显的正比。

（二）水产养殖病害主要灾种

2020年，全省范围内受病害侵袭的水产养殖品种涉及鱼类、甲壳类、两栖类和爬行类水生动物等，病原体涉及细菌、病毒、真菌、原生动物、寄生虫和藻类等。同时，无病原烂鳃、营养代谢综合征等非病原性病害亦有发生。全省范围烂鳃病、赤皮病、肠炎病、竖鳞病、打印病、水霉病、白点斑病及各种寄生虫疾病均有发生。

（三）病害造成的经济损失

2020年，云南省水产品总产量达100多万t，在养殖过程中的平均发病率为20%～30%，因病害造成的损失占养殖总产值的10%～12%。

（四）病害产生的原因

（1）养殖环境的日趋恶化，造成病害的大面积发生。

（2）种质质量低，水生动物检疫工作滞后。

（3）管理不善，技术落后是加重疫病的重要因素。

（4）存在渔业用药不规范的现象。

（五）2021年云南水产养殖病害流行趋势预测

根据对2020年监测数据进行汇总分析，2021年在鱼类、虾类、两栖/爬行类的养殖中，将发生不同程度的病害，疾病种类主要是细菌性、病毒性、寄生虫性疾病。

（1）鱼类　发病主要集中在6～10月，以7～9月最为严重。草鱼四病（肠炎病、赤皮病、烂鳃病、出血病）将继续在全省流行，鱼类寄生虫性疾病可能有上升的趋势，在继续做好防治的同时，应加强管理和监测。

（2）鳖类　各中华鳖养殖场仍将可能发生各种类型的疾病（白点斑病、红脖子病、腐皮病等），应加强管理，做好防治工作。

三、2021 年云南水产养殖发展方向

2021 年，全省将贯彻“预防为主，综合防治”的方针，坚持创新工作，以科技为先导，加强病害预测预报、综合防治、药政管理、水产品检疫、新技术开发等，发展渔业社会化服务网络体系，促进全省渔业健康、稳步发展。继续加大健康绿色养殖新模式和无公害水产品养殖的推广，保持渔业经济可持续发展，引进新技术和养殖新品种，加强苗种检疫，研究和总结水产养殖病害发生的规律，探索新的防治手段和措施。

2020年陕西省水生动物病情分析

陕西省水产研究与工作总站

（任武成　夏广济　王西耀）

一、基本情况

2020年我们对全省21个主要水产养殖品种进行了全年的病害监测和预报工作，以农业农村部"提质增效、减量增收、绿色发展、富裕渔民"为目标，通过实施"五大行动"，有效防控渔病发生，减少病害造成的损失，促进了渔业高质量发展。

（一）监测点设置

根据陕西省各地水产养殖生产实际，全省共设置31个测报县（区）（表1），重点县不少于3个测报点。全省共设置鱼类病情监测点130个，监测水生动物21种，监测面积5 470 hm^2（表2），覆盖了全省所有国家级健康养殖示范场。

表1　陕西省2020年度水产养殖病情测报县分布（个）

测报区域	城市	测报区县	测报点数
关中片区	西安	长安区、临潼区、蓝田县	12
	宝鸡	陈仓区、眉县、扶风县、凤翔县	13
	咸阳	兴平市、礼泉县	3
	渭南	合阳县、华阴市、大荔县、蒲城县	14
陕南片区	汉中	汉台区、西乡县、城固县、南郑区、勉县、佛坪县	40
	安康	汉滨区、石泉县	13
	商洛	商州区、镇安县、洛南县	11
陕北片区	铜川	耀州区	4
	延安	宝塔区、黄陵县、吴起县	5
	榆林	榆阳区、横山区、靖边县	15
合计	10	31	130

表 2　2020 年水产养殖病害监测种类、面积分类汇总

省份	监测种类数量（种）				监测面积（hm^2）			
	鱼类	虾类	其他类	观赏鱼	淡水池塘	淡水网箱	淡水工厂化	淡水其他
陕西省	14	3	2	2	2 569.970 8	27.589 9	7.728 9	2 865.414 4
合计	21				5 470.704 0			

注：监测水产养殖种类合计数不是上述监测种类的直接合计数，而是剔除相同种类后的数量。

（二）测报内容

对草鱼、青鱼、鲤、鲫、鲢、鳙、虹鳟、杂交鲟、罗非鱼、泥鳅、白鲳、小龙虾、南美对虾、澳洲龙虾、大鲵、观赏鱼等 21 个养殖品种的 38 种病害（表 3）开展监测预报工作。

表 3　监测养殖品种和病情种类

养殖品种	病 害 种 类
青鱼、草鱼、鲤、白鲳、鲫、鲢、鳙、罗非鱼、虹鳟、杂交鲟、鮰、黄颡鱼、鲈、齐口裂腹鱼、泥鳅、大鲵、澳洲龙虾、克氏原螯虾、鳖、金鱼、锦鲤	1. 病毒性疾病：草鱼出血病、鲤春病毒病、传染性造血器官败血症、传染性胰脏坏死病、病毒性出血性败血症、暴发性出血病（6 种） 2. 细菌性疾病：出血性败血症、溃疡病、烂鳃病、肠炎病、赤皮病、疖疮病、白皮病、打印病、竖鳞病、链球菌病、爱德华氏病、白头白嘴病（12 种） 3. 真菌性疾病：水霉病、鳃霉病（2 种） 4. 藻类疾病：楔形藻病、卵甲藻病、淀粉卵甲藻病、丝状藻附着病、三毛金藻病（5 种） 5. 原生动物病：黏孢子虫病、小瓜虫病、车轮虫病（3 种） 6. 后生动物病：三代虫病、复口吸虫病、指环虫病、中华鳋病、锚头鳋病、鱼虱病（6 种） 7. 其他：缺氧症、中毒、维生素缺乏症、肝胆综合征（4 种）
合计：21 个	38 种

二、监测结果与分析

（一）监测结果

2020 年全省监测点共向全国水产养殖病害监测数据库传送有效数据 1 440 条，其中无病上报 1 226 条，有病上报 214 条，可见在养殖周期内绝大部分时间、绝大部分养殖品种处于健康状态。部分养殖品种发生了疾病，监测出草鱼、鲤、鲢、鳙、鲫、虹鳟、杂交鲟、中华鳖、大鲵 9 个养殖品种发生疾病。其中大鲵、草鱼发病率较高，年均发病面积比率分别为 18.86%和 8.82%；鲤、鲢次之，年均发病面积比率分别为 7.32%和 5.48%；虹鳟、杂交鲟发病率较小，年均发病面积比率分别为 0.17%和 0.46%。其他养殖品种如青鱼、鮰、泥鳅、白鲳、罗非鱼、黄颡鱼、齐口裂腹鱼、金

鱼、澳洲龙虾、南美对虾、小龙虾等因养殖规模小、数量少、监测点少，各监测点未监测出病害（表4）。

表4　各养殖种类平均发病统计

养殖种类	淡　水								
	鱼　类							其他类	
	草鱼	鲢	鳙	鲤	鲫	鳟	鲟	中华鳖	大鲵
监测面积（hm^2）	1 585.50	1 492.21	1 506.30	1 558.03	243.56	11.43	13.16	26.66	3.53
发病面积（hm^2）	139.86	81.73	9.86	113.98	7.33	0.02	0.06	0.40	0.66
平均发病面积比率（%）	8.82	5.48	0.66	7.32	3.01	0.17	0.46	1.5	18.86
平均监测区域死亡率（%）	0.120	0.355	0.238	0.106	0.011	0.013	0.030	0.117	0.120

全年共监测出草鱼出血病、细菌性败血症、烂鳃病、赤皮病、车轮虫病等6类水产养殖病害。其中病毒性疾病1例、细菌性疾病55例，真菌性疾病51例，寄生虫病11例，非病源疾病（氨中毒症、脂肪肝、肝胆综合征、缺氧症）90例，不明病因疾病6例。全年无重大疫情发生，渔业生产总体平稳（表5）。

表5　疾病种类比例

疾病类别	病毒性疾病	细菌性疾病	真菌性疾病	寄生虫性疾病	非病原性疾病	其他	总数
个数（个）	1	55	51	11	90	6	214
占比（%）	0.47	25.70	23.83	5.14	42.06	2.80	

（二）经济损失

据统计，2020年陕西省水产养殖监测区域因病害造成的经济损失127.29万元。从养殖品种看，草鱼、鲤损失较大，分别为40.34万元和35.03万元，鲫、虹鳟损失较小，分别为0.86万元和1.81万元（表6、图1）。

表6　2020年养殖品种经济损失统计

品种	草鱼	鲤	鲢	鳙	鲫	虹鳟	鲟	鳖	大鲵	合计
金额（万元）	51.35	44.59	7.15	5.37	1.10	2.31	3.55	2.34	9.53	127.29
比例（%）	40.34	35.03	5.62	4.22	0.86	1.81	2.79	1.84	7.49	100

注：养殖品种价格以养殖场出塘价计，鲤、草鱼、鳙均价10元/kg，鲢6元/kg，虹鳟、鲟30元/kg，鳖200元/kg，大鲵100元/kg。

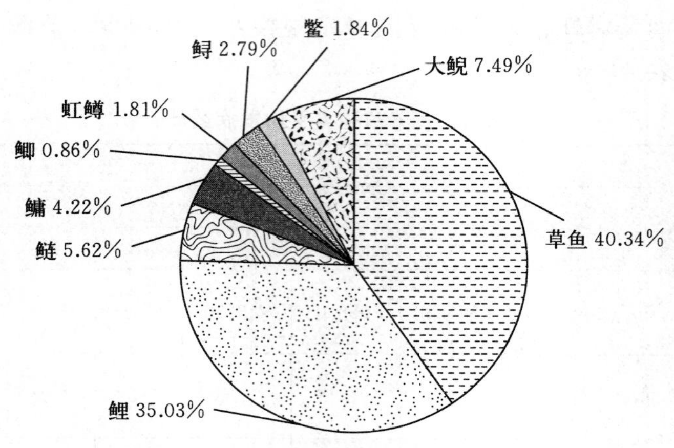

图 1　2020 年养殖鱼类经济损失比例

（三）主要养殖品种病情分析

1. 草鱼　草鱼养殖期间发病率、死亡率较高，全年共监测出草鱼病害 85 例，分别为草鱼出血病、溃疡病、烂鳃病、赤皮病、细菌性肠炎病、烂尾病、水霉病、指环虫病、车轮虫病、锚头鳋病、缺氧症、脂肪肝、肝胆综合征、不明病因疾病等 14 种疾病，其中烂鳃病、细菌性肠炎病、指环虫病发病率较高。全年发病率最高出现在 3 月（图 2），为 1.28%。全年共监测到草鱼病害 6 类，以非病原性疾病、细菌性疾病和寄生虫性疾病为主。非病原性疾病 33 例，占发病比例 38.82%；细菌性疾病 22 例，占发病比例 25.88%；寄生虫性疾病 10 例，占发病比例 11.76%（图 3）。

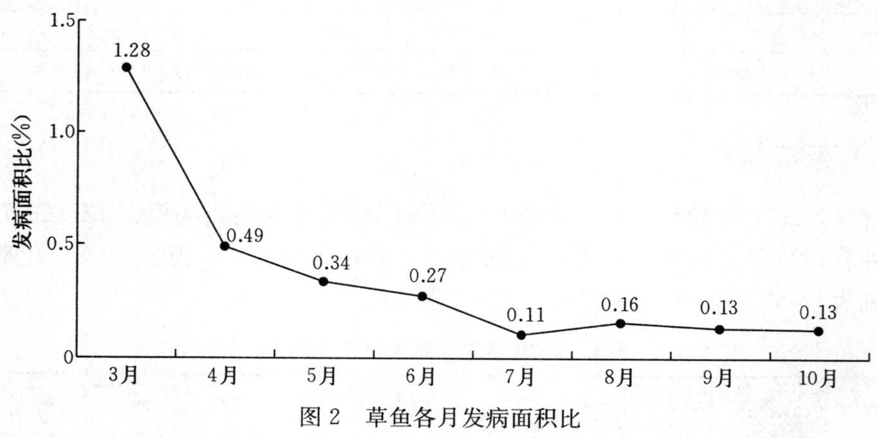

图 2　草鱼各月发病面积比

2. 鲤　全年共监测出鲤病害 73 例，分别为溃疡病、烂鳃病、赤皮病、细菌性肠炎病、疖疮病、打印病、烂尾病、水霉病、锚头鳋病、缺氧症、氨中毒和不明病因疾病，其中烂鳃病、细菌性肠炎病危害较大。从时间上看，3 月发病率、死亡率最高，分别为 1.08%和 0.1%（图 4）。

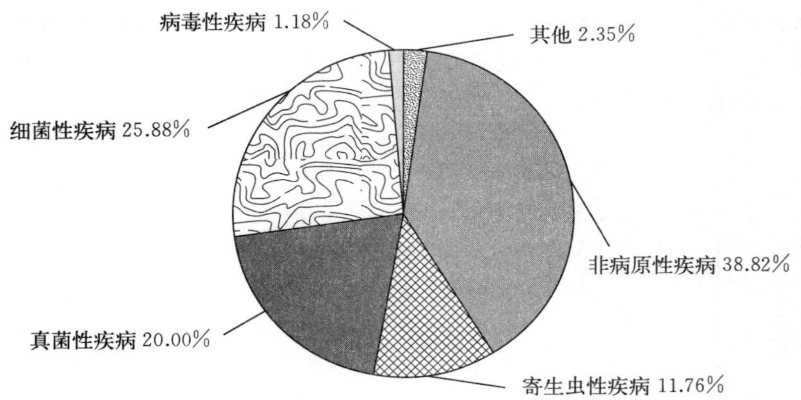

图3　草鱼疾病种类比例

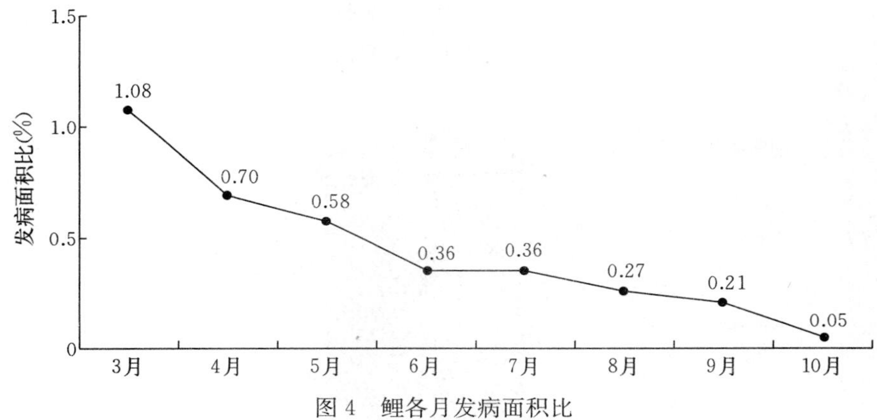

图4　鲤各月发病面积比

鲤全年共发生疾病5类，其中细菌性疾病25例，真菌性疾病21例，非病原性疾病24例（图5）。

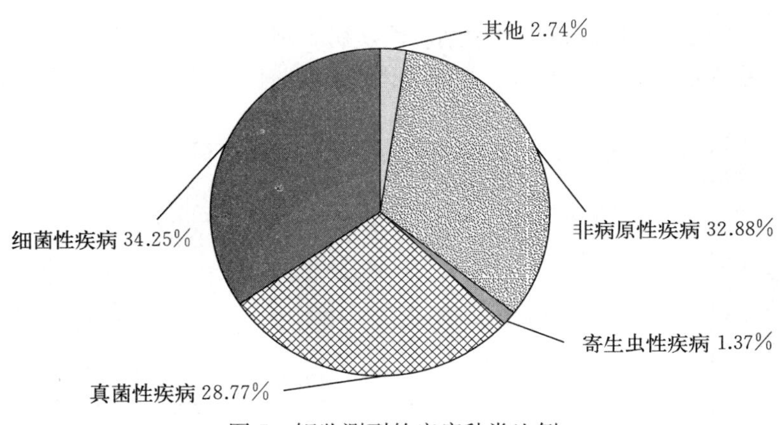

图5　鲤监测到的疾病种类比例

3. 鲢　共监测出鲢疾病28例，分别是烂鳃病、打印病、水霉病、缺氧症、氨中毒症和不明病因疾病。3 月发病率最高，为 2.15%，死亡率 0.33%。10 月发生发病率次之，为 1.09%，死亡率 0.23%。缺氧症发病率 0.33%，死亡率 0.04%。鲢发病原因主要是拉网受伤所致（图 6、图 7）。

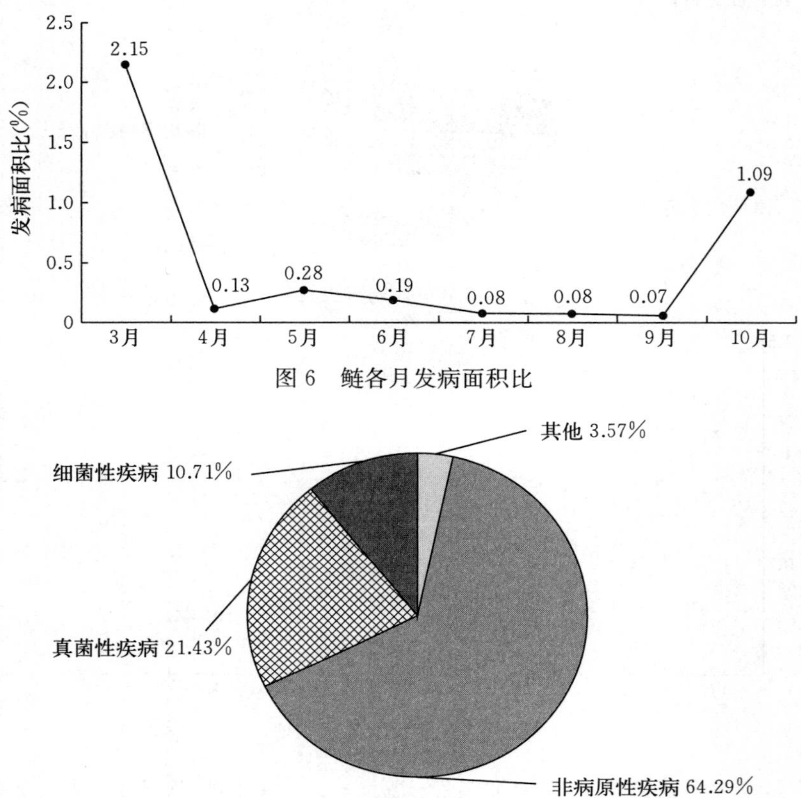

图 6　鲢各月发病面积比

图 7　鲢监测到的疾病种类比例

4. 鳙　监测出鳙疾病 19 例，其中细菌性疾病 1 例，真菌性疾病 3 例，非病原性疾病 15 例。5 月发病率最高，为 0.49%；缺氧症发病率 7.24%，死亡率 0.33%（图 8、图 9）。

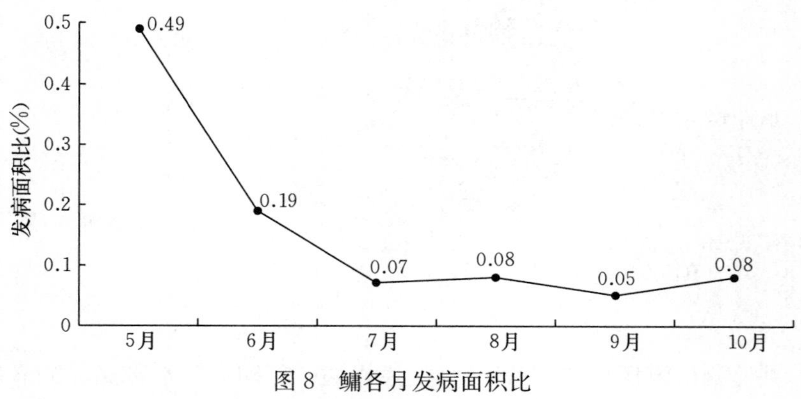

图 8　鳙各月发病面积比

5. 鲫　监测出鲫疾病1种，10月发生细菌性烂鳃病发病率为15.8%，死亡率为1.74%。

6. 虹鳟　监测到水霉病1例，发病率为4.65%，发病区域死亡率为0.13%。

7. 杂交鲟　监测出杂交鲟病害1种，4月监测到水霉病，发病率为5.00%，死亡率为0.03%。

8. 中华鳖　监测出疾病2种，分别为鳖红脖子病和鳖溃烂。病鳖红脖子病发病率为0.75%，死亡率为0.16%；鳖溃烂病发病率为0.05%，死亡率为0.03%。

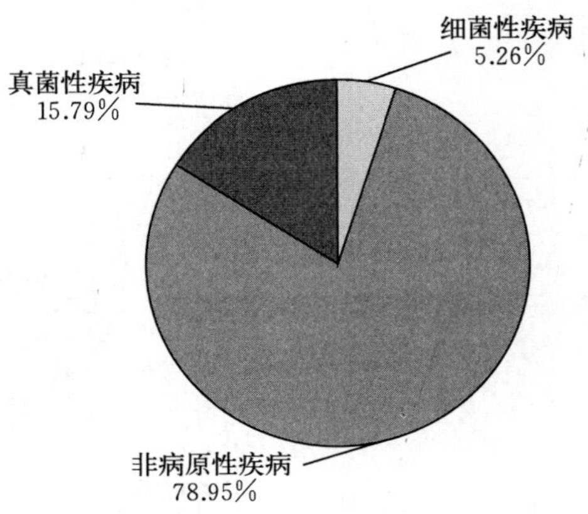

图9　鳙监测到的疾病种类比例

9. 大鲵　监测出虹鳟病害1例，5月发生不明病因疾病，发病率为21.01%，死亡率为0.12%。

（四）疾病种类分析

全年共监测到水产养殖病害如草鱼出血病、细菌性败血症、赤皮病、肠炎病、车轮虫病等21种。经济鱼类病害18种，其中病毒性疾病1种，细菌性疾病8种，真菌性疾病2种，寄生虫性疾病2种，非病源疾病4种，不明原因疾病1种。中华鳖病害2种，均为细菌性疾病。大鲵发生不明病因1种疾病（表7）。

表7　2020年水产养殖病害汇总

类　别		病　　名	数量（种）
鱼类	病毒性疾病	草鱼出血病	1
	细菌性疾病	溃疡病、烂鳃病、赤皮病、细菌性肠炎病、烂尾病、打印病、疖疮病、柱状黄杆菌病（细菌性烂鳃病）	8
	真菌性疾病	水霉病、鳃霉病	2
	寄生虫性疾病	车轮虫病、锚头鳋病	2
	非病原性疾病	缺氧症、氨中毒症、脂肪肝、肝胆综合征	4
	其他	不明病因疾病	1
其他类	细菌性疾病	鳖红脖子病、鳖溃烂病	2
	其他	不明病因疾病	1
合　计			21

按疾病种类分：病毒性疾病占0.47%，细菌性疾病占25.70%，非病源疾病占42.60%，寄生虫性疾病占5.14%，细菌性疾病、非病源疾病和寄生虫性疾病为主要病害（图10）。

按疾病分：养殖阶段的疾病以缺氧症、水霉病、细菌性肠炎危害最为严重，缺氧症

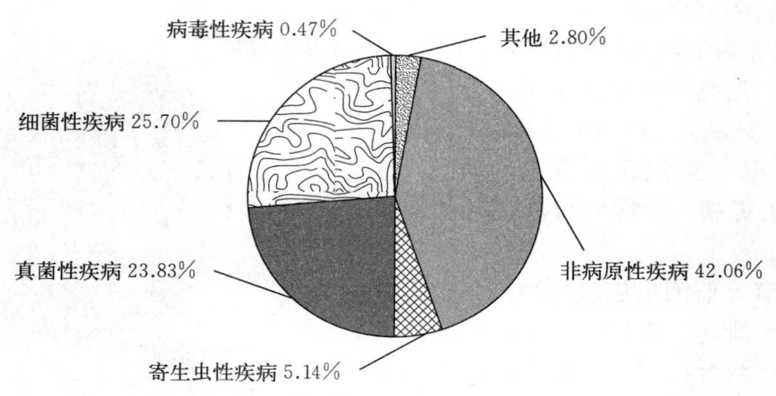

图 10　监测到的疾病种类比例

占比 32.86%，水霉病占比 23.81%，细菌性肠炎占比 10.95%（图 11）。

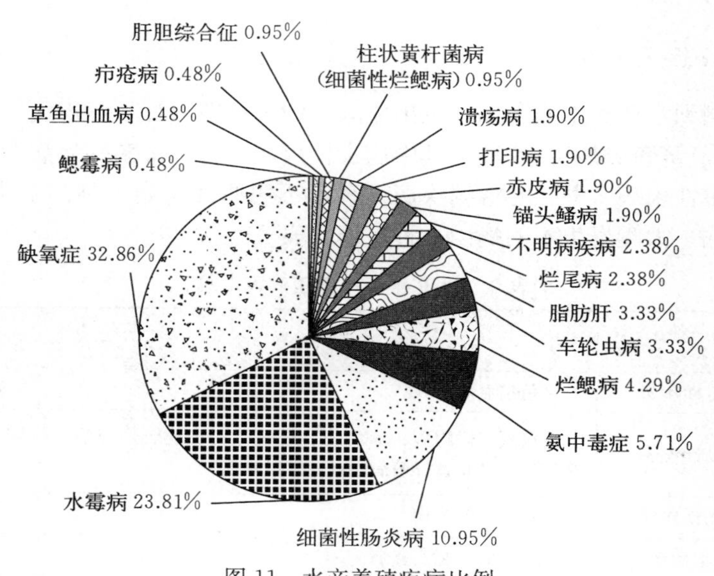

图 11　水产养殖疾病比例

1. *病毒性疾病*　全年监测出病毒性疾病 1 例，即草鱼出血病。

2. *细菌性疾病*　从疾病的种类看，细菌性疾病占 25.70%。监测到的有细菌性肠炎病、烂鳃病、赤皮病、打印病、溃疡病、烂尾病等。其中细菌性肠炎病、烂鳃病、烂尾病发病率较高，打印病、鳃霉病、水霉病发病率较低。

（1）细菌性肠炎病　细菌性肠炎病全年监测区域发病 23 次，占疾病比例 10.95%。病原为嗜水气单胞菌和豚鼠气单胞菌。主要危害草鱼，近年发现鲤、鲢、鳙也有少量发病。此病流行于 3～9 月，陕西省 2020 年发病为 3～9 月，6～7 月达到发病高峰期，发病率为 2.48%，9 月为死亡高峰期，死亡率为 0.04%（图 12）。

（2）细菌性烂鳃病　全年发病 11 次，占疾病比例 5.24%。10 月发病率最高达

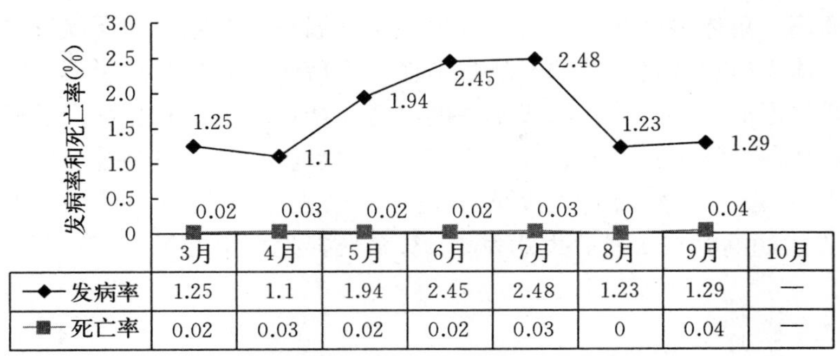

	3月	4月	5月	6月	7月	8月	9月	10月
发病率	1.25	1.1	1.94	2.45	2.48	1.23	1.29	—
死亡率	0.02	0.03	0.02	0.02	0.03	0	0.04	—

图 12　肠炎病月均发病率及死亡率

15.80%，死亡率最高达 1.74%。烂鳃病主要危害草鱼、鲤和鲫（图 13）。

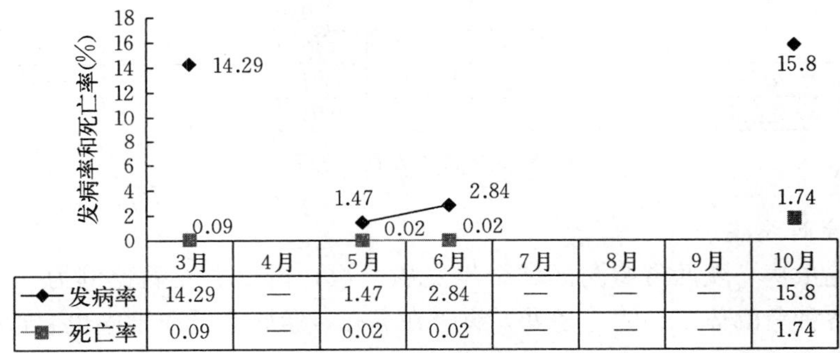

	3月	4月	5月	6月	7月	8月	9月	10月
发病率	14.29	—	1.47	2.84	—	—	—	15.8
死亡率	0.09	—	0.02	0.02	—	—	—	1.74

图 13　烂鳃病月均发病率及死亡率

（3）烂尾病　烂尾病是淡水鱼的主要病害之一，严重时尾部烂掉，骨骼外露，可引起病鱼大批死亡。烂尾病的病原菌有多种：如荧光假单胞菌、柱状屈挠杆菌、运动性气单胞菌和嗜水气单胞菌等。只要鱼尾部受伤被细菌感染后均发生此病，在养鱼池、水族箱、网箱、网围、网栏、水库中养殖的草鱼、斑点叉尾鮰、罗非鱼、鳗鲡、暗纹东方鲀、鲤、鲫等多种淡水鱼都经常可以发生。2020 年陕西省烂尾病发病时间 3～6 月，发生此病原因主要是拉网后鱼尾受伤引起。发病高峰期在 5 月，发病率为 3.47%，死亡率高峰期在 4 月，为 2.67%（图 14）。

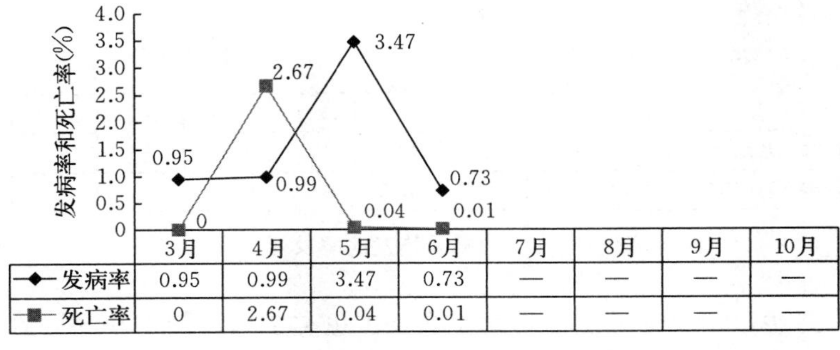

	3月	4月	5月	6月	7月	8月	9月	10月
发病率	0.95	0.99	3.47	0.73	—	—	—	—
死亡率	0	2.67	0.04	0.01	—	—	—	—

图 14　烂尾病月均发病率及死亡率

（4）溃疡病　鱼体表溃疡病由嗜水气单胞菌、温和气单胞菌和豚鼠气单胞菌等感染引起。病初，体表出现数目不等的斑块状出血，之后病灶处的鳞片脱落，表皮及其下肌肉坏死、溃烂，形成大小不等、深浅不一的溃疡，严重时露出骨骼和内脏而死亡。此病危害多种养殖品种，特别是乌鳢、大口黑鲈、齐口裂腹鱼和大口鲇等养殖品种的危害较大，水温在 15 ℃以上开始流行，发病期是 3～10 月；外伤是本病发生的重要诱因。2020 年陕西省发病高峰在 3 月，发病率为 11.44%，死亡率为 1.12%（图 15）。

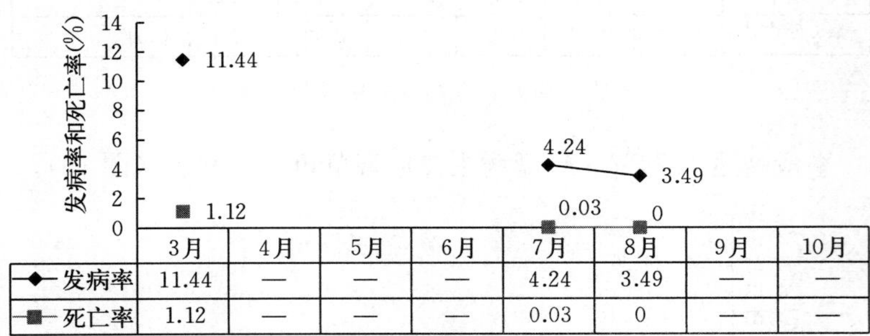

	3月	4月	5月	6月	7月	8月	9月	10月
—◆— 发病率	11.44	—	—	—	4.24	3.49	—	—
—■— 死亡率	1.12	—	—	—	0.03	0	—	—

图 15　溃疡病月均发病率及死亡率

3. 寄生虫性疾病

（1）车轮虫病　陕西省监测区域全年发病 7 次，占鱼类发病比例为 3.33%。车轮虫可寄生在各种鱼的体表、鳃等各处，有时在鼻孔、膀胱和输尿管中也有寄生。主要危害鱼苗和鱼种，严重感染时可引起病鱼的大批死亡。全省各个地区，一年四季均有发生，能够引起病鱼大批死亡主要是在 4～8 月。6 月发病率最高为 4.92%、死亡率 7 月最高为 0.04%。车轮虫以直接接触鱼体而传播，离开鱼体的车轮虫能够在水中游泳，转移宿主，可以随水、水中生物及工具等而传播。池小、水浅、水质不良、食料不足、放养过密、连续阴雨天气等均容易引起车轮虫病的暴发（图 16）。

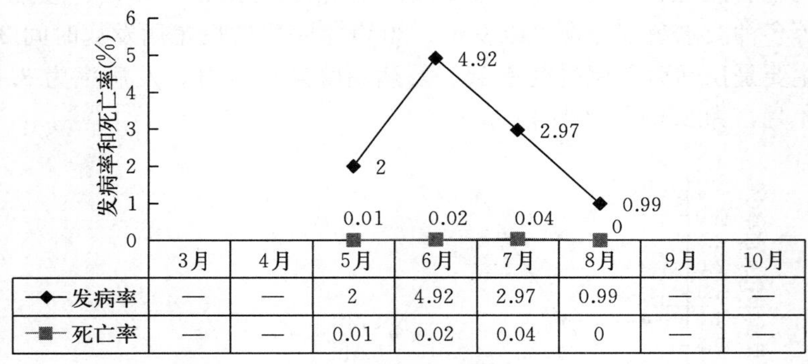

	3月	4月	5月	6月	7月	8月	9月	10月
—◆— 发病率	—	—	2	4.92	2.97	0.99	—	—
—■— 死亡率	—	—	0.01	0.02	0.04	0	—	—

图 16　车轮虫病月均发病率及死亡率

（2）锚头鳋病　2020 年监测出发病 4 次，占鱼类发病比例 1.90%，2020 年 4～10 月监测到锚头鳋病，4 月的发病率和死亡率为 18.89%和 0.02%，为全年最高。该病在水中一年四季均有，水温低时，会潜入鱼鳞下过冬，当水温达到 15 ℃左右时，就开始滋生。雌虫于鱼体皮下、鳍或口腔处寄生；雄虫一般不寄生。锚头鳋对鱼种和成鱼均可造成危害。对鲢、鳙危害最大，可造成鲢、鳙种大批死亡。被锚头鳋寄生的患病鱼，表现为焦躁不安、减食、消瘦。它主要寄生在鱼体与外界接触的部位，使其发炎红肿，影响吃食和呼吸，最终导致死亡。若寄生在鱼口腔中，则患病鱼嘴一直开着，称“开口病”；若寄生在鳞片和肌肉中，造成鱼体表面出血和发炎；老虫阶段寄生部位的鳞片往往有“缺口”，寄生处伤口不规则，给其他病菌入侵开了方便之门。因此，被锚头鳋寄生的患病鱼，往往还会并发其他疾病（图 17）。

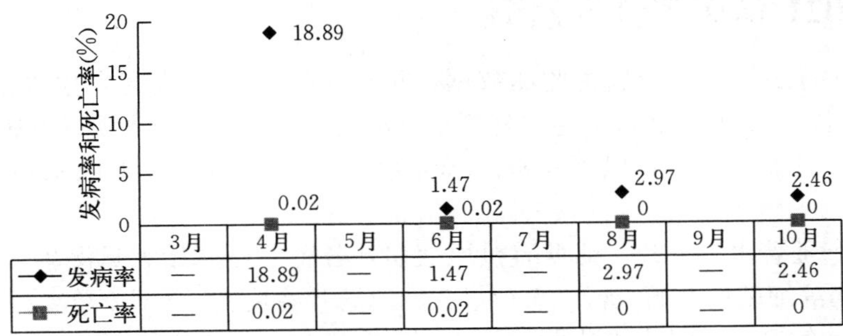

图 17　锚头鳋病月均发病率及死亡率

3. 真菌性疾病

（1）水霉病　陕西省各养殖品种均有发生。水霉主要感染鱼体表受伤组织或鱼卵孵化时的死卵，形成灰白色如棉絮状的覆盖物，又称肤霉病或白毛病，是陕西省水产养殖鱼类主要的真菌性疾病。此病 2020 年发生 50 次，占疾病比例 23.81%。此病主要发生在春季和秋季水温较低时。

（2）鳃霉病　鳃霉病是鱼的鳃感染了鳃霉菌而引发的一种疾病。此病流行于水质很坏、有机质含量很高的发臭池塘，常在 4～10 月发生，危害严重。2020 年鳃霉病发生 1 次，占鱼类发病比例 0.48%。2020 年 9 月监测到此病发生，发病率为 0.01%，死亡率为 0.01%。

4. 非病源疾病

2020 年陕西省监测到非病源疾病 90 次，占比 42.06%。该病由于管理不善引起，主要有缺氧症、氨中毒症、脂肪肝、肝胆综合征。

（1）缺氧症　缺氧主要发生在 6 月之后，由于池塘负荷量增加，池中有机物耗氧量最大所致，是养鱼常见现象。

（2）氨中毒症　当水体中非离子氨浓度超过 0.02 mg/L 时，鱼就会出现氨中毒。养殖水体中氨氮来源有鱼类粪便分解、人工施肥。降低水体氨氮浓度可通过人工机械收集鱼类粪便、增氧曝气、培植浮游植物、降低 pH 等方法实现。

（3）鱼类脂肪肝病　在养殖过程中，人工投喂的饲料不科学，对不同品种的鱼类投喂同一种饲料。造成有的鱼类摄食的营养中能量过高，如蛋白质过高易诱发肝脏脂肪积累，破坏肝脏功能，碳水化合物含量过高，会引起鱼类糖代谢紊乱，造成肝脏脂肪积累。造成肝肿大，色泽变淡，外表无光泽，严重的脂肪肝还可引发肝病变，使肝脏失去正常机能。

（4）肝胆综合征　肝胆综合征是以肝胆疾患为主要特征的新的鱼类疾病，是由于高密度、集约化养殖模式的出现和发展，导致养殖环境恶化，从而出现了这种病症的暴发和流行。该病是近年发生很频繁的鱼病之一，流行季节主要从 6 月开始一直到 10 月都有发生，已普遍流行于全国各地，尤其是鱼苗、鱼种发病率高，危害的对象主要是鲤、鲫、草鱼、斑点叉尾鮰、云斑鮰、乌鳢、虹鳟、裂腹鱼、团头鲂、青鱼等。

三、2021 年病害流行预测

依据陕西省多年来水产病害监测数据，2021 年水产养殖病害发生以细菌性疾病、寄生虫性疾病和非病原性病害为主。随着季节水温变化，预计会出现以下病情：

1～4 月，水温在 18 ℃以下，水产养殖病害发生较少，病害以水霉病、竖鳞病为主。

5～6 月，随着水温上升，池塘有机质变多，各种病原开始大量滋生，赤皮病、烂鳃病、肠炎病等细菌病开始流行，负荷量大的池塘开始缺氧。

7～8 月，气温、水温持续升高，养殖病害发病率、死亡率迅速上升，细菌性败血症、肠炎病、疱疹病毒病、草鱼出血病时有发生。

9 月气温、水温开始下降，水产养殖病害发病率也开始下降，但由于池底鱼类粪便积累较多，水质较肥，水环境变差，养殖病害还能发生。主要病害以指环虫病、车轮虫病、细菌性败血症为主。

10 月后，气温、水温快速下降，鱼类吃食量急剧减少或停食。大部分养殖品种达到商品规格，在出售、并塘拉网、运输过程中有可能造成鱼体损伤，鱼类发病以赤皮病、竖鳞病较常见。

2020 年甘肃省水生动物病情分析

甘肃省渔业技术推广总站

（孙文静）

一、基本情况

2020 年，甘肃省 13 个市（州）30 个县（区）设立监测点 80 个开展病害监测。监测品种包括鱼类 9 种、甲壳类 1 种（表 1），测报面积 300.243 2 hm^2（表 2）。其中，鱼类监测到 10 种养殖病害，有 4 种细菌性疾病，1 种病毒性疾病，1 种真菌性疾病，2 种寄生虫疾病，1 种非病源性疾病，1 种不明病因疾病；甲壳类中华绒螯蟹没有监测到病害（表 3）。

表 1　2020 年水产养殖病害监测品种

类别	品　种	数量（种）
鱼类	草鱼、鲤、鲫、鲢、鳊、鲑、虹鳟、鲟、鲈	9
甲壳类	中华绒螯蟹	1

表 2　2020 年监测面积分类汇总（hm^2）

淡水池塘	淡水网箱	淡水工厂化	淡水其他
293.669 9	2.413 4	3.493 3	0.666 6

表 3　2020 年水产养殖病害汇总表

类　别		病　　名	数量（种）
鱼类	细菌性疾病	赤皮病、肠炎病、烂尾病、打印病	4
	真菌性疾病	水霉病	1
	寄生虫性疾病	锚头鳋病、钩介幼虫病	2
	病毒性疾病	传染性造血器官坏死病	1
	非病源性疾病	气泡病	1
	其他	不明病因疾病	1

二、监测结果与分析

2020 年全省监测到病害的养殖品种有草鱼、鲤、鲫、鲑、鳟、鲟等 6 个品种。养殖病害平均发病面积比例为 8.589%，平均监测区域死亡率为 0.372%，平均发病区域死亡率为 1.481%。详见图 1 所示。

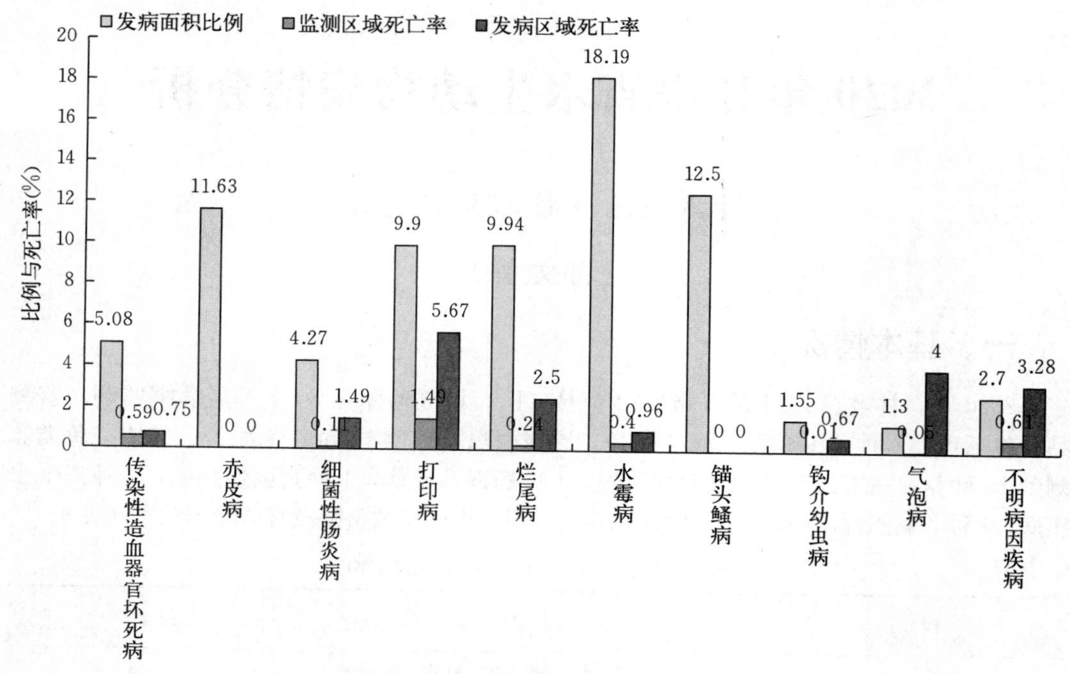

图 1　2020 年监测疾病发病面积比例、监测区域死亡率及发病区域死亡率

（一）常规监测及结果分析

2020 年，监测 9 个月度，有 6 个养殖品种监测到 10 种病害。其中，传染性造血器官坏死病主要危害虹鳟，发病面积比例是 5.08%，监测区域和发病区域平均死亡率分别为 0.59%和 0.75%；赤皮病、肠炎病、打印病、烂尾病、水霉病、锚头鳋病、钩介幼虫病和气泡病主要危害草鱼、鲤和虹鳟，发病面积比例在 1.30%～18.19%，监测区域和发病区域平均死亡率分别在 0～1.49%和 0～5.67%，发病情况比较严重但死亡率相对较低；不明病因疾病发病面积比例 2.7%，监测区域和发病区域平均死亡率分别为 0.61%和 3.28%，需要进一步研究确定其致病原因。详见表 4 所示。

表 4　2020 年监测疾病发病面积比例及死亡率（%）

疾病名称	传染性造血器官坏死病	赤皮病	细菌性肠炎病	打印病	烂尾病	水霉病	锚头鳋病	钩介幼虫病	气泡病	不明病因疾病
发病面积比例	5.08	11.63	4.27	9.9	9.94	18.19	12.5	1.55	1.3	2.7
监测区域死亡率	0.59	0	0.11	1.49	0.24	0.4	0	0.01	0.05	0.61
发病区域死亡率	0.75	0	1.49	5.67	2.5	0.96	0	0.67	4	3.28

1. 草鱼　监测面积 119.13 hm²。草鱼全年监测到赤皮病、肠炎病、烂尾病、水霉病、锚头鳋病 5 种养殖病害，其中，监测到 4 月发病比较严重，平均发病面积比为 1.05%。全年各种病害平均发病面积比例为 10.684%，平均监测区域死亡率为 0.040%，

平均发病区域死亡率为0.493%。赤皮病发病情况比较严重，最高发病面积比例25%；水霉病和锚头鳋病发病面积比为12.5%；肠炎和烂尾病发病较轻。详见表5。

表5　2020年草鱼监测情况（%）

疾病名称	赤皮病	细菌性肠炎病	烂尾病	水霉病	锚头鳋病
发病面积比例	25	4.95	9.94	12.5	12.5
监测区域死亡率	0	0.01	0.24	0	0
发病区域死亡率	0	0.32	2.5	0	0

2. **鲤**　监测面积117.87 hm^2。监测到赤皮病、打印病、水霉病、钩介幼虫病、气泡病、不明病因疾病6种养殖病害，平均发病面积比例为6.008%，平均监测区域死亡率为0.383%，平均发病区域死亡率为1.764%。其中，打印病和不明病因疾病发病面积比例较高，分别为9.9%和15.15%，不明病因疾病需要进一步研究确定其致病原因。详见表6。

表6　2020年鲤监测情况（%）

疾病名称	赤皮病	打印病	水霉病	钩介幼虫病	气泡病	不明病因疾病
发病面积比例	4.95	9.9	5.13	1.55	1.3	15.15
监测区域死亡率	0	1.49	0.07	0.01	0.05	1.37
发病区域死亡率	0	5.67	1.16	0.67	4	1.45

3. **鲫**　监测面积52.27 hm^2。监测到水霉病1种养殖病害，平均发病面积比例为50%，平均监测区域死亡率为1.45%，平均发病区域死亡率为1.5%，详见表7。

表7　2020年鲫监测情况（%）

疾病名称	水霉病
发病面积比例	50
监测区域死亡率	1.45
发病区域死亡率	1.5

4. **鲑**　监测面积2.19 hm^2。监测到传染性造血器官坏死病，平均发病面积比例为4.265%，平均监测区域死亡率为0.570%，平均发病区域死亡率为1.000%。详见表8。

表8　2020年鲑监测情况（%）

疾病名称	传染性造血器官坏死病	不明病因疾病
发病面积比例	4.65	3.88
监测区域死亡率	0.94	0.2
发病区域死亡率	1.2	0.8

5. 虹鳟　监测面积 5.64 hm^2。监测到传染性造血器官坏死病（IHN）1 种养殖病害，平均发病面积比例为 3.415%，平均监测区域死亡率为 0.72%，平均发病区域死亡率为 3.14%。详见表 9。

表 9　2020 年虹鳟监测情况（%）

疾病名称	传染性造血器官坏死病	不明病因疾病
发病面积比例	5.3	1.53
监测区域死亡率	0.42	1.02
发病区域死亡率	0.53	5.75

6. 鲟　监测面积 4.37 hm^2。监测到传染性造血器官坏死病（IHN）1 种养殖病害，平均发病面积比例为 2.025%；平均监测区域死亡率为 0.390%；平均发病区域死亡率 3.100%。详见表 10。

表 10　2020 年鲟监测情况（%）

疾病名称	细菌性肠炎病	不明病因疾病
发病面积比例	2.22	1.83
监测区域死亡率	0.38	0.4
发病区域死亡率	5	1.2

（二）重要疫病专项监测及结果分析

2020 年，根据国家水生动物疫病监测计划，甘肃省继续开展重要疫病专项监测工作，承担虹鳟传染性造血器官坏死病（IHN）、锦鲤疱疹病毒病、鲤浮肿病、鲫造血器官坏死病的专项监测任务，全部送检到深圳海关动植物检验检疫技术中心进行实验室检测。

1. 抽样情况　在虹鳟养殖水温 10～15 ℃时，先后在临泽、永登、永昌和永靖、临夏、武山和麦积 7 个县区采集虹鳟、金鳟样品 25 个，开展传染性造血器官坏死病实验室检测。

在鲤、鲫养殖水温 22～30 ℃时，先后在主养区白银区、永靖县采集鲤样品 15 个，开展锦鲤疱疹病毒病和鲤浮肿病实验室检测；采集鲫样品 5 个，开展鲫造血器官坏死病实验室检测。

2. 检测结果及分析

传染性造血器官坏死病：抽检的 25 个样品中有 6 个样品检出阳性，阳性率 24%。其中：永靖县刘家峡水库网箱养殖虹鳟抽检 8 个样品，检出 4 个阳性；武山县虹鳟养殖场抽检 4 个样品，检出 1 个阳性；临泽县虹鳟养殖场抽检 5 个样品，检出 1 个阳性。麦积区、临夏县、永登、永昌 4 个县区共抽检 8 个虹鳟样品，没有阳性检出。

锦鲤疱疹病毒病：检测结果都为阴性。

鲤浮肿病：检测结果都为阴性。

鲫造血器官坏死病：检测结果都为阴性。

全省虹鳟 IHN 发病情况仍然比较严重。有虹鳟养殖场虽然没有监测到 IHN，但疫病隐患依然存在。现阶段，三个疫区中，临泽、永昌的虹鳟养殖生产正在恢复，育苗期成活率低，成鱼期养殖成活率约 50%左右；永登县虹鳟养殖基本处于停产状态，现有的池塘养殖虹鳟、金鳟大部分都是外地运来的暂养鱼，以供当地餐饮销售。传染性造血器官坏死病仍然严重威胁着全省的虹鳟养殖业。

3. 阳性样品处理　临泽县、永靖县和武山县检出虹鳟传染性造血器官坏死病阳性结果后，省渔业站及时上报省渔业渔政管理局和全国水产技术推广总站，并通知临泽县、永靖县和武山县渔业工作站，严禁病鱼流通，开展严格的池塘消毒，对存塘鱼进行无害化处理，控制了疫情蔓延。

三、2021 年水产养殖病害发展趋势预测

（一）越冬期病害预测及防控（1～3 月）

（1）大宗鱼类池塘养殖此时处于越冬期，各地天气寒冷，静水池塘水面结冰，病害发生率和死亡率低。应加强越冬池塘管理，及时清扫池塘的冰上积雪，每 0.33 hm^2 打冰眼 1 口，保证冰下池水溶氧充足，同时做好安全警示，谨防安全生产事故的发生。

（2）冷水性虹鳟、鲟养殖此时正是生长旺季，应加强日常管理，做好病害防控。虹鳟养殖如发现疑似传染性造血器官坏死病症状（如：体色发黑、昏睡、上下蹿跳、拖便等）的个体，要及时按相关程序报告。

（二）放养阶段病害预测及防控（4～5 月）

此时，各地气温逐渐回暖，越冬鱼类经过 100 d 以上的越冬期，体质较弱，抗病力较差，水霉、赤皮、竖鳞病等疾病将会陆续发生。在鱼种放养前，应做好池塘清整消毒工作，用生石灰杀灭寄生虫幼虫、虫卵和病原菌；苗种引进应加强苗种检疫，选用优质苗种，严格控制苗种质量；在苗种运输和放养时规范操作，避免鱼体体表受伤感染疾病。

（三）养殖高峰期鱼病预测及防控（6～9 月）

全省水产养殖进入生长旺季，随着投饲量的增加，养殖水体残饵、排泄物逐渐增多，水质极易恶化，养殖病害将会出现高发趋势。主要病害有细菌性烂鳃病、竖鳞病、赤皮病、肠炎病和锚头鳋病、车轮虫病等寄生虫病。日常管理中要勤巡塘、勤观察，要根据水温、天气变化、鱼体活动情况等因素，合理控制好饲料投喂量，严禁投喂霉变饲料，做好水质调控，减少养殖病害。

（四）加强休药期管理（9～10 月）

此时，气候多变昼夜温差大，池塘载鱼量全年最大，大部分养殖品种准备上市销

售，水产养殖风险较大，必须加强日常管理，控制投饲量，及时更换池塘新水，预防因天气突变而导致鱼类浮头、泛塘事故。在做好病害防控的同时，上市商品鱼要严格休药期管理。

（五）越冬前病害预测及防控（11～12 月）

此时，随着气温下降养殖病害逐渐减少。池塘养殖的大宗品种主要做好越冬鱼的培肥工作，加深池水准备越冬；冷流水养殖品种鲑鳟、鲟将进入生长旺季，要加强饲养管理，做好水霉病、烂鳃病、肠炎病等病害的防控。虹鳟养殖发现有疑似传染性造血器官病症的个体，请及时按相关程序报告并做好防控措施。

2020年青海省水生动物病情分析

青海省渔业技术推广中心

（赵　娟　王明柱　龙存敏　马苗苗

李鲜存　李德康　李英钦　吕占芳）

一、虹鳟疾病发病情况

2020年，对全省18个监测点的养殖虹鳟开展了疾病监测工作，监测面积28.27 hm^2，监测到虹鳟疾病3种，其中真菌性疾病1种（木霉病），寄生虫性疾病2种（小瓜虫病、三代虫病）（表1）。3种疾病中，真菌性疾病占33.33%，寄生虫性疾病占66.67%（图1）。

表1　2020年监测到的虹鳟疾病种类统计结果

类别	品种/种类	数量
养殖品种	虹鳟	1
发病品种	虹鳟	1
疾病种类	水霉病、小瓜虫病、三代虫病	3

2020年，虹鳟发病率8月最高，为14.43%；11月次之，为9.84%；4月最低，为0.52 %。死亡率11月最高，为1.19%；10月次之，为0.27%；4月最低，为0.06%（图2）。月平均发病率为3.082 5%，月平均死亡率为0.160 0%（表2）。各种疾病中，水霉病对虹鳟类危害较重，发生在4～11月；小瓜虫病发生在4月；三代虫病发生在4～10月。主要疾病的发病情况见表3和图3。

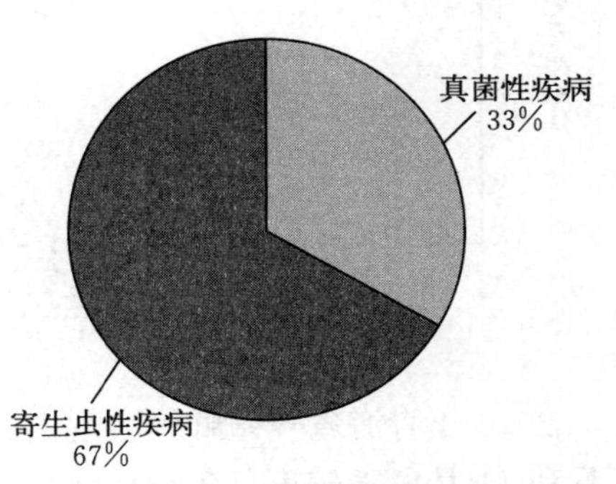

图1　2020年青海省虹鳟各种疾病比率

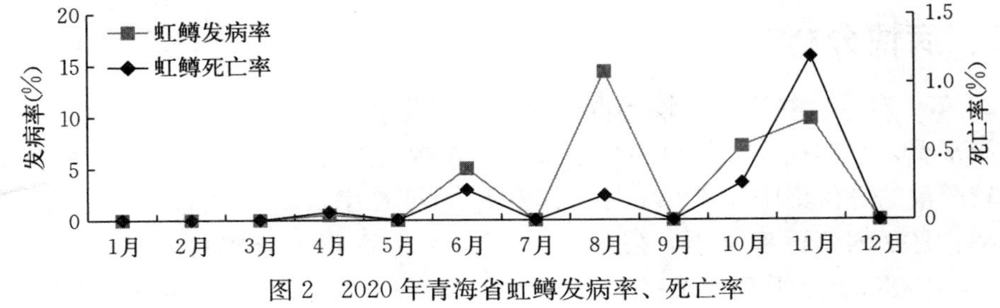

图2　2020年青海省虹鳟发病率、死亡率

表 2 虹鳟月发病率、月死亡率（%）

品种	项目	1月	2月	3月	4月	5月	6月	7月	8月	9月	10月	11月	12月	月均值
虹鳟	发病率	0	0	0	0.52	0	5.01	0	14.43	0	7.19	9.84	0	3.082 5
	死亡率	0	0	0	0.06	0	0.22	0	0.18	0	0.27	1.190	0	0.160 0

注：月发病率均值＝监测期月发病面积总和÷监测期月监测面积总和×100%；月死亡率均值＝监测期月死亡尾数总和÷监测期月监测尾数总和×100%。

表 3 虹鳟主要疾病发病情况（%）

种类	项目	1月	2月	3月	4月	5月	6月	7月	8月	9月	10月	11月	12月	月均值
水霉病	发病率	0	0	0	0.57	0	6.35	0	28.15	0	0	9.84	0	3.74
	死亡率	0	0	0	0	0	0.12	0	0.07	0	0	1.19	0	0.12
小瓜虫病	发病率	0	0	0	0.33	0	0	0	0	0	0	0	0	0.03
	死亡率	0	0	0	0.10	0	0	0	0	0	0	0	0	0.01
三代虫病	发病率	0	0	0	0.66	0	3.66	0	0.71	0	7.19	0	0	1.02
	死亡率	0	0	0	0.07	0	0.31	0	0.28	0	0.27	0	0	0.08

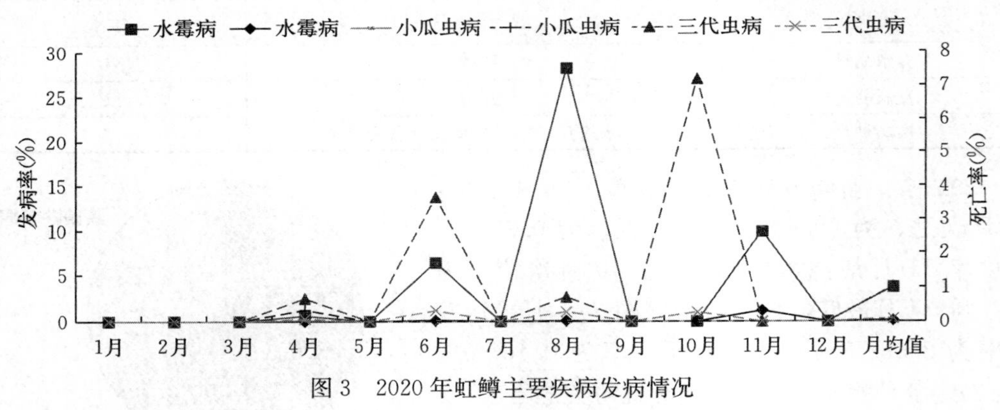

图 3 2020 年虹鳟主要疾病发病情况

2020 年青海省养殖虹鳟表现出以下发病特点：养殖虹鳟疾病主要流行于 4～11 月，8 月和 11 月危害较重。各种疾病中，真菌性疾病和寄生虫性疾病的危害范围广，尤其是水霉病和三代虫病对虹鳟类危害较重。

二、病情分析

2020 年，对养殖虹鳟危害较严重的疾病有水霉病、三代虫、小瓜虫病。从疾病的流行分布来看，水霉病、三代虫病、小瓜虫病主要分布于龙羊峡水库。2020 年养殖虹鳟发病较严重的月份集中在 4～11 月，其中 11 月死亡率最高，为 1.19%。从历年月平均发病率、月平均死亡率来看，发病率和死亡率呈逐年上升趋势，月平均发病率由 2016 年的 0.303 3%上升到 2020 年 3.082 5%，月平均死亡率由 2016 年 0.061 2%上升到 2020 年 0.160 0%；疾病对鱼类的危害呈上升趋势，应引起广大从业者的高度重视。以上疫情分析结果表明，青海省网箱养殖鱼类疫情防控形势依然严峻。从应对策略方面看，应加强对真菌性疾病、寄生虫病、细菌性疾病、病毒性疾病的防控，病毒性疾病应采取强化苗种检疫、疾病检测，加强对发病鱼和发病池塘的隔离管控等措施，防止疾病传播。

三、2021 年水产养殖病害发病趋势预测

根据历年青海省水产养殖病害监测结果，2021 年全省水产养殖过程中仍将发生不同程度的病害，疾病种类主要为真菌性疾病、细菌性疾病、寄生虫病和病毒性疾病。

1～4 月天气寒冷，气温、水温偏低，病害相对发生减少，重点防范水霉病。在生产操作过程中，要尽量避免人为操作不当造成鱼类机械损伤，导致水霉病发生，此外要做好网箱遮盖工作，防止鸟类侵害网箱及网箱中的鱼。

5～10 月随着气温、水温的上升，鲑鳟进入生长旺盛期，鲑鳟容易发生三代虫病、小瓜虫病、传染性造血器官坏死病、传染性造胰脏坏死病、疖疮病等。在养殖过程中，加强生产管理，开展水产苗种产地检疫，严格按照青海省《虹鳟网箱养殖技术规范》中的投饵率和鱼类生长情况及时调整投喂量，并做好水质监测、水体和工具的消毒工作。根据实际情况及时清洗网衣，保证网箱内外水流正常交换，并做好汛期和水电站泄洪期间的防范工作。

11～12 月随着气温、水温下降，鲑鳟的病害发生率也将降低，易发生水霉病，但仍然不能放松生产管理，及时分箱，尽量减少对养殖鱼类的人为刺激和干扰。

2020 年宁夏回族自治区水生动物病情分析

宁夏回族自治区鱼病防治中心

（杨　锐　黄　涛　杨玉芹）

一、基本情况

2020 年，宁夏回族自治区水产技术推广站（宁夏回族自治区鱼病防治中心）在全区 4 个市、12 个水产养殖重点县（市、区）设置了 48 个测报点（表 1），监测水产养殖品种 6 个（表 2）。监测面积为 4 173.42 hm^2，其中池塘面积 3 712.99 hm^2，其他养殖面积 460.43 hm^2。2020 年水产养殖病害监测面积占宁夏水产养殖总面积 23 494 hm^2 的 17.76％。

表 1　监测点总体情况

市级	县（市、区）级	测报点
银川市	兴庆区、西夏区、永宁县、贺兰县、灵武市	23 个
石嘴山市	大武口区、惠农区、平罗县	8 个
吴忠市	利通区、青铜峡市	7 个
中卫市	沙坡头区、中宁县	10 个
合计	12 个	48 个

表 2　监测的水产养殖品种

类　别	养殖品种	数量（种）
淡水鱼类	鲤、草鱼、鲢、鳙、鲫、鮰	6

二、监测结果与分析

（一）总体病害情况

2020 年共监测到的已发疾病，按鱼类疾病性质类别分为 5 类，监测到水产养殖鱼类病害 14 种。其中：细菌性疾病 7 种，真菌性疾病 1 种，寄生虫类病害 3 种，非病源性疾病 2 种，病毒性疫病 1 种（疑似）。14 种病害中，病毒性疾病（疑似）占 7.14％，细菌性疾病占 50.00％，真菌类疾病占 7.14％，寄生虫类疾病占 21.43％，非病原性疾病占 14.29％（表 3）。

表 3　宁夏监测到水产养殖鱼类病害分类汇总

疾病类别	病　害　名　称	数量（种）	占比（%）
病毒性	锦鲤疱疹病毒病（为疑似）	1	7.14
细菌性	细菌性败血症、柱状黄杆菌病（细菌性烂鳃病）、赤皮病、细菌性肠炎病、打印病、疖疮病、竖鳞病	7	50.00
真菌性	水霉病	1	7.14
寄生虫	指环虫、车轮虫、锚头鳋	3	21.43
非病原	气泡病、缺氧症	2	14.29
合　计		14	

2020 年监测到水产养殖鱼类病害 14 种，各种病害年度累计发生 108 次。年度发病频次降序排列前三的病害均属于细菌性疾病，分别为：柱状黄杆菌病（细菌性烂鳃病）发病 37 次，占比 34.26%；赤皮病发病 16 次，占比 14.81%；细菌性肠炎病发病 14 次，占比 12.96%（图 1）。2020 年，宁夏水产养殖鱼类年度发病面积比最高的月份为 3 月，平均发病面积比 1.42%，其次为 7 月，平均发病面积比 0.48%。

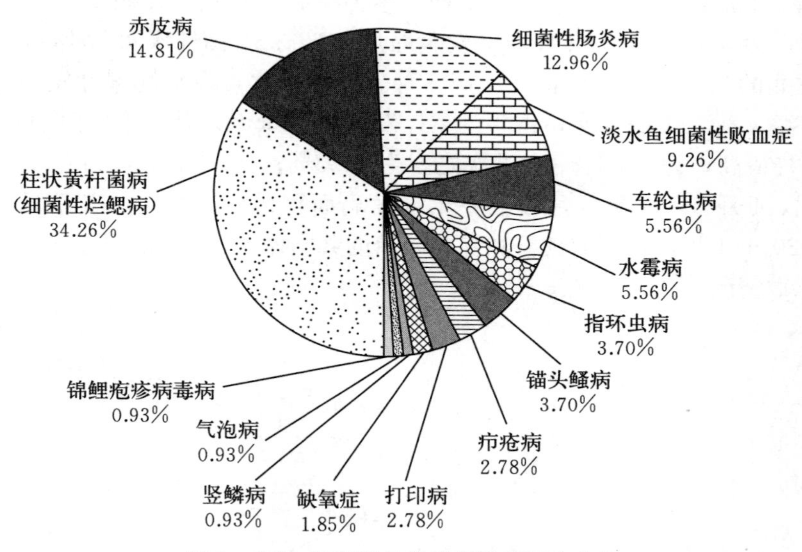

图 1　2020 年宁夏各种病害发病频次占比

（二）主要养殖鱼类的病害情况

主要养殖品种中平均发病率和平均死亡率较高的有草鱼、鲤和鲢。其中：草鱼平均发病率 0.77%，平均死亡率 0.13%。鲤平均发病率 0.78%，平均死亡率 0.03%。鲢平均发病率 0.21%，平均死亡率 0.10%（表 4）。2020 年度草鱼、鲤和鲢的平均发病率和平均死亡率与 2019 年度相比均有降低（表 5）。

表 4　2020 年养殖鱼类发病率和死亡率（%）

品种	比率	3 月	4 月	5 月	6 月	7 月	8 月	9 月	10 月	12 月	平均值
草鱼	发病率	0.78	0.88	1.47	1.03	0.63	0.53	0.54	0.35	0.68	0.77
	死亡率	0.25	0.17	0.01	0.03	0.03	0.04	0.45	0.14	0.06	0.13
鲤	发病率	0.65	0.33	3.73	0.35	0.52	0.36	0.32	0.43	0.34	0.78
	死亡率	0.03	0.01	0.02	0.02	0.03	0.01	0.04	0.06	0.07	0.03
鲢	发病率	1.18	0.00	0.68	0.51	0.36	0.51	0.00	1.01	0.51	0.21
	死亡率	0.21	0.00	0.07	0.07	0.15	0.11	0.00	0.15	0.13	0.10

表 5　养殖品种平均发病率、平均死亡率与上年度对比情况

品种	平均发病率（%）			平均死亡率（%）		
	2019 年	2020 年	增减	2019 年	2020 年	增减
草鱼	1.57	0.77	—	0.89	0.13	—
鲤	1.55	0.78	—	0.04	0.03	—
鲢	1.50	0.21	—	0.31	0.10	—

1. 草鱼　2020 年，监测到疾病 11 种，各种疾病年度累计发病 53 次。其中：细菌性疾病 5 种，发病 37 次，占年度累计发病的 69.81%；真菌性疾病 1 种，发病 4 次，占年度累计发病的 7.55%；寄生虫性疾病 3 种，发病 9 次，占年度累计发病的 16.98%；非病原性疾病 2 种，发病 3 次，占年度累计发病的 5.66%。从 2020 年度草鱼发病面积比来看，4 月最高，为 0.36%；6 月次之，为 0.33%；10 月最低，为 0.06%。与 2019 年同期相比，4 月、5 月和 7 月较上一年度发病面积比略有减少，其他月份基本持平（图 2）。2020 年 4 月，在提前预警和综合防治的共同作用下，未发生春季草鱼细菌性疾病大面积死亡情况。

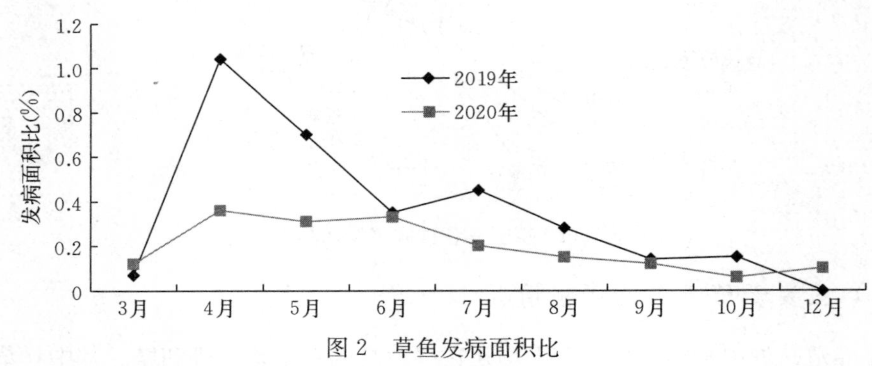

图 2　草鱼发病面积比

2. 鲤　2020 年，监测到疾病 9 种，各种疾病年度累计发病 34 次。其中：细菌性疾病 7 种，发病 30 次，占年度累计发病的 88.24%；病毒性疾病 1 种，发病 1 次，占年度累计发病的 2.94%；寄生虫性疾病 1 种，发病 3 次，占年度累计发病的 8.82%。从

2020年度鲤发病面积比来看，5月最高，为1.02%；3月次之，为0.27%；9月最低，为0.04%。与2019年同期相比，3月和5月较上一年度略有增长，8月和10月略有减少；其他月份基本持平（图3）。

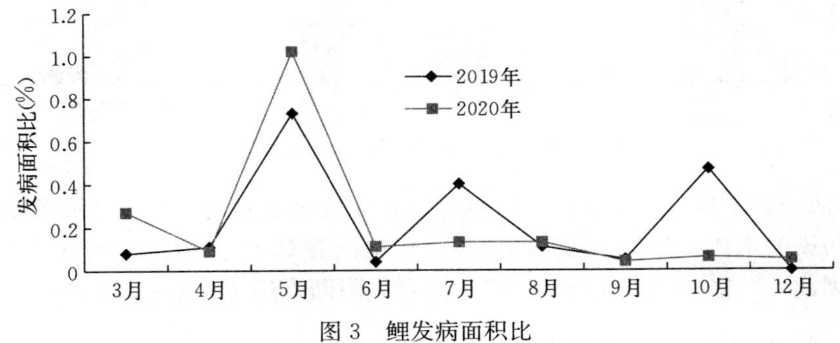

图3　鲤发病面积比

3. 鲢　2020年，监测到疾病3种，各种疾病年度累计发病10次。其中：细菌性疾病3种，发病10次，占年度累计发病的100%。从2020年度鲢发病面积比来看，全年发病面积比较低。4月较上一年度大幅减少，其他月份基本持平（图4）。

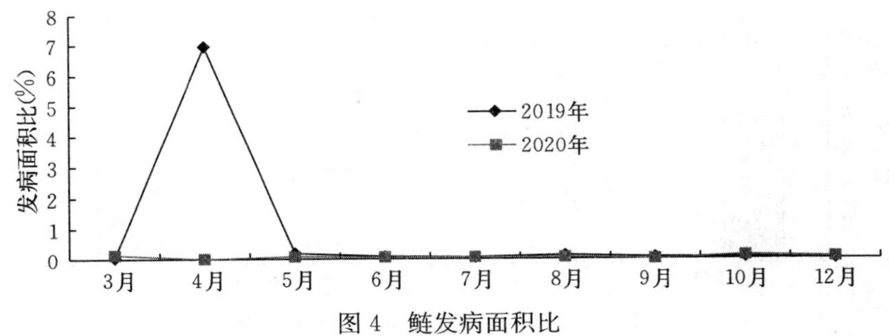

图4　鲢发病面积比

三、重要水生动物疫病病情分析

2020年，全区开展了《水生动物检疫疫病名录》中鲤春病毒血症（SVC）、草鱼出血病（GCRV）、锦鲤疱疹病毒病（KHVD）、鲤浮肿病（CEVD）4种疫病，20个样本的专项监测任务。监测品种为鲤和草鱼，采样时间6月，采样点涵盖区内的8家省级原良种繁育场，检测机构为深圳海关动植物检验检疫技术中心。宁夏自2017年开始实施重要水生动物疫病专项监测，2019年以前涉及的采样点为成鱼养殖场和原良种繁育场，2019年以后采样点为省级原良种繁育场。

（一）鲤春病毒血症（SVC）

2020年，共监测5个SVC样品，监测品种为鲤，检出阳性样本1例，阳性率20%。2017—2020年，从宁夏共采集30份鲤春病毒血症（SVC）样本，连续4年的SVCV检测（图5），共发现4例阳性样本，阳性检出率为13.3%。4年中2次检出鲤

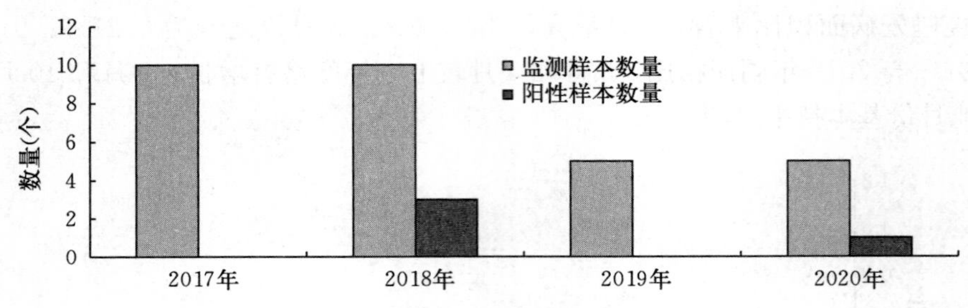

图 5 鲤春病毒血症（SVC）监测情况

携带 SVC 病原，出现阳性样本的成鱼养殖场和原良种繁育场，虽然未暴发大面积死亡现象，但污染的水体、鱼类、捕捞的渔具、运输的载具等等都会成为 SVC 不可忽视的传染源。因此，严格的无害化处理和清塘消毒是阻断疫病传播的必要措施。

（二）草鱼出血病（GCRV）

2020 年，共监测 5 个 GCRV 样品，监测品种为草鱼，检测结果均为阴性。2017—2020 年，从宁夏共采集 28 份草鱼出血病（GCRV）样本，连续 4 年的 GCRV 检测（图 6），未发现阳性样本。

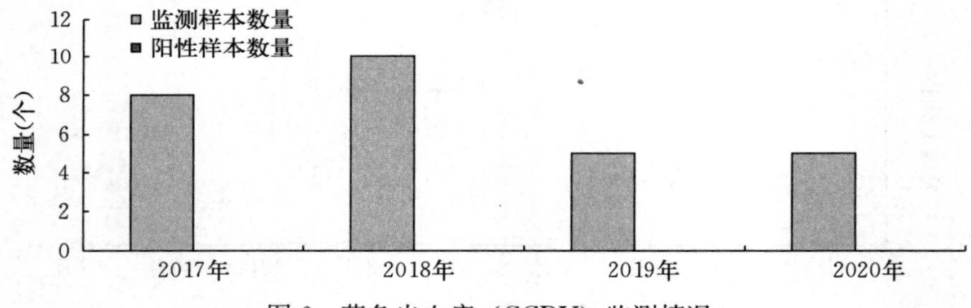

图 6 草鱼出血病（GCRV）监测情况

（三）锦鲤疱疹病毒病（KHVD）

2020 年，共监测 5 个 KHV 样品，监测品种为鲤，检测结果均为阴性。2017—2020 年，从宁夏共采集 28 份锦鲤疱疹病毒病（KHV）样本，连续 4 年的 KHV 检测（图 7），未发现阳性样本。

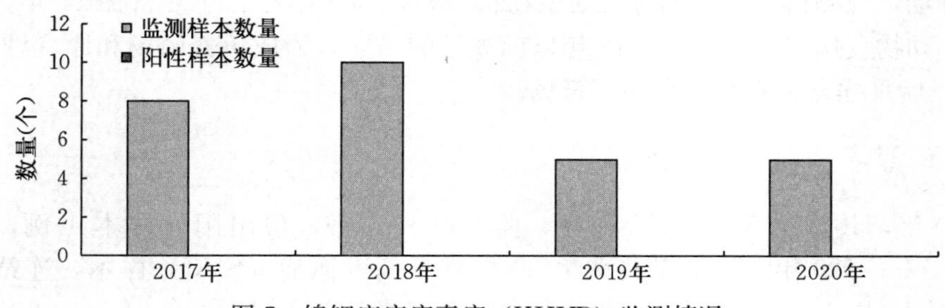

图 7 锦鲤疱疹病毒病（KHVD）监测情况

（四）鲤浮肿病（CEVD）

2020 年，共监测 5 个 CEV 样品，监测品种为鲤，检测结果均为阴性。2018—2020 年，从宁夏共采集 20 份鲤浮肿病（CEVD）样本，连续 3 年的 CEV 检测（图 8），共发现 2 例阳性样本，阳性检出率为 10%。

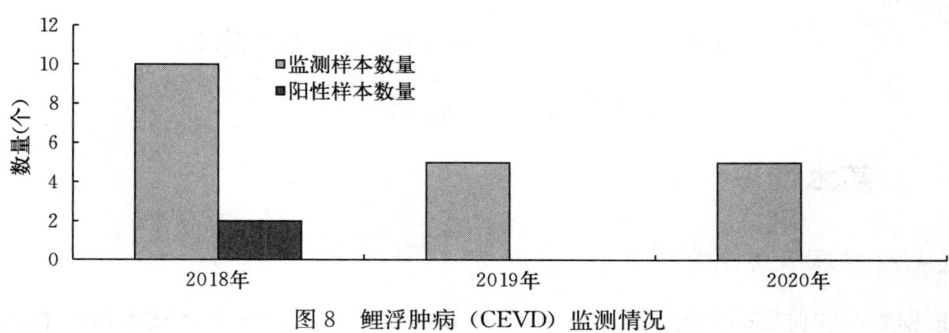

图 8　鲤浮肿病（CEVD）监测情况

四、2021 年宁夏水产养殖病害发病趋势预测

根据历年的监测结果及水生动物疾病的发病特点和流行趋势，2021 年春季应警惕的疾病有细菌性肠炎病、柱状黄杆菌病（细菌性烂鳃病）、赤皮病、竖鳞病、水霉病、气泡病、指环虫和车轮虫；夏秋季应警惕的疾病有鲤春病毒血症、草鱼出血病、锦鲤疱疹病毒病、鲤浮肿病、细菌性肠炎病、柱状黄杆菌病（细菌性烂鳃病）、细菌性败血症、打印病、肝胆综合征、锚头鳋、车轮虫病和指环虫病等疾病；冬季应警惕的疾病有赤皮病、烂尾病、水霉病和缺氧症。

2020年新疆维吾尔自治区水生动物病情分析

新疆维吾尔自治区水产技术推广总站

（封永辉　韩军军）

一、基本情况

（一）常规病害测报工作

根据农业农村部的相关要求，2020年度新疆维吾尔自治区水产技术推广总站，通过“全国水产养殖动植物病情测报系统”，对全区水产养殖动物病情开展了监测工作，设置53个监测点（测报员35人），常规监测到18个水产养殖品种（表1），覆盖监测总面积3 731.66 hm^2，其中，淡水池塘监测面积为1 343.28 hm^2，淡水工厂化监测面积为2.73 hm^2，覆盖全疆11个地州、31个市县。

表1　2020年开展病情监测的水产养殖品种

类　别		养　殖　品　种	数量（种）
鱼类		鲈、鳙、鲤、草鱼、白斑狗鱼、鲢、鳊、乌鳢、罗非鱼、鲑、鳟、鲫、鲟、鮰、黄颡鱼	15
甲壳类	虾类	克氏原螯虾、凡纳滨对虾	3
	蟹类	中华绒螯蟹	
合计			18

（二）疫病专项监测工作

新疆维吾尔自治区承担了农业农村部下达2020年水生动物疫病监测计划，包含5个草鱼出血病样品，5个传染性造血器官坏死病样品，合计2种10批次采样监测任务，按照相关要求送深圳海关动植物检验检疫技术中心实验室进行检测，相关结果及时上报“国家水生动物疫病监测信息管理系统”（表2）。

表2　2020年水生动物疫病新疆区监测任务

监测疫病种类	样品数量（个）	检测单位
草鱼出血病	5	深圳海关动植物检验检疫技术中心
传染性造血器官坏死病	5	
合计	10	

二、监测结果与分析

（一）常规病情测报监测结果

1. 概况　2020年度，测报区共监测18个养殖品种中有6个养殖品种发生病害，监测到病害11种。其中，病毒性疾病1种，细菌性疾病5种，寄生虫性疾病2种，非病原性疾病2种，真菌性疾病1种（表3）。

表3　2020年水产养殖病情测报病害种类

类　别	病　　名	数量（种）
病毒性疾病	草鱼出血病	1
细菌性疾病	淡水鱼细菌性败血症、烂鳃病、赤皮病、细菌性肠炎病、疖疮病	5
寄生虫性疾病	锚头鳋病、鱼虱病	2
真菌性疾病	水霉病	1
非病原性疾病	维生素C缺乏病、缺氧症	2
合计		11

检测结果表明，细菌性疾病是危害全区水产养殖最严重的疾病（图1），占41.67%；其次是寄生虫性疾病，占25.00%；再有真菌性疾病和非病原性疾病占同等比例12.5%。目前全区养殖品种以鱼类为主，细菌性疾病以淡水鱼细菌性败血症、烂鳃病、赤皮病、细菌性肠炎病、疖疮病为主（表3）。

2. 各监测位点病害分布情况　见表4。

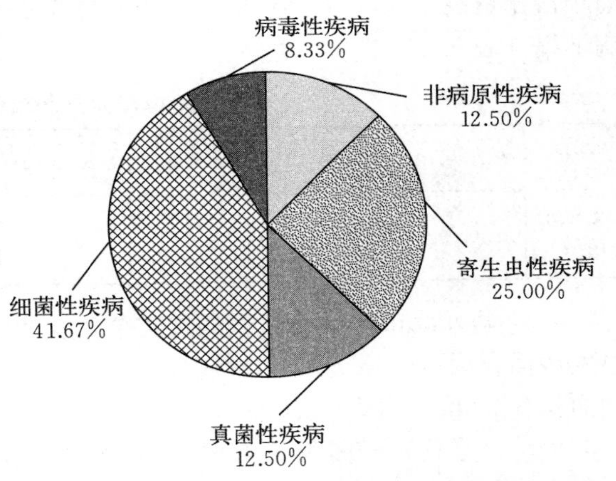

图1　2020年度全区监测到的疾病种类比例

表4　2020年水产养殖各监测点病害分布

监测点	鱼类品种	类别	病名
昌吉回族自治州	鲤	非病原性疾病	维生素C缺乏病
		寄生虫性疾病	锚头鳋病
		寄生虫性疾病	鱼虱病
	草鱼	细菌性疾病	肠炎病
		病毒性疾病	草鱼出血病

（续）

监测点	鱼类品种	类别	病名
巴音郭楞蒙古自治州	鲈	细菌性疾病	淡水鱼细菌性败血症
喀什地区	中华绒螯蟹（河蟹）	真菌性疾病	水霉病
	鳊	细菌性疾病	肠炎病
	草鱼	细菌性疾病	赤皮病
吐鲁番市	鲟	非病原性疾病	缺氧症
		细菌性疾病	肠炎病
	草鱼	细菌性疾病	肠炎病
伊犁州	鲤	真菌性疾病	水霉病
塔城地区	鲤	细菌性疾病	疖疮病
		细菌性疾病	烂鳃病
		寄生虫性疾病	鱼虱病
合计	6种	5类	11种

3. *养殖鱼类疾病月份监测结果* 根据养殖鱼类不同月份发病面积比显示，5月发病面积占比最高，为8.65%；8月次之，为5.09%；9月和10月由于进入养殖末期，无病上报（表5）。

表5 2020年水产养殖种类发病面积比

时间	2020年3月	2020年4月	2020年5月	2020年6月	2020年7月	2020年8月	2020年9月	2020年10月
发病面积比（%）	0.09	0.08	8.65	0.28	0.12	5.09	0	0

4. *平均发病面积结果* 发病鱼类草鱼发病面积最大，草鱼总监测面积805.40 hm^2，总发病面积为24 hm^2，平均发病面积率为2.98%；其次是鲤总监测面积924.80，总发病面积9.8 hm^2，平均发病面积率1.06%；中华绒螯蟹总监测面积58 hm^2，总发病面积2.67 hm^2，平均发病面积率4.6%；鲈发病面积最小，总监测面积76.73 hm^2，总发病面积为0.19 hm^2，平均发病面积率0.24%（表6）。

表6 各养殖种类平均发病面积率

种类	鱼类					蟹类
	草鱼	鲤	鳊	鲈（淡）	鲟	中华绒螯蟹
总监测面积（hm^2）	805.397 7	924.797 8	13.333 3	76.733 4	2.733 3	58
总发病面积（hm^2）	24	9.8	2.666 7	0.186 7	1.373 3	2.666 7
平均发病面积率（%）	2.98	1.06	20	0.24	50.24	4.6

5. *平均发病面积和死亡率结果* 鱼类在2020年监测到的疾病种类中，平均发病面积比例为14.16%，平均监测区域死亡率7.25%，平均发病区域死亡率17.83%。水霉

病发病面积比例最高，占比56.52%；其次是赤皮病，占比27.27%；烂鳃病发病面积比例最低，仅0.62%。监测区域和发病区域死亡率最高的是维生素C缺乏病，监测区域死亡率和发病区域死亡率分别为49.95%和50%，最低的是疖疮病，分别为0.04%和0.5%（表7）。中华绒螯蟹发病面积比例为100%，监测区域死亡率和发病区域死亡率均为10%。

表7　2020年发病面积比例及死亡率（%）

疾病名称	草鱼出血病	淡水鱼细菌性败血症	烂鳃病	赤皮病	细菌性肠炎病	疖疮病	水霉病	锚头鳋病	鱼虱病	缺氧症	维生素C缺乏病
发病面积比例	0.92	3.37	0.62	27.27	22.52	0.68	56.52	2.14	1.05	30	1.51
监测区域死亡率	10.68	0.13	0.14	3.33	1.83	0.04	3	4.66	2.54	1.14	49.95
发病区域死亡率	26.67	1	3	4.29	19.98	0.5	7.5	23.75	8	2	50

（二）重要水生动物疫病监测结果

1.2020年2种疫病监测结果　见表8。

表8　2020年2种疫病监测结果

监测疫病	样品数量（个）	阳性数（个）	阳性率（%）
草鱼出血病	6	0	0
传染性造血器官坏死病	5	1	20
合计/平均	11	1	9.1

2.2种疫病历年监测结果　见表9、表10。

表9　IHN历年监测结果

年份	样品数量（个）	阳性数（个）	阳性率（%）
2016	5	0	0
2017	3	0	0
2018	7	1	14.3
2019	5	0	0
2020	5	1	20
合计/平均	25	2	8

表10　GCRD历年监测结果

年份	样品数量（个）	阳性数（个）	阳性率（%）
2020	6	0	0
合计/平均	6	0	0

三、存在的问题及建议

（一）存在的问题

1. 全区疫病防控软硬件缺乏　2020 年度机构改革初步完成，全区水产技术推广人员很多都留在原水利系统，未随编制进入农业系统，渔业专业技术人员出现断层，技术力量薄弱，有的单位多年未招收水产专业的毕业生，水生动物防疫工作难以全面开展。机构改革后从事水产工作的大部分为畜牧、农业等兼职人员，对水产养殖的病害监测和病害防治工作不熟悉，实践经验不足。全区还未建成省级水生动物疫病防控中心，已经建成的 5 个县级防控实验室，实验设备简单。因为改革或人员问题，各地州保留的几个水产技术推广站亦无相关检测实验室或有实验室但没有相关实验技术操作人员，没有一个真正行使水生动物疫病防控的职能机构。受制于设备和场地的限制，基层病害诊断、防治技术服务、病害测报、苗种检疫等工作难以开展，部分重大疫病的检测无法在本地完成，而且送检周期又长，不能及时获取结果。

2. 病害快速、准确诊断技术不足　新疆地域广大，养殖品种多，目前各地州水产技术人员技术水平有高有低，多数对水生动物疫病的诊断依靠经验判断，仅现场和显微镜观察对疾病进行检查和判定，缺乏精准检测手段及设备对病原进行分析，易产生误诊，错过最佳的治疗时间，导致病害损失加大，渔民的经济损失增加。

（二）建议

（1）项目经费支持保障，不断提升基层病害监测能力建设，组建专业化水生动物防疫实验室，完善监测手段，保证第一手监测数据的准确性，正确发挥测报系统的作用，使测报具有权威性和实用性，切实能为全疆养殖户带来帮助。

（2）在渔业主养区实施渔业保险事务，水生动物防疫监测点或病害测报点应纳入农业保险范畴，减少对病害发生的顾虑，增加渔民参与测报的积极性。

（3）需要对疫病阳性养殖场的经费补偿和政策规定进行明确。目前，即使检测机构对病害检测结果为阳性，渔民依旧不愿意配合做好无害化处理，病原处于失控状态，从大的方面来看也不利于疫病防控。

（4）在农闲时节，开展优秀渔民全国性的培训，使优秀渔业工作者开阔视野，增长专业知识，以点带面，充分发挥领头羊作用。条件具备时，对具有代表性的养殖户、养殖技术人员进行免费养殖素质培养，加强养殖户的病害危机意识和提高防控技术，切实增强病害防控一线技术水平。

（5）在“全国水生动物疾病远程辅助诊断服务网”或“全国水产养殖动植物病情测报系统”开展视频养殖技术课程，使测报点可以进行在线学习，提高渔民的养殖技术水平。

（6）建议全国淡水养殖领域病害防治专家在养殖期进行科技下乡活动或巡回服务，为养殖户做好病害防控和提高水产品质量安全进行专业指导服务。

（7）加强疫病区域化管理，对于连续监测阴性的养殖场，再通过从水源、用具、亲鱼、卵等生态防控环节，结合苗种产地检疫、疫苗接种等多项措施，逐步开展无规定疫病苗种场建设，实现病原局部地区净化。

（8）逐步推行和落实国家水平、企业水平的生物安保管理体系，支撑水产养殖业的绿色健康发展。

（9）检测的技术标准进行公开化，在国家疫病监测网站可以查询相应的最新检测技术并可设置为免费下载，规范疫情检测过程操作，提高检测结果的可靠性和可信度。

四、2021年新疆水产养殖病害发病趋势预测及防控

（1）2021年4～6月，随气温逐步回升，雪水融化，池塘化冻，鱼体经过长达半年的越冬期，体质弱，易发细菌性疾病，继发水霉病，应做好开春时投喂增强免疫力和抵抗力的产品，并做好池塘调水改底措施，注意补水、增氧，做好预防工作。

（2）2021年7～9月养殖期，水温夏季为最高，水生动物也进入生长旺盛期，池塘随投入品的增多，导致水质变化较快，恶化后容易引起病害高发，应做好日常管理，投入微生态制剂或水质调控产品，密切留意天气变化，视情况加开增氧机。

（3）2021年10～11月，越冬前增加投喂保膘。并塘、清塘时期，投喂饲料中增加一些保肝护胆的产品、增强免疫力的产品，提高鱼体免疫力和抗病力，防止开春后鱼体差，高发疾病；在并塘时，做好彻底清除淤泥、晒塘、消毒工作，减少机械损伤，降低应激和水霉病的发生。

（4）2021年12月至2022年3月越冬期，天气寒冷，池塘冰冻层厚，应加开增氧机或微孔增氧机，水深保持在2 m以上，避免鱼体浮头冻伤。